CAD 建筑行业项目实战系列丛书

SketchUp 8.0 草图大师从入门到精通

李 波 等编著

机械工业出版社

本书以 SketchUp 8.0 版本为基础，共分 15 章。第 1～12 章讲解了 SketchUp 8.0 软件基础，包括初识 SketchUp、SketchUp 8.0 的操作界面、图形的绘制与编辑、图层的运用与管理、材质与贴图、群组与组件、页面与动画、剖切平面、沙盒工具、插件的使用、文件的导入与导出、模型的渲染；第 13～15 章以创建档案楼、别墅、庭院模型进行实战训练，并对设计后期的 PS 图像的处理进行全程讲解。

本书结构合理、实例丰富、图文并茂、板块分明，适合广大从事室内设计、建筑设计、景观设计的工作人员与相关专业的大、中专院校学生学习使用，也可供房地产开发策划人员、效果图与动画公司的从业人员，以及使用 SketchUp 来进行设计的爱好者参考。另外，本书还附赠超值 DVD 光盘 1 张，包含书中部分实例的素材和源文件，以及主要实例的教学视频。

图书在版编目（CIP）数据

SketchUp 8.0 草图大师从入门到精通 / 李波等编著. —北京：机械工业出版社，2014.8（2024. 7 重印）
（CAD 建筑行业项目实战系列丛书）
ISBN 978-7-111-47633-7

Ⅰ. ①S… Ⅱ. ①李… Ⅲ. ①建筑设计－计算机辅助设计－应用软件
Ⅳ. ①TU201.4

中国版本图书馆 CIP 数据核字（2014）第 183618 号

机械工业出版社（北京市百万庄大街 22 号　邮政编码 100037）
策划编辑：张淑谦
责任编辑：张淑谦　　责任校对：张艳霞
责任印制：单爱军
北京虎彩文化传播有限公司印刷
2024 年 7 月第 1 版第 17 次印刷
184mm×260mm・25.75 印张・633 千字
标准书号：ISBN 978 - 7 - 111 - 47633 - 7
　　　　　ISBN 978 - 7 - 89405 - 511 - 8（光盘）
定价：69.80 元（含 1DVD）

电话服务	网络服务
客服电话：010-88361066	机　工　官　网：www.cmpbook.com
010-88379833	机　工　官　博：weibo.com/cmp1952
010-68326294	金　　书　　网：www.golden-book.com
封底无防伪标均为盗版	机工教育服务网：www.cmpedu.com

前　言

一、学习 SketchUp 软件的理由

SketchUp 是一款极受欢迎并且易于使用的 3D 设计软件，官方网站将它比喻为电子设计中的“铅笔”。最初由美国的 Last Software 公司开发，于 2006 年 3 月被 Google 公司收至旗下，后来被称为 Google SketchUp。

Google SketchUp 是一套直接面向设计方案创作过程的设计工具，其创作过程不仅能够充分表达设计师的思想，而且能够完全满足与客户即时交流的需要，它使得设计师可以直接在计算机上进行十分直观的构思，是 3D 建筑设计方案创作的优秀工具。

目前，SketchUp 在以下六个方面的应用尤为突出，如果读者的学习和工作与这些方面有关，请认真阅读本书。

1）城市规划设计。

2）建筑方案设计。

3）园林景观设计。

4）室内设计。

5）工业设计。

6）游戏动漫。

二、本书结构大纲内容

全书以 SketchUp 8.0 版本为基础，全面、系统地讲解了 SketchUp 8.0 软件的基础和模型的创建方法；另外还针对建筑、室外园林景观等模型图的创建及渲染进行综合讲解。

章号	章　名	主 要 内 容
第 1 章	初识 SketchUp	讲解了 SketchUp 软件的基础、应用领域、功能特点，以及 SketchUp 的配置需求和安装卸载方法等
第 2 章	SketchUp 8.0 的操作	讲解了 SketchUp 的向导界面、工作界面、工作界面的优化设置、坐标设置，以及在界面中查看模型等
第 3 章	图形的绘制与编辑	讲解了 SketchUp 的主要工具栏、基本绘图工具栏、基本编辑技巧、模型的测量与标注、辅助线的绘制与管理等
第 4 章	图层的运用与管理	讲解了 SketchUp 的图层管理器、图层工具栏和图层属性等
第 5 章	材质与贴图	讲解了 SketchUp 的材质管理、贴图坐标的调整、贴图技巧等
第 6 章	群组与组件	讲解了 SketchUp 的群组操作、组件操作等
第 7 章	场景页面与动画	讲解了场景及场景管理器、动画、制作方案展示动画、批量导出场景页面图像等

（续）

章号	章　名	主 要 内 容
第 8 章	剖切平面	讲解了创建截平面、编辑截平面、制作剖切动画等
第 9 章	沙盒工具	讲解了“沙盒”工具栏、创建地形的其他方法等
第 10 章	插件的利用	讲解了插件的获取和安装方法、建筑插件集、标注线头插件、拉伸线插件、组合表面推拉插件、表面细分/光滑插件、倒圆角插件、日照大师插件等
第 11 章	文件的导入与导出	讲解了 AutoCAD 文件的导入与导出、2D 图像的导入与导出、3D 模型的导入与导出等
第 12 章	V-Ray 渲染器	讲解了 V-Ray 渲染器的发展、特征、室内渲染实例等
第 13 章	档案楼的制作	讲解了实例及效果预览、导入 SketchUp 前的准备、在 SketchUp 中创建模型、在 SketchUp 中输出图像、在 Photoshop 中后期处理等
第 14 章	室外别墅的制作	讲解了实例及效果预览、在 SketchUp 中创建模型、在 SketchUp 中输出图像、在 Photoshop 中后期处理等
第 15 章	室外庭院的制作	讲解了实例及效果预览、导入 SketchUp 前的准备、在 SketchUp 中创建模型、在 Photoshop 中后期处理等

三、学习本书的读者对象

1）参加各类计算机培训及工程培训人员。

2）建筑设计、室内装潢设计和园林景观设计的工程师和设计人员。

3）对 SketchUp 设计软件感兴趣的读者。

4）各高等院校及高职高专相关专业的师生。

四、附赠 DVD 光盘内容

本书附赠光盘除包括全书所有实例的源文件外，还提供了高清语音视频教学，在 QQ 交流群（15310023）的共享文件中，提供了关于 SketchUp 软件的一些资料，以及软件的下载、安装和注册方法。

五、学习 SketchUp 软件的方法

SketchUp 草图大师软件可通过在菜单栏和工具栏来执行某个具体的命令，并可通过数值控制框来精确控制模型的大小，通过外部的插件来提高建模效率，以及借用 VR 渲染器来对模型进行高级别的渲染。但是，学习任何一门软件技术，都需要坚持不懈和自我思考，如果只有三分钟热度、遇见问题就求助别人、抱着无所谓的学习态度等，相信是学不好、学不精的。

1）制定目标、克服盲目。由于每个层次（初级、中级、高级、专业级）的读者对知识的接受能力是不同的，所以要制定好学习目标。

2）循序渐进、不断积累。遵循从易到难、从基础到高端、从练习到应用的原则。及时总结，并积极地探索与思考，这样方可学到真正的知识。

3）提高认识、加强应用。对所学内容在深度上做适当区分。对于初级读者来讲，以熟练掌握 SketchUp 的基本操作为主要学习目标；对于中级读者来讲，可以跳过基础知识，从一些小的工程图开始进行演练，以达到巩固基础的目的；对于高级读者来讲，可以直接从绘制全套的工程图来着手学习。

4）熟能生巧、自学成才。学习任何一门新的软件技术，都应该多练习，在练习过程中不断提高自己的领悟能力，多思考、多实践、多学习，这样就离成功不远了。

5）巧用 SketchUp 帮助文件。由于 SketchUp 软件提供了强大、完善的帮助功能，碰到难点或不明白的地方，直接按〈F1〉键即可启动帮助文档，其中包括了学习资源与教程、论坛和博客链接，以及各类命令、变量、难点的解释等，从而为初学 SketchUp 的用户提供了有力的帮助和指导。

6）活用网络解决问题。读者在学习的过程中，如碰到一些疑难问题，可一一记录下来，之后通过网络查找解决方法，或者将问题发布到网站、论坛、QQ 群中等其他人解答，从而可以在最短的时间内搜索资料并找到问题的答案。

六、本书创作团队

本书主要由李波编写，参与本书编写的人员还有师天锐、刘升婷、王利、刘冰、李友、郝德全、王洪令、汪琴、张进、徐作华、姜先菊、王敬艳、李松林、冯燕和黎铮。

感谢读者选择了本书，希望作者的努力对读者的工作和学习有所帮助，也希望读者把对本书的意见和建议告诉作者（邮箱：helpkj@163.com，QQ 高级群: 329924658、15310023）。书中难免有疏漏与不足之处，敬请专家和读者批评指正。

编 者

目　录

第1章 初识 SketchUp

内容摘要

在本章中，先大致了解 SketchUp 软件的发展及其在各行业的应用情况，同时了解 SketchUp 相对于其他软件的优势及特点，并学会安装与卸载 SketchUp 软件的方法。

- SketchUp 软件简介
- SketchUp 的应用领域
- SketchUp 的功能特点
- SketchUp 的配置需求及安装卸载

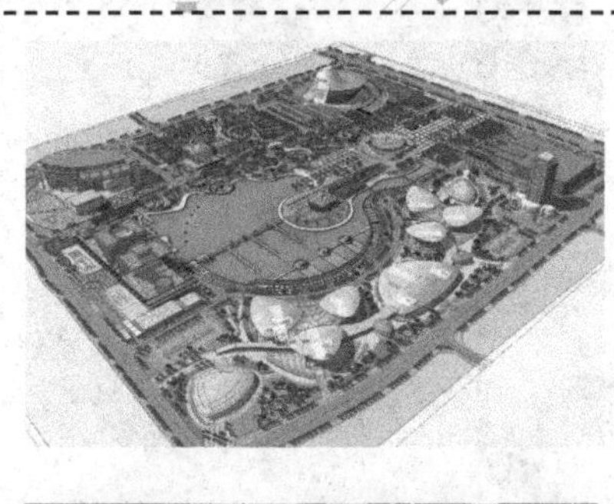

1.1 SketchUp软件简介

本节首先对 SketchUp 软件进行大致的介绍，其中包括 SketchUp 软件的诞生与发展过程，SketchUp 8.0 新版本的产生及相关新增功能等。

1.1.1 SketchUp 的诞生和发展

SketchUp 是一款极受欢迎并且易于使用的 3D 设计软件，官方网站将它比喻为电子设计中的“铅笔”。其开发公司 Last Software 成立于 2000 年，公司规模虽小，却以 SketchUp 而闻名。

为了增强 Google Earth 的功能，让用户可以利用 SketchUp 创建 3D 模型并放入 Google Earth 中，使得 Google Earth 所呈现的地图更具立体感、更接近真实世界，Google 公司于 2006 年 3 月宣布收购 Last Software 公司及其产品 3D 绘图软件 SketchUp。用户可以通过一个名叫 Google 3D Warehouse 的网站（http://sketchup.google.com/3dwarehouse/）寻找与分享利用 SketchUp 创建的各式各样的模型，如图 1-1 所示。

图 1-1

1.1.2 SketchUp 8.0 简介

SketchUp 8.0 是本书所使用的版本，SketchUp 8.0 最重要的一个改进叫做 Modeling in Context（建模环境），即调用 Google Earth 上建筑周边的 3D 环境资源。这种调用有两点好处：第一点好处是细化的地形模型，因为SketchUp 8.0从Google Earth调入的地形模型要精确很多；第二点好处是大量的模型素材可供使用，Google Earth或者3D模型库里的都可以调入。

总体而言，SketchUp 8.0新增加了如下功能。

- 增强的Google Earth及地理位置显示功能。
- 增强的彩色地形匹配功能。
- 更加快捷、方便的照片匹配功能。
- 增强的布尔运算功能。
- 强大的缩略图功能。

SketchUp 8.0的初始界面如图1-2所示。

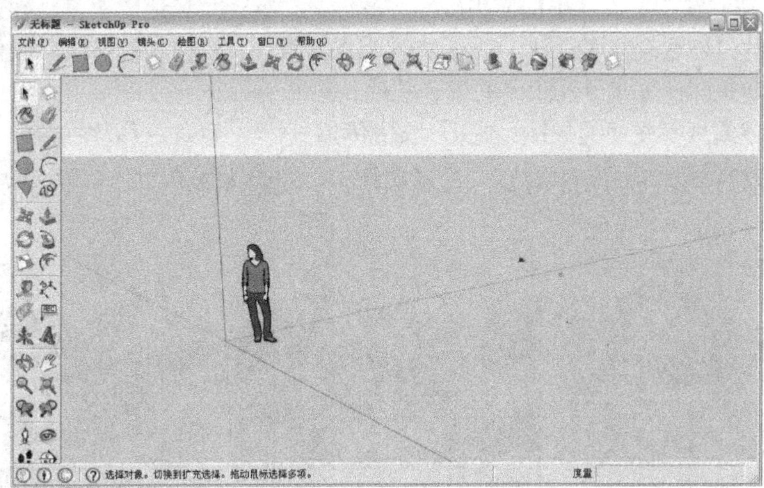

图1-2

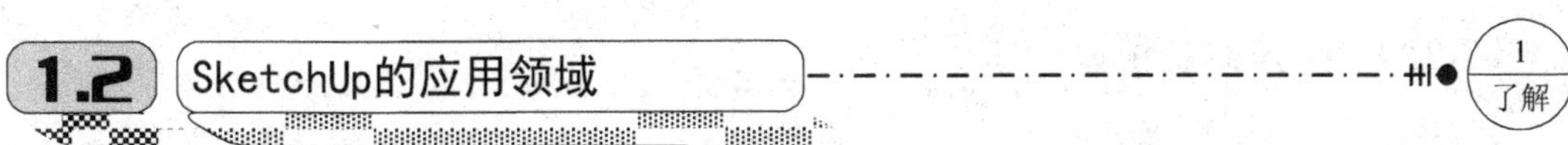

1.2 SketchUp的应用领域

1 了解

Google SketchUp是一套直接面向设计方案创作过程的设计工具，其创作过程不仅能够充分表达设计师的思想，而且能够完全满足与客户即时交流的需要。它使得设计师可以直接在计算机上进行十分直观的构思，是3D建筑设计方案创作的优秀工具。

1.2.1 在城市规划设计中的应用

SketchUp在规划行业以其直观、便捷的优点深受规划师的喜爱，不管是宏观的城市空间形态，还是较小、较详细的规划设计，SketchUp辅助建模及分析功能都大大解放了设计师的思维，提高了规划编制的科学性与合理性。目前，SketchUp被广泛应用于控制性详细规划、城市设计、修建性详细设计以及概念性规划等不同规划类型项目中。如图1-3所示为结合SketchUp构建的几个规划场景。

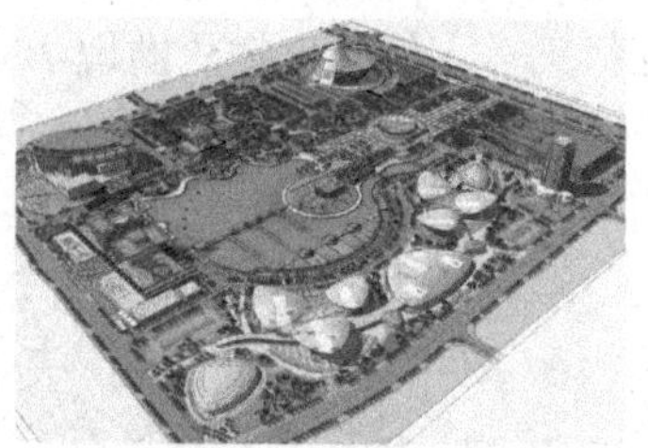

图 1-3

1.2.2 在建筑方案设计中的应用

SketchUp 在建筑方案设计中的应用较为广泛，从前期现状场地的构建，到建筑大概形体的确定，再到建筑造型及立面设计，SketchUp 都以其直观、快捷的优点渐渐取代其他三维建模软件，成为建筑师在方案设计阶段的首选软件。

另外，在建筑内部空间的推敲、光影及日照间距分析、建筑色彩及质感分析、方案的动态分析及对比分析等方面，SketchUp 都能直观显示。如图 1-4 所示为结合 SketchUp 构建的几个建筑方案。

图 1-4

1.2.3 在园林景观设计中的应用

由于 SketchUp 有操作灵巧的特点，在构建地形高差等方面可以生成直观的效果，而且拥有丰富的景观素材库和强大的贴图材质功能，并且 SketchUp 图样的风格非常适合景观设计表现，所以，现在应用 SketchUp 进行景观设计已经非常普遍。如图 1-5 所示为结合 SketchUp 创建的几个园林景观模型场景。

图 1-5

1.2.4 在室内设计中的应用

室内设计的宗旨是创造满足人们物质和精神生活需要的室内环境，设计的整体风格和细节装饰在很大程度上受业主的喜好和性格特征的影响，但是传统的 2D 室内设计表现让很多业主无法理解设计师的设计理念，而 3ds Max 等 3D 室内效果图又不能灵活地对设计进行改动。

SketchUp 能够在已知的户型图基础上快速建立 3D 模型，快捷地添加门窗、家具、电器等组件，并且附上地板和墙面的材质贴图，直观地向业主显示出室内效果。如图 1-6 所示为结合 SketchUp 构建的几个室内场景效果。当然，如果再经过渲染，会得到更好的商业效果图。

图 1-6

1.2.5 在工业设计中的应用

SketchUp 在工业设计中的应用也越来越普遍，如机械产品设计、橱窗或展馆的展示设计等，如图 1-7 所示。

图 1-7

1.2.6 在游戏动漫中的应用

越来越多的用户将 SketchUp 运用到游戏动漫中，如图 1-8 所示为结合 SketchUp 构建的几个动漫游戏场景效果。

图 1-8

1.3 SketchUp的功能特点

1
了解

SketchUp 软件是一款简单、高效的绘图软件，其自身具有界面简洁、易学易用、建模方法独特、直接面向设计过程、材质和贴图使用方便、剖面功能强大、光影分析直观准确、组与组件便于编辑管理、与其他软件数据高度兼容等特点。下面针对 SketchUp 软件的这些特点进行详细讲解。

1.3.1 界面简洁、易学易用

1. 界面简洁

SketchUp 的界面直观简洁，避免了其他同类设计软件的复杂操作缺陷，其绘图工具只有 6 个，分为 3 线 3 面，即“线条”工具、“圆弧”工具、“徒手画”工具、“矩形”工具、“圆”工具和“多边形”工具，如图 1-9 所示。

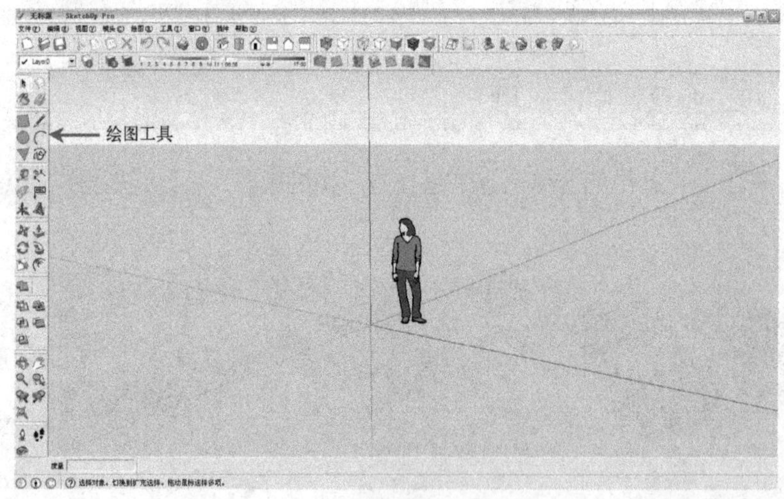

图 1-9

2. 自定义快捷键

SketchUp 的所有命令都可以按照自己的习惯自定义快捷键，这样可以大大提高工作效率。本书配套光盘中“案例\01\SketchUp 8.0 常用快捷键.reg”文件中包含了所有的快捷键，只须在运行软件之前双击该文件，按照提示进行操作就可以把快捷键导入软件。

1.3.2 建模方法独特

1. 几何体构建灵活

SketchUp 取得专利的几何体引擎是专门辅助设计构思而开发的，具有相当的延展性和灵活性，这种几何体由线在 3D 空间中互相连接组合构成面的架构，而表面则是由这些线围合而成，互相连接的线与面保持着对周边几何体的属性关系，因此与其他简单的 CAD 系统相比更加智能，同时也比使用参数设计图形的软件系统更为灵活。

SketchUp 提供了 3D 坐标轴，红轴为 x 轴，绿轴为 y 轴，蓝轴为 z 轴。绘图时只要稍微留意跟踪线的颜色，就能准确确定图形的方位。

2．直接描绘、功能强大

SketchUp“画线成面、推拉成型”的操作流程极为便捷，在 SketchUp 中无须频繁地切换用户坐标系，有了智能绘图辅助工具（如平行、垂直、量角器等），可以直接在 3D 界面中轻松而精确地绘制出 2D 图形，然后再拉伸成 3D 模型。另外，用户还可以通过数值框手动输入数值进行建模，保证模型的精确尺度。

SketchUp 拥有强大的耦合功能和分割功能，耦合功能有自动愈合特性。例如，最常用的绘图工具是直线和矩形工具，使用矩形工具可以组合复杂形体，两个矩形可以组合 L 形平面，3 个矩形可以组合 H 形平面等。对矩形进行组合后，只要删除重合线就可以完成较复杂的平面制作，而在删除重合线后，原被分割的平面、线段可以自动组合为一体，这就是耦合功能。至于分割功能，只须在已建立的 3D 模型某一面上画一条直线，就可以将体块分割成两部分，尽情表现创意和设计思维。

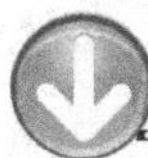

1.3.3 直接面向设计过程

1．快捷直观、即时显现

SketchUp 提供了强大的实时显现工具，如基本视图操作的照相机工具，能够从不同角度、以不同显示比例浏览建筑形体和空间效果，并且这种实时处理完毕后的画面与最后渲染输出的图片完全一致，所见即所得，不用花费大量时间来等待渲染效果，如图 1-10 所示。

图 1-10

2．表现样式多种多样

SketchUp 有多种模型显示模式，如线框模式、隐藏线模式、阴影模式、阴影纹理模式等。这些模式是根据辅助设计侧重点不同而设置的。表现风格也是多种多样，如水粉、马克笔、钢笔、油画风格等。

例如，隐藏线模式和 X 射线透视模式的效果分别如图 1-11 和图 1-12 所示。

图 1-11

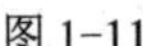

图 1-12

3．不同属性的场景切换

SketchUp 提出了“场景”页面的概念，页面的形式类似于一般软件界面中常用的页框。通过场景标签的选取，能在同一视图窗口中方便地进行多个场景视图的比较，方便对设计对象的多角度对比、分析、评价。场景就像滤镜一样，可以显示或隐藏特定的设置。如果以特定的属性设置存储场景，当此场景被激活时，SketchUp 会应用此设置；场景部分属性如果未存储，则会使用既有的设置。这样能让设计师快速地指定视点、渲染效果、阴影效果等多种设置组合。这种场景的使用特点不但有利于设计过程，更有利于成果展示，加强与客户的沟通。如图 1-13 所示为在 SketchUp 中从不同场景角度观看某一建筑方案的效果。

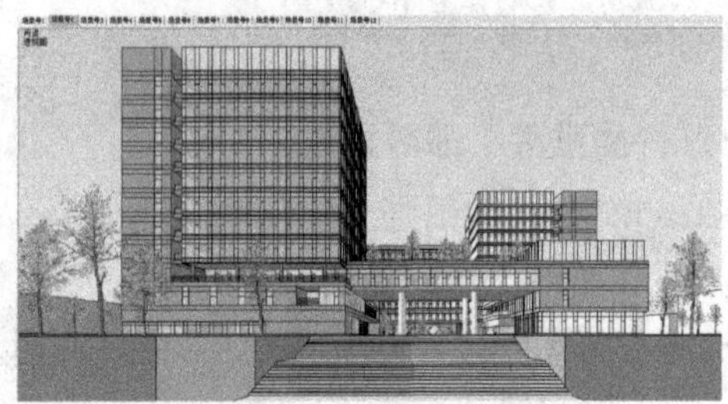

图 1-13

4. 低成本的动画制作

SketchUp 回避了“关键帧”页面的概念，用户只须设定场景号和场景切换时间，便可实现动画自动演示，给客户提供动态信息。另外，利用特定的插件还可以提供虚拟漫游功能，自定义人在建筑空间中的行走路线，给人身临其境的体验，如图 1-14 所示。通过方案的动态演示，客户能够充分理解设计师的设计理念，并对设计方案提出自己的意见，使最终的设计成果更好地满足客户的需求。

图 1-14

1.3.4 材质和贴图使用方便

在传统的计算机软件中，色质的表现是一个难点，同时还存在色彩调节不自然、材质的修改不能即时显现等问题。而 SketchUp 强大的材质编辑和贴图功能解决了这些问题，通过输入 R、G、B 或 H、V、C 的值就可以确定准确的颜色，通过调节材质编辑器里的相关参数就可以对颜色和材质进行修改。通过贴图的颜色变化，一个贴图能应用为不同颜色的材质，如图 1-15 所示。

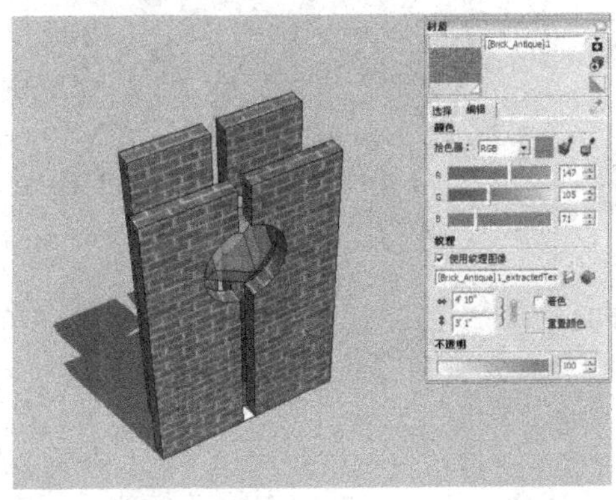

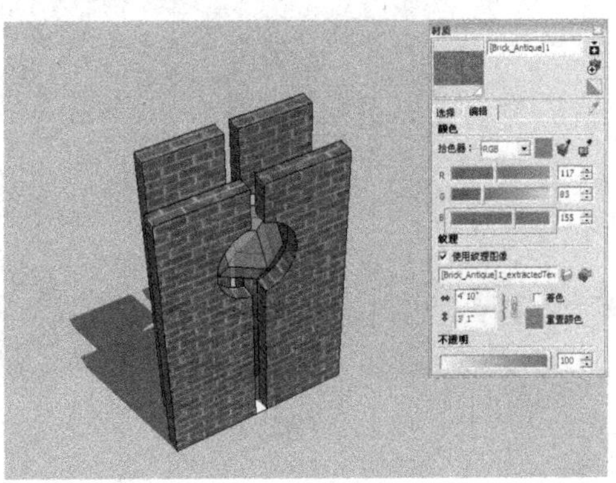

图 1-15

另外，在 SketchUp 中还可以直接使用 Google Map 的全景照片来进行模型贴图。必要时还可以到实地拍照采样，将自然中的材料照片作为贴图运用到设计中，帮助设计师更好地搭配色彩和模拟真实质感，如图 1-16 所示。

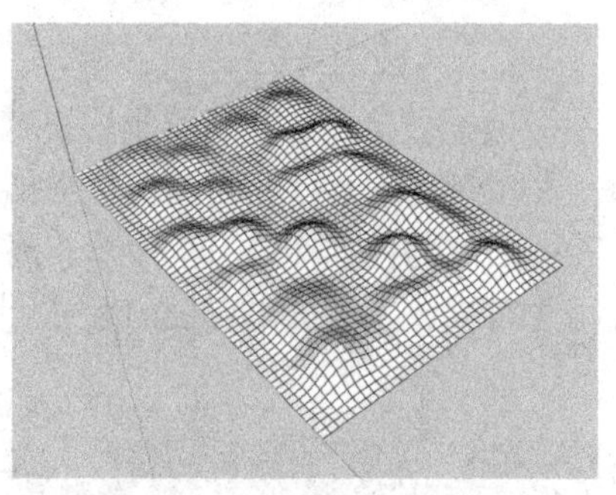

图 1-16

技巧提示 SketchUp 的材质贴图

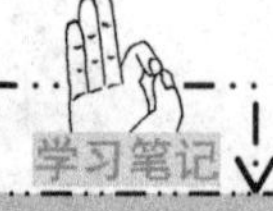

SketchUp 的材质贴图可以实时显示效果，所见即所得。也正因如此，所以，SketchUp 资源占用率很高，在建模的时候要适当控制面的数量。

1.3.5 剖面功能强大

SketchUp 能按设计师的要求方便快捷地生成各种空间分析剖面图，如图 1-17 所示。剖面图不仅可以表达空间关系，更能直观准确地反映复杂的空间结果，如图 1-18 所示。SketchUp 的剖面功能让设计师可以看到模型的内部，并且在模型内部工作，结合页面功能还可以生成剖面动画，动态地展示模型内部空间的相互关系，或者规划场景中的生成动画等。另外，还可以把剖面导出为矢量数据格式，用于制作图表、专题图等。

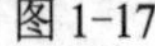

图 1-17

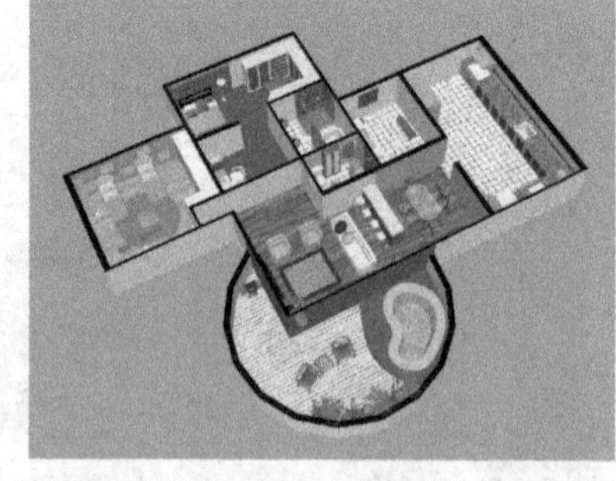

图 1-18

1.3.6 光影分析直观准确

SketchUp 包含一套进行日照分析的系统，可设定某一特定城市的经纬度和时间，得到真实的日照效果。投影特性能让人更准确地把握模型的尺度，控制造型和立面的光影效果。另外，还可用于评估一幢建筑的各项日照技术指标，如在居住区设计过程中分析建筑日照间距是否满足规范要求等，如图 1-19 所示。

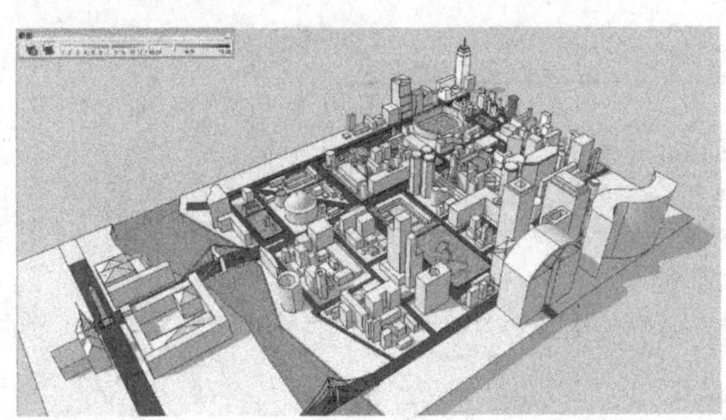
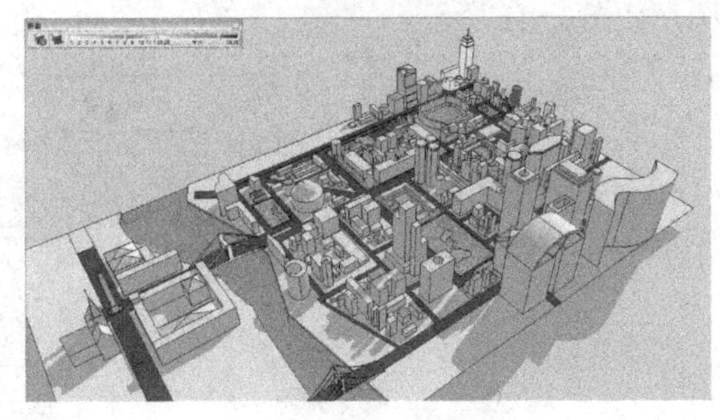

图 1-19

1.3.7 组与组件便于编辑管理

绘图软件的实体管理一般是通过层（Layer）与组（Group）来实现的，分别提供横向分级和纵向分级的划分，以便于使用和管理。例如，AutoCAD 就提供了完善的层功能，对组的支持只是通过块（Block）或用户自定制实体来实现。而层方式的优势在于协同工作或分类管理，如水暖、电气施工图，都是在已有的建筑平面图上进行绘制。为了便于修改和打印，其他专业的设计师一般在建筑图上添置几个新图层作为自己的专用图层，以示与原有图层的区别。而对于复杂的符号类实体，往往是用块（Block）或定制实体来实现，如门窗、家具之类的复合性符号。

SketchUp 抓住了建筑设计师的职业需求，不依赖于图层，提供了方便、实用的“群组”（Group）功能，并辅以“组件”（Component）作为补充，这种分类与现实对象十分贴近，用户各自设计的组件可以通过组件互相交流、共享，减少了大量的重复劳动，而且大大节约了后续修模的时间。就建筑设计的角度而言，组的分类“所见即所得”的属性，比图层分类更符合设计师的需求，如图 1-20 所示。

图 1-20

1.3.8 与其他软件数据高度兼容

SketchUp 可以通过数据交换与 AutoCAD、3ds Max 等相关图形处理软件共享数据成果，以弥补 SketchUp 的不足。此外，SketchUp 在导出平面图、立面图和剖面图的同时，建立的模型还可以给渲染师提供用 Piranesi 或 Artlantisl 等专业图像处理软件渲染成写实的效果图，如图 1-21 所示。

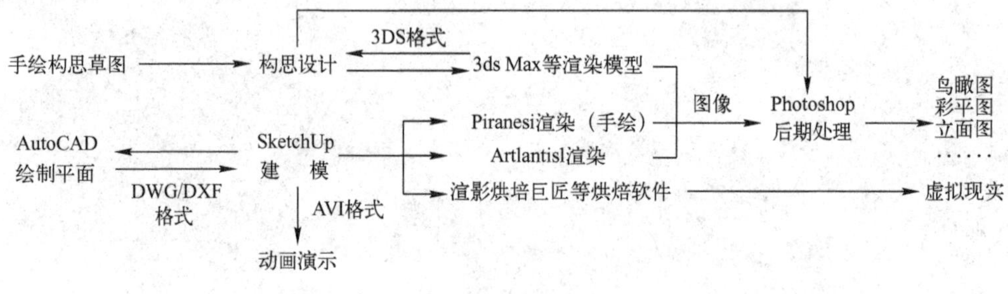

图 1-21

1.3.9 缺点及解决方法

SketchUp 偏重设计构思过程表现，对于后期严谨的工程制图和仿真效果图表现相对较弱，对于要求较高的效果图，须将其导出图片，利用 Photoshop 等专业图像处理软件进行修补和润色。

SketchUp 在曲线建模方面显得逊色一些。因此，当遇到特殊形态的物体，特别是曲线物体时，宜先在 AutoCAD 中绘制好轮廓线或剖面图，再导入 SketchUp 中做进一步处理。

SketchUp 本身的渲染功能较弱，最好结合其他软件（如 Piranesi 和 Artlantisl 软件）一起使用。

技巧提示 SketchUp 与 3ds Max

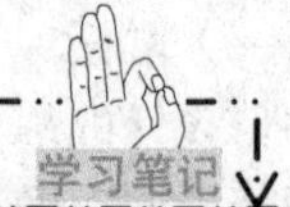

SketchUp 被建筑师称为最优秀的建筑草图工具，是一款操作相当简便、易学的工具，一些不熟悉计算机操作的建筑师也可以很快地掌握。软件本身融合了铅笔画的优美与自然笔触，可以迅速地建构、显示和编辑 3D 建筑模型，同时可以导出透视图、DWG 或 DXF 格式的 2D 向量文件等具有精准尺寸的平面图形。

3ds Max 和 SketchUp 的应用重点不一样，3ds Max 在后期的效果图制作、复杂的曲面建模以及精美的动画表现方面胜过与 SketchUp，但是操作相对复杂。SketchUp 直接面向设计方案创作过程而不只是面向渲染成品或施工图样，注重的是前期设计方案的体现，使得设计师可以直接在计算机上进行十分直观的构思，最终形成的模型可直接交给其他具备高级渲染能力的软件进行渲染。这样，设计师可以最大限度地减少机械重复劳动，控制设计成果的准确性。

1.4 SketchUp的配置需求及安装卸载

本节主要对 SketchUp 软件的运行环境需求、安装 SketchUp 8.0 的操作步骤以及卸载该

款软件的方法进行详细讲解。

1.4.1 安装 SketchUp 的系统需求

1．显卡

SketchUp 运行环境对显卡有一定的要求，推荐配置 nVIDIA 系统显卡。如果要购买其他系统的显卡，可以把 SketchUp 制作的大文件带去商家现场装机测试后再决定是否购买。

2．CPU

CPU 建议选择双核以上，兼顾个人经济能力，主频越高者越好。

3．内存

建议配置超过 2GB 的内存。

4．笔记本电脑

在选择适合 SketchUp 运行的笔记本电脑时也可以参考台式机的配置建议，并使用 SketchUp 现场测试较大模型的运行情况。

5．不同系统的推荐配置

（1）Windows XP

1）软件

- Microsoft Internet Explorer 6.0 或更高版本。
- Google SketchUp Pro 需要 2.0 版本的.NET Framework。

2）推荐硬件配置

- 2GHz 处理器。
- 2GB RAM。
- 500MB 可用硬盘空间。
- 内存为 512MB 或更高的 3D 类显卡。确保显卡驱动程序支持 OpenGL 36254 或更高版本，并及时进行更新。
- 三按钮滚轮鼠标。

技巧提示 SketchUp 对显卡的要求

SketchUp 的性能主要取决于显卡驱动程序及其对 OpenGL 1.5 或更高版本的支持。以前曾发现在 ATI Radeon 卡和 Intel 卡上使用 SketchUp 会出现问题，因此笔者不推荐在这些显卡上运行 SketchUp。

3）最低硬件配置

- 600MHz 处理器。
- 128MB RAM。
- 128MB 可用硬盘空间。

- 内存为 128MB 或更高的 3D 类显卡。确保显卡驱动程序支持 OpenGL 36254 或更高版本，并及时进行更新。

4）Pro 许可

SketchUp 不支持广域网（WAN）中的网络许可。目前，许可证不具备跨平台兼容性。例如，Windows 许可证无法用于 Mac OS X 版本的 SketchUp Pro。

（2）Windows Vista 和 Windows 7

1）软件

- Microsoft Internet Explorer 6.0 或更高版本。
- Google SketchUp Pro 需要 2.0 版本的.NET Framework。

2）推荐硬件配置

- 2GHz 处理器。
- 2GB RAM。
- 500 MB 可用硬盘空间。
- 内存为 512MB 或更高的 3D 类显卡。请确保显卡驱动程序支持 OpenGL 36254 或更高版本，并及时进行更新。
- 三按钮滚轮鼠标。

3）最低硬件配置

- 2GHz 处理器。
- 1GB RAM。
- 160MB 硬盘空间。
- 内存为 256MB 或更高的 3D 类显卡。请确保显卡驱动程序支持 OpenGL 36254 或更高版本，并及时进行更新。

（3）Mac OS X

1）软件

- Mac OS X 10.4.1、10.5 和 10.6 或以上版本。
- 可用于多媒体教程的 Quick Time 5.0 和网络浏览器。
- Safari。
- 不支持 Boot Camp 和 Parallels 环境。

2）推荐配置

- 2.1GHz G5/Inetl 处理器。
- 2GB RAM。
- 400MB 可用硬盘空间。
- 内存为 512MB 或更高的 3D 类显卡。确保显卡驱动程序支持 OpenGL 1.5 或更高版本，并及时进行更新。
- 三按钮滚轮鼠标。

3）最低硬件要求

- 1GHz PowerPC G4。
- 512MB RAM。
- 160MB 可用硬盘空间。

- 内存为 128MB 或更高的 3D 类显卡。请确保显卡驱动程序支持 OpenGL 1.5 或更高版本，并及时进行更新。
- 三按钮滚轮鼠标。

（4）不支持的环境

1）Linux：目前未提供 Linux 版本的 Google SketchUp。

2）VMWare：目前，SketchUp 不支持在 VMWare 环境中操作。

1.4.2　SketchUp 软件的安装

下面主要针对 SketchUp 8.0 的安装方法进行详细讲解，其操作步骤如下。

1）将 SketchUp 8.0 安装光盘放入光驱，双击 GoogleSketchUpProWEN8.0.exe 文件，运行安装程序，并进行初始化，如图 1-22 所示。

图 1-22

2）在弹出的“Google SketchUp Pro 8 安装”对话框中单击下一个(N)按钮，开始进行安装，如图 1-23 所示。

3）勾选“我接受许可协议中的条款”复选框，然后单击下一个(N)按钮，如图 1-24 所示。

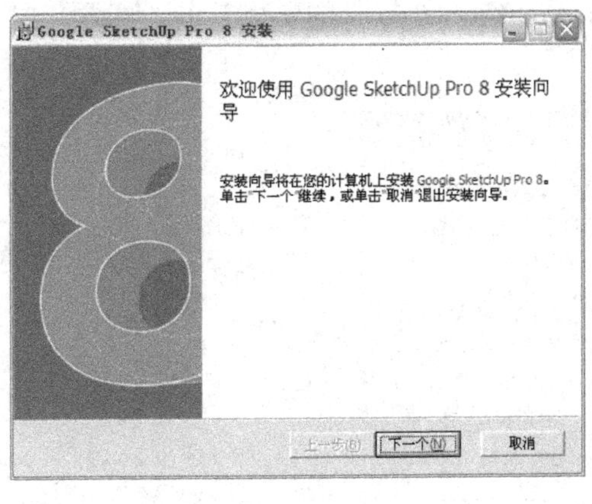

图 1-23

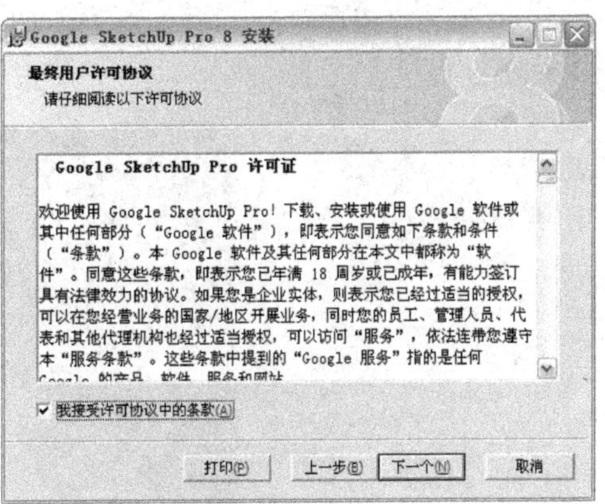

图 1-24

4）设置安装文件的路径，这里设置为“D:\Program Files\Google\Google SketchUp 8\”，然后单击下一个(N)按钮，如图 1-25 所示。

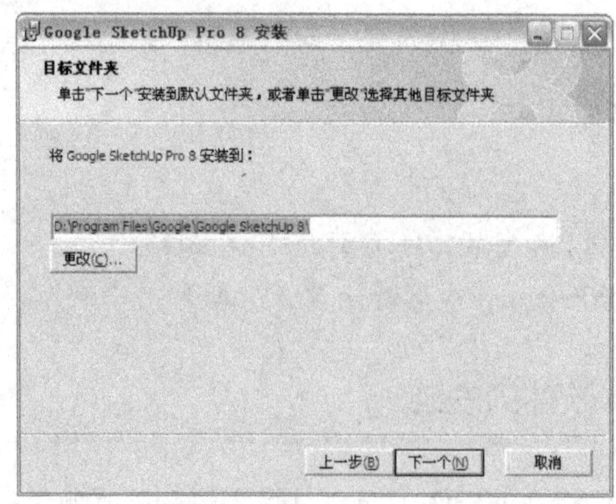

图 1-25

5）单击[安装(I)]按钮，开始安装软件，如图 1-26 所示。

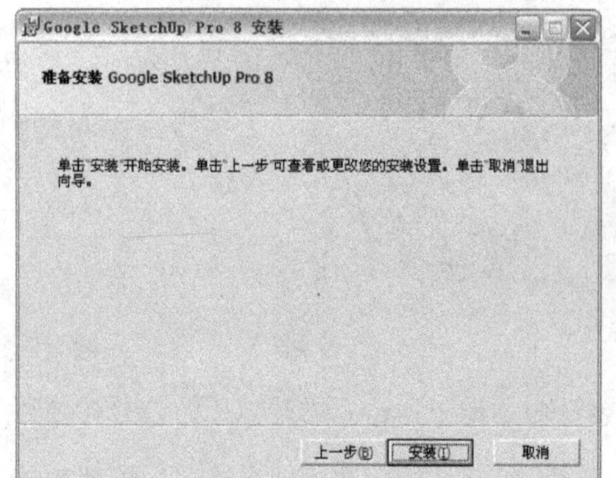

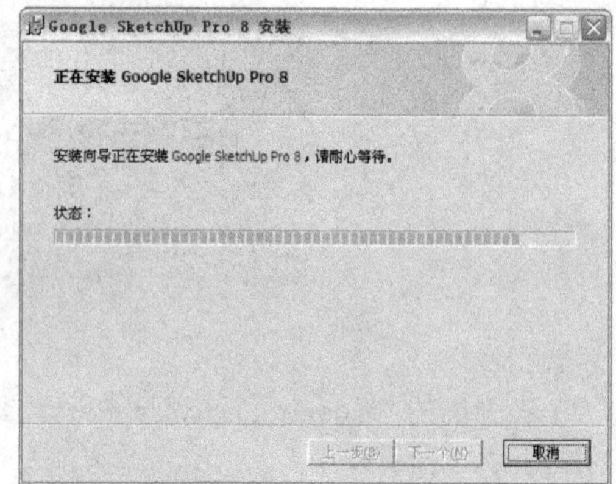

图 1-26

6）安装完成后单击[完成(F)]按钮，从而完成 SketchUp 8.0 软件的安装工作，如图 1-27 所示。

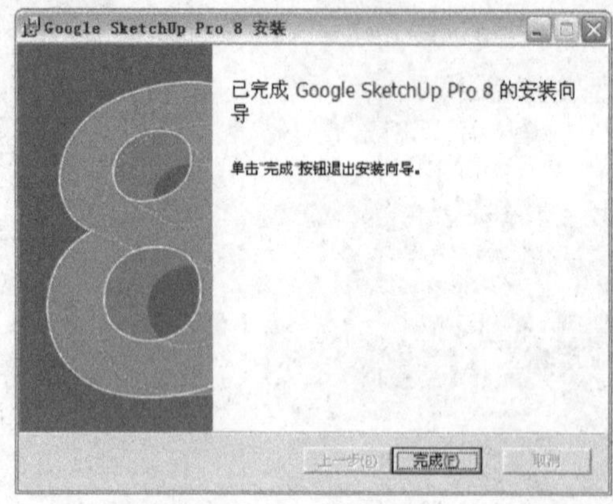

图 1-27

1.4.3 SketchUp 软件的卸载

安装完 SketchUp 软件以后，同样可以对安装的软件进行删除（卸载），其操作步骤如下。

1）打开 Windows 应用程序中的“控制面板”，然后双击“添加或删除程序”图标，接着在打开的窗口中选择 Google SketchUp Pro 8 程序，再单击删除按钮，如图 1-28 所示。

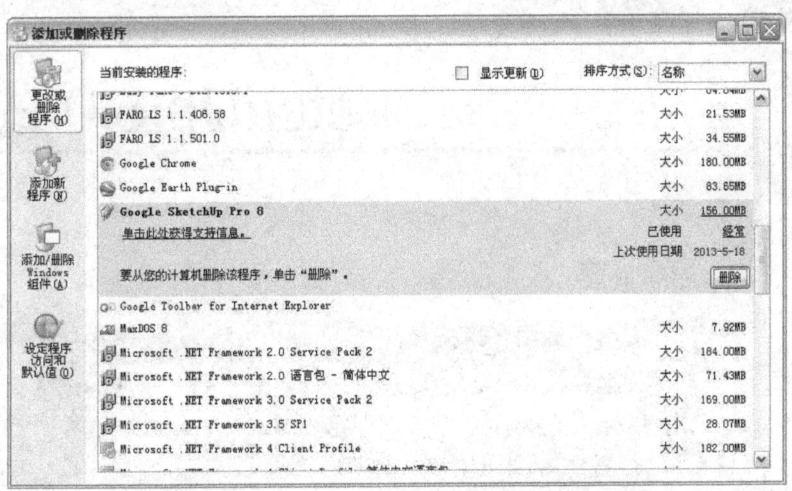

图 1-28

2）在弹出的“添加或删除程序”提示框中单击是(Y)按钮，就可以正确卸载 SketchUp 8.0 了，如图 1-29 所示。

图 1-29

SketchUp® 第 2 章

SketchUp 8.0 的操作

内容摘要

本章主要对 SketchUp 8.0 的操作界面进行讲解，包括 SketchUp 的向导界面、工作界面，以及对 SketchUP 的工作界面进行优化设置，设置坐标系，在界面中查看模型等内容。

- 熟悉 SketchUP 8.0 的向导界面
- 熟悉 SketchUP 8.0 的工作界面
- SketchUP 8.0 工作界面的优化设置
- SketchUP 8.0 坐标系的设置
- 在界面中查看模型

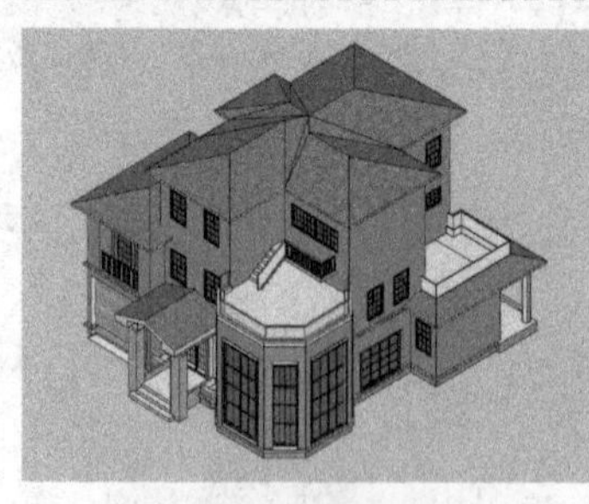

2.1 熟悉SketchUp 8.0的向导界面

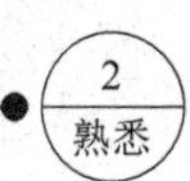

安装好 SketchUP 8.0 后，双击桌面上的图标启动软件，首先出现的是 SketchUP 8.0 的向导界面，如图 2-1 所示。

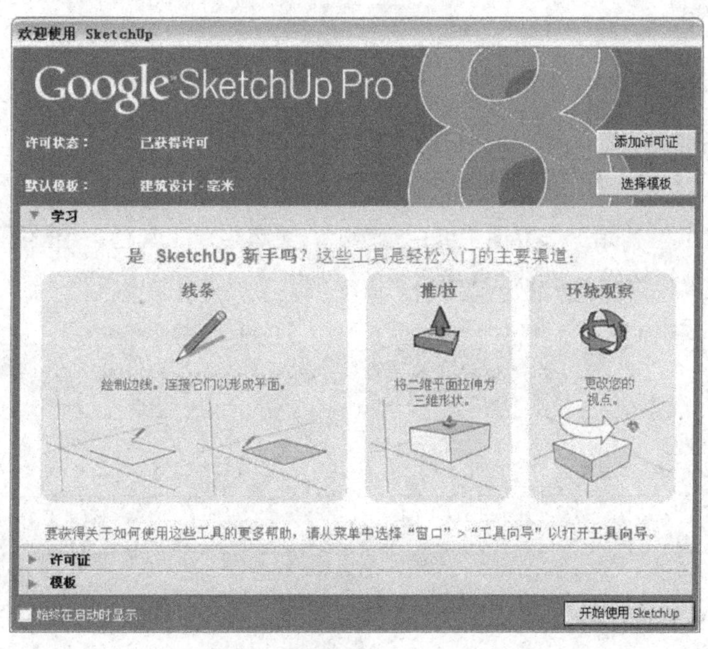

图 2-1

在向导界面中包含了“添加许可证”按钮、“选择模板”按钮、“开始使用 SketchUP”按钮和“始终在启动时显示”复选框。这些按钮和复选框的功能介绍如下。

选项讲解　欢迎使用 Sketchup 界面

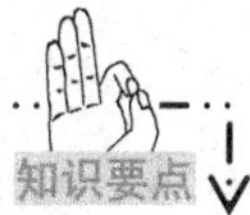

- “添加许可证”按钮：为软件添加许可证。
- “选择模板”按钮：选择软件启动时的模板文件。
- “开始使用 SketchUP”按钮：启动 SketchUp 软件。
- “始终在启动时显示”复选框：勾选此选项后，每次启动软件的时候都会弹出向导界面。

技巧提示　打开向导界面

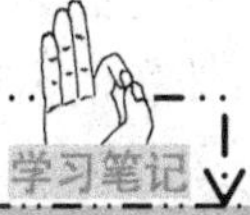

进入 SketchUP 8.0 的工作界面后，通过“帮助”菜单下的“欢迎使用 SketchUP”命令可以打开向导界面，如图 2-2 所示。

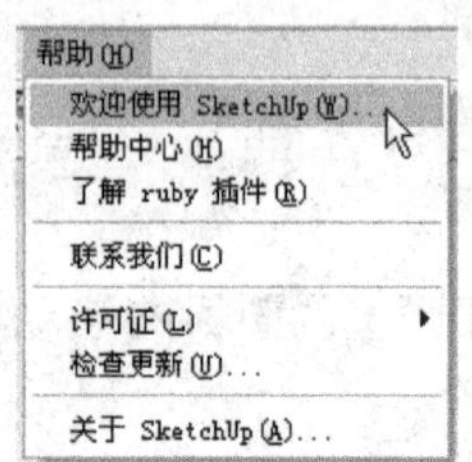

图 2-2

2.2 熟悉SketchUp 8.0的工作界面

SketchUp 8.0 的初始工作界面主要由标题栏、菜单栏、工具栏、绘图区、状态栏、数值控制框和窗口调整柄构成，如图 2-3 所示。

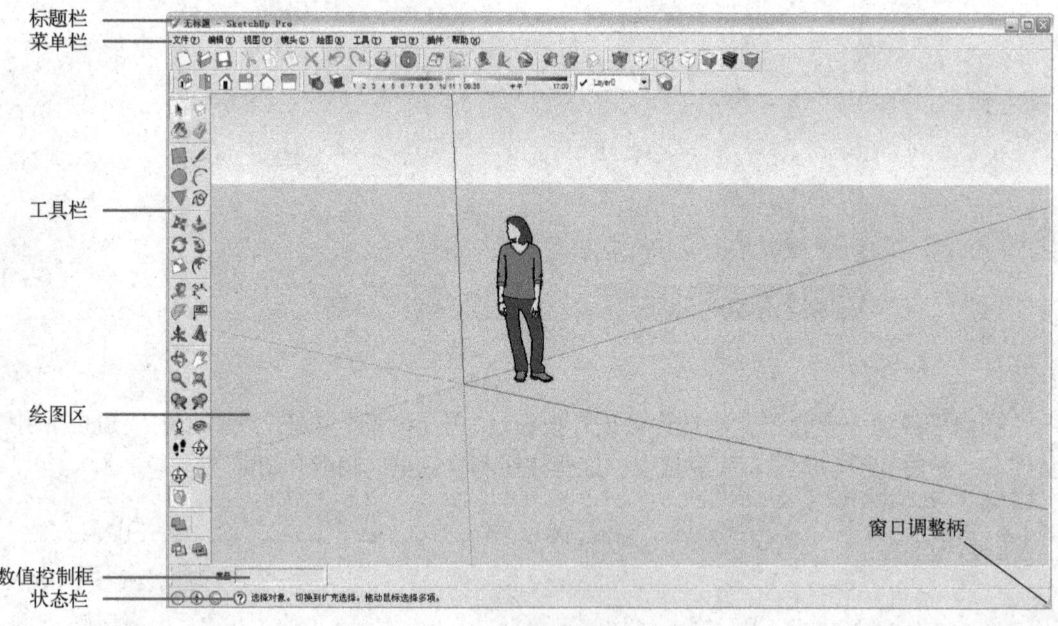

图 2-3

2.2.1 标题栏

标题栏位于界面的最顶部，最左端是 SketchUp 软件的标志，往右依次是当前编辑文件的文件名称（如果文件还没有命名，这里则显示为“无标题”）、软件版本和窗口控制按钮，如图 2-4 所示。

无标题 - SketchUp Pro

图 2-4

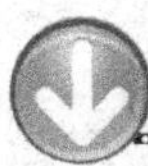

2.2.2 菜单栏

菜单栏位于标题栏下面，包含“文件”“编辑”“视图”“镜头”“绘图”“工具”“窗口”“插件”和“帮助”9个主菜单，如图2-5所示。

文件(F) 编辑(E) 视图(V) 镜头(C) 绘图(R) 工具(T) 窗口(W) 插件 帮助(H)

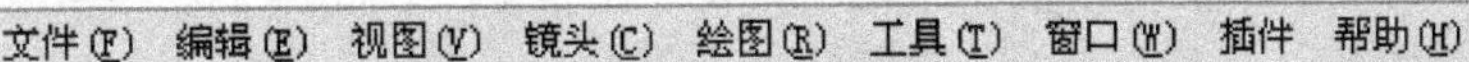

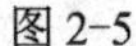

图2-5

1. 文件

“文件”菜单用于管理场景中的文件，包括“新建”“打开”“保存”“打印”“导入”和“导出”等常用命令，如图2-6所示。

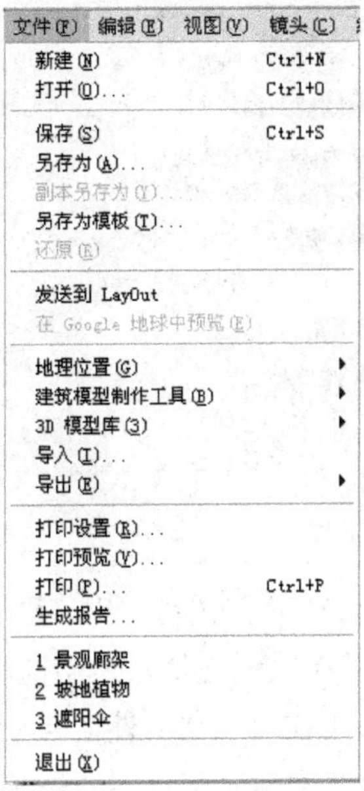

文件(F) 编辑(E) 视图(V) 镜头(C)
新建(N) Ctrl+N
打开(O)... Ctrl+O
保存(S) Ctrl+S
另存为(A)...
副本另存为(Y)...
另存为模板(T)...
还原(R)
发送到 LayOut
在 Google 地球中预览(E)
地理位置(G)
建筑模型制作工具(B)
3D 模型库(3)
导入(I)...
导出(E)
打印设置(R)...
打印预览(V)...
打印(P)... Ctrl+P
生成报告...
1 景观廊架
2 坡地植物
3 遮阳伞
退出(X)

图2-6

选项讲解 “文件”菜单 知识要点

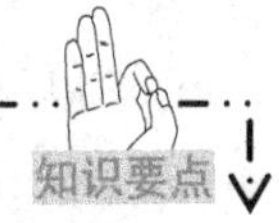

- 新建：快捷键为〈Ctrl+N〉，执行该命令后将新建一个SketchUp文件，并关闭当前文件。如果用户没有对当前修改的文件进行保存，在关闭时将会得到提示。如果需要同时编辑多个文件，则需要打开另外的SketchUp应用窗口。
- 打开：快捷键为〈Ctrl+O〉，执行该命令可以打开需要进行编辑的文件。同样，在打开时将提示是否保存当前文件。
- 保存：快捷键为〈Ctrl+S〉，该命令用于保存当前编辑的文件。

技巧提示 自动保存

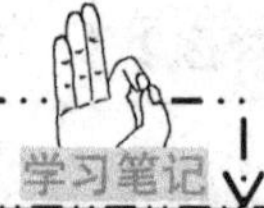

与其他软件一样，在 SketchUp 中也有自动保存设置，只须执行“窗口|使用偏好”菜单命令，然后在弹出的“系统使用偏好”对话框中勾选“自动保存”复选框，即可设置自动保存的间隔时间。

在设置自动保存间隔时间的时候，建议大家将自动保存时间设置为 15min 左右，因为过于频繁地保存会影响操作速度，如图 2-7 所示。

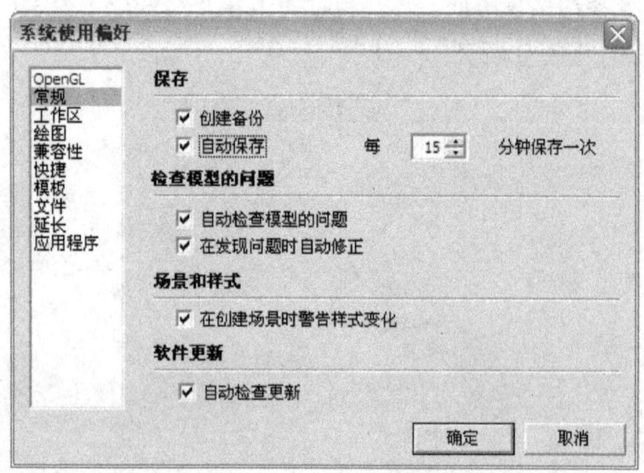

图 2-7

- 另存为：快捷键为〈Ctrl+Shift+S〉，该命令用于将当前编辑的文件另行保存。
- 副本另存为：该命令用于保存过程文件，对当前文件没有影响，在保存重要步骤或构思时非常便捷。此选项只有在对当前文件命名之后才能激活。
- 另存为模板：该命令用于将当前文件另存为一个 SketchUp 模板。
- 还原：执行该命令后将返回最近一次的保存状态。
- 发送到 LayOut：SketchUp 8.0 专业版本发布了增强的布局 LayOut 3 功能，执行该命令可以将场景模型发送到 LayOut 中进行图纸的布局与标注等操作。
- 在 Google 地球中预览：该命令和“发送到 LayOut”命令结合使用可以在 Google 地图中预览模型场景。
- 建筑模型制造工具：通过该命令可以在网上制作建筑模型，利用 Google 还原真实的街道场景。有兴趣的读者可以登录 http://sketchup.google.com/intl/en/3dwh/buildingmaker.html 网站了解有关操作，如图 2-8 所示。
- 3D 模型库：该命令可以从网上的 3D 模型库中下载需要的 3D 模型，也可以在模型库中选择需要的 3D 模型，也可以将模型上传，如图 2-9 所示。

图 2-8

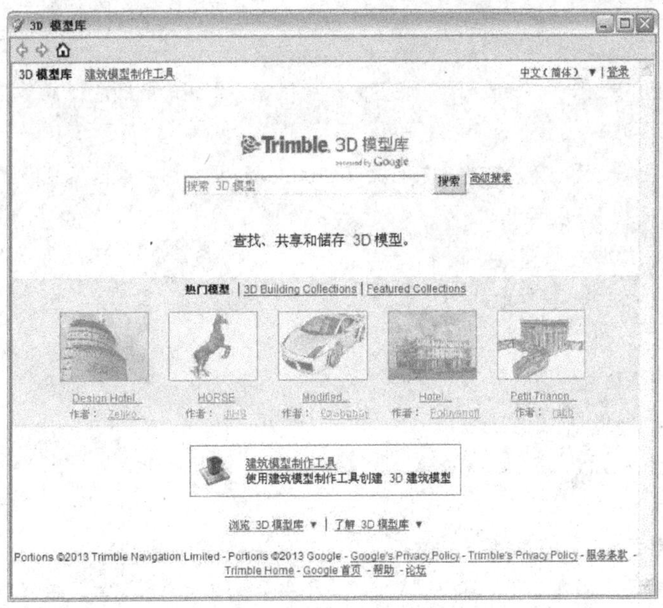

图 2-9

- 导出：该子菜单中包括 4 个命令，分别为“三维模型”“二维图形”“剖面”和“动画”，如图 2-10 所示。
  - ➢ 三维模型：执行该命令可以将模型导出为 DXF、DWG、3DS 和 VRML 格式。
  - ➢ 二维图形：执行此命令可以导出 2D 光栅图像和 2D 矢量图形。基于像素的图形可以导

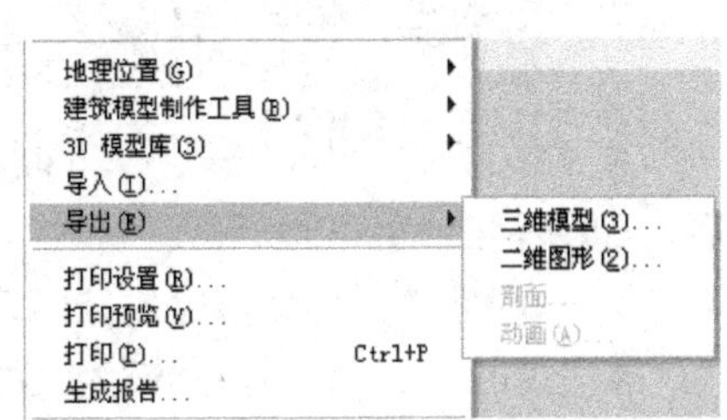

图 2-10

出为 JPEG、PNG、TIFF、BMP、TGA 和 Epix 格式。这些格式可以准确地显示投影和材质，和在屏幕上看到的效果一样；用户可以根据图像的大小调整像素，以更高的分辨率导出图像；当然，更大的图像会需要更多的时间；输出图像的尺寸最好不要超过 5000 像素×3500 像素，否则容易导出失败。矢量图形可以导出为 PDF、EPS、DWG 和 DXF 格式，矢量输出格式可能不支持一定的显示选项，例如阴影、透明度和材质。需要注意的是，在导出立面、平面等视图的时候别忘了关闭“透视显示”模式。

- 剖面：执行该命令可以精确地以标准矢量格式导出 2D 剖切面。
- 动画：该命令可以将用户创建的动画页面序列导出为视频文件。用户可以创建复杂模型的平滑动画，并可用于刻录 VCD。

- 导入：该命令用于将其他文件插入 SketchUp，包括组件、图像、DWG/DXF 文件和 3DS 文件等。

技巧提示 文件的导入

导入的图像并不是分辨率越高越好，为避免增加模型的文件大小，一般将图像的分辨率控制在 72 像素/英寸即可。

将图形导入作为 SketchUp 的底图时，可以考虑将图形的颜色调整得较鲜明，以便描图时显示得更清晰。

导入 DWG 和 DXF 文件之前，先在 AutoCAD 里将所有线的标高归零，并最大限度地保证线的完整度和闭合度。

导入的文件按照类型可以分为 4 类。

1）导入组件：将其他的 SketchUp 文件作为组件导入当前模型，也可以将文件直接拖放到绘图窗口中。

2）导入图像：将一个基于像素的光栅图像作为图形对象放置到模型中，用户也可以直接拖放一个图像文件到绘图窗口。

3）导入材质图像：将一个基于像素的光栅图像作为一种可以应用于任意表面的材质插入模型中。

4）导入 DWG/DXF 格式的文件：将 DWG 和 DXF 文件导入 SketchUp 模型，支持的图形元素包括线、圆弧、圆、多段线、面、有厚度的实体、三维面以及关联图块等。导入的实体会转换为 SketchUp 的线段和表面放置到相应的图层，并创建为一个组。导入图像后，可以通过全屏窗口缩放查看。

- 打印设置：执行该命令可以打开“打印设置”对话框，在该对话框中可以设置打印所需的设备和纸张大小。
- 打印预览：使用指定的打印设备后，可以预览将打印在纸上的图像。
- 打印：该命令的快捷键为〈Ctrl+P〉，用于打印当前绘图区显示的内容。

2. 编辑

“编辑”菜单用于对场景中的模型进行编辑操作，包括“剪切”“复制”“粘贴”“隐藏”等命令，如图 2-11 所示。

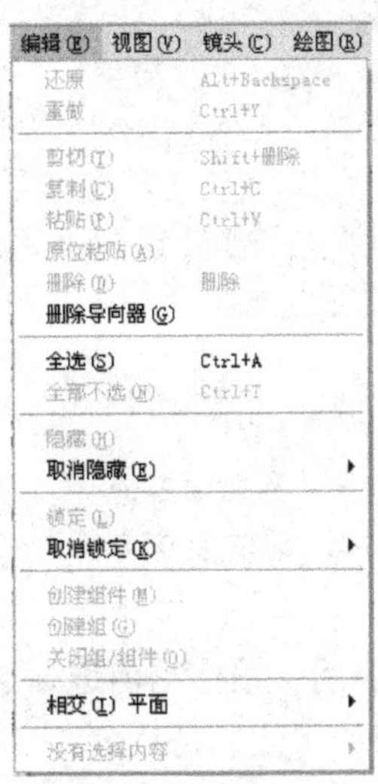

图 2-11

选项讲解 “编辑”菜单

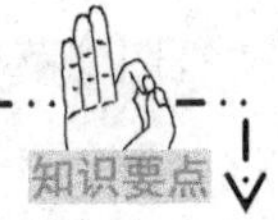

- 还原：该命令的快捷键为〈Alt+Backspace〉，执行该命令将返回上一步操作。注意，只能还原创建物体和修改物体的操作，不能还原改变视图的操作。
- 重做：该命令的快捷键为〈Ctrl＋Y〉，用于取消“还原”命令。
- 剪切/复制/粘贴：这 3 个命令的快捷键依次为〈Ctrl+X〉、〈Ctrl+C〉和〈Ctrl+V〉，利用这 3 个命令可以让选中的对象在不同的 SketchUp 程序窗口之前移动。
- 原位粘贴：该命令用于将复制的对象粘贴到原坐标。
- 删除：该命令的快捷键为〈Delete〉，用于选择场景中的所有可选物体。
- 删除导向器：该命令用于删除场景中所有的辅助线。
- 全选：该命令的快捷键为〈Ctrl+A〉，用于选择场景中的所有可选物体。
- 全部不选：与“全选”命令相反，该命令用于取消对当前所有元素的选择，快捷键为〈Ctrl+T〉。
- 隐藏：快捷键为〈H〉，用于隐藏所选物体。该命令可以帮助用户简化当前视图，或者对封闭的物体进行内部的观察和操作。
- 取消隐藏：该命令的子菜单中包含 3 个命令，分别是“选定项”“最后”和“全部”，如图 2-12 所示。
  - 选定项：用于显示所选的隐藏物体。隐藏物体的选择可以执行“视图|隐藏几何图形”菜单命令，如图 2-13 所示。

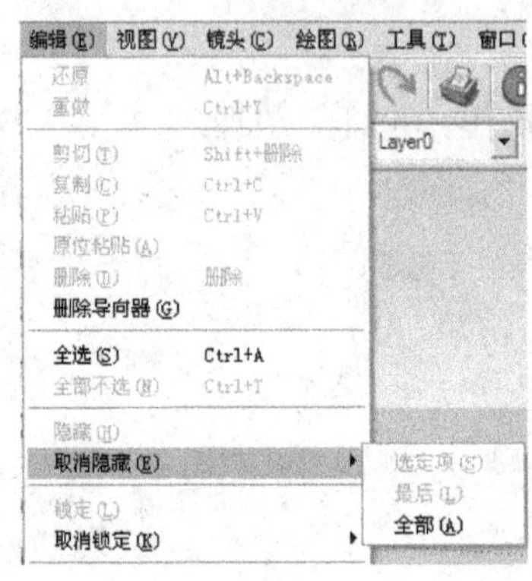
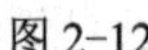

图 2-12

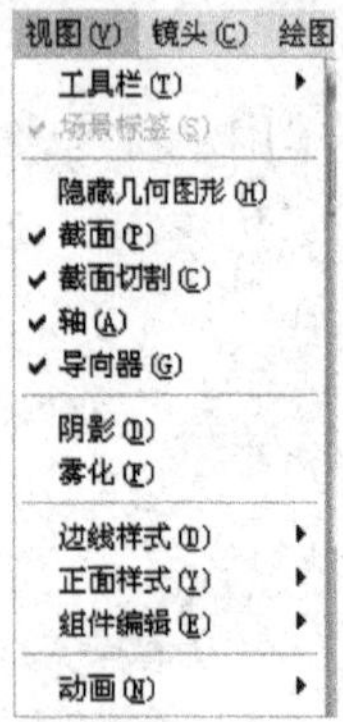

图 2-13

➢ 最后：该命令用于显示最近一次隐藏的物体。

➢ 全部：执行该命令后，所有显示的图层的隐藏对象将被显示，对不显示的图层无效。

● 锁定/取消锁定："锁定"命令用于锁定当前选择的对象，使其不能被编辑；而"取消锁定"命令则用于解除对象的锁定状态。在右键菜单中也可以找到这两个命令，如图 2-14 所示。

3. 视图

"视图"菜单包含了模型显示的多个命令，如图 2-15 所示。

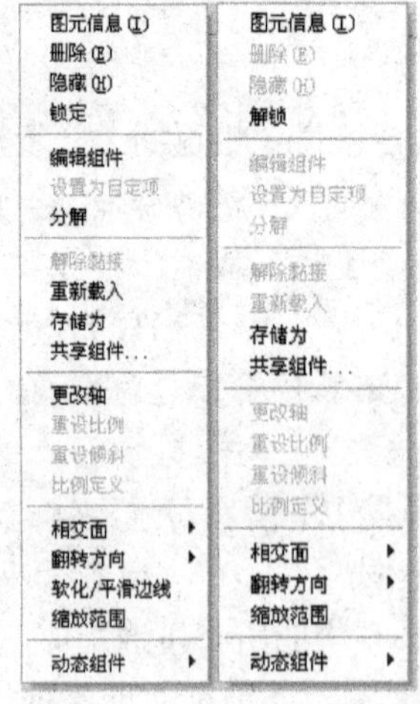

图 2-14

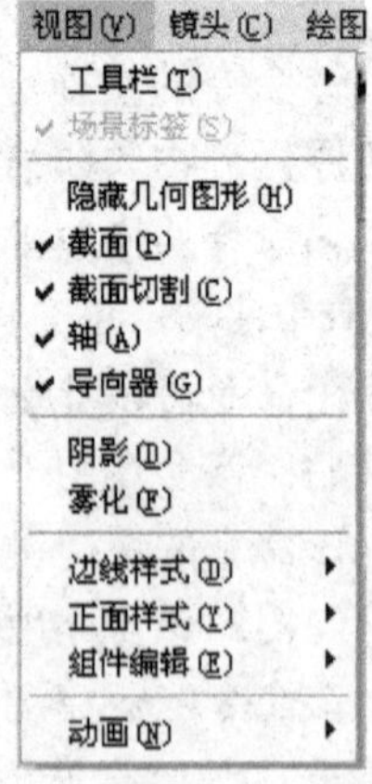

图 2-15

选项讲解 "视图"菜单

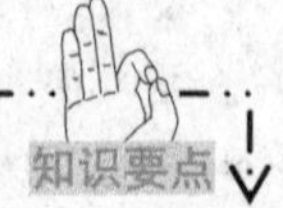

● 工具栏：该子菜单中包含了 SketchUp 中的所有工具栏，选择这些命令，即可在绘图区中显示出相应的工具栏，如果安装了插件，也会在这里进行显示，如图 2-16 所示。

专业知识 设置工具栏

如果想要显示更多的工具图标，只须执行“窗口|使用偏好”菜单命令，接着在弹出的“系统使用偏好”对话框中找到“延长”选项，然后在右侧的参数设置面板中勾选所有选项，再执行“视图|工具栏”菜单命令，并在弹出的子菜单中单击勾选需要显示的工具栏即可，如图 2-17 所示。

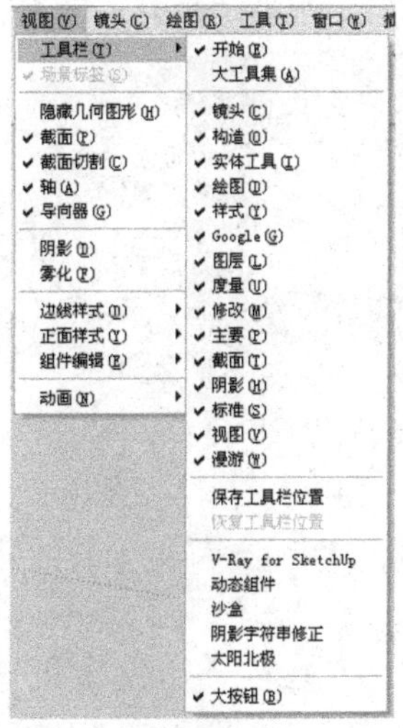

图 2-16

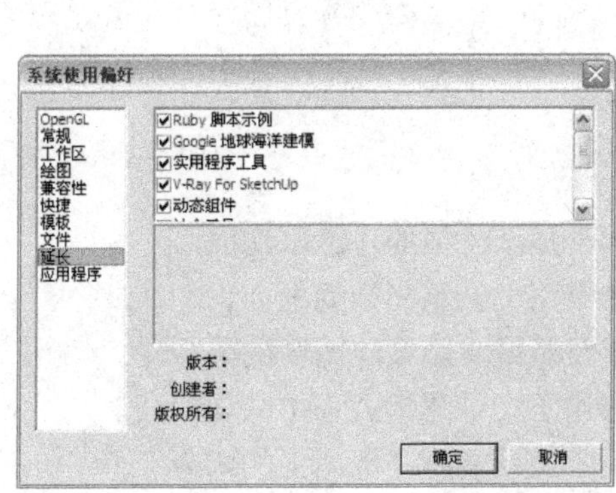

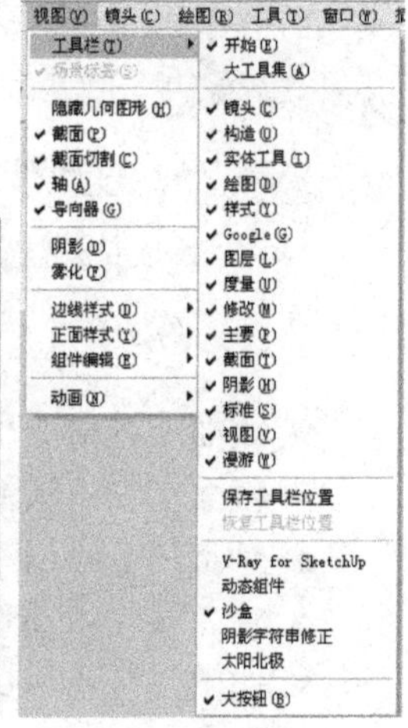

图 2-17

专业知识 调整图标大小

如果需要调整界面图标的大小，只须执行“视图|工具栏”菜单命令，然后在弹出的子菜单中勾选“大按钮”选项，此时图标将变大；如果取消勾选，那么图标将变小，如图 2-18 所示。

- 场景标签：该命令用于在绘图窗口的顶部激活页面标签。
- 隐藏几何图形：该命令可以将隐藏的物体以虚线的形式显示出来。

技巧提示 物体的隐藏与显示

在 SketchUp 中隐藏的物体有时会以网格方式出现，这里因为“视图”菜单中的“隐藏几何图形”命令被启用的原因，如果对于隐藏的物体不需要虚显，那么禁用该项即可，模型就会完全隐藏，如图 2-19 和图 2-20 所示。

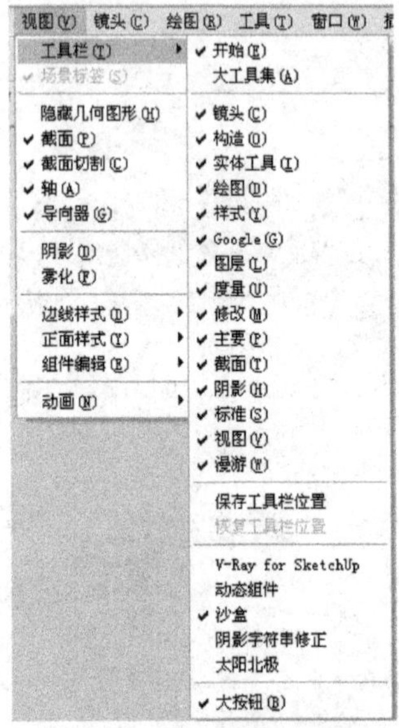

图 2-18

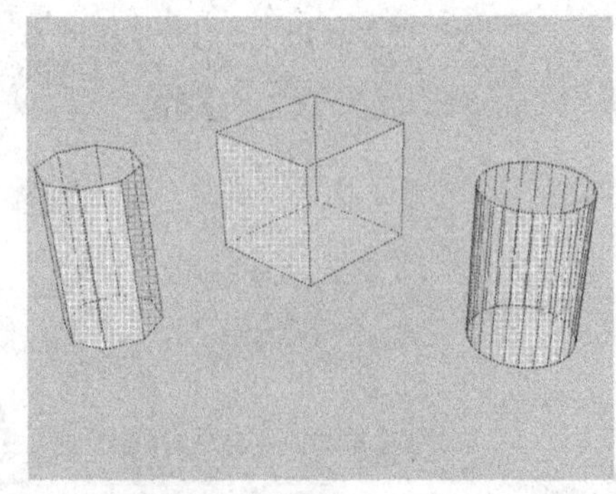

图 2-19

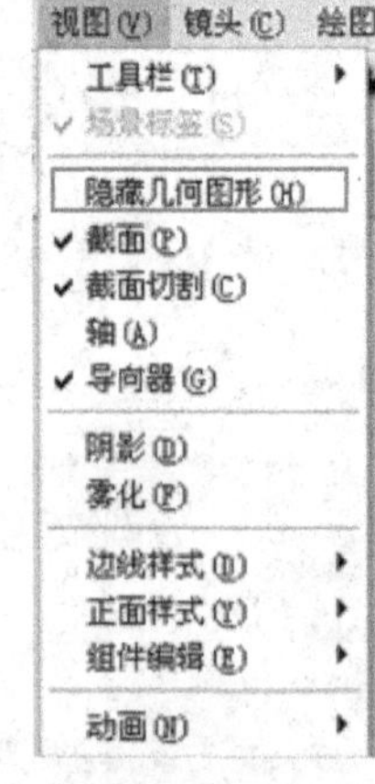

图 2-20

- 截面：该命令用于显示模型的任意剖切面。
- 截面切割：该命令用于显示模型的剖面。
- 轴：该命令用于显示或者隐藏绘图区的坐标轴。
- 导向器：该命令用于查看建模过程中的辅助线。
- 阴影：该命令用于显示模型在地面上的阴影。
- 雾化：该命令用于为场景添加雾化效果。
- 边线样式：该命令包含 5 个子命令，其中“边线”和“后边线”命令用于显示模型的边线，“轮廓”“深度暗示”和“延长”命令用于激活相应的边线渲染模式，如图 2-21 所示。
- 正面样式：该命令包含 6 种显示模式，分别为“X 射线”模式、“线框”模式、“隐藏线”模式、“阴影”模式、“带纹理的阴影”模式和“单色”模式，如图 2-22 所示。

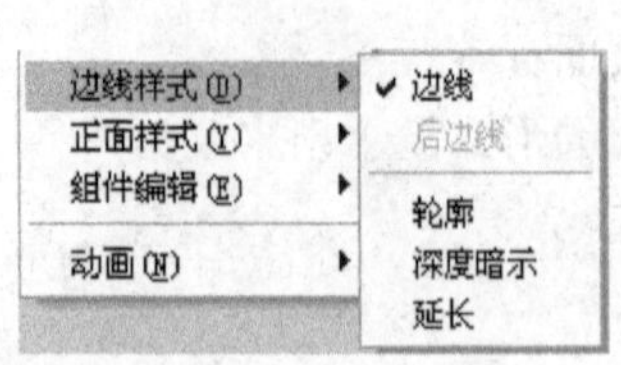

图 2-21

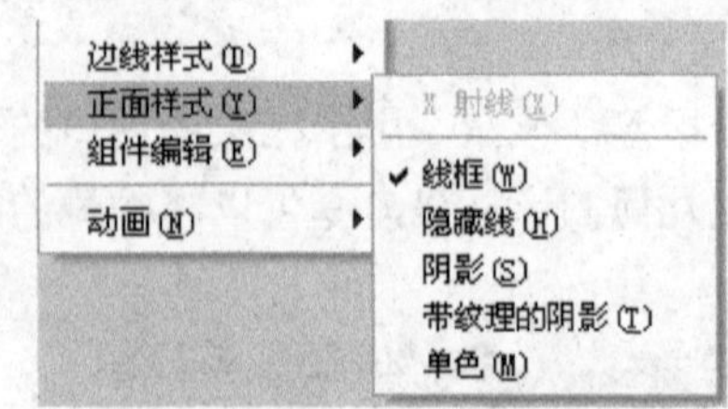

图 2-22

- 组件编辑：该命令包含的子命令用于改变编辑组件时的显示方式，如图 2-23 所示。
- 动画：该命令同样包含了一些子命令，如图 2-24 所示，通过这些子命令可以添加或者删除页面，也可以控制动画的播放和设置。有关动画的具体操作会在后面进行详细讲解。

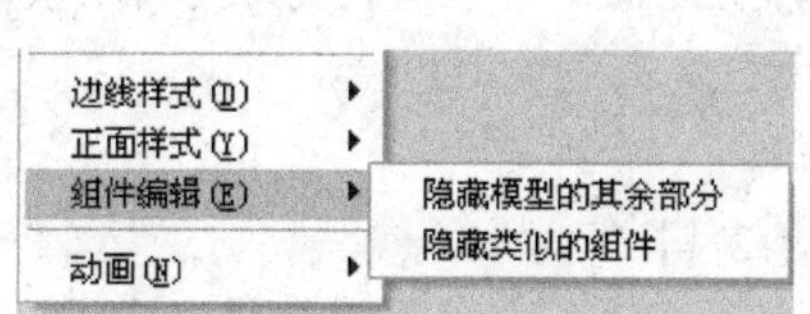

图 2-23

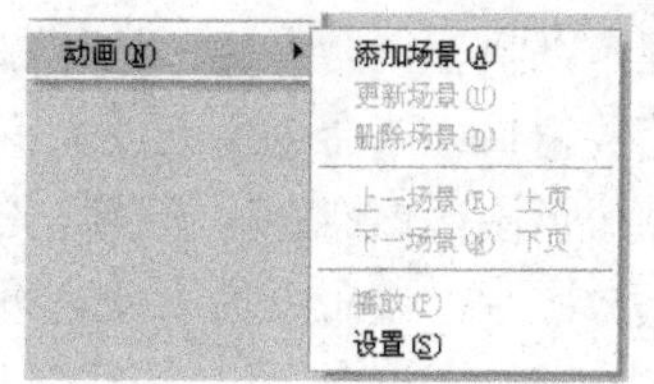

图 2-24

4. 镜头

“镜头”菜单包含了改变模型视角的命令，如图 2-25 所示。

选项讲解 “镜头”菜单

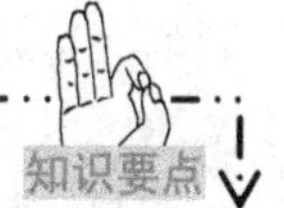

- 上一个：该命令用于返回上次使用的视角。
- 下一个：在翻看上一视图之后，选择该命令可以往后翻看下一视图。
- 标准视图：SketchUp 提供了一些预设的标准角度的视图，包括顶部视图、底部视图、前视图、后视图、左视图、右视图和等轴视图。通过该子菜单可以调整当前视图，如图 2-26 所示。

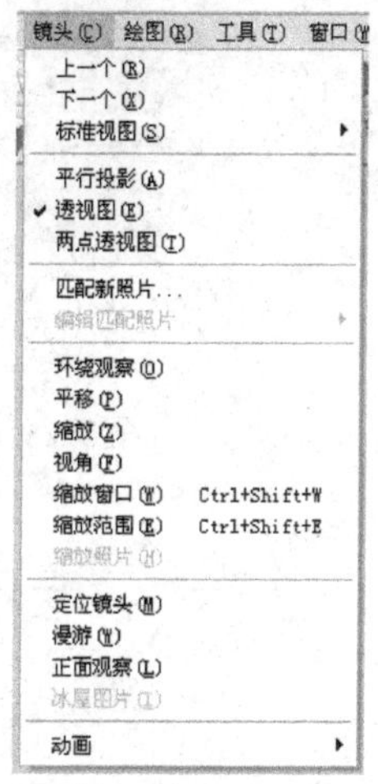

图 2-25

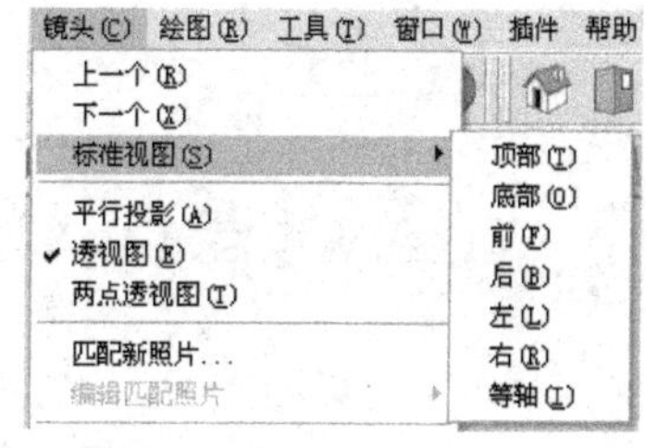

图 2-26

- 平行投影：该命令用于调用“平行投影”显示模式。
- 透视图：该命令用于调用“透视”显示模式。
- 两点透视图：该命令用于调用“两点透视”显示模式。
- 匹配新照片：执行该命令可以引入照片作为材质，对模型进行贴图。
- 编辑匹配照片：该命令用于对匹配的照片进行编辑修改。
- 环绕观察：执行该命令可以对模型进行旋转查看。
- 平移：执行该命令可以对视图进行平移。
- 缩放：执行该命令后，按住鼠标左键在屏幕上拖动，可以实时缩放。

- 视角：执行该命令后，按住鼠标左键在屏幕上拖动，可以使视野加宽或者变窄。
- 缩放窗口：该命令用于放大窗口选定的元素。
- 缩放范围：该命令用于使场景充满绘图窗口。
- 缩放照片：该命令用于使背景图片充满绘图窗口。
- 定位镜头：该命令可以将相机镜头精确放置到眼睛高度或者置于某个精确的点。
- 漫游：该命令用于调用“漫游”工具。
- 正面观察：该命令用于调用“正面观察”工具。
- 冰屋图片：使用建筑模型制作工具制作的建筑物会以 SKP 文件形式导入到 SketchUp 中，在这些文件中，用于制作建筑物的每个图像都有一个场景。SketchUp 的“冰屋图片”功能可让用户轻松浏览这些图像，并可与“匹配照片”功能搭配使用，以进一步制作模型的细节。
- 动画：该子菜单中包含 2 个命令，分别是“旋转视图”和“停止旋转”，如图 2-27 所示。
  - 旋转视图：该命令可以对视图进行连续性的旋转操作。
  - 停止旋转：该命令可以停止对视图的旋转操作。

5. 绘图

“绘图”菜单包含了绘制图形的几个命令，如图 2-28 所示。

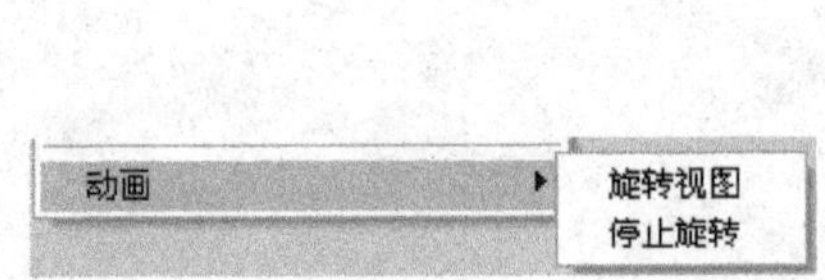

图 2-27

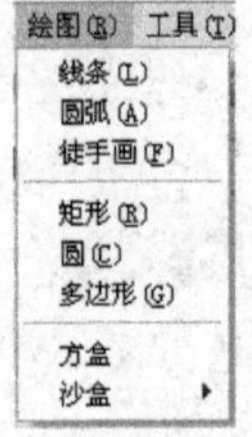

图 2-28

选项讲解　“绘图”菜单

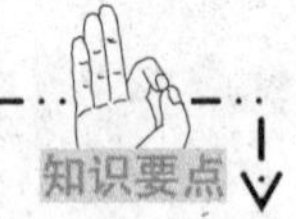

- 线条：执行该命令可以绘制线、相交线或者闭合的图形。
- 圆弧：执行该命令可以绘制圆弧，圆弧一般由多个相连的曲线片段组成，但是这些图形可以作为一个弧整体进行编辑。
- 徒手画：执行该命令可以绘制不规则的、共面相连的曲线，从而创造出多段曲线或者简单的徒手画物体。
- 矩形：执行该命令可以绘制矩形面。
- 圆：执行该命令可以绘制圆。
- 多边形：执行该命令可以绘制规则的多边形。
- 方盒：执行该命令可以贴着视图的 X 轴、Y 轴、Z 轴创建一个长、宽、高相等的立方体。
- 沙盒：通过该命令的子命令可以利用等高线或网格创建地形，如图 2-29 所示。

6. 工具

“工具”菜单主要包括对物体进行操作的常用命令，如图 2-30 所示。

图 2-29

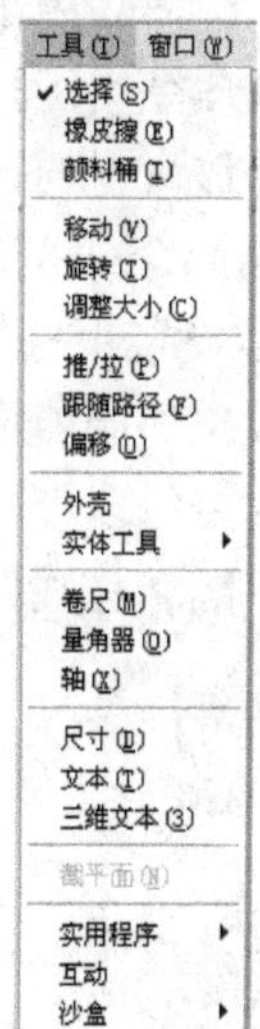

图 2-30

选项讲解 “工具”菜单

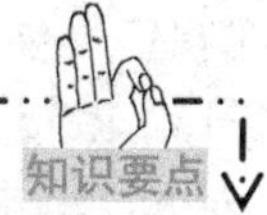

- 选择：选择特定的实体，以便以实体进行其他命令的操作。
- 橡皮擦：该命令用于删除边线、辅助线和绘图窗口的其他物体。
- 颜料桶：执行该命令将打开“材质”编辑器，用于为面或组件赋予材质。
- 移动：该命令用于移动、拉伸和复制几何体，也可以用来旋转组件。
- 旋转：执行该命令将在一个旋转面里旋转绘图要素、单个或多个物体，也可以选中一部分物体进行拉伸和扭曲。
- 调整大小：执行该命令将对选中的实体进行缩放。
- 推/拉：该命令用来扭曲和均衡模型中的面。根据几何体特性的不同，该命令可以移动、挤压、添加或者删除面。
- 跟随路径：该命令可以使面沿着某一连续的边线路径进行拉伸，在绘制曲面物体时非常方便。
- 偏移：该命令用于偏移复制共面的面或者线，可以在原始面的内部和外部偏移边线，偏移一个面会创造出一个新的面。
- 外壳：该命令可以将两个组件合并为一个物体并自动成组。
- 实体工具：该命令下包含了 5 种布尔运算功能，可以对组件进行相交、并集、去除、修剪和拆分的操作，如图 2-31 所示。
- 卷尺：该命令用于绘制辅助测量线，使精确建模操作更简便。
- 量角器：该命令用于绘制一定角度的辅助量角线。
- 轴：用于设置坐标轴，也可以进行修改。对绘制斜面物体非常有效。

- 尺寸：该命令用于在模型中标识尺寸。
- 文本：该命令用于在模型中输入文字。
- 三维文本：该命令用于在模型中放置 3D 文字，可设置文字的大小和挤压厚度。
- 截平面：该命令用于显示物体的剖切面。
- 实用程序：该命令的子菜单中包含 2 个命令，分别是“创建平面”和“查询工具”，如图 2-32 所示。
- 互动：通过设置组件属性，给组件添加多个属性，比如多种材质或颜色。运行动态组件时会根据不同属性进行动态变化显示。
- 沙盒：该命令包含 5 个子命令，分别为“曲面拉伸”“曲面平整”“曲面投射”“添加细部”和“翻转边线”，如图 2-33 所示。

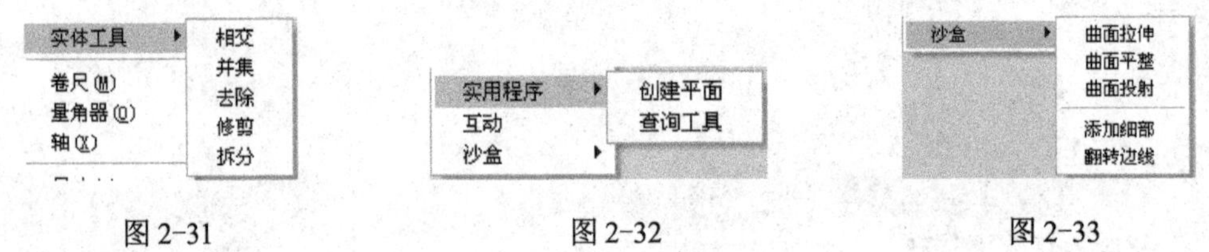

图 2-31　　图 2-32　　图 2-33

7. 窗口

“窗口”菜单中的命令代表着不同的编辑器和管理器，如图 2-34 所示。通过这些命令可以打开相应的浮动窗口，以便快捷地使用常用编辑器和管理器，而且各个浮动窗口可以相互吸附对齐，单击即可展开，如图 2-35 所示。

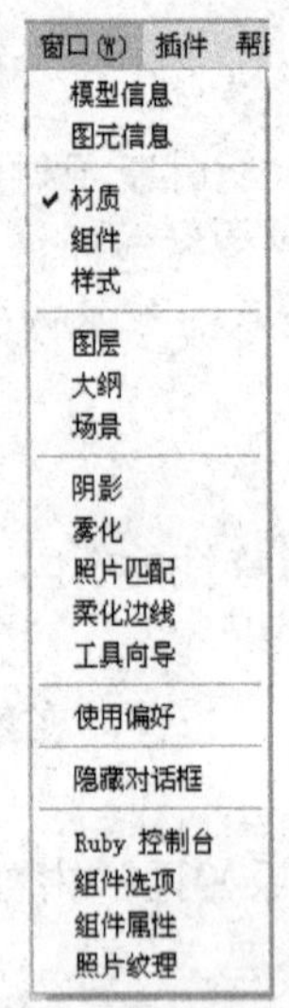

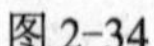

图 2-34　　图 2-35

选项讲解 “窗口”菜单

知识要点

- 模型信息：选择该选项将弹出“模型信息”管理器。

- 图元信息：选择该选项将弹出“图元信息”浏览器，用于显示当前选中实体的属性。
- 材质：选择该选项将弹出“材质”编辑器。
- 组件：选择该选项将弹出“组件”编辑器。
- 样式：选择该选项将弹出“样式”编辑器。
- 图层：选择该选项将弹出“图层”管理器。
- 大纲：选择该选项将弹出“大纲”浏览器。
- 场景：选择该选项将弹出“场景”管理器，用于突出当前页面。
- 阴影：选择该选项将弹出“阴影设置”对话框。
- 雾化：选择该选项将弹出“雾化”对话框，用于设置雾化效果。
- 照片匹配：选择该选项将弹出“照片匹配”对话框。
- 柔化边线：选择该选项将弹出“柔化边线”编辑器。
- 工具向导：选择该选项将弹出“工具向导”编辑器。
- 使用偏好：选择该选项将弹出“系统使用偏好”对话框，可以通过设置 SketchUp 的应用参数来为整个程序编写各种不同的功能。
- 隐藏对话框：该命令用于隐藏所有对话框。
- Ruby 控制台：选择该选项将弹出“Ruby 控制台”对话框，用于编写 Ruby 命令。
- 组件选项/组件属性：这两个命令用于设置组件的属性，包括组件的名称、大小、位置和材质等。通过设置属性，可以实现动态组件的变化显示。
- 照片纹理：该命令可以直接从 Google 地图上截取照片纹理，并作为材质贴图赋予模型物体的表面。

8．插件

“插件”菜单如图 2-36 所示，这里包含了用户添加的大部分插件，还有部分插件可能分散在其他菜单中。

9．帮助

通过“帮助”菜单中的命令可以了解软件各个部分的详细信息和学习教程，如图 2-37 所示。

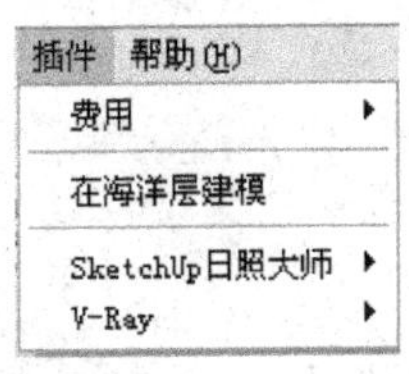

图 2-36

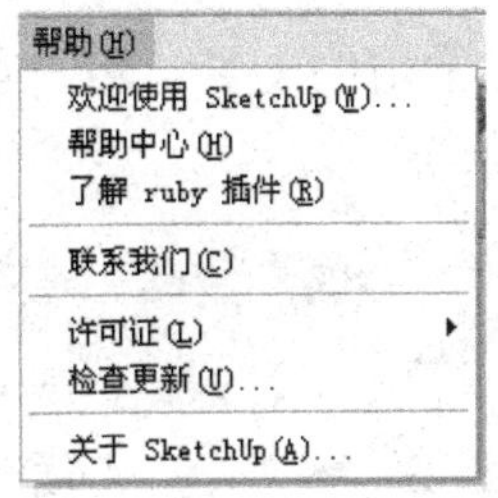

图 2-37

选项讲解 “帮助”菜单

- 欢迎使用 SketchUp：选择该选项将弹出“欢迎使用 SketchUp”对话框。

- 帮助中心：选择该选项将弹出 SketchUp 帮助中心的网页。
- 了解 ruby 插件：选择该选项将弹出学习 ruby 插件的相关网页。
- 联系我们：选择该选项将弹出 SketchUp 相关网页。
- 许可证：选择该选项将弹出软件授权的信息。
- 检查更新：选择该选项将自动检测最新的软件版本，并对软件进行更新。
- 关于 SketchUp：选择该选项将弹出显示已安装软件的信息对话框。

技巧提示 如何查询 SketchUp 版本号

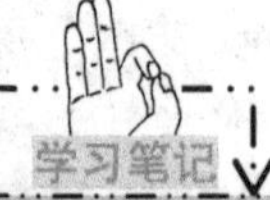

执行“帮助|关于 SketchUp”菜单命令将弹出一个信息对话框，在该对话框中可以找到版本号等信息，如图 2-38 所示。

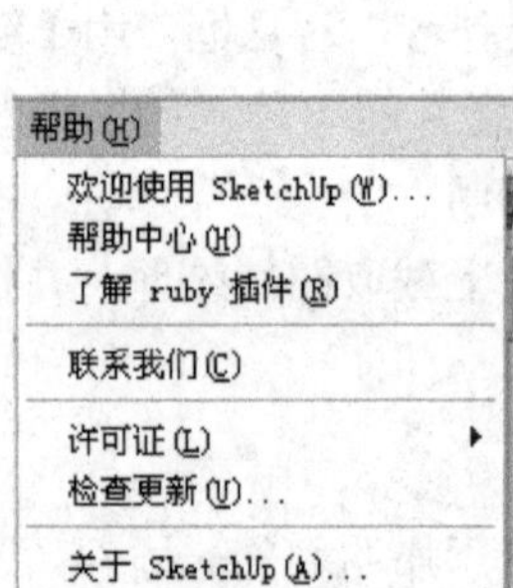

图 2-38

2.2.3 工具栏

工具栏包含了常用的工具，用户可以自定义这些工具的显隐状态或显示大小等，如图 2-39 和图 2-40 所示。

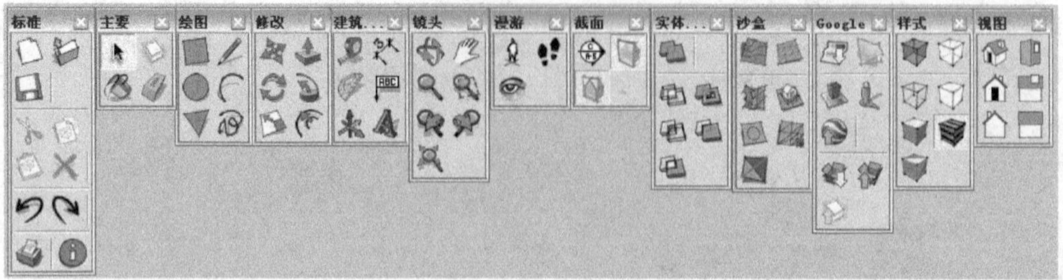

图 2-39

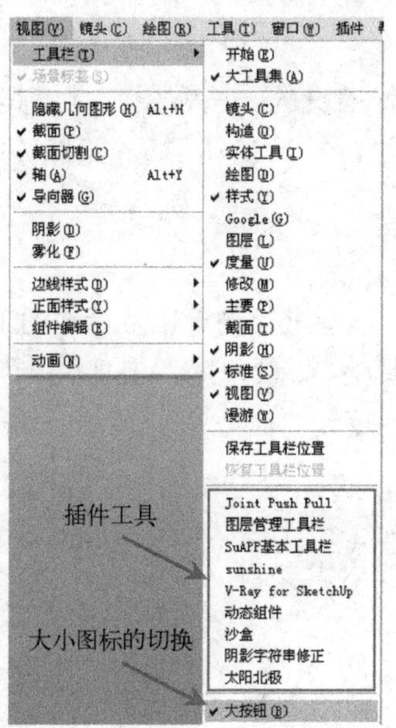

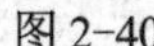
图 2-40

1. “标准”工具栏

“标准”工具栏主要是完成对场景文件的打开、保存、复制以及打印等命令。其中包括“新建”工具、“打开”工具、“保存”工具、“剪切”工具、“复制”工具、“粘贴”工具、“擦除”工具、“撤销”工具、“重做”工具、“打印”工具和“模型信息”工具，如图 2-41 所示。

图 2-41

2. “主要”工具栏

“主要”工具栏是一些对模型进行选择、制作组件以及材质赋予的常用命令。其中包括“选择”工具、“制作组件”工具、“颜料桶”工具和“擦除”工具，如图 2-42 所示。

3. “绘图”工具栏

“绘图”工具栏主要是创建模型的一些常用的工具。其中包括 6 个工具，分别为“矩形”工具、“线条”工具、“圆”工具、“圆弧”工具、“多边形”工具和“徒手画”工具，如图 2-43 所示。

图 2-42

图 2-43

4. “修改”工具栏

“修改”工具栏是对模型进行编辑的一些常用工具。其中包括 6 个工具，分别为“移动”工具、“推/拉”工具、“旋转”工具、“跟随路径”工具、“拉伸”工具和“偏移”工具，如图 2-44 所示。

5. “建筑施工”工具栏

“建筑施工”工具栏主要是对模型进行测量以及标注的工具。其中包括 6 个工具，分别为“卷尺”工具、“尺寸”工具、“量角器”工具、“文本”工具、“轴”工具和“三维文本”工具，如图 2-45 所示。

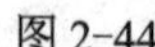
图 2-44

图 2-45

6. “镜头”工具栏

“镜头”工具栏主要是对模型进行查看的命令。其中包括 7 个工具，分别为“环绕观察”工具、“平移”工具、“缩放”工具、“缩放窗口”工具、“上一个”工具、“下一个”工具和“缩放范围”工具，如图 2-46 所示。

7. “漫游”工具栏

“漫游”工具栏主要是对场景模型进行漫游观看的命令。其中包括 3 个工具，分别为“定位镜头”工具、“漫游”工具和“正面观察”工具，如图 2-47 所示。

图 2-46

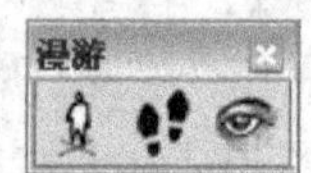

图 2-47

8. “截面”工具栏

“截面”工具栏中的工具可以控制全局剖面的显示和隐藏，执行“视图|工具栏|截面”菜单命令即可打开“截面”工具栏。该工具栏中共有 3 个工具，分别为“截平面”工具、“显示截平面”工具和“显示截面切割”工具，如图 2-48 所示。

9. “视图”工具栏

“视图”工具栏中主要是对场景中几种常用视图的切换命令。其中包括 6 个工具，分别为“等轴”工具、“俯视图”工具、“主视图”工具、“右视图”工具、“后视图”工具和“左视图”工具，如图 2-49 所示。

图 2-48

图 2-49

10．“实体工具”工具栏

SketchUp 8.0 新增了强大的模型交错功能，可以在组与组之间进行并集、交集等布尔运算。在“实体工具”工具栏中包含了执行这些运算的工具，其中包括“外壳”工具、“相交”工具、“并集”工具、“去除”工具、“修剪”工具和“拆分”工具，如图 2-50 所示。

11．“沙盒”工具栏

“沙盒”工具栏主要是创建山地模型的命令。其中包括 7 个工具，分别是“根据等高线创建”工具、“根据网格创建”工具、“曲面拉伸”工具、“曲线平整”工具、“曲面投射”工具、“添加细部”工具和“翻转边线”工具，如图 2-51 所示。

图 2-50

图 2-51

12．“太阳北极”工具栏

SketchUp 8.0 版本新增加了“太阳北极”工具栏，执行“视图|工具栏|太阳北极”菜单命令即可调用该工具栏。使用该工具栏中的工具可以非常方便地显示模型场景的正北方（类似于指北针），如图 2-52 所示。

13．Google 工具栏

Google 工具栏中包含 8 个工具。这些工具主要是结合 Google Earth 的一些命令，分别是“添加位置”工具、“切换地形”工具、“添加新建筑物”工具、“照片纹理”工具、“在 Google 地球中预览模型”工具、“获取模型”工具、“分享模型”工具和“分享组件”工具，如图 2-53 所示。

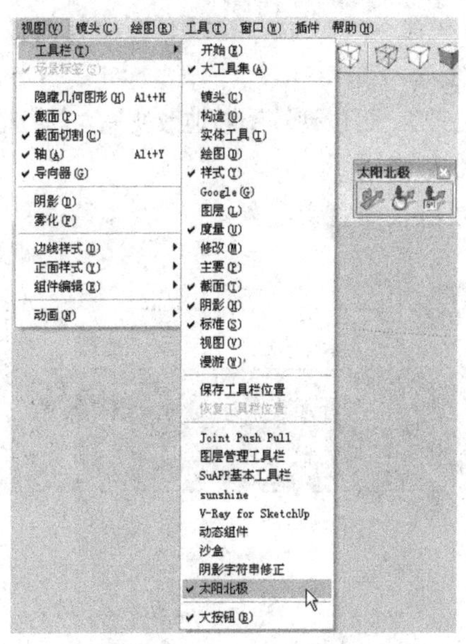

图 2-52

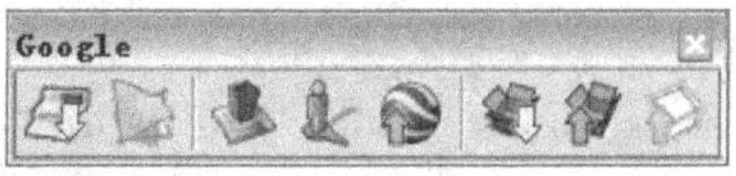

图 2-53

2.2.4 绘图区

绘图区又叫绘图窗口，它占据了界面中最大的区域，在这里可以创建和编辑模型，也可以对视图进行调整。在绘图窗口中还可以看到绘图坐标轴，分别用红、绿、蓝 3 色显示。

如果需要取消鼠标处的坐标轴光标，只须执行“窗口|使用偏好”菜单命令，然后在“系统使用偏好”对话框左侧列表框中选择“绘图”选项，然后在右侧的参数设置面板中取消勾选“显示十字准线”复选框即可，如图 2-54 和图 2-55 所示。

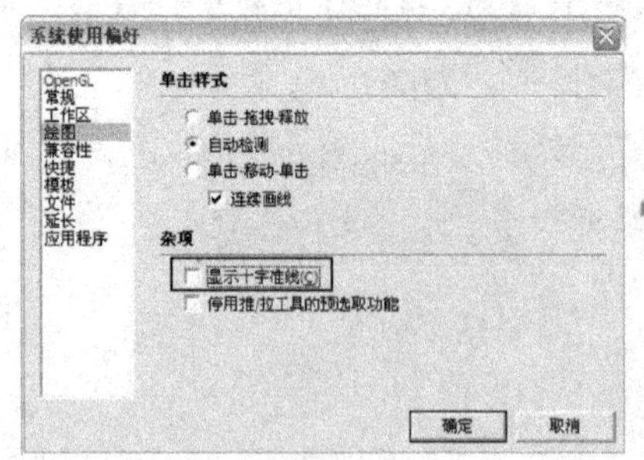

图 2-54

图 2-55

2.2.5 数值控制框

绘图区的左下方是数值控制框，这里会显示绘图过程中的尺寸信息，也可以接受用户通过键盘输入的数值。数值控制框支持所有的绘制工具，其工作特点如下。

- 由鼠标指定的数值会在数值控制框中动态显示。如果指定的数值不符合系统属性里指定的数值精度，在数值前面会加上“~”符号，这表示该数值不够精确。
- 用户可以在命令完成之前输入数值，也可以在命令完成后、还没有开始其他操作之前输入数值。输入数值后，按〈Enter〉键确定。
- 当前命令仍然生效的时候（开始新的命令操作之前），可以持续不断地改变输入的数值。
- 一旦退出命令，数值控制框就不会再对该命令起作用了。
- 输入数值之前不需要单击数值控制框，可以直接在键盘上输入。

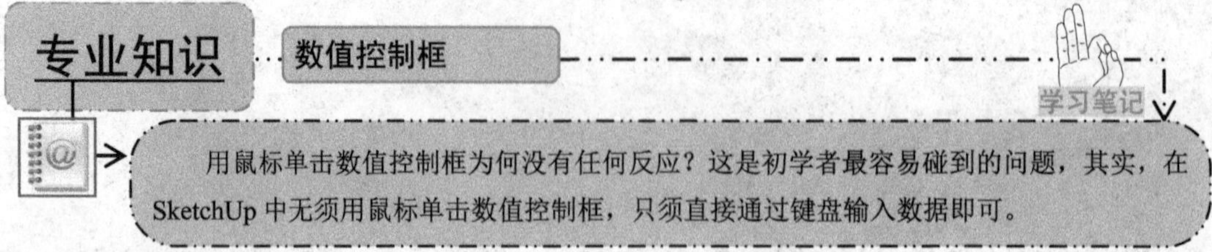

用鼠标单击数值控制框为何没有任何反应？这是初学者最容易碰到的问题，其实，在 SketchUp 中无须用鼠标单击数值控制框，只须直接通过键盘输入数据即可。

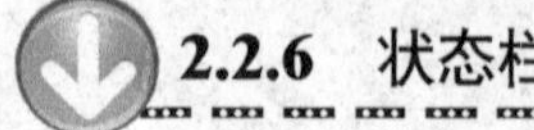

2.2.6 状态栏

状态栏位于界面的底部，用于显示命令提示和状态信息，是对命令的描述和操作提示。

这些信息会随着对象的改变而改变。

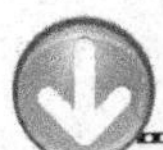

2.2.7 窗口调整柄

窗口调整柄位于界面的右下角，显示为一个条纹组成的倒三角符号，通过拖动窗口调整柄可以调整窗口的大小。当界面最大化显示时，窗口调整柄是隐藏的，此时只须双击标题栏将界面缩小即可看到窗口调整柄。

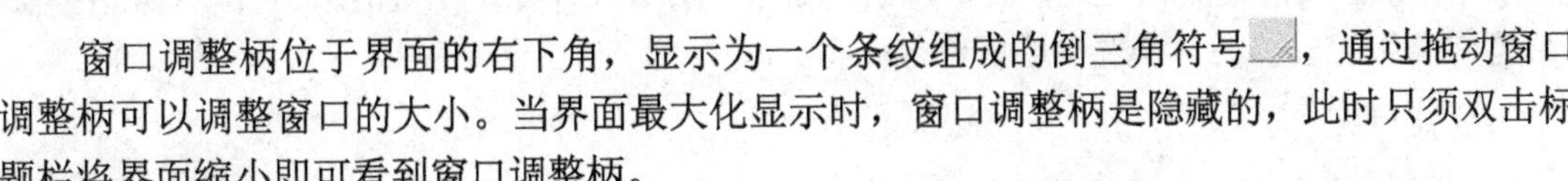

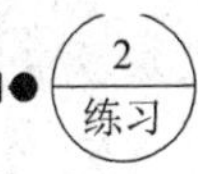

单击绘图区右上角的“向下还原”按钮，此时该按钮会自动切换为“最大化”按钮，在这种状态下，可以拖曳右下角的窗口调整柄进行调整（界面的边界会呈虚线显示），也可以将鼠标放置在界面的边界处，鼠标会变成双向箭头↔，拖曳箭头即可改变窗口大小，如图 2-56 所示。

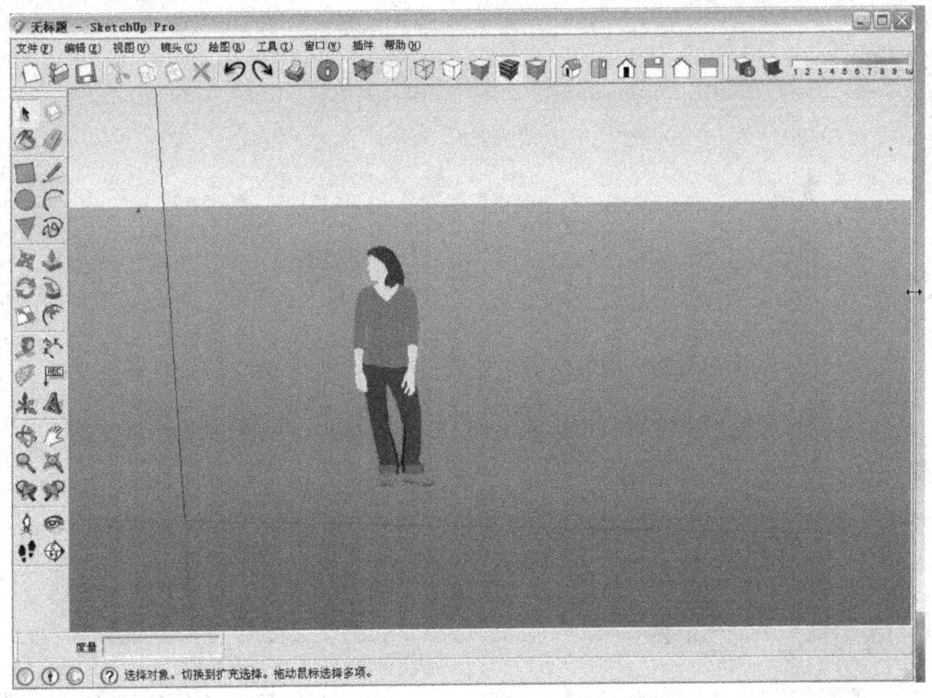

图 2-56

2.3 SketchUp 8.0工作界面的优化设置

2
掌握

在运行 SketchUP 8.0 的过程中，可以对软件的工作界面进行优化设置，其中包括设置模型信息、设置硬件加速、显示风格样式的设置及设置天空、地面与雾效等相关内容。下面就对这些内容进行详细讲解。

2.3.1 设置模型信息

执行“窗口|模型信息”菜单命令，如图 2-57 所示，打开“模型信息”管理器。下面对“模型信息”管理器的各个选项面板进行介绍。

1. 尺寸

“尺寸”面板中的各项设置用于改变模型尺寸标注的样式，包括文字、引线和尺寸标注的形式等，如图 2-58 所示。

2. 单位

“单位”面板用于设置文件默认的绘图单位和角度单位。

3. 地理位置

“地理位置”面板用于设置模型所处的地理位置和太阳的方位，以便更准确地模拟光照和阴影效果，如图 2-59 所示。

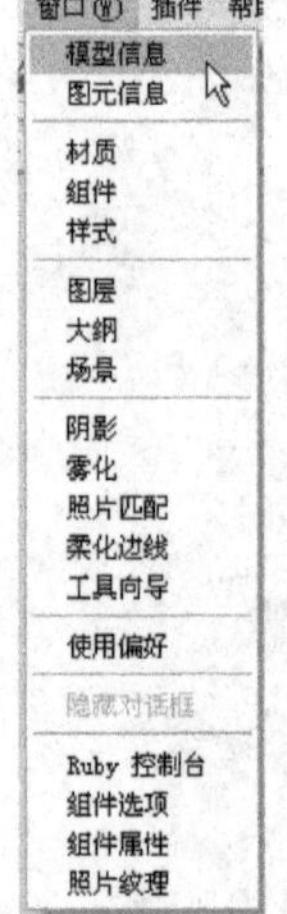

图 2-57

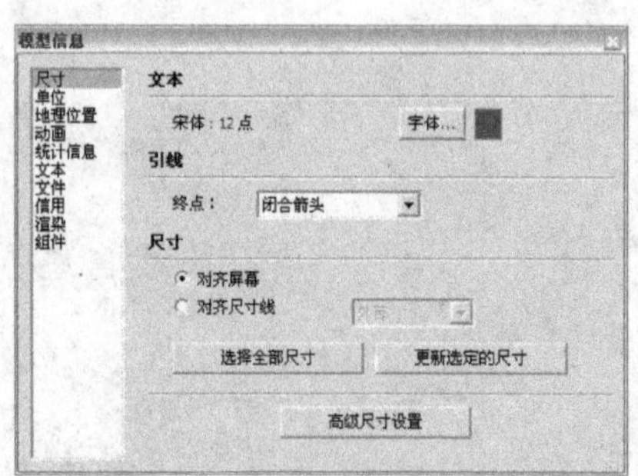

图 2-58

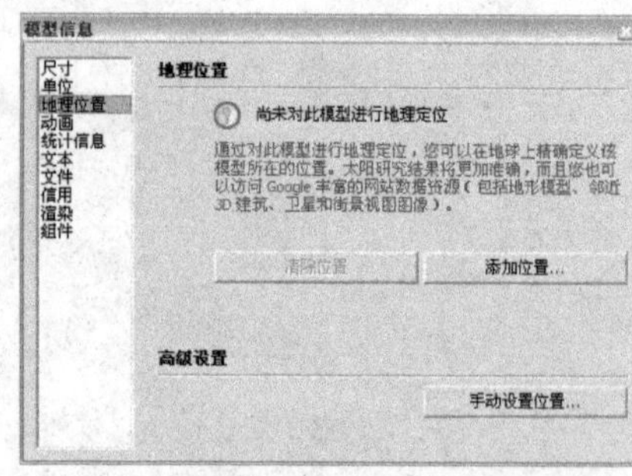

图 2-59

技巧提示 地理位置

学习笔记

单击“添加位置”按钮 添加位置... 即可设置模型所处的地理位置。添加方法在前面已经讲过，在此不再讲述。另外，在“地理位置”面板中还可以设置太阳的方位，只须单击“手动设置位置”按钮 手动设置位置... ，然后在弹出的对话框中进行设置即可，如图 2-60 所示。如果需要得到准确的日照和阴影，只须执行“窗口|模型信息”菜单命令打开“模型信息”管理器，然后在“地理位置”面板中添加地理经纬度信息，接着打开“阴影设置”对话框，并对日照时间和光影明暗进行调整，最后激活“阴影显示切换”按钮显示场景阴影，就能实时显示较为准确的日照分析效果了，如图 2-61 所示。

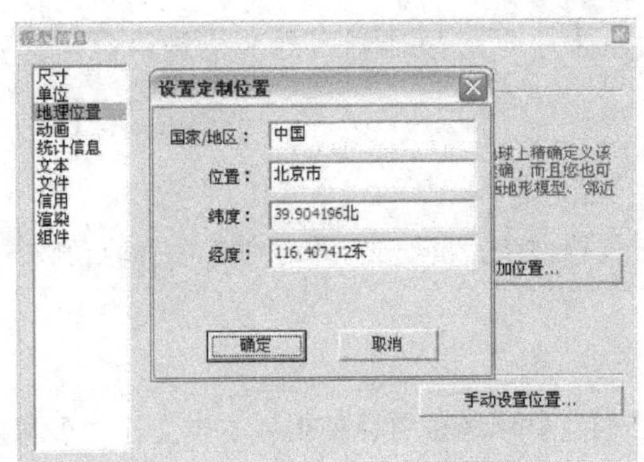

图 2-60

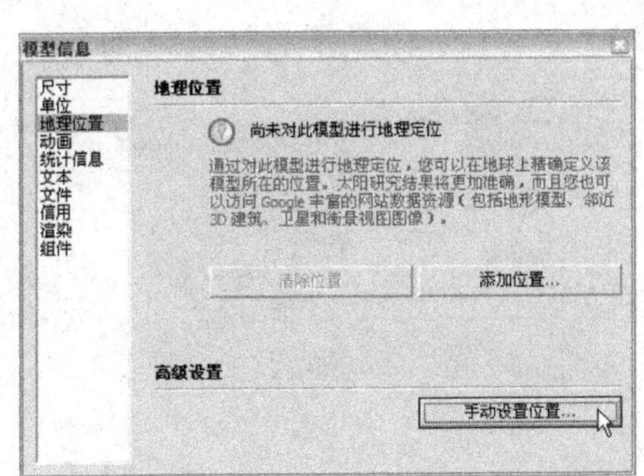

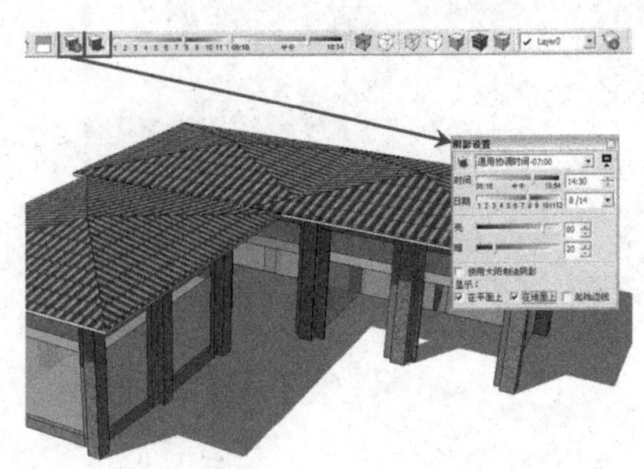

图 2-61

4．动画

“动画”面板用于设置页面切换的过渡时间和场景延时时间，如图 2-62 所示。

5．统计信息

“统计信息”面板用于统计当前场景中各种元素的名称和数量，并可以清理未使用的组件、材质和图层等多余元素，可以大大减少模型量，如图 2-63 所示。

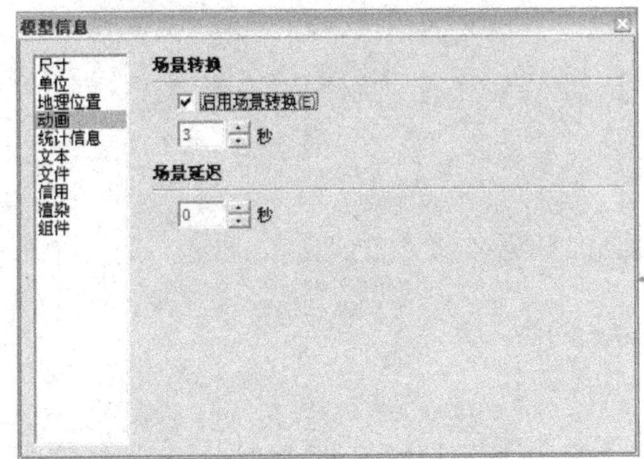

图 2-62

图 2-63

提示：“对齐”选项组用于定义组件插入到其他场景时所对齐的面（前提是该组件已经被放置好）。

6. 文本

“文本”面板可以设置屏幕文字、引线文字和引线的字体颜色、样式和大小等，如图 2-64 所示。

7. 文件

“文件”面板包含了当前文件所在位置、使用版本、文件大小和注释，如图 2-65 所示。

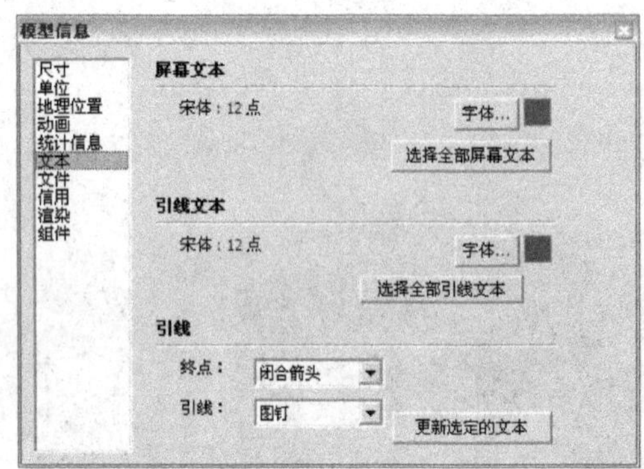

图 2-64

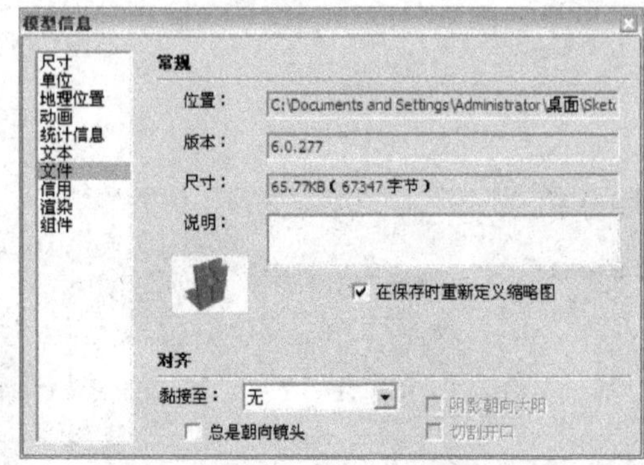

图 2-65

8. 信用

“信用”面板用于显示模型作者和组件作者，如图 2-66 所示。

9. 渲染

“渲染”面板用于提高纹理的性能和质量，如图 2-67 所示。

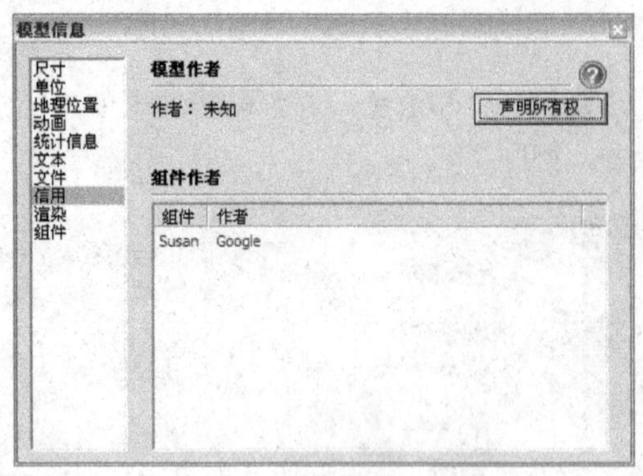

图 2-66

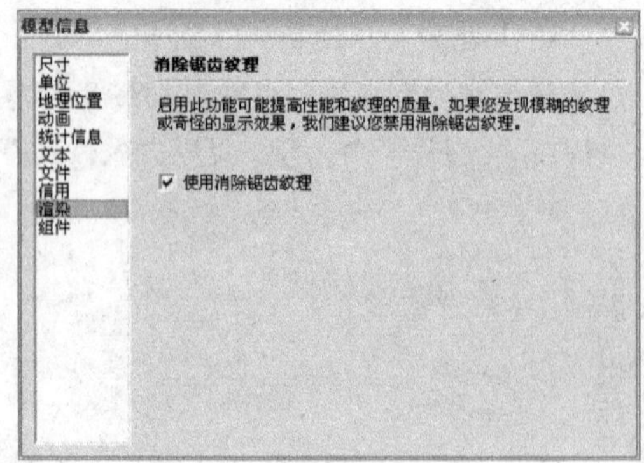

图 2-67

10. 组件

“组件”面板可以控制相似组件或其他模型的显隐效果，如图 2-68 所示。

一学即会 设置场景单位

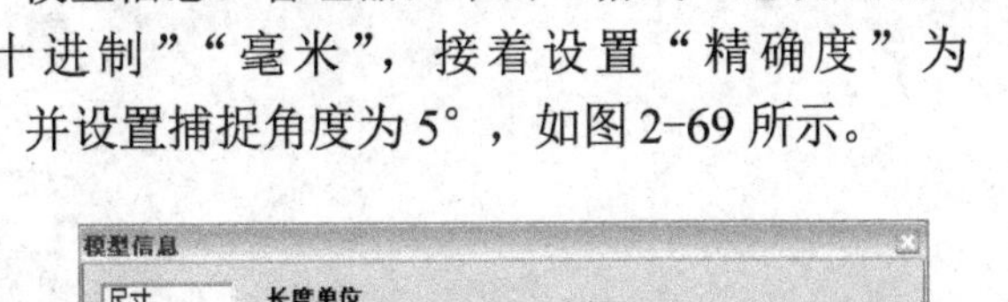

执行“窗口|模型信息”菜单命令，打开“模型信息”管理器，单击“格式”选项，然后在其参数设置面板中设置“格式”为“十进制”“毫米”，接着设置“精确度”为“0.00mm”，再勾选“启用长度捕捉”复选框，并设置捕捉角度为5°，如图2-69所示。

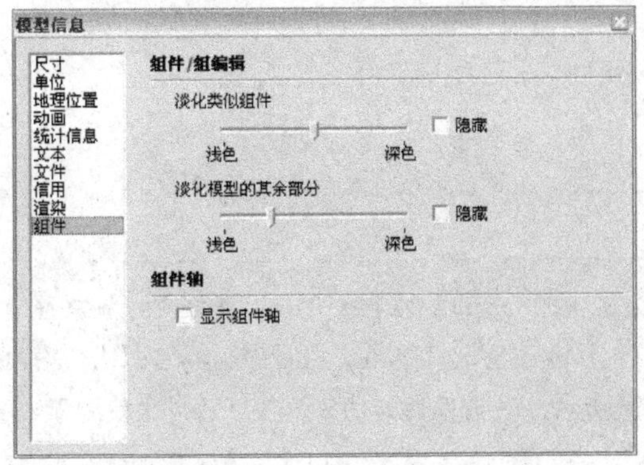

图2-68

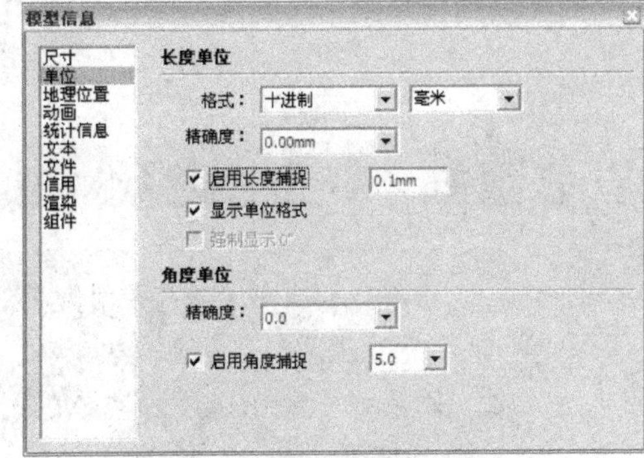

图2-69

2.3.2 设置硬件加速

1. 硬件加速和SketchUp

SketchUp是十分依赖内存、CPU、3D显卡和OpenGL驱动的三维应用软件，运行SketchUp需要100%兼容的OpenGL驱动。

专业知识 关于OpenGL

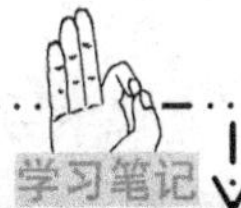

OpenGL是众多游戏和应用程序进行三维对象实时渲染的工业标准，Windows和Mac OS X操作系统都内建了基于软件加速的OpenGL驱动。OpenGL驱动程序通过CPU计算来“描绘”用户的屏幕。不过，CPU并不是专为OpenGL设计的硬件，因此并不能很好地完成这个任务。

为了提升3D显示性能，一些显卡厂商为自己的产品设计了GPU（图形处理器）来分担CPU的OpenGL运算。GPU比CPU更能胜任这个任务，能大幅提高性能（最高达3000%），是真正意义上的“硬件加速”。

安装完SketchUp后，系统默认使用OpenGL软件加速。如果计算机配备了100%兼容OpenGL硬件加速的显示卡，那么可以在“系统使用偏好”对话框的OpenGL面板中进行设置，以充分发挥硬件加速性能，如图2-70所示。

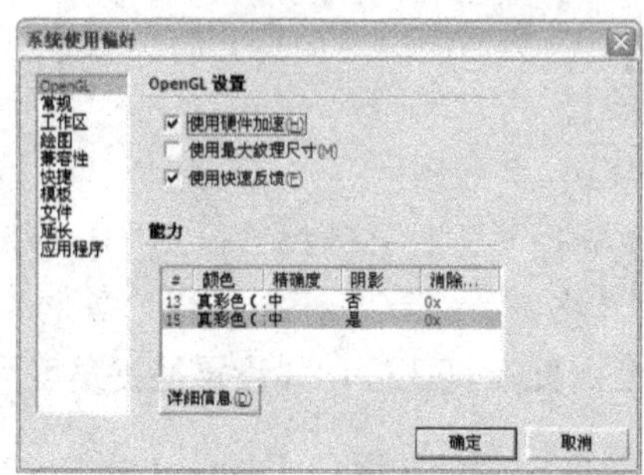

图 2-70

专业知识 模型材质的显示

学习笔记

SketchUp 8.0 在“系统使用偏好”对话框中的 OpenGL 面板中增加了“使用最大纹理尺寸”复选框。可以看到，没有勾选“使用最大纹理尺寸”复选框时的场地贴图比较模糊，如图 2-71 所示；勾选了“使用最大纹理尺寸”复选框后的场地贴图显示得比较清晰，如图 2-72 所示。

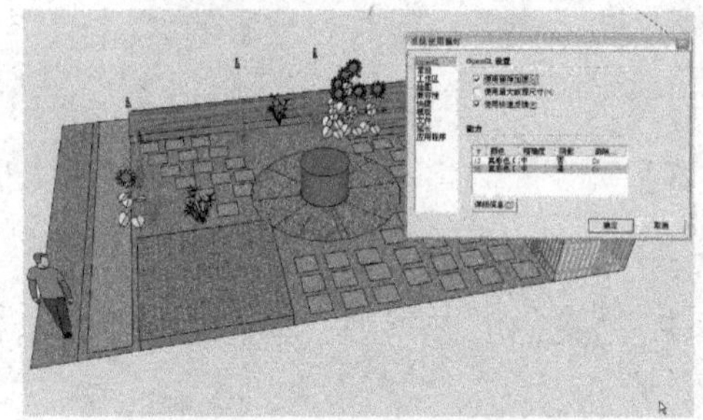

图 2-71

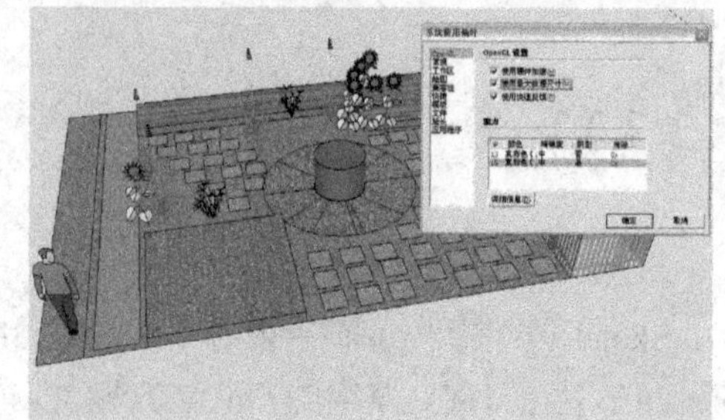

图 2-72

2．显卡与 OpenGL 的兼容性问题

如果显卡 100%兼容 OpenGL，那么 SketchUp 的工作效率将比软件加速模式要快得多，此时会明显感觉到速度的提升。如果确定显卡 100%兼容 OpenGL 硬件加速，但是 SketchUp 中的选项却不能用，那就需要将颜色质量设为 32 位色，因为有些驱动不能很好地支持 16 位色的 3D 加速。

如果不能正常使用一些工具或者渲染时出错，那么，显示可能就不是 100%兼容 OpenGL。出现这种情况，最好在“系统使用偏好”对话框的 OpenGL 面板中取消勾选“使用硬件加速”复选框。

技巧提示 纹理的显示

学习笔记

如果在 SketchUp 模型中投影了纹理，并且使用的是 ATI Rage Pro 或 Matrox G400 图形卡，那么纹理可能会显示不正确，禁用“使用硬件加速”功能可以解决这个问题。

3. 性能低下的 OpenGL 驱动的症状

以下症状表明 OpenGL 驱动不能 100%兼容 OpenGL 硬件加速。

- 开启表面接受投影功能时，有些模型出现条纹或变黑。这通常是由于 OpenGL 软件加速驱动的模板缓存的一个缺陷所致。
- 简化版的 OpenGL 驱动会导致 SketchUp 崩溃。有些 3D 显卡驱动只适合玩游戏，因此，OpenGL 驱动就被简化，而 SketchUp 则需要完全兼容的 OpenGL 驱动。有些厂商宣称自己的产品能 100%兼容 OpenGL，但实际不行。如果发现了这种情况，可以在 SketchUp 中将“使用硬件加速”功能关闭（默认情况下是关闭的）。
- 在 16 位色模式下，坐标轴消失，所有的线都可见且变成虚线，出现奇怪的贴图颜色。这种现象主要出现在使用 ATI 显示芯片的笔记本电脑上。这一芯片的驱动不能完全支持 OpenGL 加速，可以使用软件加速。
- 图像翻转，一些显示芯片不支持高质量的大幅图像，可以试着把要导入的图像尺寸改小。

4. 双显示器显示

当前，SketchUp 不支持操作系统运行双显示器，这样会影响 SketchUp 的操作和硬件加速功能。

5. 抗锯齿

一些硬件加速设备（如 3D 加速卡等）支持硬件抗锯齿，这能减少图形边缘的锯齿显示。

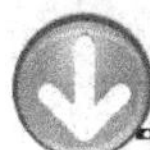

2.3.3 设置快捷键

SketchUp 默认设置了部分命令的快捷键，但是这些快捷键可以进行修改，例如在“过滤器”文本框中输入“矩形”文字，然后在“已指定”列表框中选中出现的快捷键，并单击“-”按钮 将其删除，接着在“添加快捷方式”文本框中输入自己习惯的命令（如 B），再单击“+”按钮 完成快捷键的修改，如图 2-73 所示。

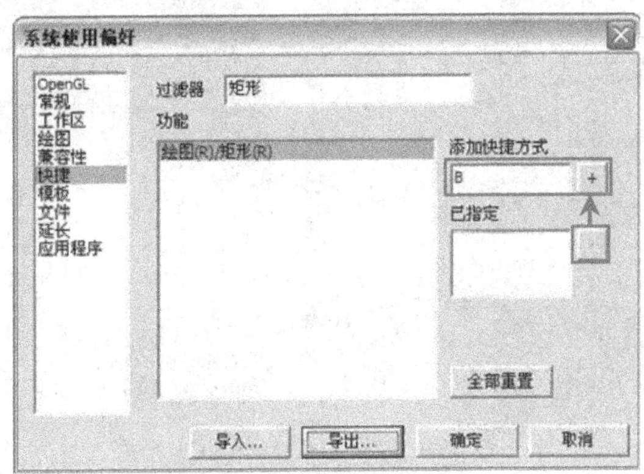

图 2-73

一学即会 导出SketchUp快捷键

视频：导出SketchUp快捷键.avi
案例：无

2 练习

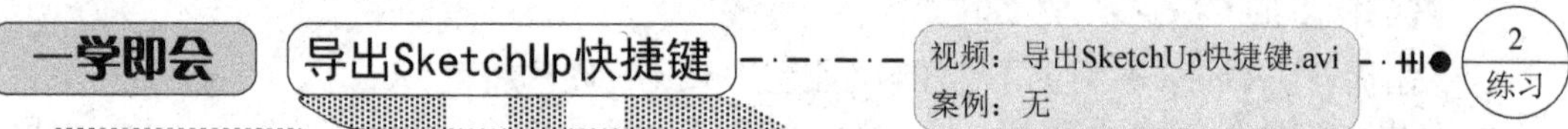

设置完常用的快捷键之后，可以将快捷键导出，以便需要的时候直接导入使用。导出时可以按以下步骤进行操作。

1）在桌面的“开始”菜单中选择“运行”选项，然后在弹出的“运行”对话框中输入 regedit，如图 2-74 所示。

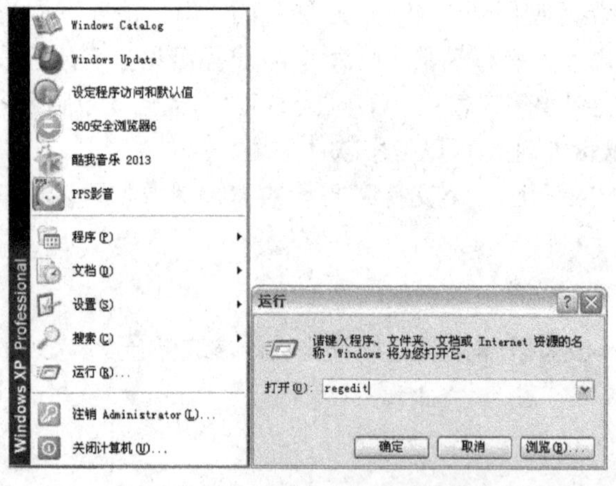

图 2-74

2）单击“确定”按钮 确定 打开“注册表编辑器”窗口，然后找到 HKEY_CURRENT_USER\Software\Google\Sketchup8.0\Settings 选项，接着在左侧的 Settings 文件夹上单击鼠标右键，并在弹出的快捷菜单中执行“导出”命令，如图 2-75 所示。

3）在“导出注册表文件”对话框中设置文件名和导出路径，其中“导出范围”设置为“所选分支”，如图 2-76 所示。

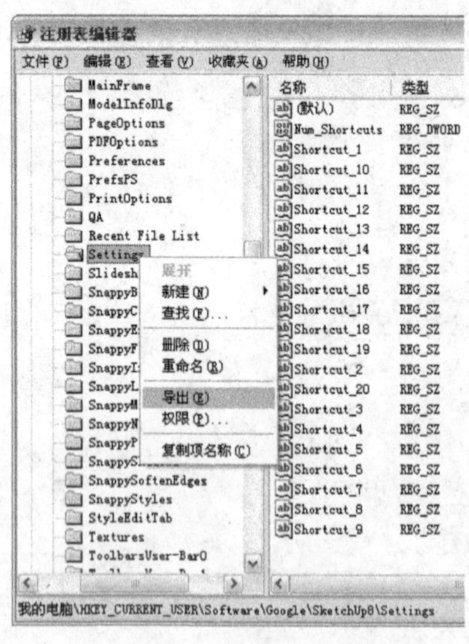

图 2-75

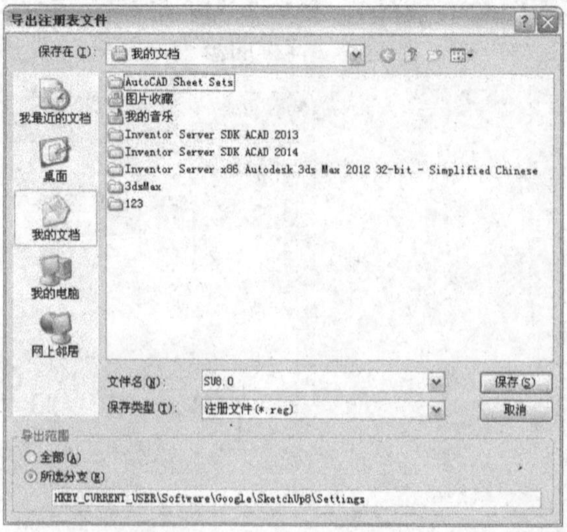

图 2-76

4）完成注册表文件的保存后，便得到一个 reg 格式的文件，如图 2-77 所示。

5）在另外一台计算机上安装的时候，只需要在运行 SketchUp 之前，双击该注册表文件即可导入这套快捷键，如图 2-78 所示。

图 2-77

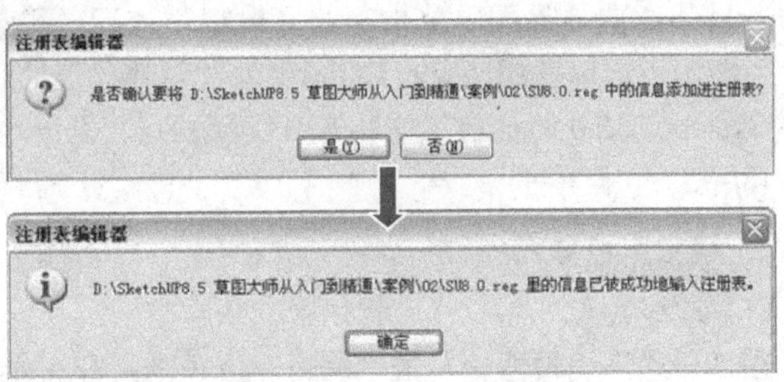

图 2-78

2.3.4 显示风格样式的设置

SketchUp 包含很多种显示模式，主要通过“样式”编辑器进行设置。“样式”编辑器中包含了背景、天空、边线和表面的显示效果。通过选择不同的显示样式，可以让用户的画面表达更具艺术感，体现强烈的独特个性。

执行“窗口|样式”菜单命令即可调出“样式”编辑器，如图 2-79 所示。

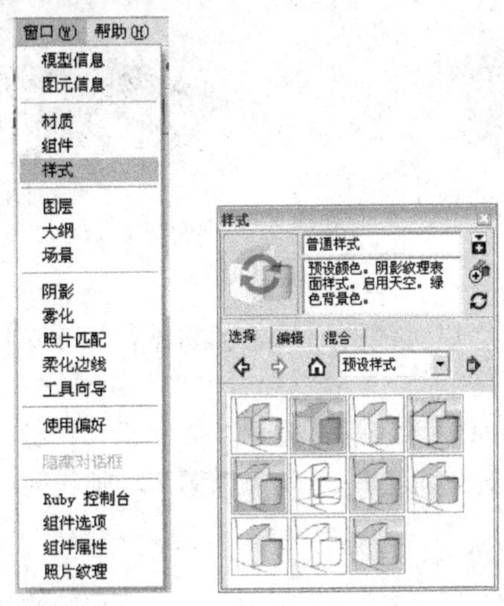

图 2-79

1. 选择风格样式

SketchUp 8.0 自带了 7 个样式目录，分别是“混合样式”“颜色集”“直线”“手绘边线”“照片建模”“预设样式”和“Style Builder 竞赛获奖者”。用户可以通过单击样式缩略图将其应用于场景中。

在进行样式预览和编辑的时候，SketchUp 只能自动存储自带的样式，在若干次选择和调

整后，用户可能找不到过程中某种满意的样式。在此建议使用模板，不管是风格设置、模型信息或者系统设置都可以调整，然后生成一个模板文件（执行“文件|另存为模板”菜单命令）。当需要使用保存的模板时，只须在向导界面中单击“选择模板”按钮 选择模板 进行选择即可。当然，也可以使用 Style Builder 软件创建自己的风格（该软件在安装 SketchUp 8.0 时会自动安装），只须添加到 Styles 文件夹中就可以随时调用。

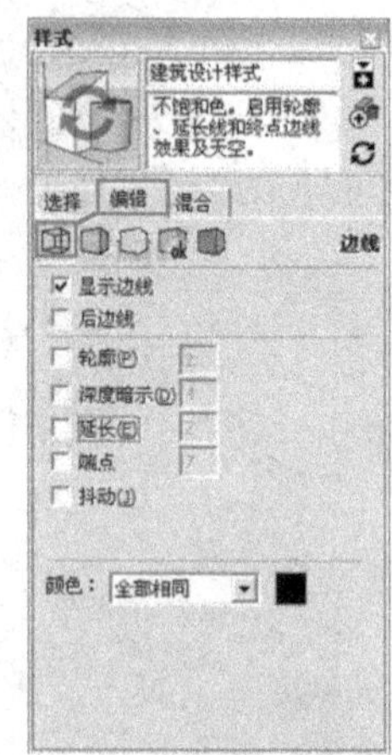

图 2-80

2．编辑风格样式

（1）边线设置

在“样式”编辑器中单击“编辑”选项卡，即可看到 5 个不同的设置面板，其中最左侧的是“边线”设置面板。该面板中的选项用于控制几何体边线的显示、隐藏、粗细以及颜色等，如图 2-80 所示。

选项讲解 “编辑”选项卡

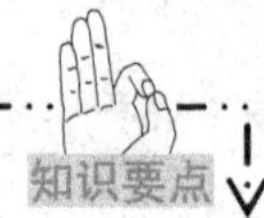

- 显示边线：开启此选项会显示物体的边线，否则隐藏边线，如图 2-81 所示。

图 2-81

- 后边线：开启此选项会以虚线的形式显示物体背部被遮挡的边线，否则隐藏被遮挡的边线，如图 2-82 所示。
- 轮廓：该选项用于设置轮廓线是否显示（借助于传统绘图技术，加重物体的轮廓线显示，突出三维物体的空间轮廓），也可以调节轮廓线的粗细，如图 2-83 所示。

图 2-82

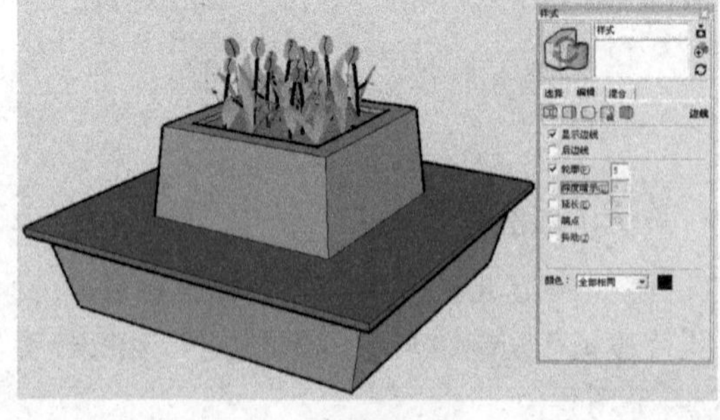

图 2-83

- 深度暗示：该选项用于强调场景中的物体前景线要强于背景线，类似于画素描线条的强弱差别。离相机越近的深粗线越强，越远的越弱。可以在数值框中设置深粗线的粗线，如图 2-84 所示。
- 延长：该选项用于使每一条边线的端点都向外延长，给模型一个“未完成的草图”的感觉。延长线纯粹是视觉上的延长，不会影响边线端点的参考捕捉。可以在数值框中设置边线延伸的长度，数值越大，延伸越长，如图 2-85 所示。

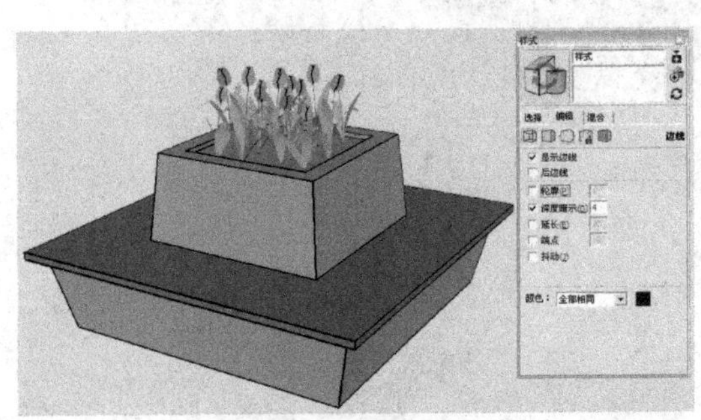

图 2-84

图 2-85

- 端点：该选项用于使边线在结尾处加粗，模拟手绘效果图的显示效果。可以在数值框中设置端点线长度，数值越大，端点延伸越长，如图 2-86 所示。
- 抖动：该选项可以模拟草稿线抖动的效果，渲染出的线条会有所偏移，但不会影响参考捕捉，如图 2-87 所示。

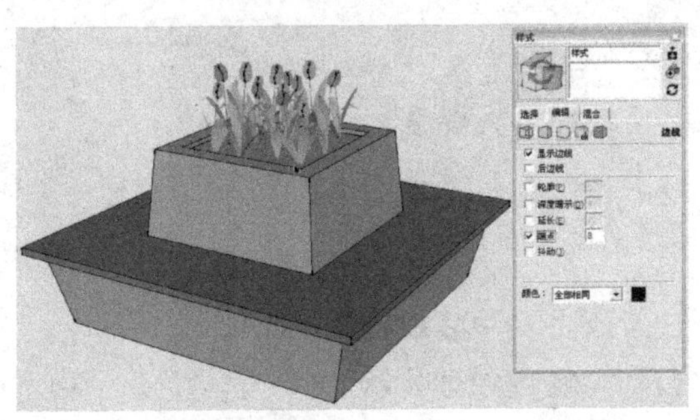

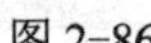

图 2-86

图 2-87

- 颜色：该选项可以控制模型边线的颜色，包含了 3 种颜色显示方式，如图 2-88 所示。
  - 全部相同：用于使边线的显示颜色一致。默认颜色为黑色，单击右侧的颜色块可以为边线设置其他颜色，如图 2-89 所示。
  - 按材质：可以根据不同的材质显示不同的边线颜色。如果选择线框模式，就能很明显地看出物体的边线是根据材质的不同而不同的，如图 2-90 所示。
  - 按轴：通过边线对齐的轴线不同而显示不同的颜色，如图 2-91 所示。

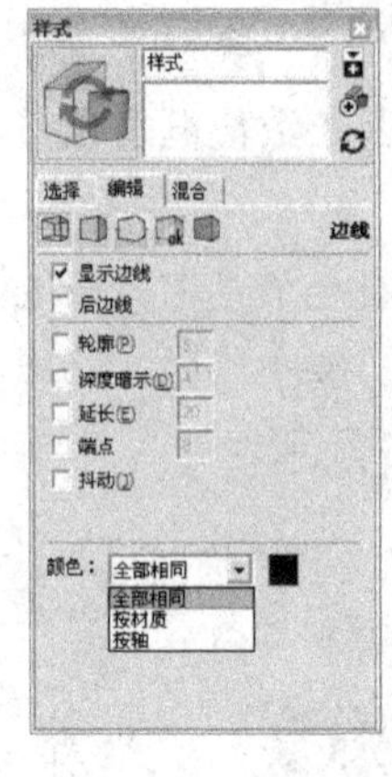

图 2-88

图 2-89

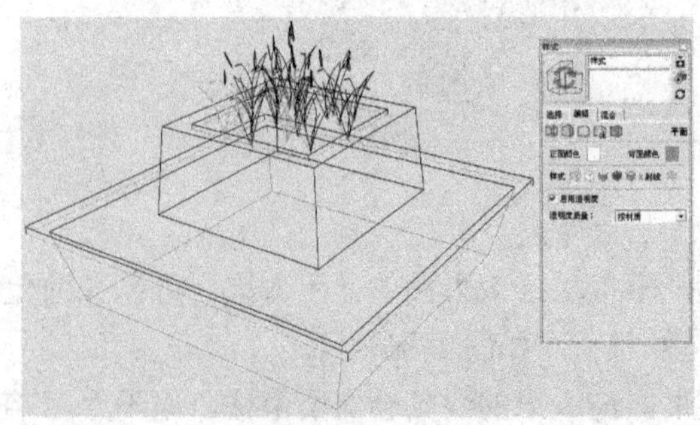

图 2-90

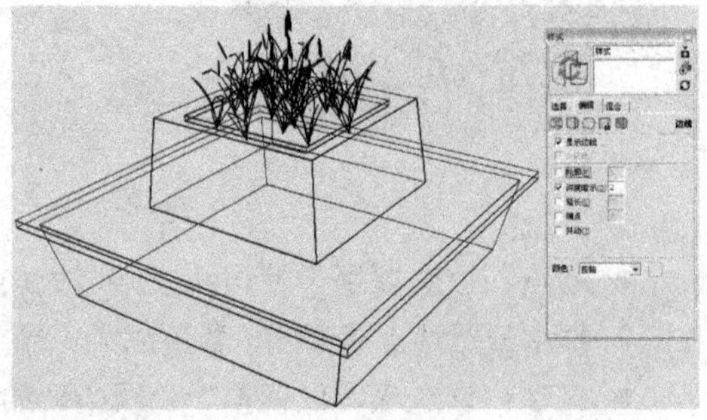

图 2-91

提示：场景中的黑色边线无法显示的时候，可能是在“样式”编辑器中将边线的颜色设置成了“按材质”显示，只需改回“全部相同”即可。

（2）平面设置

“平面”设置面板中包含了 6 种表面显示模式，分别是“以线框模式显示”“以隐藏线模式显示”“以阴影模式显示”“使用纹理显示阴影”“使用相同的选项显示有阴影的内容”和“以 X 射线模式显示”。另外，在该面板中还可以修改材质的前景色和背景色（SketchUp 使用的是双面材质），如图 2-92 所示。

图 2-92

选项讲解 显示模式的切换

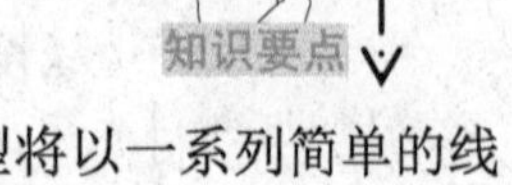

- “以线框模式显示”按钮：单击该按钮将进入线框模式，模型将以一系列简单的线条显示，没有面，并且不能使用“推/拉”工具，如图 2-93 所示。
- “以隐藏线模式显示”按钮：单击该按钮将以隐藏线模式显示模型，所有的面都会有背景色和隐线，没有贴图。这种模式常用于输出图像进行后期处理，如图 2-94 所示。

图 2-93

图 2-94

- “以阴影模式显示”按钮：单击该按钮将会显示所有应用到面的材质，以及根据光源应用的颜色，如图 2-95 所示。
- “使用纹理显示阴影”按钮：单击该按钮将进入贴图着色模式，所有应用到面的贴图都将被显示出来，如图 2-96 所示。在某些情况下，贴图会降低 SketchUp 操作的速度，所以在操作过程中也可以暂时切换到其他模式。

图 2-95

图 2-96

- “使用相同的选项显示有阴影的内容”按钮：在该模式下，模型就像线和面的集合体，该模式跟隐藏模式有点相似。此模式能分辨模型的正反面来默认材质的颜色，如图 2-97 所示。
- “以 X 射线模式显示”按钮：X 光模式可以和其他模式联合使用，将所有的面都显示成透明，这样就可以透过模型编辑所有的边线，如图 2-98 所示。

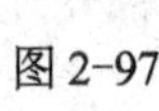
图 2-97

图 2-98

（3）背景设置

在“背景”设置面板中可以修改场景的背景色，还可以在背景中展示一个模拟大气效果的天空和地面，并显示地平线，如图 2-99 所示。

（4）水印设置

水印特性可以在模型周围放置 2D 图像，用来创造背景，或者在带纹理的表面（如画布）上模拟绘图的效果。放在前景里的图像可以为模型添加标签。“水印”设置面板，如图 2-100 所示。

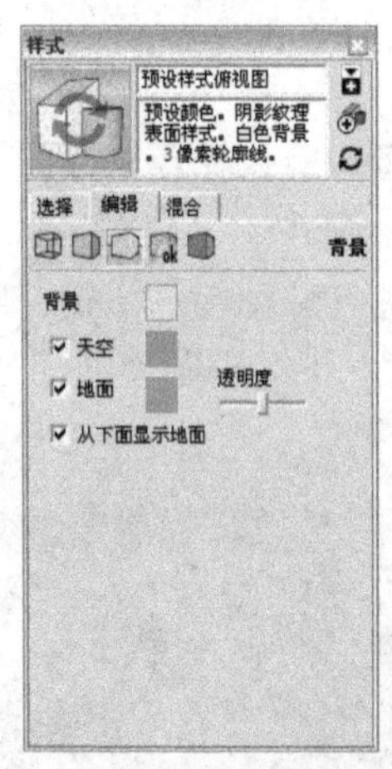

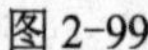
图 2-99

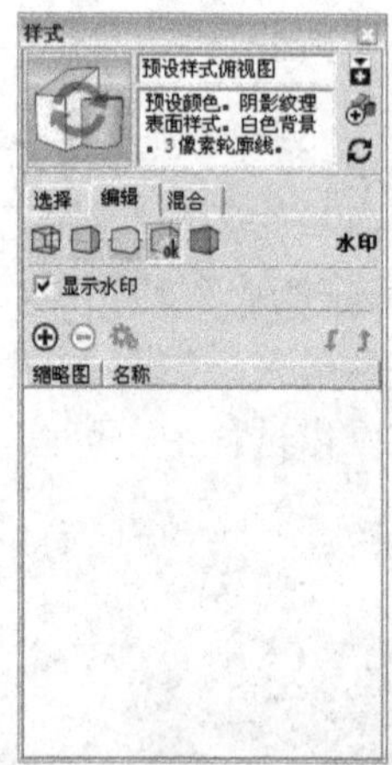

图 2-100

选项讲解 水印设置

- “添加水印”按钮：单击该按钮可以添加水印。
- “删除水印”按钮：单击该按钮可以删除水印。
- “编辑水印设置”按钮：单击该按钮可以对水印的位置、大小等进行调整。
- “下移水印”按钮/“上移水印”按钮：这两个按钮用于切换水印图像在模型中的位置。

提示：在水印的图标上单击右键，可以在右键菜单中执行“输出水印图像”命令，将模型中的水印图片导出，如图 2-101 所示。

（5）建模设置

在“建模”设置面板中可以修改模型中的各种属性，例如选定物体的颜色、被锁定物体的颜色等，如图 2-102 所示。

3．混合风格样式

这里举个例子来说明设置混合风格的方法，首先在“混合”选项卡的“选项”面板中选用一种风格（进入任意一个风格目录后，当鼠标指向各种风格时会变成吸取状态，单击即可吸取），然后匹配到“边线设置”选项后，会变成填充状态），接着再选取另一种风格匹配到“平面设置”中，这样就完成了几种风格的混合设置，如图 2-103 所示。

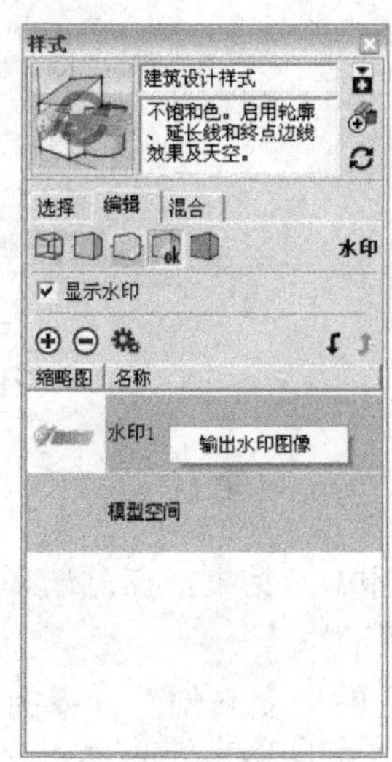
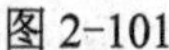

图 2-101

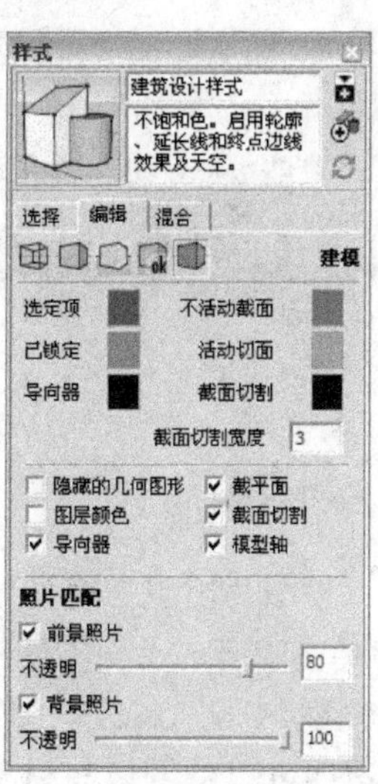

图 2-102

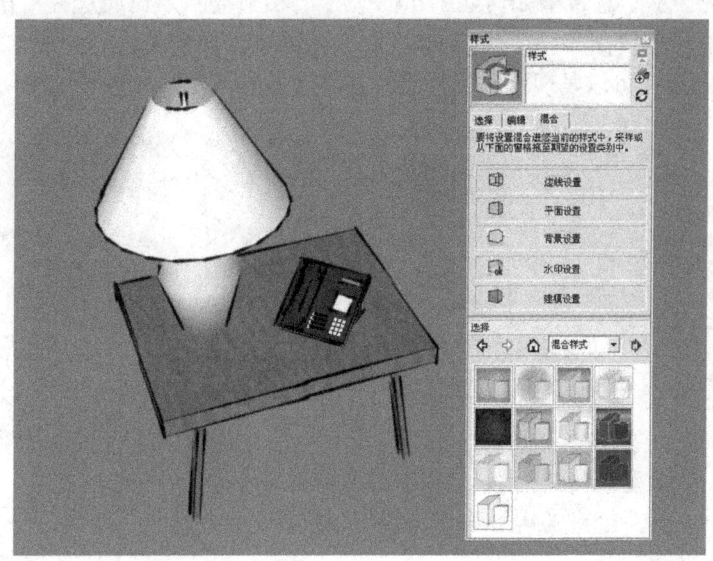

图 2-103

一学即会 为模型添加水印

视频：为模型添加水印.avi
案例：练习2-1.skp

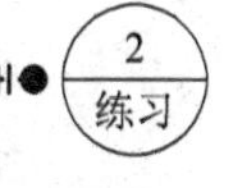

2 练习

下面通过一个实例讲解在打开的场景文件的右下角添加水印图片，其操作步骤如下。

1）启动 SketchUp 软件，然后打开本案例的场景文件，如图 2-104 所示。

2）执行“窗口|样式”菜单命令，打开“样式”编辑器，接着切换到“编辑”选项卡，然后单击“水印设置”按钮，再单击“添加水印”按钮，将弹出“选择水印”对话框，在该对话框中选择作为水印的图片（该图片在案例/02/素材文件/xfhorse.png）文件，再单击“打开”按钮 打开(O) ，如图 2-105 所示。

图 2-104

图 2-105

3）此时水印图片出现在模型中，同时弹出“创建水印”对话框，在此选择“覆盖”单选按钮，然后单击“下一个”按钮 下一个>> ，如图 2-106 所示。

4）在“创建水印”对话框中会出现“您可使用颜色的亮度来创建遮罩的水印”以及“您可以更改透明度以使图像与模型混和”的提示，在此不创建蒙板，将透明度的滑块移到最右端，不进行透明显示，然后单击“下一个”按钮 下一个>> ，如图 2-107 所示。

5）接下来会显示“您希望如何显示水印？”的相关提示，在此选择“在屏幕中定位”单选按钮，然后在右侧的定位按钮板上单击右下角的点，接着单击“完成”按钮 完成 ，如图 2-108 所示。现在可以发现水印图片已经在界面的右下角，如图 2-109 所示。

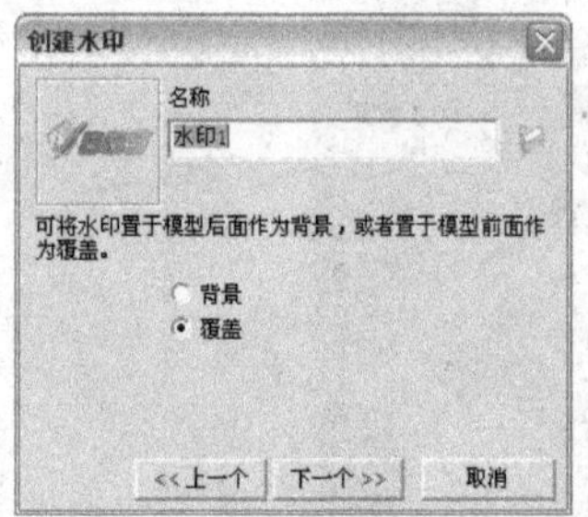

图 2-106

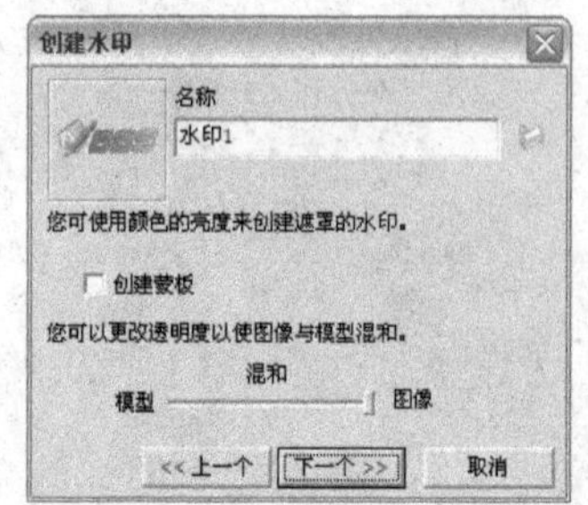

图 2-107

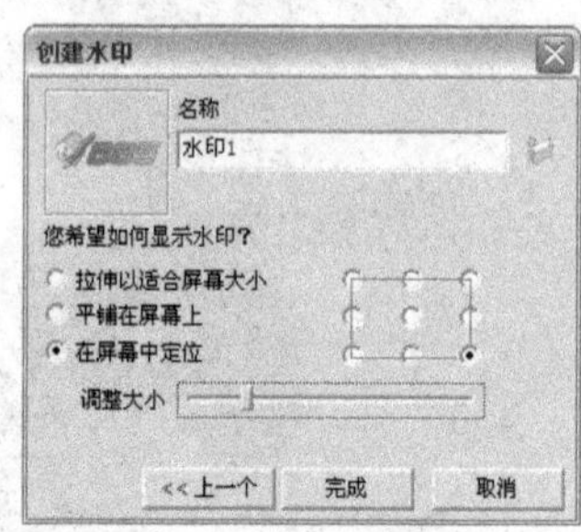

图 2-108

提示：当移动模型视图的时候，水印图片的显示将保持不变，当然，导出图片的时候，水印也保持不变，这就为导出的多张图片增强了统一感。

6）如果对水印图片的显示效果不满意，可以单击“编辑水印设置”按钮，如图 2-110 所示是将水印进行缩小并平铺显示的效果。

图 2-109

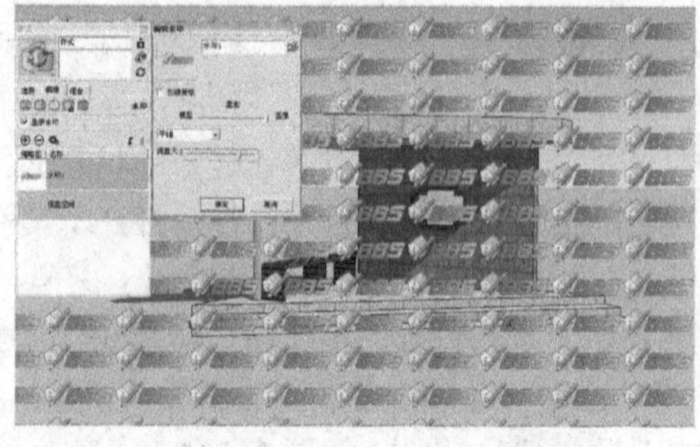

图 2-110

2.3.5 设置天空、地面与雾效

1. 设置天空与地面

在 SketchUp 中，用户可以在背景中展示一个模拟大气效果的渐变天空和地面，以及显示出地坪线，如图 2-111 所示。

背景的效果可以在“样式”编辑器中设置，只须在“编辑”选项卡中单击“背景设置”按钮，即可展开“背景设置”面板，对背景颜色、天空和地面进行设置，如图 2-112 所示。

图 2-111

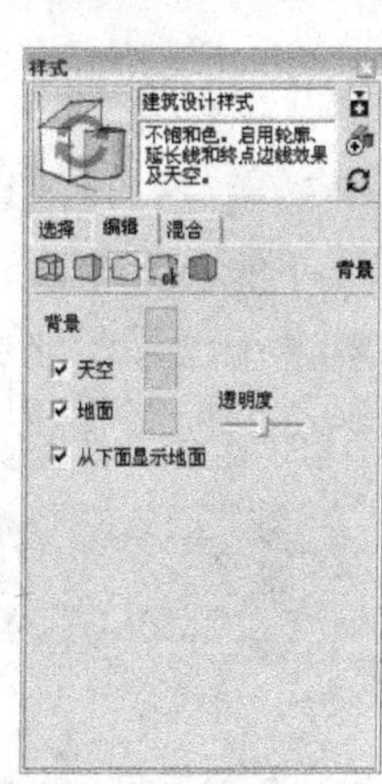

图 2-112

选项讲解 背景设置选项

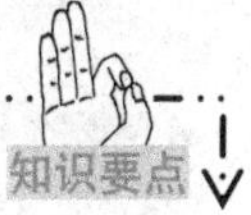

- 背景：单击该项右侧的色块，可以打开“选择颜色”对话框，在对话框中可以“改变场景中的背景颜色，但是前提是取消对“天空”和“地面”复选框的勾选，如图 2-113 所示。
- 天空：勾选该选项后，场景中将显示渐变的天空效果，用户可以单击该项右侧的色块调整天空的颜色，选择的颜色将自动应用渐变，如图 2-114 所示。

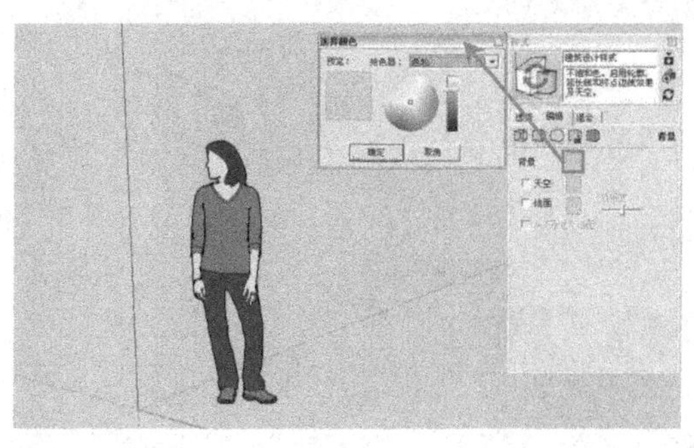

图 2-113

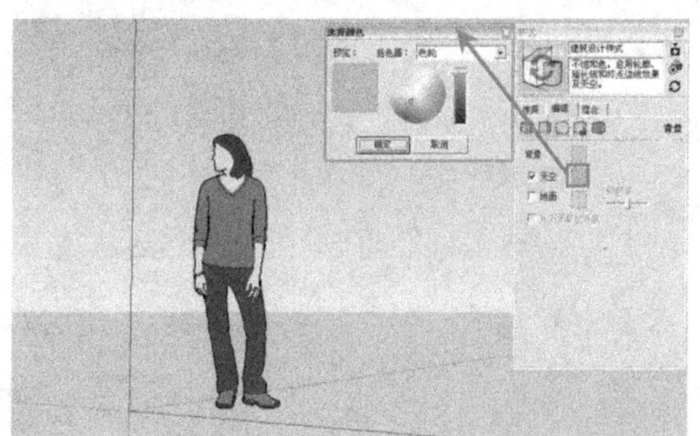

图 2-114

- 地面：勾选该选项后，在背景处从地坪线开始向下显示指定颜色渐变的地面效果。此时背景色会自动被天空和地面的颜色所覆盖，如图 2-115 所示。

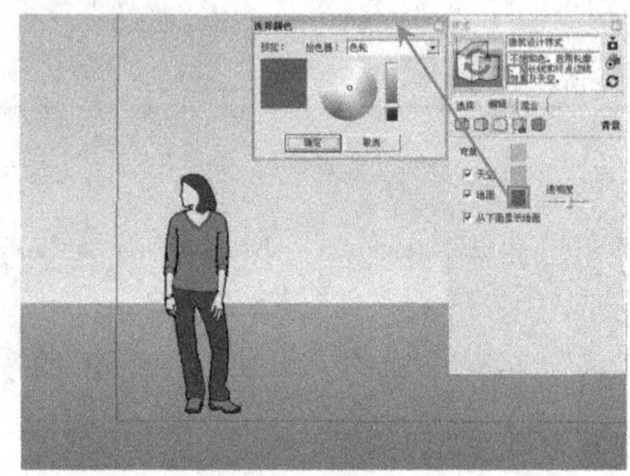

图 2-115

- 透明度：该滑块用于显示不同透明等级的渐变地面效果，让用户可以看到地平面以下的几何体。
- 从下面显示地面：勾选该复选框后，当照相机从地平面下方往上看时，可以看到渐变的地面效果，如图 2-116 所示。

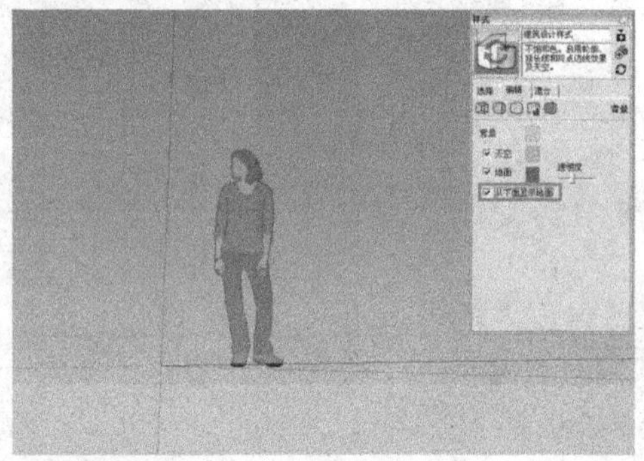

图 2-116

2. 添加雾效

在 SketchUp 中可以为场景添加大雾环境的效果，执行“窗口|雾化”菜单命令即可打开“雾化”对话框。在该对话框中可以设置雾的浓度及颜色等，如图 2-117 所示。

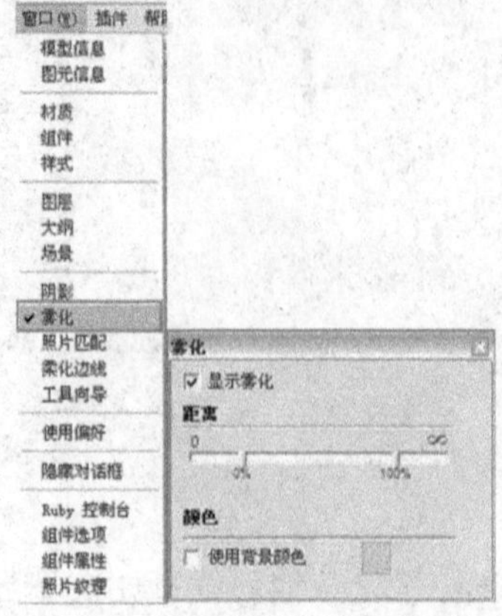

图 2-117

选项讲解 雾化功能

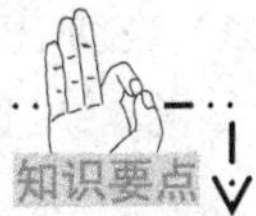

- 显示雾化：勾选该复选框可以显示雾化效果，取消勾选则隐藏雾化效果，如图 2-118 所示为显示雾化与取消雾化的对比效果。

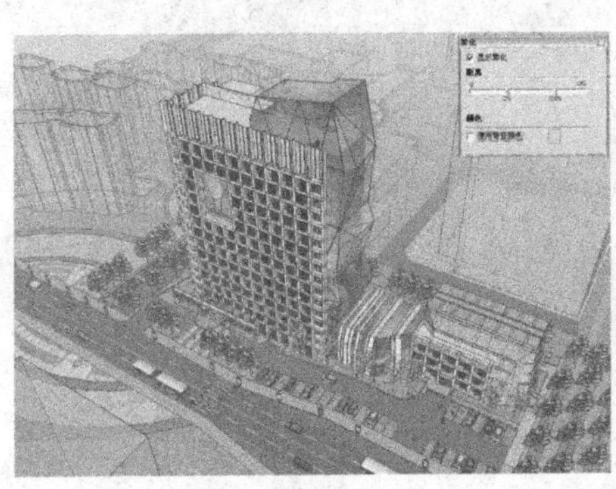

图 2-118

- 距离：该滑块用于控制雾效的距离与浓度。数字 0 表示雾效相对于视点的起始位置，滑块左移则雾化相对视点较近，右移则较远。无穷尽符号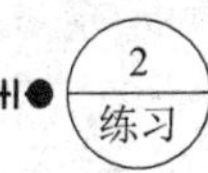表示雾效开始与结束时的浓度，滑块左移则雾化相对视点浓度较高，右移则浓度较低。
- 使用背景颜色：勾选该复选框后，将会使用当前背景颜色作为雾效的颜色。

一学即会 为场景添加雾化效果

视频：添加雾化效果.avi
案例：练习2-2.skp

2 练习

下面通过实例的方式讲解为打开的场景文件添加一种特定颜色的雾化效果，其操作步骤如下。

1）启动 SketchUp 软件，打开本案例的场景文件，然后执行“窗口|雾化”菜单命令，如图 2-119 所示。

2）系统弹出“雾化”对话框，勾选“显示雾化”复选框，然后取消勾选“使用背景颜色”复选框，接着单击该项右侧的色块，如图 2-120 所示。

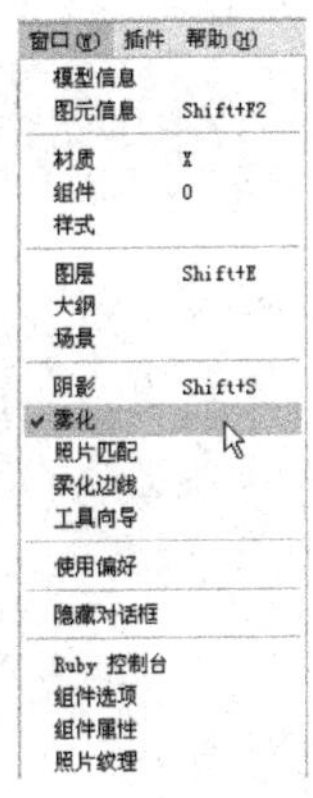

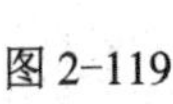

图 2-119

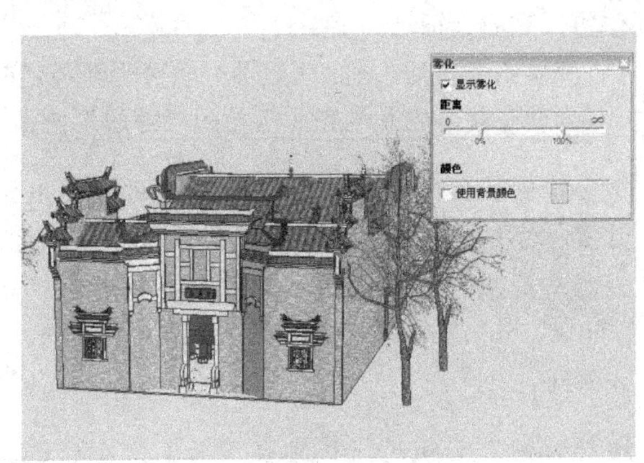

图 2-120

3）在弹出的“选择颜色”编辑器中选择所需颜色，此时场景显示了该颜色的雾化效果，如图 2-121 所示。

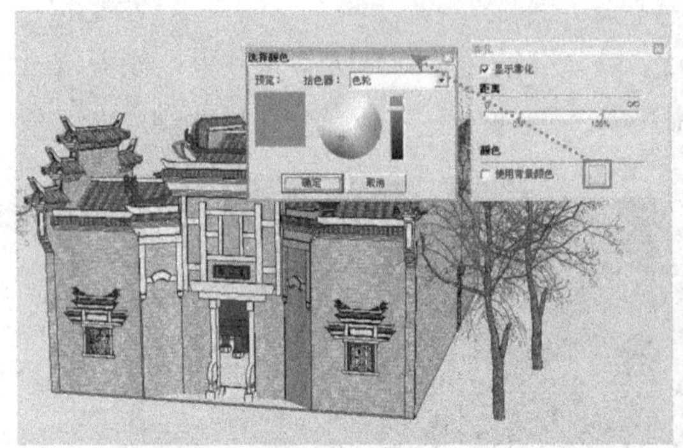

图 2-121

2.4 SketchUp坐标系的设置

利用坐标系可以创建斜面，并在斜面上进行精确地操作；利用该功能也可以准确地缩放不在坐标轴平面上的物体。

2.4.1 重设坐标轴

重设坐标轴是指对模型的群组或者组件的坐标轴进行重新设置。这在实际的工作中是非常有用的，例如，想要在斜面上绘制一个圆，就可以通过重设坐标轴的方法来修改平面。

重设坐标轴的具体操作步骤如下。

1）激活“坐标轴”工具，此时光标处会多出一个坐标符号。

2）移动光标至要放置新坐标系的点，该点将作为新坐标系的原点。在捕捉点的过程中，可以通过参考提示来确定是否放置在正确的点上。

3）确定新坐标系的原点后，移动光标来对齐 x 轴（红轴）的新位置，然后再对齐 y 轴（绿轴）的新位置，完成坐标轴的重新设置。

完成坐标轴的重新设置后，z 轴（蓝轴）垂直于新指定的 xy 平面，如果新的坐标系是建立在斜面上，那么现在就可以顺利完成斜面的“缩放”操作了。

提示：想要绘制其他平面上的圆，除了通过重设坐标轴的方法来修改平面外，还可以修改 xy 平面的方向。具体操作过程为：在 xy 平面上绘制一个圆，然后在坐标轴上单击鼠标右键，接着在弹出的快捷菜单中执行“放置”命令，最后通过鼠标操作来修改 xy 平面的方向，如图 2-122 所示。

图 2-122

另外，还有一种方法就是先找到参考平面（没有的话就自己建立一个），然后激活“圆”工具，接着将光标移至参考面上，当出现“在平面上”的提示后，按住〈Shift〉键以锁定圆的方向，再移动光标至合适的位置并单击确定圆心，之后绘制的圆就是与参考面相平行的了，如图 2-123 所示。

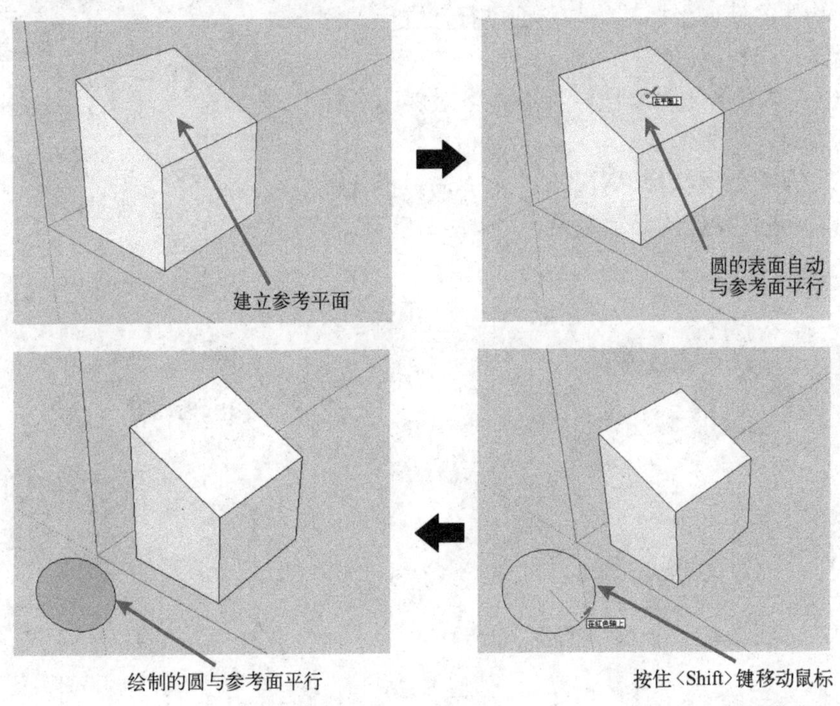

图 2-123

提示： 如果需要在绘图区里隐藏坐标轴，执行“视图|轴”菜单命令，取消对“轴”命令的勾选即可，如图 2-124 所示。

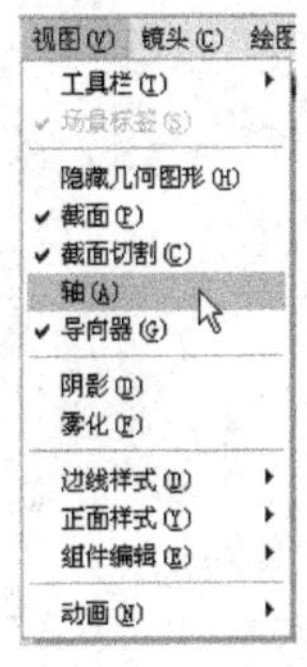

图 2-124

2.4.2 对齐

1. 对齐到轴

对齐坐标系可以使坐标轴与物体表面对齐，只需在需要对齐的表面上单击鼠标右键，然后在弹出的快捷菜单中执行“对齐轴”命令即可。例如，对屋顶的斜面执行“对齐轴”命令，此时在表面上创建物体，物体的默认坐标轴将与斜面平行，进行“拉伸”操作也比较顺利。

图 2-125 是直接使用“拉伸”工具对斜面进行操作的显示效果。

图 2-126 是对斜面执行“对齐轴”命令后，再使用“拉伸”工具进行操作的显示效果。

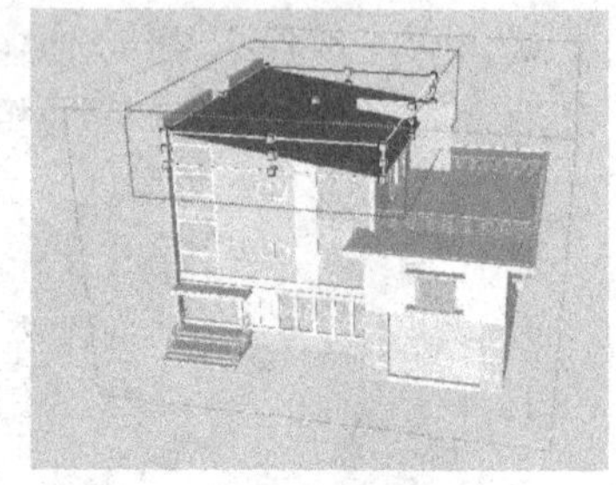

图 2-125

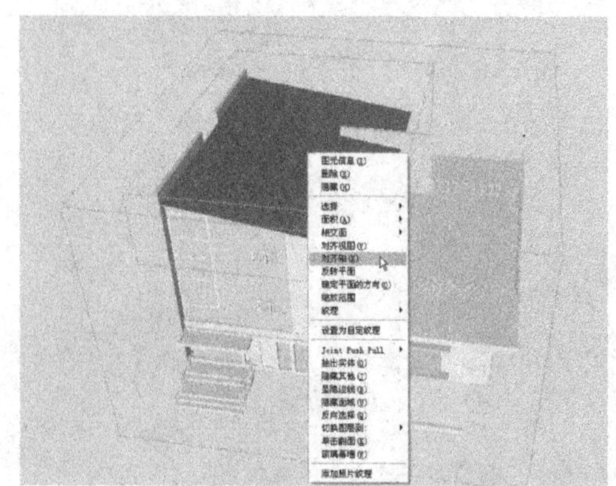

图 2-126

2．对齐视图

在需要对齐的表面上单击鼠标右键，然后在弹出的快捷菜单中执行“对齐视图”命令，可以将视图垂直于坐标系的 z 轴（蓝轴），并与 xy 平面对齐，如图 2-127 所示。

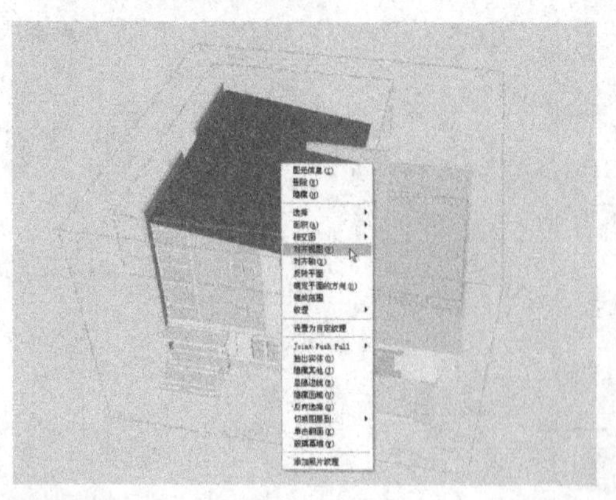

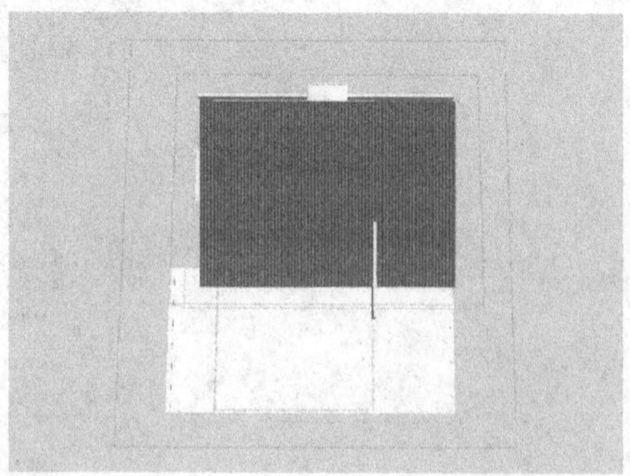

图 2-127

2.4.3 显示/隐藏坐标轴

为了方便观察视图的效果，有时需要将坐标轴隐藏。执行“视图|轴”菜单命令即可控制

坐标轴的显示与隐藏，如图 2-128 所示。

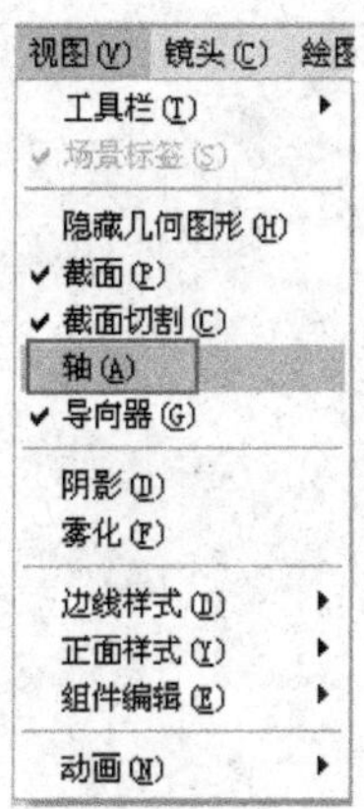

图 2-128

2.4.4 “太阳北极”工具栏

SketchUp 8.0 版本新增了“太阳北极”工具栏，执行“视图|工具栏|太阳北极”菜单命令即可调出该工具栏。使用该工具栏中的工具可以非常方便地显示模型场景的正北方（类似于指北针），如图 2-129 所示。

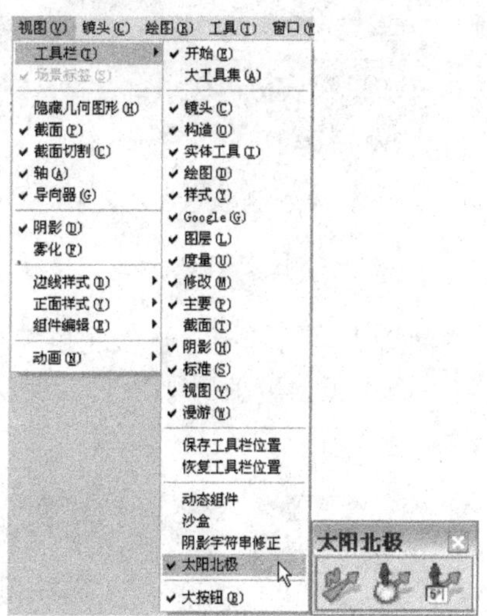

图 2-129

选项讲解 “太阳北极”工具栏

知识要点

- “切换北向箭头”工具：激活该工具后，屏幕上会显示模型的正北方向（默认为 y 轴（绿轴）），用橙色加粗显示，如图 2-130 所示。用户可以重新设置正北方向，关闭该工具则隐藏朝北箭头。

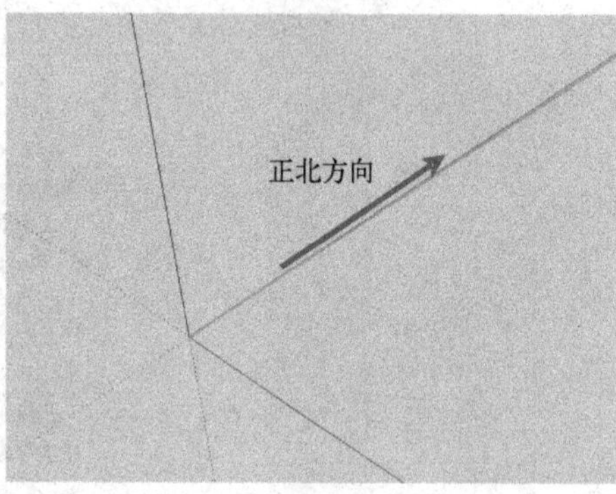

图 2-130

- “设置北极工具”：激活该工具后，在任意位置单击，接着移动光标到相应的角度，此时就会发现朝北箭头的方向随着光标移动的角度改变而做相应改变，但是朝北箭头的原点始终在坐标轴的原点。另外，不管光标在 xz 平面或 yz 平面上做何角度改变，朝北箭头都只在 xy 平面上进行移动。为了更清楚地表示，下面分别在不同的角度进行查看，如图 2-131 所示。

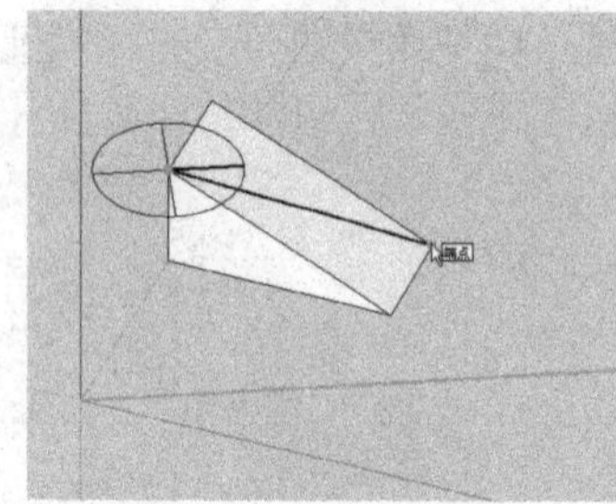

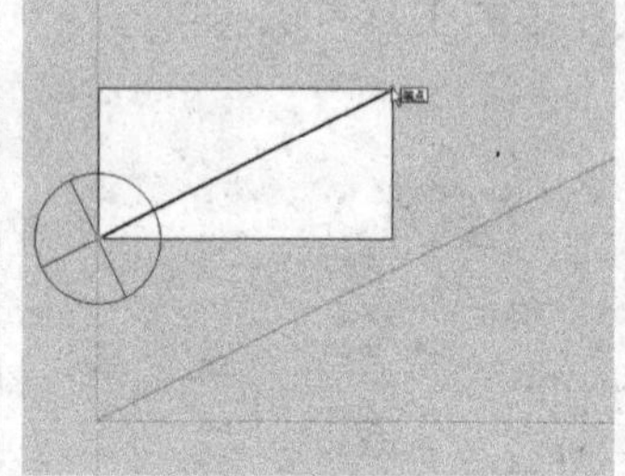

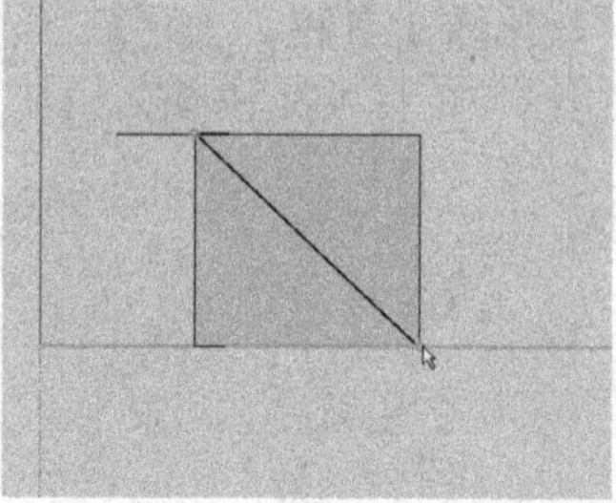

图 2-131

- “输入北角”工具：激活该工具将弹出“输入北角”对话框，在该对话框中可以输入朝北箭头偏移的角度。输入正角度值时则顺时针偏移，输入负角度值时则逆时针偏移，如图 2-132 所示。

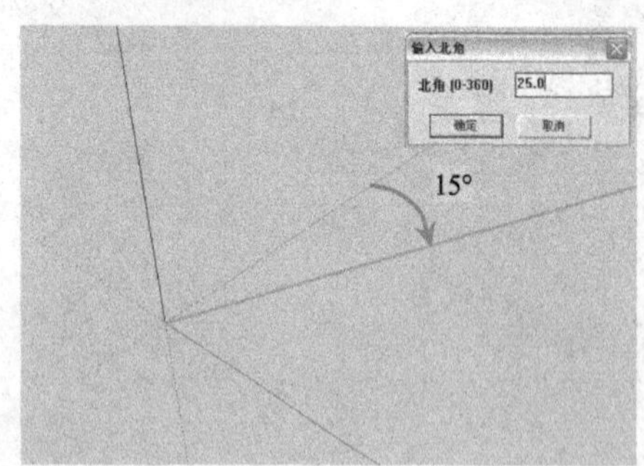

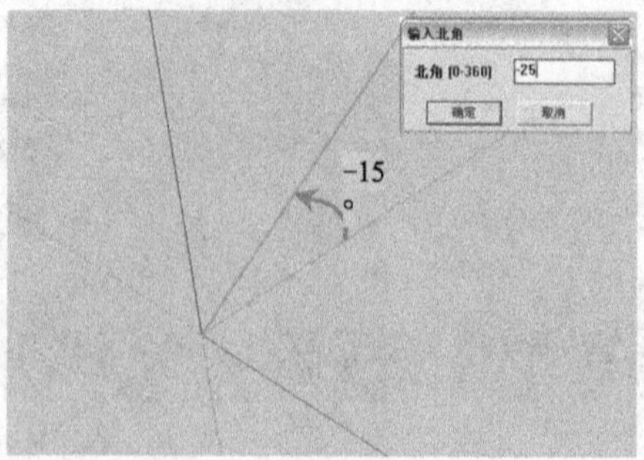

图 2-132

2.5 在界面中查看模型

本节主要针对在 SketchUp 软件中进行模型的查看、视图的调整以及模型阴影的显示等内容进行详细讲解。

2.5.1 通过"镜头"工具栏查看

"镜头"工具栏包含 7 个工具，分别为"环绕观察"工具、"平移"工具、"缩放"工具、"缩放窗口"工具、"上一个"工具、"下一个"工具和"缩放范围"工具，如图 2-133 所示。

图 2-133

选项讲解 "镜头"工具栏

- "环绕观察"工具：该工具可以使相机镜头绕着模型旋转，激活该工具后，按住鼠标左键不放并拖曳即可旋转视图。如果没有激活该工具，那么按住鼠标中键不放并进行拖曳也可以旋转视图（SketchUp 默认鼠标中键为"环绕观察"工具的快捷键）。

提示：如果使用鼠标中键双击绘图区的某处，会将该处旋转置于绘图区中心。这个技巧同样适用于"平移"工具和"缩放"工具。按住〈Ctrl〉键的同时旋转视图能使竖直方向的旋转更流畅。利用页面保存常用视图，可以减少"环绕观察"工具的使用。

- "平移"工具：该工具可以相对于视图平面水平或垂直地移动照相机。激活"平移"工具后，在绘图窗口中按住鼠标左键并拖曳即可平移视图。也可以同时按住〈Shift〉键和鼠标中键进行平移。
- "缩放"工具：使用该工具可以动态地放大和缩小当前视图，调整相机与模型之间的距离和焦距。激活"缩放"工具后，在绘图窗口的任意位置按住鼠标左键并上下拖曳即可进行窗口缩放。向上拖动是放大视图，向下拖动是缩小视图，缩放的中心是光标所在的位置。如果双击绘图区的某处，则此处将在绘图区居中显示，这个技巧在某些时候可以省去使用"平移"工具的步骤。

提示：滚轮鼠标中键也可以进行窗口缩放，这是"缩放"工具的默认快捷操作方式，向前滚动是放大视图，向右滚动是缩小视图，光标所在的位置是缩放的中心点。在制作场景漫游的时候常常要调整视野。当激活"缩放"工具后，用户可以输入一个准确的值来设置透视或照相机的焦距。例如，输入 45deg 表示设置一个 45° 的视野，输入 35mm 表示设置 35mm 的照相机焦距。用户也可以在缩放的时候按住〈Shift〉键进行动态调整。改变视野的时候，照相机仍然留在原来的三维空间位置上，相当于只是旋转了相机镜头的变焦环。

- “缩放窗口”工具：该工具允许用户选择一个矩形区域来放大至全屏显示。
- “上一个”工具、“下一个”工具：这两个工具可以恢复视图的变更，“上一个”工具可以恢复到上一视图，“下一个”工具可以恢复到下一视图。
- “缩放范围”工具：该工具用于使整个模型在绘图窗口中居中并全屏显示。

2.5.2 通过“漫游”工具栏查看

“漫游”工具栏包含 3 个工具，分别为“定位镜头”工具、“漫游”工具和“正面观察”工具，如图 2-134 所示。

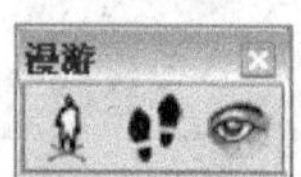

图 2-134

选项讲解 “漫游”工具栏

- “定位镜头”工具：该工具用于放置相机镜头的位置，以控制视点的高度。放置了相机镜头的位置后，以数值控制框中的值显示视点的高度，用户可以输入自己所需要的高度。
- “漫游”工具：使用该工具可以让用户像散步一样观察模型，还可以固定视线高度，让用户在模型中漫步。只有激活“透视显示”模式，该工具才有效。激活“漫游”工具后，在绘图窗口的任意位置单击鼠标左键，将会放置一个十字符号，这是光标参考点的位置。如果按住鼠标左键不放并移动鼠标，向上、下移动分别是前进和后退，向左、右移动分别是左转和右转。距离光标参考点越远，移动速度越快。
- “正面观察”工具：该工具以相机自身为支点旋转观察模型，就如同人转动脖子四处观看。该工具在观察内部空间时特别有用，也可以在放置相机后用来查看当前视点的观察效果。“正面观察”工具的使用方法比较简单，只须在激活后单击鼠标左键不放并进行拖曳即可观察视图。另外，通过在数值控制框中输入数值，可以指定视点的高度。

技巧提示 “正面观察”工具

“正面观察”工具以视点为轴，相当于站在视点不动，眼睛左右旋转查看。而使用“环绕观察”工具进行旋转查看则以模型为中心，相当于人绕着模型查看，这两者的查看方式不同。

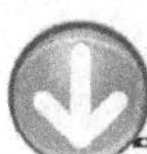

2.5.3 通过“视图”工具栏查看

“视图”工具栏包含 6 个工具，分别为“等轴”工具，“俯视图”工具，“主视图” 工具，“右视图”工具，“后视图”工具和“左视图”工具，如图 2-135 所示。

图 2-135

“视图”工具栏中的工具用于将当前视图切换到不同的标准视图，如图 2-136 所示。

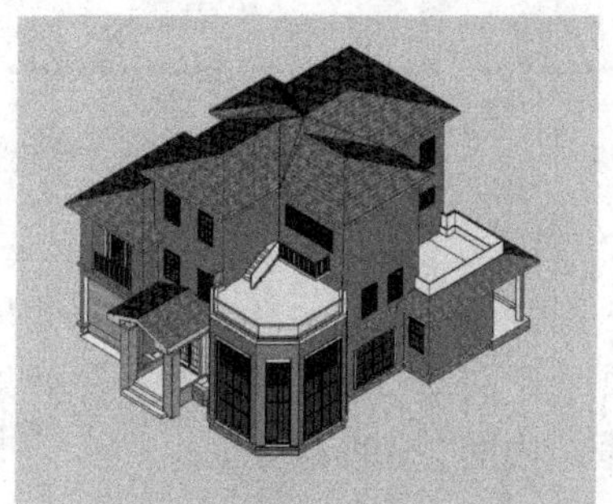

等轴透视图

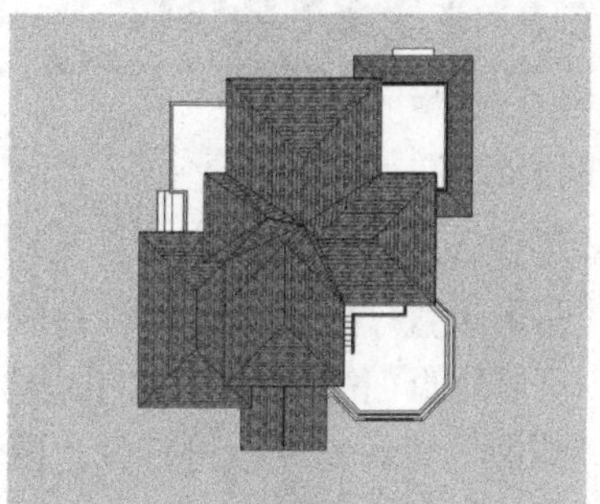

俯视图

主视图

右视图

后视图

左视图

图 2-136

技巧提示 视图的切换

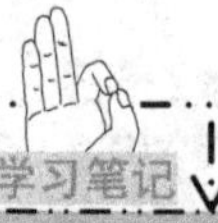

学习笔记

切换到“等轴”视图后，SketchUp 会根据目前的视图状态生成接近于当前视角的等轴透视视图。另外，只有在“平行投影”模式（执行“镜头|平行投影”菜单命令）下显示的等轴透视才是正确的。

如果想在“透视图”模式下打印或导出二维矢量图，传统的透视法则就会起作用，输出的图不能设置缩放比例。例如，虽然视图看起来是主视图或等轴视图，但除非进入“平行投影”模式，否则是得不到真正的平面和轴测图的（“平行投影”模式也叫“轴测”模式，在该模式下显示的是轴测图）。

2.5.4 查看模型的阴影

1. 阴影设置

（1）“阴影设置”对话框

在“阴影设置”对话框中可以控制 SketchUp 的阴影特性，包括时间、日期和实体的位置朝向。可以用页面来保存不同的阴影设置，以自动展示不同季节和时间段的光影效果。执行“窗口|阴影”菜单命令即可打开“阴影设置”对话框，如图 2-137 所示。

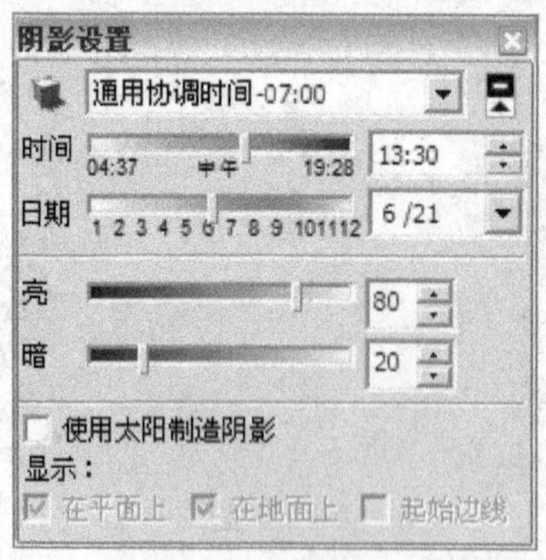

图 2-137

选项讲解 “阴影设置”对话框

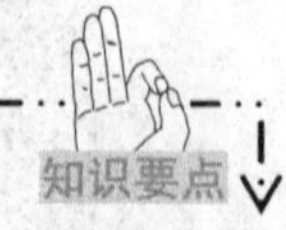

知识要点

- “显示/隐藏阴影”按钮：此按钮用于控制阴影的显示与隐藏，如图 2-138 所示为阴影的显示与取消显示的效果对比。
- UTC：世界协调时间，又称世界统一时间或世界标准时间。
- “隐藏/显示详细情况”：该按钮用于隐藏或者显示扩展的阴影设置。
- 时间/日期：通过拖动滑块可以调整时间和日期，也可以在右侧的数值框中输入准确的时间和日期。阴影会随着日期和时间的调整而变化。

图 2-138

- 亮/暗：调节光线可以调整模型本身表面的光照强度，调节亮暗可以调整模型及阴影的明暗程度。
- 使用太阳制造阴影：勾选该选项可以在不显示阴影的情况下，仍然按照场景中的光影来显示物体各表面的明暗关系。
- 在平面上/在地面上/起始边线：勾选“在平面上”复选框，则阴影会根据设置的光照在模型上产生投影，取消勾选则不会在物体表面产生阴影；勾选“在地面上”复选框显示地面投影时，会集中使用用户的 3D 图像硬盘，将导致操作变慢；勾选“起始边线”复选框，可以从独立的边线设置投影，不适用于定义表面的线，一般用不着该选项。

（2）阴影工具栏

执行“视图|工具栏|阴影”菜单命令即可打开“阴影”工具栏。在“阴影”工具栏中同样可以对阴影的常用属性进行调整，例如，打开“阴影设置”对话框、调整时间和日期等，如图 2-139 所示。

2．保存场景的阴影设置

利用场景号标签可以勾选“阴影设置”复选框，保存当前页面的阴影设置，以便在需要的时候随时调用，如图 2-140 所示。

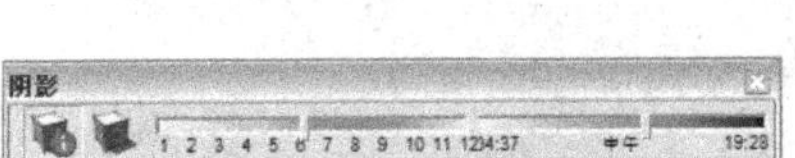

图 2-139

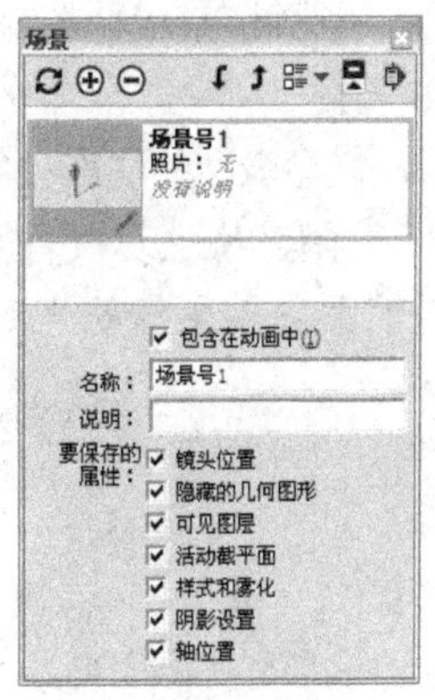

图 2-140

3．阴影的限制与失真

（1）透明度与阴影

使用透明材质的表面要么产生阴影，要么不产生阴影，不产生阴影就不会产生部分遮光的效果。透明材质产生的阴影有一个不透明度的临界值，只有不透明度在70%以上的物体才能产生阴影，否则不能产生阴影。同样，只有完全不透明的表面才能接受投影，否则不能接受投影，如图 2-141 所示。

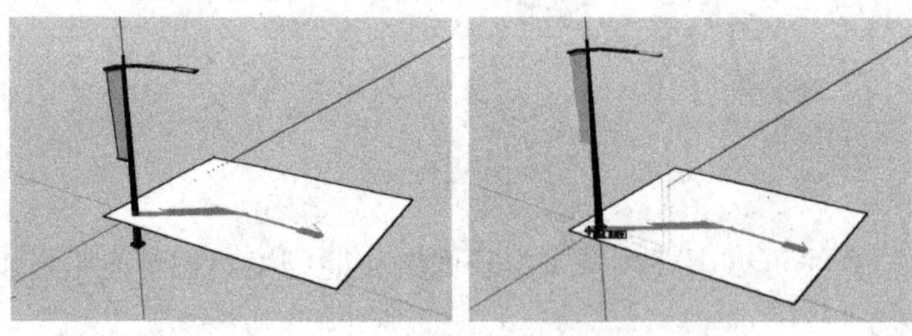

图 2-141

（2）地面阴影

地面阴影是由面组成的，这些面会遮挡位于地平面（z 轴负方向）下面的物体，出现这种情况时，可将物体移至地面以上。也可以在产生地面阴影的位置创建一个大平面作为地面接受投影，并在“阴影设置”对话框中取消勾选“在地面上”复选框，如图 2-142 所示。

图 2-142

（3）阴影的导出

阴影本身不能和模型一起导出。所有的二维矢量导出都不支持渲染特性，包括阴影、贴图和透明度等。能直接导出阴影的只有基于像素的光栅图像和动画。

（4）阴影失真

有的时候，模型表面的阴影会出现条纹或光斑，这种情况一般与用户的 OpenGL 驱动有关。

SketchUp 的阴影特性对硬件系统要求较高，用户最好配置 100%兼容 OpenGL 硬件加速的显卡。通过“系统使用偏好”对话框可以对 OpenGL 进行设置，如图 2-143 所示。

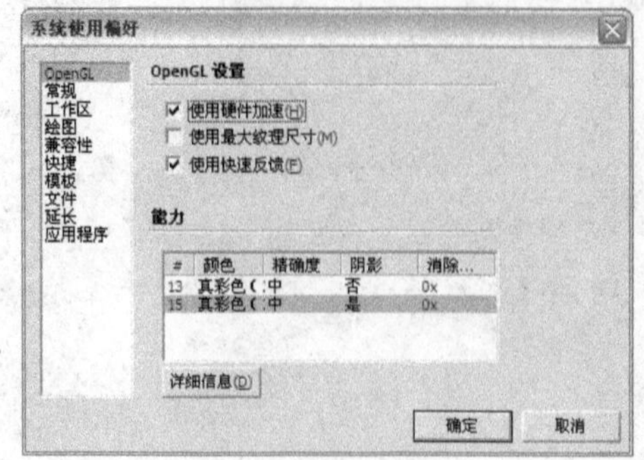

图 2-143

一学即会 显示冬至日的光影效果

视频：显示冬至日的光影效果.avi
案例：练习2-3.skp

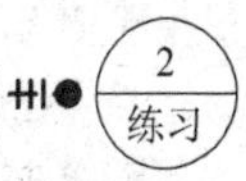

下面通过实例的方式讲解为打开的场景文件调整相应时间变化的光影效果，其操作步骤如下。

1）启动 SketchUp 软件，然后打开本案例的场景文件。

2）执行“窗口|阴影”菜单命令，打开“阴影设置”对话框，然后将世界标准时间调为“通用协调时间-07:00”，再将日期进行调整，例如设为 3 月 22 号，接着勾选“使用太阳制造阴影”复选框，光影滑块和明暗滑块进行自由调整，场景中的光影效果会随之实时变化，如图 2-144 所示。

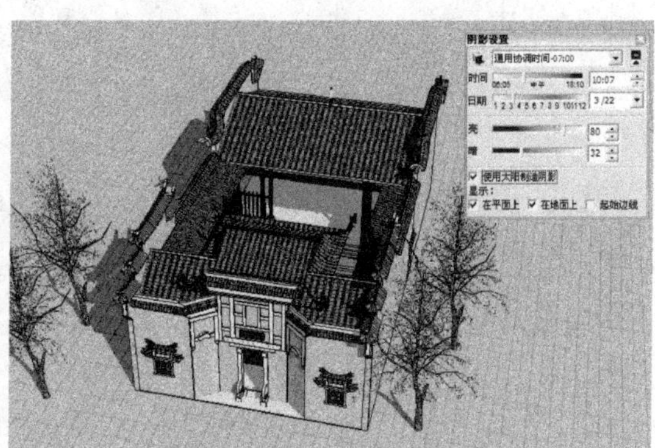

图 2-144

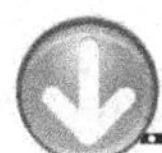

2.5.5 Google 工具栏

Google 工具栏中包含 8 个工具，分别是“添加位置”工具、“切换地形”工具、“添加新建筑物”工具、“照片纹理”工具、“在 Google 地球中预览模型”工具、“获取模型”、“分享模型”和“分享组件”工具，如图 2-145 所示。

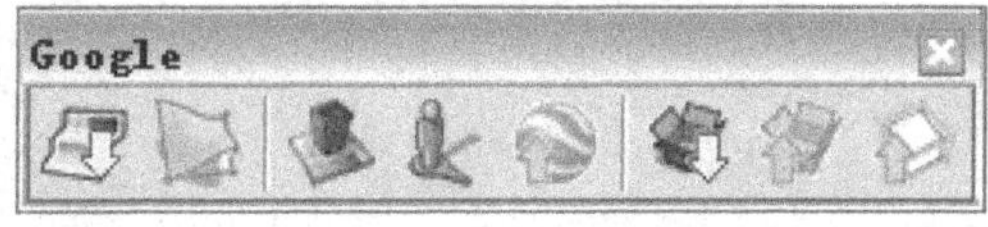

图 2-145

选项讲解 Google 工具栏

知识要点

- “添加位置”工具：获取 Google Earth 中的二维遥感图像，将这些图像作为参考的位置图片添加到 SketchUp 中。
- “切换地形”工具：获取 Google Earth 带有三维地理信息的遥感地图。

- “添加新建筑物”工具：登录 Google Earth 模型库的网页，进行建筑模型的制作与下载。
- “照片纹理”工具：进入 Google Earth 中获取 3D 街景的照片作为材质赋予建筑表面。
- “在 Google 地球中预览模型”工具：将做好的模型放置在 Google Earth 中，并对其预览。
- “获取模型”工具：登录 Google Earth 模型库的网页，进行模型的下载。
- “分享模型”工具：登录 Google Earth 模型库的网页，将做好的模型分享到网络上。
- “分享组件”工具：登录 Google Earth 模型库的网页，将做好的组件上传到网络上。

SketchUp®

第 3 章

图形的绘制与编辑

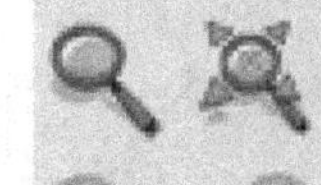

内容摘要

在选择使用 SketchUp 软件进行方案创造之前，必须掌握 SketchUp 的一些基本工具和命令，包括图形的选择与删除，圆形、矩形等基本形体的绘制，通过推拉、拉伸等编辑命令生成三维体块，灵活使用辅助线绘制精准模型以及模型的尺寸标注等操作。

- SketchUp 的“主要”工具栏
- SketchUp 的“绘图”工具栏
- SketchUp 的基本编辑技巧
- SketchUp 模型的测量与标注
- SketchUp 辅助线的绘制与管理

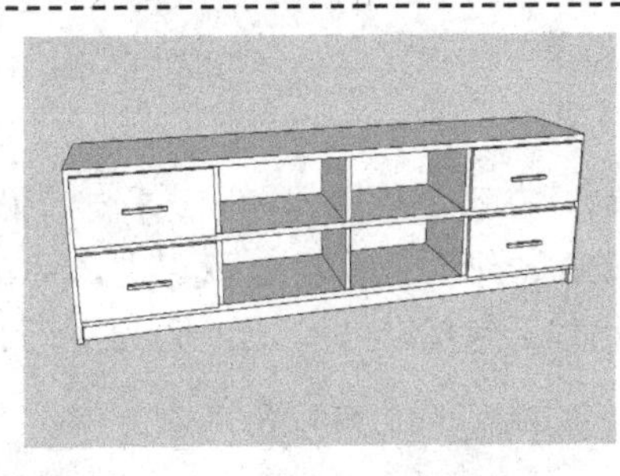

3.1 SketchUp 的“主要”工具栏

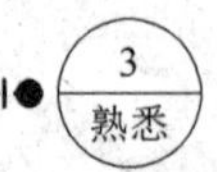

“主要”工具栏中包括“选择”工具、“制作组件”工具、“颜料桶”工具和“擦除”工具，如图 3-1 所示。

图 3-1

3.1.1 选择图形

在 SketchUp 中选择图形可以使用“选择”工具。该工具用于给其他工具命令指定操作的实体，对于用惯了 AutoCAD 的人来说，可能会不习惯。建议将空格键定义为“选择”工具的快捷键，养成用完其他工具之后随手按一下空格键的习惯，这样就会自动进入选择状态。

使用“选择”工具选取物体的方法有 4 种：窗选、框选、点选以及右键关联选择。

1. 窗选

窗选为从左往右拖动鼠标，只有完全包含在矩形选框内的实体才能被选中，选框是实线。

提示：窗选方式常常用来选择场景中的某几个指定物体。

2. 框选

框选的方式为从右下往左上拖动鼠标，这种方式选择的图形包括选框内和选框接触到的所有实体，选框呈虚线显示。

3. 点选

点选方式就是在物体元素上单击鼠标左键进行选择；在选择一个面时，如果双击该面，将同时选中这个面和构成面的线；如果在一个面上单击 3 次以上，那么将选中与这个面相连的所有面、线和被隐藏的虚线（组和组件不包括在内），如图 3-2 所示。

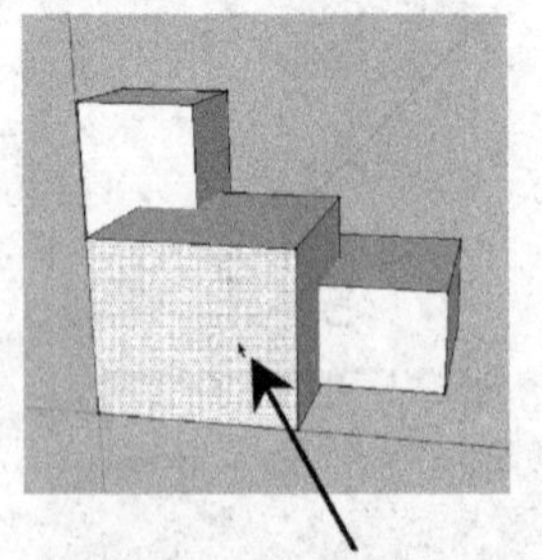

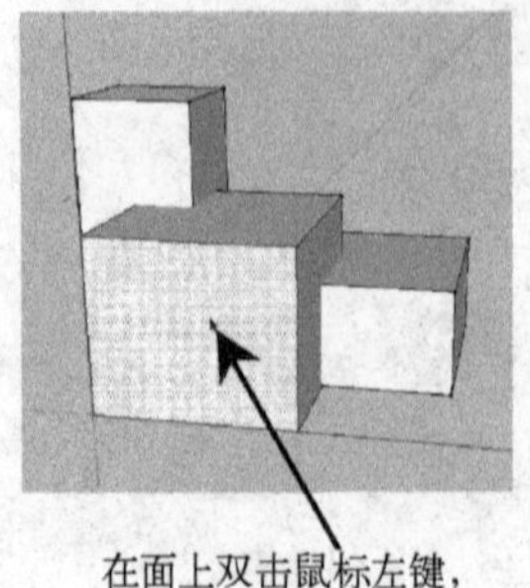

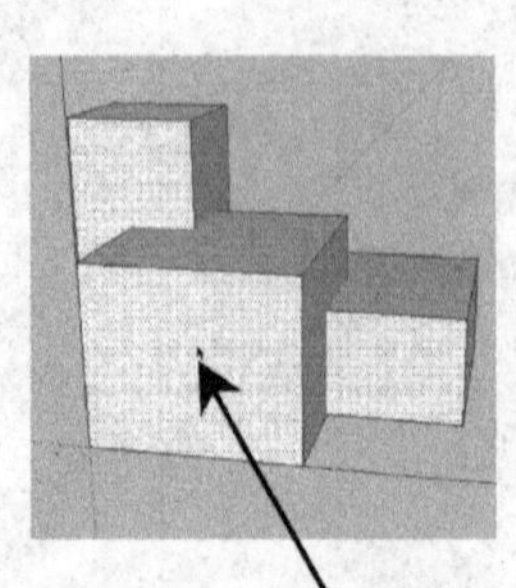

图 3-2

4. 右键关联选取

激活“选择”工具后，在某个物体元素上单击鼠标右键，将会弹出一个菜单，在这个菜单的“选择”子菜单中可以进行扩展选择，如图 3-3 所示。

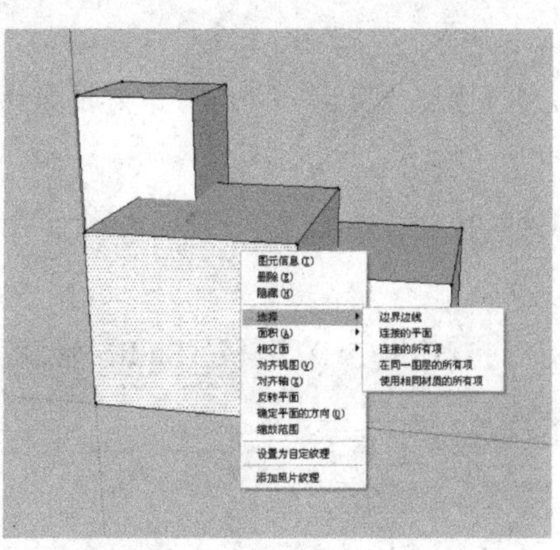

图 3-3

技巧提示 选择工具

使用“选择”工具并配合键盘上相应的按键也可以进行不同的选择，如下所述。

1）激活“选择”工具后，按住〈Ctrl〉键可以进行加选，此时鼠标的形状变为。

2）激活“选择”工具后，按住〈Shift〉键可以交替选择物体的加减，此时鼠标的形状变为。

3）激活“选择”工具后，同时按住〈Ctrl〉键和〈Shift〉键可以进行减选，此时鼠标的形状变为。

4）如果要选择模型中的所有可见物体，除了执行“编辑|全选”菜单命令，还可以使用〈Ctrl+A〉组合键。

5）如果要取消当前的所有选择，可以在绘图窗口的任意空白区域单击，也可以执行“编辑|取消选择”菜单命令，或者使用〈Ctrl+T〉组合键。

3.1.2 删除图形

“擦除”工具可以直接删除绘图窗口中的边线、辅助线以及实体对象。它的另一个功能是隐藏和柔化边线。

1. 删除物体

激活“擦除”工具后，单击想要删除的几何体即可将其删除。如果按住鼠标左键不放，然后在需要删除的物体上拖曳，此时被选中的物体会呈高亮显示，松开鼠标左键即可全部删除；如果偶然选中了不想删除的几何体，可以在删除之前按〈Esc〉键取消这次删除操作。

当鼠标移动过快时，可能会漏掉一些线，这时只需重复拖曳的操作即可。

如果要删除大量的线，更快的做法是先用“选择”工具进行选择，然后按〈Delete〉键删除。

2. 隐藏边线

使用“擦除”工具的同时按住〈Shift〉键，将不再删除几何体，而是隐藏边线。

3. 柔化边线

使用“擦除”工具的同时按住〈Ctrl〉键，将不再删除几何体，而是柔化边线。

4. 取消柔化效果

使用“擦除”工具的同时按住〈Ctrl〉键和〈Shift〉键就可以取消柔化效果。

3.2 SketchUp 的“绘图”工具栏

3 掌握

“绘图”工具栏包含 6 个工具，分别为“矩形”工具、“线条”工具、“圆”工具、“圆弧”工具、“多边形”工具和“徒手画”工具，如图 3-4 所示。

图 3-4

3.2.1 “矩形”工具

“矩形”工具通过指定矩形的对角点来绘制矩形表面。绘制矩形的操作步骤如下。

1）运行 SketchUp 软件，然后执行“绘图|矩形”菜单命令，或者单击“绘图”工具栏上的“矩形”按钮。

2）移动光标至绘图区，鼠标显示为，单击鼠标左键确定矩形的第一个角点，然后拖动鼠标确定矩形的对角点，即可创建一个矩形表面，如图 3-5 所示。

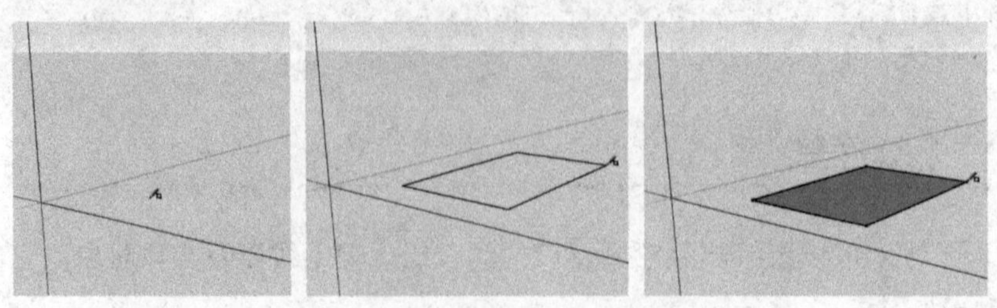

图 3-5

1. 通过输入参数创建精确尺寸的矩形

绘制矩形时，它的尺寸会在数值控制框中动态显示，用户可以在确定第一个角点或者刚绘制完矩形后，通过键盘输入精确的尺寸，如图 3-6 所示。除了输入数字外，用户还可以输入相应的单位，例如英制的（1'6"）或者 mm、m 等，如图 3-7 所示。

尺寸 4500,2800

图 3-6

尺寸 1',6"

图 3-7

2．根据提示创建矩形

在绘制矩形的时候，如果出现了一条虚线，并且带有“平方”提示，则说明绘制的为正方形；如果出现的是“黄金分割”的提示，则说明绘制的为带黄金分割的矩形，如图 3-8 所示。

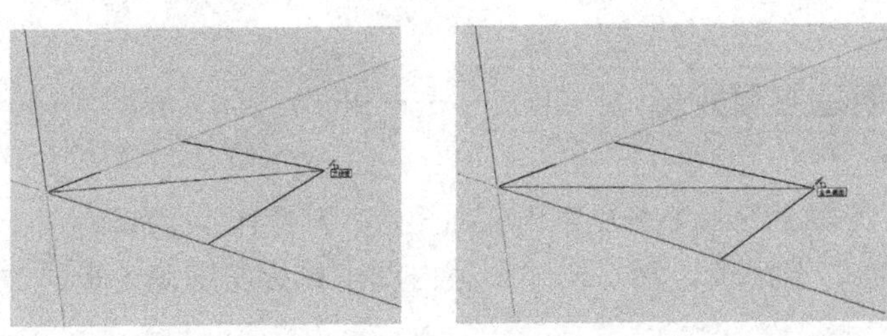

图 3-8

创建矩形面

视频：创建矩形面.avi
案例：练习3-1.skp

3 练习

下面通过使用“绘图|矩形”菜单命令，绘制一个 750mm×500mm 的矩形面，其操作步骤如下。

1）执行“绘图|矩形”菜单命令，然后在绘图区单击鼠标左键确定矩形的第一个角点，如图 3-9 所示。

2）拖动鼠标，使用键盘在下侧的数值输入框中输入（750mm，500mm），在绘图区的数值控制框中，此数值将被同步显示出来，如图 3-10 所示。

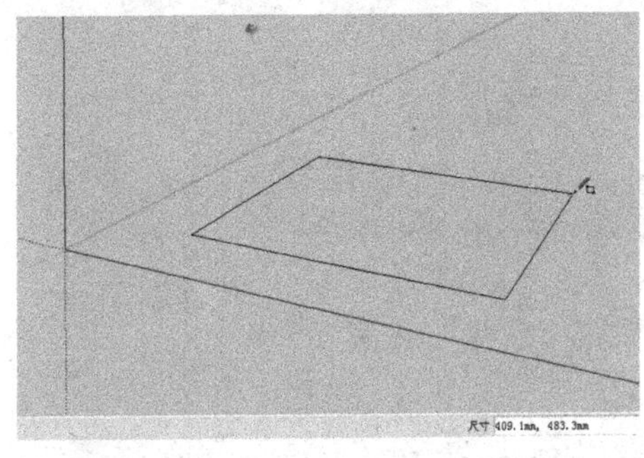

图 3-9

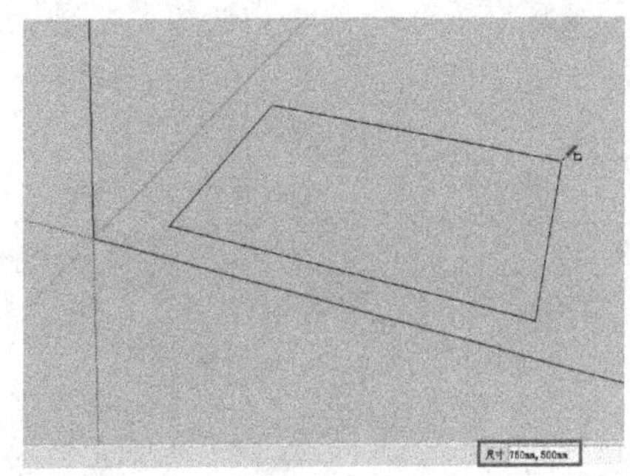

图 3-10

3）按键盘上的〈Enter〉键完成矩形的绘制，效果如图 3-11 所示。

提示：没有输入单位时，SketchUp 会使用当前默认的单位。

图 3-11

一学即会 创建立面矩形

视频：创建立面矩形.avi
案例：练习3-2.skp

3 练习

下面讲解如何在 SketchUp 软件中创建立面矩形，其操作步骤如下。

1）单击“矩形”按钮，然后在绘图区内单击鼠标左键确定矩形的第一个角点，如图 3-12 所示。

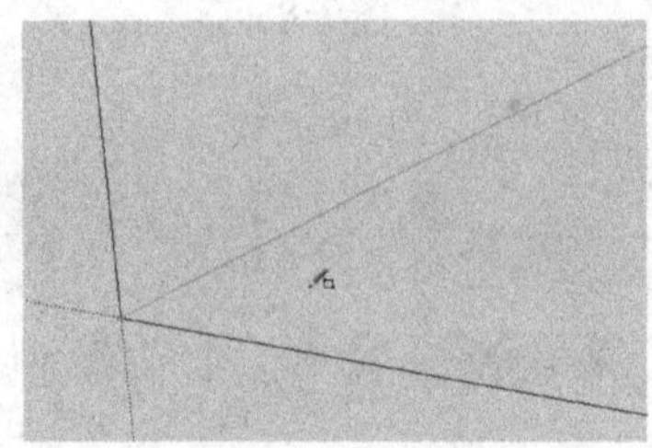

图 3-12

2）按住鼠标中键，将视图旋转至 xz 平面，然后在下侧的数值输入框中输入（600mm，850mm），接着单击鼠标左键，将完成平行于 y 轴的竖向平面的绘制，如图 3-13 所示。

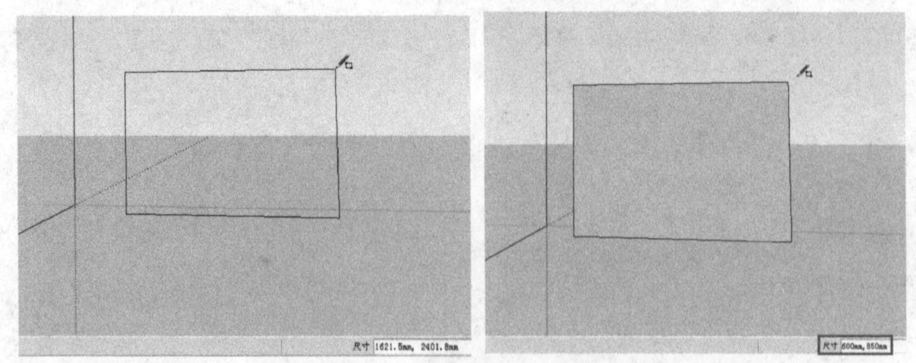

图 3-13

3）将视图旋转到 yz 平面，然后在下侧的数值输入框中输入（850mm，600mm），接着单击鼠标左键，将完成平行于 x 轴的竖向平面的绘制，如图 3-14 所示。

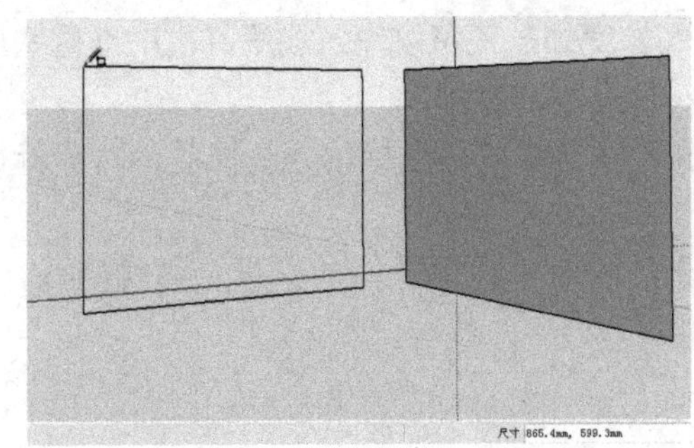

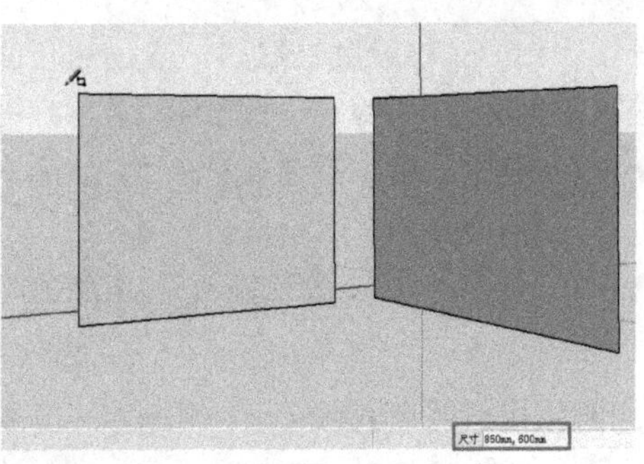

图 3-14

3.2.2 “线条”工具

“线条”工具可以用来绘制单段直线、多段连接线和闭合的形体，也可以用来分割表面或修复被删除的表面。绘制线条的操作步骤如下。

1）运行 SketchUp 软件，然后执行“绘图|线条”菜单命令，或者单击“绘图”工具栏上的“线条”按钮。

2）移动光标至绘图区，鼠标显示为，单击鼠标左键确定直线的起点，然后拖动鼠标，确定线的端点，即可创建出一条直线，如图 3-15 所示。

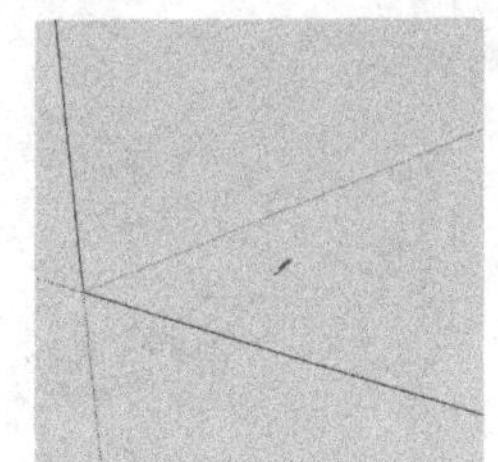

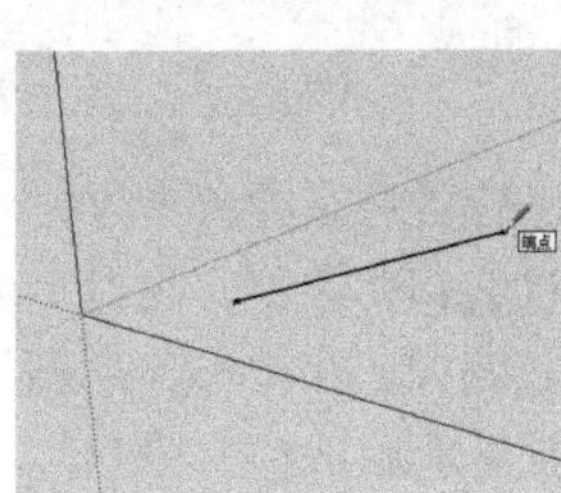

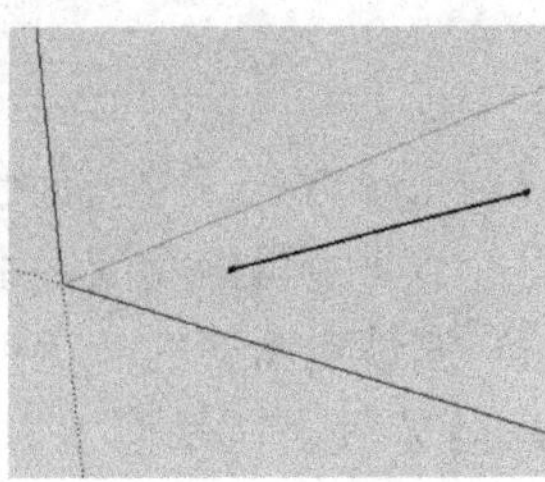

图 3-15

1. 通过输入参数绘制精确长度的直线

同“矩形”工具一样，使用“线条”工具绘制线时，线的长度会在数值控制框中显示。用户可以在确定线段终点之前或者完成绘制后输入一个精确的长度，如图 3-16 所示。

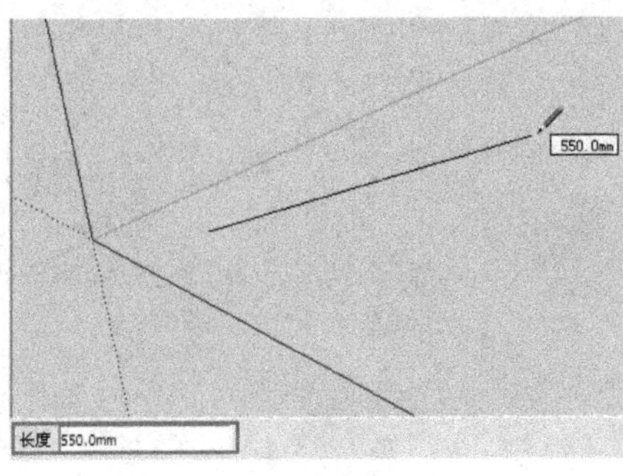

图 3-16

在 SketchUp 中绘制直线时，除了可以输入长度外，还可以输入线段终点的准确空间坐标。输入的坐标有两种，一种是绝对坐标，另一种是相对坐标。

- 绝对坐标：用中括号输入一组数字，表示以当前绘图坐标轴为基准的绝对坐标，格式为[x，y，z]。
- 相对坐标：用尖括号输入一组数字，表示相对于线段起点的坐标，格式为<x，y，z>。

2．根据提示绘制直线

利用 SketchUp 强大的几何体参考引擎，用户可以使用“直线”工具直接在三维空间中绘制。在绘图窗口中显示的参考点和参考线，表达了要绘制的线段与模型中几何体的精确对齐关系，例如“平行”或“垂直”等；如果要绘制的线段平行于坐标轴，那么线段会以坐标轴的颜色亮显，并显示“在红色轴上”“在绿色轴上”或“在蓝色轴上”的提示，如图 3-17 所示。

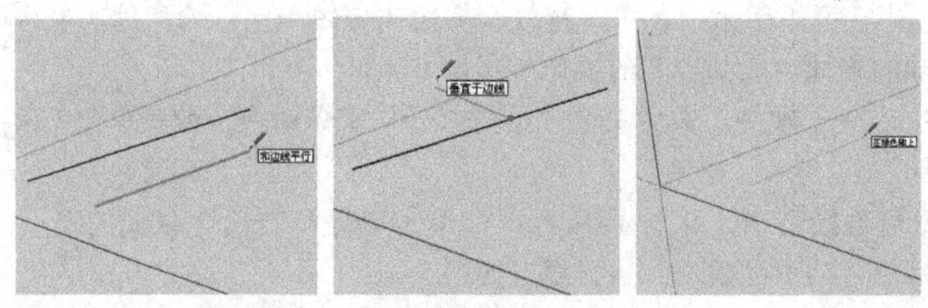

图 3-17

有的时候，SketchUp 不能捕捉到需要的对齐参考点，这是因为捕捉的参考点可能受到了别的几何体干扰，这时可以按住〈Shift〉键锁定需要的参考点。例如，将鼠标移动到一个表面上，当显示“在平面上”的提示后按住〈Shift〉键，此时线条会变粗且被锁定在这个表面所在的平面上，如图 3-18 所示。

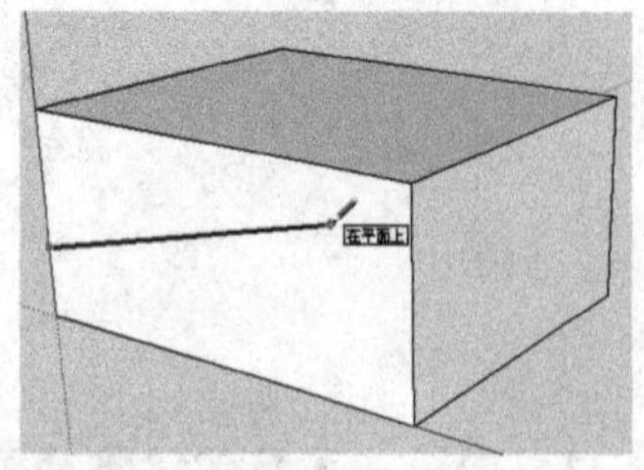

图 3-18

3．分割线段

如果在一条线段上拾取一点作为起点绘制直线，那么这条新绘制的直线会自动将原来的线段从交点处断开，如图 3-19 所示。

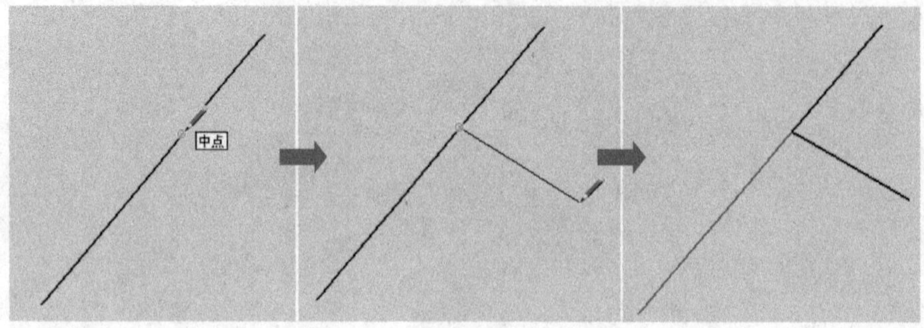

图 3-19

线段可以等分为若干段。在线段上单击鼠标右键，然后在弹出的菜单中执行“拆分”命令，接着移动鼠标，系统将自动参考不同等分线段的等分点（也可以直接输入需要等分的段数）。完成等分后，单击线段查看，可以看到线段被等分成几个小段，如图 3-20 所示。

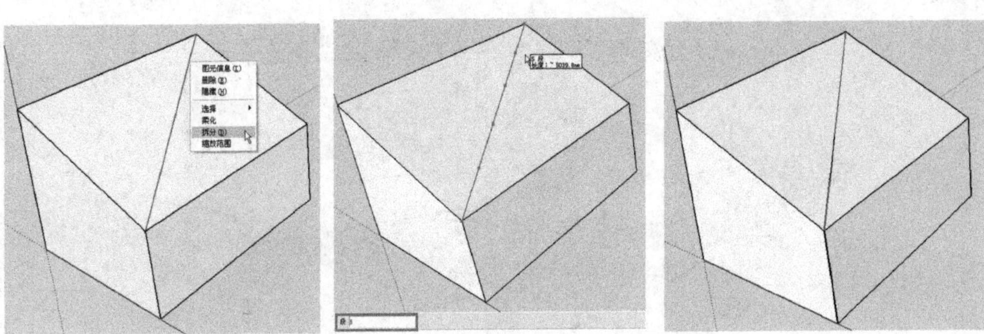

图 3-20

4．分割表面

如果要分割一个表面，只须绘制一条端点位于表面周长上的线段即可，如图 3-21 所示。

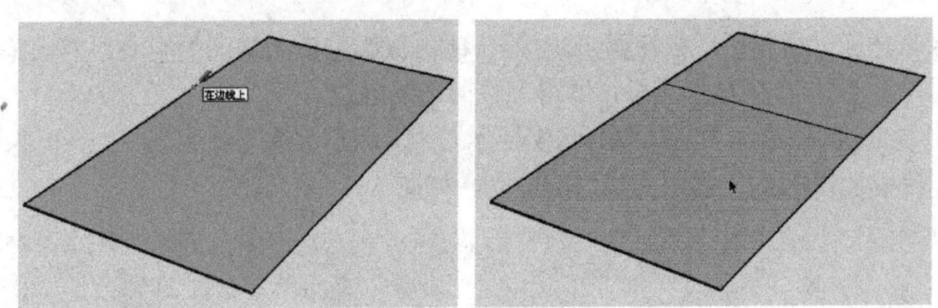

图 3-21

有时候，交叉线不能按照用户的需要进行分割，例如，分割线没有绘制在表面上。在打开轮廓线的情况下，所有不是表面周长一部分的线都会显示为较粗的线。如果出现这样的情况，可以使用“线条”工具在该线上绘制一条新的线来进行分割。SketchUp 会重新分析几何体并整合这条线，如图 3-22 所示。

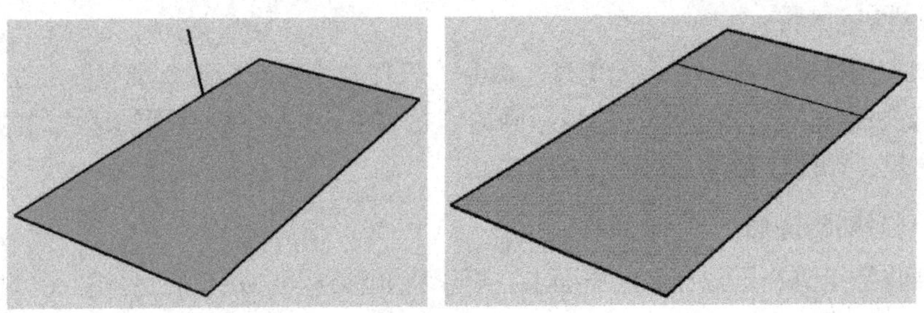

图 3-22

5．利用直线绘制平面

3 条以上的共面线段首尾相连就可以创建一个面。在闭合一个表面时，可以看到“端点”提示。如果是在着色模式下，成功创建一个表面后，新的面就会显示出来，如图 3-23 所示。

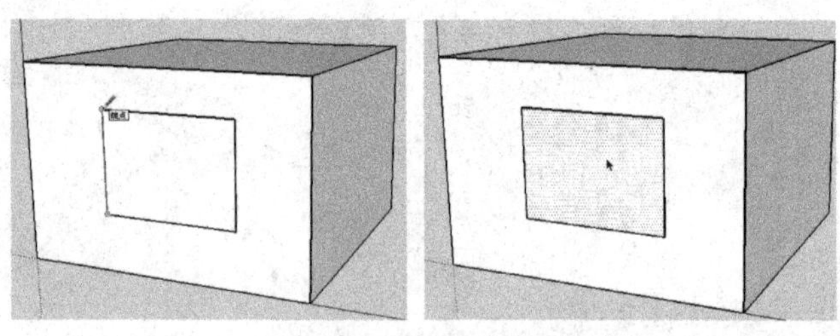

图 3-23

3.2.3 “圆”工具

“圆”工具用于绘制圆图形。绘制圆的操作步骤如下。

1）运行 SketchUp 软件，然后执行“绘图|圆”菜单命令，或者单击“绘图”工具栏上的“圆”按钮。

2）移动光标至绘图区，鼠标显示为，单击鼠标左键确定圆的中心，然后拖动鼠标，可以调整圆的半径，单击鼠标左键，即可完成圆形的创建。

3）半径值会在数值控制框中动态显示，可以直接通过键盘输入一个半径值（如 250mm），接着按〈Enter〉键，完成圆的绘制，如图 3-24 所示。

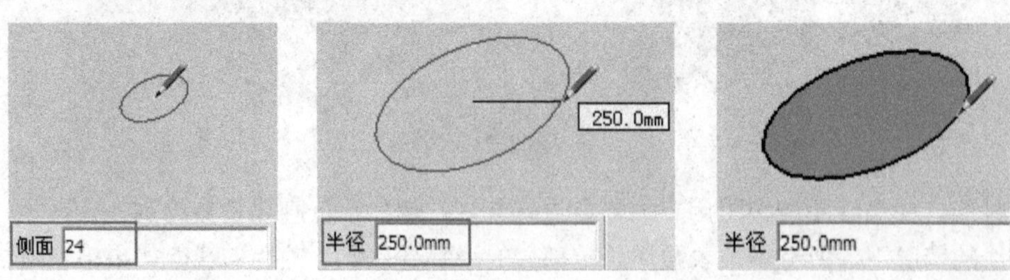

图 3-24

1．修改圆的属性

在圆的右键菜单中执行“图元信息”命令可以打开“图元信息”浏览器。在该浏览器中可以修改圆的参数，其中，“半径”表示圆的半径大小，“段”表示圆的边线段数，“长度”表示圆的周长，如图 3-25 所示。

2．绘制倾斜的圆形

如果要将圆绘制在已经存在的平面上，可以将光标移动到那个面上，SketchUp 会自动将圆进行对齐，如图 3-26 所示。

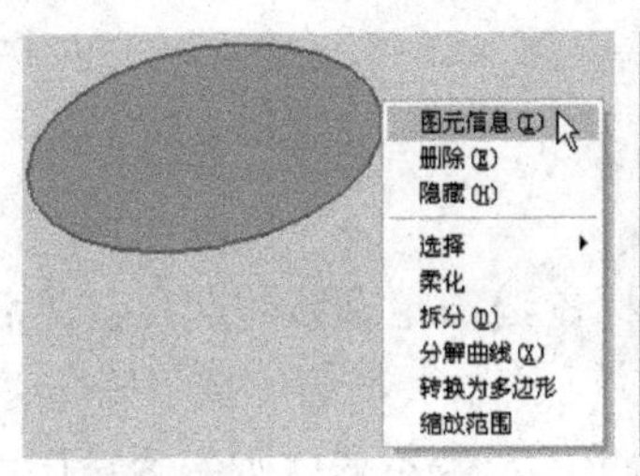

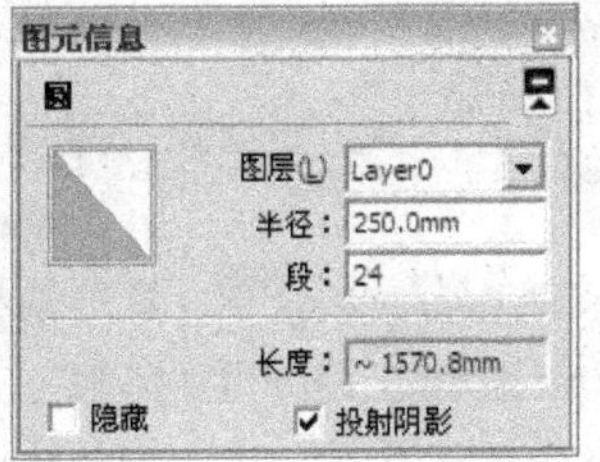

图 3-25

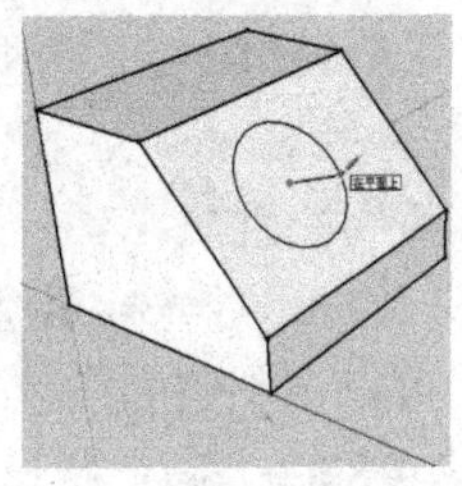

图 3-26

要绘制与斜面平行的圆形，可以在激活“圆”工具后，移动光标至斜面，当出现“在平面上”的提示时，什么也不做，按住〈Shift〉键的同时移动光标到其他位置绘制圆，那么这个圆会被锁定在与刚才那个平面平行的面上，如图 3-27 所示。

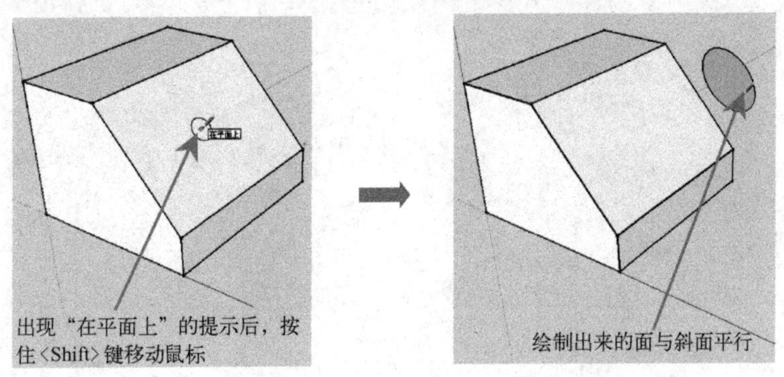

图 3-27

3. 分割及封面

一般，完成圆的绘制后便会自动封面，如果将面删除，就会得到圆形边线。

如果想要对单独的圆形边线进行封面，可以使用“线条”工具连接圆上的任意两个端点，如图 3-28 所示。

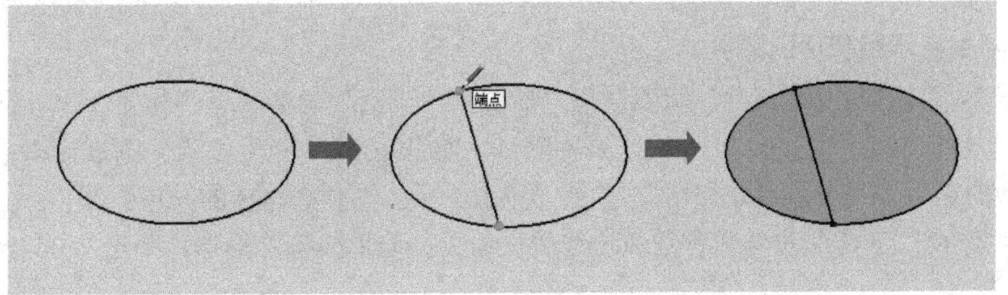

图 3-28

3.2.4 “圆弧”工具

“圆弧”工具用于绘制圆弧实体。圆弧是由多个直线段连接而成的，但可以向圆弧曲线那样进行编辑。绘制圆弧的操作步骤如下。

1）运行 SketchUp 软件，然后执行“绘图|圆弧”菜单命令，或者单击“绘图”工具栏上的“圆弧”按钮。

2）移动鼠标光标至绘图区，鼠标显示为，单击鼠标左键确定圆弧的起点，然后拖动鼠标，可以调整圆弧的弦长，单击鼠标左键（也可以通过键盘输入数值，按〈Enter〉键确认，例如 8500）确定弦长，如图 3-29 所示。也可以输入负值，表示要绘制的圆弧在当前方向的反向位置，例如-8500。

3）凸出距离会在数值控制框中动态显示，可以直接通过键盘输入一个精确值（如 3579mm），接着按〈Enter〉键，完成圆弧的绘制，如图 3-30 所示。

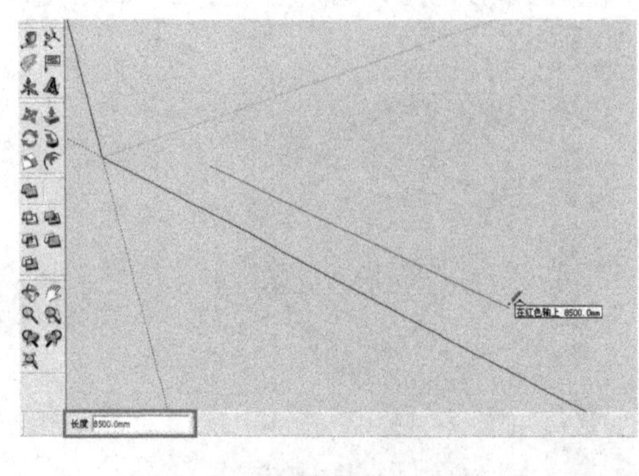

图 3-29

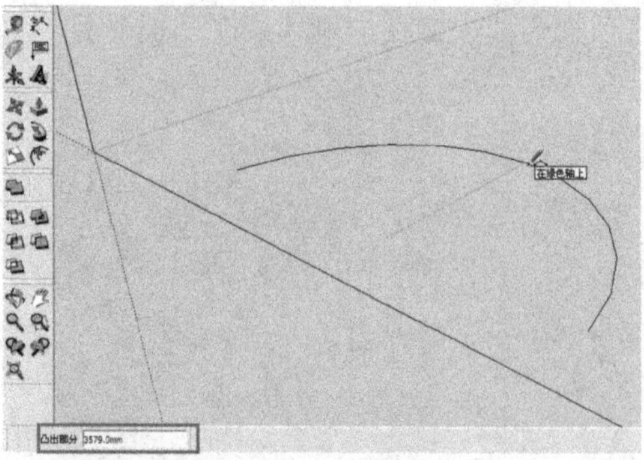

图 3-30

1．圆弧的其他参数设置

在确定了圆弧弦长以后，在输入的数值后面加上字母 r（如 600r），然后按〈Enter〉键确认，即可绘制一条半径为 600 的圆弧。当然，也可以在绘制圆弧的过程中或完成绘制后输入。

要指定圆弧的片段数，可以输入一个数字，然后在数字后面加上字母 s（如 12s），接着按〈Enter〉键确认。当然，输入片段数也可以在绘制圆弧的过程中或完成绘制后完成。

2．根据提示绘制特殊圆弧

在调整圆弧的凸出距离时，圆弧会临时捕捉到“半圆”的参考点，如图 3-31 所示。

使用“圆弧”工具可以绘制连续圆弧线，如果弧线以青色显示，则表示与圆弧线相切，出现的提示为“在顶点处相切”，如图 3-32 所示。绘制好这样的异形弧线以后，用户可以使用“推/拉”工具拉伸带有圆弧边线的表面，从而形成特殊形体，如图 3-33 所示。

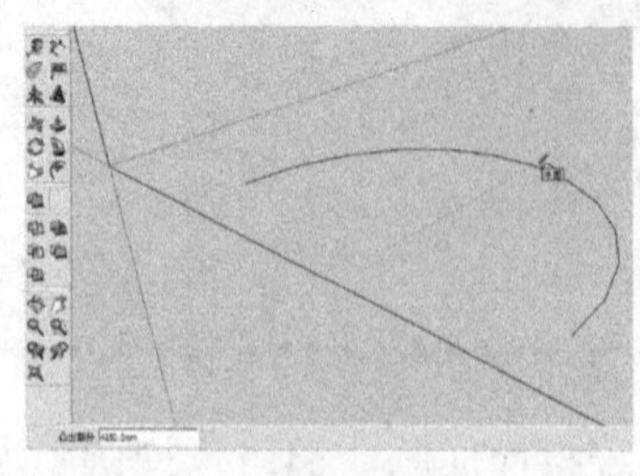

图 3-31

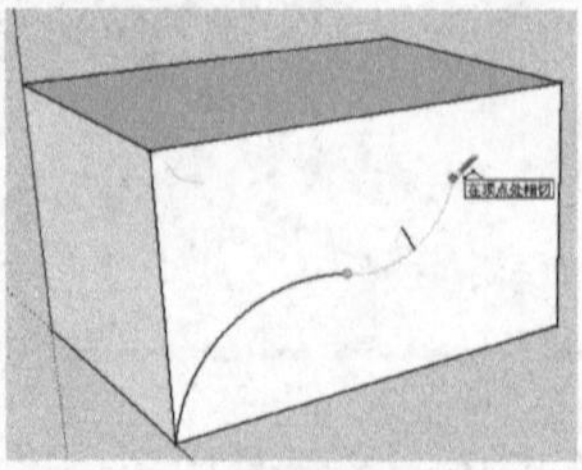

图 3-32

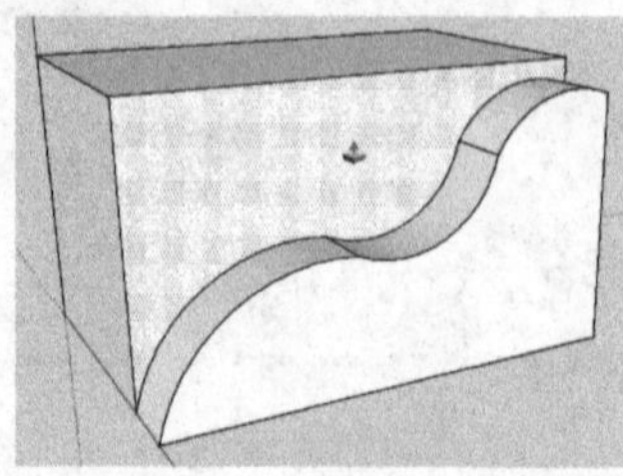

图 3-33

技巧提示 弧线的绘制

绘制弧线（尤其是连接弧线）的时候常常会找不准方向，可以通过设置辅助面，然后在辅助面上绘制弧线来解决。

3.2.5 “多边形”工具

“多边形”工具可以绘制 3 条边以上的正多边形实体，其绘制方法与绘制圆形的方法相似。绘制一个标准八边形的操作步骤如下。

1）运行 SketchUp 软件，然后执行“绘图|多边形”菜单命令，或者单击“绘图”工具栏上的“多边形”按钮。

2）在绘图区单击指定一点确定多边形的中心，然后在输入框中输入 8s 或 8（边数），接着单击鼠标左键确定圆心的位置，如图 3-34 所示。

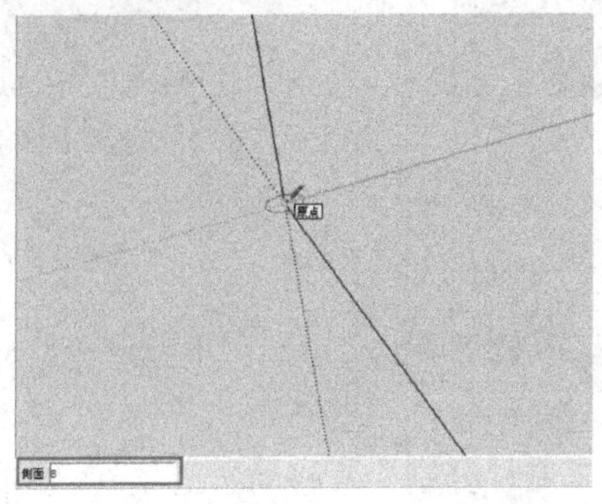

图 3-34

3）移动鼠标调整圆的半径，半径值会在数值控制框中动态显示，也可以直接输入一个半径值，如 2500mm，如图 3-35 所示。

4）单击鼠标左键，即可完成八边形的绘制，如图 3-36 所示。

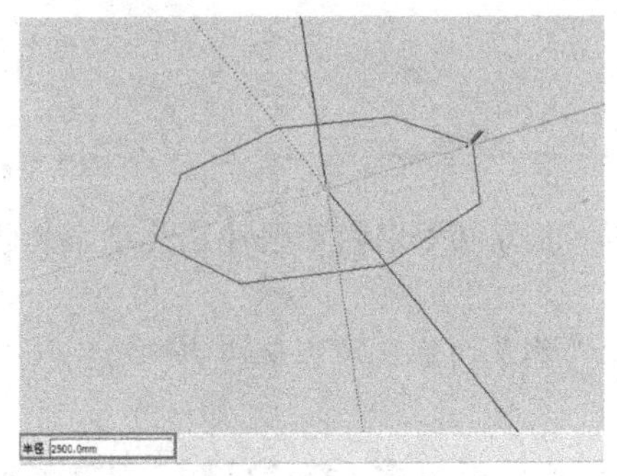

图 3-35

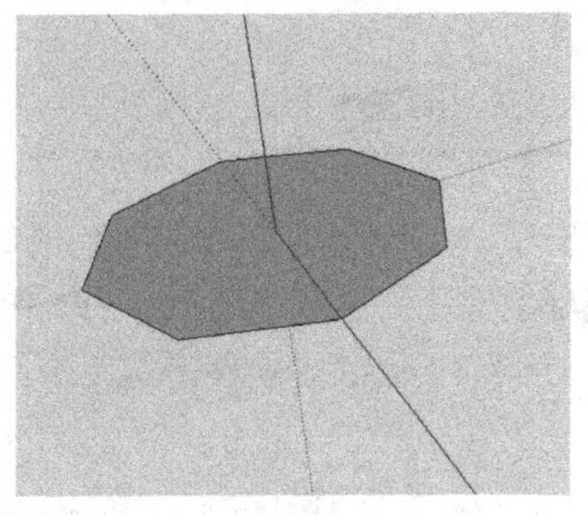

图 3-36

3.2.6 “徒手画”工具

“徒手画”工具可以绘制不规则的共面的连续线段或简单的徒手草图物体，常用于绘制等高线或有机体。使用“徒手画”工具的操作步骤如下。

1）运行 SketchUp 软件，然后执行“绘图|徒手画”菜单命令，或者单击“绘图”工具栏上的“徒手画”按钮。

2）移动光标至绘制区，鼠标显示为，单击鼠标左键确定徒手线的起点，然后保持鼠标左键为按下的状态，拖动鼠标，松开鼠标，完成徒手线的创建，如图 3-37 所示。

3）如果鼠标拖动回徒手线的起点，则自动生成由徒手线构成的不规则的封闭平面，如图 3-38 所示。

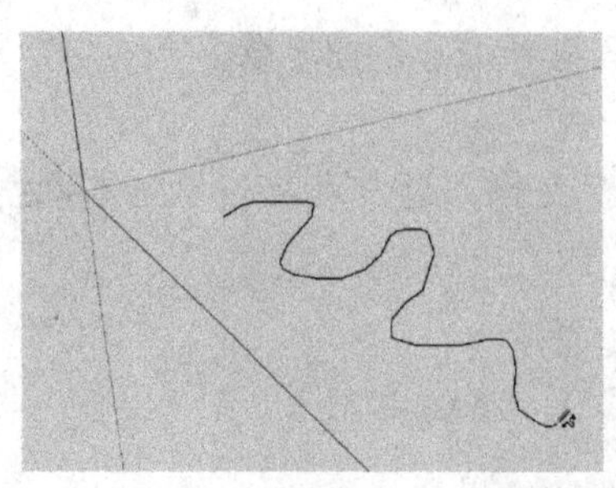

图 3-37

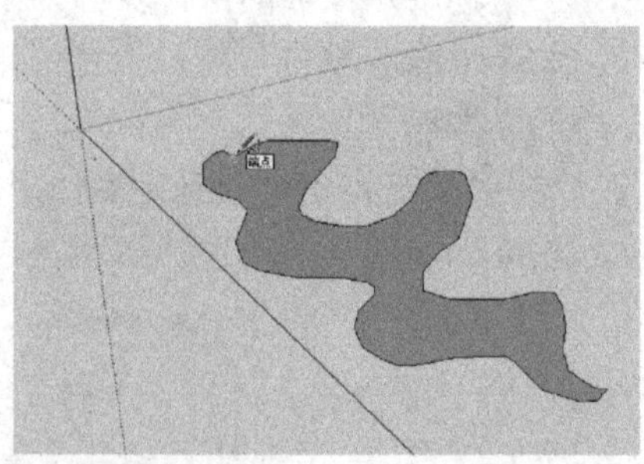

图 3-38

3.3 SketchUp 的基本编辑技巧

“修改”工具栏包含 6 个工具，分别为“移动”工具、“推/拉”工具、“旋转”工具、“跟随路径”工具、“拉伸”工具和“偏移复制”工具，如图 3-39 所示。

图 3-39

3.3.1 移动

“移动”工具可以移动、拉伸和复制几何体，也可以用来旋转组件，移动工具的扩展功能也非常有用。执行移动命令的操作步骤如下。

1）运行 SketchUp 软件，然后执行“工具|移动”菜单命令，或者单击“修改”工具栏上的“移动”按钮。

2）在移动到物体的点、边线和表面时，这些对象即被激活。移动鼠标，对象的位置就会改变，如图 3-40 所示。

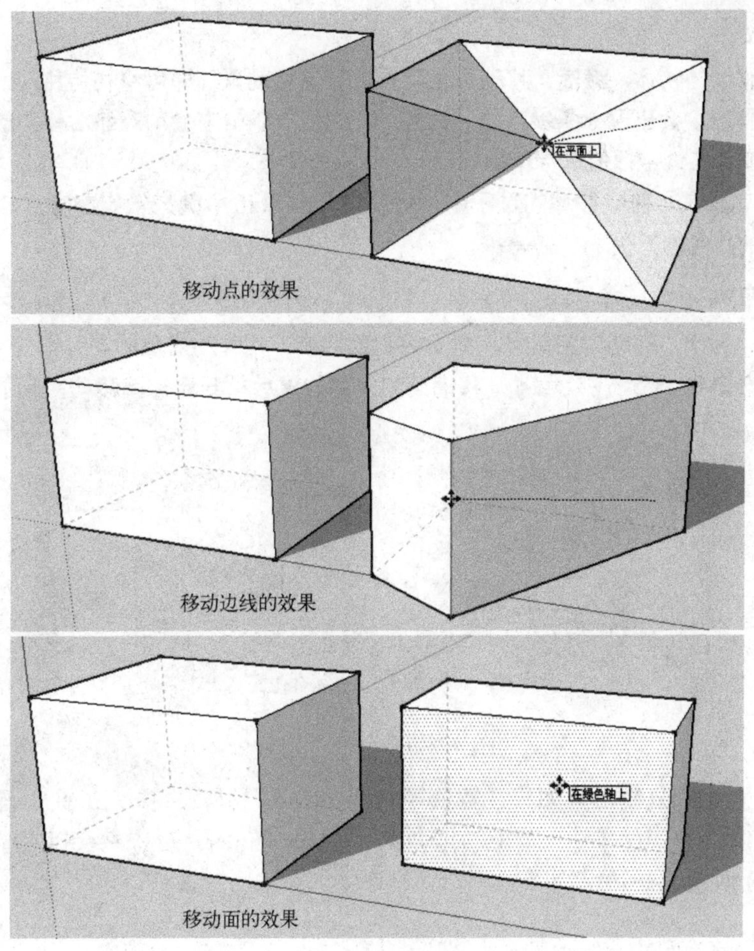

图 3-40

技巧提示 移动的技巧

学习笔记

使用“移动”工具的同时按住〈Alt〉键可以强制拉伸线或面，生成不规则几何体，即 SketchUp 会自动折叠这些表面，如图 3-41 所示。

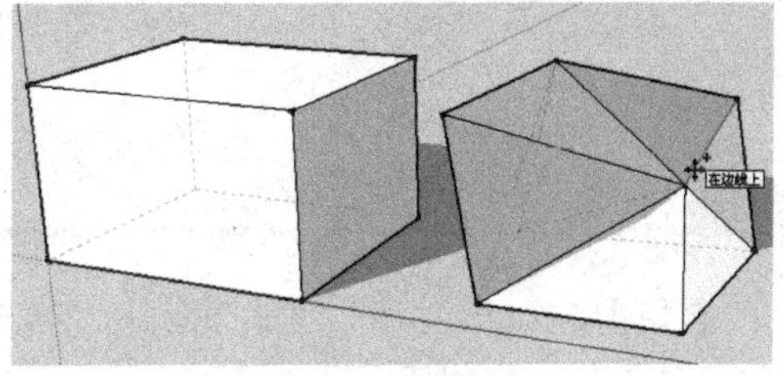

图 3-41

1．移动物体

选择需要移动的物体，激活“移动”工具，接着移动鼠标即可将物体移动。

在移动物体时，会出现一条参考线，另外，在数值控制框中会动态显示移动的距离，也可以输入移动数值或者三维坐标值进行精确移动。

在进行移动操作之前或移动的过程中，可以按住〈Shift〉键来锁定参考。这样可以避免参考捕捉受到别的几何体干扰。

2．复制物体

选择物体，激活“移动”工具，确定移动的起点，在移动对象的同时按住〈Ctrl〉键，鼠标指针右上角会多出一个“+”号，移动到相应的位置后松开鼠标就移动复制了一个相同的对象，如图 3-42 所示。

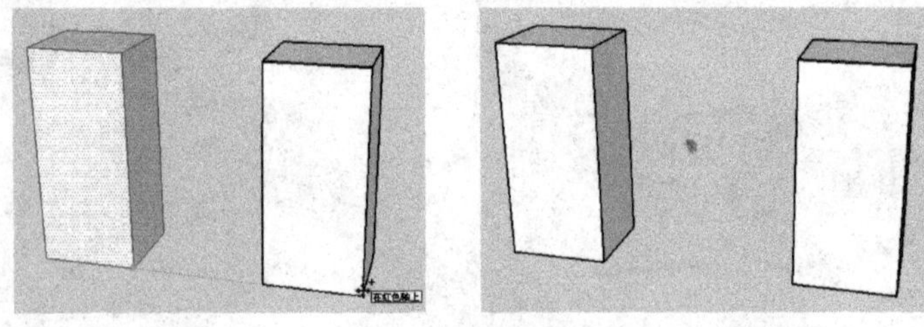

图 3-42

完成一个对象的复制后，如果在数值控制框中输入“3/”并按〈Enter〉键，会在复制间距内等距离复制 3 份；如果输入“3*”或“3X”并按〈Enter〉键，将会以复制的间距阵列 3 份，如图 3-43 所示。

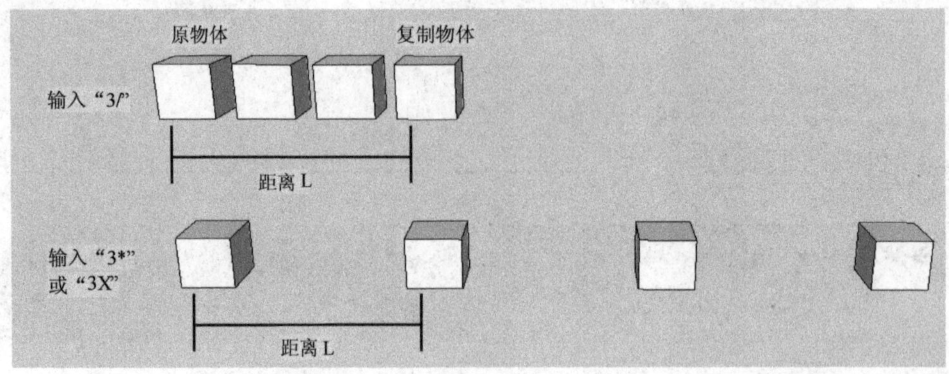

图 3-43

3.3.2 面的推/拉

“推/拉”工具可以用来扭曲和调整模型中的表面，不管是进行体块编辑还是精确建模，该工具都是非常有用的。其操作步骤如下。

1）运行 SketchUp 软件，然后执行“工具|推/拉”菜单命令，或者单击“修改”工具栏上的“推/拉”按钮。

2）移动光标至表面，光标变为，即可对面进行推、拉、挤压等操作，如图 3-44 所示。

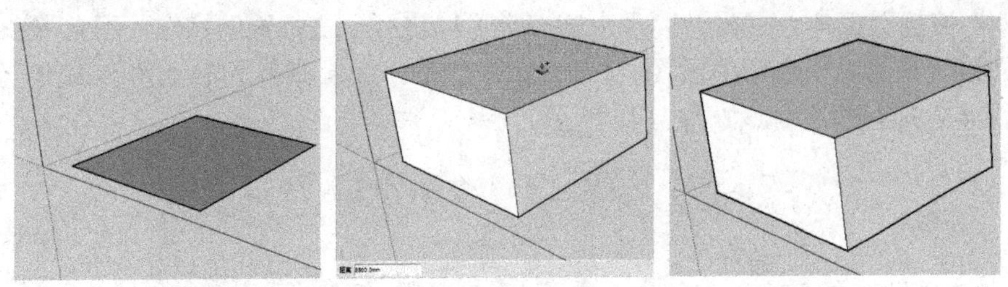

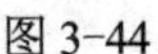
图 3-44

使用“推/拉”工具推拉平面时，推拉的距离会在数值控制框中显示。用户可以在推拉的过程中或完成推拉后输入精确的数值进行修改，在进行其他操作之前可以一直更新数值。如果输入的是负值，则表示往当前的反方向推拉。

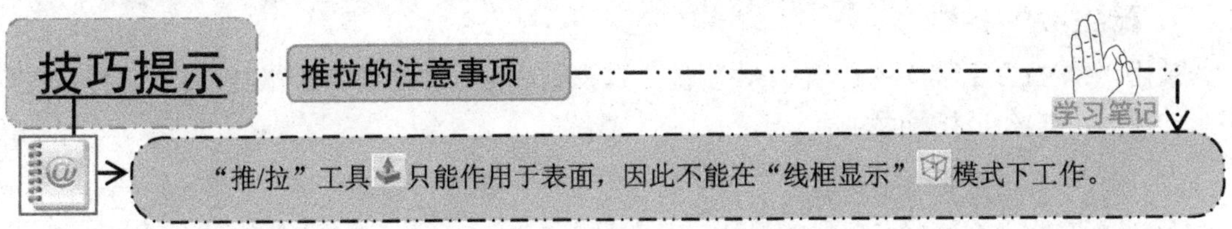

1．重复推拉操作

将一个面推/拉一定的高度后，如果在另一个面上双击鼠标左键，则该面将推/拉同样的高度，如图 3-45 所示。

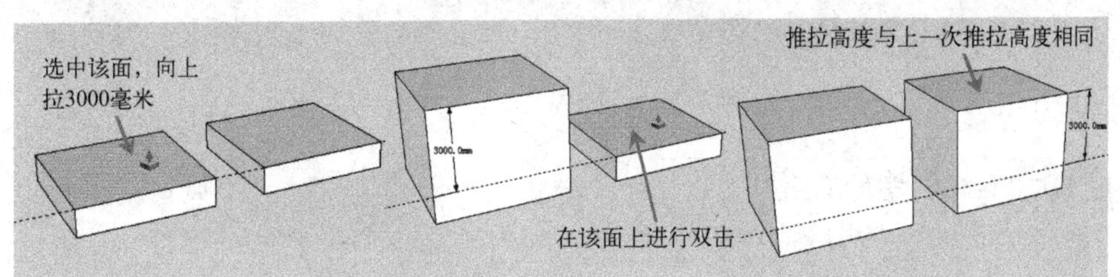

图 3-45

2．对多个面进行推拉

配合键盘上的〈Ctrl〉键，并依次双击选中所有需要拉伸的面，然后使用“推/拉”工具进行拉伸，如图 3-46 所示。

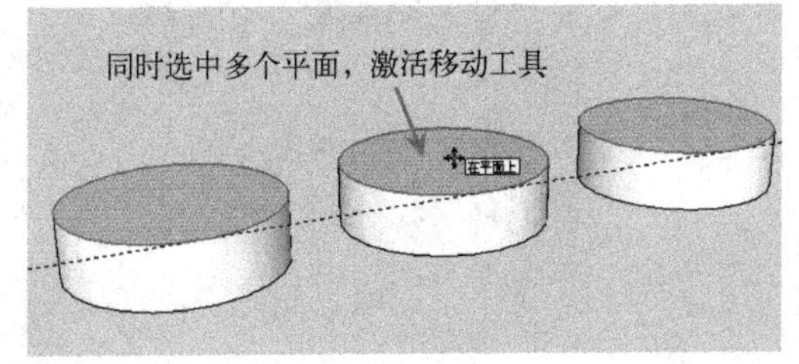

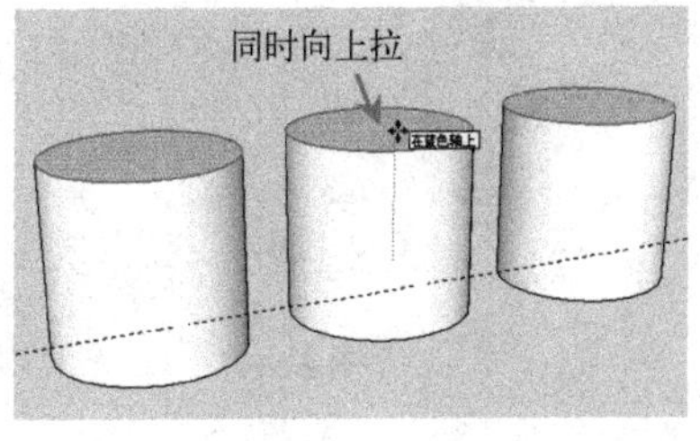

图 3-46

3．配合〈Ctrl〉键推拉

使用“推/拉”工具并配合键盘上的按键可以进行一些特殊的操作，配合〈Ctrl〉键可以在推/拉的时候生成一个新的面（按住〈Ctrl〉键后，鼠标指针的右上角会多出一个“+”号），然后继续向上进行拉，如图 3-47 所示。

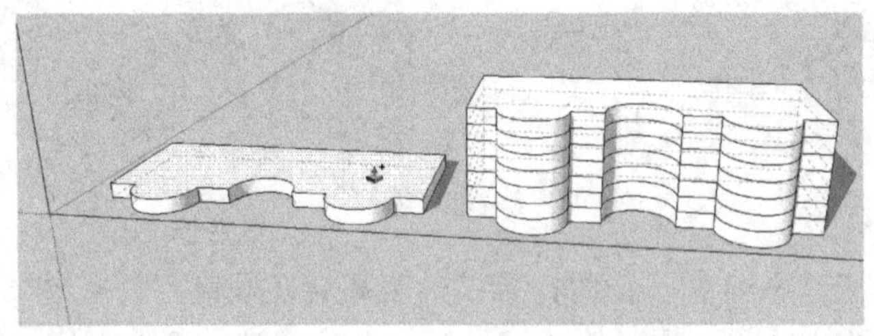

图 3-47

4．配合 Alt 键推拉

使用“推/拉”工具并配合〈Alt〉键可以强制表面在垂直方向上推拉，否则会挤压出多余的模型，如图 3-48 所示。

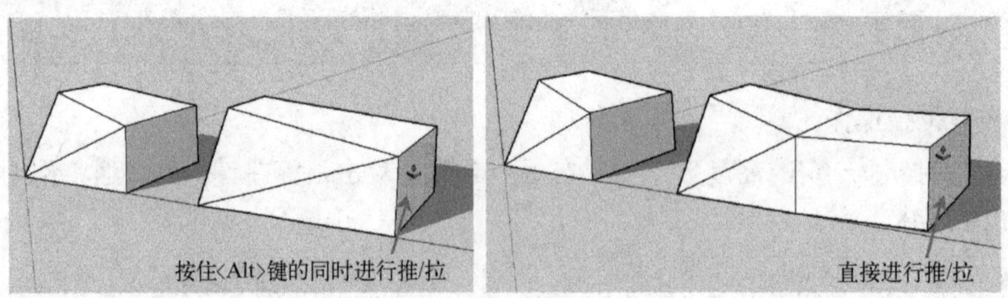

图 3-48

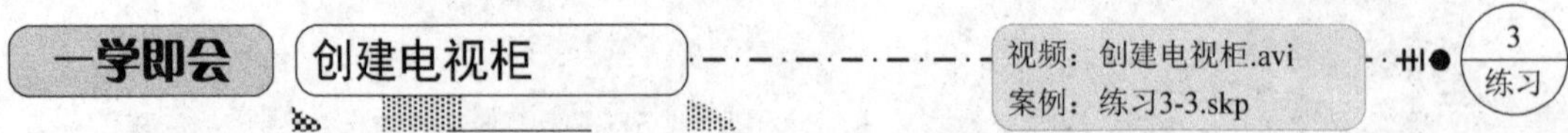

下面通过创建一个电视柜来具体讲解“推/拉”工具的使用方法及技巧，其操作步骤如下。

1）首先用“矩形”工具绘制一个 2000mm×400mm 的矩形，如图 3-49 所示。

2）使用“推/拉”工具将上一步绘制的矩形向上拉 500mm 的高度，如图 3-50 所示。

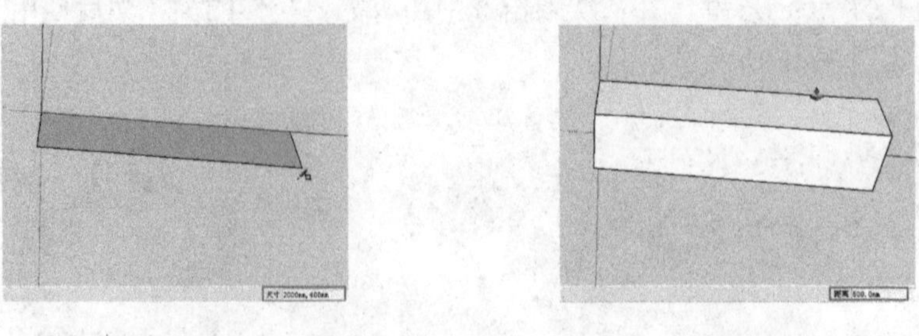

图 3-49　　图 3-50

3）使用“卷尺工具”，在立方体的下侧相应位置绘制一条辅助线，如图 3-51 所示。

4）使用“线条”工具，在上一步绘制的辅助线上绘制一条线段，如图 3-52 所示。

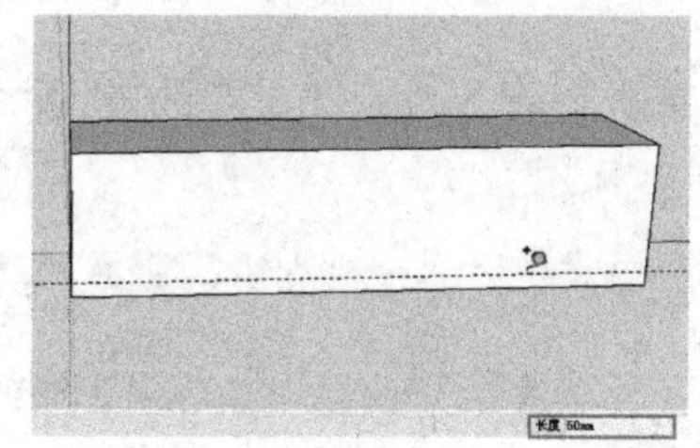
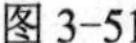

图 3-51

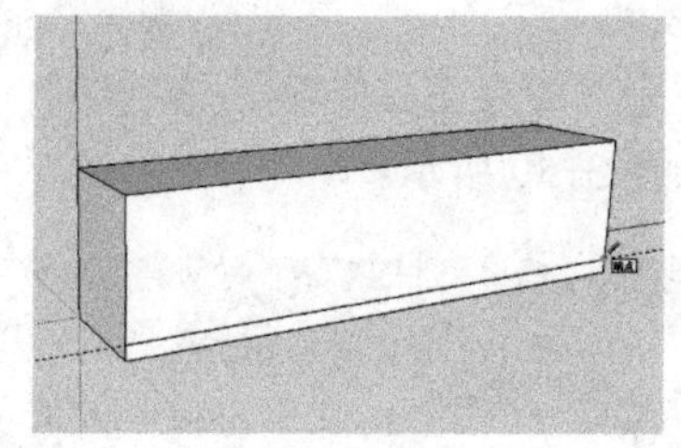

图 3-52

5）使用“偏移”工具，将立方体上相应的面向内偏移 20mm 的距离，如图 3-53 所示。

6）使用“线条”工具，在图中相应的面上补上两条垂线段，然后将前面绘制的那条辅助线删除掉，如图 3-54 所示。

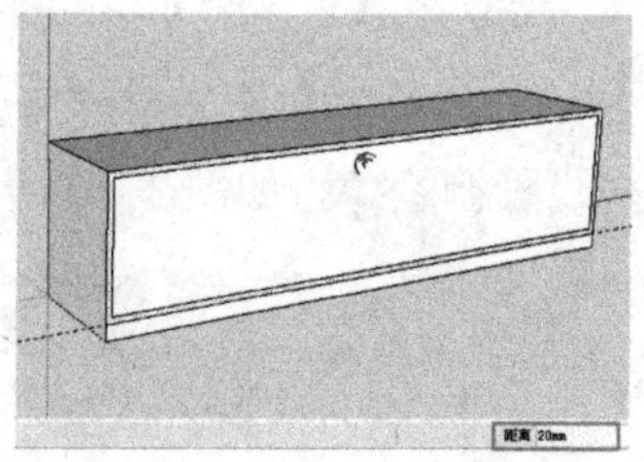

图 3-53

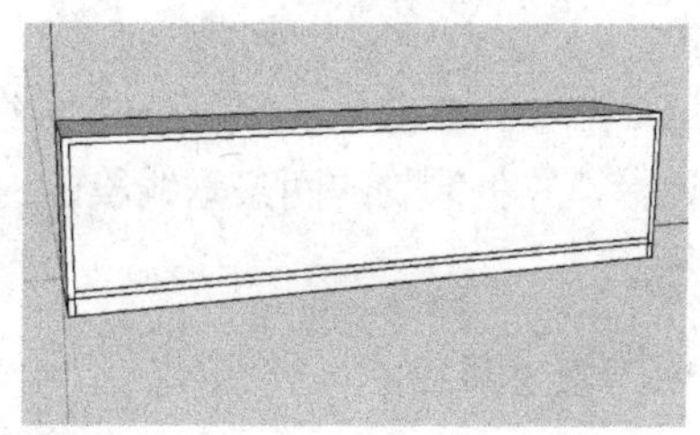

图 3-54

7）使用“推/拉”工具将立方体下侧相应的面向内推拉 20mm 的距离，如图 3-55 所示。

8）将图中多余的线段删除掉，如图 3-56 所示。

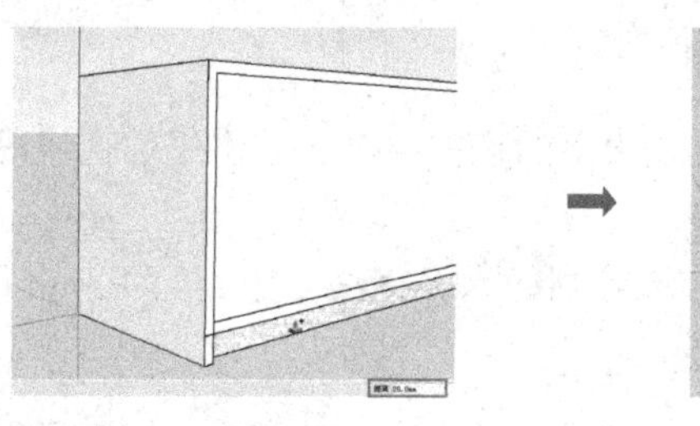

图 3-55

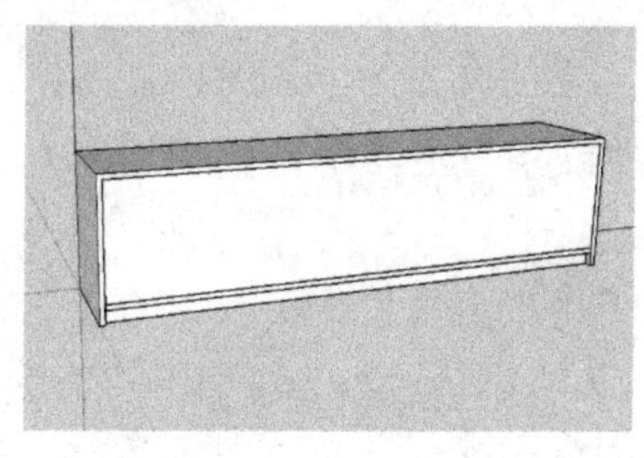

图 3-56

9）选中上侧的相应线段，单击鼠标右键并选择“拆分”命令，然后在数值输入框中输入“4”，从而将该条线段拆分为 4 段长度相等的线段，如图 3-57 所示。

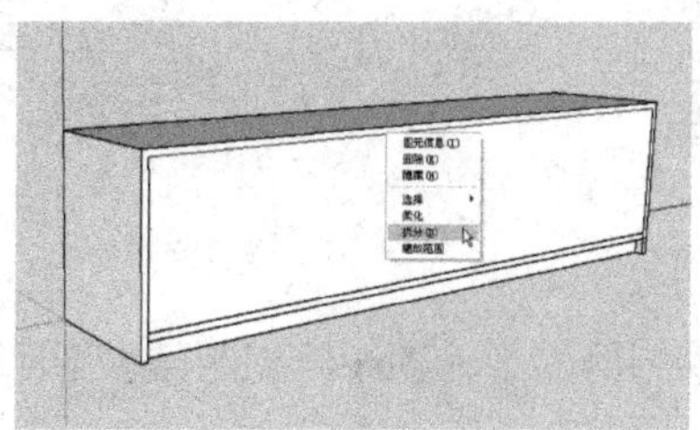
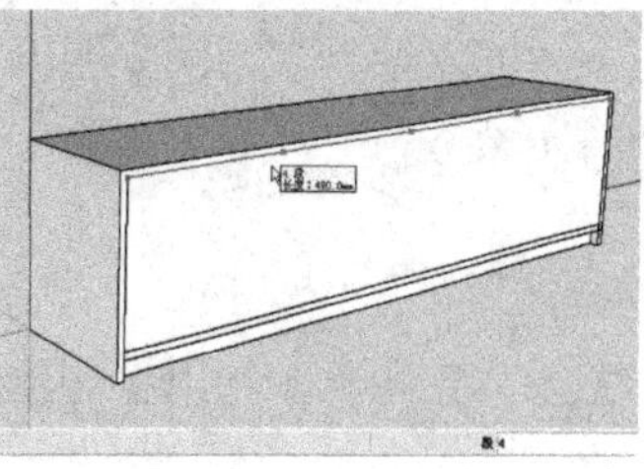

图 3-57

10）使用“线条”工具，捕捉到上一步拆分线段的端点，向下绘制 3 条垂线段，如图 3-58 所示。

11）使用“卷尺工具”，分别绘制出与上一步绘制的 3 条垂线段距离为 10mm 的两条辅助线，如图 3-59 所示。

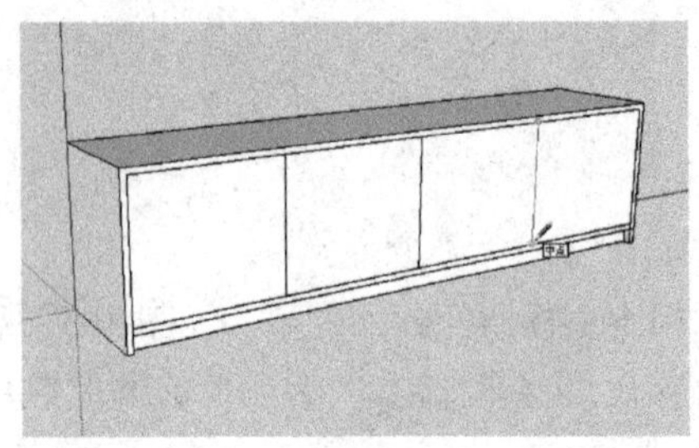

图 3-58

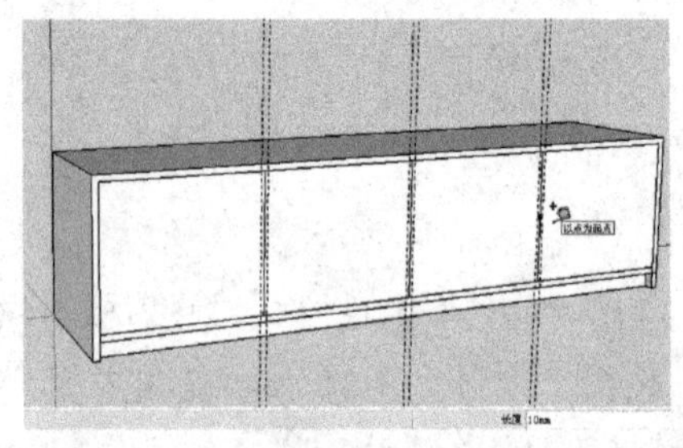

图 3-59

12）使用“线条”工具，利用上一步绘制的多条辅助线绘制出多条垂线段，然后将绘制的辅助线删除掉并将绘制的两条垂线段的内侧那条垂线段删除掉，如图 3-60 所示。

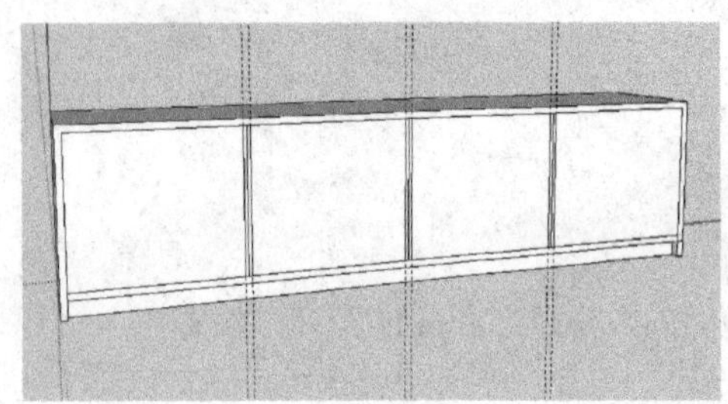

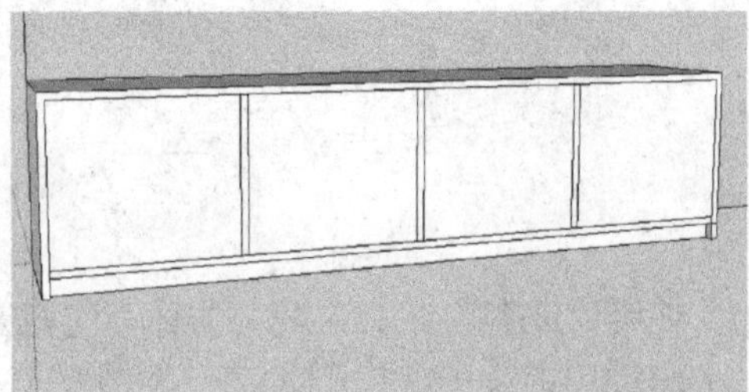

图 3-60

13）使用“线条”工具，捕捉相应垂线段上的点并绘制一条水平的直线段，如图 3-61 所示。

14）使用“卷尺工具”，绘制与上一步绘制的水平直线段距离为 10mm 的上下两条辅助线，如图 3-62 所示。

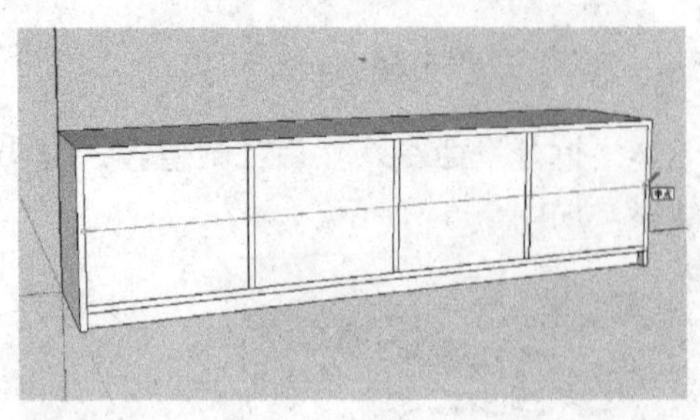

图 3-61

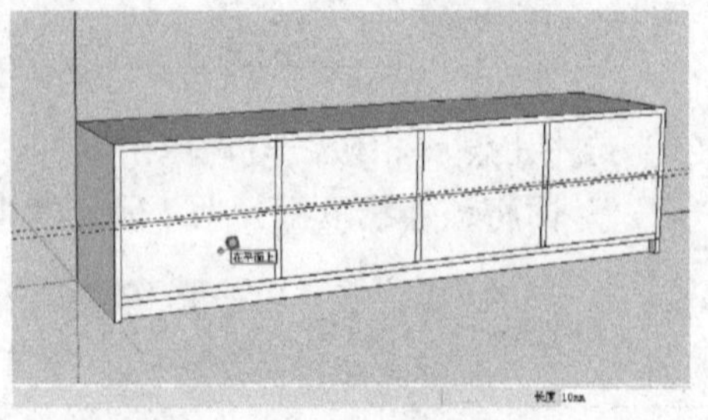

图 3-62

15）使用“线条”工具，利用上一步绘制的两条辅助线绘制两条水平线段，如图 3-63 所示。

16）将图中的两条辅助线以及图中多余的线段删除掉，如图 3-64 所示。

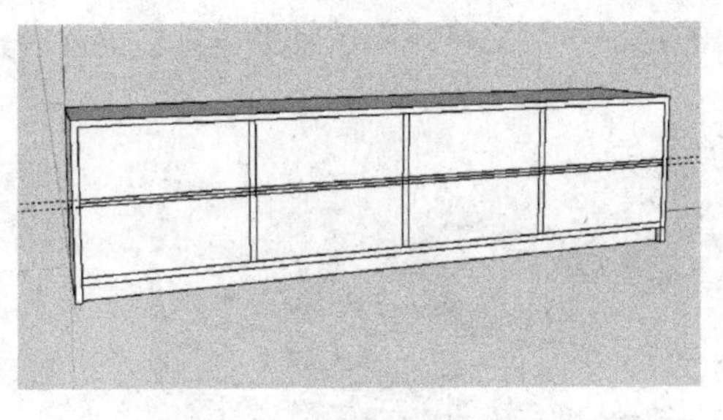
图 3-63

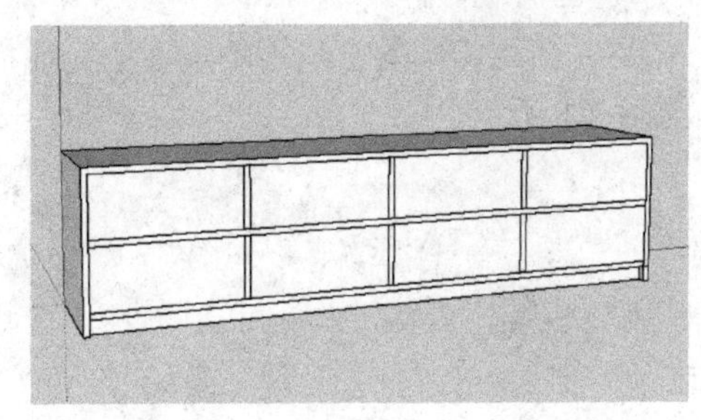
图 3-64

17）使用“推/拉”工具，将图中相应的 4 个面向内推 380mm 的距离，如图 3-65 所示。

18）使用“推/拉”工具，将图中相应的 4 个面向外拉 20mm 的距离，如图 3-66 所示。

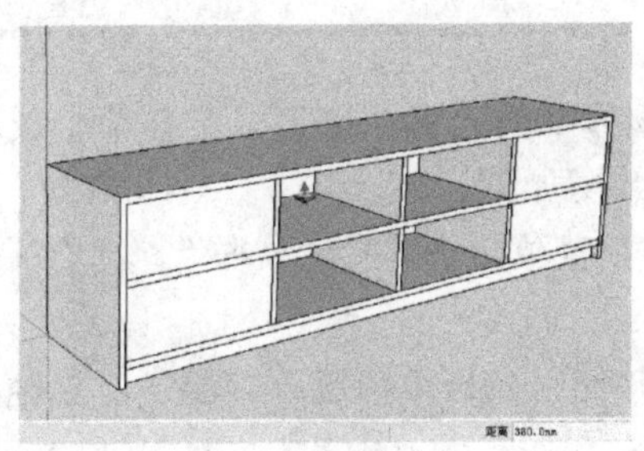
图 3-65

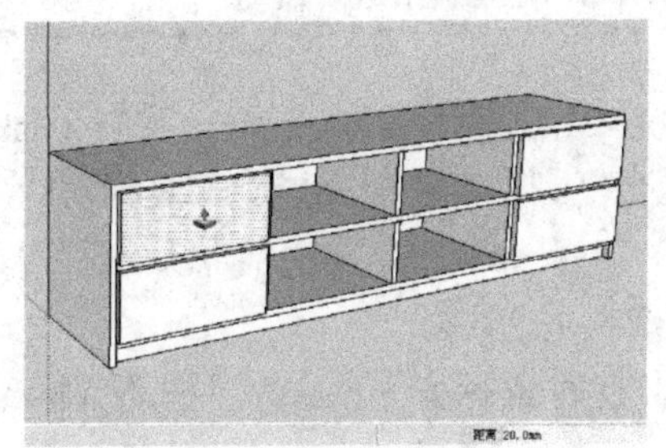
图 3-66

19）使用“矩形”工具，在电视柜的柜门上绘制一个 150mm×10mm 的矩形，如图 3-67 所示。

20）双击上一步绘制的矩形内部选中矩形，单击右键，然后选择“创建组”命令将矩形创建为组，如图 3-68 所示。

21）双击上一步创建的组，进入组的内部进行编辑操作，使用“推/拉”工具将矩形向外拉 15mm 的距离，如图 3-69 所示。

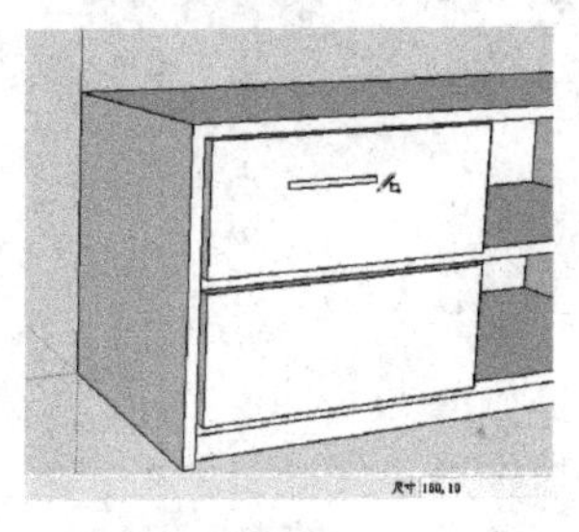
图 3-67

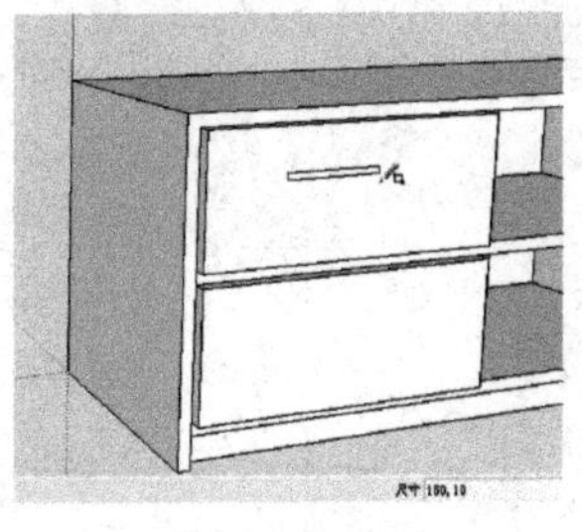
图 3-68

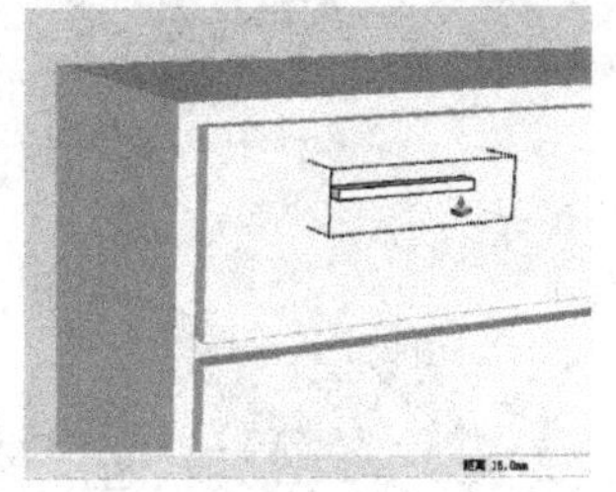
图 3-69

22）使用“线条”工具，捕捉电视柜柜门面的上下中点绘制一条垂线段作为辅助线，然后使用“移动”工具，捕捉拉手的中点将其移动到辅助线的中点处，如图 3-70 所示。

23）使用相同的方法绘制电视柜其他柜门上的拉手，然后将绘制的辅助垂线段删除掉，如图 3-71 所示。

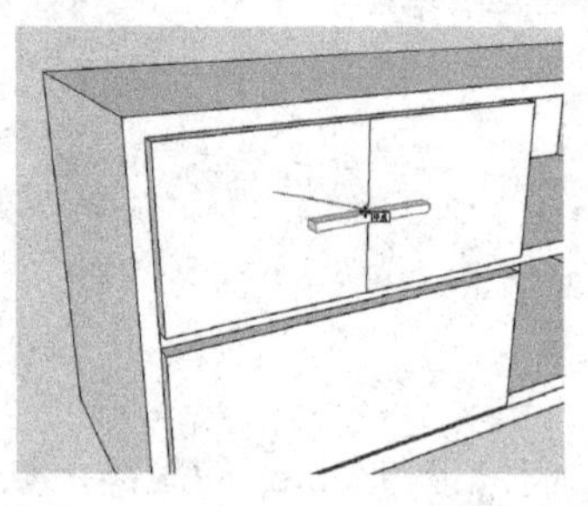

图 3-70

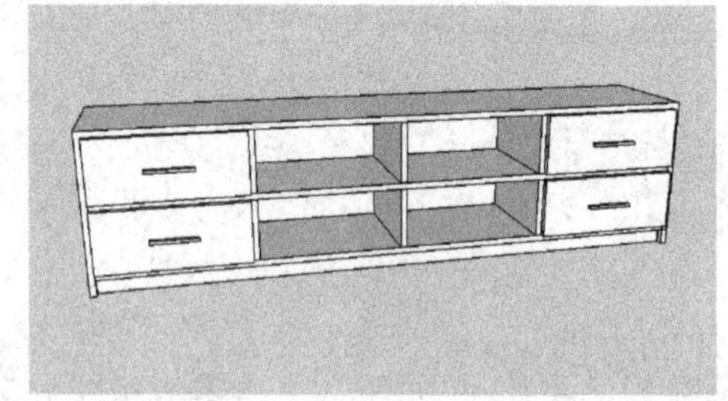

图 3-71

3.3.3 物体的旋转

“旋转”工具可以在同一旋转平面上旋转物体中的元素，也可以旋转单个或多个物体，配合复制功能还能完成旋转复制功能。其操作步骤如下。

1）运行 SketchUp 软件，然后执行“工具|旋转”菜单命令，或者单击“修改”工具栏上的“旋转”按钮。

2）此时鼠标变为，拖动鼠标确定旋转平面，然后单击鼠标，确定旋转轴心点和轴线。

3）拖动鼠标，即可对物体进行旋转，为了确定旋转角度，可以观察数值框数值或者直接输入旋转角度，最后单击鼠标左键，完成旋转，如图 3-72 所示。

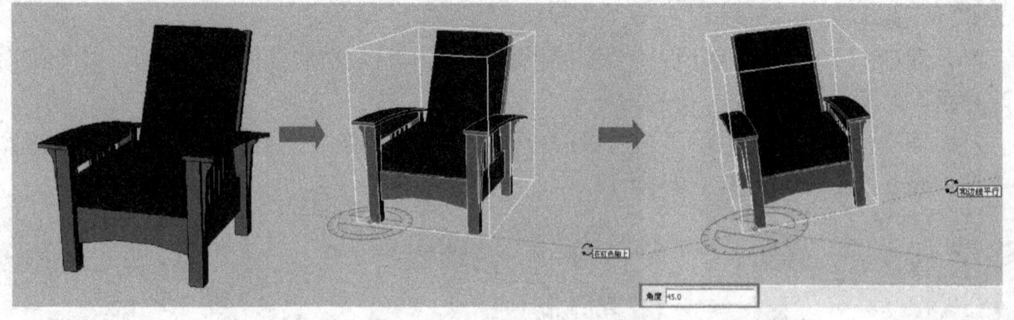

图 3-72

技巧提示 角度捕捉

学习笔记

利用 SketchUp 的参考提示可以精确定位旋转中心。如果开启了“角度捕捉”功能，将会根据设置的角度进行旋转，如图 3-73 所示。

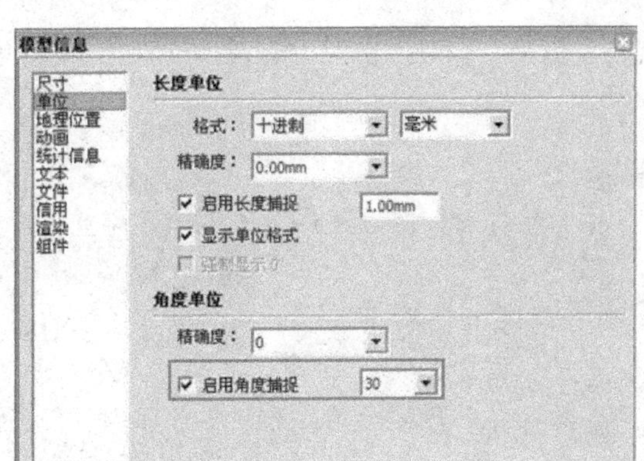

图 3-73

1. 不规则旋转

使用“旋转”工具只旋转某个物体的一部分时，可以将该物体进行拉伸或扭曲，如图 3-74 所示。

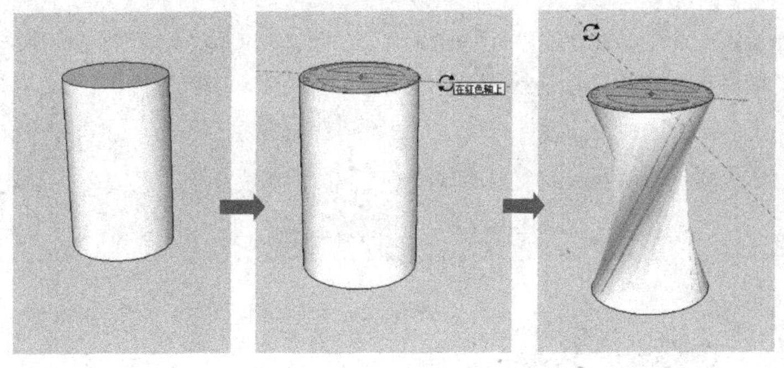

图 3-74

2. 旋转复制物体

使用“旋转”工具并配合〈Ctrl〉键可以在旋转的同时复制物体，例如在完成一个圆柱体的旋转复制后，如果输入“9*”或者“9X”就可以按照上一次的旋转角度将圆柱体复制8个，如图 3-75 所示。

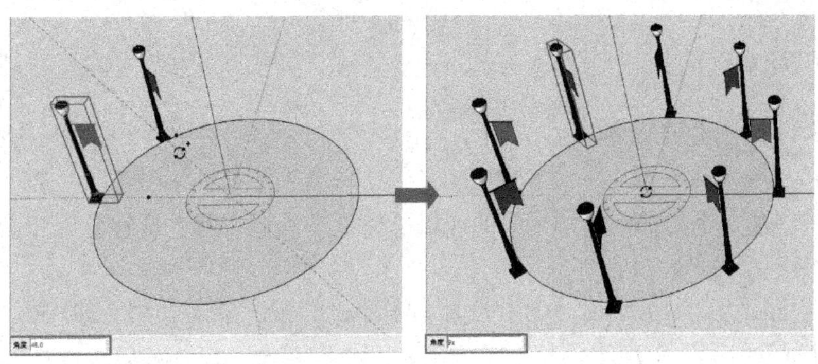

图 3-75

如果在完成路灯的旋转复制后，输入“3/”，那么就可以在旋转的角度内再复制 2 份，如图 3-76 所示。

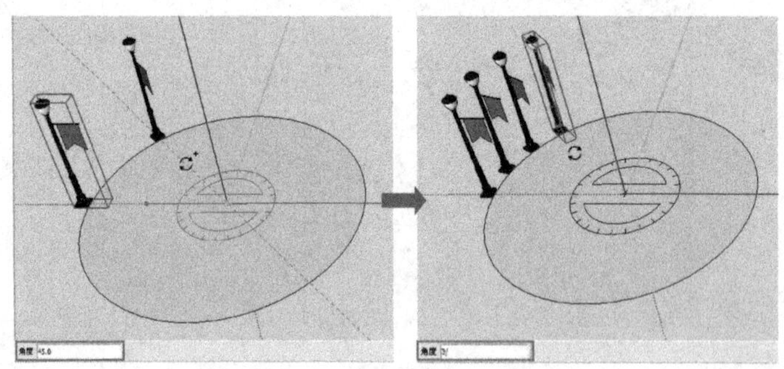

图 3-76

技巧提示 旋转的技巧

当物体对象是组或者组件时，如果激活“移动”工具（激活前不要选择任何对象），并将光标指向组或组件的一个面，那么该面上会出现 4 个红色的标记点，移动光标至一个标记点上，会出现红色的旋转符号，此时就可直接在这个平面上让物体沿自身轴旋转，并且可以通过数值控制框输入需要旋转的角度值，而不需要使用“旋转”工具，如图 3-77 所示。

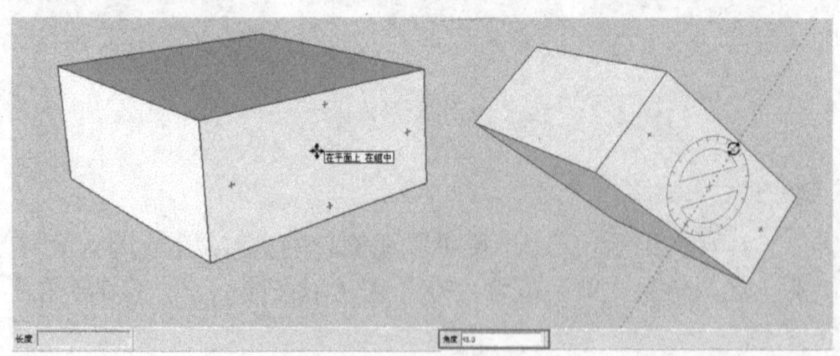

图 3-77

一学即会 创建垃圾桶

视频：创建垃圾桶.avi
案例：练习3-4.skp

3 练习

下面通过创建一个园林中经常见到的垃圾桶模型来具体讲解“旋转”工具的使用方法及技巧，其操作步骤如下。

1）使用“圆”工具绘制一个半径为 400mm 的圆，然后使用“推/拉”工具拉出 950mm 的高度，如图 3-78 所示。

2）结合“矩形”工具、“圆”工具以及“推/拉”工具制作出垃圾桶外围的木板，并将其制作成组件，如图 3-79 所示。

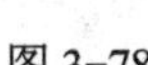

图 3-78

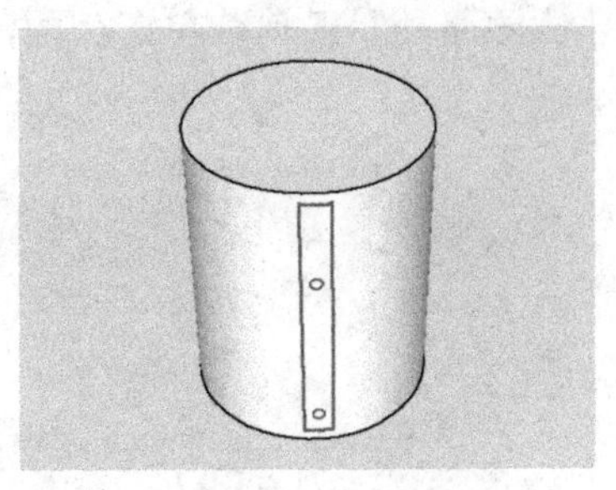

图 3-79

3）选择木板并激活“旋转”工具，然后将量角器的圆心放置到圆筒的圆心上，并按住〈Ctrl〉键旋转 20°，接着输入“17X”，复制出 17 份，如图 3-80 所示。

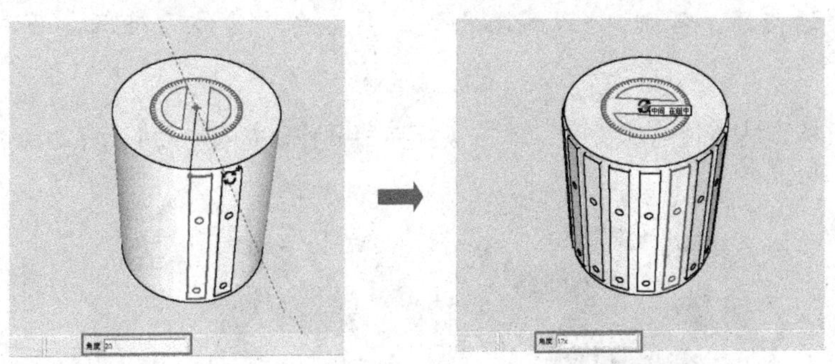

图 3-80

4）完善垃圾桶的顶部造型，使其效果更加真实，如图 3-81 所示。

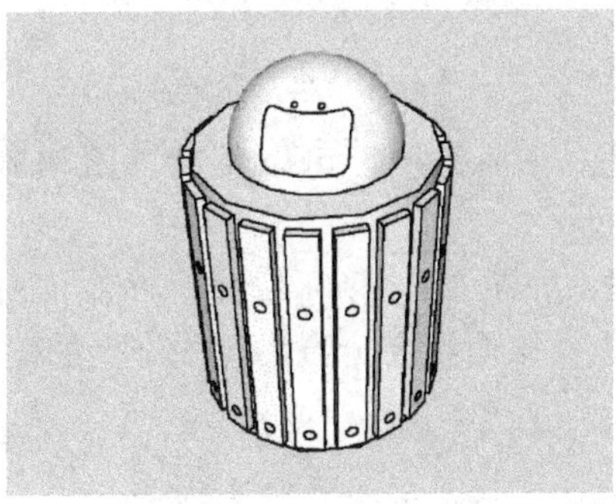

图 3-81

3.3.4　图形的路径跟随

SketchUp 中的“跟随路径”工具可以将截面沿已知路径放样，从而创建复杂几何体，其操作步骤如下。

1）确定需要修改的几何体的边线，这个边线就叫“路径”。

2）绘制一个沿路径放样的剖面，确定此剖面与路径垂直相交，如图 3-82 所示。

3）使用“跟随路径”工具单击剖面，然后沿路径移动鼠标，此时边线会变成红色，如图 3-83 所示。

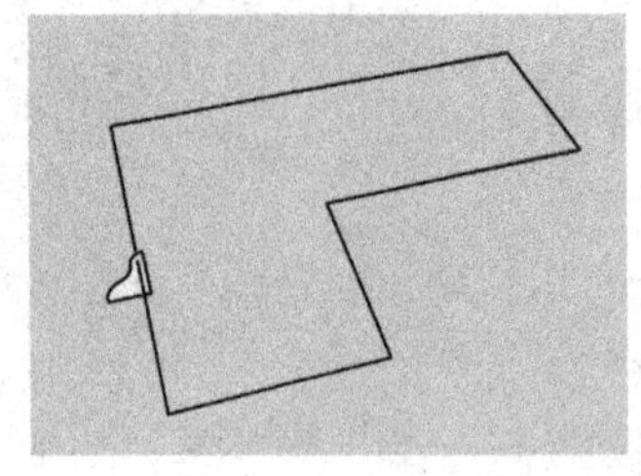

图 3-82

图 3-83

提示：为了使“跟随路径”工具从正确的位置开始放样，在放样开始时，必须单击邻近剖面的路径。否则，“跟随路径”工具会在边线上挤压，而不是从剖面到边线。

4）移动鼠标到达路径的尽头时，单击鼠标完成操作，如图 3-84 所示。

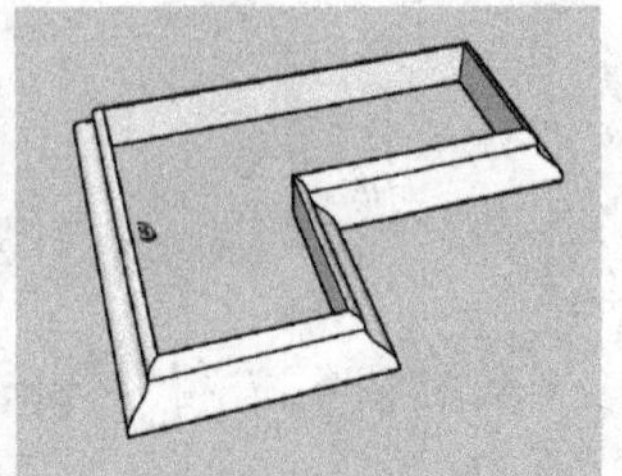

图 3-84

1. 预先选择连续边线路径

使用“选择”工具预先选择路径，可以帮助“跟随路径”工具沿正确的路径放样。

首先需要选择连续的边线，如图 3-85 所示；其次激活“跟随路径”工具，如图 3-86 所示；最后单击剖面即可完成。该面将会一直沿预先选定的路径进行放样，十分方便，如图 3-87 所示。

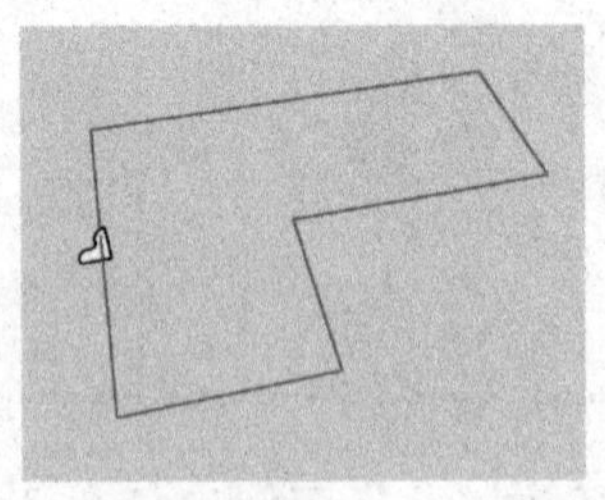

图 3-85

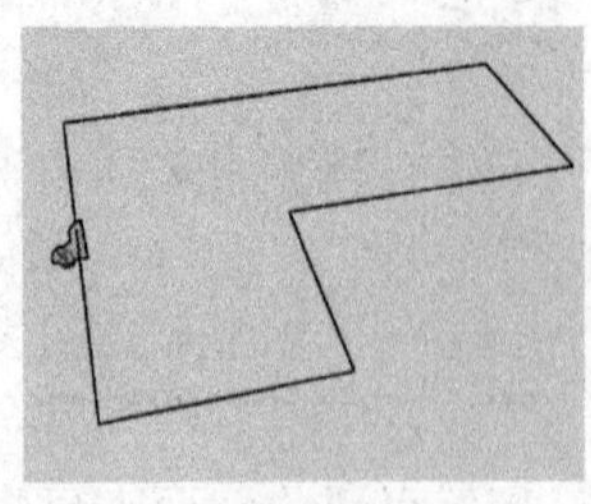

图 3-86

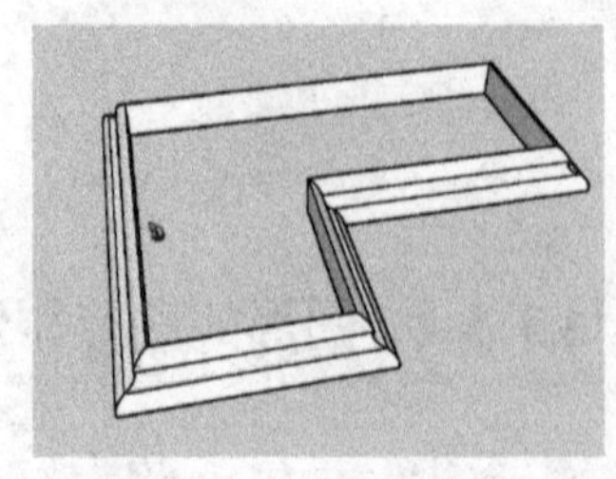

图 3-87

2. 自动沿某个面路径挤压

选择一个与剖面垂直的面，如图 3-88 所示，然后激活“跟随路径”工具并按住〈Alt〉键，接着单击剖面，如图 3-89 所示，该面将会自动沿设定面的边线路径进行挤压，如图 3-90 所示。

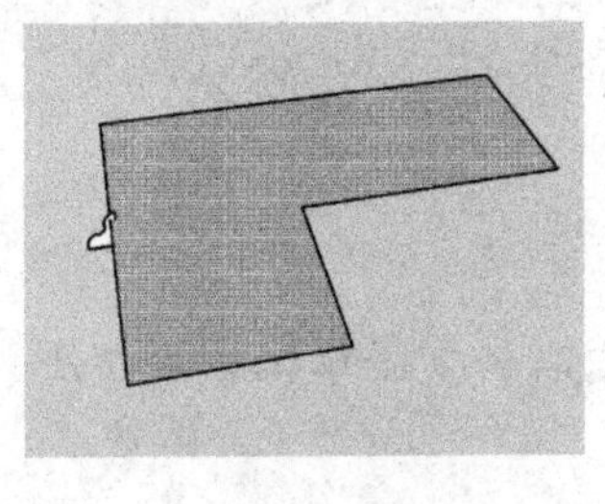

图 3-88

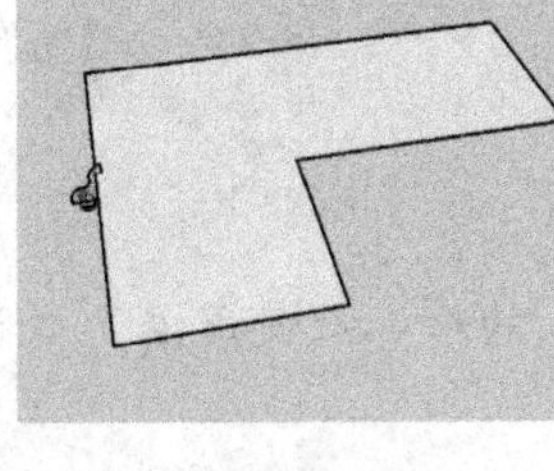

图 3-89

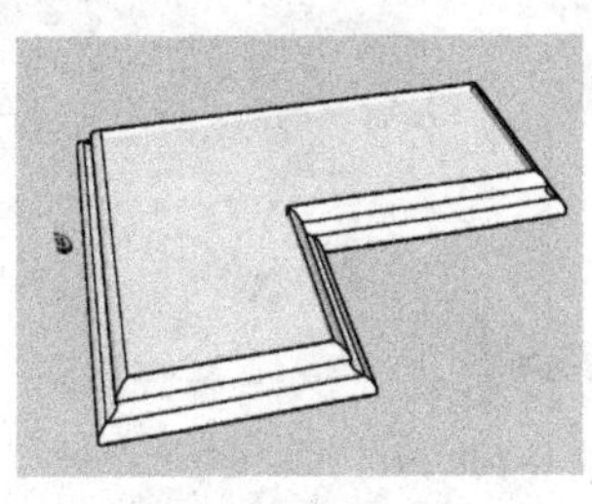

图 3-90

3. 创建球体

创建球体的方法与上述类似，首先绘制两个互相垂直的同样大小的圆，然后将其中的一个圆的面删除，只保留边线，接着选择这条边线，并激活“跟随路径”工具，最后单击平面圆的面，生成球体，如图 3-91 所示。

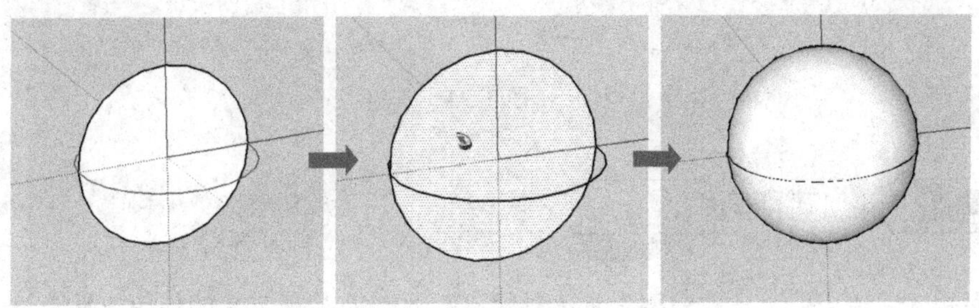

图 3-91

椭圆球体的创建跟球体类似，只是将截面改为椭圆形即可。另外，如果将圆面的位置偏移，就可以创建出一个圆环体，如图 3-92 所示。

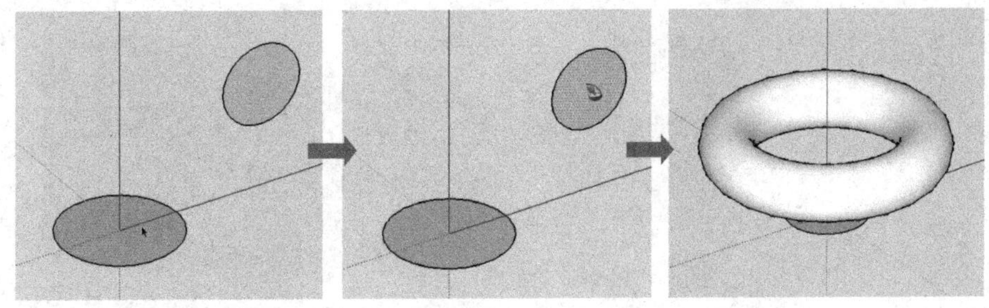

图 3-92

提示：在放样球面的过程中，由于路径线与截面相交，导致放样的球体被路径线分割。其实，只要在创建路径和截面时不让它们相交，即可生成无分割线的球体，如图 3-93 所示。

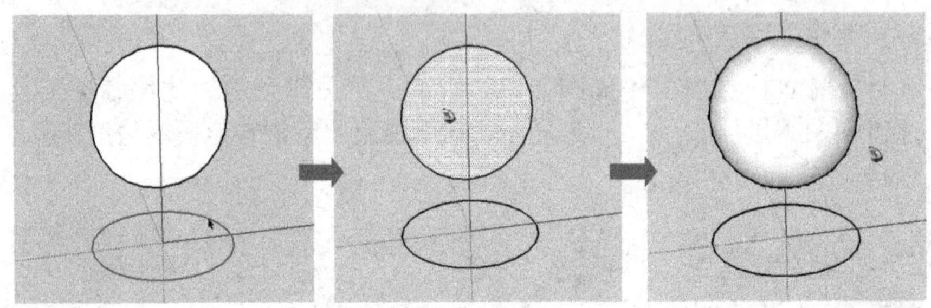

图 3-93

提示：对于样条线在一个面上的情况，使用沿面放样方法创建圆锥体非常方便，如图 3-94 所示。

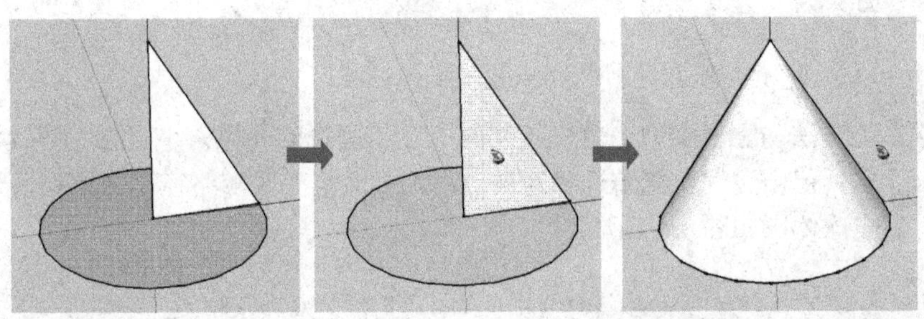

图 3-94

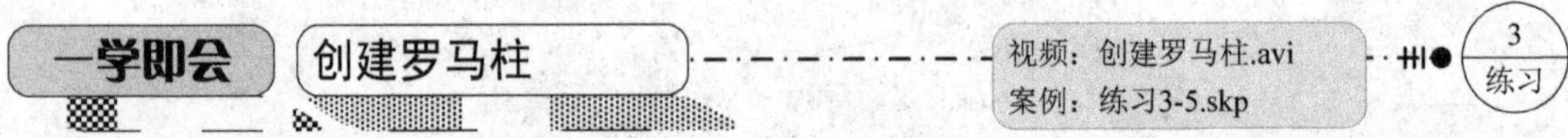

下面通过创建一个罗马柱模型来具体讲解“跟随路径”工具的使用方法及技巧，其操作步骤如下。

1）首先使用“矩形”工具绘制一个垂直的参考面，如图 3-95 所示。

2）使用“直线”工具以及“圆弧”工具在参考面上绘制柱子的截面，如图 3-96 所示。

图 3-95　　图 3-96

3）在柱子截面的底部绘制一个水平的圆作为放样路径，如图 3-97 所示。

4）单击圆，激活“跟随路径”工具，再单击柱子截面，进行截面的放样，如图 3-98 所示。

5）删除多余的边线，完成罗马柱的创建，如图 3-99 所示。

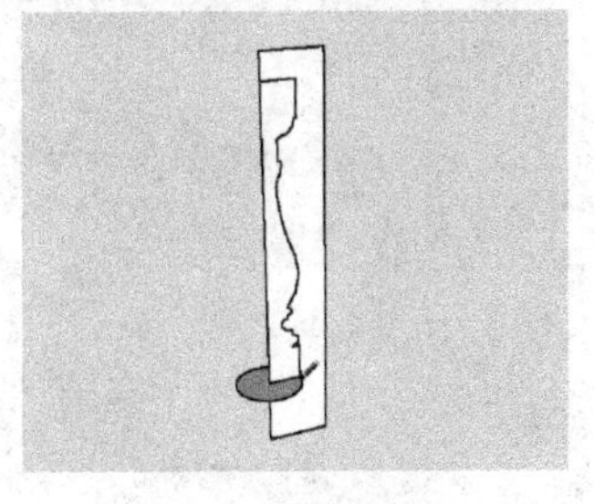

图 3-97

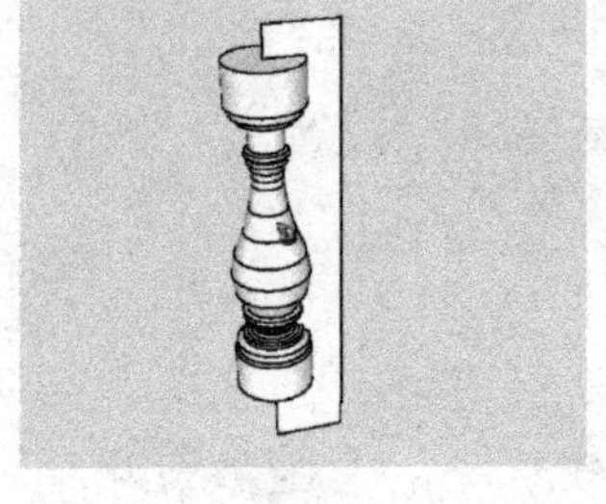

图 3-98

图 3-99

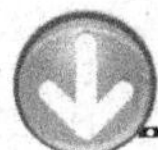

3.3.5 物体的缩放

使用“拉伸”工具可以缩放或拉伸选中的物体，其操作步骤如下。

1）运行 SketchUp 软件，选择需要缩放的物体，然后执行“工具|调整大小”菜单命令，或者单击修改工具栏上的“拉伸”按钮。

2）此时物体的外围出现缩放栅格，选择栅格点，即可对物体进行缩放操作，如图 3-100 所示。

图 3-100

功能详解 缩放功能

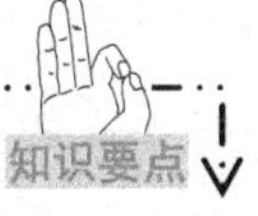

- 对角夹点：移动对角夹点可以使几何体沿对角方向进行等比缩放，缩放时在数值控制框中显示的是缩放比例，如图 3-101 所示。
- 边线夹点：移动边线夹点可以同时在几何体对边的两个方向上进行非等比缩放，几何体将变形，缩放时在数值控制框中显示的是两个用逗号隔开的数值，如图 3-102 所示。
- 表面夹点：移动表面夹点可以使几何体沿着垂直面的方向在一个方向上进行非等比缩放，几何体将变形，缩放时在数值控制框中显示的是缩放比例，如图 3-103 所示。

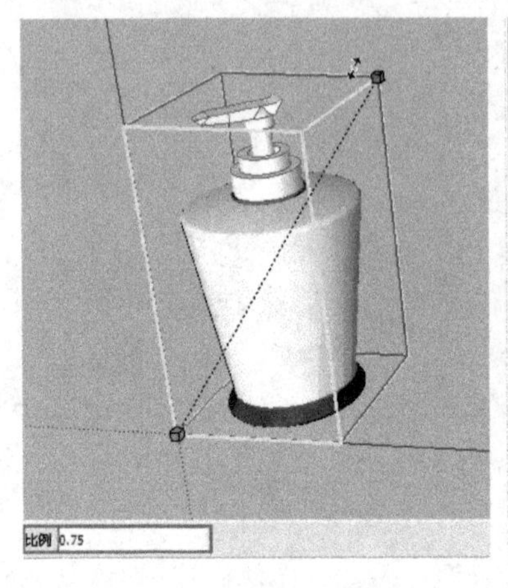

图 3-101

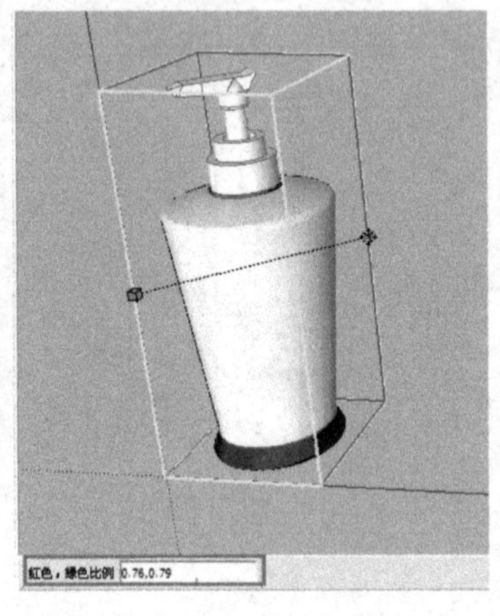

图 3-102

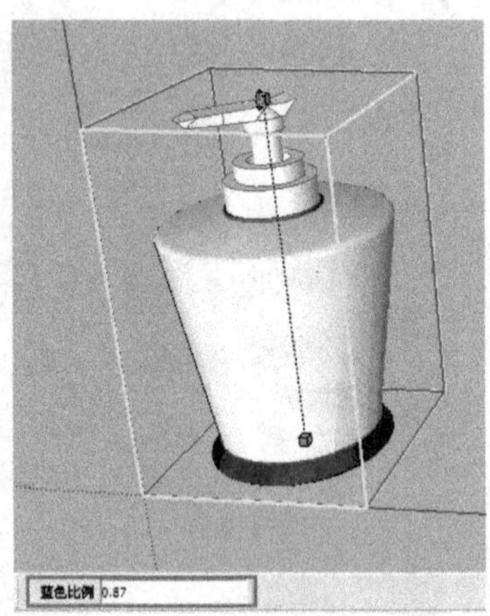

图 3-103

1．通过数值控制框精确缩放

在进行缩放的时候，数值控制框会显示缩放比例。用户也可以在完成缩放后输入一个数值。数值的输入方式有以下 3 种。

- 输入缩放比例。直接输入不带单位的数字，例如，2.5 表示放大 2.5 倍，-2.5 倍表示往夹点操作的反方向放大 2.5 倍。
- 输入尺寸长度。输入一个数值并指定单位，例如，输入 2m 表示缩放到 2 米。
- 输入多重缩放比例。一维缩放需要一个数值；二维缩放需要两个数值，用逗号隔开；等比例的三维缩放也只需要一个数值，但非等比的三维缩放却需要 3 个数值，用逗号隔开。

2．配合其他功能键缩放

二维图形也可以进行缩放，并且可以利用缩放表面来构建特殊形体，如柱台和锥体等。在缩放表面的时候，按住〈Ctrl〉键就可以对表面进行中心缩放，如图 3-104 所示。

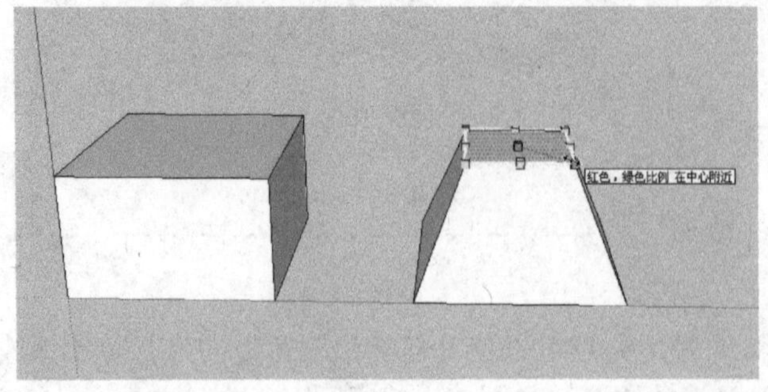

图 3-104

如果是配合〈Shift〉键进行夹点缩放，那么，原来默认的等比缩放将切换为非等比缩放，而非等比缩放将切换为等比缩放。

如果是配合〈Ctrl〉键和〈Shift〉键进行夹点缩放，那么，所有夹点的缩放方式将改为中心缩放，同时，这些夹点原来的缩放方式将相反。例如，对角夹点的默认缩放方式为等比缩放，如果按住〈Ctrl〉键和〈Shift〉键进行缩放，那么，缩放方式将变为中心非等比缩放。

3. 镜像物体

使用“拉伸”工具还可以镜像物体，只须往反方向拖曳缩放夹点即可（也可以通过输入数值完成缩放，例如输入负值的缩放比例（-1，-1.5，-2）。

如果大小不变，只须移动一个夹点，输入“-1”就将物体进行镜像。

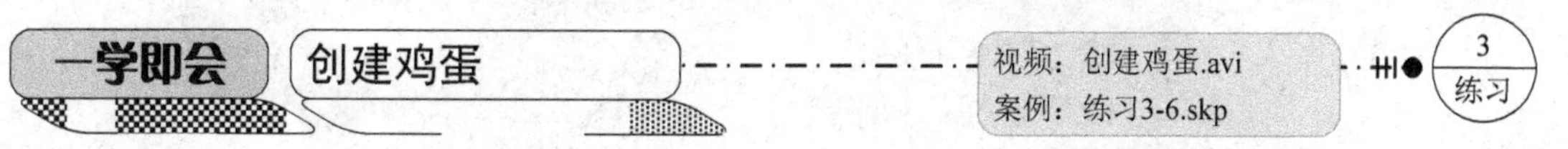

下面通过创建一个鸡蛋模型来具体讲解“拉伸”工具的使用方法及技巧，其操作步骤如下。

1）使用“圆”工具绘制一个半径为 24 的圆，并用“直线”工具绘制一条直径将其等分，如图 3-105 所示。

2）选择等分圆的上半圆并用“拉伸”工具将其拉伸为半个椭圆，如图 3-106 所示。

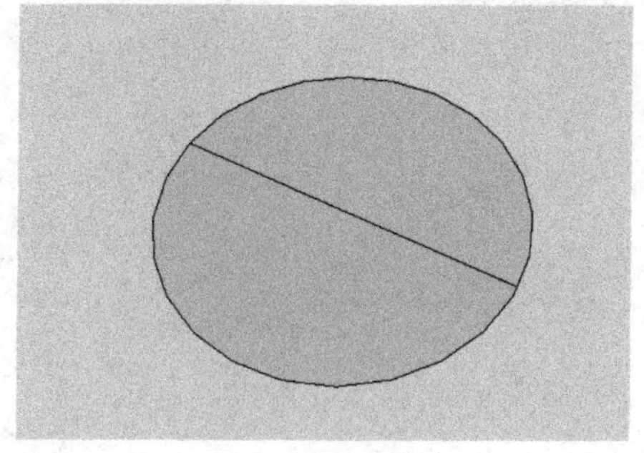

图 3-105

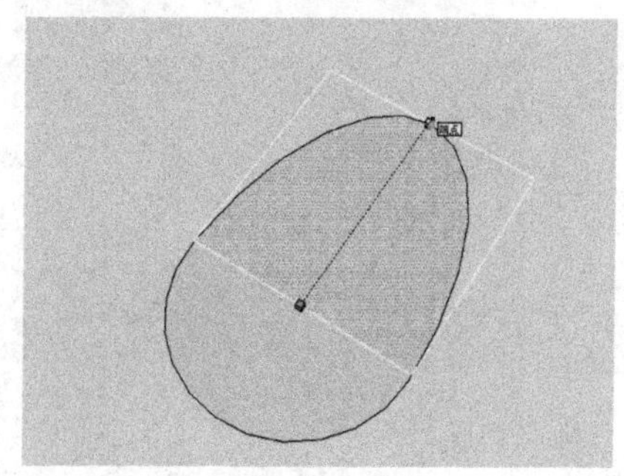

图 3-106

提示：由于鸡蛋有其个体的差异，所以制作多个鸡蛋的时候对其半圆缩放的大小可以比较随意，上、下两个半圆都可以进行缩放。

3）用“圆”工具在椭圆底部绘制鸡蛋所要放样的圆形路径，并将圆的分割线删除，如图 3-107 所示。

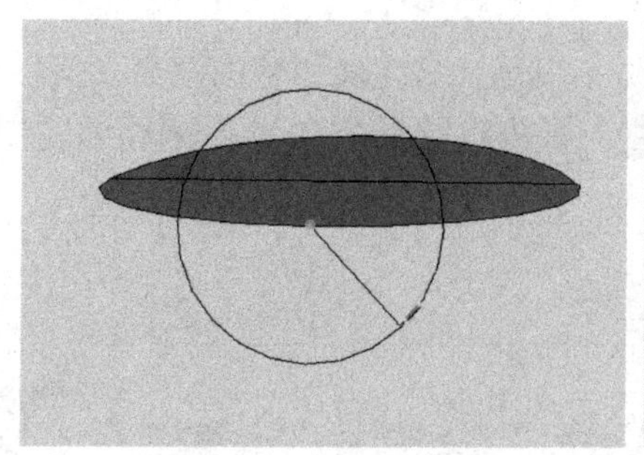

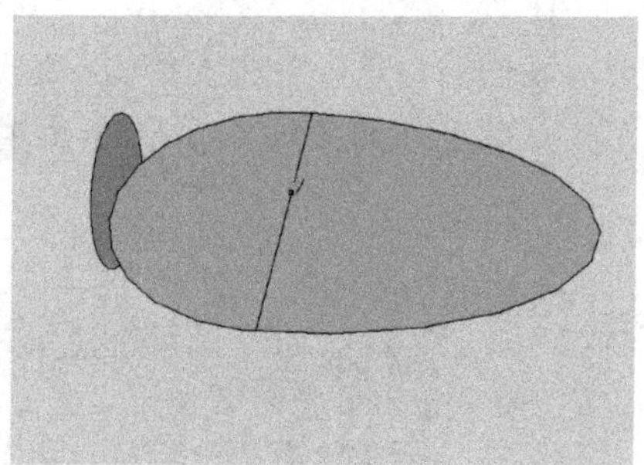

图 3-107

4）用“直线”工具将鸡蛋的截面进行分割，并删去 1/2，如图 3-108 所示。

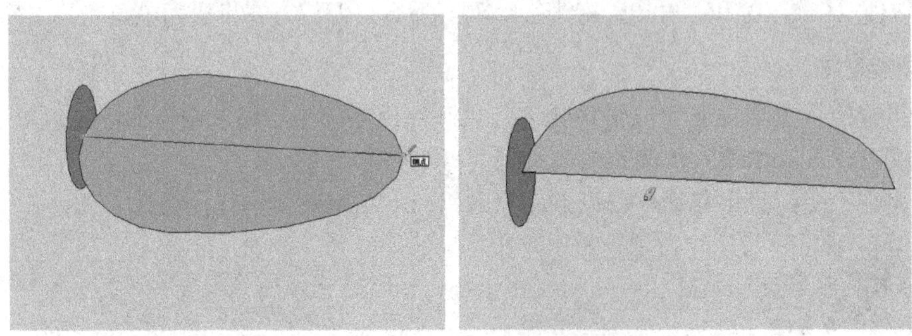

图 3-108

5）用“跟随路径”工具将鸡蛋的截面沿着路径放样，最后删去路径，并将制作好的鸡蛋制作成群组，如图 3-109 所示。

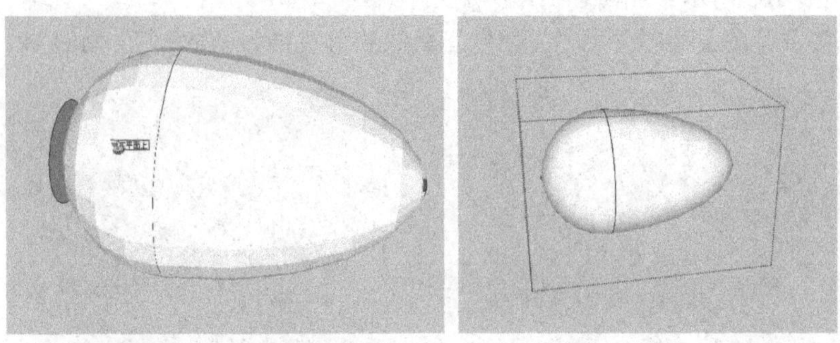

图 3-109

3.3.6 图形的偏移/复制

使用“偏移”工具可以对表面或一组共面的线进行偏移复制。用户可以将对象偏移复制到内侧或外侧，偏移之后会产生新的表面，其操作步骤如下。

1）运行 SketchUp 软件，然后执行“工具|偏移”菜单命令，或者单击“修改”工具栏上的“偏移”按钮。

2）在所选表面的任意一条边上单击，通过拖曳鼠标来定义偏移的距离（偏移距离同样可以在数值框中指定，如果输入了一个负值，那么将往反方向进行偏移），如图 3-110 所示。

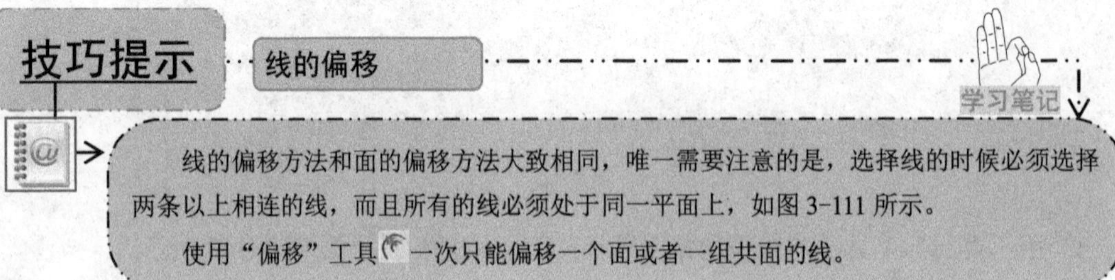

技巧提示　线的偏移

学习笔记

线的偏移方法和面的偏移方法大致相同，唯一需要注意的是，选择线的时候必须选择两条以上相连的线，而且所有的线必须处于同一平面上，如图 3-111 所示。

使用“偏移”工具一次只能偏移一个面或者一组共面的线。

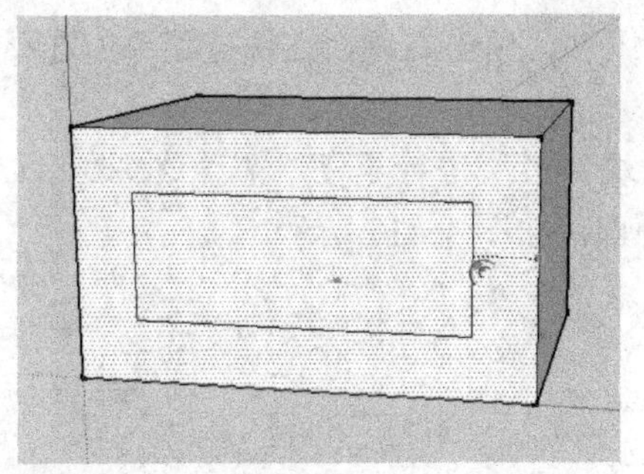

图 3-110

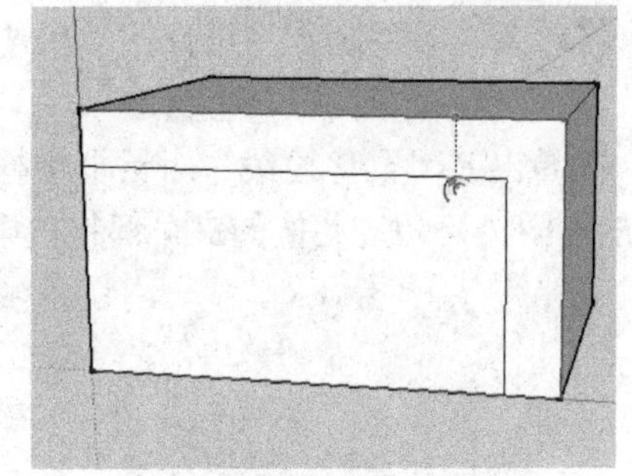

图 3-111

一学即会 创建客厅茶几

视频：创建客厅茶几.avi
案例：练习3-7.skp

3 练习

下面通过创建一个客厅中的茶几模型来具体讲解“偏移”工具的使用方法及技巧，其操作步骤如下。

1）使用“矩形”工具绘制出一个 1220mm×560mm 的矩形，然后使用“推/拉”工具将矩形面拉出 530mm 的高度，如图 3-112 所示。

2）使用“直线”工具以及“圆弧”工具绘制出茶几的曲面截面，如图 3-113 所示。

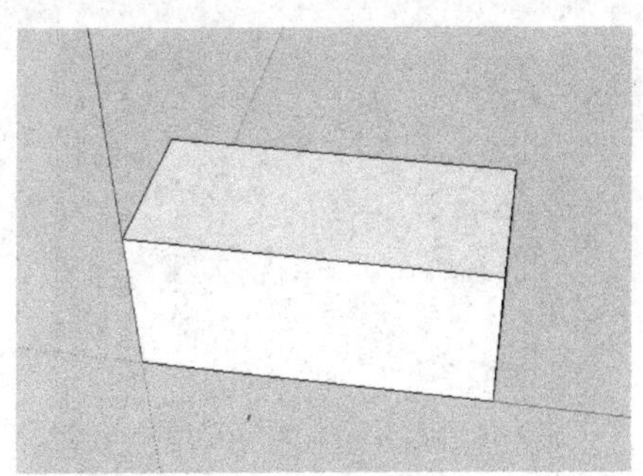

图 3-112

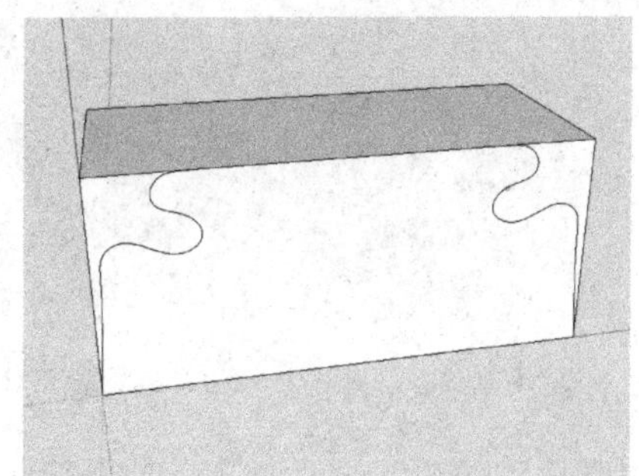

图 3-113

3）选择绘制好的曲线，使用“偏移”工具将其向内偏移 15mm，如图 3-114 所示。

4）使用“推/拉”工具将多余的面推拉到 0 的厚度，将面删除，如图 3-115 所示。

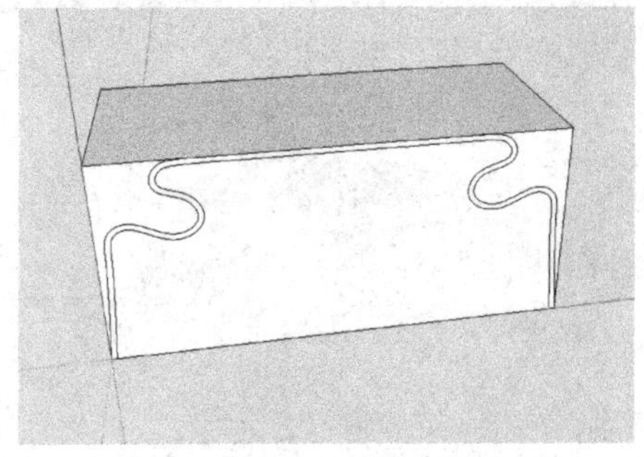

图 3-114

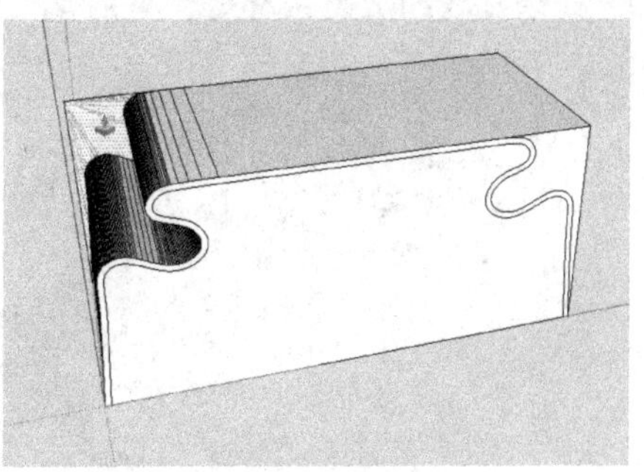

图 3-115

5）将剩余的模型制作为组件，然后选择该组件，单击右键，在快捷菜单中选择“软化/平滑边线”命令，如图 3-116 所示。

6）在弹出的“柔化边线”对话框中拖动滑块对模型进行柔化，拖动该滑块可以调节光滑角度的下限值，超过此值的夹角都将被柔化处理，如图 3-117 所示。

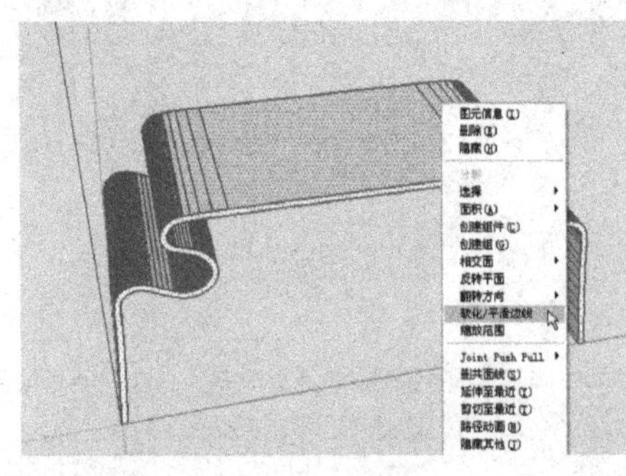

图 3-116

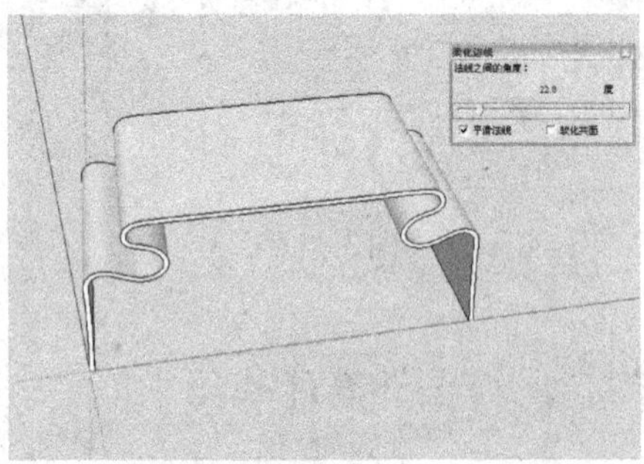

图 3-117

7）双击组件，进入组件内部编辑，激活“推/拉”工具并按住〈Ctrl〉键推拉出茶几边线厚度 10mm，如图 3-118 所示。

8）将上一步制作的模型制作成组件，进行柔化处理后将其复制到茶几的另一侧，如图 3-119 所示。

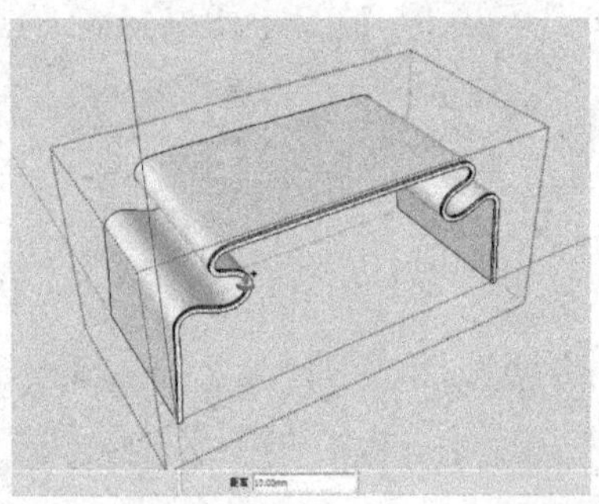

图 3-118

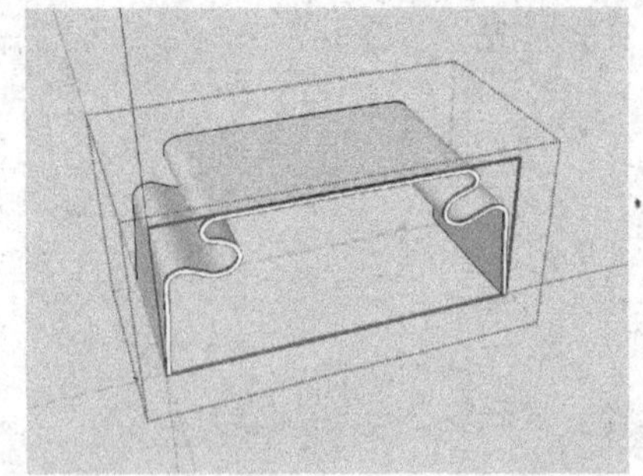

图 3-119

9）将上一步制作的模型制作成组件，进行柔化处理后将其复制到茶几的另一侧，如图 3-120 所示。

10）在茶几表面放上茶杯等模型后，一个简单的茶几模型创建完成，如图 3-121 所示。

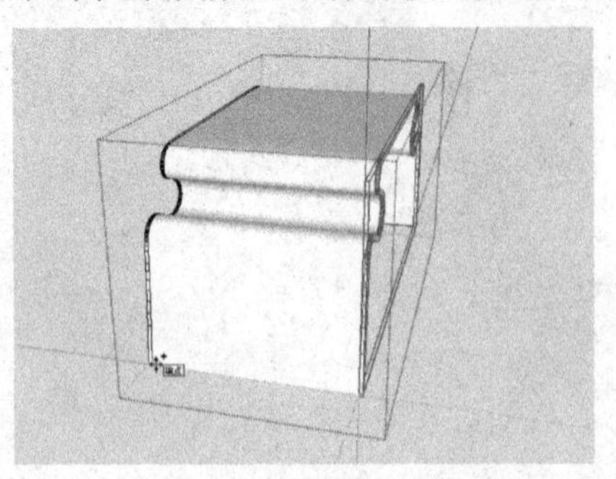

图 3-120

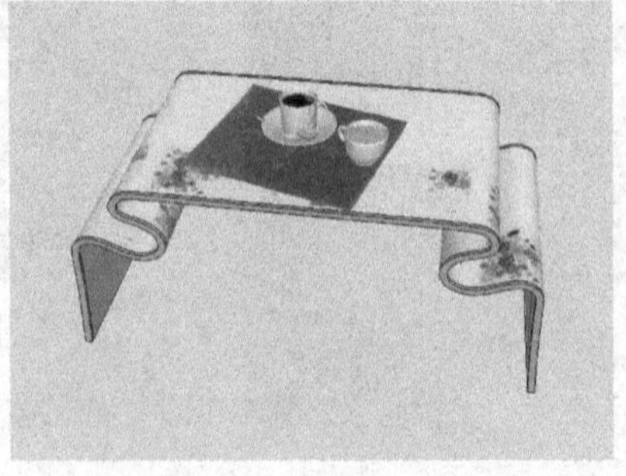

图 3-121

3.3.7 相交平面与模型

在 SketchUp 中，使用“相交平面|与模型”命令可以很容易地创造出复杂的几何体。该命令可以在快捷菜单或者“编辑”菜单中激活，如图 3-122 所示。

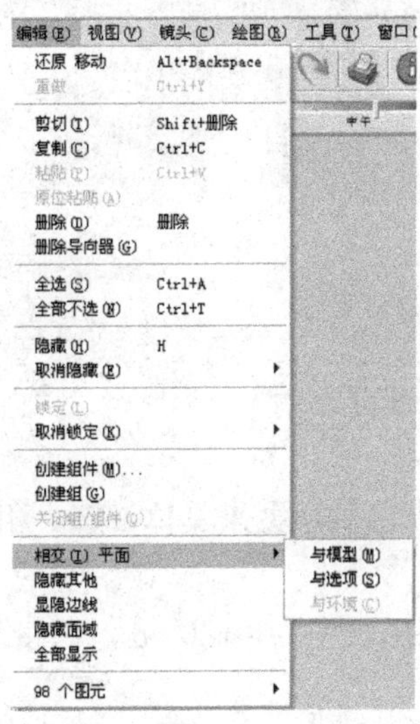

图 3-122

1）创建一个长方体和一个圆柱体，如图 3-123 所示。

2）移动圆柱体，使其有一部分与长方体重合，移动的时候主要在圆柱体与长方体相交的地方没有边线，并且在圆柱体的任意面上连续单击 3 次鼠标左键时，都只选中圆柱体，如图 3-124 所示。

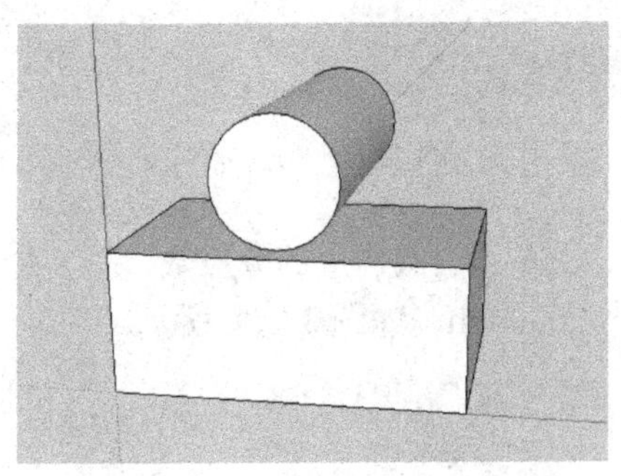

图 3-123

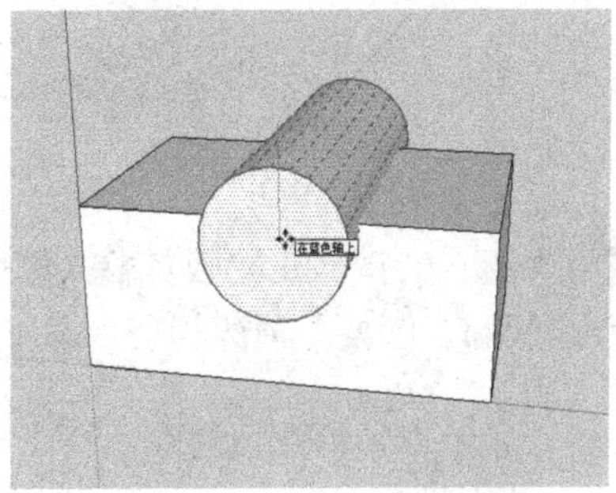

图 3-124

3）选中圆柱体，并在其上单击鼠标右键，接着在弹出的菜单中执行“相交面|与模型”命令，此时就会在长方体与圆柱体相交的地方产生边线，如图 3-125 所示。

提示：执行“相交面|与模型”命令后，如果连续单击 3 次圆柱体的面，将会连同长方体一起选中。

4）删除不需要的部分，SketchUp 会在相交的地方创建出新的面，如图 3-126 所示。

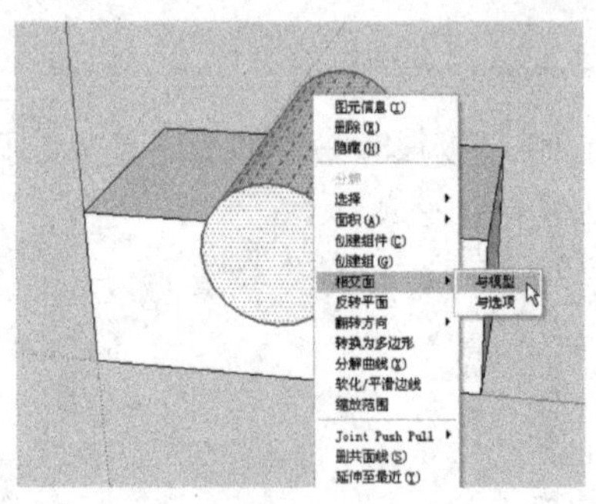

图 3-125

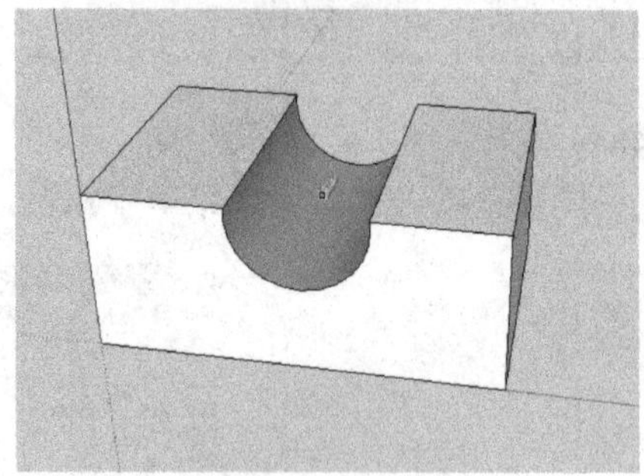

图 3-126

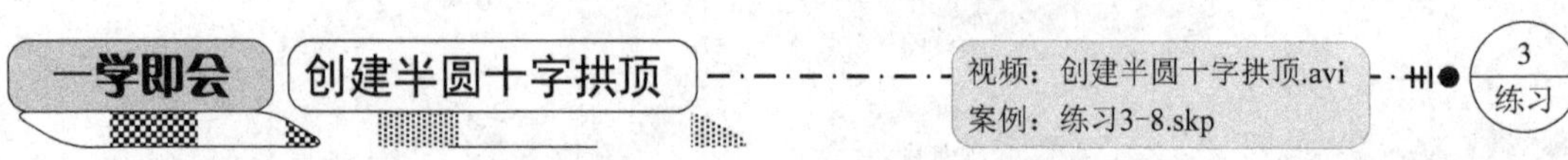

下面通过创建一个建筑半圆十字拱顶型来具体讲解“相交平面|与模型”命令的使用方法及技巧，其操作步骤如下。

1）使用“矩形”工具绘制出长度为 4100mm，高度分别为 2600mm 和 2000mm 的两个矩形，如图 3-127 所示。

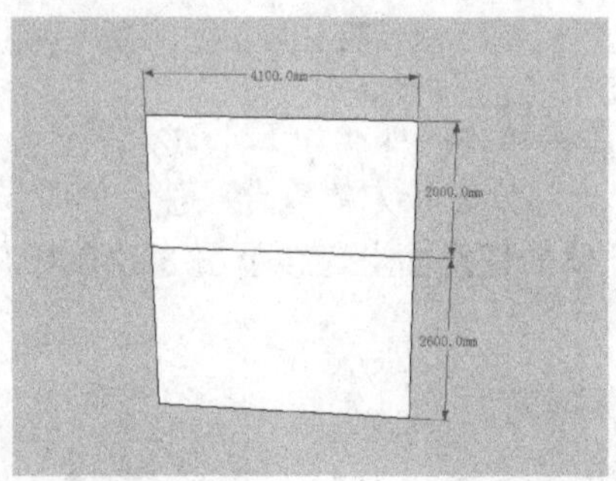

图 3-127

2）使用“圆”工具，在数值输入框中输入 56 作为圆周上的分段数，接着以矩形的中心点为圆心绘制圆，圆要与顶边相切，即半径为 2000mm，如图 3-128 所示。

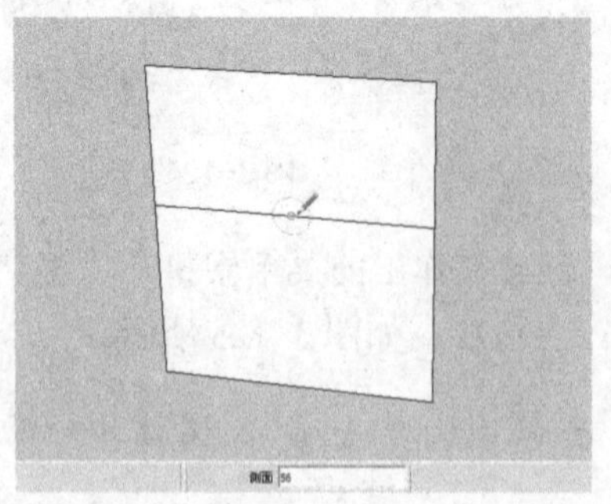

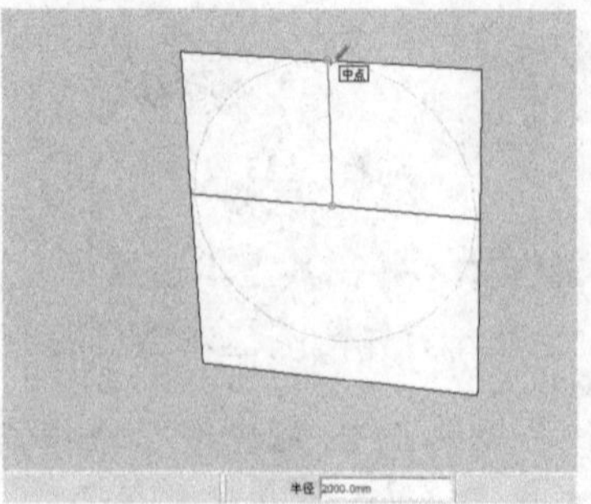

图 3-128

3）删除圆形的下半部分以及矩形，然后使用“偏移”工具将半圆轮廓向内偏移250mm，接着使用“线条”工具绘制一条线将内外轮廓线的两端连接成一个封闭的面（注意连接线要保持水平），如图3-129所示。

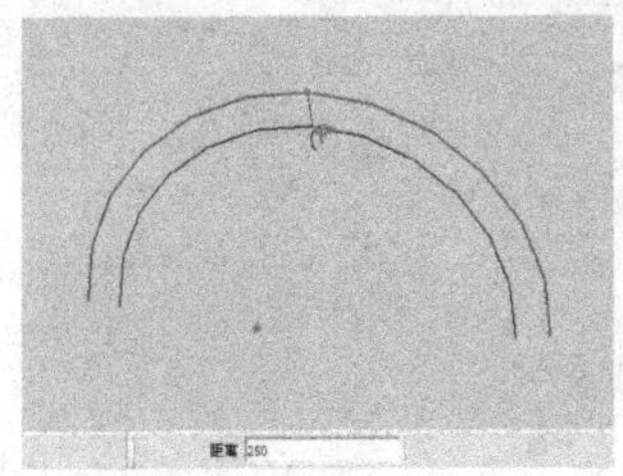

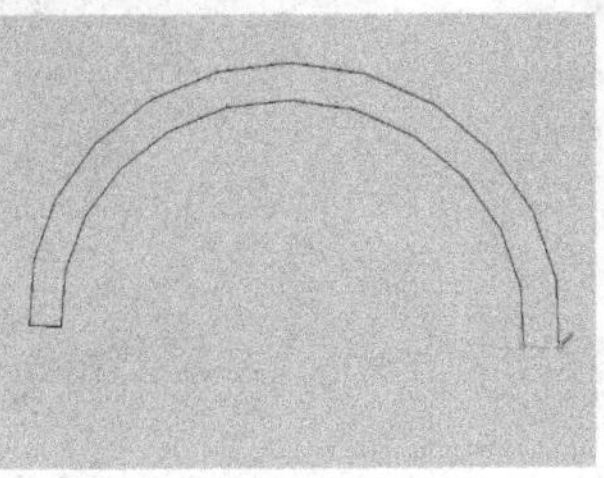

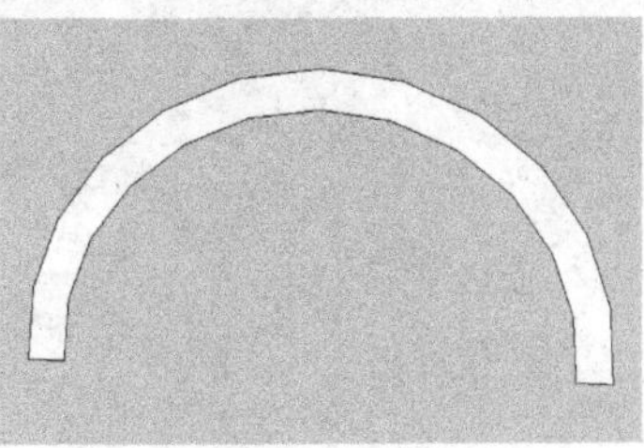

图3-129

4）使用“推/拉”工具将半圆面推出5000mm的长度，以形成半圆拱，然后双击半圆拱以选中所有的表面，接着按住〈Ctrl〉键的同时使用“旋转”工具旋转复制出另外一半圆拱（旋转复制时注意捕捉半圆上母线的中点，以保证对称性），如图3-130所示。

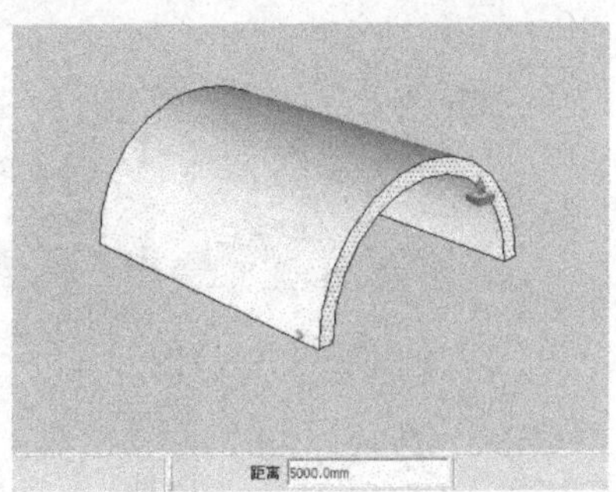

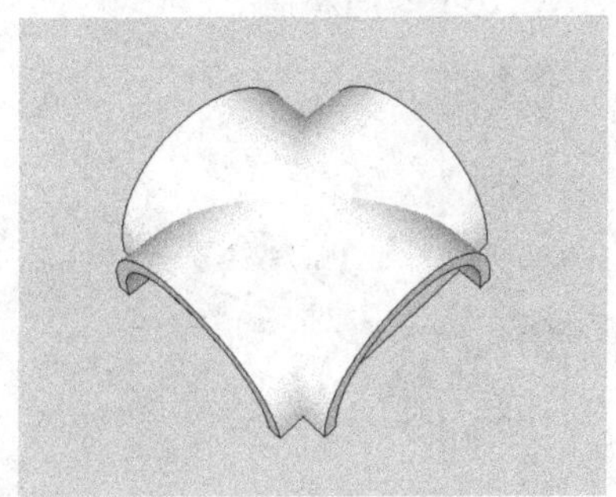

图3-130

5）选中所有物体的表面，然后单击右键，在弹出的菜单中选择“相交面|与模型”命令，使两个半圆拱产生交线，接着删除中间的多余表面，如图3-131所示。

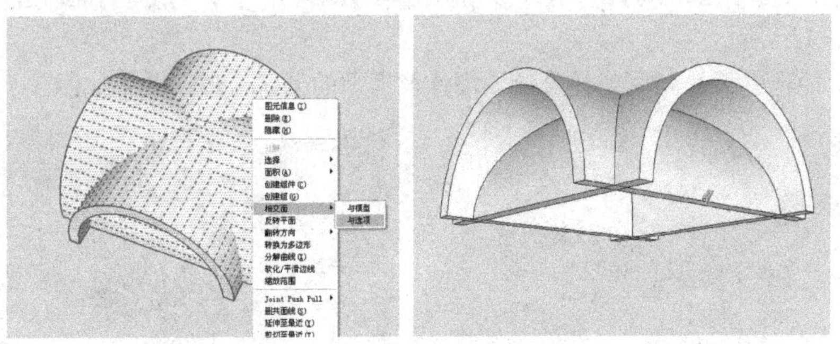

图3-131

6）选择所有的模型表面，然后单击右键，并在弹出的菜单中选择“创建组件”命令，如图3-132所示。

7）选择拱顶组件，然后按住〈Ctrl〉键的同时使用“移动”工具捕捉相应的端点进行复制，如图 3-133 所示。

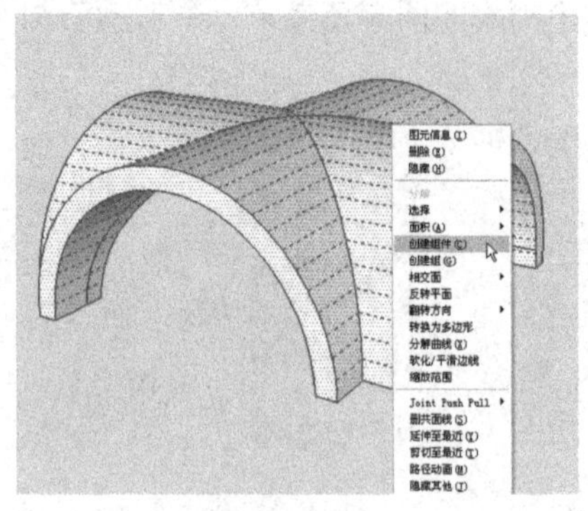

图 3-132

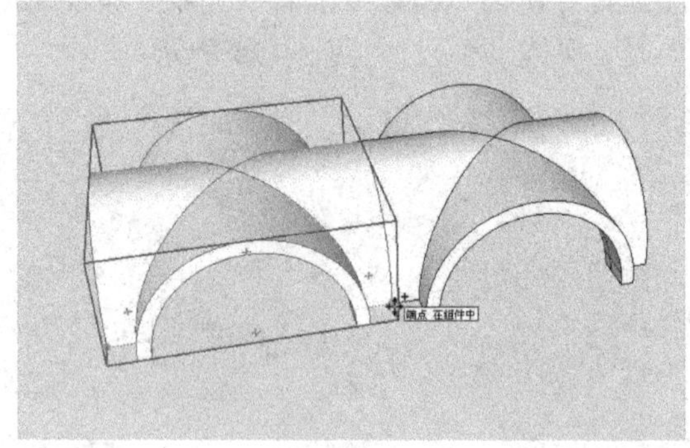

图 3-133

8）在数值框中输入“4X”，将拱顶水平向右复制 4 个，如图 3-134 所示。

9）结合“矩形”工具、“线条”工具、“圆弧”工具和“跟随路径”工具完成柱子的创建，如图 3-135 所示。

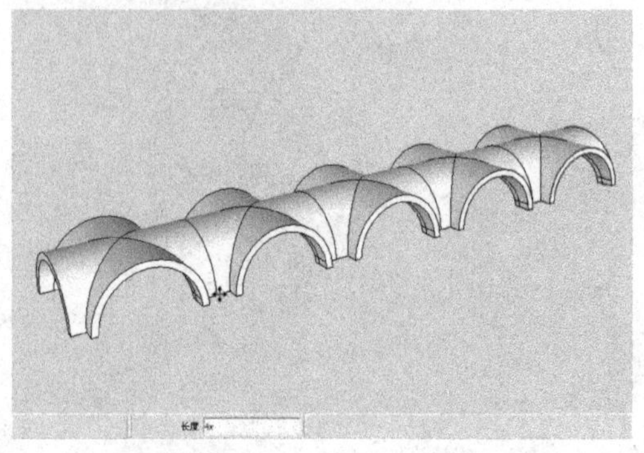

图 3-134

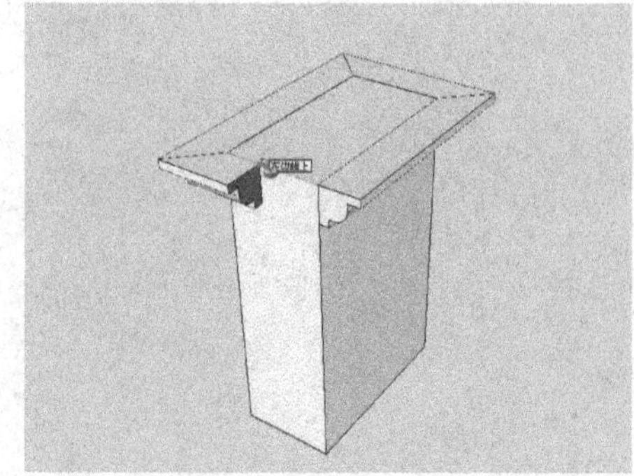

图 3-135

10）按住〈Ctrl〉键的同时使用“移动”工具，将柱子移动复制到拱顶的下侧相应位置处，如图 3-136 所示。

11）用“矩形”工具完成柱廊侧面墙体及地面的创建，最终效果如图 3-137 所示。

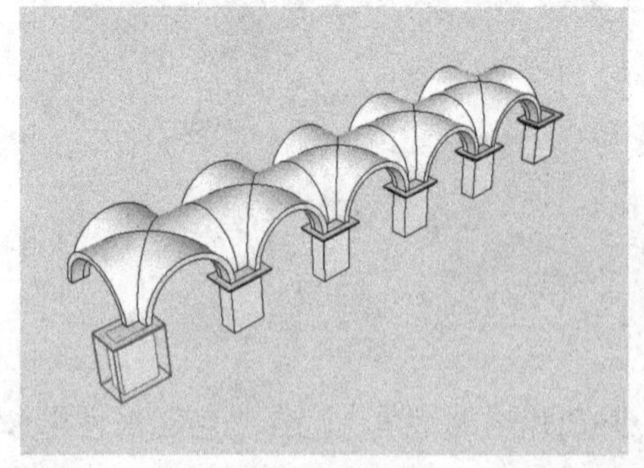

图 3-136

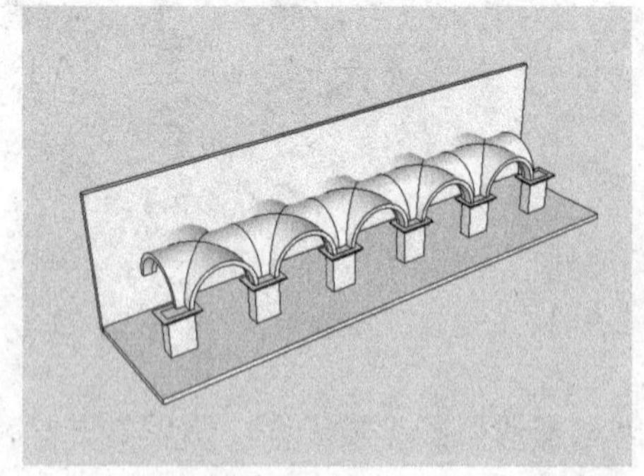

图 3-137

3.3.8 实体工具

SketchUp 8.0 新增了强大的模型交错功能，可以在组与组之间进行并集、交集等布尔运算。在"实体工具"工具栏中包含了执行这些运算的工具，其中包含"外壳"工具、"相交"工具、"并集"工具、"去除"工具、"修剪"工具和"拆分"工具，如图 3-138 所示。

图 3-138

1."外壳"工具

"外壳"工具用于使指定的几何体外壳变成一个群组或者组件，其操作方法如下。

1）激活"外壳"工具，然后在绘图区域移动鼠标，此时鼠标显示为①，提示用户选择第一组或组件，接着单击圆柱体组件，如图 3-139 所示。

2）选择一个组件后，鼠标显示为❷，提示用户选择第二个组或组件，单击选中长方体组件，如图 3-140 所示。

3）完成选择后，组件会自动合并为一体，相交的边线都被自动删除，且自成一个组件，如图 3-141 所示。

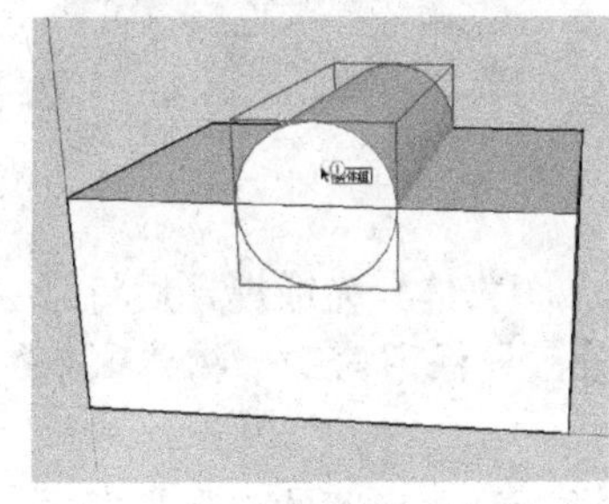

图 3-139

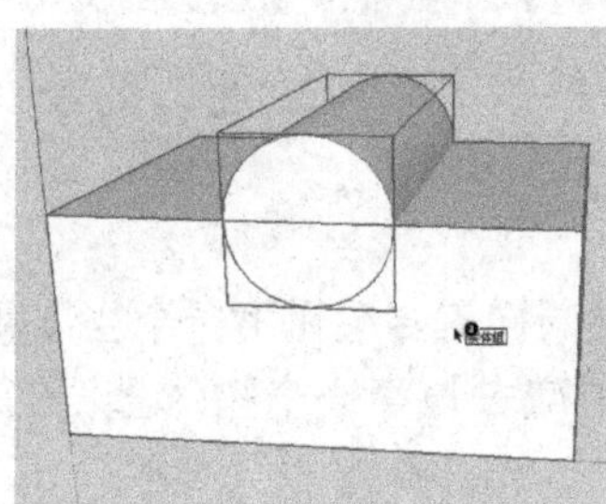

图 3-140

图 3-141

技巧提示 "外壳"工具

学习笔记

"外壳"工具只对全封闭的几何体有效，并且只有 6 个面以上的几何体才可以加壳。

2."相交"工具

"相交"工具用于保留相交的部分，删除不相交的部分。该工具的使用方法同"外壳"工具相似，激活"相交"工具后，鼠标会提示选择第一个物体和第二个物体，完成选择后将保留两者相交的部分，如图 3-142 所示。

3."并集"工具

"并集"工具用来将两个物体合并，相交的部分将被删除，运算完成后两个物体将成为一个物体。这个工具在效果上与“外壳”工具相同，如图 3-143 所示。

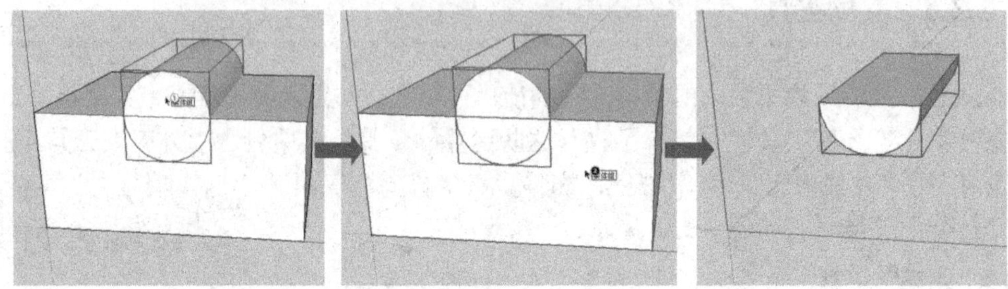

图 3-142

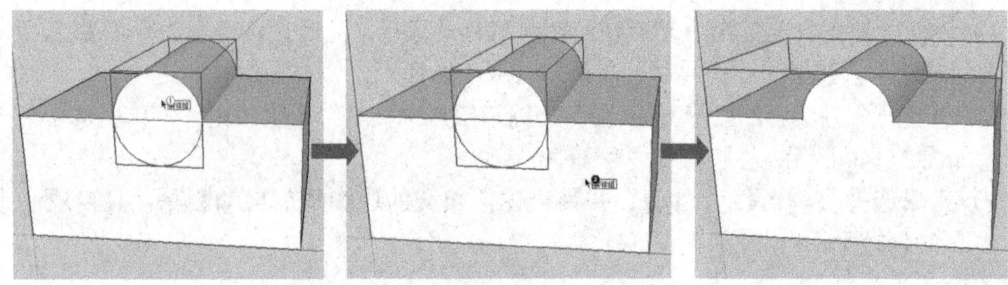

图 3-143

4. “去除”工具

使用“去除”工具的时候同样需要选择第一个物体和第二个物体，完成选择后将删除第一个物体，并在第二个物体中减去与第一个物体重合的部分，只保留第二个物体剩余的部分。

激活“去除”工具后，如果先选择圆柱体，再选择长方体，那么保留的就是长方体与圆柱体不相交的部分，如图 3-144 所示。

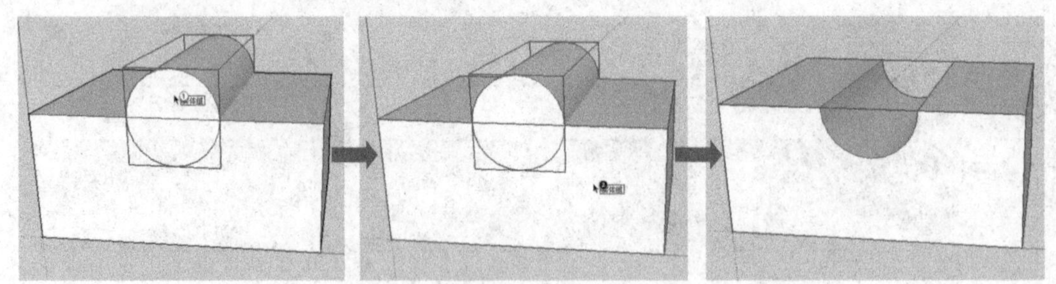

图 3-144

5. “修剪”工具

激活“修剪”工具，并选择第一个物体和第二个物体后，将在第二个物体中修剪与第一个物体重合的部分，第一个物体保持不变。

激活“修剪”工具后，如果先选择圆柱体，再选择长方体，那么修剪之后圆柱体将保持不变，长方体被挖除了一部分，如图 3-145 所示。

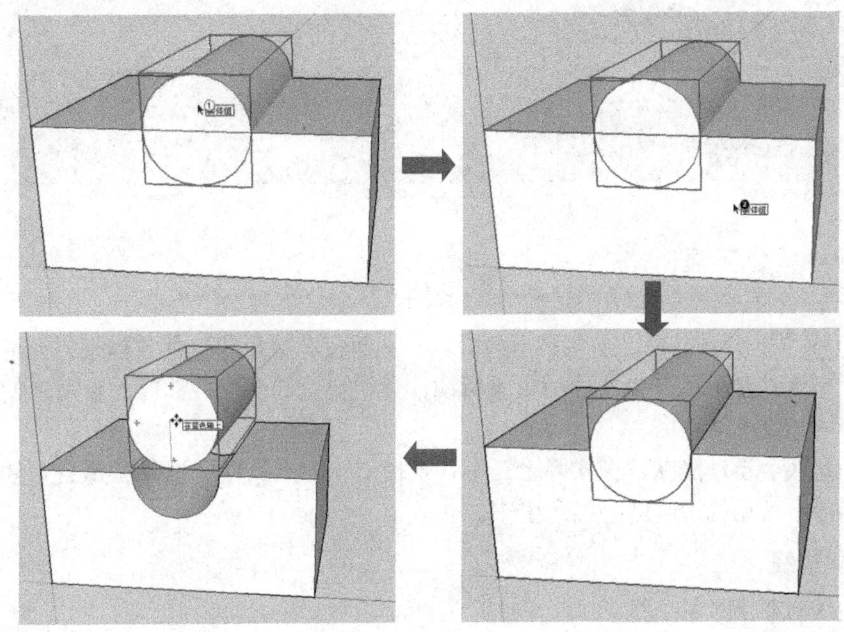

图 3-145

6. “拆分”工具

使用“拆分”工具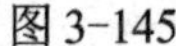可以将两个物体相交的部分分离成单独的新物体，原来的两个物体被修剪掉相交的部分，只保留不相交的部分，如图 3-146 所示。

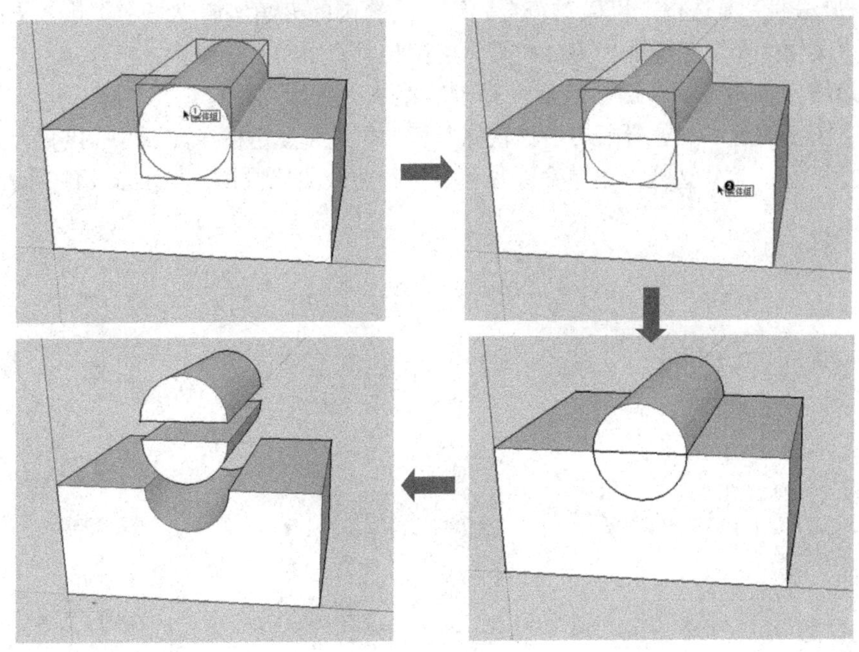

图 3-146

技巧提示 拆分工具

如果有 3 个或 3 个以上物体时，系统会自动对选择的前两个物体进行操作，再与第 3 个物体进行布尔运算，以此类推。

3.3.9 柔化工具

SketchUp 可以对边线进行柔化和平滑处理，从而使有棱角的形体看起来更光滑。对柔化的边线进行平滑处理可以减少曲面的可见折线，使用更少的面表现曲面，也可以使相邻的表面在渲染中均匀过渡渐变。

柔化的边线会自动隐藏，但实际上还存在于模型中，当执行“视图|隐藏几何图形”菜单命令时，当前不可见的边线就会显示出来。

1．柔化边线

柔化边线有以下 5 种方法。

- 按住〈Ctrl〉键的同时使用“擦除”工具，可以柔化边线而不是删除边线。
- 在边线上单击鼠标右键，然后在弹出的菜单中执行“柔化”命令。
- 选中多条边线，然后在选集上单击鼠标右键，接着在弹出的菜单中执行“软化/平滑边线”选项，此时将弹出“柔化边线”对话框，如图 3-147 所示。在该对话框中拖曳滑块可以调节光滑角度的下限值，超过此值的夹角都将被柔化处理；如果勾选“平滑法线”复选框，可以对符合允许角度范围的夹角实施光滑和柔化效果；如果勾选“柔化共面”复选框，将自动柔化连接共面表面间的交线。
- 在边线上单击鼠标右键，然后在弹出的菜单中执行“图元信息”命令，接着在打开的“图元信息”浏览器中勾选“软化”和“平滑”复选框，如图 3-148 所示。
- 执行“窗口|柔化边线”菜单命令也可以进行边线柔化操作，如图 3-149 所示。

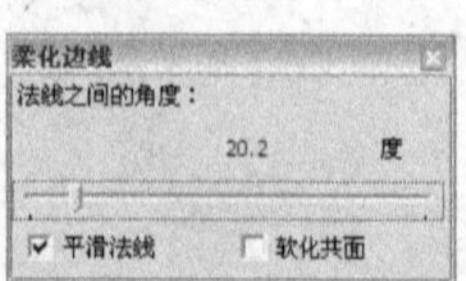

图 3-147

图 3-148

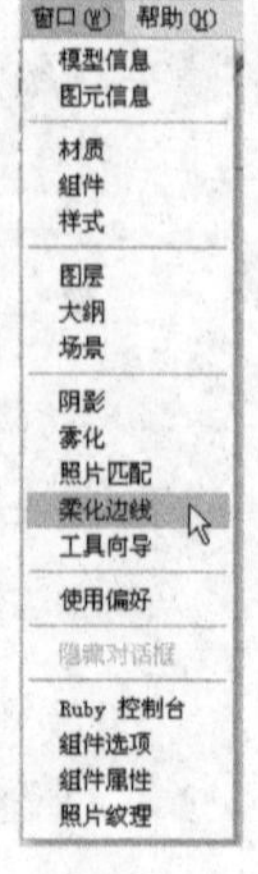

图 3-149

2. 取消柔化

取消边线柔化效果的方法同样有 5 种，与柔化边线的 5 种方法相对应。

- 按住〈Ctrl+Shift〉组合键的同时使用“擦除”工具，可以取消对边线的柔化。
- 在柔化的边线上单击鼠标右键，然后在弹出的菜单中执行“取消柔化”命令。
- 选中多条柔化的边线，然后在选集上单击鼠标右键，接着在弹出的菜单中执行“软化/平滑边线”命令，最后在“柔化边线”编辑器中调整法线之间的角度为 0。
- 在柔化的边线上单击鼠标右键，然后在“图元信息”浏览器中取消对“软化”和“平滑”复选框的勾选，如图 3-150 所示。
- 执行“窗口|柔化边线”菜单命令，然后在弹出的“柔化边线”编辑器中调整法线之间的角度为 0。

一学即会 对茶具模型进行平滑操作

视频：对茶具模型进行平滑操作.avi
案例：练习3-9.skp

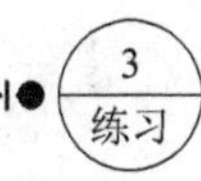

下面通过对打开的场景文件进行柔化处理来具体讲解柔化边线命令的使用，其操作步骤如下。

1）打开场景文件，这是一个茶具模型，按键盘上的〈Ctrl+A〉组合键选择场景中的所有物体，如图 3-151 所示。

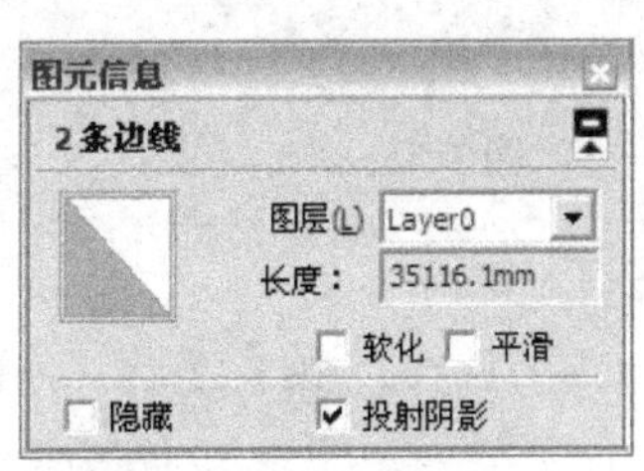

图 3-150

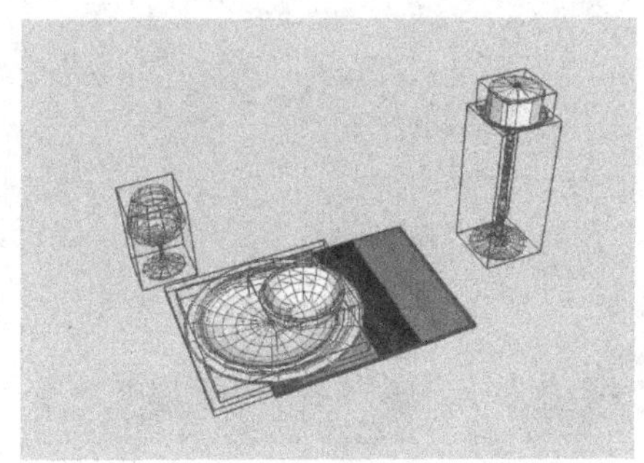

图 3-151

2）单击鼠标右键，然后在弹出的菜单中选择“软化/平滑边线”命令，如图 3-152 所示。

3）在弹出的“柔化边线”对话框中调整“柔化边线”的数值到满意的效果，完成模型的柔化处理，如图 3-153 所示。

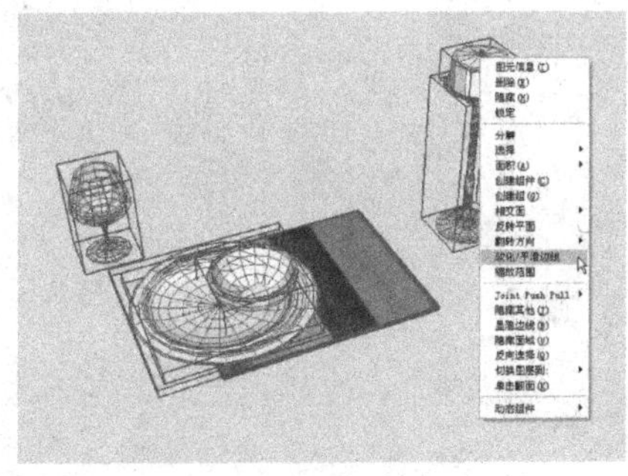

图 3-152

图 3-153

3.3.10 照片匹配

SketchUp 的“照片匹配”功能可以根据实景照片计算出相机的位置和视角，然后在模型中创建与照片相似的环境。

关于照片匹配的命令有两个，分别是“匹配新照片”命令和“编辑匹配照片”命令。这两个命令可以在“镜头”菜单中找到，如图 3-154 所示。

当视图中不存在照片匹配时，“编辑匹配照片”命令将显示为灰色状态，也就是不能使用该命令，只有新建一个照片匹配后，“编辑匹配照片”命令才被激活。用户在新建照片匹配时，将弹出“照片匹配”对话框，如图 3-155 所示。

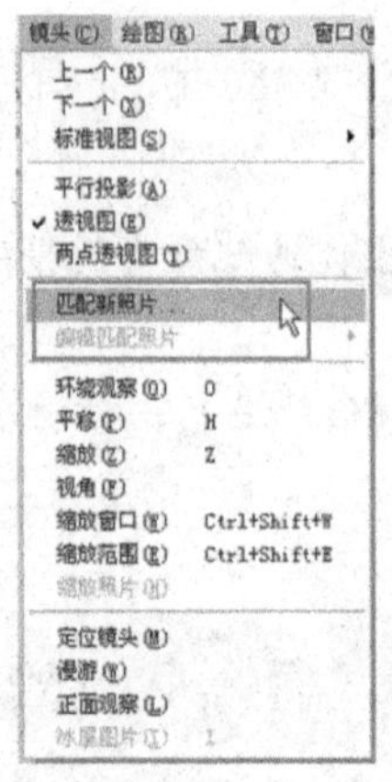

图 3-154

图 3-155

功能详解 照片匹配对话框

- “从照片投影纹理”按钮 从照片投影纹理：单击该按钮将会把照片作为贴图覆盖模型的表面材质。
- “栅格”选项组：该选项组下包含了 3 种栅格，分别为“样式”“平面”和“间距”，如图 3-156 所示。

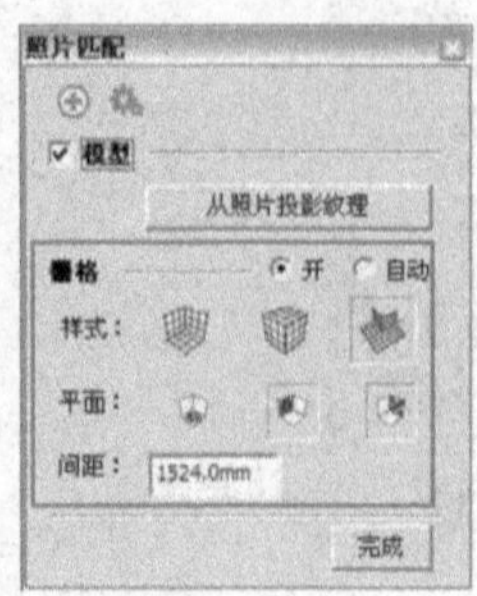

图 3-156

技巧提示 打开“照片匹配”对话框

执行“窗口|照片匹配”菜单命令也可以打开“照片匹配”对话框。

3.4 SketchUp模型的测量与标注

“建筑施工”工具栏包含 6 个工具，分别为“卷尺”工具、“尺寸”标注工具、“量角器”工具、“文本”工具、“坐标轴”工具和“三维文本”工具，如图 3-157 所示。

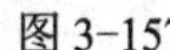

图 3-157

3.4.1 测量距离

“卷尺”工具可以执行一系列与尺寸相关的操作，包括测量两点间的距离、绘制辅助线以及缩放整个模型。关于绘制辅助线的内容会在后文进行讲解，这里仅对测量功能和缩放功能做详细介绍。

1. 测量两点间的距离

激活“卷尺”工具，然后拾取一点作为测量的起点，此时拖动鼠标会出现一条类似参考线的“测量带”，其颜色会随着平行的坐标轴而变化，并且数值控制框会实时显示“测量带”的长度，再次单击拾取测量的终点后，测得的距离会显示在数值控制框中，如图 3-158 所示。

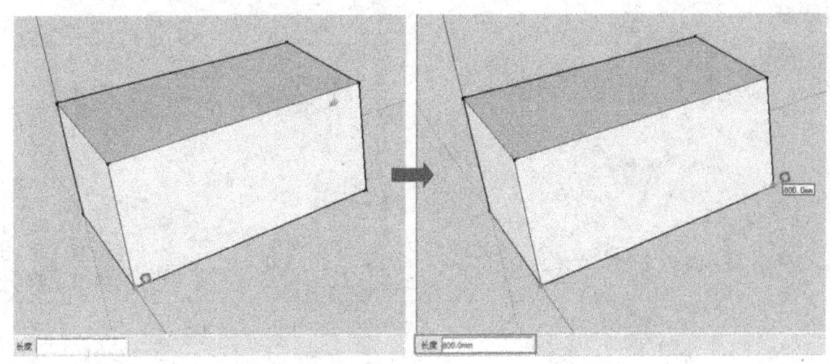

图 3-158

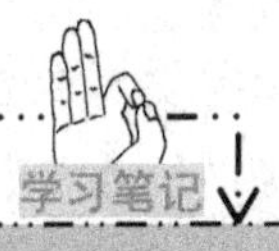

技巧提示 测量距离

“卷尺”工具没有平面限制，该工具可以测出模型中任意两点的准确距离。

2. 全局缩放

使用"卷尺"工具可以对模型进行全局缩放。这个功能非常实用，用户可以在方案研究阶段先构建粗略模型，当确定方案后需要更精确的模型尺寸时，只要重新指定模型中两点的距离即可。其操作方法如下。

1）激活"卷尺"工具，然后选择一条作为缩放依据的线段，并单击该线段的两个端点，此时数值控制框会显示这条线段的当前长度（400mm），如图 3-159 所示。

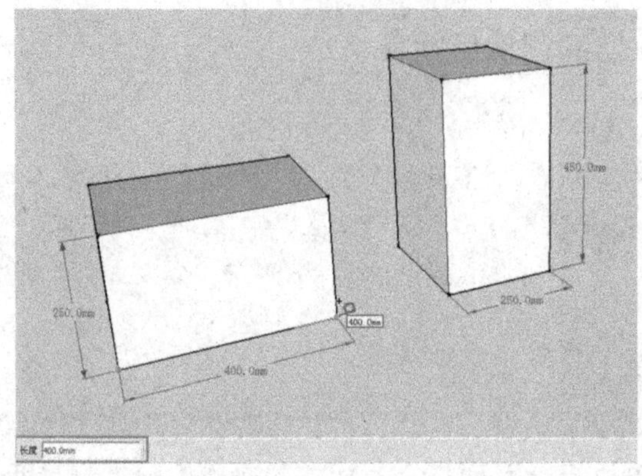

图 3-159

2）通过键盘输入一个目标长度（800mm），然后按〈Enter〉键确认，此时会出现一个对话框，询问是否调整模型的尺寸，在该对话框中单击"是"按钮，如图 3-160 所示。此时模型中所有的物体都将按照指定长度和当前长度的比值进行缩放，如图 3-161 所示，两个物体边长都扩大了 1 倍。

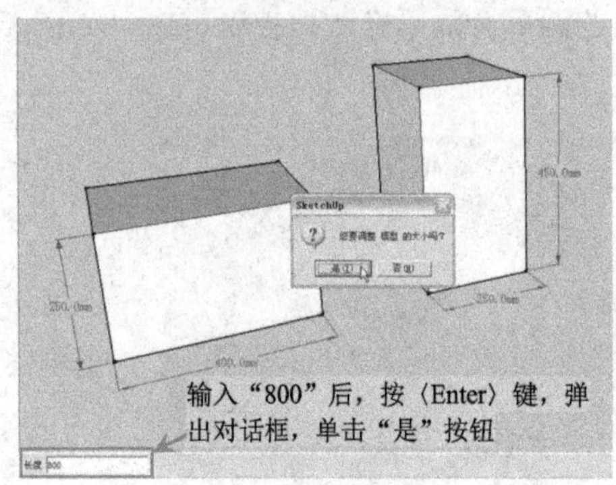

图 3-160

图 3-161

3.4.2 标注尺寸

"尺寸"工具可以对模型进行尺寸标注。SketchUp 中适合标注的点包括端点、中点、边线上的点、交点以及圆或圆弧的圆心。在进行标注时，有时需要旋转模型以使标注处于需要表达的平面上。

尺寸标注的样式可以在“模型信息”管理器的“尺寸”面板中进行设置，执行“窗口|模型信息”菜单命令即可打开“模型信息”管理器，如图 3-162 所示。

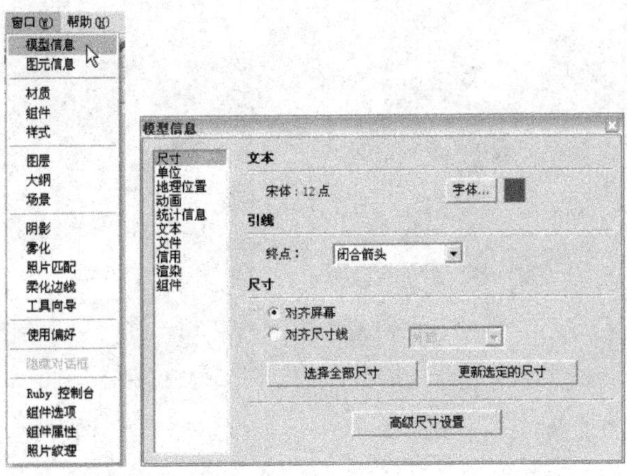

图 3-162

1. 标注线段

激活“尺寸”工具，然后依次单击线段的两个端点，接着移动鼠标并拖曳一定的距离，最后再次单击鼠标左键确定标注的位置，如图 3-163 所示。

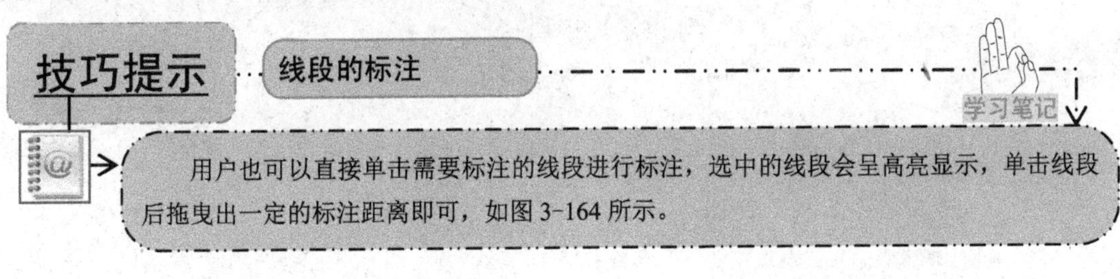

用户也可以直接单击需要标注的线段进行标注，选中的线段会呈高亮显示，单击线段后拖曳出一定的标注距离即可，如图 3-164 所示。

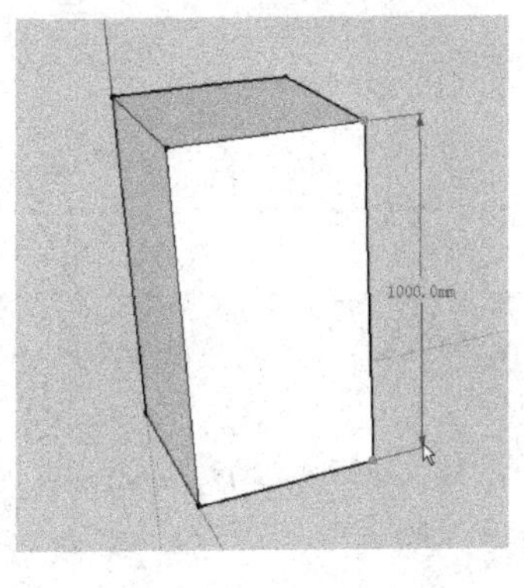

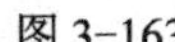

图 3-163

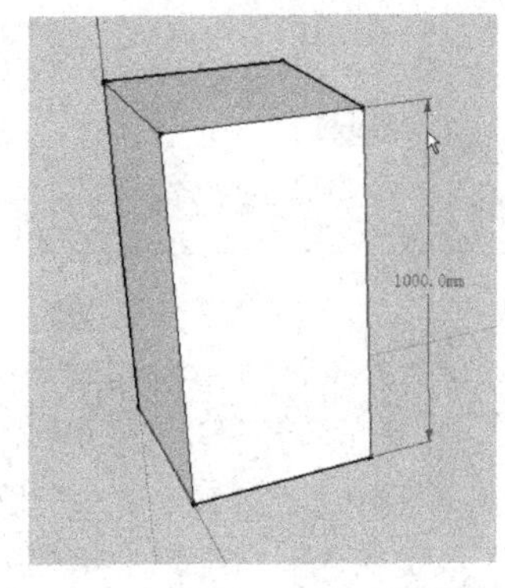

图 3-164

2. 标注直径

激活“尺寸”工具，然后单击要标注的圆，接着移动鼠标并拖曳出标注的距离，最后再次单击鼠标左键确定标注的位置，如图 3-165 所示。

3. 标注半径

激活“尺寸”工具，然后单击要标注的圆弧，接着拖曳鼠标确定标注的距离，如图 3-166 所示。

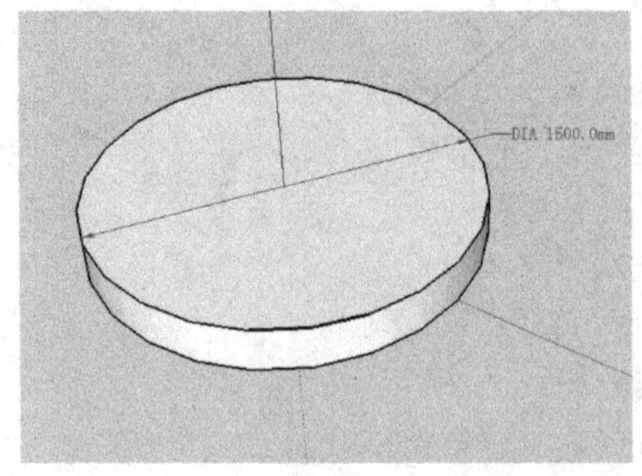

图 3-165

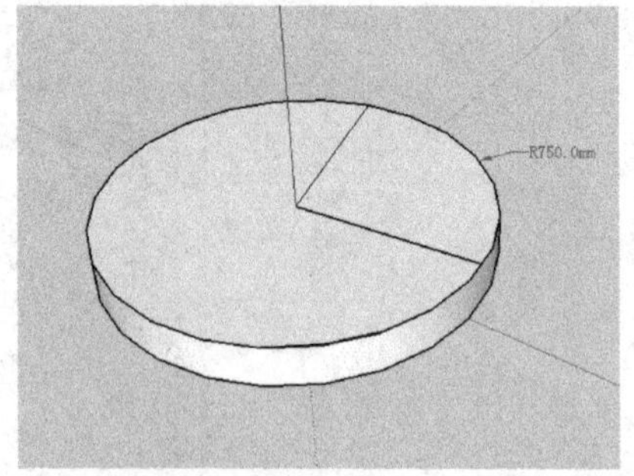

图 3-166

4. 互换直径标注和半径标注

在半径标注的右键菜单中执行“类型|直径”命令可以将半径标注转换为直径标注，同样，执行“类型|半径”右键菜单命令可以将直径标注转换为半径标注，如图 3-167 所示。

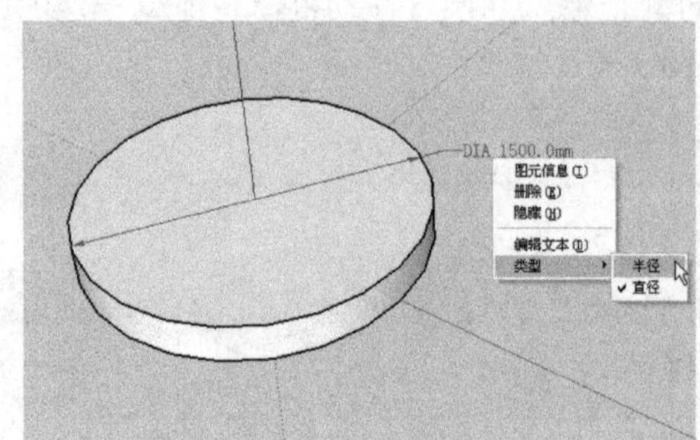

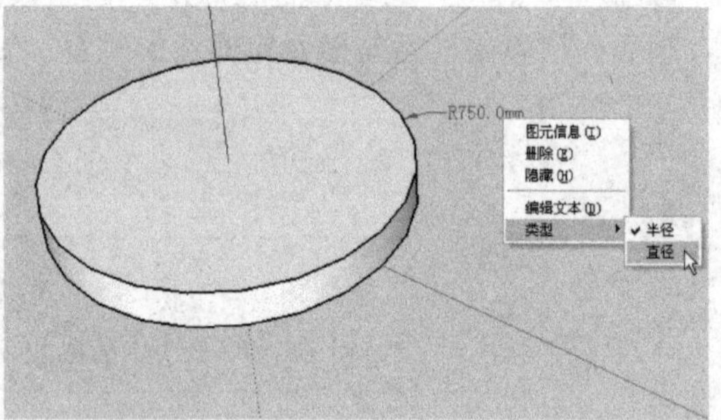

图 3-167

技巧提示　标注样式的选择

SketchUp 中提供了许多种标注的样式以供使用者选择，修改标注样式的步骤如下。

1）首先执行“窗口|模型信息”菜单命令，如图 3-168 所示。

2）在弹出的“模型信息”对话框中打开“尺寸”选项面板，然后在“终点”下拉列表框中选择“斜线”或者其他方式，如图 3-169 所示。

3.4.3 测量角度

“量角器”工具可以测量角度和绘制辅助线。

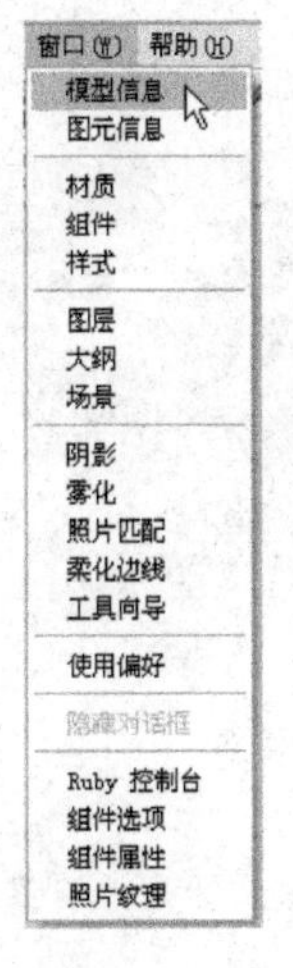

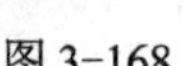

图 3-168

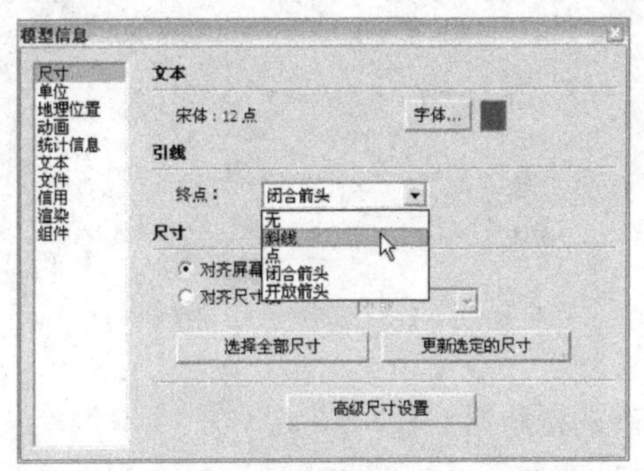

图 3-169

1. 测量角度

激活“量角器”工具后，在视图中会出现一个圆形的量角器，光标指向的位置就是量角器的中心位置，量角器默认对齐红/绿轴平面。

在场景中移动光标时，量角器会根据旁边的坐标轴和几何体而改变自身的定位方向，用户可以按住〈Shift〉键锁定所在平面。

在测量角度时，将量角器的中心设在角的顶点上，然后将量角器的基线对齐到测量角的起始边上，接着拖动鼠标旋转量角器，捕捉要测量角的第二条边，此时光标处会出现一条绕量角器旋转的辅助线。捕捉到测量角的第二条边后，测量的角度值会显示在数值控制框中，如图 3-170 所示。

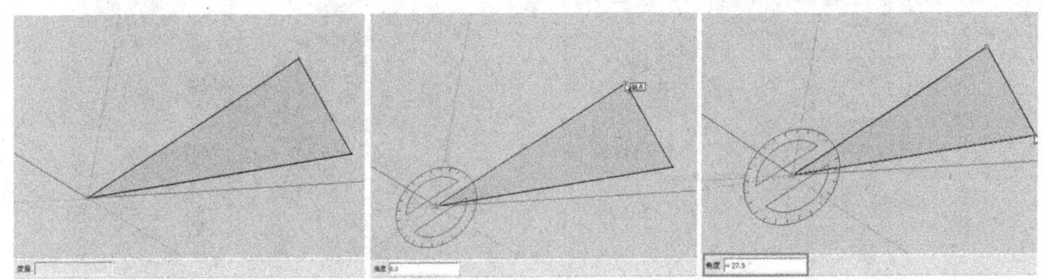

图 3-170

2. 创建角度辅助线

激活“量角器”工具后，捕捉辅助线将经过的角的顶点，并单击鼠标左键将量角器放置在该点上，接着在已有的线段或边线上单击，将量角器的基线对齐到已有的线上，此时会出现一条新的辅助线，移动光标到需要的位置，辅助线和基线之间的角度值会在数值控制框中动态显示，如图 3-171 所示。

角度可以通过数值控制框输入，输入的值可以是角度（如 30），也可以是斜率（角的正切，如 1:6），输入负值表示将往当前光标指定方向的反方向旋转；在进行其他操作之前可以持续输入进行修改。

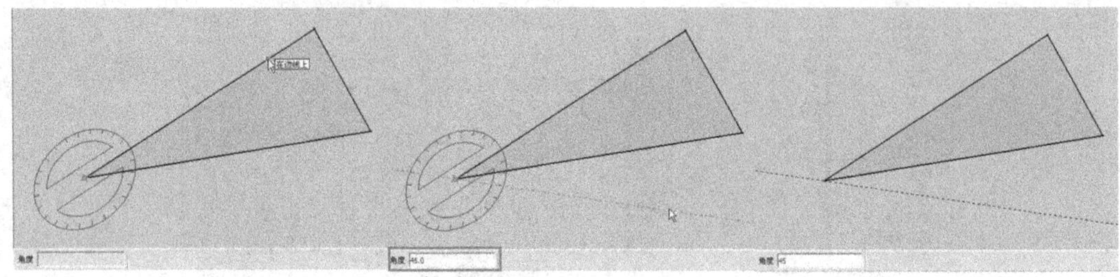

图 3-171

3. 锁定旋转的量角器

按住〈Shift〉键可以将量角器锁定在当前的平面上。

3.4.4 标注文字

“文本”工具用来插入文字到模型中，插入的文字主要有两类，分别是引注文字和屏幕文字。

在“模型信息”管理器的“文本”面板中可以设置文字和引线的样式，包括引线文字、引线端点、字体类型和颜色等，如图 3-172 所示。

在插入引注文字的时候，先激活“文本”工具，然后在实体（表面、边线、顶点、组件、群组等）上单击，指定引线指向的位置，接着拖曳出引线的长度，并单击确定文本框的位置，最后在文本框中输入注释文字，如图 3-173 所示。

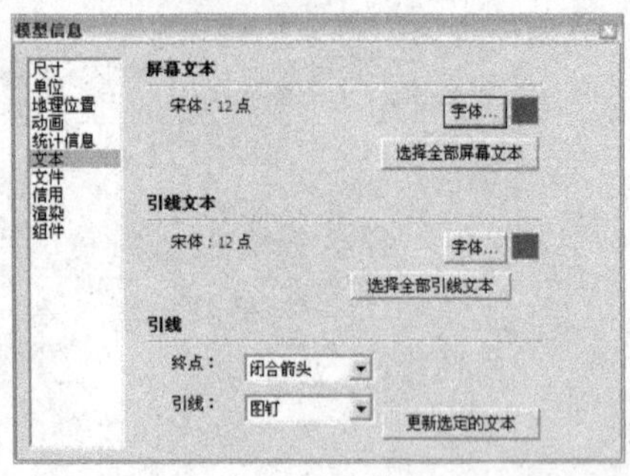

图 3-172

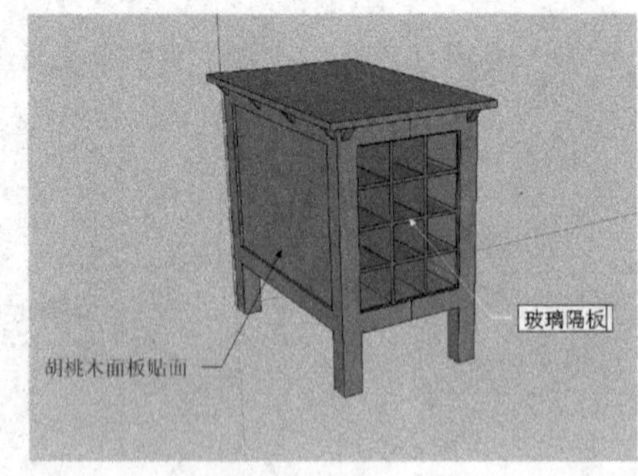

图 3-173

技巧提示 注释文字的标注

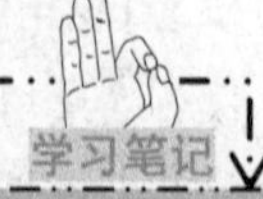

输入注释文字后，按两次〈Enter〉键或者在文本框外单击就可以完成输入，按〈Esc〉键可以取消操作。

文字也可以不需要引线而直接放置在实体上，只须在要插入文字的实体上双击即可，引线将自动被隐藏。

插入屏幕文字的时候，先激活“文本”工具，然后在屏幕的空白处单击，接着在弹出的文本框中输入注释文字，最后按两次〈Enter〉键或者在文本框外单击完成输入。

技巧提示 屏幕文字的标注

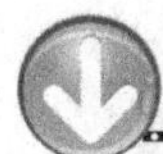

屏幕文字在屏幕上的位置是固定的，不受视图改变的影响。另外，在已经编辑好的文字上双击鼠标左键即可重新编辑文字，也可以在文字的右键菜单中执行“编辑文字”命令。

3.4.5 三维文本工具

从 SketchUp 6.0 开始增加了“三维文本”工具，该工具广泛地应用于广告、Logo、雕塑文字等。

激活“三维文字”工具会弹出“放置三维文本”对话框。该对话框中，“高度”指文字的大小，“已延伸”指文字的线条宽度，如果没有勾选“填充”复选框，生成的文字将只有轮廓线，如图 3-174 所示。

在“放置三维文本”对话框的文本框中输入文字后，单击“放置”按钮 放置 ，即可将文字拖放至合适的位置，生成的文字自动成组。使用“拉伸”工具可以对文字进行缩放，如图 3-175 所示。

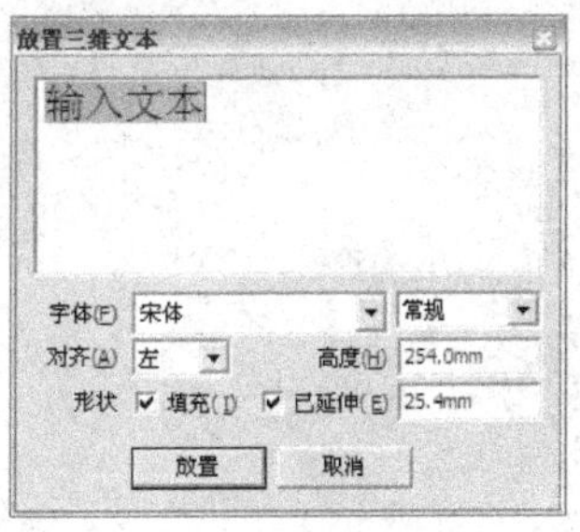

图 3-174

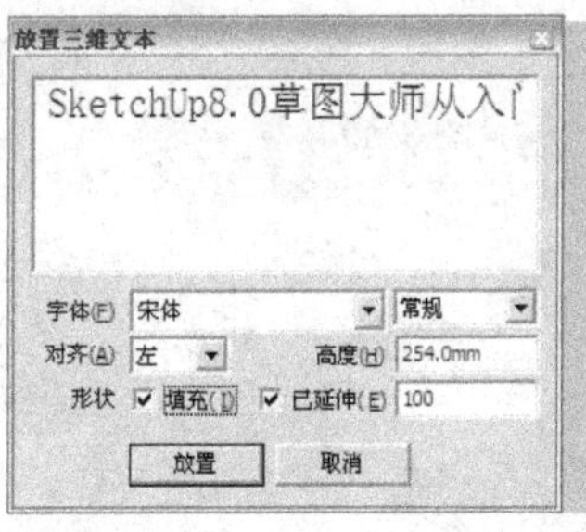

图 3-175

一学即会 创建指示牌

视频：创建指示牌.avi
案例：练习3-10.skp

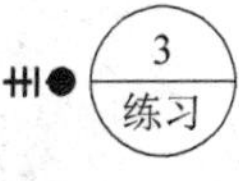

下面通过创建一个指示牌的模型，来具体讲解“三维文本”工具的使用方法及技巧，其操作步骤如下。

1）使用“矩形”工具绘制一个 2800mm×300mm 的矩形，如图 3-176 所示。

2）使用“推/拉”工具将上一步绘制的矩形推拉 800mm 的高度，如图 3-177 所示。

3）使用“圆弧”工具，在立方体的前后两侧绘制两段圆弧，其中凸出部分距离为 150mm，如图 3-178 所示。

4）使用“推/拉”工具将上一步绘制的两个圆弧面进行推拉，使其与立方体上侧的面相平行，如图 3-179 所示。

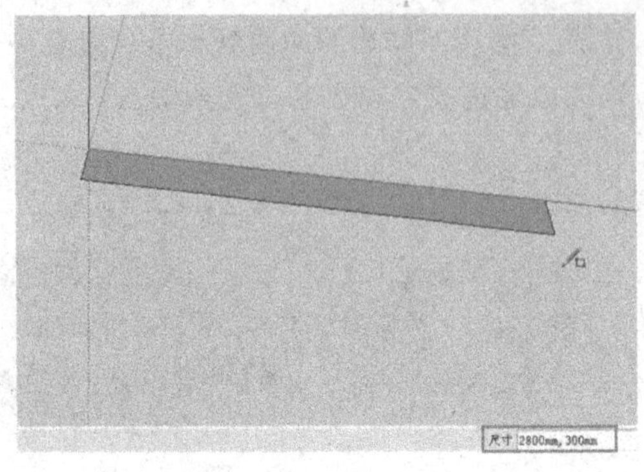

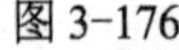
图 3-176

图 3-177

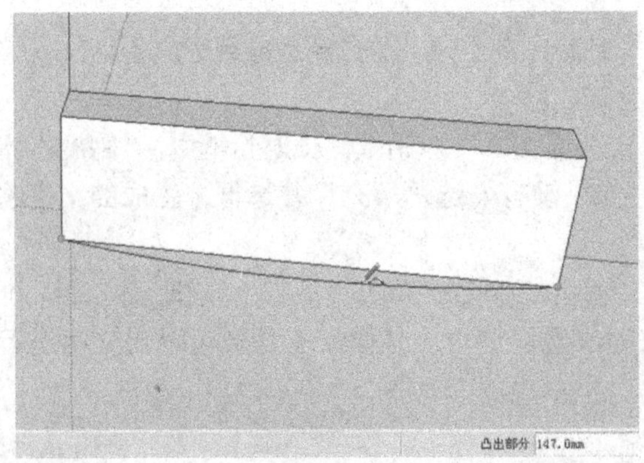

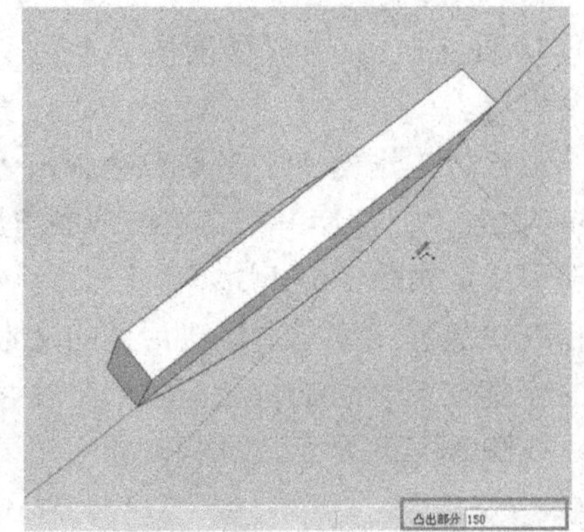

图 3-178

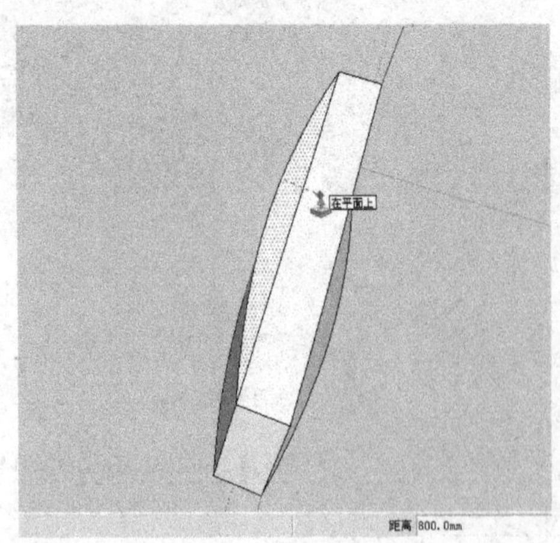

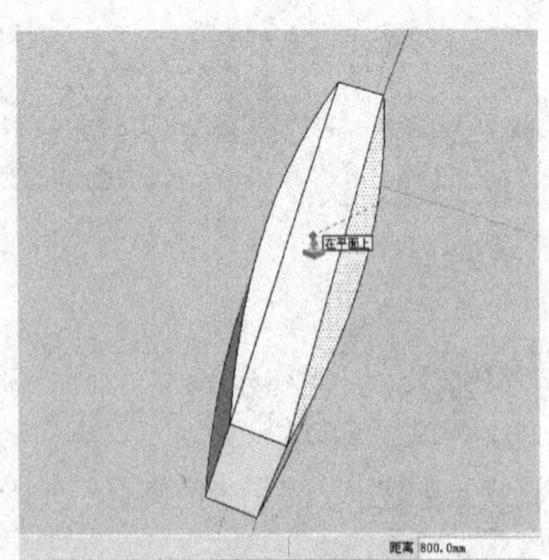

图 3-179

5）使用“偏移”工具，将立方体上侧的平面向内偏移 50mm 的距离，如图 3-180 所示。

6）使用“推/拉”工具将内侧的相应平面向上推拉 50mm 的距离，如图 3-181 所示。

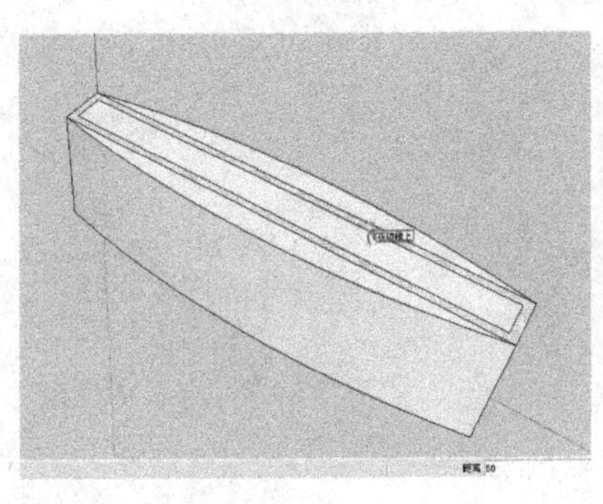

图 3-180

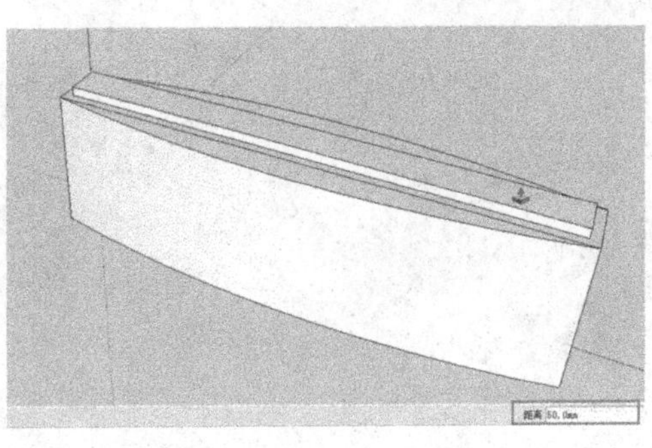

图 3-181

7）使用“偏移”工具，将上一步推拉的平面向外偏移 50mm 的距离，如图 3-182 所示。

8）使用“推/拉”工具将上一步偏移的平面向上推拉 1200mm 的距离，如图 3-183 所示。

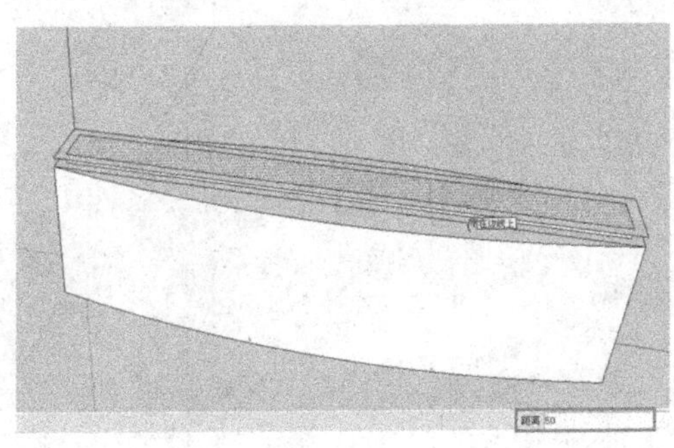

图 3-182

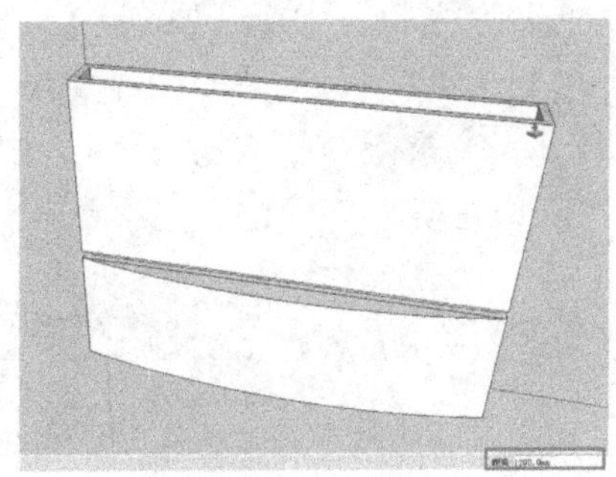

图 3-183

9）使用“线条”工具，在上一步偏移平面的上侧绘制一条对角线将内凹的平面进行封面，如图 3-184 所示。

10）将上侧平面内的多余线段删除掉，如图 3-185 所示。

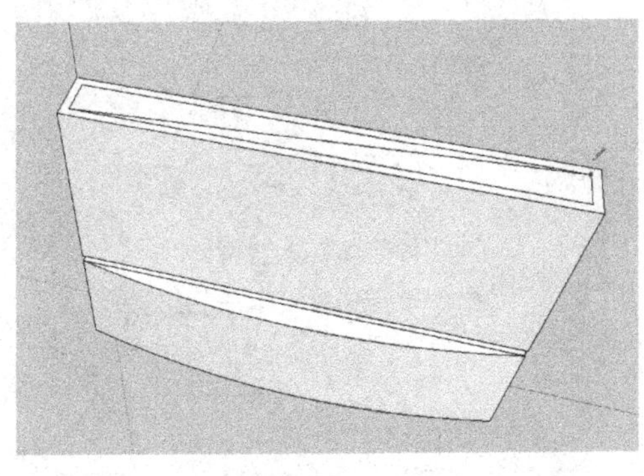

图 3-184

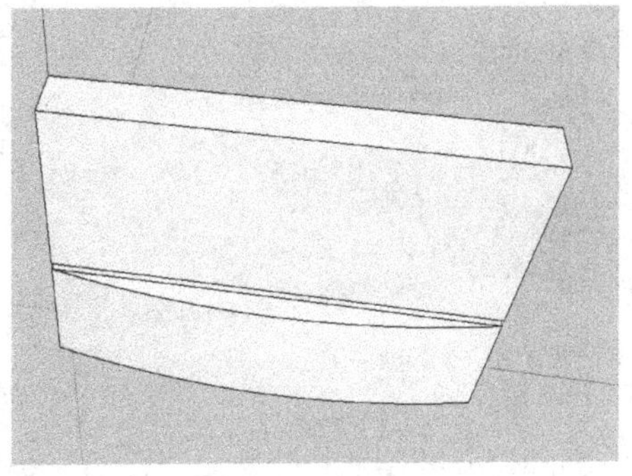

图 3-185

11）为了方便材质的赋予，框选指示牌下侧的底座，将其创建为组件，如图 3-186 所示。

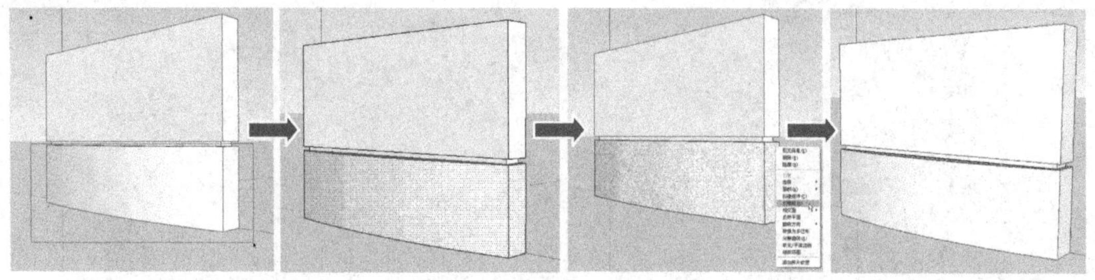

图 3-186

12）激活“三维文本”工具，弹出“放置三维文本”对话框，在该对话框的文本框中输入文字内容“Google”，并设置好下侧其他相关的参数，然后单击“放置”按钮，将文字放置到指示牌上相应的位置，如图 3-187 所示。

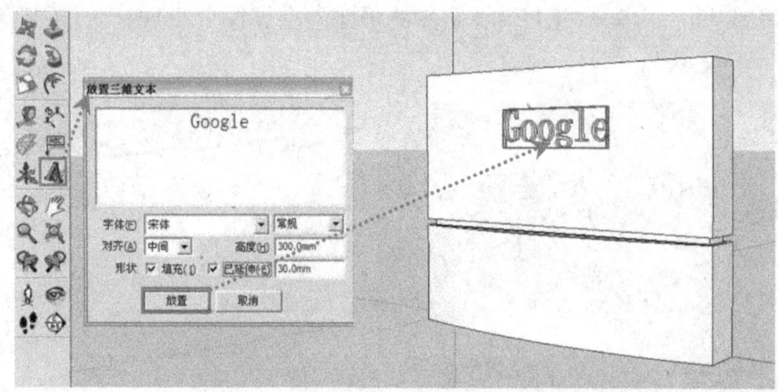

图 3-187

13）使用“拉伸”工具，对上一步放置的文字内容进行拉伸操作，使其符合要求，如图 3-188 所示。

14）激活“三维文本”工具，在拉伸后的文字下侧输入的相关文字内容，如图 3-189 所示。

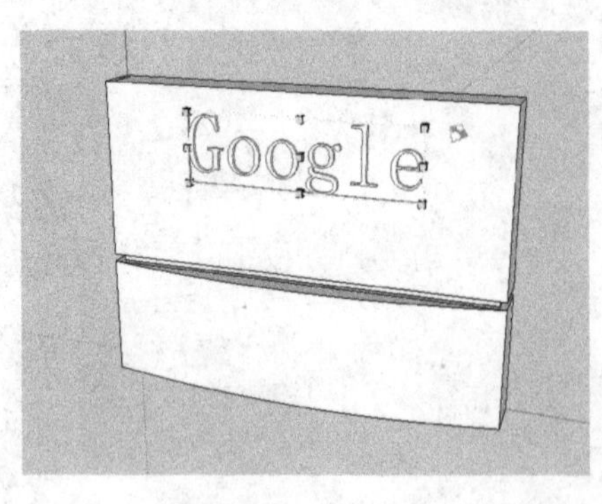

图 3-188　　图 3-189

15）激活“颜料桶”工具，打开“材质”编辑对话框，为指示牌的文字内容及底座赋予相关的材质，如图 3-190 所示。

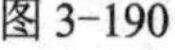

图 3-190

3.5 SketchUp辅助线的绘制与管理

辅助线是进行 SketchUp 精确建模过程中常常需要用到的，本节就针对辅助线的绘制、辅助线的管理及辅助线的导出等内容进行详细讲解。

3.5.1 绘制辅助线

许多初学者会问：绘制辅助线使用什么工具？其实，答案就是“卷尺”工具和“量角器”工具。辅助线对于精确建模非常有用。

使用“卷尺”工具绘制辅助线的方法为：激活“卷尺”工具，然后在线段上单击拾取一点作为参考点，此时在光标上会出现一条辅助线并随着光标移动，同时会显示辅助线与参考点之间的距离，确定辅助线的位置后，单击鼠标左键即可绘制一条辅助线，如图 3-191 所示。

技巧提示 辅助线

学习笔记

绘制的辅助线将与参考点所在的线段平行。

如果根据端点的提示绘制了一条有限长度的辅助线，那么辅助线的终端会带有一个十字符号，如图 3-192 所示。

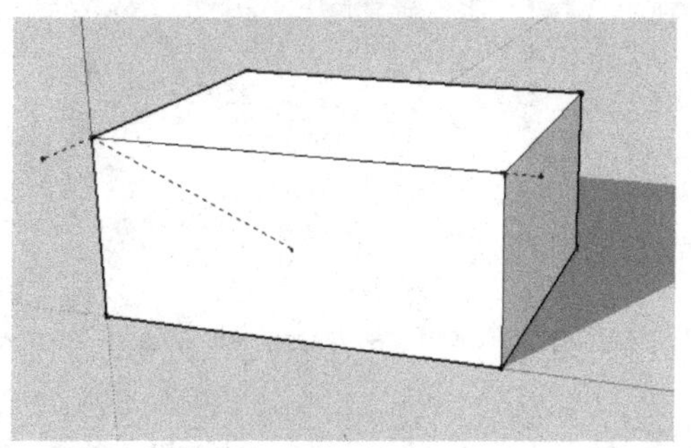

图 3-191

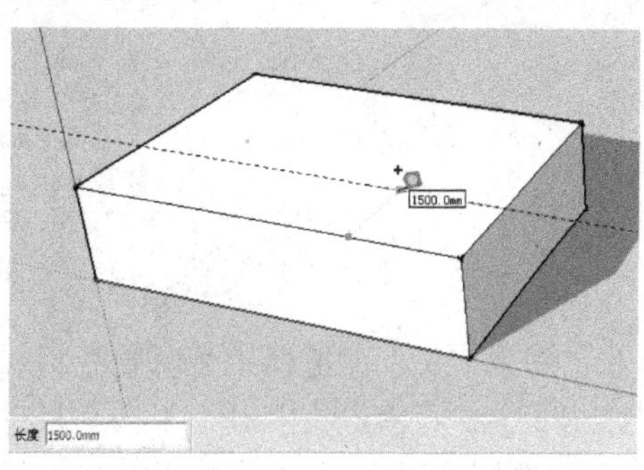

图 3-192

在使用“卷尺”工具的时候配合〈Ctrl〉键进行操作，就可以只“测量”而不产生线。笔者建议，在实际的运用中使用“线条”工具来代替“卷尺”工具的测量功能，使用“卷尺”工具绘制平行的辅助线，使用“量角器”工具绘制带有角度的辅助线。

激活“卷尺”工具后，直接在某条线段上双击鼠标左键，即可绘制一条与该线段重合又无限延长的辅助线，如图 3-193 所示。

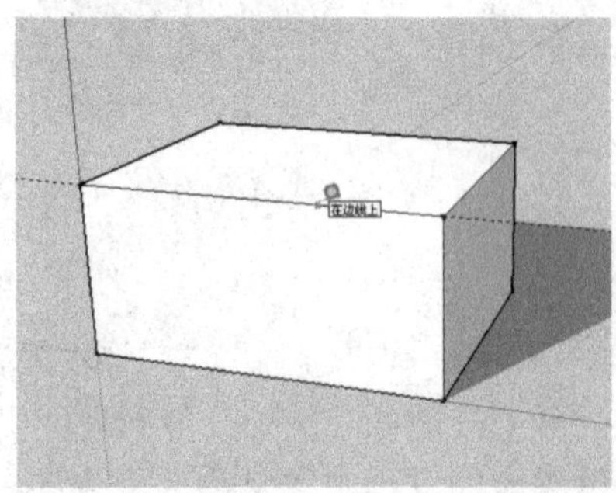

图 3-193

3.5.2 管理辅助线

有时绘制太多的辅助线会影响视线，此时可以通过执行“编辑”菜单中的“还原导向”“重做”或者“删除导向器”命令删除所有的辅助线，如图 3-194 所示。

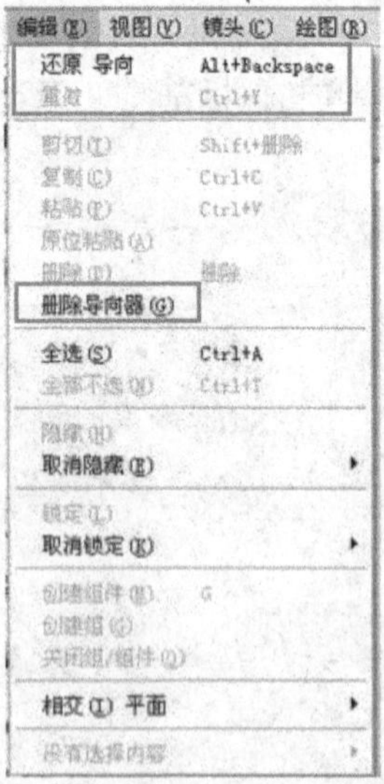

图 3-194

在“图元信息”浏览器中可以查看辅助线的相关图元信息，并且可以修改辅助线所在图层，如图 3-195 所示。

辅助线的颜色可以通过“样式”编辑器进行设置。在“样式”编辑器中单击“编辑”选项卡，然后单击“导向器”选项后面的颜色色块进行调整，如图 3-196 所示。

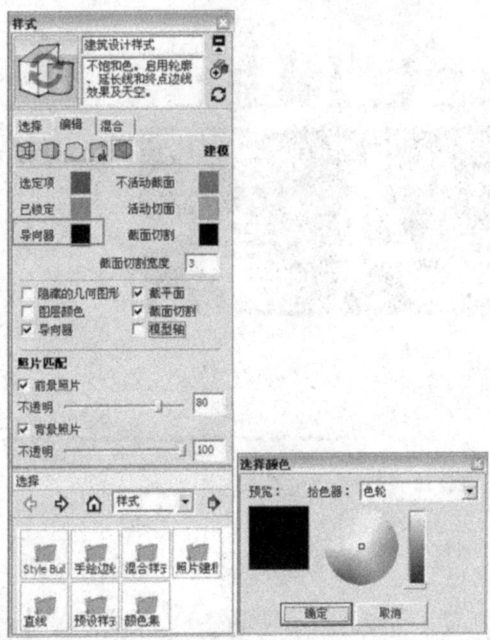

图 3-195

图 3-196

3.5.3 导出辅助线

在 SketchUp 中可以将辅助线导出到 AutoCAD 中，以便为进一步精确绘制立面图提供帮助。导出辅助线的方法如下：

执行“文件|导出|三维模型”菜单命令，如图 3-197 所示，然后在弹出的“输出模型”对话框中设置“文件类型”为“AutoCAD DWG 文件（*.dwg)”，接着单击“选项”按钮，弹出“AutoCAD 导出选项”对话框，勾选“构造几何图形”复选框，然后单击“确定”按钮，如图 3-198 所示。

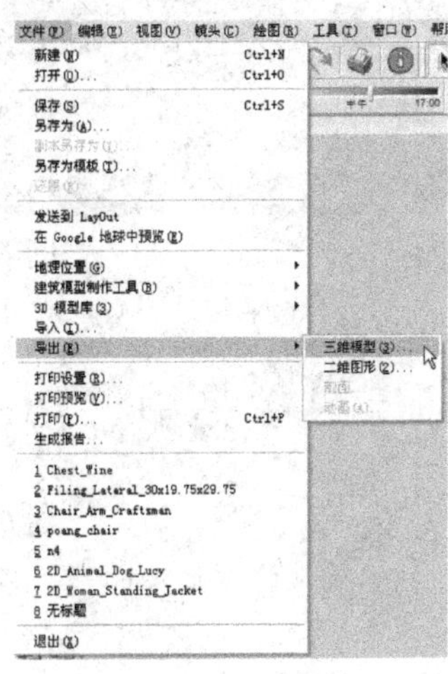

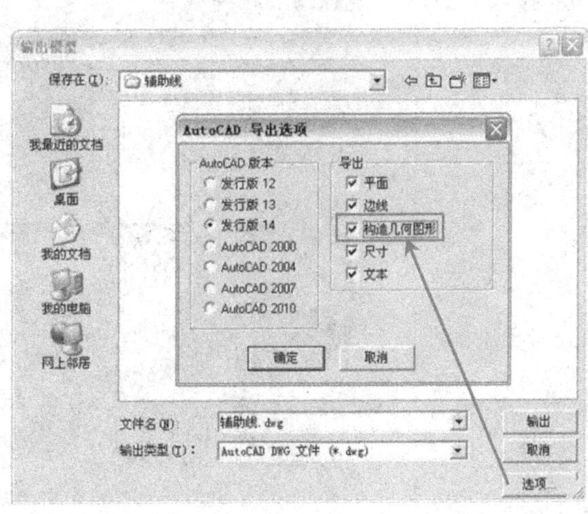

图 3-197

图 3-198

SketchUp®

第 4 章

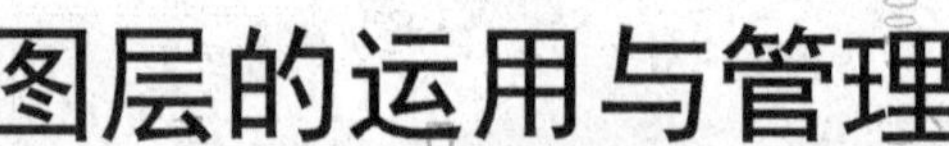

图层的运用与管理

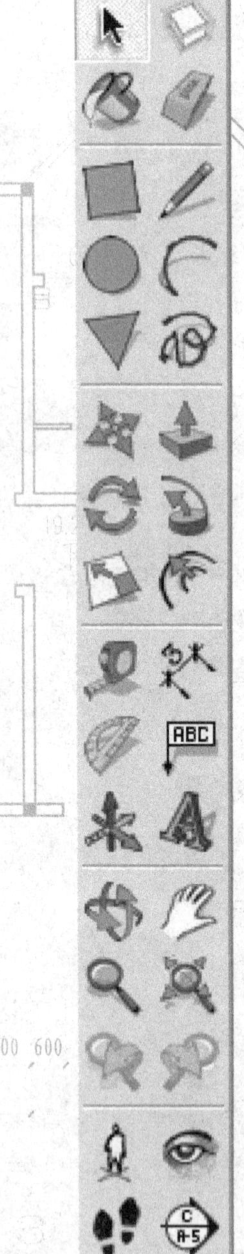

内容摘要

虽然在 SketchUp 中管理物体不是特别依赖图层，只依靠组和组件也可以划分几何体，但是拥有图层会使管理会更方便，特别是在创建大型场景和室内建模的时候，有选择地显隐一些图层，可以使模型编辑更加顺畅，提高制图效率。本章将详细讲解“图层”的有关知识，包括图层的建立、显隐以及图层属性的修改等内容。

- SketchUp 的“图层”管理器
- SketchUp 的“图层”工具栏
- SketchUp 的图层属性

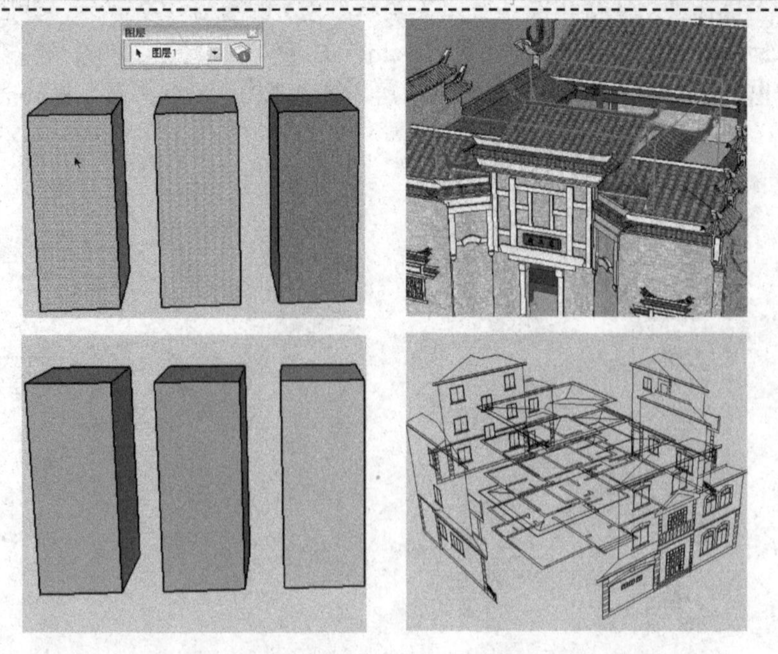

4.1 SketchUp的“图层”管理器

使用“图层”管理器可以对创建的对象分层分类管理。

执行“窗口|图层”菜单命令打开“图层”管理器，在“图层”管理器中可以查看和编辑模型中的图层，它显示了模型中所有的图层和图层的颜色，并指出图层是否可见，如图 4-1 所示。

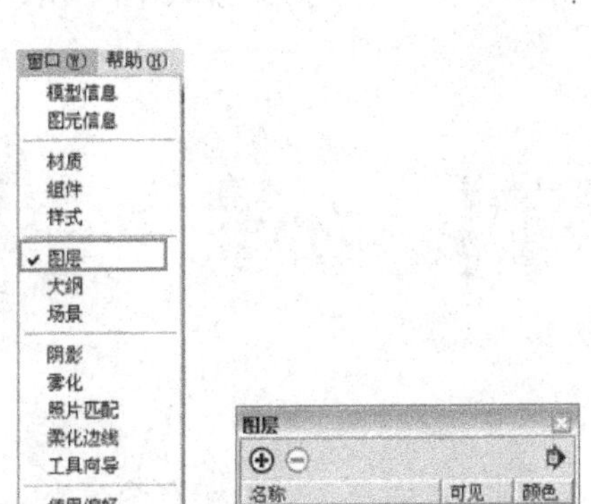

图 4-1

选项讲解 “图层”管理器

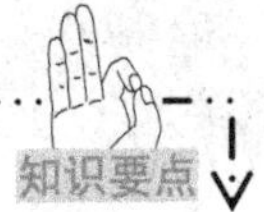

- “添加图层”按钮⊕：单击该按钮可以新建一个图层，用户可以对新建的图层重命名。在新建图层的时候，系统会为每一个新建的图层设置一种不同于其他图层的颜色，图层的颜色可以进行修改，如图 4-2 所示。
- “删除图层”按钮⊖：单击该按钮可以将选中的图层删除，如果要删除的图层中包含了物体，将会弹出一个对话框询问处理方式，如图 4-3 所示。

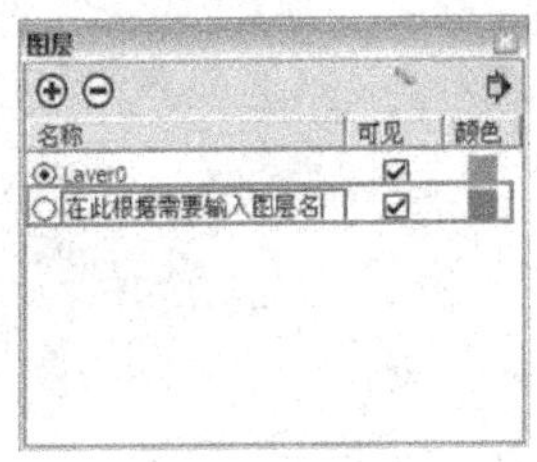

图 4-2

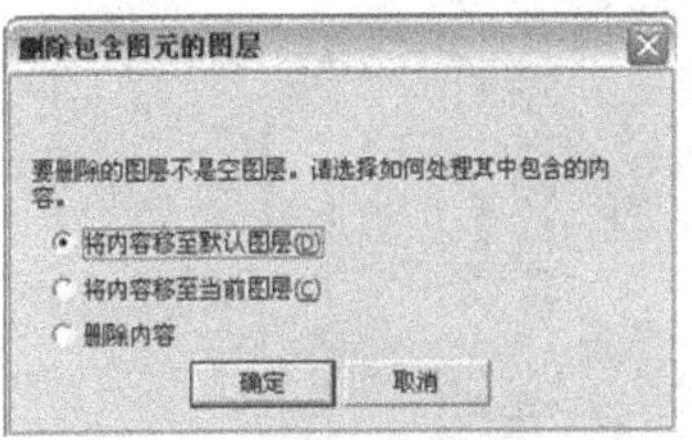

图 4-3

- “名称”标签：在“名称”标签下列出了所有图层的名称，图层名称前面的圆内有一个点的表示是当前图层，用户可以通过单击圆来设置当前图层。单击图层的名称可以输入新名称，完成输入后按〈Enter〉键确定即可，如图 4-4 所示。

- “可见”标签：“可见”标签下的选项用于显示或者隐藏图层，勾选即表示显示，若想隐藏图层，只须将图层前面的勾去掉即可。如果将隐藏图层设置为当前图层，则该图层会自动变成可见层。
- “颜色”标签：“颜色”标签下列出了每个图层的颜色，单击颜色色块可以为图层指定新的颜色。
- “详细信息”按钮：单击该按钮将打开扩展菜单，如图 4-5 所示。

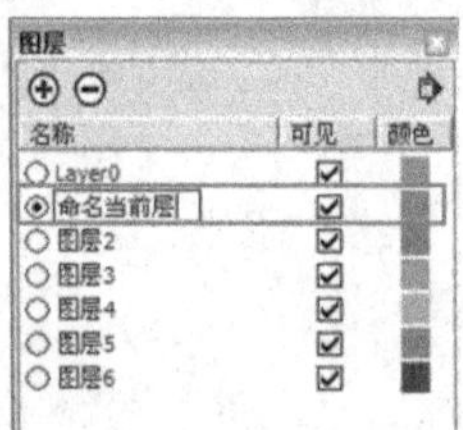

图 4-4

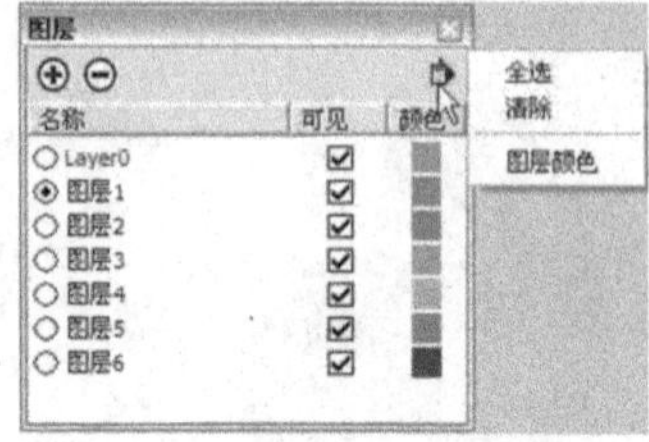

图 4-5

- ➢“全选”选项：该选项用于选中模型中的所有图层。
- ➢“清除”选项：该选项用于清理所有未使用过的图层。
- ➢“图层颜色”选项：如果用户选择了“图层颜色”选项，那么渲染时图层的颜色会赋予该图层中的所有物体。由于每一个新图层都有一个默认的颜色，并且这个颜色是独一无二的，因此，“图层颜色”选项将有助于快速直观地分辨各个图层。

1）执行“窗口|图层”菜单命令，如图 4-6 所示。

2）系统弹出“图层”管理器，在其中单击“添加图层”按钮，然后将新图层命名为“建筑”，从而完成“建筑”图层的创建，如图 4-7 所示。

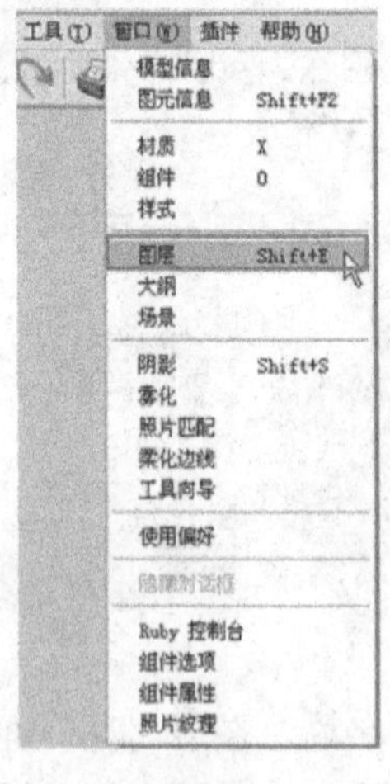

图 4-6

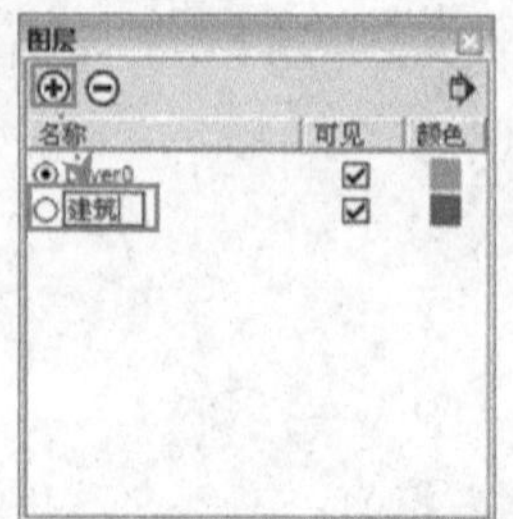

图 4-7

4.2 SketchUp的“图层”工具栏

“图层”工具栏可以通过执行“视图|工具栏|图层”菜单命令调出，它同样对创建的图形文件起着分类管理的作用，如图 4-8 所示。

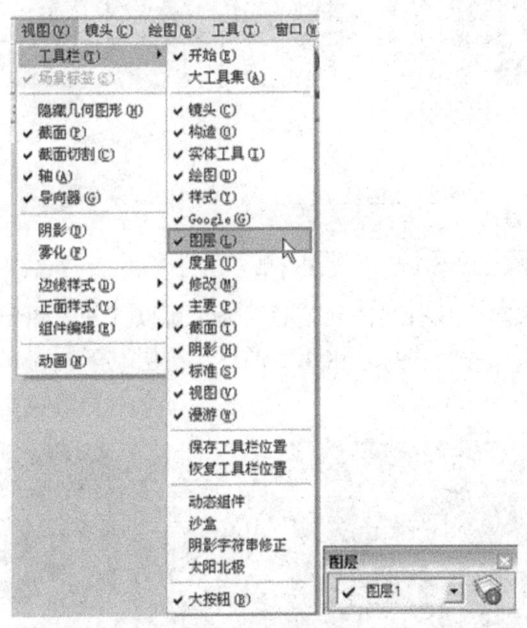

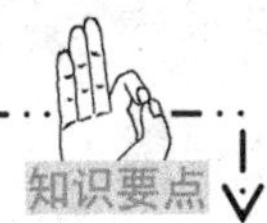

图 4-8

选项讲解 “图层”工具栏 知识要点

- “图层管理”按钮：单击该按钮将打开“图层”管理器。
- 图层下拉按钮：单击该按钮将展开图层下拉列表，其中列出了模型中所有的图层，通过单击相应的图层项即可选择为当前图层。相对应的，在“图层”管理器中，当前图层会被激活，如图 4-9 所示。

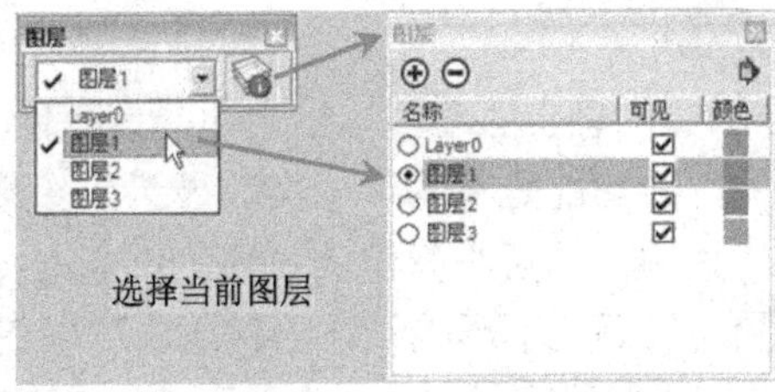

图 4-9

提示：当选中了某图层上的物体时，图层下拉列表框会以黄色亮显，提醒用户当前选择的图层，如图 4-10 所示。

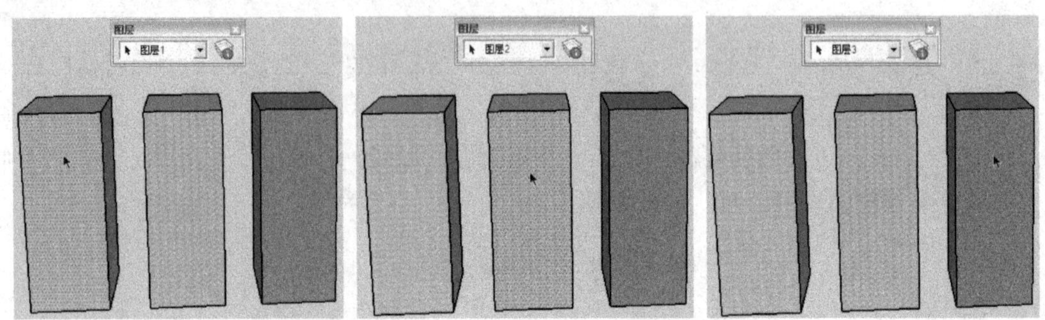

图 4-10

4.3 SketchUp的图层属性

4 掌握

在某个元素的右键菜单中执行“图元信息”命令可以打开“图元信息”浏览器。在该浏览器中可以查看选中元素的图元信息，也可以通过“图层”下拉列表改变元素所在的图层，如图 4-11 所示。

图 4-11

“图元信息”浏览器中显示的信息会随着鼠标指定的元素变化而变化。

在 SketchUp 中，图层的主要功能是将物体分类、显示或隐藏，以方便选择和管理。单击“图层”管理器右上角的按钮，然后在弹出的扩展菜单中选择“图层颜色”命令，效果如图 4-12 和图 4-13 所示。图层的颜色不影响最终的材质，可以任意更改。

对物体分类编辑时一定要结合群组管理，组是无限层级的，可以随时双击修改。修改时会自动设置为只能修改组内的物体，不会选取到组外的物体。组和图层是相对独立的，可以同时存在，即相同的图层中可以有不同的组；同样，同一个组中也可以有不同层的物体。当需要显示或者隐藏某个图层时，只会影响该图层中的物体，而不会影响到同一组中不同图层的物体。

图 4-12

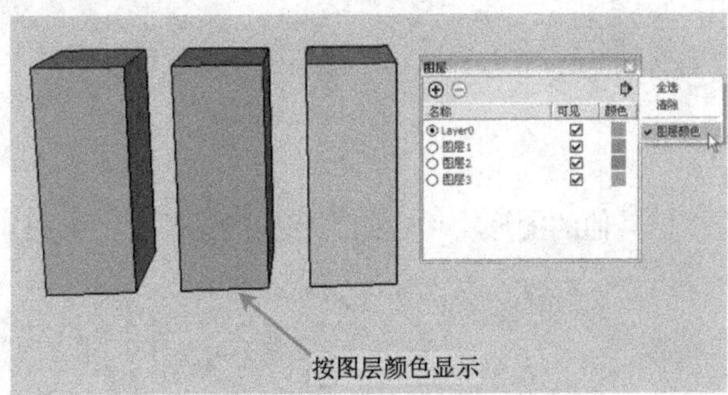

图 4-13

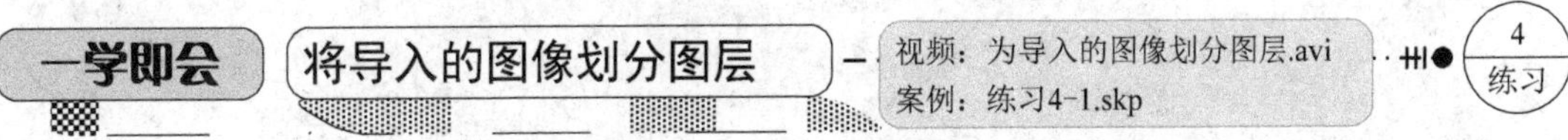

下面讲解怎样将打开的图形文件中的图纸内容划分到相应的图层中去，其操作步骤如下。

1）打开场景文件，然后选择南立面图，接着在右键菜单中选择“图元信息”命令，如图 4-14 所示。

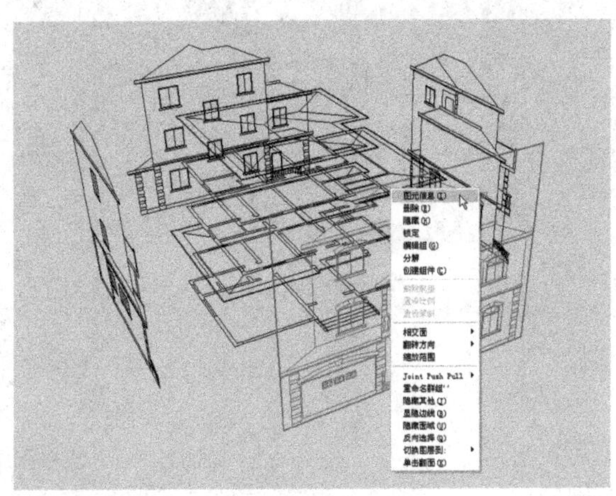

图 4-14

2）系统弹出“图元信息”浏览器，在“图层”下拉列表框中选择“南立面图”图层，如图 4-15 所示。

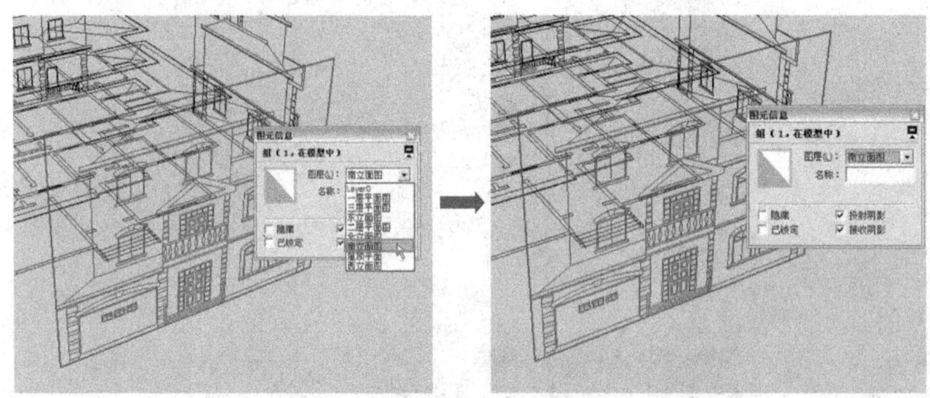

图 4-15

3）采用相同的方法把其他的图形文件也归到相应的图层中，如图 4-16 所示。

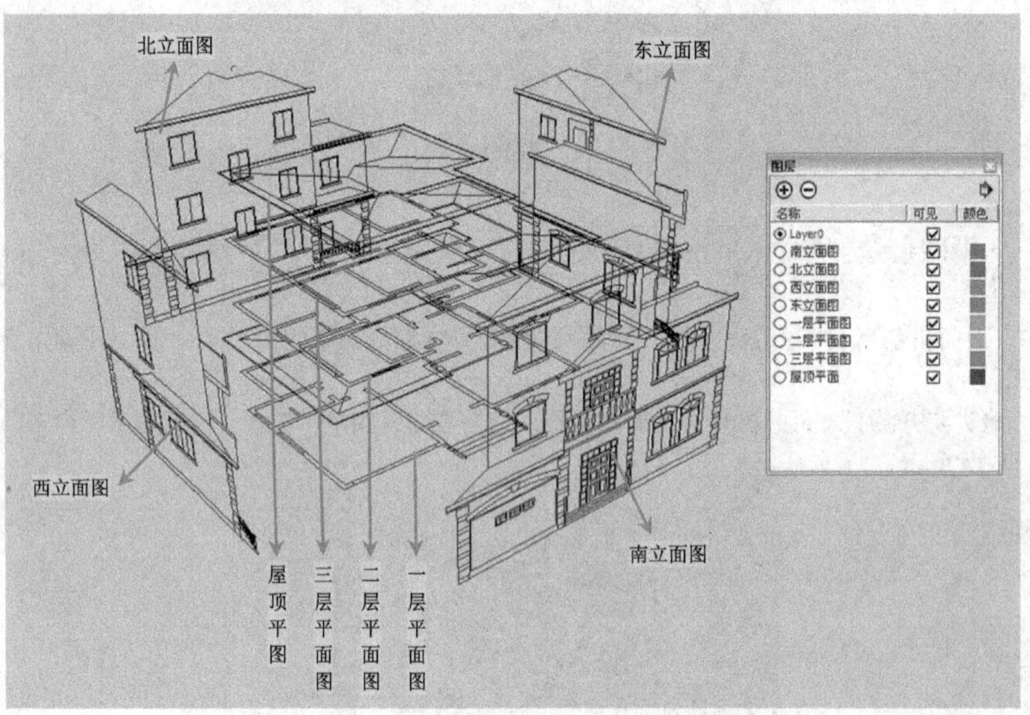

图 4-16

SketchUp®

第5章

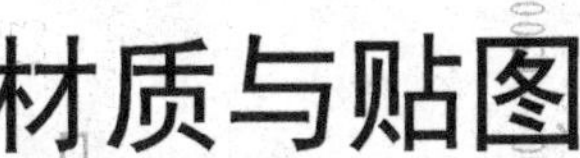

材质与贴图

内容摘要

SketchUp 拥有强大的材质库，可以应用边线、表面、文字、剖面、组和组件，并实时显示材质效果，所见即所得。而且在材质赋予以后，可以方便地修改材质的名称、颜色、透明度、尺寸大小及位置等属性特征，这是 SketchUp 最大的优势之一。本章将带领大家一起学习 SketchUp 的材质功能的应用，包括材质的提取、填充、坐标调整、特殊形状的贴图以及 PNG 贴图的制作及应用等。

- SketchUp 的材质管理
- SketchUp 贴图坐标的调整
- SketchUp 的贴图技巧

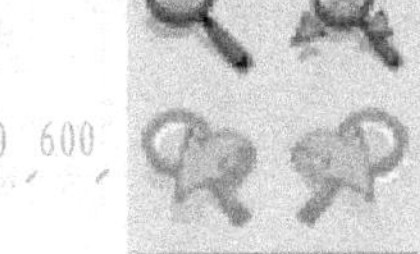

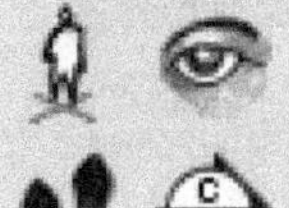

5.1 SketchUp 的材质管理

5 掌握

执行“窗口|材质”菜单命令可以打开“材质”编辑器，如图 5-1 所示。在“材质”编辑器中可以选择和管理材质，也可以浏览当前模型中使用的材质。

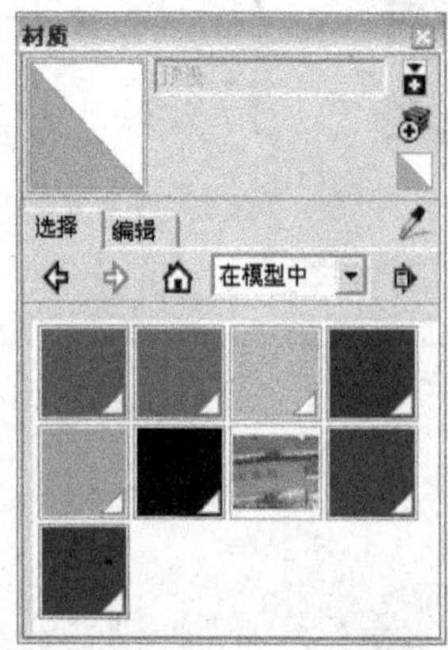

图 5-1

功能介绍 “材质”编辑器

- “将绘图材质设置为预设”窗口：该窗口的实质就是材质预览窗口，选择或者提取一个材质后，会在该窗口中显示这个材质，同时会自动激活“颜料桶”工具。
- “名称”文本框：选择一个材质赋予模型以后，在“名称”文本框中将显示材质的名称，用户可以在这里为材质重新命名，如图 5-2 所示。
- “创建材质”按钮：单击该按钮将弹出“创建材质”对话框，在该对话框中可以设置材质的名称、颜色及大小等属性信息，如图 5-3 所示。

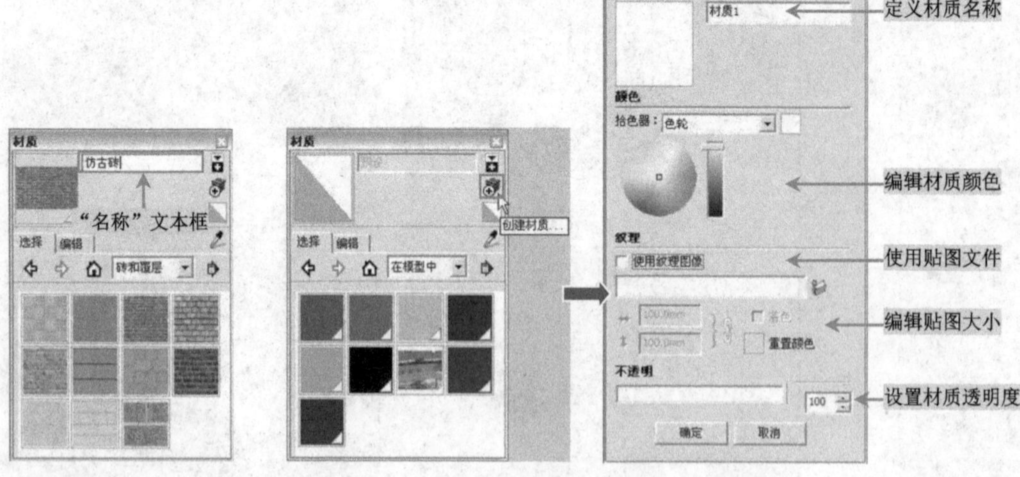

图 5-2　　　　图 5-3

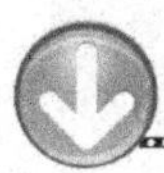

5.1.1 默认材质

在 SketchUp 中创建几何体的时候，创建的几何体会被赋予默认的材质。默认材质的正反两面显示的颜色是不同的，这是因为 SketchUp 使用的是双面材质。双面材质的特性可以帮助用户更容易区分表面的正反朝向，以方便将模型导入其他软件时调整面的方向。

默认材质正反两面的颜色可以在“样式”编辑器的“编辑”选项卡中进行设置，如图 5-4 所示。

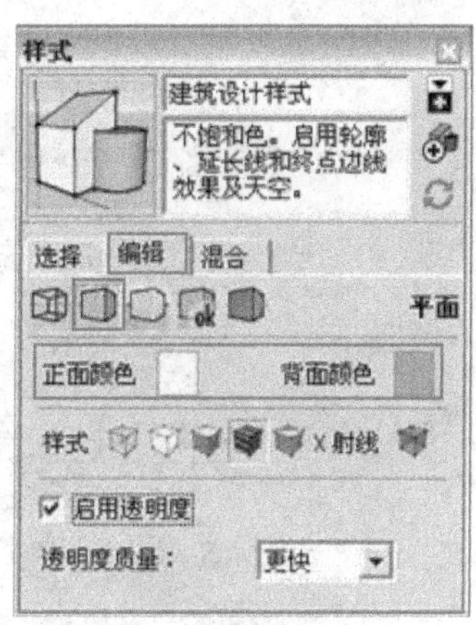

图 5-4

5.1.2 “选择”选项卡

“选择”选项卡的界面如图 5-5 所示。它主要用于对场景中材质的选择。

功能介绍 “选择”选项卡

- “后退”按钮 /“前进”按钮 ：在浏览材质库时，通过两个按钮可以前进或者后退。
- “在模型中”按钮 ：单击该按钮可以快速返回“在模型中”材质列表。
- “详细信息”按钮 ：单击该按钮将弹出一个扩展菜单，如图 5-6 所示。
  - 打开或创建集合：该命令用于载入一个已经存在的文件夹或创建一个文件夹到“材质”编辑器中。执行该命令弹出的对话框中不能显示文件，只能显示文件夹。
  - 集合另存为：将选择的文件夹另存为一个新的文件。
  - 将集合添加到收藏夹：该命令用于将选择的文件夹添加到收藏夹中。
  - 从收藏夹删除集合：该命令可以将选择的文件夹从收藏夹中删除。
  - 小缩略图/中缩略图/大缩略图/超大缩略图/列表视图：“列表视图”命令用于将材质图标以列表状态显示，其余 4 个命令用于调整材质图标显示的大小，如图 5-7 所示。

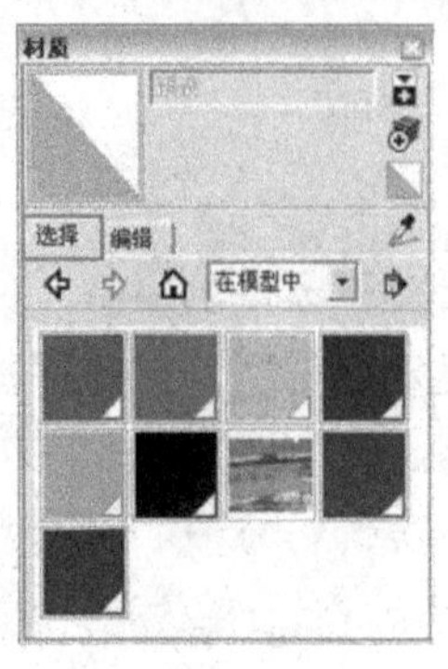

图 5-5

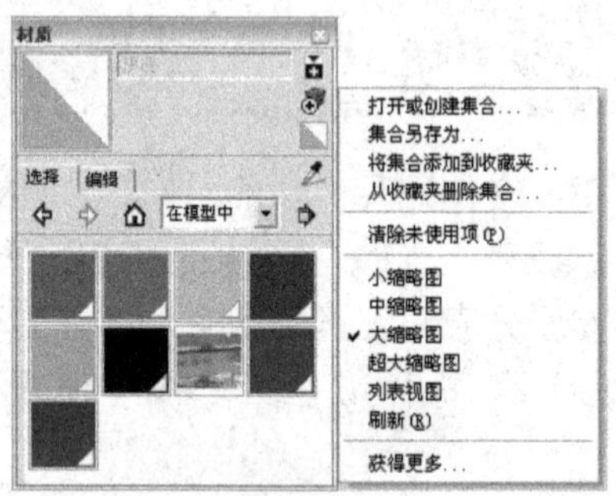

图 5-6

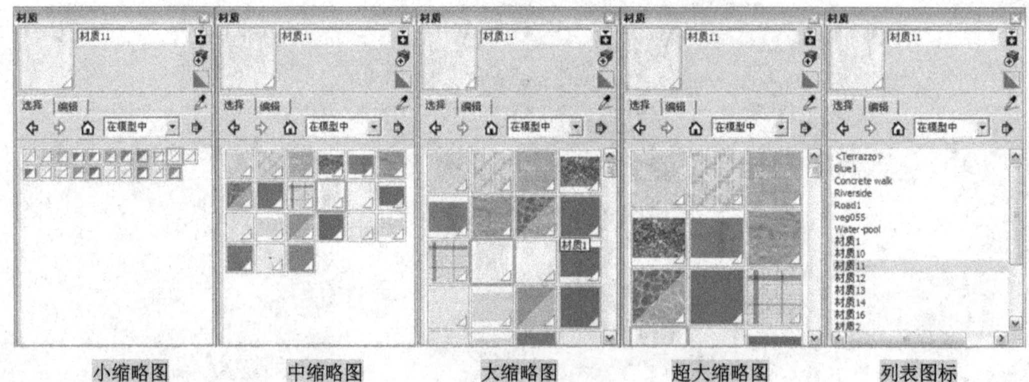

图 5-7

● “提取材质”按钮：单击该按钮可以从场景中提取材质，并将其设置为当前材质。

在“选择”选项卡的界面中还有一个列表框，在该列表框的下拉列表中可以选择当前显示的材质类型，例如“在模型中”或者“材质”等，如图 5-8 所示。

1. 在模型中

通常情况下，应用材质后，材质会被添加到“材质”编辑器的“在模型中”材质列表中，在对文件进行保存时，这个列表中的材质会和模型一起被保存。

在“在模型中”材质列表内显示的是当前场景中使用的材质。被赋予模型的材质右下角带有一个小三角，没有小三角的材质表示曾经在模型中使用过，但是现在没有使用。

如果在材质列表中的材质上单击鼠标右键，将弹出一个快捷菜单，如图 5-9 所示。

● 删除：该命令用于将选择的材质从模型中删除，原来赋予该材质的物体被赋予默认材质。

● 存储为：该命令用于将材质存储到其他材质库。

● 输出纹理图像：该命令用于将贴图存储为图片格式。

● 编辑纹理图像：如果在“系统使用偏好”对话框的“应用程序”面板中设置过默认的图像编辑软件，那么在执行“编辑纹理图像”命令的时候会自动打开设置的图像编辑软件来编辑该贴图图片。如图 5-10 所示，默认的图像编辑器为 Photoshop 软件。

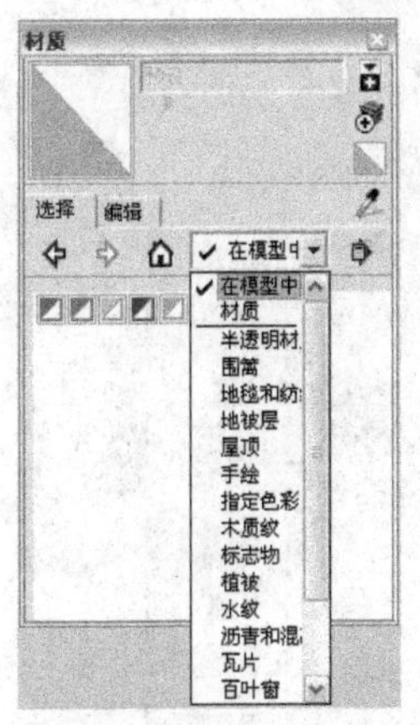

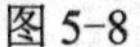
图 5-8

图 5-9

- 面积：执行该命令将准确地计算出模型中所有应用此材质表面的表面积之和。
- 选择：该命令用于选中模型中应用此材质的表面。

技巧提示 “材质”编辑器

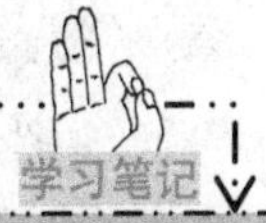

打开“材质”编辑器，然后单击“在模型中”按钮，接着单击右侧的“详细信息”按钮，并选择“集合另存为”命令，如图 5-11 所示。接下来根据提示就能将当前模型的所有材质保存为扩展名为.skm 的文件。将这个文件放置在 SketchUp 的 Materials（材质）目录下，那么在每次打开 SketchUp 时都可以调用这些材质。利用这个方法可以根据个人习惯把需要归类的一组贴图做成一个材质库文件，可以根据材质特性分类，如地板、墙纸、面砖等，也可以根据场景的材质搭配进行分类，如办公室、厨房、卧室等。

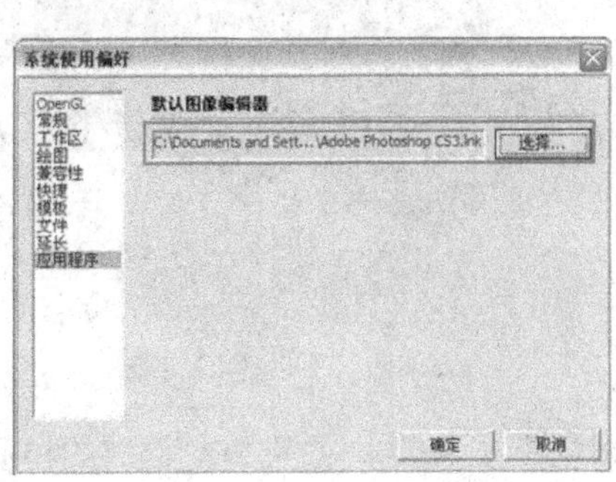

图 5-10

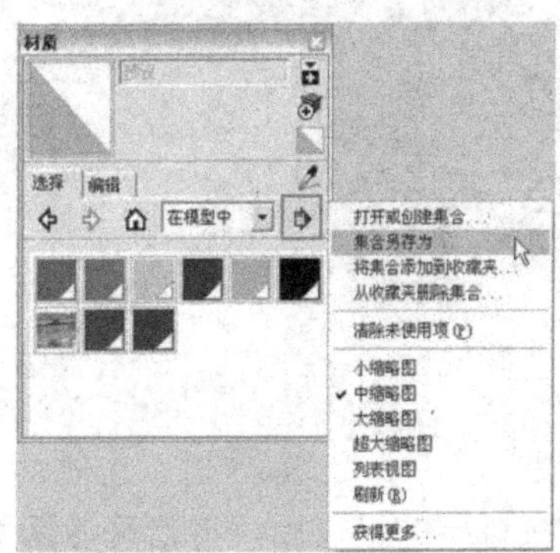

图 5-11

2．材质

在“材质”列表中显示的是材质库中的材质，如图 5-12 所示。

在“材质”列表中可以选择需要的材质，例如选择“瓦片”选项，那么在“材质”列表中会显示预设的瓦片材质，如图 5-13 所示。

图 5-12

图 5-13

一学即会　提取场景中的材质并填充

视频：提取场景中的材质并填充.avi
案例：练习5-1.skp

5 练习

下面讲解怎样提取场景中的材质，然后将提取的材质赋予相应的模型表面，其操作步骤如下。

1）打开场景文件，然后激活“样本颜料”工具，此时光标将变成吸管形状，如图 5-14 所示。

2）在要提取的材质上单击鼠标左键，提取的材质将出现在“点按开始使用这种颜料绘画”窗口中，如图 5-15 所示。

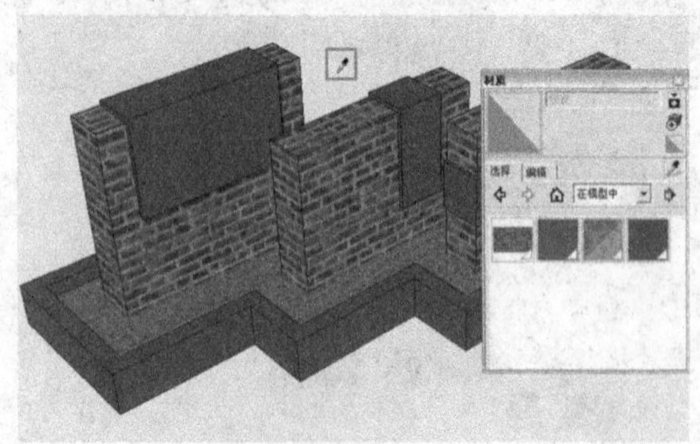

图 5-14

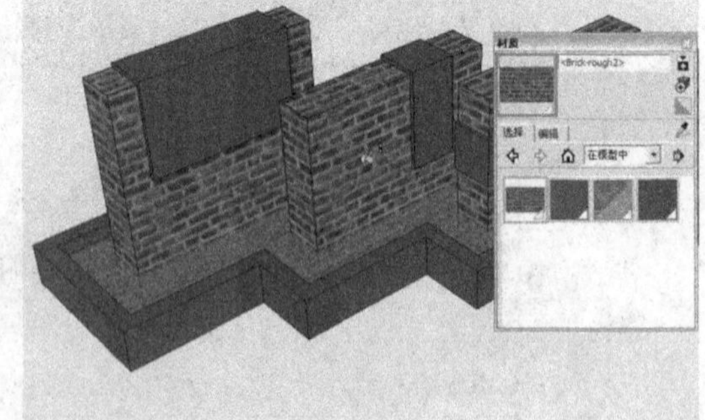

图 5-15

3）完成材质的提取后，将自动激活“颜料桶”工具，如果想将提取的材质填充到模型上，可以直接在模型上单击鼠标左键，如图 5-16 所示。

提示：“样本颜料”工具不仅能提取材质，还能提取材质的大小和坐标。如果不使用“样本颜料”工具，而是直接从材质库中选择同样的材质贴图，往往会出现坐标轴对不上的情况，还要重新调整坐标和位置。所以建议读者在进行材质填充操作的时候多使用“样本颜料”工具。

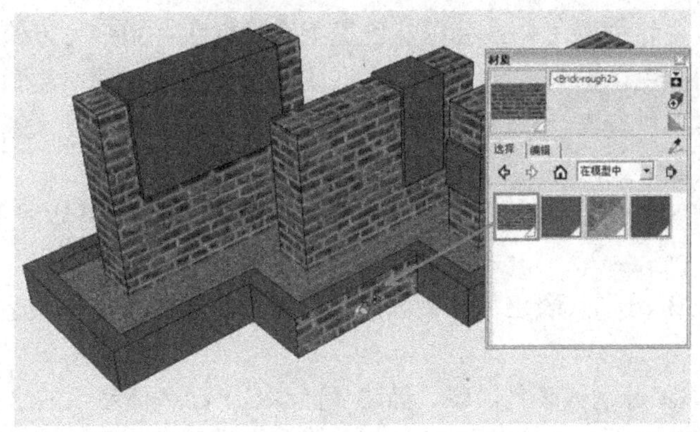

图 5-16

5.1.3 “编辑”选项卡

“编辑”选项卡的界面如图 5-17 所示。此选项卡可以用于对材质的属性进行修改。

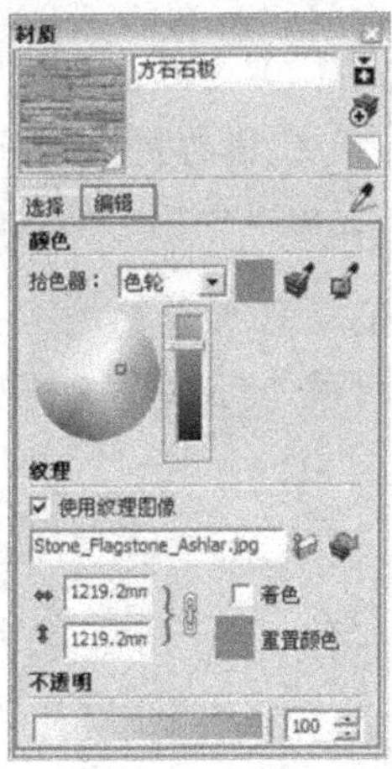

图 5-17

功能介绍 “编辑”选项卡

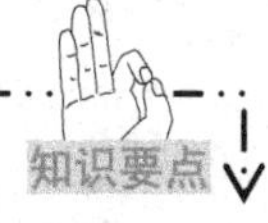

● 拾色器：在该下拉列表框中可以选择 SketchUp 提供的 4 种颜色体系，如图 5-18 所示。

图 5-18

> 色轮：使用这种颜色体系可以从色盘上直接取色。用户可以使用鼠标在色盘内选择需要的颜色，选择的颜色会在“点按开始使用这种颜料绘画”窗口和模型中实时显示以供参考。色盘右侧的滑块可以调节色彩的明度，越向上明度越高，越向下越接近于黑色。

> HLS：HLS 分别代表色相、亮度和饱和度，这种颜色体系最适合用于调节灰度值。

> HSB：HSB 分别代表色相、饱和度和明度，这种颜色体系最适合用于调节非饱和颜色。

> RGB：RGB 分别代表红、绿、蓝 3 色，RGB 颜色体系中的 3 个滑块是互相关联的，改变其中的一个，其他两个滑块颜色也会改变。用户也可以在右侧的数值输入框中输入数值进行调节。

- “匹配模型中对象的颜色”：单击该按钮将从模型中取样。
- “匹配屏幕上的颜色”：单击该按钮将从屏幕中取样。
- “长宽比”文本框：在 SketchUp 中的贴图都是连续重复的贴图单元，在该文本框中输入数值可以修改贴图单元的大小。默认的长宽比是锁定的，单击“切换长宽比锁定/解锁”按钮即可解锁，此时图标将变为。
- 不透明：材质的透明度介于 0～100 之间，值越小越透明。对表面应用透明材质可以使其具有透明性。通过“材质”编辑器可以对任何材质设置透明度，而且表面的正反两面都可以使用透明材质，也可以单独一个表面用透明材质，另一面不用。

提示：透明度是通过“材质”编辑器来调整的，如图 5-19 所示。如果没有为物体赋予材质，那么物体使用的是默认材质，无法改变透明度。

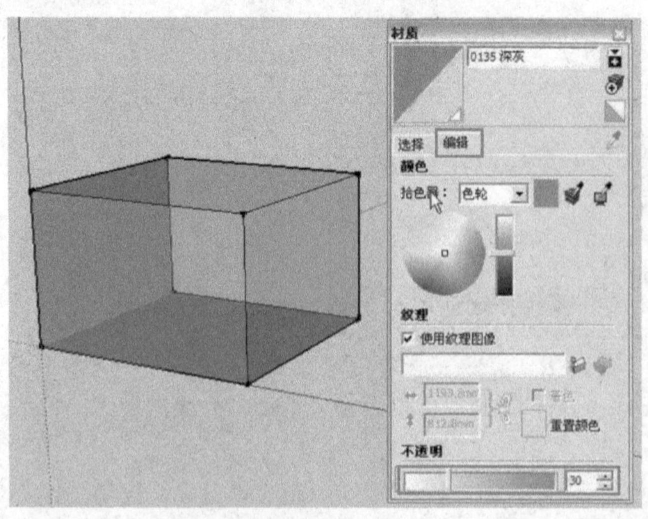

图 5-19

提示：为物体赋予一个全透明的材质就可以在 SketchUp 中将部分物体显示为线框，而其他物体则保持原有的材质显示，如图 5-20 所示。

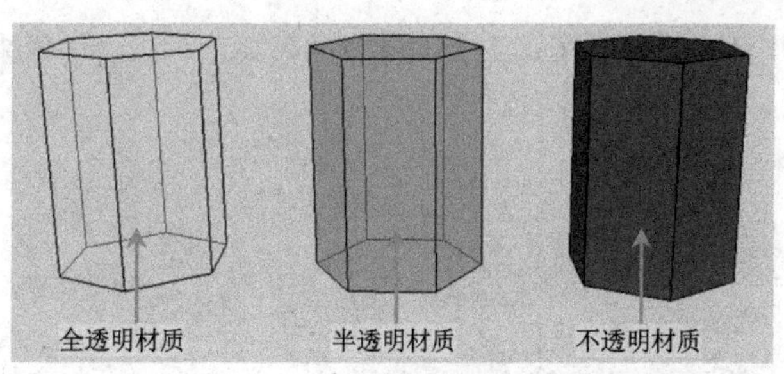

图 5-20

一学即会 为玻璃幕墙赋予城市贴图

视频：为玻璃幕墙赋予城市贴图.avi
案例：练习5-2.skp

下面讲解怎样为打开建筑模型的玻璃幕墙赋予相应的城市贴图的方法及技巧，其操作步骤如下。

1）打开场景文件，然后执行“窗口|材质”菜单命令，打开“材质”编辑器，接着单击选择玻璃材质并赋予建筑的相应模型面，如图 5-21 所示。

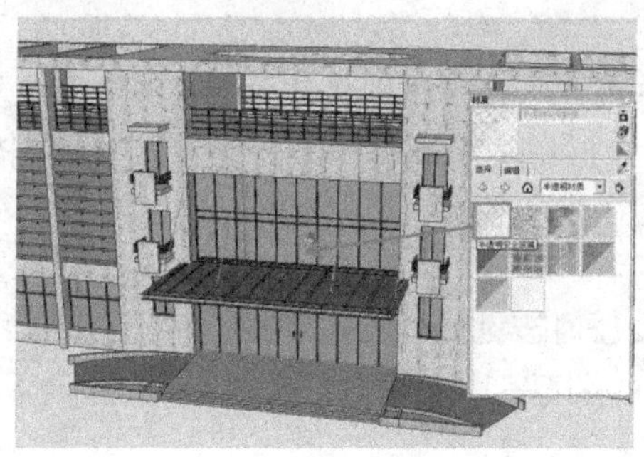

图 5-21

2）在“材质”编辑器中切换到“编辑”选项卡，接着勾选“使用纹理图像”复选框，然后在弹出的对话框中选择本书配套光盘中的“案例\05\素材文件\城市贴图.jpg”文件，如图 5-22 所示。

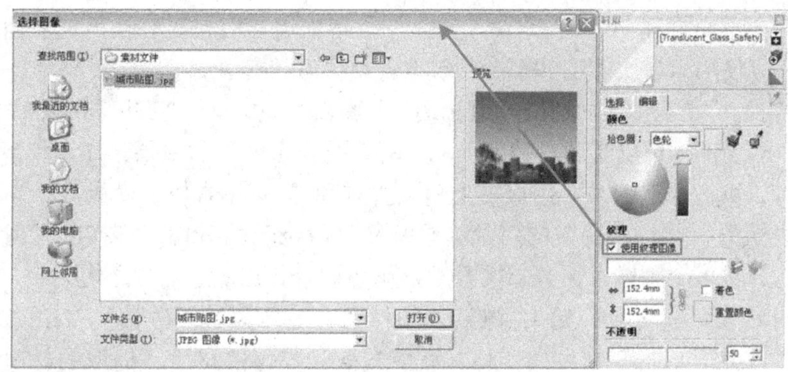

图 5-22

3）调整贴图的尺寸和位置直至达到令人满意的效果，可以看出原来略显死板的玻璃产生了反射和通透效果，如图 5-23 所示。

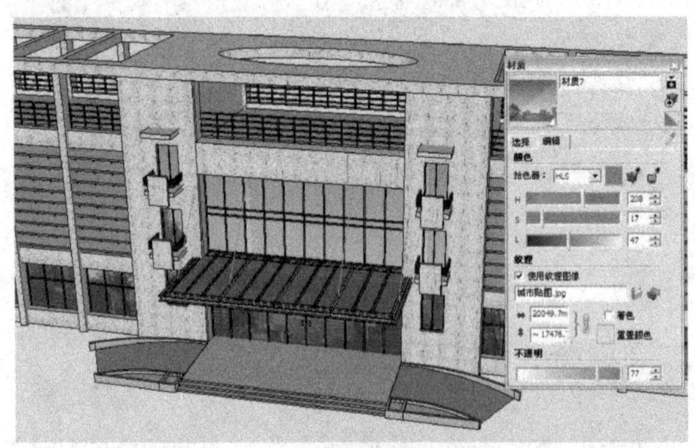

图 5-23

5.1.4 填充材质

使用“颜料桶”工具可以为模型中的实体分配材质（颜色和贴图），既可以为单个元素上色，也可以填充一组组件相连的表面，同时还可以覆盖模型中的某些材质。

配合键盘上的按键，使用“颜料桶”工具可以快速为多个表面同时分配材质。下面就对相应的按键功能进行讲解。

- 单个填充（无须配合任何按键）：激活“颜料桶”工具后，在单个边线或表面上单击鼠标左键即可赋予其材质。如果事先选中了多个物体，则可以同时为选中的物体上色。
- 邻接填充（配合〈Ctrl〉键）：激活“颜料桶”工具的同时按住〈Ctrl〉键，可以同时填充与所选表面相邻接并且使用相同材质的所有表面。在这种情况下，当捕捉到可以填充的表面时，图标右上角会横放 3 个小方块，变为。如果事先选中了多个物体，那么邻接填充操作会被限制在所选范围之内。
- 替换填充（配合〈Shift〉键）：激活“颜料桶”工具的同时按住〈Shift〉键，图标右上角会直角排列 3 个小方块，变为，可以用当前材质替换所选表面的材质。模型中所有使用该材质的物体都会同时改变材质。
- 邻接替换（配合〈Ctrl+Shift〉组合键）：激活“颜料桶”工具的同时按住〈Ctrl+Shift〉组合键，可以实现“邻接填充”和“替换填充”的效果。在这种情况下，当捕捉到可以填充的表面时，图标右上角竖直排列 3 个小方块，变为，单击即可替换所选表面的材质，但替换的对象将限制在与所选表面有物理连接的几何体中。如果事先选择了多个物体，那么邻接替换操作会被限制在所选范围之内。
- 提取材质（配合〈Alt〉键）：激活“颜料桶”工具的同时按住〈Alt〉键，图标将变成，此时单击模型中的实体，就能提取该实体的材质。提取的材质会被设置为当前材质，用户可以直接用来填充其他物体。

5.1.5 贴图的运用

在“材质”编辑器中可以使用 SketchUp 自带的材质库，当然，材质库中只是一些基本贴图，在实际工作中，还需要自己动手编辑材质。

如果需要从外部获得贴图纹理，可以在“材质”编辑器的“编辑”选项卡中勾选“使用纹理图像”复选框（或者单击“浏览”按钮），此时将弹出一个对话框用于选择贴图并导入 SketchUp。从外部获得的贴图应尽量控制大小，如有必要可以使用压缩的图像格式来减小文件量，例如 JPEG 格式或 PNG 格式。

下面讲解创建一个藏宝箱的效果，并为其赋予相应的材质贴图，其操作步骤如下。

1）使用“矩形”工具，在场景中绘制一个 1600mm×1100mm 的矩形，如图 5-24 所示。

2）使用“推/拉”工具，将上一步绘制的矩形向上推拉 1100mm 的高度，如图 5-25 所示。

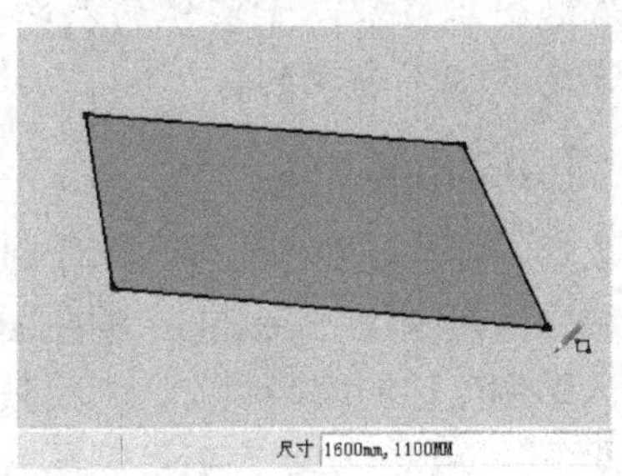

图 5-24

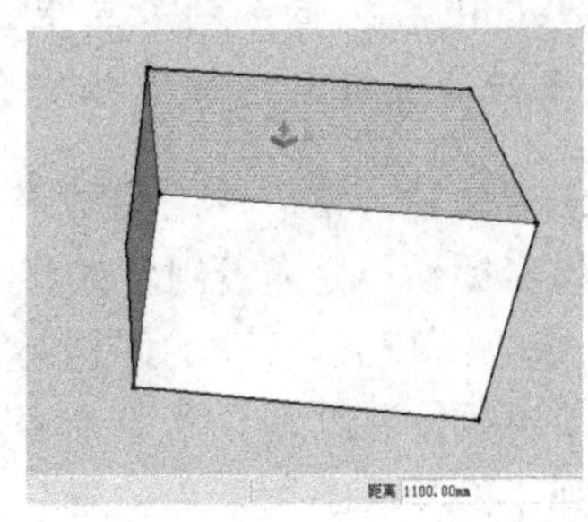

图 5-25

3）使用“选择”工具选中立方体，然后激活“颜料桶”工具，接着打开“材质”编辑器，并在默认的材质中选择一个赋予物体，如图 5-26 所示。

4）在“材质”编辑器的“编辑”选项卡中单击“浏览”按钮，然后在弹出的对话框中选择本书配套光盘中的“案例\05\素材文件\藏宝箱贴图.jpg”文件，此时贴图将被赋予到物体上，并且贴图的尺寸为默认尺寸，如图 5-27 所示。

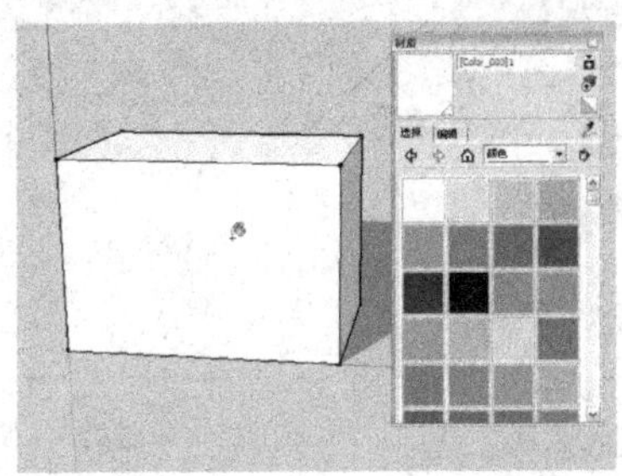

图 5-26

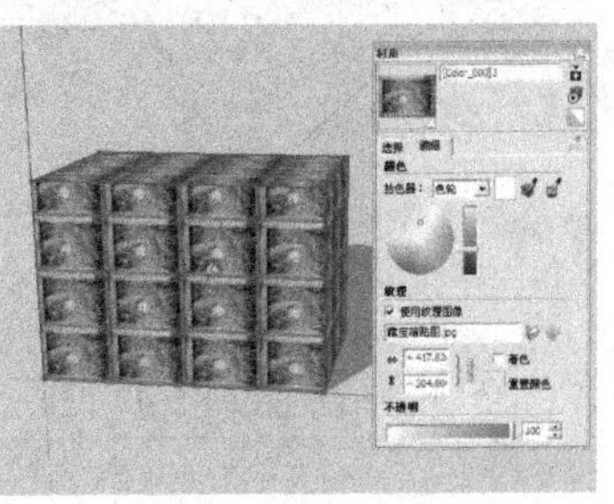

图 5-27

5）单击“材质”编辑器的“长宽比”文本框右侧的“切换长宽比锁定/解锁”按钮 解除图像的宽高比锁定，然后在“长宽比”文本框中输入贴图文件的长宽数值，如图 5-28 所示。

6）调整完贴图尺寸后，贴图便被正确赋予了，但是当移动物体时，贴图不会随着物体一起移动，如图 5-29 所示。

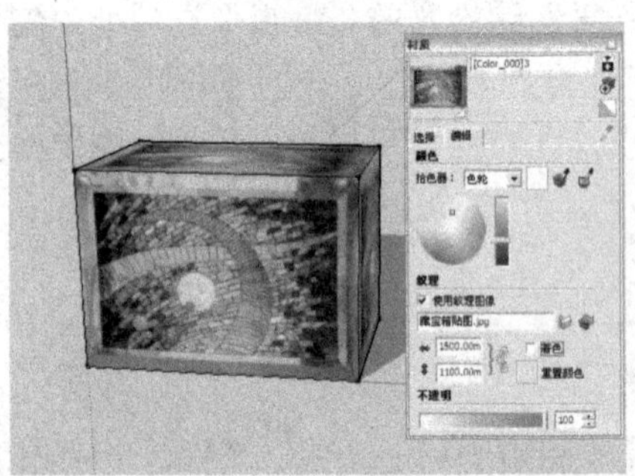

图 5-28

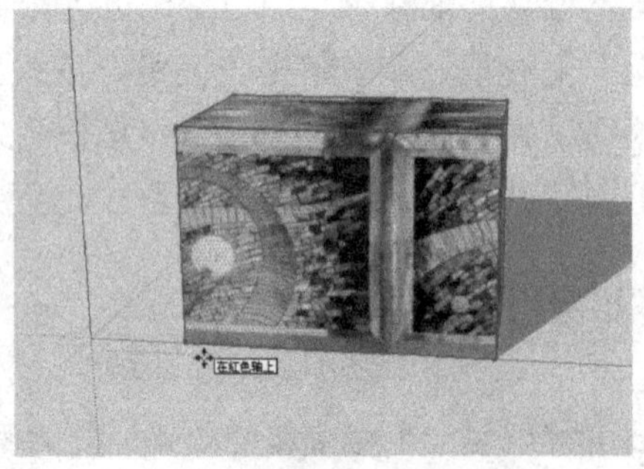

图 5-29

提示：导致贴图不随物体一起移动的原因在于贴图图片拥有一个坐标系统，坐标的原点就位于 SketchUp 坐标系的原点上。如果贴图正好被赋予实体的表面，就需要使物体的一个顶点正好与坐标系的原点相重合，这是非常不方便的。

解决的方法有两种。第一种是在贴图之前，先将物体制作成组件，由于组件都有其自身的坐标系，且该坐标系不会随着组件的移动而改变，因此先制作组件再赋予材质，就不会出现贴图不随着实体的移动而移动的问题；第二种方法是利用 SketchUp 的贴图坐标，首先在贴图的右键菜单中执行“纹理|位置”命令，进入贴图坐标的编辑状态，然后只须再次单击鼠标右键，并在弹出的菜单中执行“完成”命令即可。退出编辑状态后，贴图就可以随着实体一起移动了，如图 5-30 所示。

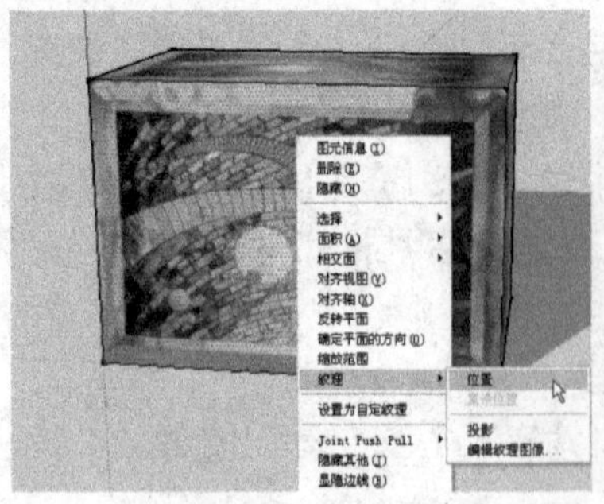

图 5-30

5.2 SketchUp 贴图坐标的调整

SketchUp 的贴图是作为平铺对象应用的，不管表面是垂直、水平还是倾斜，贴图都附着在表面上，不受表面位置的影响。另外，贴图坐标能有效运用于平面，但是不能赋予到曲

面。如果要在曲面上显示材质，可以将材质分别赋予组成曲面的面。

SketchUp 的贴图坐标有两种模式，分别为“锁定别针”模式和“自由别针”模式。

5.2.1 “锁定别针”模式

在物体的贴图上单击鼠标右键，然后在弹出菜单中执行“纹理|位置”命令，此时物体的贴图将以透明方式显示，并且在贴图上会出现 4 个彩色的别针，每一个别针都有固定的特有功能，如图 5-31 所示。

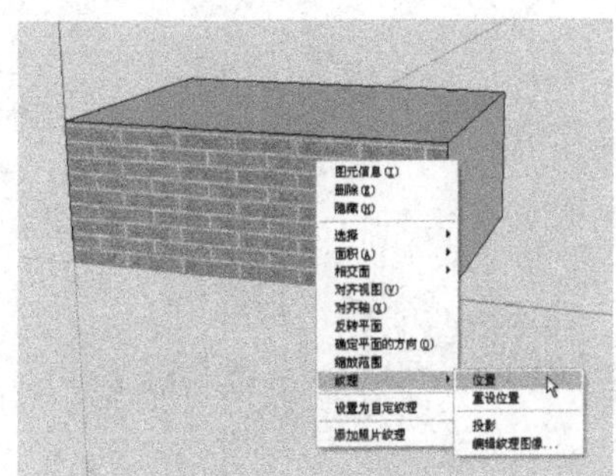

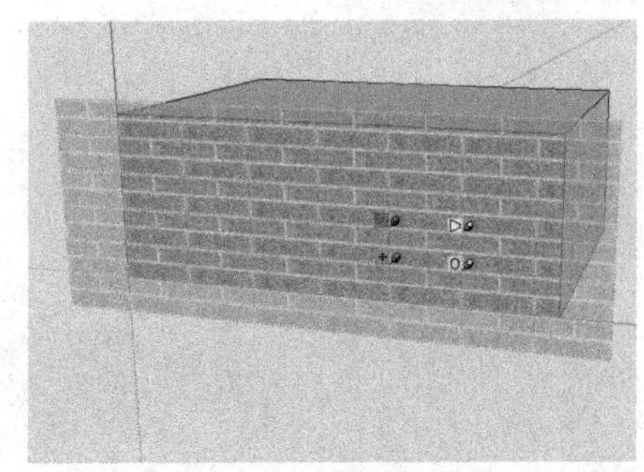

图 5-31

功能介绍 贴图位置的改变

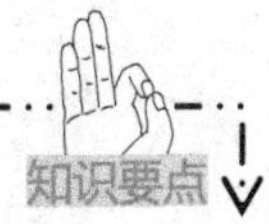

- “平行四边形变形”别针：拖曳蓝色的别针可以对贴图进行平行四边形变形操作。在移动“平行四边形变形”别针时，位于下面的两个别针（“移动”别针和“缩放旋转”别针）是固定的，贴图变形效果如图 5-32 所示。

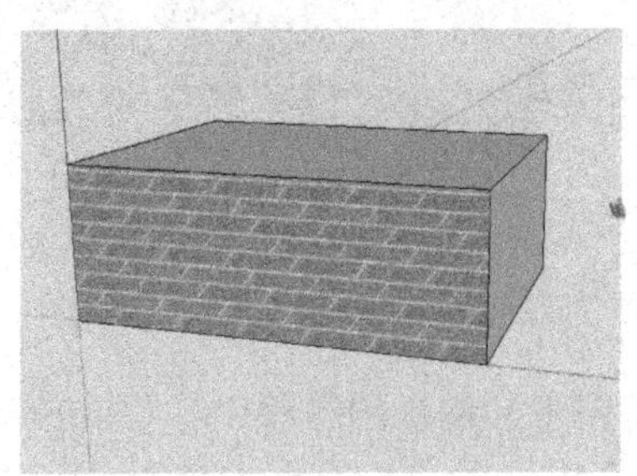

图 5-32

- “移动”别针：拖动红色的别针可以移动贴图，如图 5-33 所示。
- “梯形变形”别针：拖曳黄色的别针可以对贴图进行梯形变形操作，也可以形成透视效果，如图 5-34 所示。
- “缩放旋转”别针：拖曳绿色的别针可以对贴图进行缩放和旋转操作。单击鼠标左键时贴图上出现旋转的轮盘，移动鼠标时，将从轮盘的中心点放射出两条虚线，分别对应缩放和旋转操作前后比例与角度的变化。沿着虚线段和虚线段的原点将显示出系统图像的现在尺寸和原始尺寸。也可以从右键菜单中执行“重设”命令，对旋转和按比例缩放都进行重设，如图 5-35 所示。

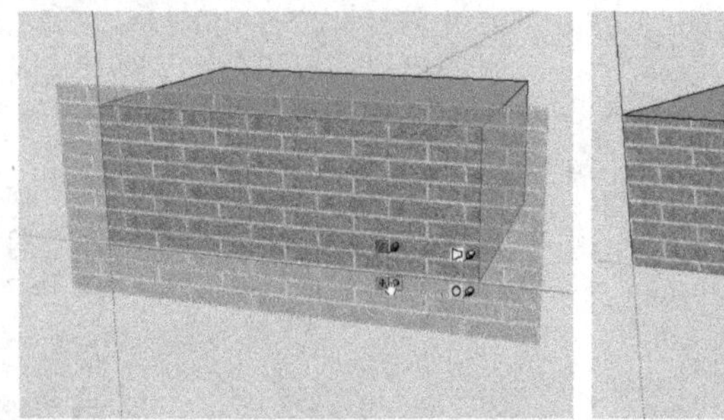
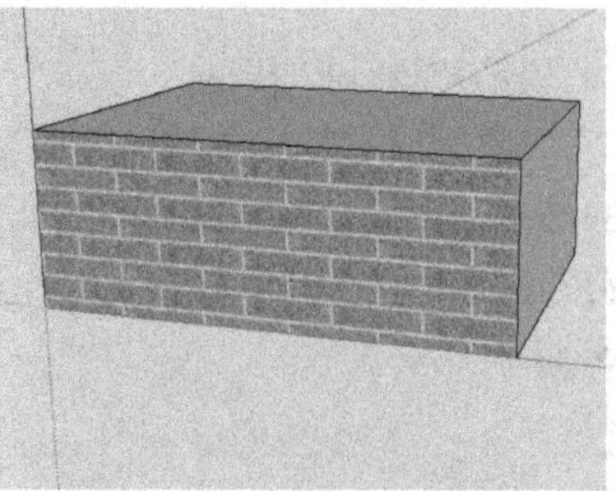

图 5-33

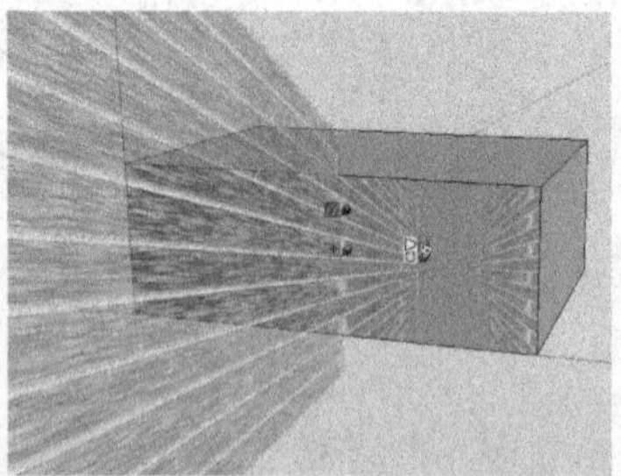

图 5-34

图 5-35

在对贴图进行编辑的过程中，按〈Esc〉键可以随时取消操作。完成贴图的调整后，在右键菜单中执行“完成”命令或者按〈Enter〉键即可。

5.2.2 “自由别针”模式

“自由别针”模式适合设置和消除照片的扭曲。在“自由别针”模式下，别针之间不互相限制，这样就可以将别针拖曳到任何位置。只须在贴图的右键菜单中取消勾选“锁定别针”选项，即可将“固定别针”模式调整为“自由别针”模式，此时 4 个彩色的别针都会变成相同模样的黄色别针，用户可以通过拖曳别针进行贴图的调整，如图 5-36 所示。

提示：为了更好地锁定贴图的角度，可以在“模型信息”管理器中设置角度的捕捉为 15°或 45°，如图 5-37 所示。

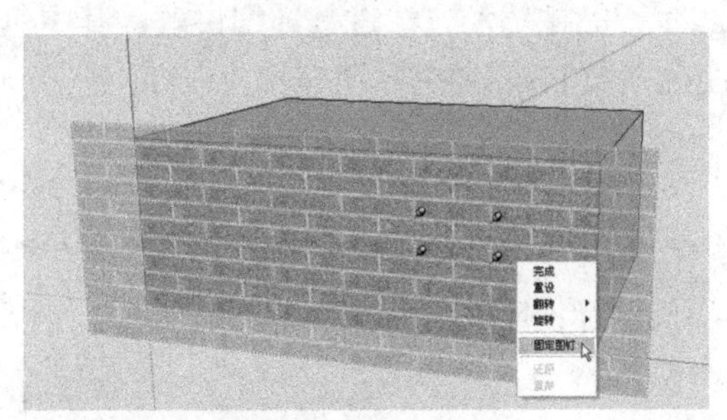

图 5-36

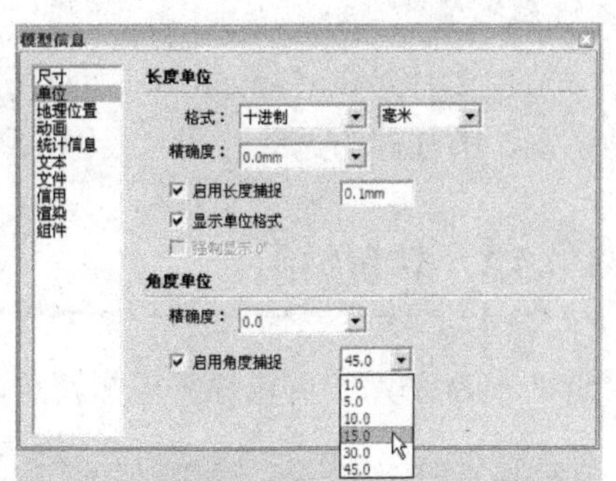

图 5-37

一学即会 调整贴图效果

视频：调整贴图效果.avi
案例：练习5-4.skp

5 练习

下面通过实例的方式，讲解怎么调整场景中模型贴图的大小及位置，其操作步骤如下。

1）启动 SketchUp 软件，打开相应的场景文件，如图 5-38 所示。

2）选择中心圆的面并在右键菜单中执行“纹理|位置”命令，如图 5-39 所示。

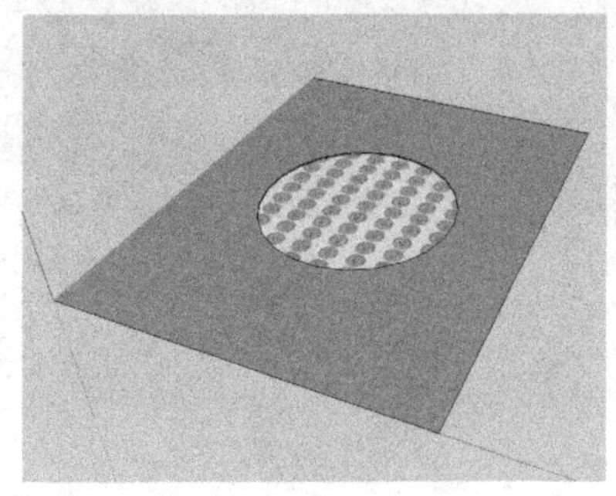

图 5-38

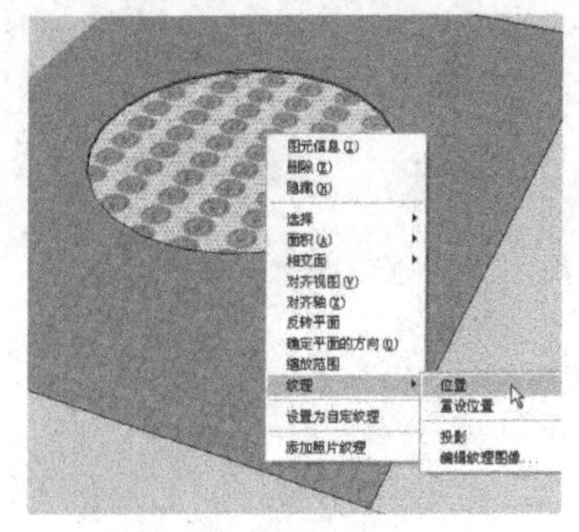

图 5-39

3）通过拖曳“别针”来调整中心景观贴图的大小以及位置，然后按〈Enter〉键完成贴图的调整，如图 5-40 和图 5-41 所示。

图 5-40

图 5-41

5.3 SketchUp 的贴图技巧

本节主要针对在 SketchUp 软件中进行贴图赋予的技巧及方法进行详细讲解，其中包括转角贴图、圆柱体的无缝贴图、投影贴图、球面贴图及 PNG 镂空贴图等相关内容。

5.3.1 转角贴图

SketchUp 的贴图可以包裹模型转角，下面举例进行说明。

一学即会 制作转角贴图

视频：制作转角贴图.avi
案例：练习5-5.skp

首先创建一个长方体，接着为长方体的一个面赋予相应的贴图，然后执行相关的命令为其制作转角贴图效果，其操作步骤如下。

1）启动 SketchUp 软件，接着在绘图区中创建一个 4000mm×4000mm 的矩形，然后使用“推|拉”工具将矩形向上拉 3000mm 的距离，如图 5-42 所示。

2）将本书配套光盘中的“案例\05\素材文件\花朵贴图.jpg”文件添加到“材质”编辑器中，接着将贴图材质赋予长方体的一个面，如图 5-43 所示。

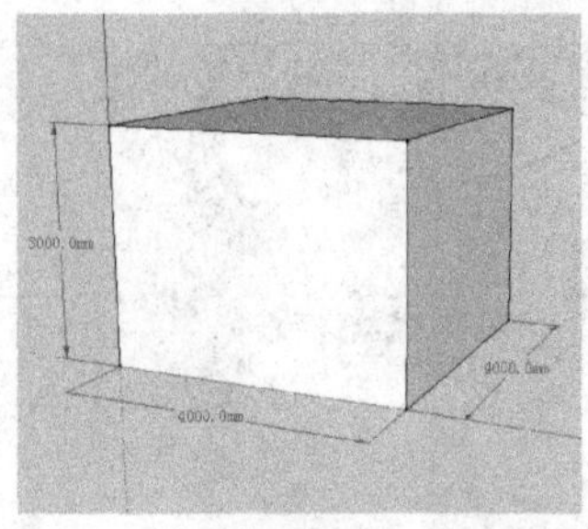

图 5-42

图 5-43

3）在贴图表面单击鼠标右键，然后在弹出的菜单中执行“纹理|位置”命令，进入贴图坐标的操作状态，此时不要做任何操作，直接在右键菜单中执行“完成”命令，如图 5-44 所示。

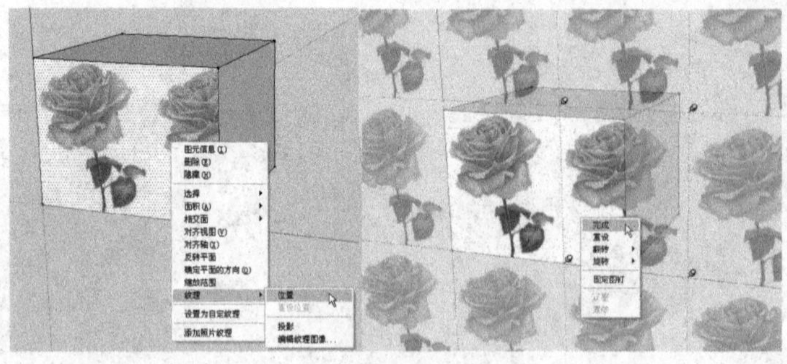

图 5-44

4）单击“材质”编辑器中的“样本颜料”按钮（或者使用“颜料桶”工具并配合〈Alt〉键），然后单击被赋予材质的面，进行材质取样，接着单击其相邻的表面，将取样的材质赋予相邻表面上，赋予的材质贴图会自动无错位相接，如图 5-45 所示。

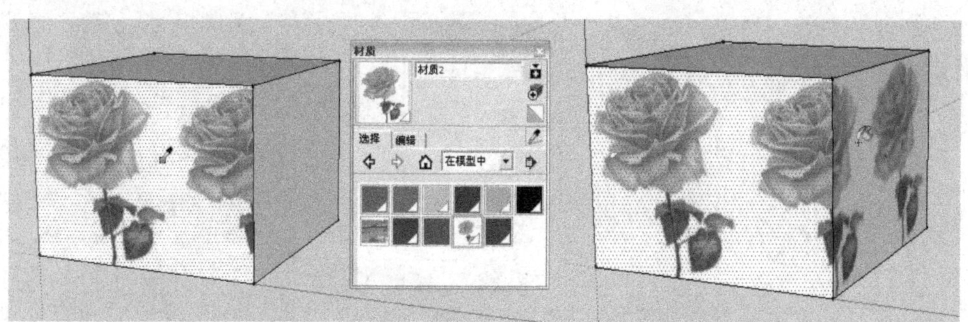

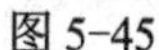

图 5-45

5.3.2 圆柱体的无缝贴图

在为圆柱体赋予材质时，虽然有时候材质能够完全包裹住物体，但是在连接时还是会出现错位的情况，出现这种情况就要利用物体的贴图坐标和查看隐藏物体来解决。

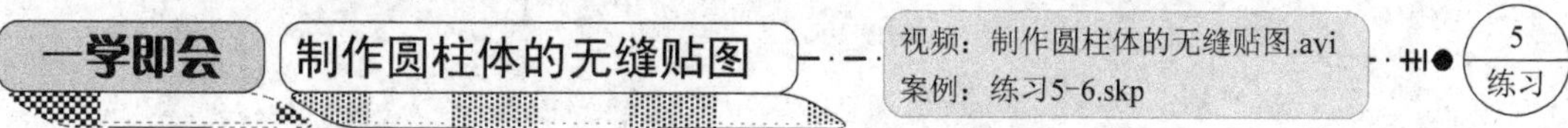

首先创建一个圆柱体，接着为圆柱体赋予相应的材质贴图，然后使用相关的命令为其制作无缝贴图效果，其操作步骤如下。

1）启动 SketchUp 软件，在绘图区中创建一个圆柱体，然后将本书配套光盘中的“案例\05\素材文件\杯子贴图.jpg”文件添加到“材质”编辑器中，接着将贴图材质赋予圆柱体模型，并调整贴图的大小。此时转动圆柱体，会发现明显的错位情况，如图 5-46 所示。

图 5-46

2）执行“视图|隐藏几何图形”菜单命令，将物体的网格线显示出来，如图 5-47 所示。

3）在物体上单击鼠标右键，然后在弹出的菜单中执行“纹理|位置”命令，如图 5-48 所示，并对圆柱体其中一个分面进行重设贴图坐标操作，完成后在右键菜单中执行“完成”命

令，如图 5-49 所示。

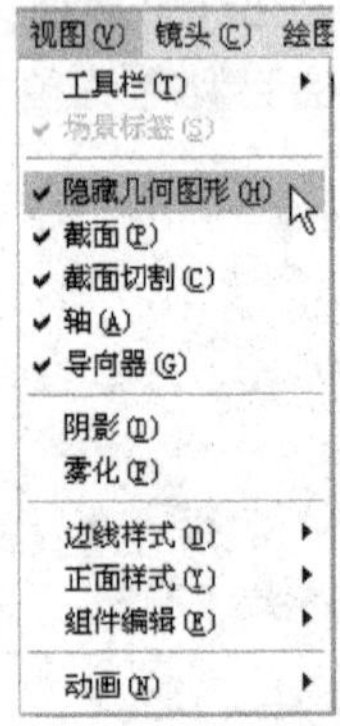

图 5-47

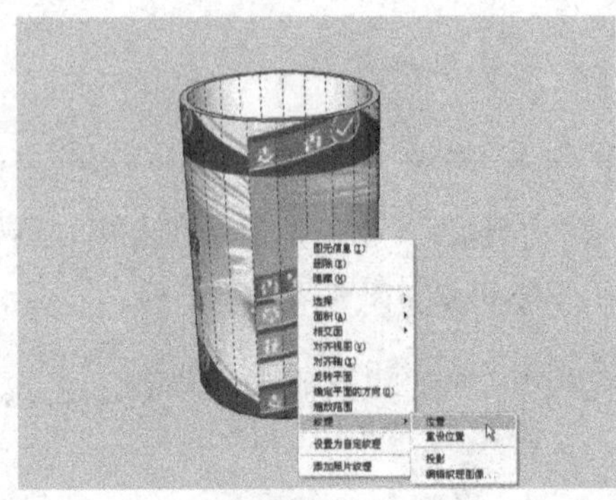

图 5-48

图 5-49

4）单击“材质”编辑器中的“样本颜料”的按钮，然后单击已经赋予材质的圆柱体的面，进行材质取样，接着为圆柱体的其他面赋予材质，此时贴图没有错位现象，如图 5-50 所示。

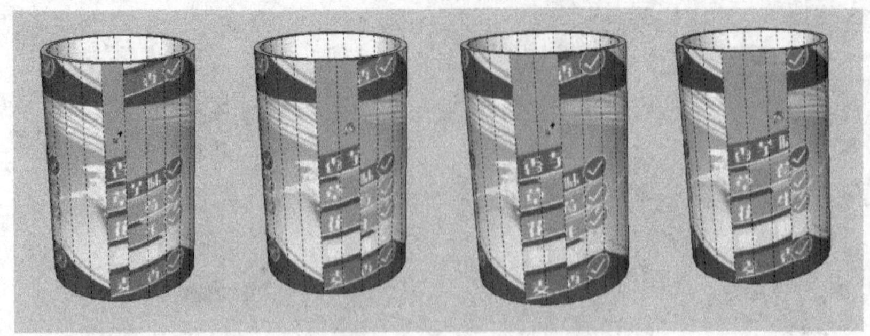

图 5-50

5）利用相同的方法，使用“材质”编辑器中的“样本颜料”的按钮，分别单击前一个被赋予材质的面，然后将提取的材质赋予与其相连的下一个面，其最终完成的效果如图 5-51 所示。

图 5-51

5.3.3 投影贴图

SketchUp 的贴图坐标可以投影贴图，就像将一个幻灯片用投影机投影一样。如果希望在模型上投影地形图像或者建筑图像，那么投影贴图就非常有用。任何曲面不论是否被柔化，都可以使用投影贴图来实现无缝拼接。

一学即会 制作投影贴图

视频：制作投影贴图.avi
案例：练习5-7.skp

首先打开相应的山体地形文件，接着创建一个相应大小的矩形面，然后执行相应的操作为山体地形制作投影贴图的效果，其操作步骤如下。

1）启动 SketchUp 软件，打开相应的场景文件，如图 5-52 所示。

2）在山体地形的上方用“矩形”工具创建一个适当大小的矩形面，然后为其赋予某地区的遥感卫星图像（在本书配套光盘中的“案例\05\素材文件\遥感卫星图像.jpg”文件），如图 5-53 所示。

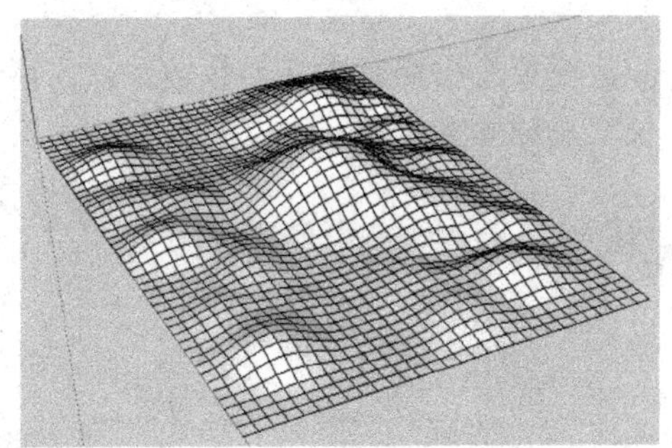

图 5-52

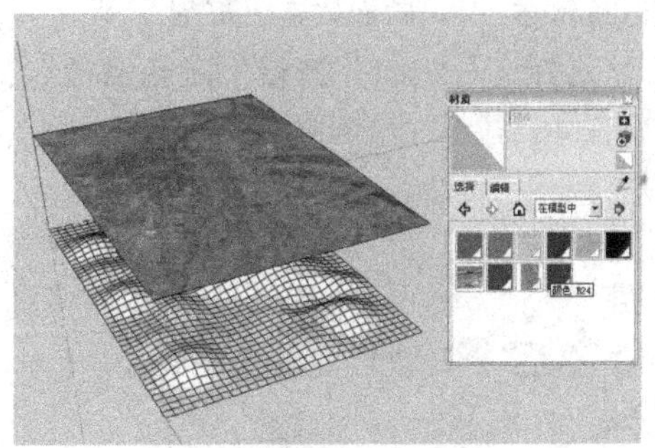

图 5-53

3）在贴图上单击鼠标右键，然后在弹出的菜单中执行“纹理|投影”命令，如图 5-54 所示，接着单击“材质”编辑器中的“样本颜料”按钮，并单击贴图图像，进行材质取样，最后将提取的材质赋予地形模型，如图 5-55 所示。

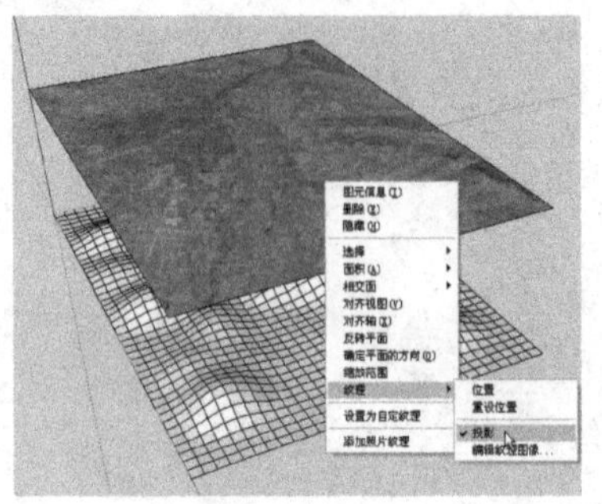

图 5-54

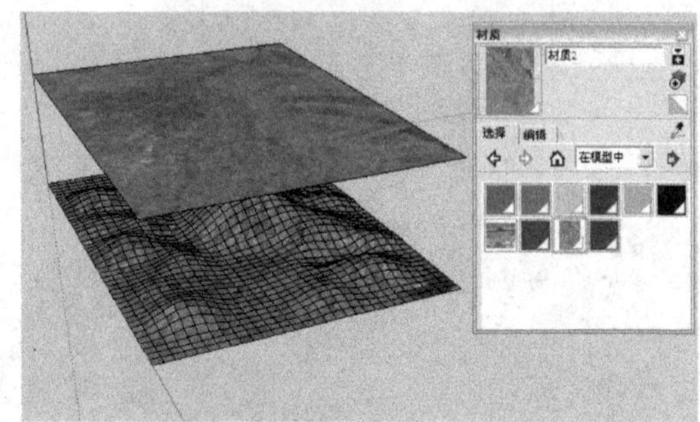

图 5-55

提示：这种方法可以构建较为直观的地形地貌特征，对整个城市或某片区进行大区域的环境分析，是比较有现实意义的一种方法。实际上，投影贴图不同于包裹贴图，包裹贴图的花纹是随着物体形状的转折而转折的，花纹大小不会改变；但是投影贴图的图像来源于平面，相当于把贴图拉伸，使其与三维实体相交，是贴图正面投影到物体上形成的形状，因此，使用投影贴图会使贴图有一定变形。

5.3.4 球面贴图

明白了投影贴图的原理，那么曲面的贴图自然就会了，因为曲面实际上就是由很多三角面组成的。

下面通过制作一个玻璃水晶球的模型，来具体讲解球面贴图的制作方法及技巧，其操作步骤如下。

1）启动 SketchUp 软件，在绘图区中创建两个互相垂直、同样大小的圆，然后将其中一个圆的面删除，只保留边线，如图 5-56 所示。

2）选择这条边线并激活“跟随路径”工具，再单击平面圆的面，生成球体，最后在球体的右侧创建一个竖直的矩形平面，矩形面的长宽与球体直径相一致，如图 5-57 所示。

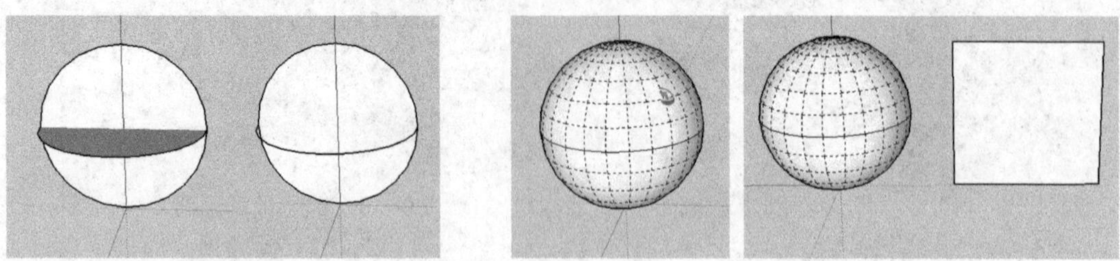

图 5-56　　　　图 5-57

3）在“材质”编辑器中导入本书配套光盘中的“案例\05\素材文件\水晶球贴图.jpg”文件，然后将其赋予矩形面，如图 5-58 所示。

4）在矩形面贴图上单击鼠标右键，然后在弹出的菜单中执行“纹理|投影”命令，如图 5-59 所示。

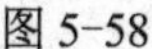
图 5-58

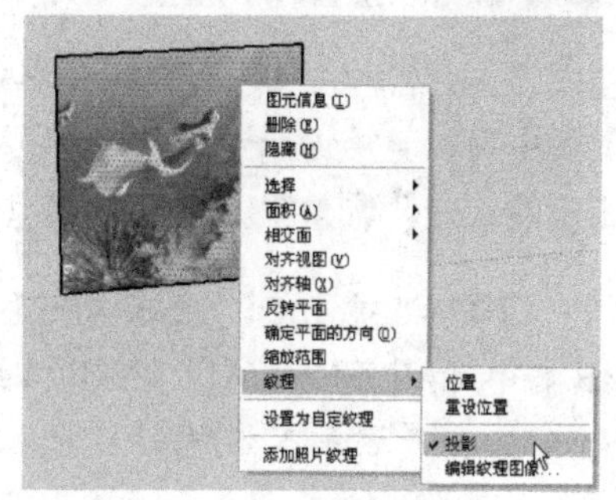

图 5-59

5）选中球体，然后单击“样本颜料”按钮，接着单击平面的贴图图像，进行材质取样，最后将提取的材质赋予球体，如图 5-60 和图 5-61 所示。

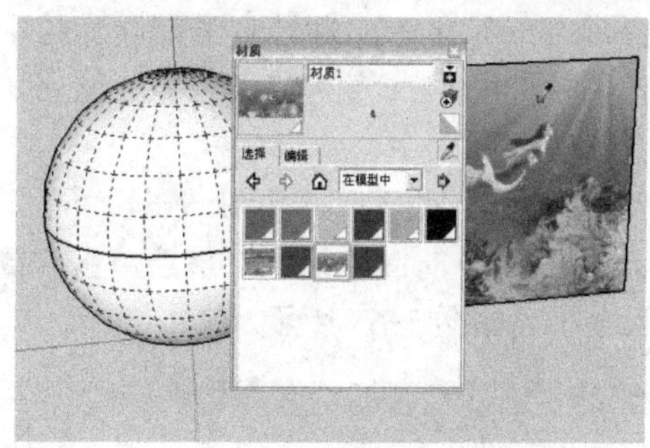

图 5-60

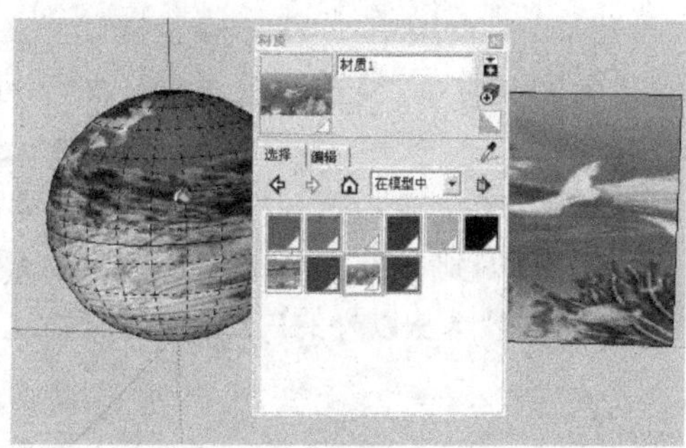

图 5-61

6）将虚显的球体边线隐藏，完成玻璃水晶球的制作，效果如图 5-62 所示。

图 5-62

5.3.5 PNG 镂空贴图

镂空贴图图片的格式要求为 PNG 格式，或者带有通道的 TIF 格式和 TGA 格式。在“材质”编辑器中可以直接调用这些格式的图片。另外，SketchUp 不支持镂空显示阴影，如果要想得到正确的镂空阴影效果，需要将模型中的物体平面进行修改和镂空，尽量与贴图一致。

提示： PNG 格式是 20 世纪 90 年代中期开发的图像文件存储格式，其目的是想要替代 GIF 格式和 TIFF 格式。PNG 格式增加了一些 GIF 格式文件所不具备的特性，在 SketchUp 中主要是运用其透明性。

一学即会 制作镂空贴图

视频：制作镂空贴图.avi
案例：练习5-9.skp

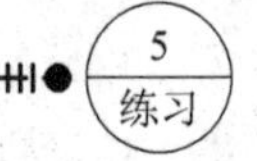

下面通过实例具体讲解 PNG 镂空贴图的制作方法及技巧，其操作步骤如下。

1）启动 Photoshop 软件，接着执行“文件|打开”菜单命令，打开本书配套光盘中的“案例\05\素材文件\灌木丛.jpg”文件，然后双击该图片的图层，将其转换为普通图层，如图 5-63 所示。

2）执行“选择|色彩范围”菜单命令，弹出“色彩范围”对话框，如图 5-64 所示。将“颜色容差”值调到 200，然后使用吸管工具吸取灌木丛以外的白色区域，最后单击右侧的“确定”按钮，灌木丛以外的白色区域就为被选择状态了，如图 5-65 所示。

图 5-63

图 5-64

3）按键盘上的〈Delete〉键将灌木丛以外的白色区域删除掉，接着按〈Ctrl+D〉组合键取消对选区的选择，然后按住〈Ctrl〉键的同时单击图层图标选中树木，接着调整树木的长宽和形状（快捷键为〈Ctrl+T〉），调整好后按〈Enter〉键确认，如图 5-66 所示。

4）执行“文件|存储为”菜单命令，将文件另存为 PNG 格式，另存名为“案例\05\素材文件\灌木丛副本.PNG”文件，如图 5-67 所示。

5）将上一步保存的“案例\05\素材文件\灌木丛副本.PNG”文件导入 SketchUp，然后将树干的中心点对齐坐标轴的原点，如图 5-68 所示。

6）选择导入的图片，接着单击右键并执行“分解”命令；然后使用“线条”工具描绘出树木的轮廓，如图 5-69 和图 5-70 所示。

图 5-65

图 5-66

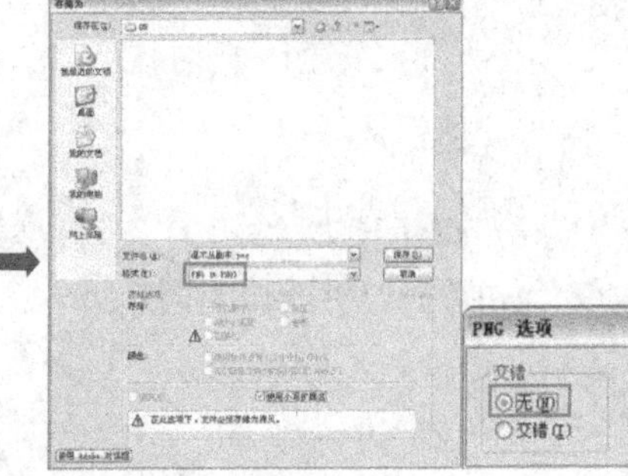

图 5-67

图 5-68

图 5-69

图 5-70

7）全选灌木丛，然后执行“视图|边线样式”菜单命令，在“边线样式”级联菜单中取消勾选“边线”复选框，如图 5-71 所示。

8）双击选择取消边线后的灌木丛，接着单击右键并执行“创建组件”命令，勾选“创建组件”对话框下的“总是朝向镜头”复选框，并在“名称”文本框中输入名称“灌木丛”，然后单击对话框下侧的“创建”按钮，如图 5-72 所示。

图 5-71

图 5-72

9）激活“显示/隐藏阴影”按钮，可以看到灌木丛的阴影效果总是随着摄像机镜头的朝向改变而改变，如图 5-73 所示。

图 5-73

第6章 群组与组件

内容摘要

本章将系统介绍 SketchUp 群组和组件的相关知识，包括群组和组件的创建、编辑、共享及动态组件的制作原理。

- SketchUp 的群组操作
- SketchUp 的组件操作

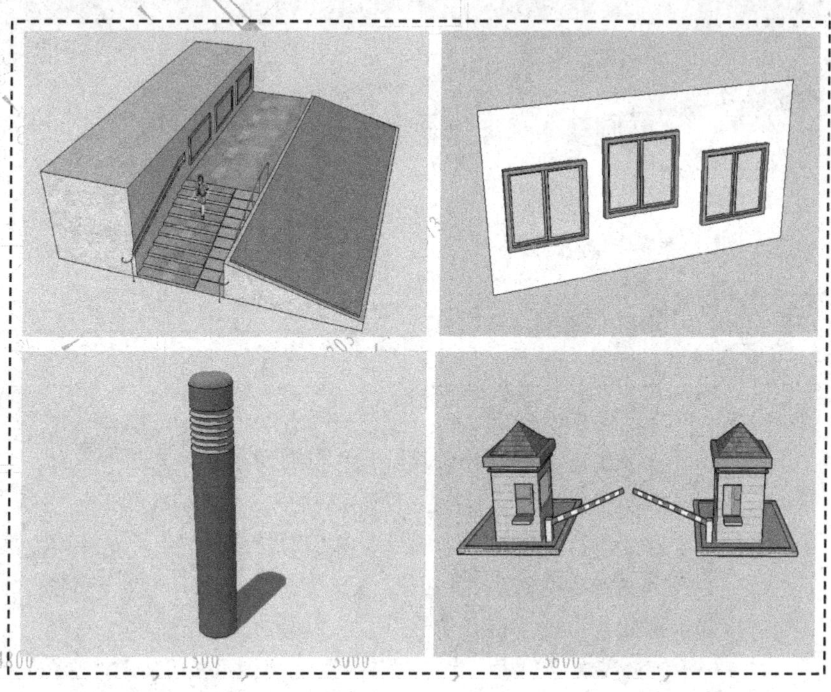

6.1 SketchUp 的群组操作

群组（以下简称组）是一些点、线、面或者实体的集合，它与组件的区别在于没有组件库和关联复制的特性。但是群组可以作为临时性的组件管理，并且不会使文件变大，所以使用起来还是很方便的。

6.1.1 创建群组

选中要创建为群组的物体，然后在物体上单击鼠标右键，接着在弹出的菜单中执行“创建组”命令。创建群组的快捷键为〈G〉，也可以执行“编辑|创建组”菜单命令。群组创建完成后，外侧会出现高亮显示的边界框，如图 6-1 所示。

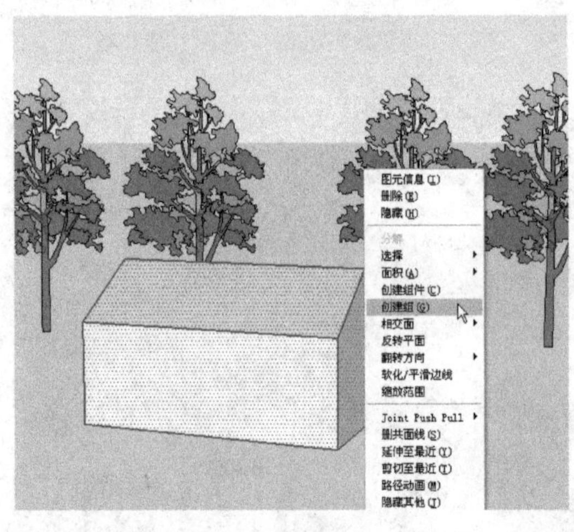

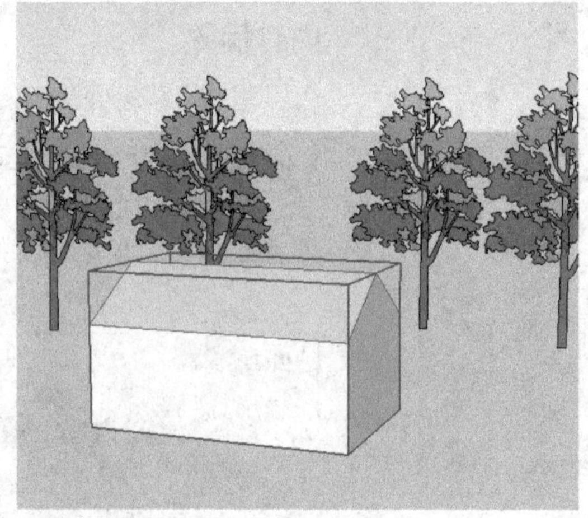

图 6-1

专业知识 群组的优势

群组具有以下几点优势。

1）快速选择：选中一个组就选中了组内的所有元素。

2）几何体隔离：组内的物体和组外的物体相互隔离，操作互不影响。

3）协助组织模型：几个组还可以再次成组，形成一个具有层级结构的组。

4）提高建模速度：用组来管理和组织划分模型，有助于节省计算机资源，提高建模和显示速度。

5）快速赋予材质：分配给组的材质会由组内使用默认材质的几何体继承，而事先指定了材质的几何体不会受影响，这样可以大大提高赋予材质的效率。当组被分解以后，此特性就无法应用了。

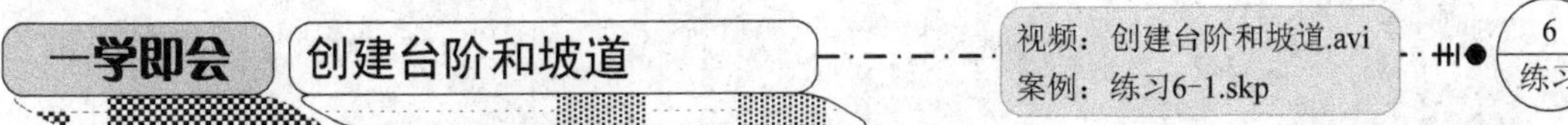

下面主要通过创建一个场景中的台阶与坡道，来具体讲解群组命令的操作方法及技巧，其操作步骤如下。

1）使用“矩形”工具，在场景中绘制一个2000mm×420mm的矩形，然后使用“推/拉”工具，将矩形向上拉120mm的高度，如图6-2所示。

2）使用“移动”工具并配合键盘上的〈Ctrl〉键，将上一步创建的台阶向上复制9份，如图6-3所示。

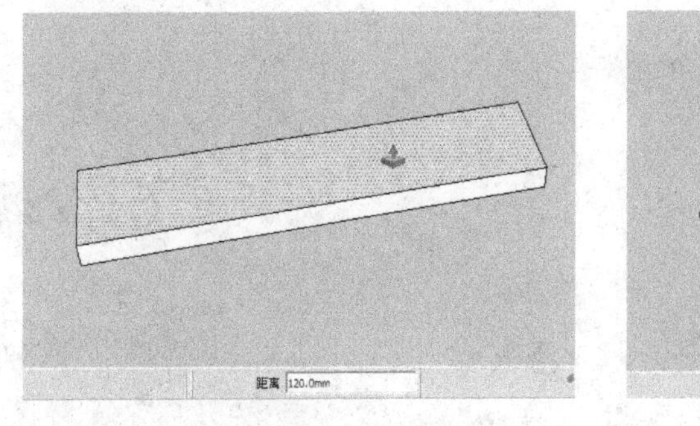

图6-2　　图6-3

3）使用“线条”工具对台阶模型的侧面进行封面，然后删除多余的线，并将其创建为组，如图6-4所示。

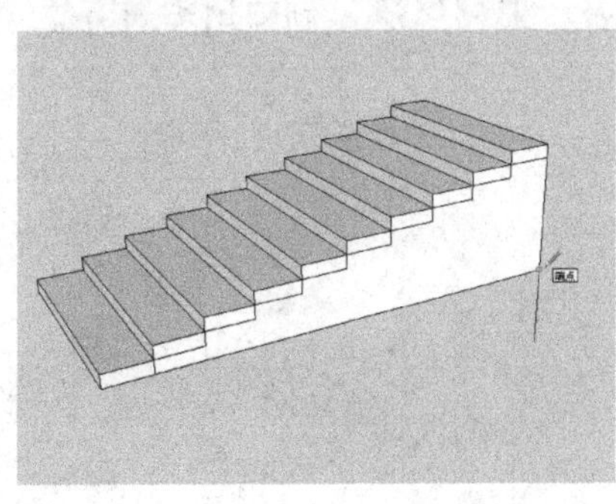

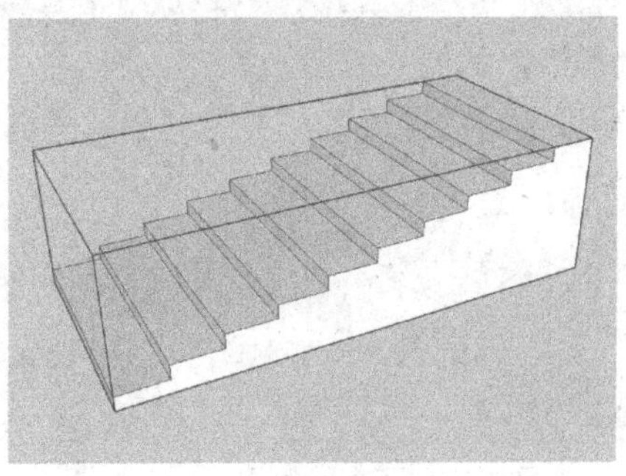

图6-4

4）使用“线条”工具绘制出坡道的截面，然后使用“推/拉”工具，将截面推拉出1000mm的厚度，如图6-5所示。

5）使用“矩形”工具制作出坡道的防滑带，并将其推拉出一定的高度，如图6-6所示。

6）使用“移动”工具并配合键盘上〈Ctrl〉键，将上一步绘制的防滑条复制相应的份数到坡道上，如图6-7所示。

7）结合“矩形”工具与“推/拉”工具创建平台模型，并将其创建为群组，如图6-8所示。

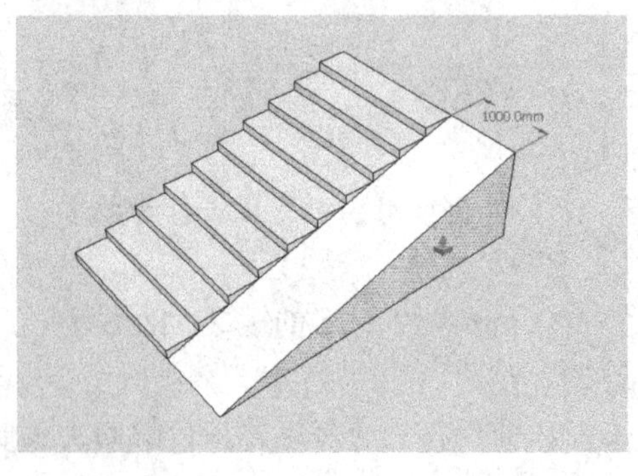

图 6-5

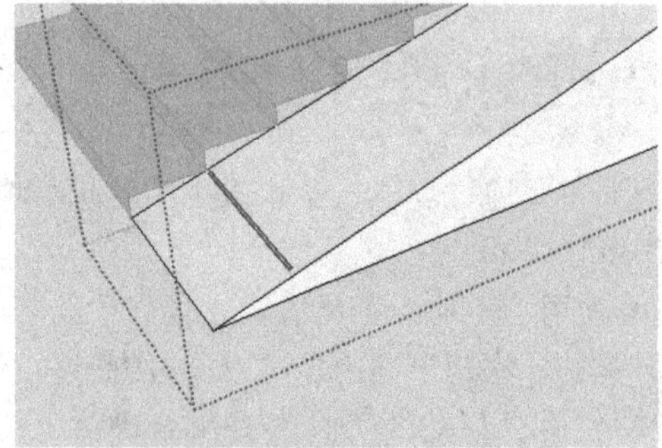

图 6-6

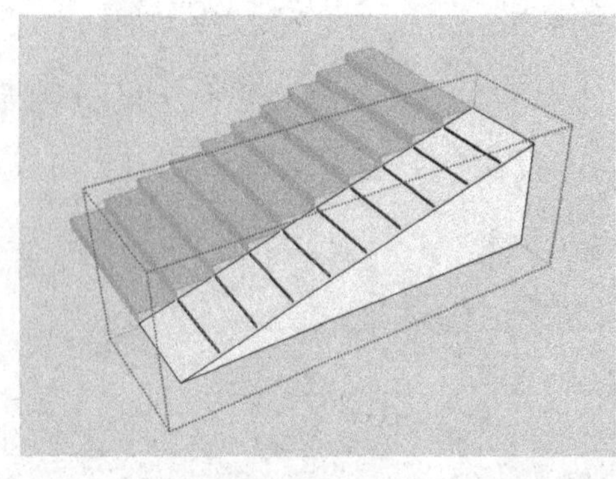

图 6-7

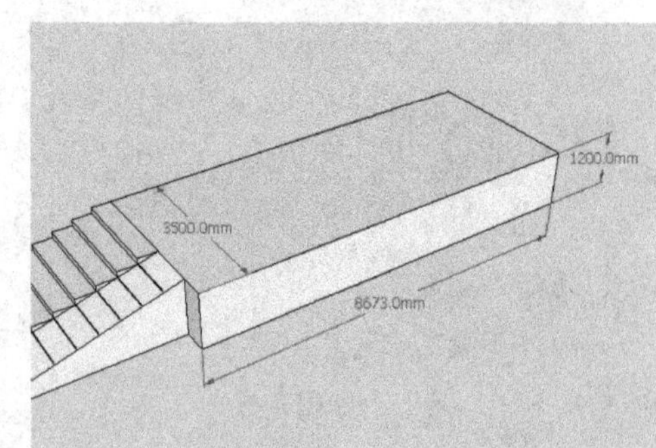

图 6-8

8）结合“线条”工具、“推/拉”工具及“偏移”，创建出坡道旁的绿化池，并将其创建为群组，如图 6-9 所示。

9）创建坡道旁的景观墙，并将其创建为群组，如图 6-10 所示。

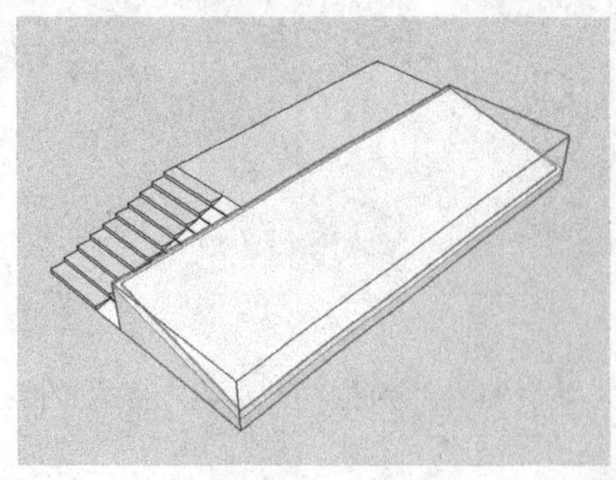

图 6-9

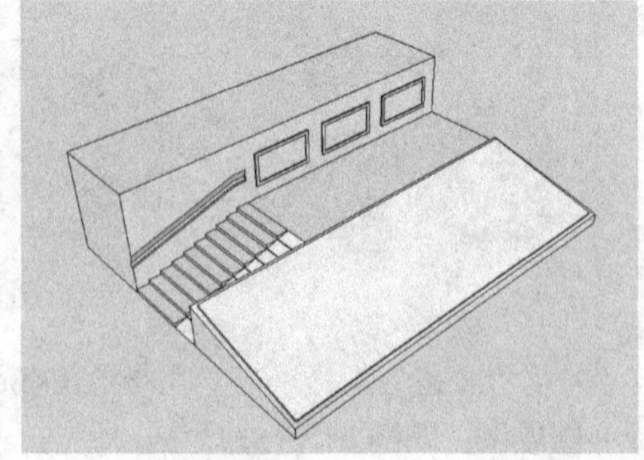

图 6-10

10）创建坡道旁的扶手造型，并将其制作成组件，如图 6-11 所示。

11）使用“移动”工具并配合键盘上〈Ctrl〉键，将绘制的扶手复制一份到坡道的右侧相应位置，如图 6-12 所示。

12）为制作完成的模型赋予相应的材质并添加配景，如图 6-13 所示。

图 6-11

图 6-12

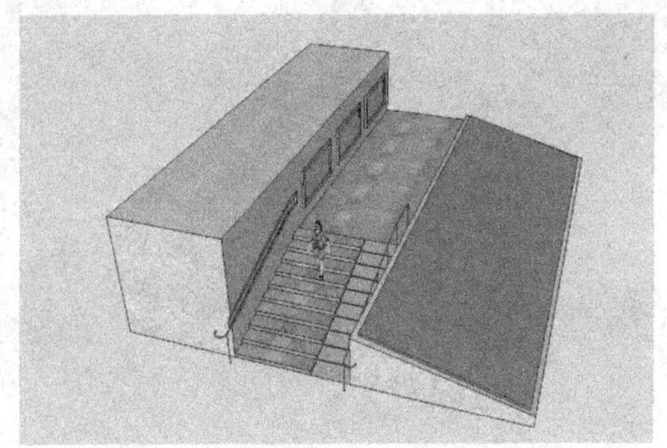

图 6-13

6.1.2 编辑群组

对创建的群组可以进行分解群组、编辑群组以及群组的右键级联菜单的相关参数编辑。

1. 分解群组

创建的组可以被分解，分解后组将恢复到成组之前的状态，同时组内的几何体会和外部相连的几何体结合，并且嵌套在组内的组会变成独立的组。

分解群组的方法为：选中要分解的组，然后单击鼠标右键，接着在弹出的菜单中执行“分解”命令，如图 6-14 所示。

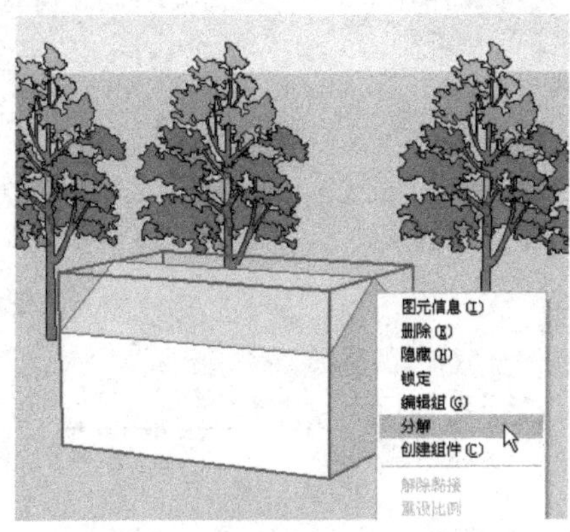

图 6-14

2．编辑群组

当需要编辑组内部的几何体时，就需要进入组的内部进行操作。在群组上双击鼠标左键或者在组右键菜单中执行“编辑组”命令，即可进入组内进行编辑。

进入组的编辑状态后，组的外框会以虚线显示，其他外部物体以灰色显示（表示不可编辑状态），如图 6-15 所示。在进行编辑时，可以使用外部几何体进行参考捕捉，但是组内编辑不会影响到外部几何体。

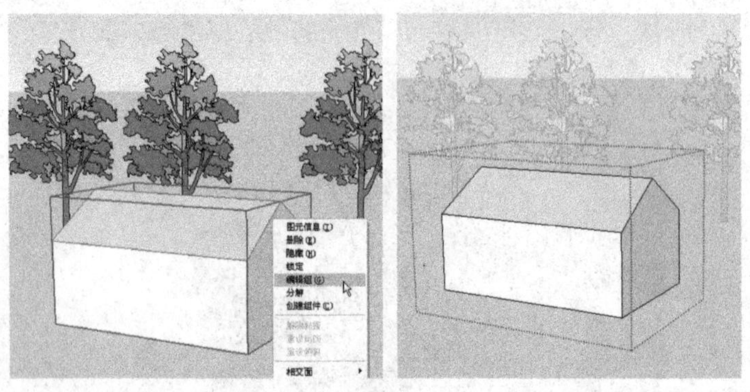

图 6-15

完成组内的编辑后，在组外单击鼠标左键或者按〈Esc〉键即可退出组的编辑状态。用户也可以通过执行“编辑|关闭组/组件”菜单命令退出组的编辑状态，如图 6-16 所示。

3．群组的右键级联菜单

在创建的组上单击鼠标右键，将弹出一个快捷菜单，如图 6-17 所示。

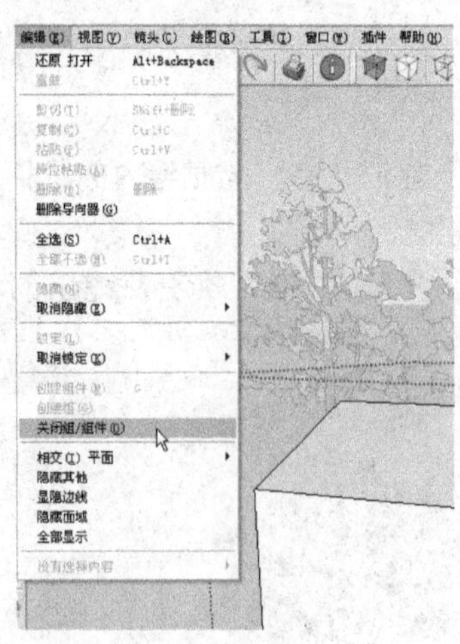

图 6-16

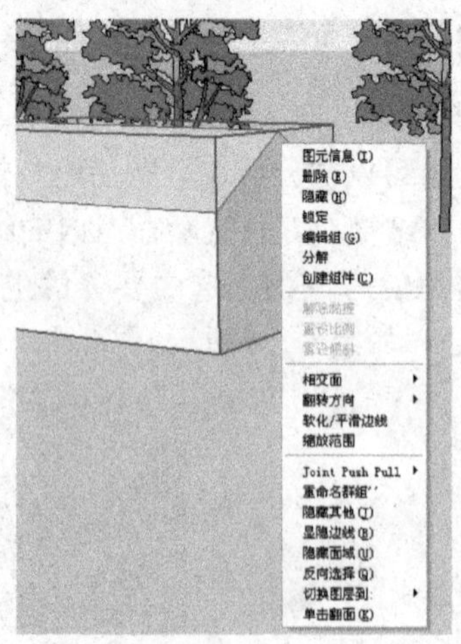

图 6-17

功能详解 群组右键菜单

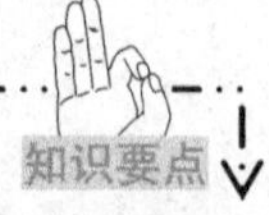

- 图元信息：单击该选项将弹出“图元信息”浏览器，可以浏览和修改组的属性，如

图 6-18 所示。

图 6-18

➢ “选择材质”按钮：单击该按钮将弹出“选择材质”对话框，用于显示和编辑赋予组的材质。如果没有应用材质，将显示为默认材质。
➢ 图层：显示和更改组所在的图层。
➢ 名称：编辑组的名称。
➢ 体积：显示组的体积大小。这也是 SketchUp 8.0 新增加的一项显示信息。
➢ 隐藏：选中该选项后，组将被隐藏。
➢ 已锁定：选中该选项后，组将被锁定，组内边框将以红色亮显。
➢ 投射阴影：选中该选项后，组可以产生阴影。
➢ 接收阴影：选中该选项后，组可以接受其他物体的阴影。

- 删除：该命令用于删除当前选中的组。
- 隐藏：该命令用于隐藏当前选中的组。如果事先在“视图”菜单中勾选“隐藏几何图形”选项（快捷键为〈Alt+H〉），则所有隐藏的物体将以网格显示并可选择，如图 6-19 所示。如果想取消该物体的隐藏，在右键菜单中选择“取消隐藏”即可。

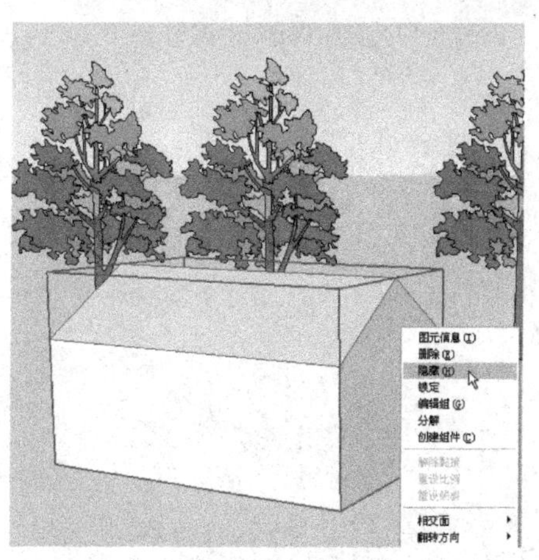

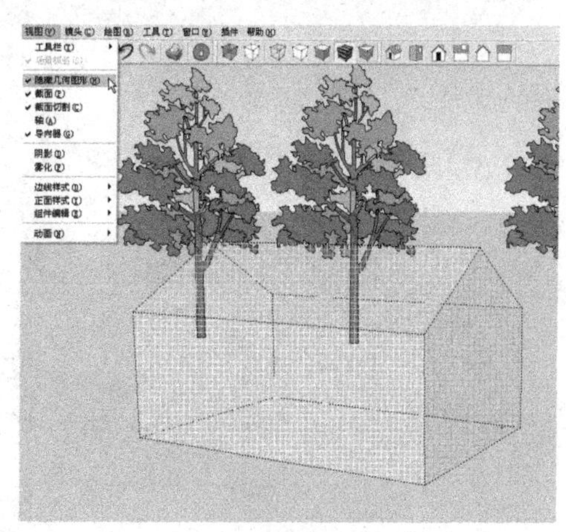

图 6-19

- 编辑组：该命令用于将群组转换为组件。
- 解除黏接：如果一个组件是在一个表面上拉伸创建的，那么该组件在移动过程中就会存在吸附这个面的现象，从而无法参考捕捉其他面的点，这个时候就要执行“解除黏接”命令使物体自由捕捉参考点进行移动，如图 6-20 所示。

提示：除了“解除黏接”的方法，用户还可以使用复制移动的方法，如图 6-21 所示。

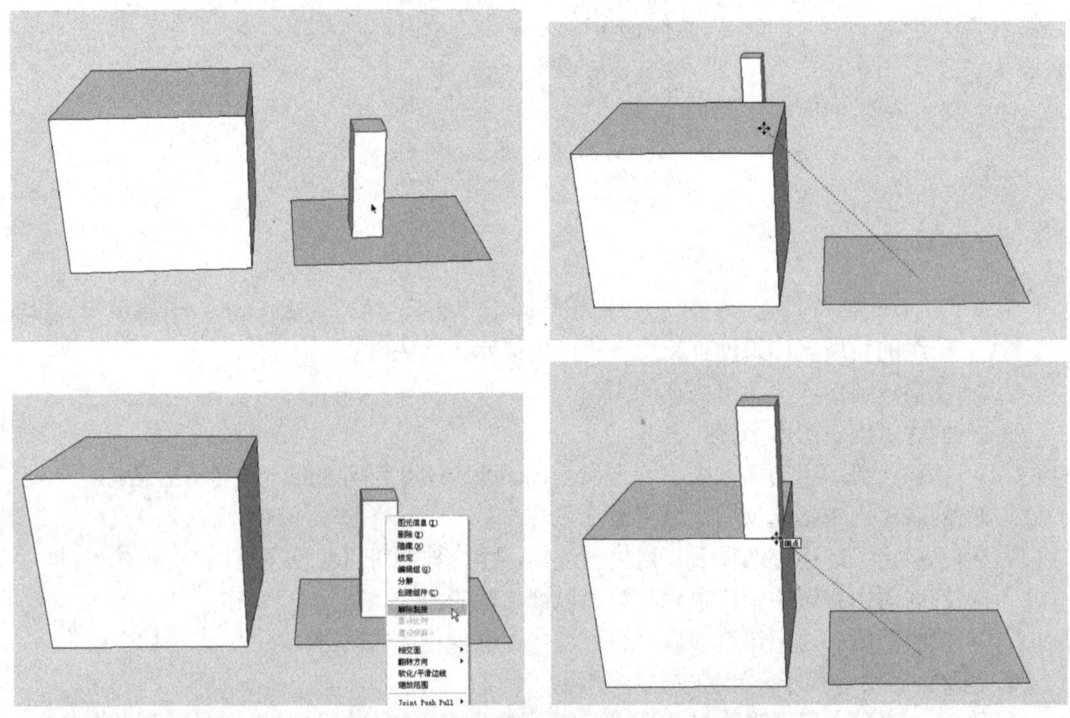

图 6-20

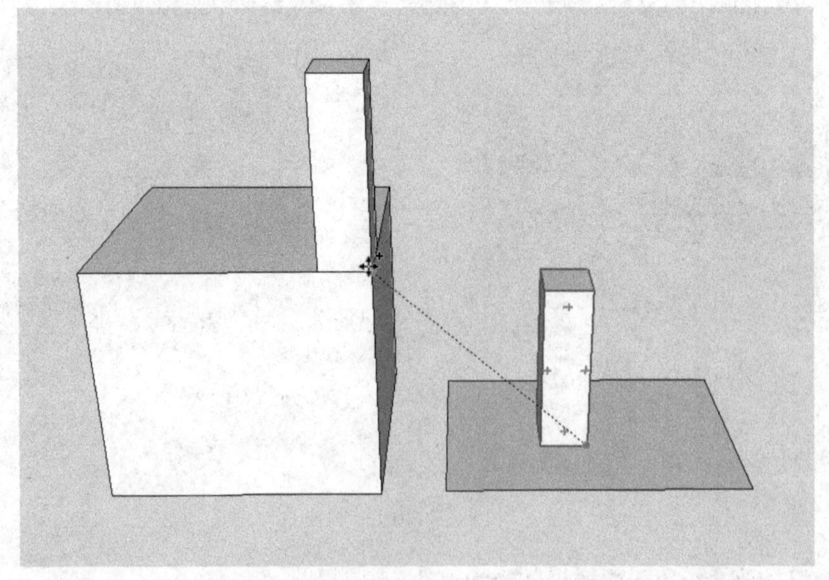

图 6-21

- 重设比例：该命令用于取消对组的所有缩放操作，恢复原始比例和尺寸大小。
- 重设倾斜：该命令用于恢复对组的扭曲变形操作。

6.1.3 为组赋材质

在 SketchUp 中，一个几何体在创建的时候就具有了默认的材质，默认的材质在“材质”编辑器中显示为◣。

创建组后，可以对组应用材质，此时组内的默认材质将会被更新，而事先指定的材质将不受影响。

6.2 SketchUp 的组件操作

组件是将一个或多个几何体的集合定义为一个单位，使之可以像一个物体那样进行操作。组件可以是简单的一条线，也可以是整个模型，尺寸和范围也没有限制。

群组与组件有一个相同的特性，就是将模型的一组元素制作成一个整体，以利于编辑和管理。

群组的主要作用有两个：一是“选择集”，对于一些复杂的模型，选择起来会比较麻烦，计算机荷载也比较繁重，需要隐藏一部分物体加快操作速度，这时群组的优势就显现了，可以通过群组快速选到所需修改的物体而不必逐一选取；二是“保护罩”，当在群组内编辑时完全不必担心对群组以外的实体进行误操作。

而组件则拥有群组的一切功能且能够实现关联修改，是一种更强大的“群组”。一个组件通过复制得到若干关联组件（或称相似组件）后，编辑其中一个组件时，其余关联组件也会一起改变；而对群组（组）进行复制后，如果编辑其中的一个组，其他复制的组不会发生改变，如图 6-22 所示。

图 6-22

专业知识 组件的优势

组件与群组类似，但多个相同的组件之间具有关联性，可以进行批量操作，在与其他用户或其他 SketchUp 组件之间共享数据时也更为方便。

组件的优势有以下几点。

1）独立性：组件可以是独立的物体，小至一条线，大至住宅、公共建筑，包括附着于表面的物体，如门窗、装饰构架等。

2）关联性：对一个组件进行编辑时，与其关联的组件将会同步更新。

3）附带组件库：SketchUp 附带一系列预设组件库，还支持自建组件库，只须将自建的模型定义为组件，并保存到安装目录的 Components 文件夹中即可。在“系统使用偏好”对话框的“文件”面板中，可以查看组件库的位置。

4）与其他文件链接：组件除了存在于创建它们的文件中，还可以导出到其他 SketchUp 文件中。

5）组件替换：组件可以被其他文件中的组件替换，以满足不同精度的建模和渲染要求。

6）特殊的行为对齐：组件可以对齐到不同的表面上，并且在附着的表面上挖洞开口。组件还拥有自己内部的坐标系。

6.2.1 制作组件

选中要定义为组件的物体，然后在右键菜单中执行“创建组件”命令（也可以执行“编辑|创建组件”菜单命令，或者激活“制作组件”工具），即可将选择的物体制作为组件，如图 6-23 所示。

执行“创建组件”命令后，将会弹出一个用于设置组件信息的对话框，如图 6-24 所示。

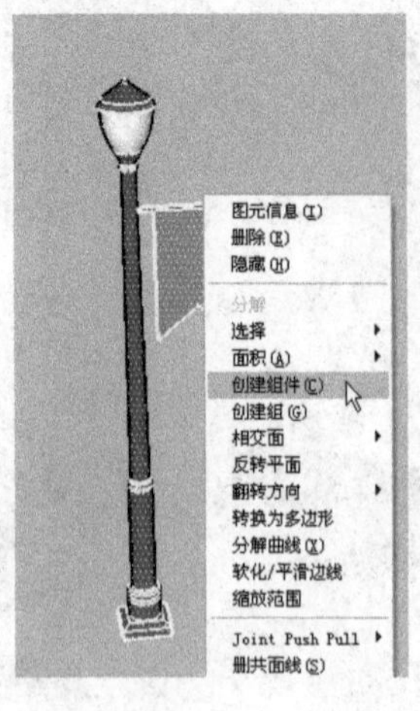

图 6-23

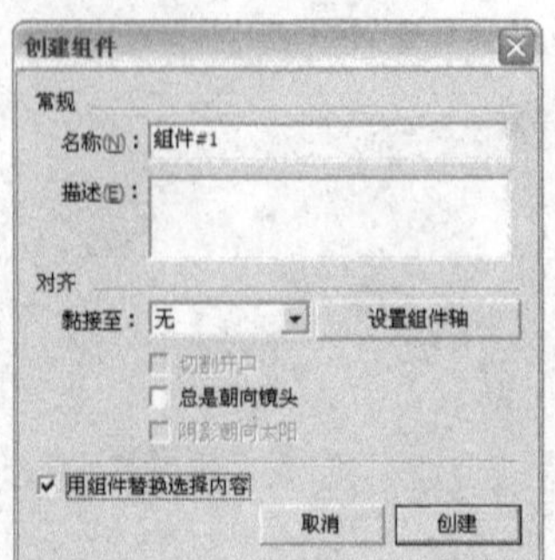

图 6-24

功能详解 "创建组件"对话框

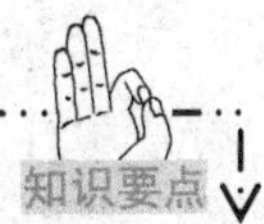

- 名称/描述文本框：在这两个文本框中可以为组件命名以及对组件的重要信息进行描述。
- 黏接至：该命令用来指定组件插入时所要对齐的面，可以在下拉列表框中选择"无""所有""水平""垂直"或"倾斜"。
- 切割开口：该选项用于在创建的物体上开洞，如门窗等。选中此选项后，组件将在与表面相交的位置剪切开口。
- 总是朝向镜头：该选项可以使组件始终对齐视图，并且不受视图变更的影响。如果定义的组件为二维配景，则需要勾选此选项，这样可以用一些二维物体来代替三维物体，使文件不至于因为配景而变得过大，如图 6-25 所示。

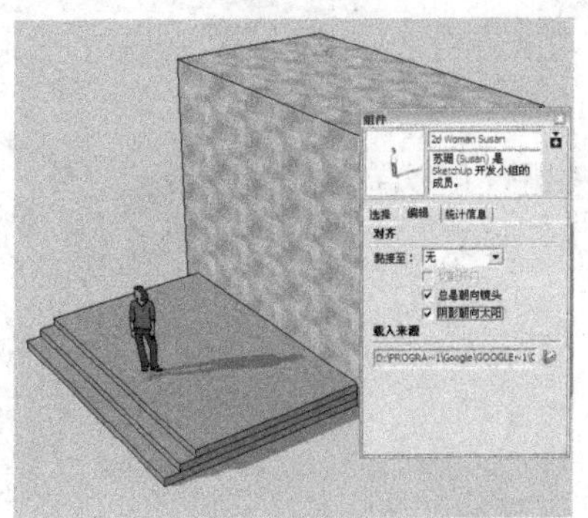

图 6-25

- 阴影朝向太阳：该选项只有在"总是朝向镜头"选项开启后才能生效，可以保证物体的阴影随着视图的变动而改变，如图 6-26 所示。

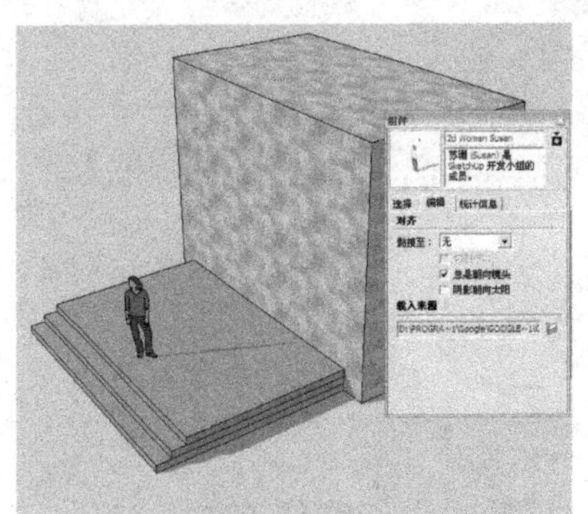

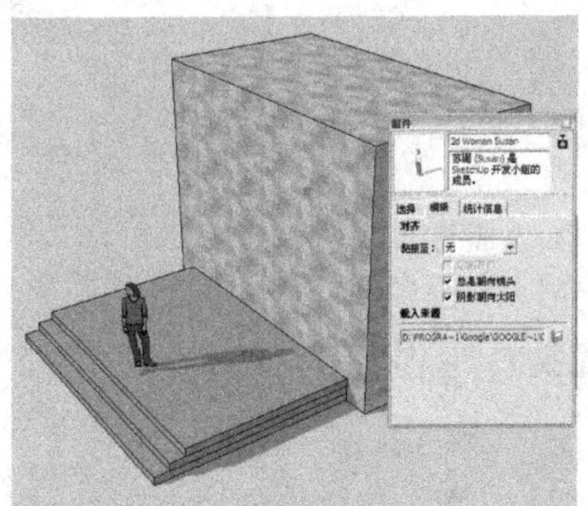

图 6-26

- 设置组件轴：单击该按钮可以在组件内部设置坐标轴，如图 6-27 所示。
- 用组件替换选择内容：勾选该选项可以将制作组件的源物体转换为组件。如果没有选择此选项，原来的几何体将没有任何变化，但是在组件库中可以发现制作的组件已经被添加进入，仅仅是模型中的物体没有变化而已。

完成组件的制作后，在“组件”编辑器中可以修改组件的属性，只须选择一个需要修改的组件，然后在“编辑”选项卡中进行修改即可，如图 6-28 所示。

图 6-27

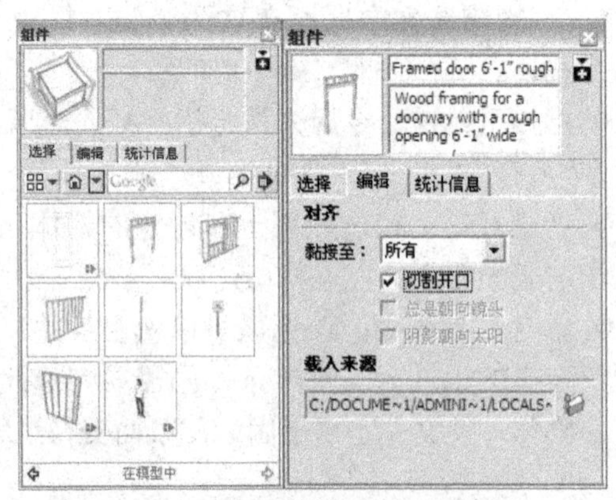

图 6-28

制作的组件可以单独保存为.skp 文件，只须在组件的右键菜单中执行“存储为”命令即可（或者执行“文件|另存为”菜单命令），如图 6-29 和图 6-30 所示。

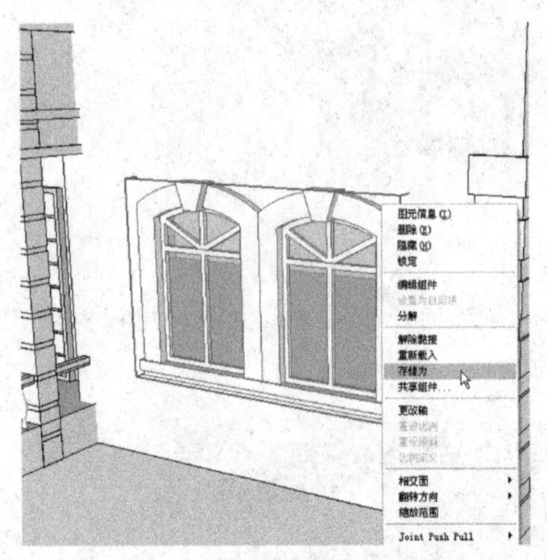

图 6-29

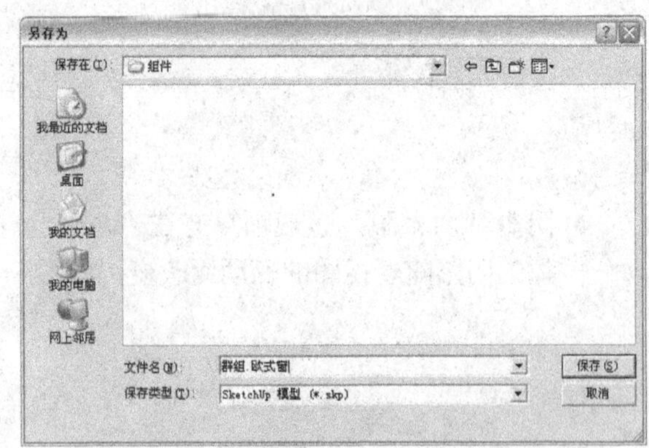

图 6-30

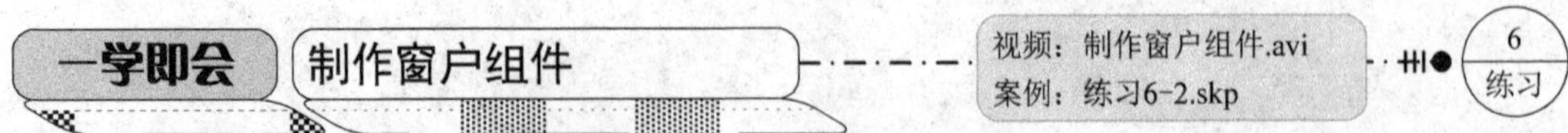

下面通过创建一个窗户的模型组件来具体讲解组件的制作方法及技巧，其操作步骤如下。

1）使用“矩形”工具，在场景中绘制一个 5000mm×2700mm 的矩形，如图 6-31 所示。

2）使用“矩形”工具，在上一步绘制的矩形面上绘制一个 1200mm×1200mm 的矩形，如图 6-32 所示。

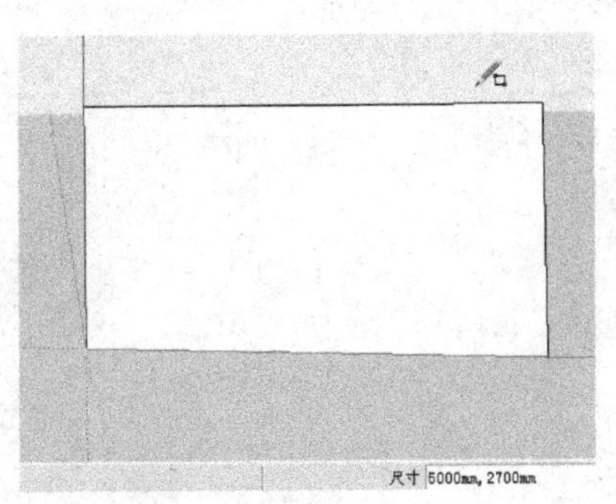

图 6-31

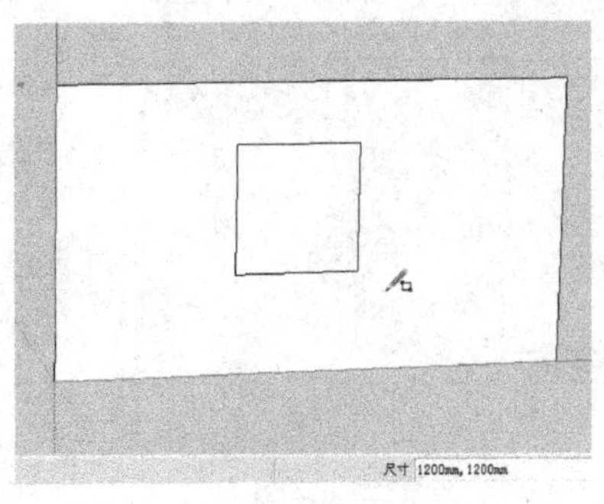

图 6-32

3）使用“偏移”工具，将上一步绘制的矩形向内偏移 60mm 的距离，如图 6-33 所示。

4）使用“推/拉”工具，将图中相应的面向外推拉 80mm 的距离，如图 6-34 所示。

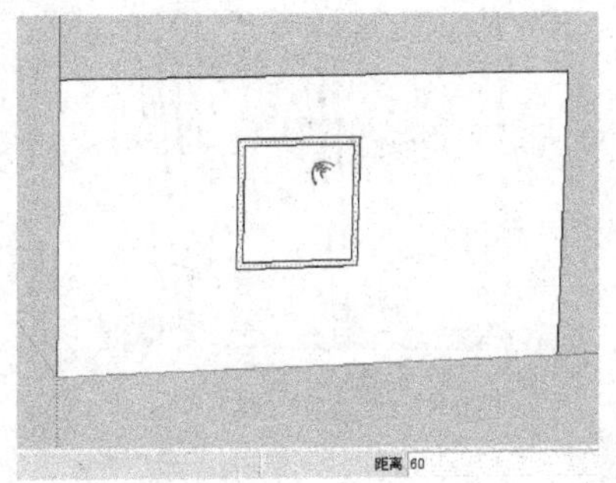

图 6-33

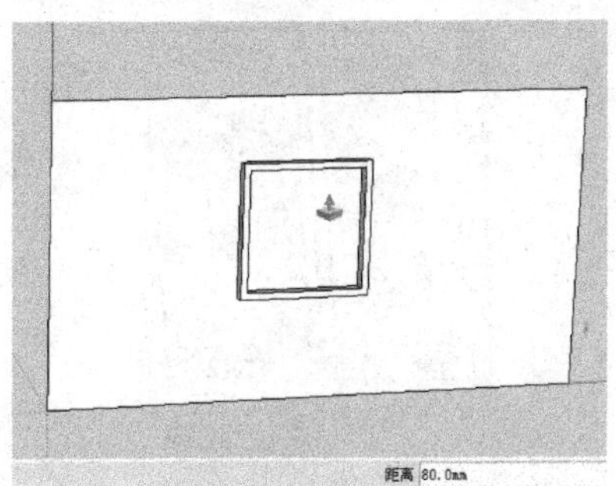

图 6-34

5）使用“线条”工具，捕捉图中相应的点绘制一条垂直线条，作为窗户的分隔线，如图 6-35 所示。

6）使用“偏移”工具，将图中相应的面向内偏移 40mm 的距离，如图 6-36 所示。

图 6-35

图 6-36

7）使用“推/拉”工具，将图中相应的面向外推拉 30mm 的距离，如图 6-37 所示。

8）使用“推/拉”工具，将图中相应的面推拉捕捉至左侧的窗框面上，如图 6-38 所示。

9）使用“推/拉”工具，将图中相应的面向外推拉 30mm 的距离，如图 6-39 所示。

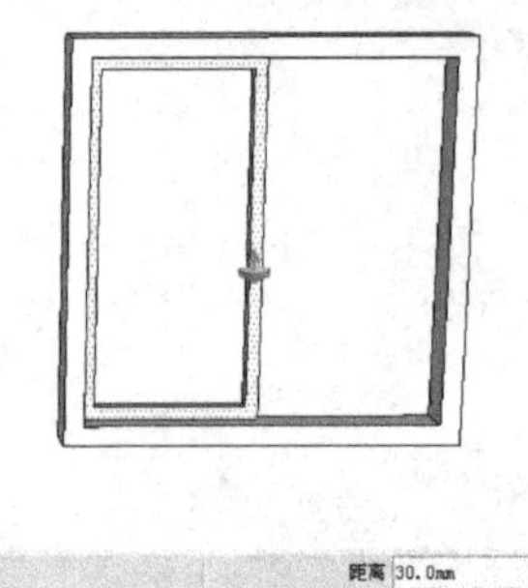

图 6-37

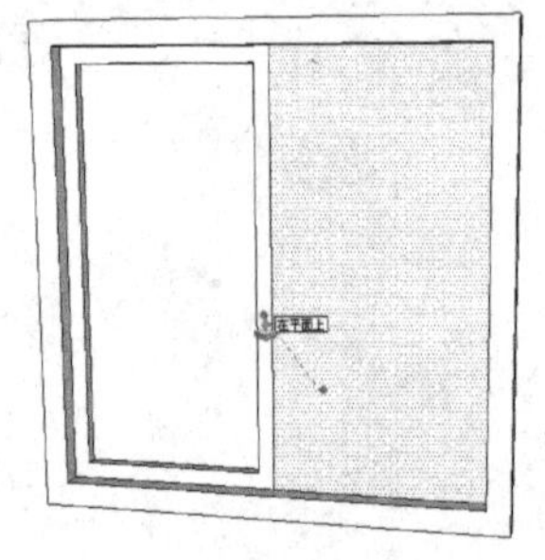

图 6-38

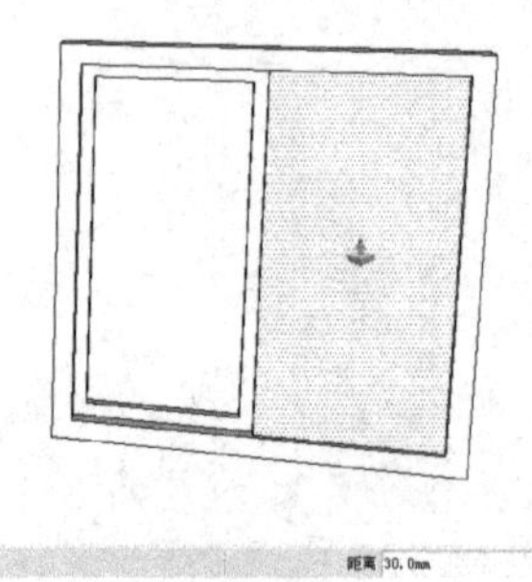

图 6-39

10）使用“偏移”工具，将图中相应的面向内偏移 40mm 的距离，如图 6-40 所示。

11）使用“推/拉”工具，将图中相应的面向内推拉 30mm 的距离，如图 6-41 所示。

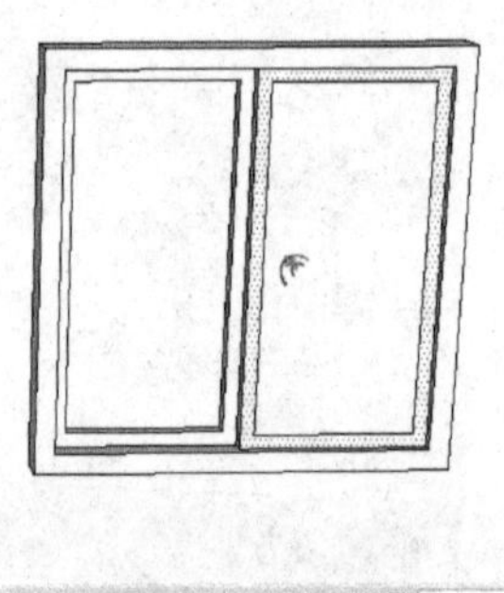

图 6-40

距离 30.0mm

图 6-41

12）使用“颜料桶”工具，弹出“材质”编辑器，然后为制作的窗框赋予一种颜色材质，如图 6-42 所示。

13）为图中相应的矩形面赋予一种半透明安全玻璃材质，如图 6-43 所示。

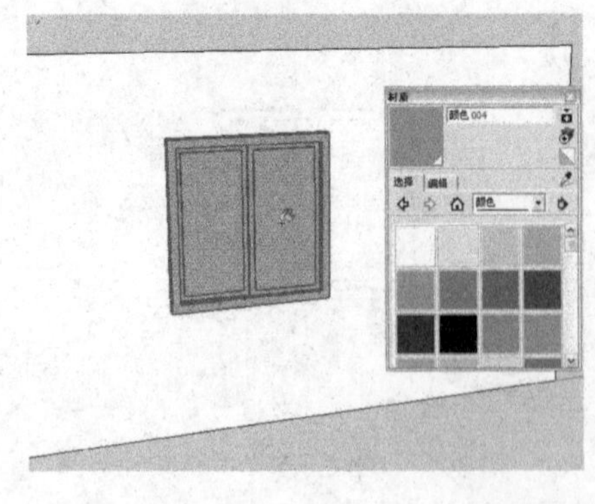

图 6-42

图 6-43

14）选择制作的窗户模型，然后单击鼠标右键并选择“创建组件”选项，如图 6-44 所示。

15）在弹出的“创建组件”对话框中，设置图 6-45 所示的相关参数，然后单击下侧的

"创建"按钮 创建 。

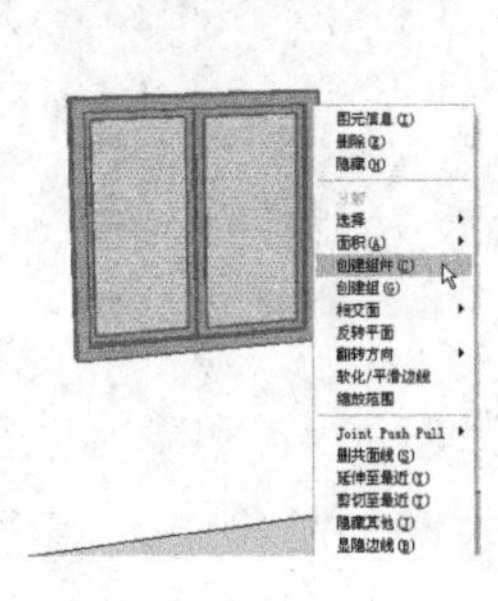

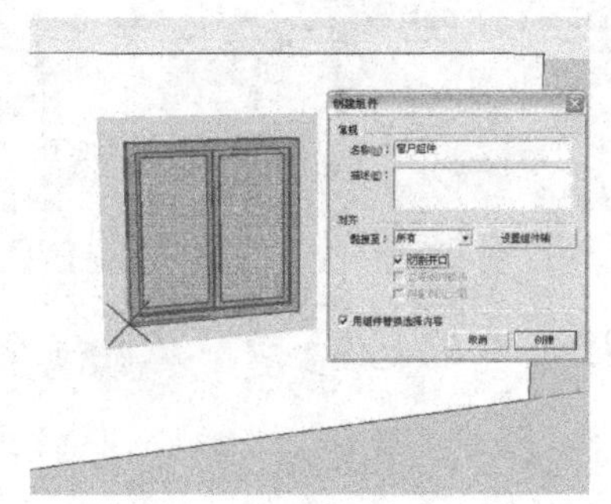

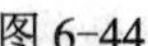

图 6-44　　　　图 6-45

16）执行"窗口|组件"菜单命令，弹出"组件"对话框，接着在此对话框中单击"在模型中"按钮，即可看到前面创建的窗户组件，然后单击创建的组件即可将其添加至模型中的相应位置，如图 6-46 所示。

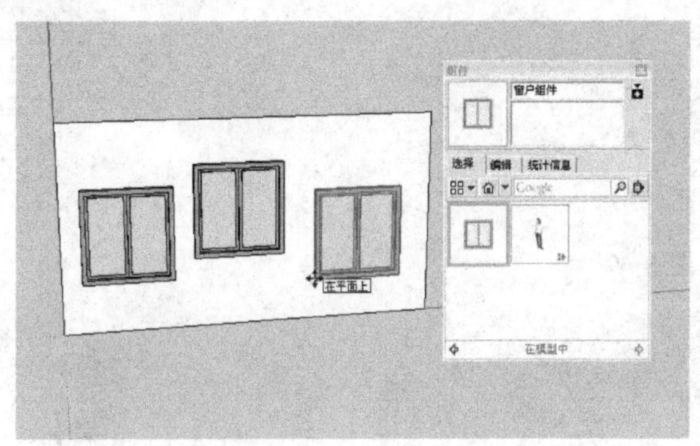

图 6-46

一学即会　创建景观地灯

视频：创建景观地灯.avi
案例：练习6-3.skp

6 练习

本实例主要通过景观地灯的制作来具体讲解组件的制作方法及技巧，其操作步骤如下。

1）使用"圆"工具，创建一个半径为 80mm 的圆，然后使用"推/拉"工具，将圆向上推拉 760mm 的高度，如图 6-47 所示。

2）选择上一步创建的圆柱体，然后单击鼠标右键并选择"创建组"选项，将其创建为群组，如图 6-48 所示。

3）在前面创建的圆柱体上方在创建一个半径为 80mm，高度为 20mm 的圆柱体，如图 6-49 所示。

4）选择上一步创建的圆柱体的顶面，然后使用"拉伸"工具向内进行缩放，接着将其创建为组件，如图 6-50 所示。

5）使用"移动"工具并配合键盘上的〈Ctrl〉键，将上一步拉伸后的圆柱体垂直向上复制 5 份，如图 6-51 所示。

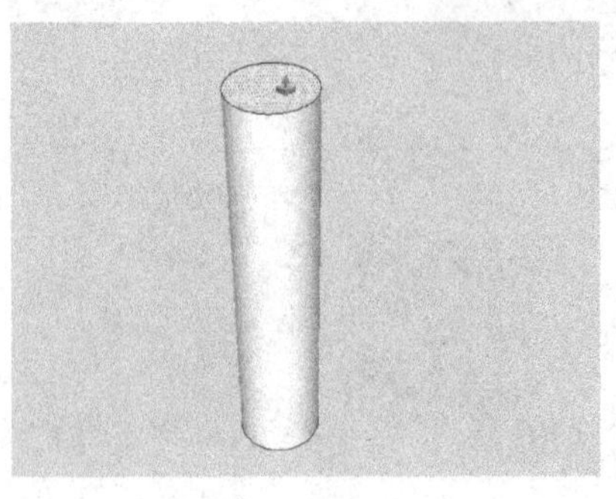

图 6-47

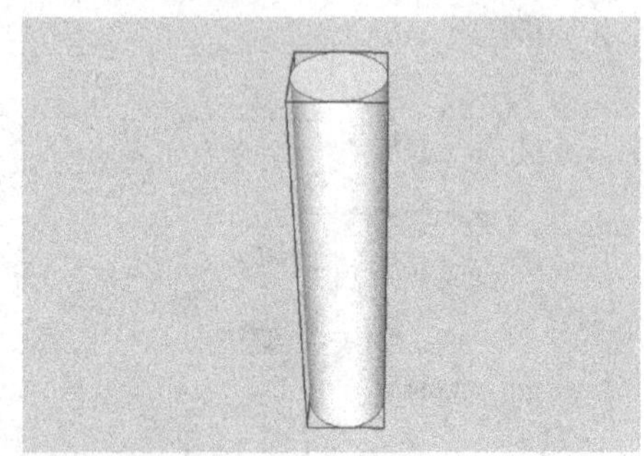

图 6-48

6）创建地灯顶部的灯罩，然后为模型赋予相应的材质，最终效果如图 6-52 所示。

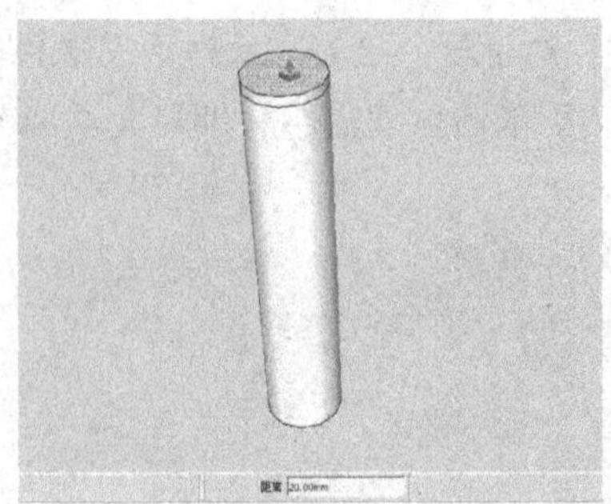

图 6-49

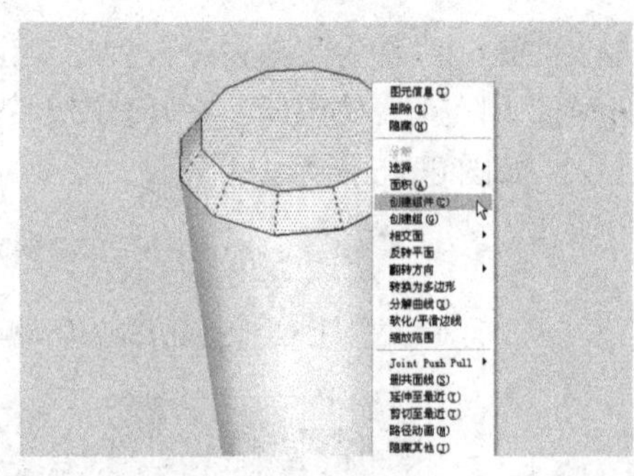

图 6-50

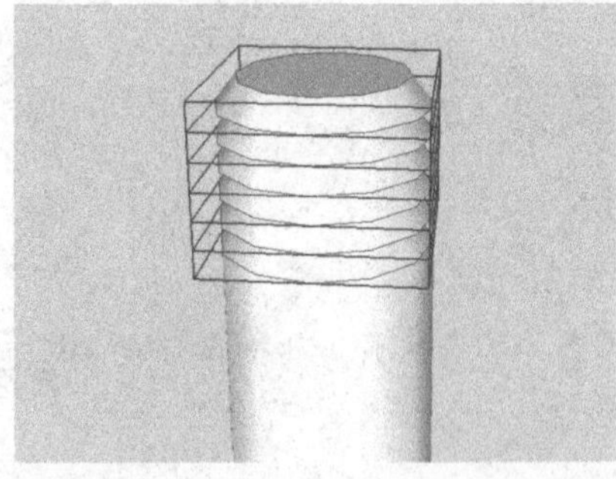

图 6-51

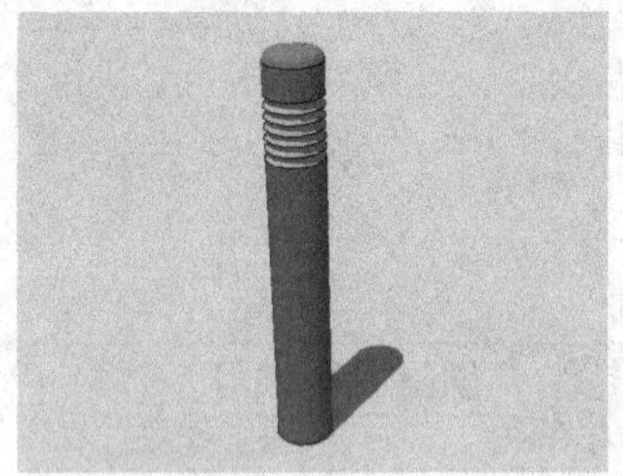

图 6-52

6.2.2　插入组件

在 SketchUp 中插入组件的方法有以下两种。

- 执行“窗口|组件”菜单命令打开“组件”编辑器，然后在“选择”选项卡中选中一个组件，接着在绘图区单击，即可将选择的组件插入当前视图。
- 执行“文件|导入”菜单命令将组件从其他文件中导入当前视图，也可以将另一个视图中的组件复制到当前视图中（使用相同的 SketchUp 版本）。

在 SketchUp 8.0 中自带了一些 2D 人物组件。这些人物组件可随视线转动面向相机，如果想使用这些组件，直接将其拖曳到绘图区即可，如图 6-53 所示。

当组件被插入到当前模型中时，SketchUp 会自动激活“移动”工具，并自动捕捉组件坐标的原点，组件将其内部坐标原点作为默认的插入点。

要改变默认的插入点，须在组件插入之前更改其内部坐标系。具体操作方法为，执行“窗口|模型信息”菜单命令，打开“模型信息”管理器，然后在“组件”面板中勾选“显示组件轴”复选框即可，如图 6-54 所示。

图 6-53

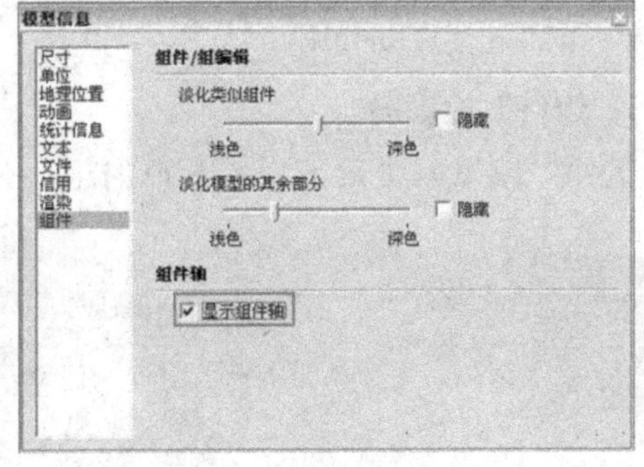

图 6-54

提示：其实，在安装完 SketchUp 后，就已经有了一些这样的树木和人物的配景素材。SketchUp 安装文件并没有附带全部的官方组件，可以登录官方网站 http://sketchup.google.com/3dwarehouse/，（见图 6-55）下载全部的组件安装文件（注意，官方网站上的组件是不断更新和增加的，需要及时下载更新）。另外，还可以在官方论坛网站 http://www.sketchupbbs.com 下载更多的组件，以充实自己的 SketchUp 配景库。SketchUp 中的配景也是通过插入组件的方式放置的，这些配景组件可以从外部获得，也可以自己制作。人、车、树配景可以是二维组件物体，也可以是三维组件物体。在本书第 5 章有关 PNG 贴图的学习中，已经对几种树木组件的制作过程进行了讲解，读者可以根据场景设计风格进行不同树木组件的制作及选用。

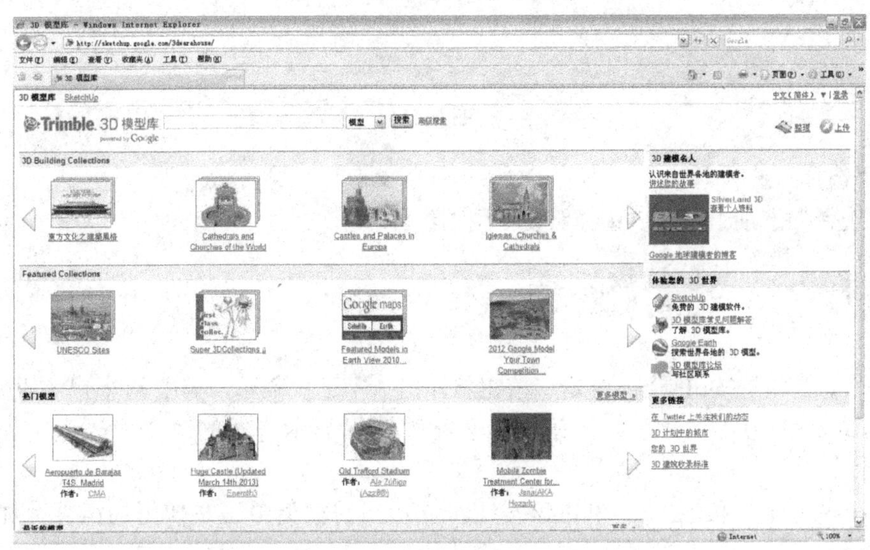

图 6-55

6.2.3 编辑组件

创建组件后，组件中的物体会被包含在组件中且与模型的其他物体分离。SketchUp 支持对组件中的物体进行编辑，这样可以避免分解组件进行编辑后再重新制作组件。

如果要对组件进行编辑，最常用的是双击组件进入组件内部编辑。当然还有很多其他编辑方法，下面进行详细介绍。

1．“组件”编辑器

“组件”编辑器常用于插入预设的组件，它提供了 SketchUp 组件库的目录列表，如图 6-56 所示。

图 6-56

(1)“选择”选项卡

在“选择”选项卡下可以选择需要使用的组件。

功能详解 “组件”编辑器

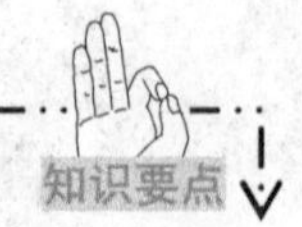

- “查看选项”按钮：单击该按钮将弹出一个下拉菜单，其中包含了 4 种图标显示方式和“刷新”命令，按钮图标会随着图标显示方式的改变而改变，如图 6-57 所示。
- “在模型中”按钮：单击该按钮将显示当前模型中正在使用的组件，如图 6-58 所示。

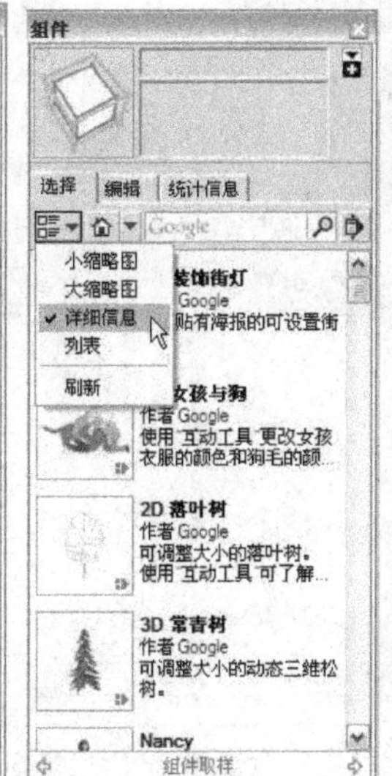

图 6-57

● “导航”按钮：单击该按钮将弹出一个下拉菜单，用户可以通过“在模型中”和“组件”命令切换显示的模型目录，如图 6-59 所示。

图 6-58

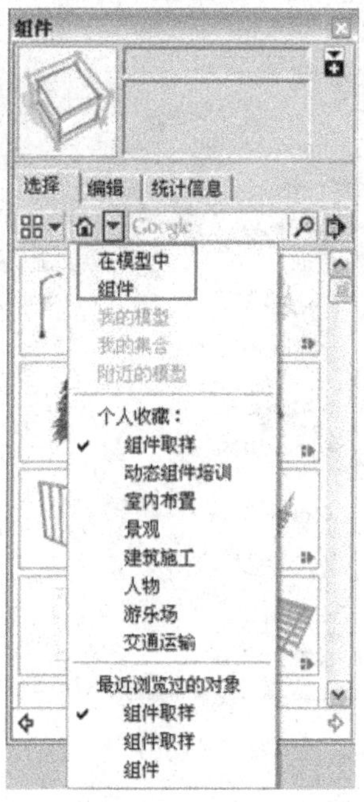

图 6-59

● “详细信息”按钮：在选中模型中一个组件的时候，单击该按钮将会弹出一个扩展菜单，其中的“另存为本地集合”选项用于将选择的组件进行保存收集；“清除未使用项”选项用于清理多余的组件，以减少文件的大小，如图 6-60 所示。

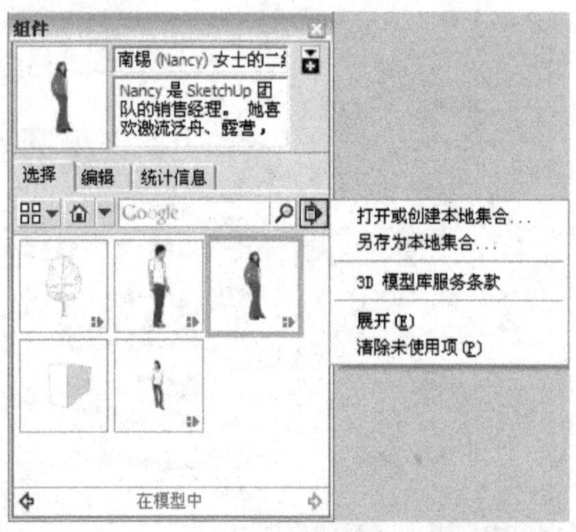

图 6-60

提示：如果选中的是组件库中的组件，那么单击“详细信息”按钮将会弹出图 6-61 所示的扩展菜单。在“组件”编辑器的最下面是一个显示框，当选择一个组件后，组件所在的位置就会在这里显示。例如，选择一个模型中的组件，这里将显示为“在模型中”，如图 6-62 所示。显示框左右两侧的按钮用于在浏览组件库时前进或后退。

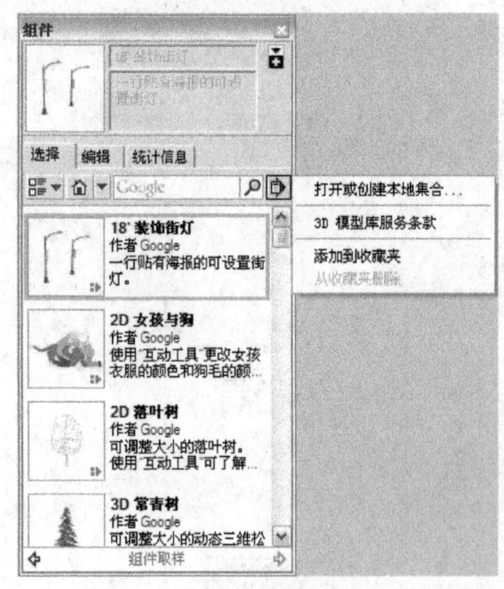

图 6-61

图 6-62

（2）“编辑”选项卡

当选中了模型中的组件时，可以在“编辑”选项卡中进行组件的黏接、切割开口和阴影朝向的设置，如图 6-63 所示。

（3）“统计信息”选项卡

当选中了模型中的组件时，打开“统计信息”选项卡就可以查看该组件中的所有几何体的数量，如图 6-64 所示。

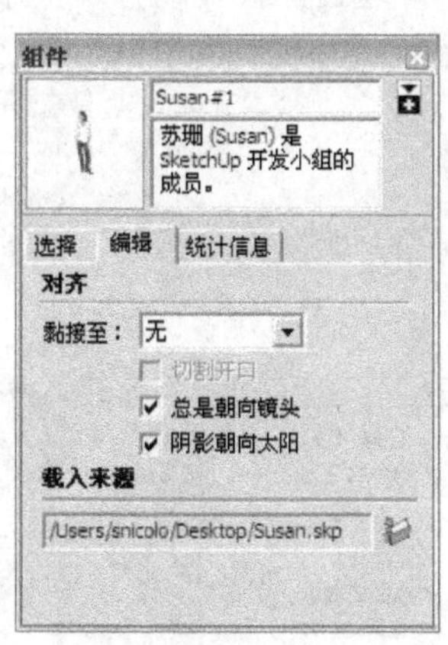

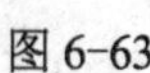
图 6-63

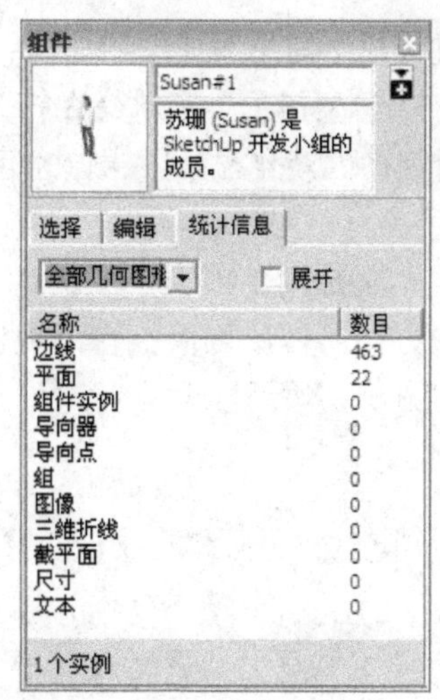

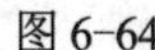
图 6-64

2．组件的右键级联菜单

由于组件的右键级联菜单中的命令与群组右键级联菜单中的命令相似，因此这里只对一些常用的命令进行讲解。组件的右键级联菜单如图 6-65 所示。

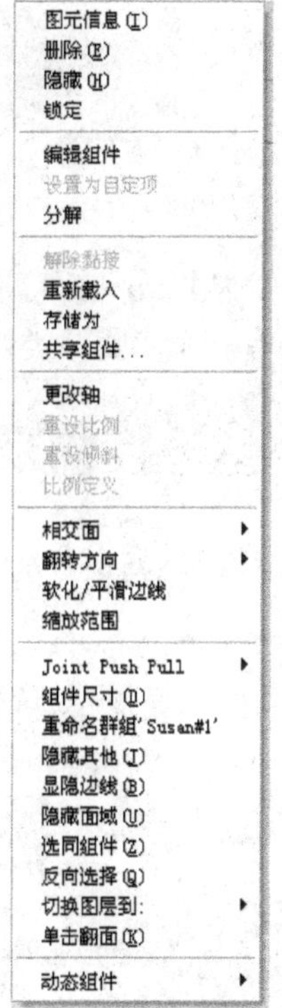

图 6-65

- 锁定：该命令用于锁定组件，使其不能被编辑，以免进行错误操作，锁定的组件边框显示为红色。执行该命令锁定组件后，这里将变为“解锁”命令。
- 设置为自定项：相同的组件具有关联性，但是有时候需要对一个或几个组件进行单独编辑，这时就需要使用到“设置为自定项”命令，用户对单独处理的组件进行编辑不会影响其他组件。
- 分解：该命令用于分解组件，分解的组件不再与相同的组件相关联，包含在组件内的物体也会被分离，嵌套在组件中的组件则成为新的独立组件。
- 更改轴：该命令用于重新设置坐标轴。
- 重设比例/重设倾斜/比例定义：组件的缩放与普通物体的缩放有所不同。如果直接对一个组件进行缩放，不会影响其他组件的比例大小；而进入组件内部进行缩放，则会改变所有相关联的组件。对组件进行缩放后，组件会变形，此时执行“重设比例”或者“重设倾斜”命令就可以恢复组件原形。
- 翻转方向：在该命令的子菜单中选择镜像的轴线即可完成镜像。

3．淡化显示相似组件和其余模型

要淡化显示相似组件和其余模型，可以通过“模型信息”管理器或者通过“视图”菜单来完成。下面分别进行介绍。

(1) 通过“模型信息”管理器

执行“窗口|模型信息”菜单命令打开“模型信息”管理器，在“组件”面板中可以通过移动滑块设置组件的淡化显示效果，也可以勾选“隐藏”复选框隐藏相似组件或其余模型，如图 6-66 所示。

(2) 通过“视图”菜单

为了更加方便操作，可以执行“视图|组件编辑|隐藏模型的其余部分”菜单命令将外部物体隐藏，如图 6-67 所示。

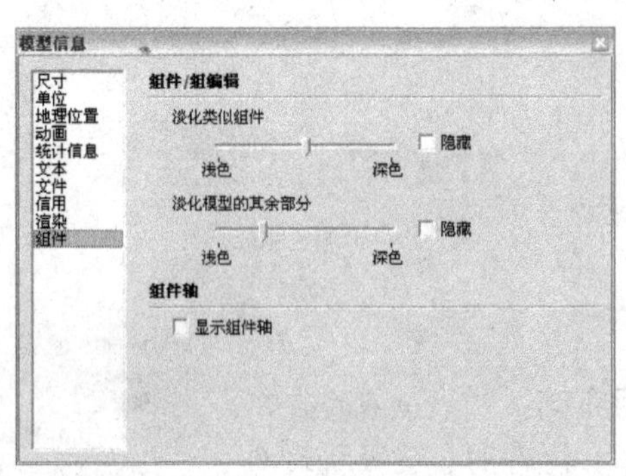

图 6-66

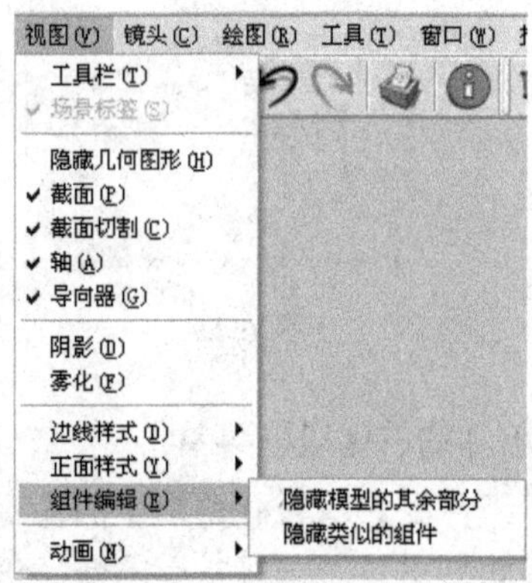

图 6-67

从图 6-67 可以看到，在“组件编辑”子菜单中除了“隐藏模型的其余部分”命令外，还有一个“隐藏类似的组件”命令，该命令用于隐藏或显示同一性质的其他组件物体。

功能详解 模型及组件的显示与隐藏

- 隐藏模型的其余部分，显示相似组件，如图 6-68 所示。

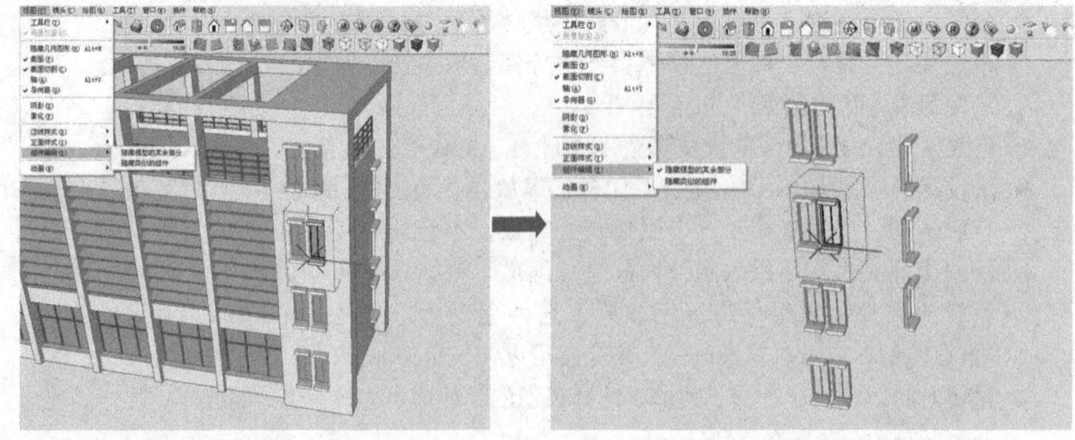

图 6-68

- 隐藏类似的组件，显示剩余模型，如图 6-69 所示。

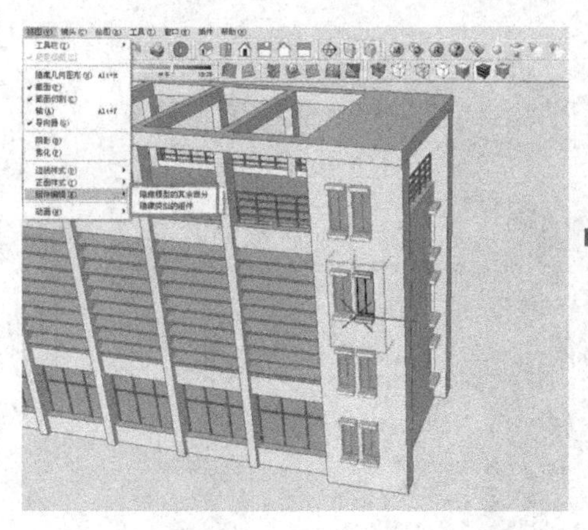

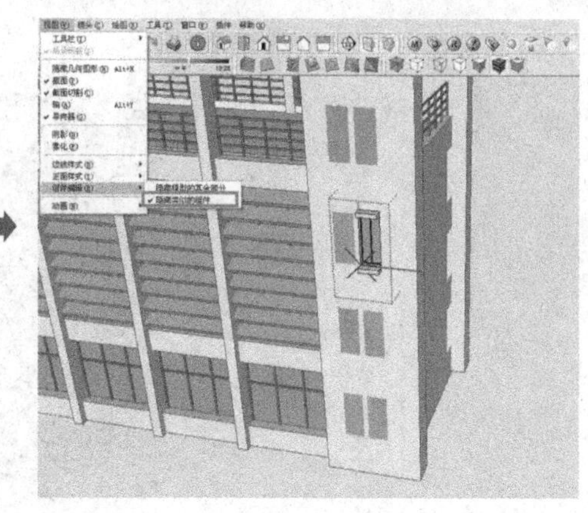

图 6-69

● 显示剩余模型，同时显示相似组件，如图 6-70 所示。

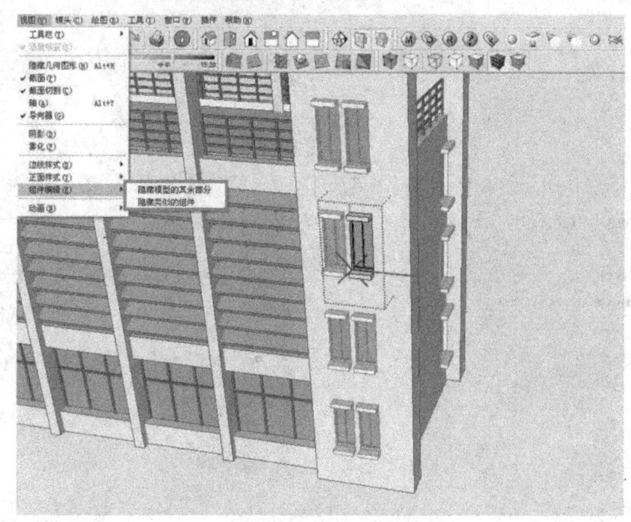

图 6-70

4．组件的浏览与管理

"大纲"浏览器用于显示场景中所有的群组和组件，包括嵌套的内容。在一些大的场景中，群组和组件层层相套，编辑起来容易混乱，而"大纲"浏览器以树形结构列表显示了群组和组件，条目清晰，便于查找和管理。

执行"窗口|大纲"菜单命令即可打开"大纲"浏览器，如图 6-71 所示。在"大纲"浏览器的树形列表中可以随意移动群组与组件的位置。另外，通过"大纲"浏览器还可以改变群组和组件的名称。

功能详解 "大纲"浏览器

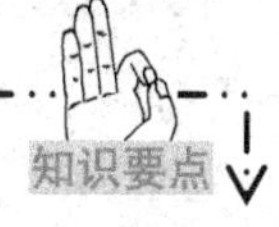

●"过滤"文本框：在"过滤"文本框中输入要查找的组件名称，即可查找场景中的群

组或者组件，如图 6-72 所示。

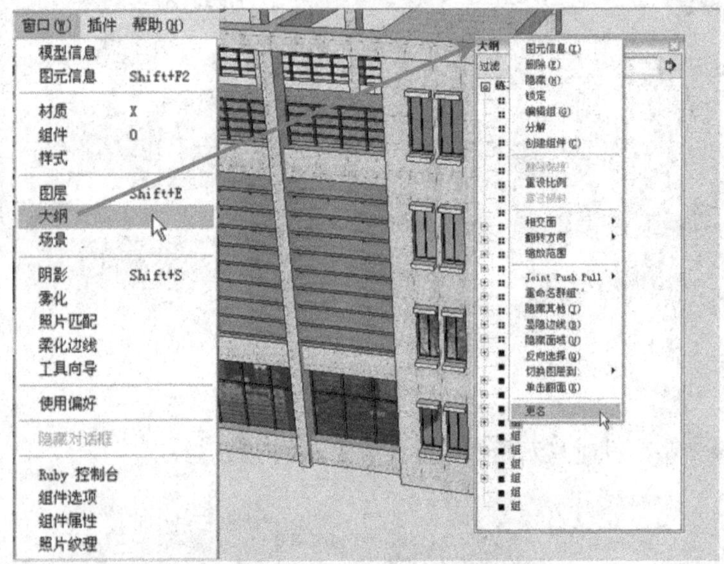

图 6-71

- “详细信息”按钮：单击该按钮将弹出一个扩展菜单，该菜单中的命令用于一次性全部折叠或者全部展开树形结构列表，如图 6-73 所示。

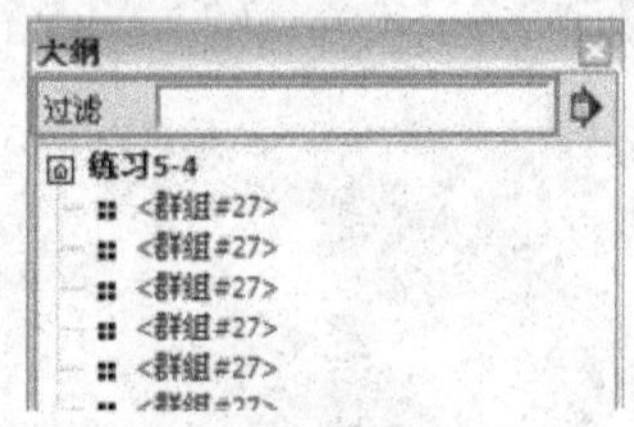

图 6-72

图 6-73

5. 为组件赋予材质

对组件赋予材质时，所有默认材质的表面将会被指定的材质覆盖，而事先被指定了材质的表面不受影响。

组件的赋予材质操作只对指定的组件单体有效，对其他关联组件无效，因此 SketchUp 中相同的组件可以有不同的材质；但在组件内部赋予材质的时候，其他相关联组件的材质也会跟着改变，如图 6-74 所示。

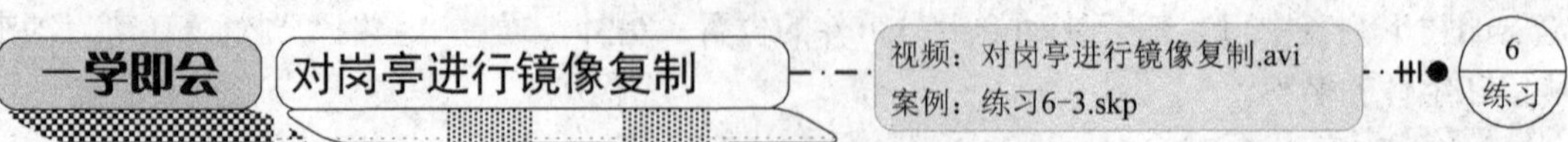

下面通过实例的方式，讲解怎样将模型场景进行镜像复制操作，其操作步骤如下。

1）打开场景文件，然后将打开的岗亭模型创建为组件，接着使用“移动”工具并配合〈Ctrl〉键将该组件复制一个到右侧相应位置，如图 6-75 所示。

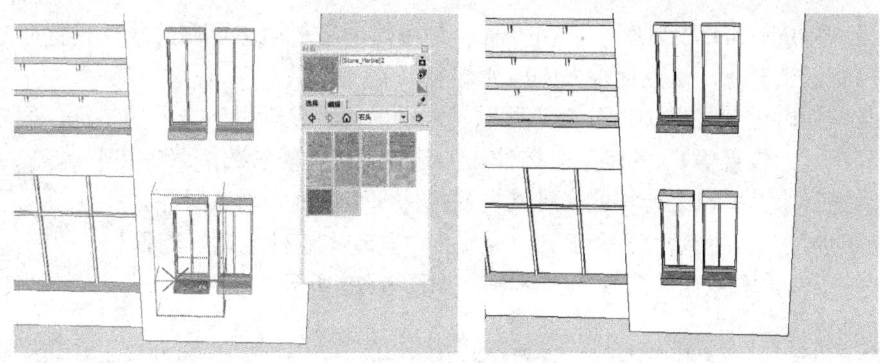

图 6-74

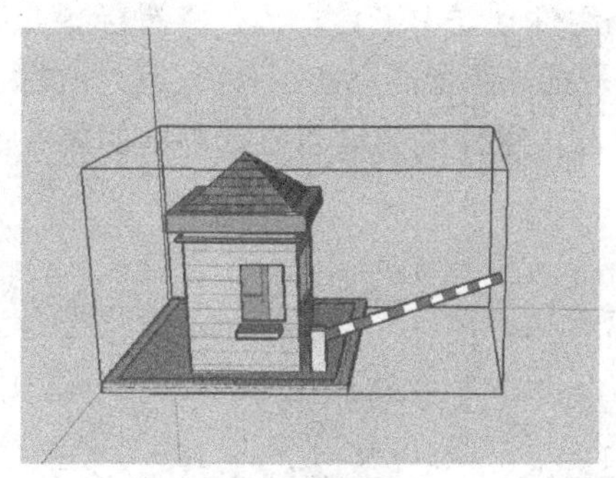

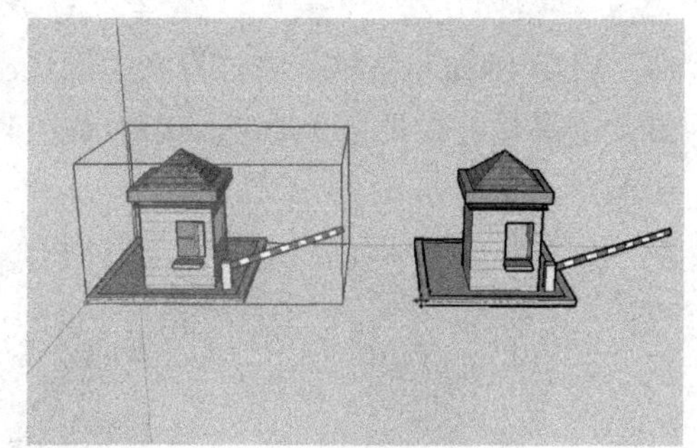

图 6-75

2）在复制的岗亭组件上单击鼠标右键，然后在弹出的菜单中选择“翻转方向|组件的绿色”命令，如图 6-76 所示。此时可以看到岗亭组件已经被镜像复制，如图 6-77 所示。

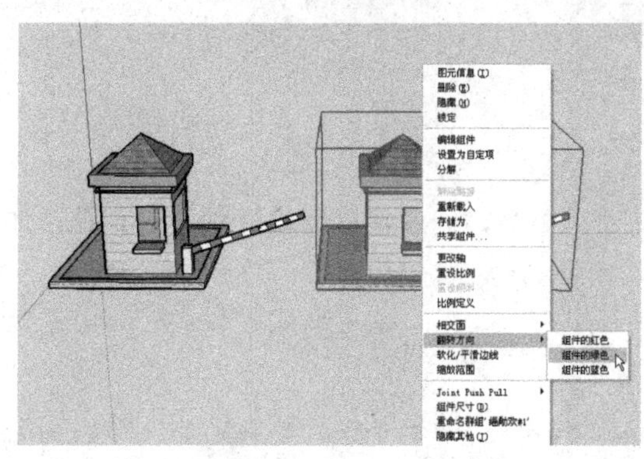

图 6-76

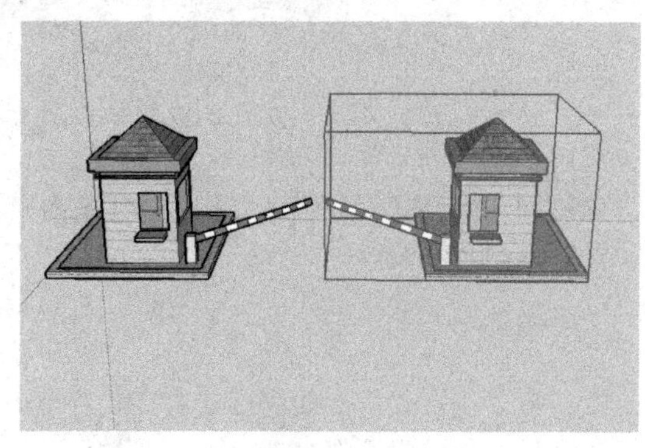

图 6-77

6.2.4 动态组件

动态组件（Dynamic Conponents）使用起来非常方便，在制作楼梯、门窗、地板、玻璃幕墙、篱笆栅栏等方面应用较为广泛。例如，当缩放一扇带边框的门（窗）时，由于事先固定了门（窗）框尺寸，因此可以实现门（窗）框尺寸不变，而门（窗）整体尺寸改变。读者也通过登录 Google 3D 模型库，下载所需动态组件，但是动态组件的属性设置起来较为烦琐，需要用到函数命令，这点让很多人望而却步。

总结这些组件的属性并加以分析，可以发现动态组件包含以下方面的特征：固定某个构件的参数（尺寸、位置等），复制某个构件，调整某个构件的参数，调整某个构件的活动性等。具备以上一种或多种属性的组件即可被称为动态组件。

“动态组件”工具栏包含 3 个工具，分别为“与动态组件互动”工具，“组件选项”工具和“组件属性”工具，如图 6-78 所示。

图 6-78

功能详解 “动态组件”工具栏 知识要点

- “与动态组件互动”工具：激活“与动态组件互动”工具后，将鼠标指向动态组件（启动 SketchUp 8.0 时，界面中默认出现的人物就是动态组件），此时鼠标上会多出一个星号，随着鼠标在动态组件上单击，组件就会动态显示不同的属性效果，如图 6-79 所示。

图 6-79

- “组件选项”工具：激活“组件选项”工具后，将弹出“组件选项”对话框，如图 6-80 所示。

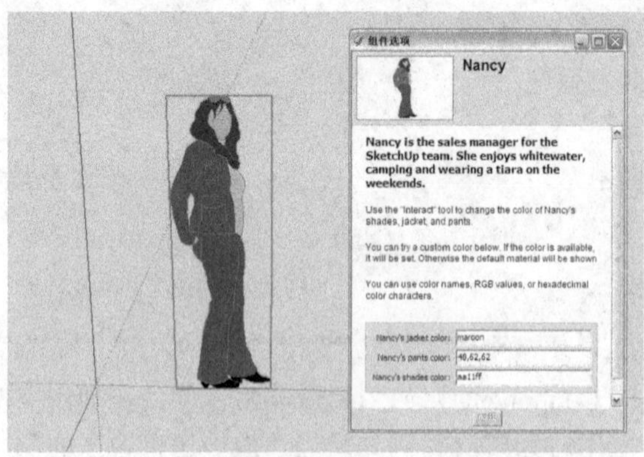

图 6-80

- “组件属性”工具：激活“组件属性”工具，将弹出“组件属性”对话框，在该对话框中可以为选中的动态组件添加属性，如添加材质等，如图 6-81 和图 6-82 所示。

图 6-81

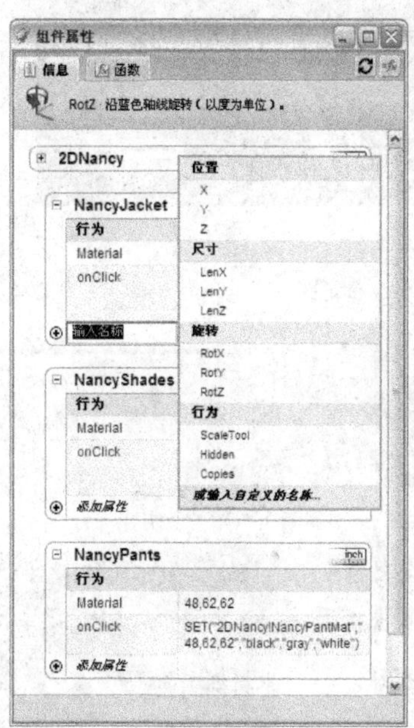

图 6-82

SketchUp®

第7章 场景页面与动画

内容摘要

一般，在设计方案初步确定以后，用户会以不同的角度或属性设置不同的存储场景页面，通过场景号标签的选择，可以方便地进行多个页面视图的切换，方便对方案进行多角度对比。另外，通过场景页面的设置可以批量导出图片，或者制作展示动画，并可以结合“阴影”或“剖切面”制作出生动有趣的光影动画和生长动画，为实现“动态设计”提供了条件。本章将系统介绍场景页面的设置、图像的导出以及动画的制作等有关内容。

- 场景及“场景”管理器
- 动画
- 制作方案展示动画
- 批量导出场景页面图像

7.1 场景及“场景”管理器

SketchUp 中的场景主要用于保存视图和创建动画，场景可以存储显示设置、图层设置、阴影和视图等。通过绘图窗口上方的场景号标签可以快速切换场景显示。SketchUp 8.0 新增了场景缩略图功能，用户可以在“场景”管理器中进行直观的浏览和选择。

执行“窗口|场景”菜单命令即可打开“场景”管理器。通过“场景”管理器可以添加和删除场景页面，也可以对场景页面进行属性修改，如图 7-1 所示。

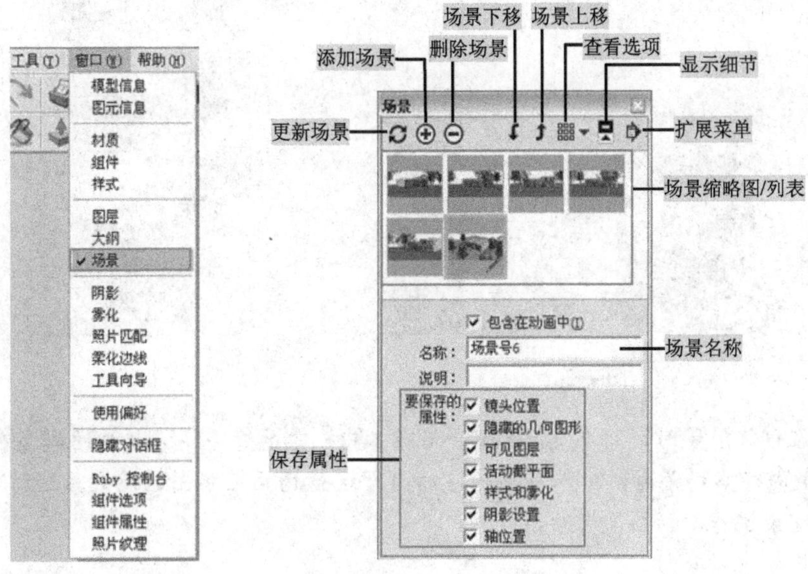

图 7-1

功能介绍 “场景”管理器

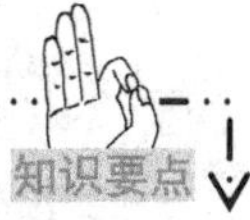

- “添加场景”按钮⊕：单击该按钮将在当前相机镜头设置下添加一个新的场景。
- “删除场景”按钮⊖：单击该按钮将删除选择的场景。也可以在场景号标签上单击鼠标右键，然后在弹出的菜单中执行“删除场景”命令进行删除。
- “更新场景”按钮：如果对场景进行了改变，则需要单击该按钮进行更新。也可以在场景号标签上单击鼠标右键，然后在弹出的菜单中执行“更新场景”命令。
- “场景下移”按钮/“场景上移”按钮：这两个按钮用于移动场景的前后位置，分别对应于场景号标签右键菜单中的“左移”和“右移”命令。

提示：单击绘图窗口左上方的场景号标签可以快速切换所记录的视图窗口。右击场景号标签也能弹出场景管理命令，可对场景进行更新、添加或删除等操作，如图 7-2 所示。

- “查看选项”按钮：单击该按钮可以改变场景视图的显示方式，如图 7-3 所示。在缩略图右下角有一个铅笔的场景，为当前场景。在场景数量多，难以快速准确找到所需场景的情况下，这项新增功能显得非常重要。

提示：SketchUp 8.0 的“场景”管理器新增了场景缩略图，可以直观显示场景视图，使查找场景变得更加方便，也可以右击缩略图进行场景的添加和更新等操作，如图 7-4 所示。

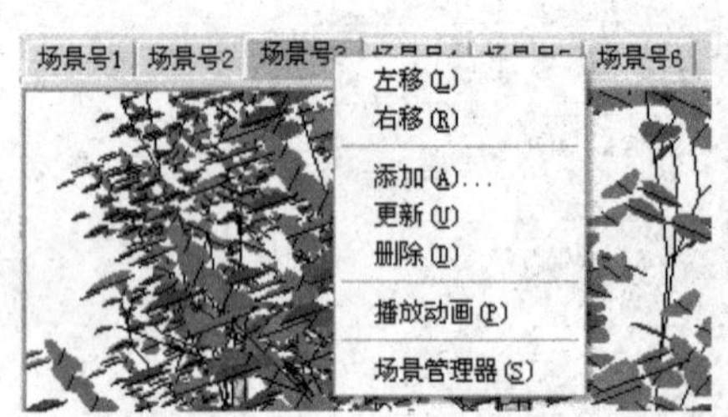

图 7-2

图 7-3

提示：在创建场景时，将在 SketchUp 低版本中创建的含有场景属性的模型在 SketchUp 8.0 中打开生成缩略场景时，可能需要一定的时间进行场景缩略图的渲染，这时可以选择等待或者取消渲染操作，如图 7-5 所示。

- “显示/隐藏详细信息”按钮：每一个场景都包含了很多属性设置，如图 7-6 所示，单击该按钮即可显示或者隐藏这些属性。

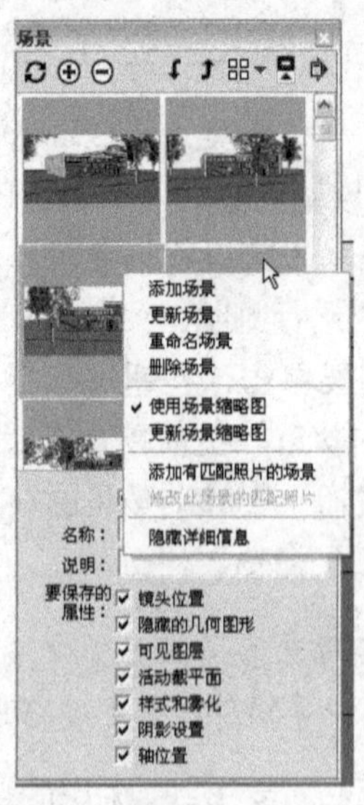

图 7-4

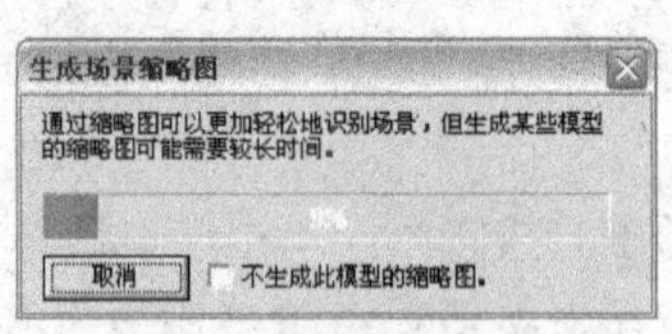

图 7-5

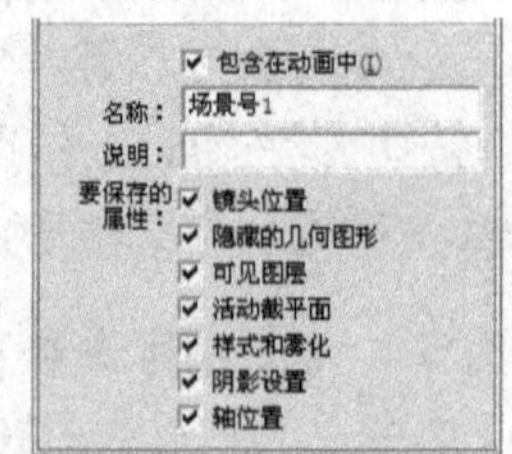

图 7-6

➢ 包含在动画中：当动画被激活以后，选中该选项，则场景会连续显示在动画中。如果没有勾选，则播放动画时会自动跳过该场景。
➢ 名称：可以改变场景的名称，也可以使用默认的场景名称。
➢ 说明：可以为场景添加简单的描述。
➢ 要保存的属性：包含很多属性选项，选中则记录相关属性的变化，不选则不记录。在不选的情况下，当前场景的这个属性会延续上一个场景的特征。例如取消勾选“阴影设置”复选框，那么，从前一个场景切换到当前场景时，阴影将停留在前一个场景的阴影状态下，当前场景的阴影状态将被自动取消；如果需要恢复，就必须再次勾选“阴影设置”复选框，并重新设置阴影，还需要再次刷新。

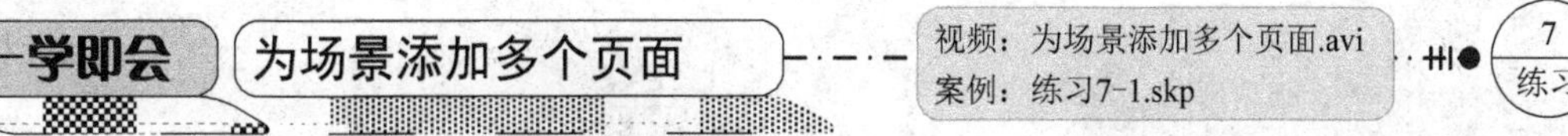

首先打开场景文件，然后执行相应的命令为场景添加多个场景页面，其操作步骤如下。

1）启动 SketchUp 软件，接着执行“文件|打开”菜单命令，打开本实例的场景文件，如图 7-7 所示。

图 7-7

2）执行“窗口|场景”菜单命令，接着在弹出的“场景”管理器中单击“添加场景”按钮⊕，完成“场景号 1”的添加，如图 7-8 所示。

3）使用“环绕观察”工具调整视图效果，重点表达建筑入口的正面效果，再单击“添加场景”按钮⊕，完成“场景号 2”的添加，如图 7-9 所示。

图 7-8

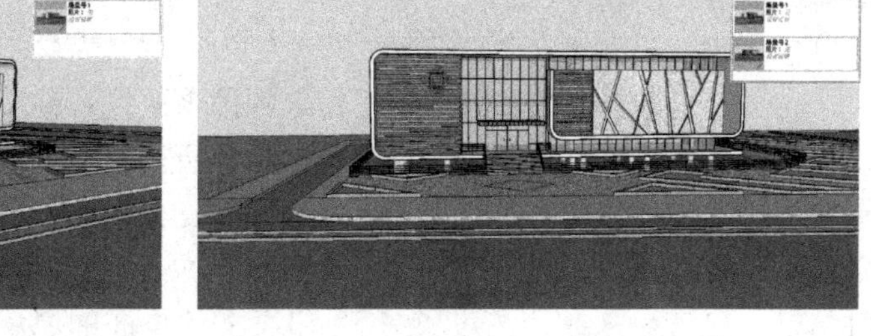

图 7-9

4）采用相同的方法完成其他页面的添加，如图 7-10 所示。

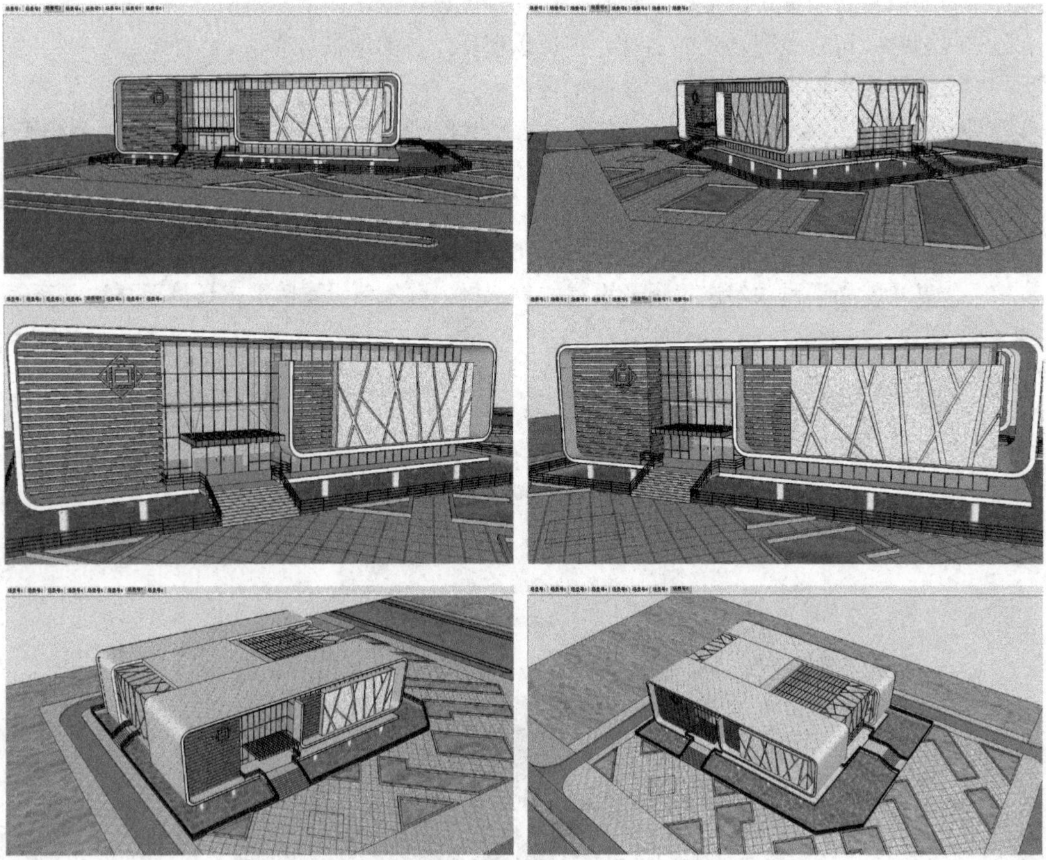

图 7-10

7.2 动画

SketchUp 的动画主要通过场景页面来实现，在不同页面场景之间可以平滑地过渡雾化、阴影、背景和天空等效果。SketchUp 的动画制作过程简单、成本低，被广泛用于概念性设计成果展示。

7.2.1 幻灯片演示

对于设置好页面的场景可以用幻灯片的形式进行演示。首先设置一系列不同视角的页面，并尽量使得相邻页面之间的视角与视距不要相差太远，数量也不宜太多，只选择能充分表达设计意图的代表性页面即可。然后执行“视图|动画|播放”菜单命令打开“动画”对话框，单击“播放”按钮▷ 播放即可播放页面的展示动画，单击“停止”按钮□ 停止(S)即可暂停幻灯片播放，如图 7-11 所示。

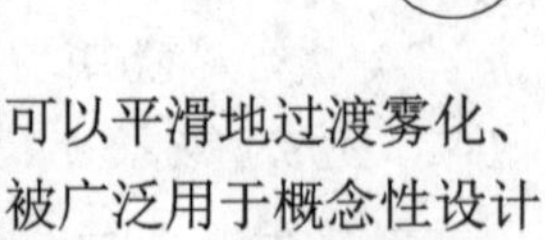

图 7-11

专业知识 页面切换时间和延迟时间的设置

执行“视图|动画|设置”菜单命令将打开“模型信息”管理器中的“动画”面板，在这里可以设置页面切换时间和定格时间，如图 7-12 所示。为了使动画播放流畅，一般将场景延时设置为 0s。

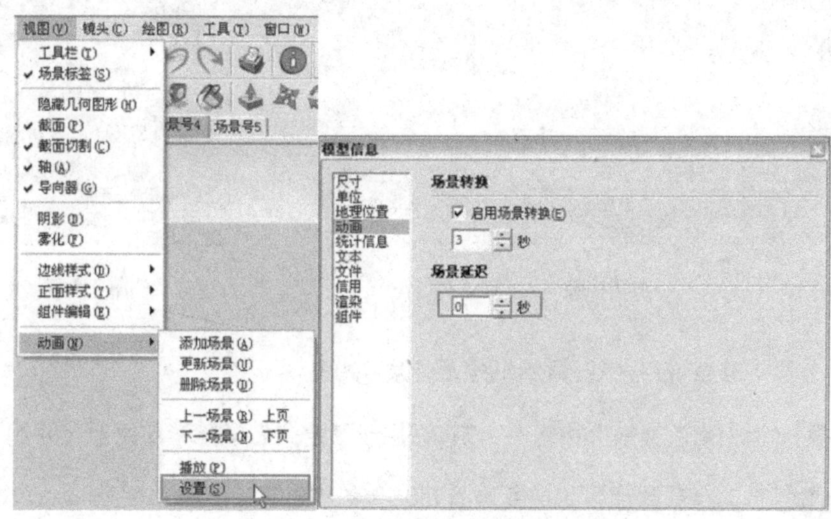

图 7-12

7.2.2 导出 AVI 格式的动画

对于简单的模型，采用幻灯片播放还能保持平滑动态显示，但在处理复杂模型的时候，如果仍要保持画面流畅，就需要导出动画文件了。因为采用幻灯片播放时，每秒显示的帧数取决于计算机的即时运算能力，而导出视频文件的话，SketchUp 会使用额外的时间来渲染更多的帧，以保证画面的流畅播放，所以，导出视频文件需要更多的时间。

想要导出动画文件，只要执行“文件|导出|动画”菜单命令，然后在弹出的“输出动画”对话框中设置导出格式为“Avi 文件（*.avi）”，接着对导出选项进行设置即可，如图 7-13 和图 7-14 所示。

功能介绍 “动画导出选项”对话框

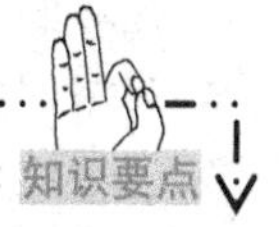

- 宽度/高度：这两项数值用于控制每帧画面的尺寸，以像素为单位。一般情况下，帧画面尺寸设为 400 像素×300 像素或者 320 像素×240 像素即可。如果是 640 像素×480 像素的视频文件，那就可以全屏播放了。对视频而言，人脑在一定时间内对于信息量的处理能力是有限的，其运动连贯性比静态图像的细节更重要。所以，可以从模型中分别提取高分辨率的图像和较小帧画面尺寸的视频，既可以展示细节，又可以动态展示空间关系。

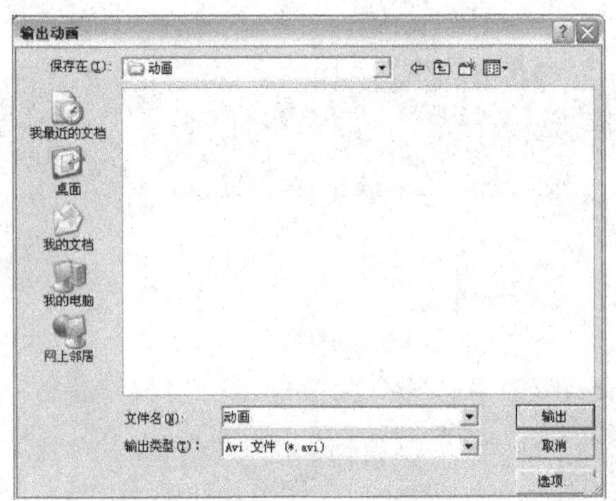

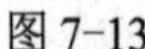
图 7-13

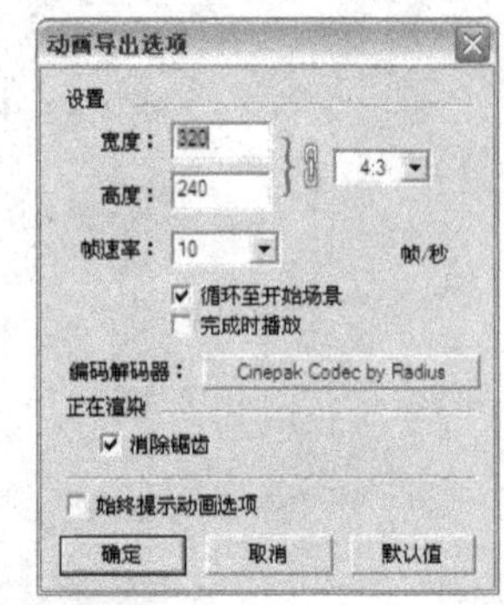

图 7-14

提示：如果是用 DVD 播放，画面的宽度需要 720 像素。

- “切换长宽比锁定/解锁”按钮：该按钮用于锁定或者解除锁定画面尺寸的长宽比。

提示：电视机、大多数计算机屏幕和 1950 年之前电影的标准比例是 4:3；宽银幕显示（包括数字电视、等离子电视等）的标准比例是 16∶9。

- 帧速率：帧速率是指每秒产生的帧画面数。帧速率与渲染时间以及视频文件大小成正比，帧速率值越大，渲染所花费的时间以及输出后的视频文件就越大。帧速率设置为 8～10 帧/秒是画面连续的最低要求，12～15 帧/秒既可以控制文件的大小也可以保证流畅播放，24～30 帧/秒的设置就相当于“全速”播放了。当然，用户还可以设置 5 帧/秒来渲染一个粗糙的动画来预览效果，这样能节约大量时间，并且发现一些潜在的问题，例如高宽比不对、照相机穿墙等。

提示：一些程序或设备要求特定的帧速率。例如，一些国家要求电视帧速率为 29.97 帧/秒，欧洲的电视要求为 25 帧/秒，电影需要 24 帧/秒，我国的电视要求为 25 帧/秒等。

- 循环至开始场景：勾选该复选框可以从最后一个页面倒退到第一个页面，创建无限循环的动画。
- 完成时播放：如果勾选该复选框，那么一旦创建出视频文件，将立刻用默认的播放器播放该文件。
- 编码解码器：指定编码器或压缩插件，也可以调整动画质量设置。SketchUp 默认的编码器为 Cinepak Codec by Radius，可以在所有平台上顺利运行，用 CD-ROM 流畅回放，支持固定文件大小的压缩形式。
- 消除锯齿：勾选该复选框后，SketchUp 会对导出的图像做平滑处理，需要更多的导出时间，但是可以减少图像中的线条锯齿。

● 始终提示动画选项：在创建视频文件之前总是先显示该对话框。

提示：导出 AVI 文件时，在“动画导出选项”对话框中取消对“循环至开始场景”复选框的勾选，就可以让动画停止在最后的位置，如图 7-15 所示。SketchUp 无法导出 AVI 文件的时候，建议在建模时材质使用英文名，文件也保存为一个英文名或者拼音，保存路径最好不要设置在中文名称的文件夹内（包括“桌面”），而是新建一个英文名称的文件夹，然后保存在某个盘的根目录下。

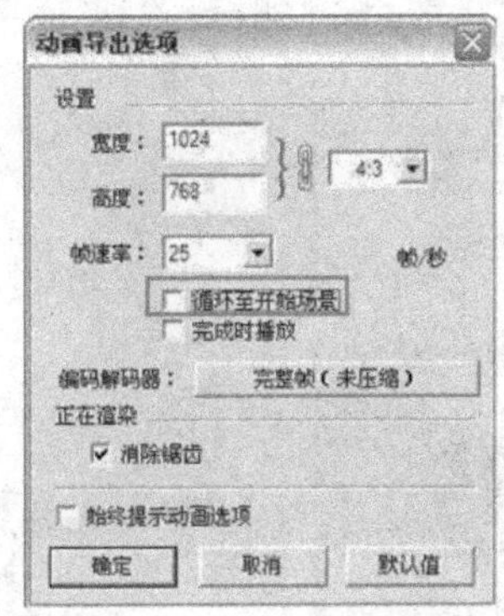

图 7-15

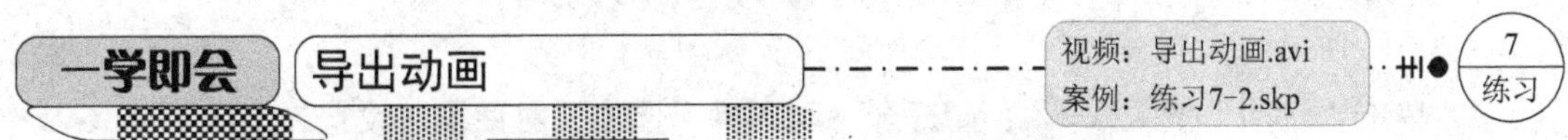

下面讲解怎样将添加场景页面的场景导出动画，其操作步骤如下。

1）启动 SketchUp 软件，接着执行“文件|打开”菜单命令，打开本实例的场景文件，如图 7-16 所示。

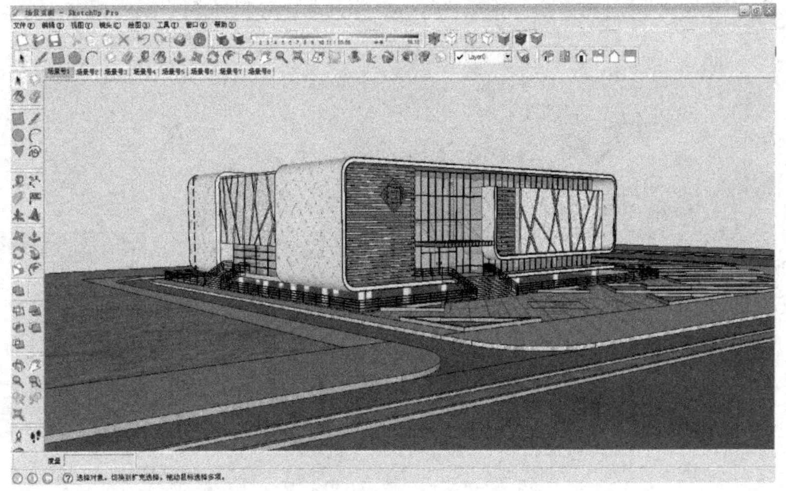

图 7-16

2）执行“文件|导出|动画”菜单命令，系统自动弹出“输出动画”对话框，在这里设置文件保存的位置和文件名称，并选择正确的导出格式（AVI 格式），如图 7-17 所示。

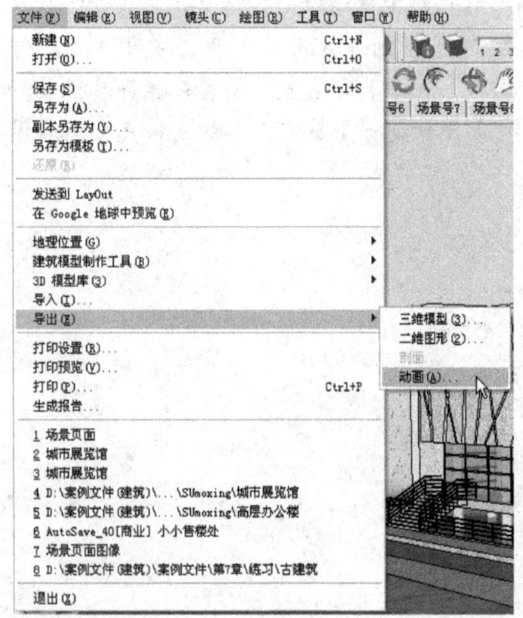

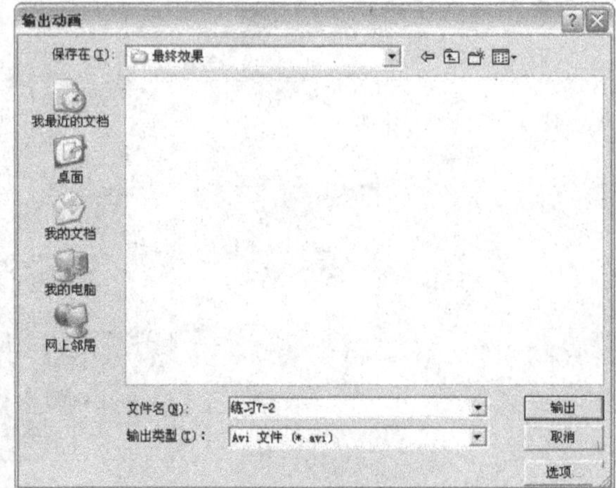

图 7-17

3）单击“选项”按钮，打开“动画导出选项”对话框，设置导出大小为 640×480，帧速率为 10，再勾选“循环至开始场景”和“消除锯齿”复选框，并单击“确定”按钮，如图 7-18 所示。

4）动画文件被导出，此时将显示导出进度，如图 7-19 所示。

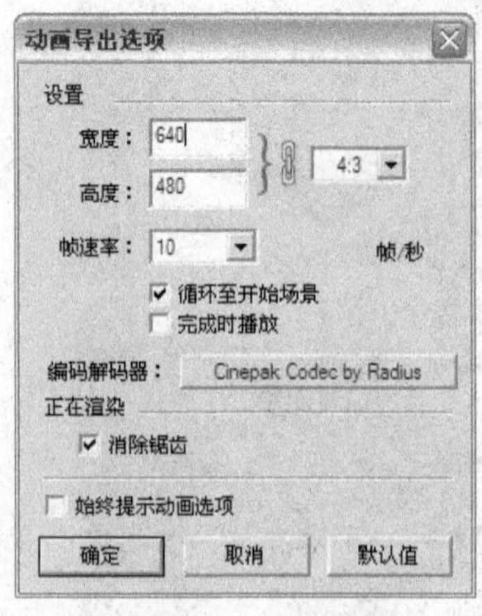

图 7-18

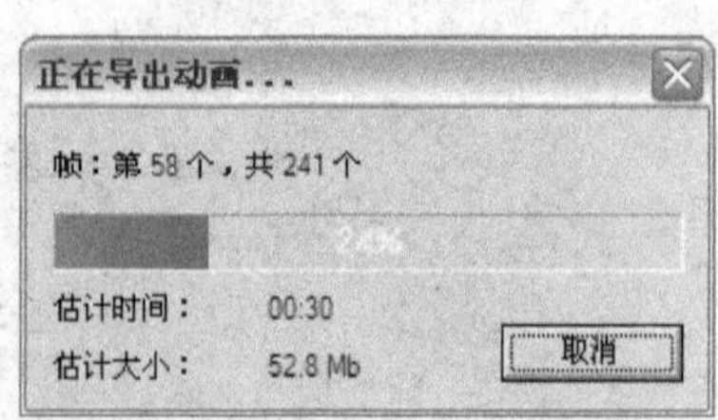

图 7-19

专业知识 导出动画的注意事项

通过实践经验，作者总结出了导出动画时的几点注意事项。

（1）尽量设置好页面。从创建页面到导出动画再到后期合成，需要花费相当多的时间。因此，应该尽量地利用 SketchUp 的实时渲染功能，事先将每个页面的细节和各项参数调整好，再进行渲染。

（2）创建预览动画。在创建复杂场景的大型动画之前，最好先导出一个较小的预览动画以查看效果。把帧画面的尺寸设为 200 左右，同时降低帧率为 5～8 帧/秒。这样的画面虽然没有表现力，但渲染很快，又能显示出一些潜在的问题，如屏幕高宽比不佳、照相机穿墙等，以便做出相应调整。

（3）合理安排时间。虽然 SketchUp 动画的渲染速度比其他渲染软件快得多，但还是比较耗时的，尤其是在导出带阴影效果、高帧率、高分辨率动画的时候，所以要合理安排好时间，在人休息的时候让计算机进行耗时的动画渲染。

（4）发挥 SketchUp 的优势。充分发挥 SketchUp 的阴影、剖面、建筑空间的漫游等方面的优势，可以更加充分地表现建筑设计思想和空间的设计细节。

7.3 制作方案展示动画

7 掌握

除了前面所讲述的直接将多个页面导出为动画以外，导出动画的方法还有：将 SketchUp 的动画功能与其他功能结合起来生成动画；将“剖面”功能与“页面”功能结合生成“剖切生长”动画；还可以结合 SketchUp 的“阴影”设置和“页面”功能生成阴影动画，为模型带来阴影变化的视觉效果。

一学即会 制作阴影动画

视频：制作阴影动画.avi
案例：练习7-3.skp

7 练习

下面通过一个实例场景来具体讲解阴影动画的制作及操作技巧，其操作步骤如下。

1）启动 SketchUp 软件，接着执行“文件|打开”菜单命令，打开本实例的场景文件，如图 7-20 所示。

2）执行“窗口|阴影”菜单命令打开“阴影设置”对话框，接着对“日期”进行设置，在此将其设定为 8 月 1 号，如图 7-21 所示。

3）将时间滑块拖曳至最左侧，然后激活“显示/隐藏阴影”按钮，接着打开“场景”管理器创建一个新的场景页面，如图 7-22 所示。

4）将时间滑块拖曳至最右侧，然后添加一个新的页面，如图 7-23 所示。

5）打开“模型信息”管理器，然后在“动画”面板中勾选“启用场景转换”复选框，并将转换时间设置为“10”s，“场景延迟”为“0”s，如图 7-24 所示。

6）完成以上设置后，执行“文件|导出|动画”菜单命令导出创建的阴影动画，导出时注意设置好动画的保存路径和格式（AVI 格式），然后单击“输出动画”对话框下侧的“输

出”按钮 输出 即可将动画保存到指定的位置，如图 7-25 所示。

图 7-20

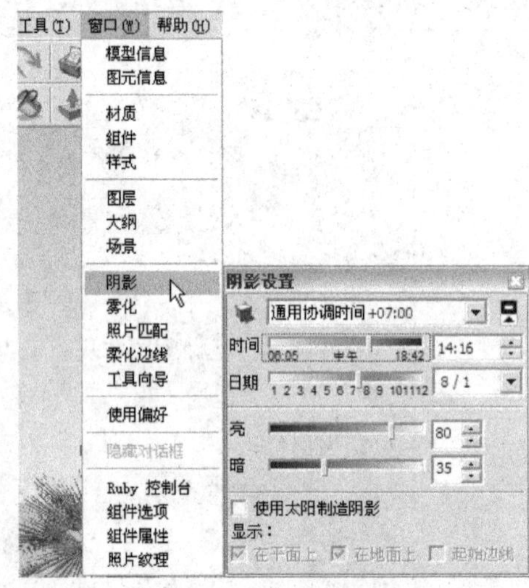

图 7-21

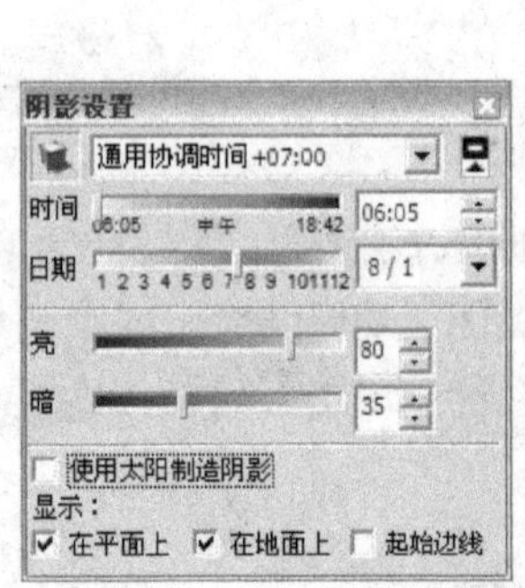

图 7-22

图 7-23

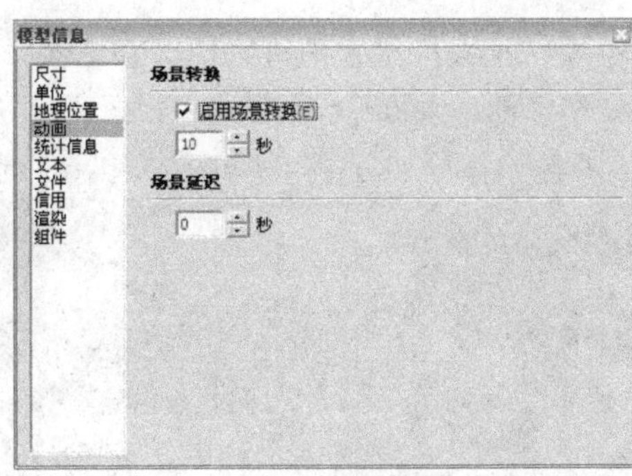

图 7-24

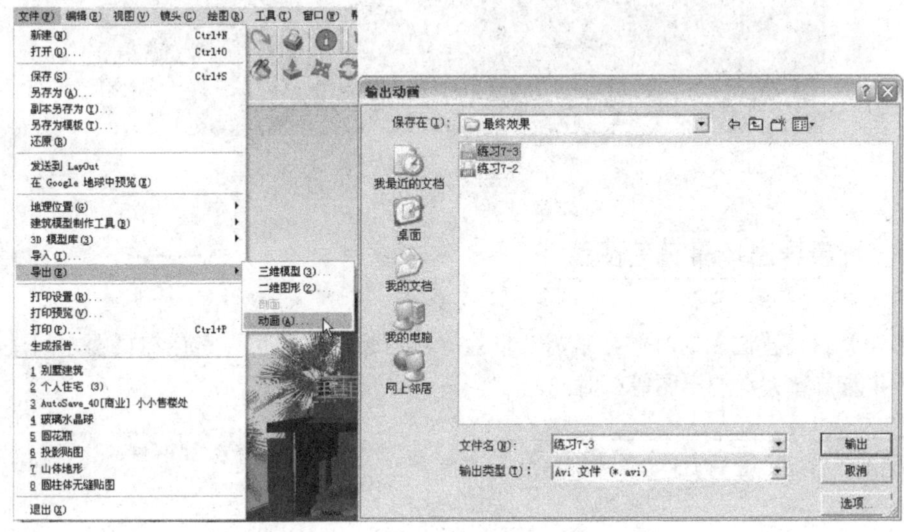

图 7-25

7）打开保存的“案例/07/最终效果/练习 7-3.avi”文件，即可观看制作的阴影动画效果，如图 7-26 所示。

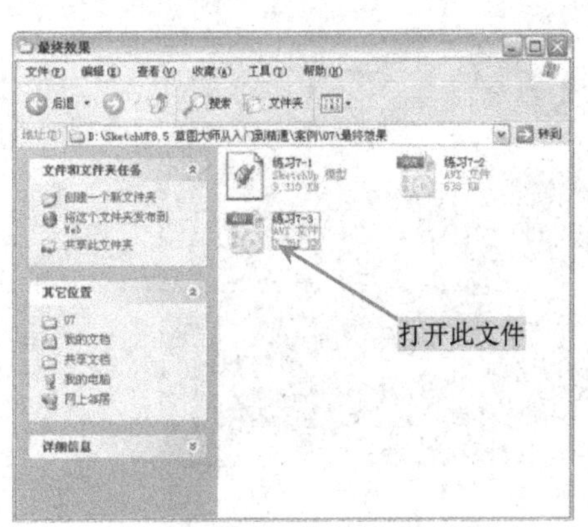

图 7-26

提示：完成导出动画后，可以再运用影音编辑软件（如 Adobe Premiere Pro CS4 等）对动画添加字幕和背景音乐等后期效果，如图 7-27 所示。

图 7-27

7.4 批量导出场景页面图像

当场景页面设置过多的时候，就需要批量导出图像，这样可以避免在页面之间进行烦琐的切换，并能节省大量的出图等待时间。

一学即会 批量导出场景页面图像

视频：批量导出场景页面图像.avi
案例：练习7-4.skp

下面讲解怎样将场景页面图像导出为图片格式文件，其操作步骤如下。

1）启动 SketchUp 软件，接着执行“文件|打开”菜单命令，打开本实例的场景文件，如图 7-28 所示。

图 7-28

2）执行“窗口|场景”菜单命令，打开“场景”管理器，然后为打开的场景文件添加多个场景页面效果，如图 7-29 所示。

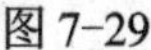
图 7-29

3）执行“窗口|模型信息”菜单命令，然后在弹出的“模型信息”管理器中打开“动画”面板，接着设置“场景转换”为“1”s，“场景延时”为“0”s，并按〈Enter〉键确定，如图 7-30 所示。

4）执行“文件|导出|动画”菜单命令，然后在弹出的“输出动画”对话框中设置动画的保存路径和类型，接着单击“选项”按钮 选项… ，如图 7-31 所示。

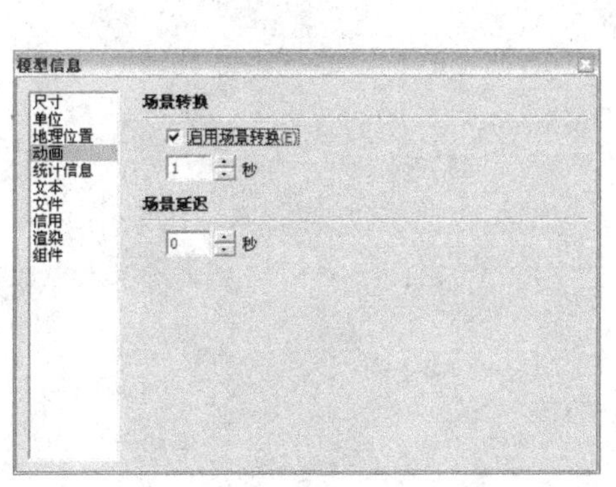

图 7-30

图 7-31

5）在弹出的“动画导出选项”对话框中设置相关导出参数，导出时不要勾选“循环至开始场景”复选框，否则会将第一张图导出两次，如图 7-32 所示。

6）完成设置后单击“输出”按钮 输出 开始输出动画，需要等待一段时间，如图 7-33 所示。

7）打开相应的存储文件夹，可以看到在 SketchUp 中批量导出的图片，如图 7-34 所示。

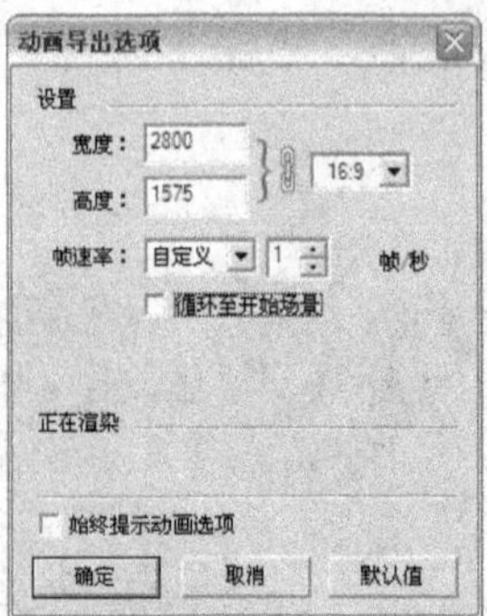

图 7-32

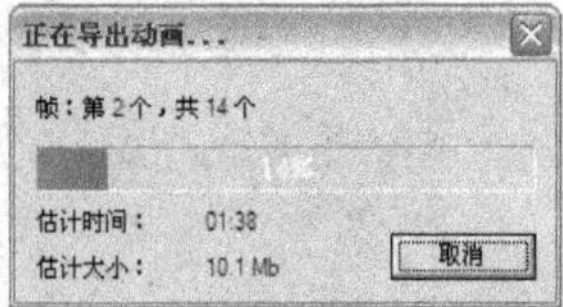

图 7-33

图 7-34

SketchUp®

第 8 章

剖切平面

内容摘要

“截平面”是 SketchUp 中的特殊命令，用来控制剖面效果。物体在空间的位置以及与群组和组件的关系决定了剖切效果的本质。用户可以控制剖面线的颜色，或者将剖面线创建为组。使用“截平面”命令可以方便地对物体的内部模型进行观察和编辑，展示模型内部的空间关系，减少编辑模型时所需的隐藏操作。这些内容将在本章中加以详细讲述。

- 创建截平面
- 编辑截平面
- 制作剖切动画

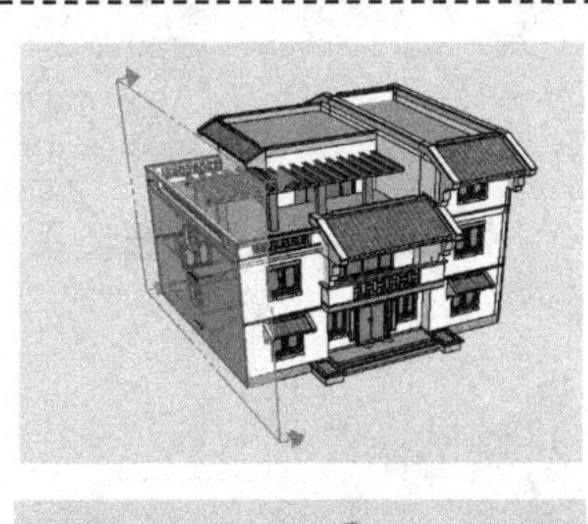

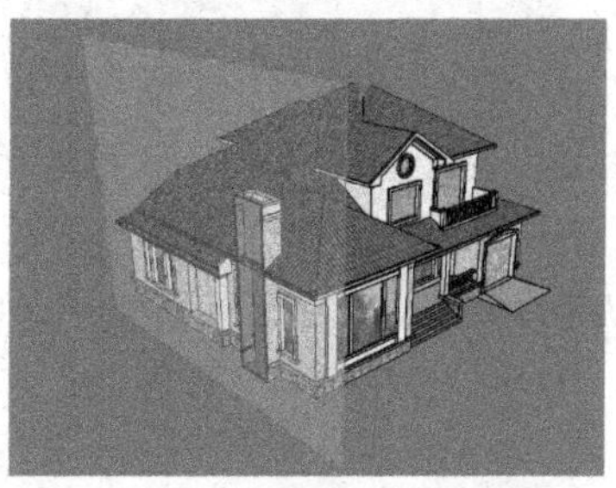

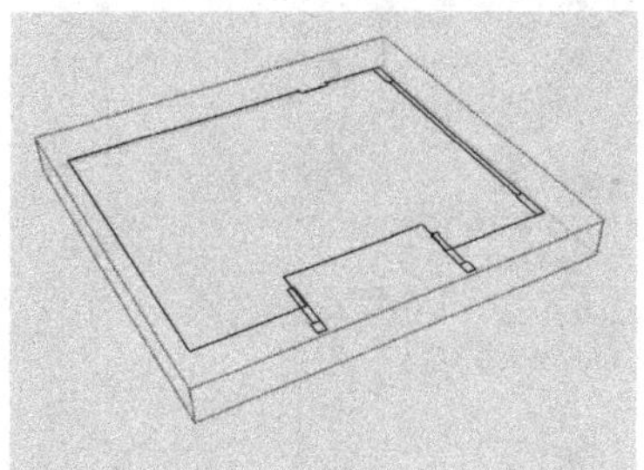

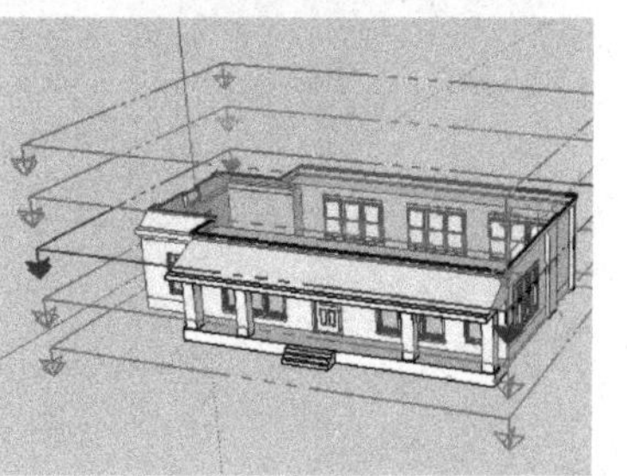

8.1 创建截平面

如果要为模型创建截平面效果，可以按以下步骤进行操作。

1）选择需要增加截平面的实体，然后执行“工具|截平面”菜单命令，此时光标处会出现一个剖切截面，移动光标到几何体上，剖切截面会对齐到所在表面上，如图 8-1 所示。

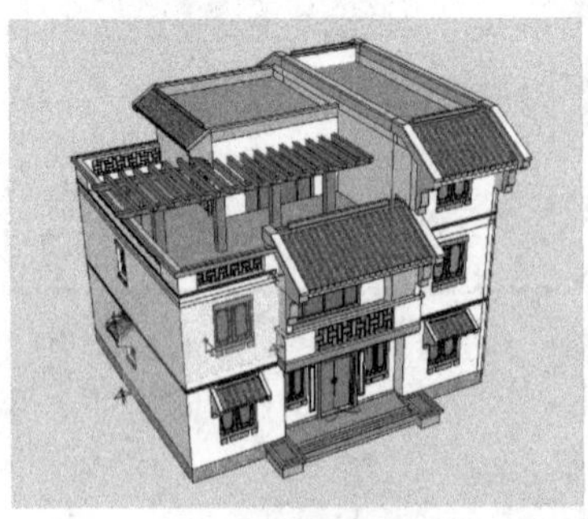
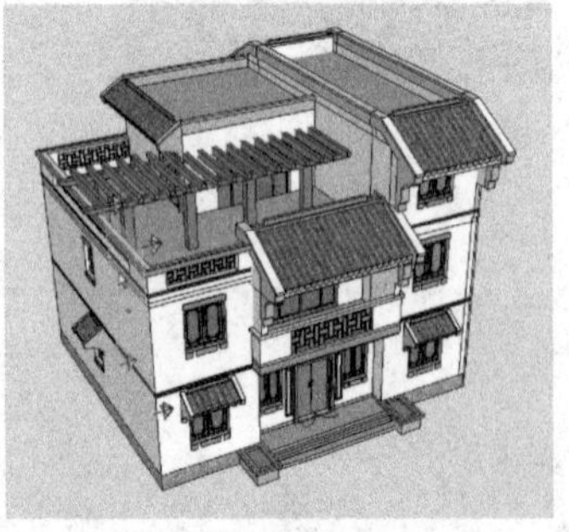

图 8-1

提示： 上述操作中，如果按住〈Shift〉键可以锁定剖切截面的平面定位。

2）移动剖面至适当位置，然后单击鼠标左键旋转剖面，如图 8-2 所示。

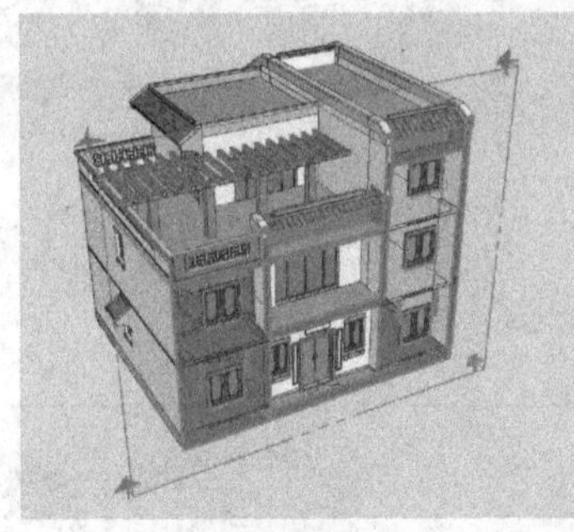
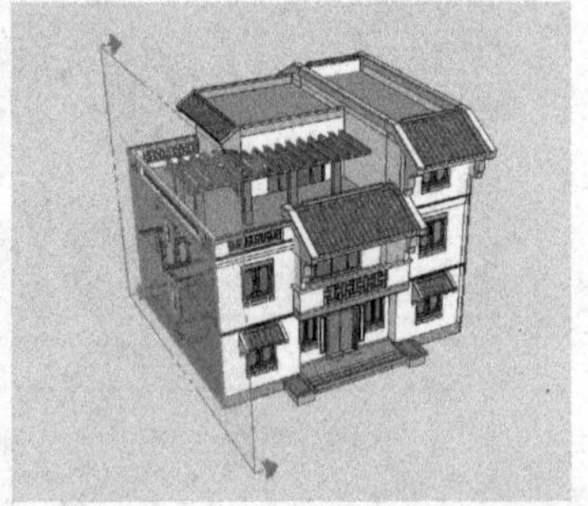

图 8-2

提示： 执行“窗口|样式”菜单命令，弹出“样式”编辑器。在“样式”编辑器中可以对截面线的粗细和颜色进行调整，如图 8-3 所示。

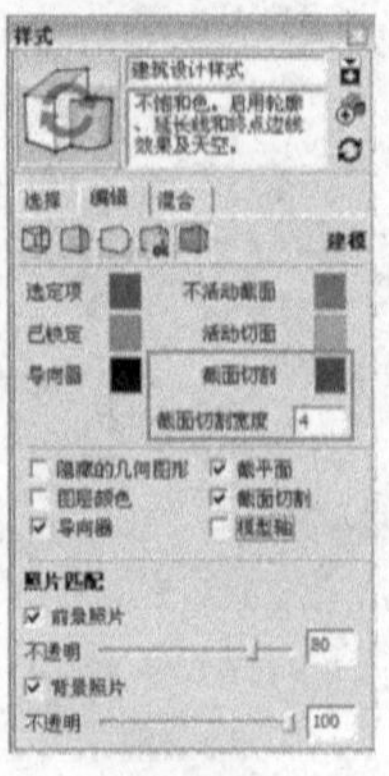

图 8-3

一学即会 为场景建筑添加截面

视频：为场景建筑添加截面.avi
案例：练习8-1.skp

下面通过一个建筑实例，来讲解为模型的相应表面添加截平面的操作方法及技巧，其操作步骤如下。

1）启动 SketchUp 软件，接着执行“文件|打开”菜单命令，打开本实例的场景文件，如图 8-4 所示。

2）单击“截面”工具栏中的“截平面”按钮，然后将鼠标放置在别墅的相应墙面上，如图 8-5 所示。

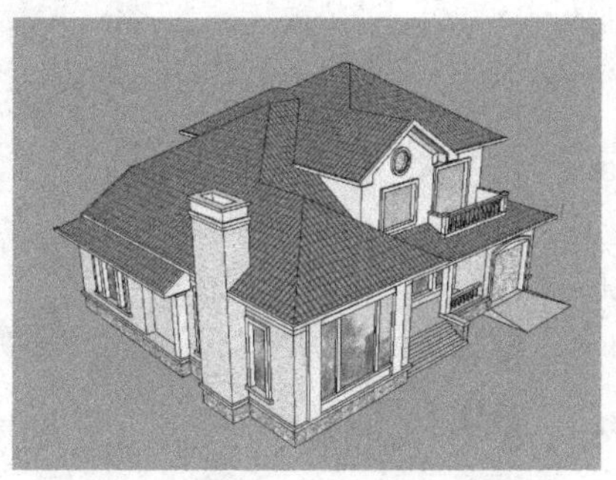

图 8-4

图 8-5

3）单击鼠标左键完成截平面的添加，如图 8-6 所示。

图 8-6

8.2 编辑截平面

本节主要针对截平面的编辑与修改等内容进行讲解，其中包括移动与旋转截面、反转截面的方向、激活截平面、将截面对齐到视图等内容。

8.2.1 “截面”工具栏

“截面”工具栏中的工具可以控制截面的显示和隐藏。

执行“视图|工具栏|截面”菜单命令即可打开“截面”工具栏，该工具栏共有 3 个工具，分别为“截平面”工具、“显示截平面”工具和“显示截面切割”工具，如图 8-7 所示。

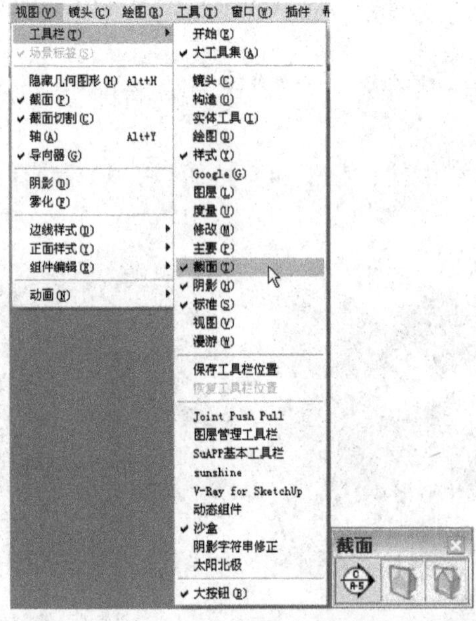

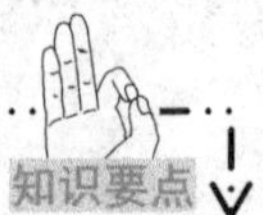

图 8-7

选项讲解 “截面”工具栏 知识要点

- “截平面”工具：该工具用于创建截平面。
- “显示/截平面”工具：该工具用于在截平面视图和完整模型视图之间切换，如图 8-8 所示。

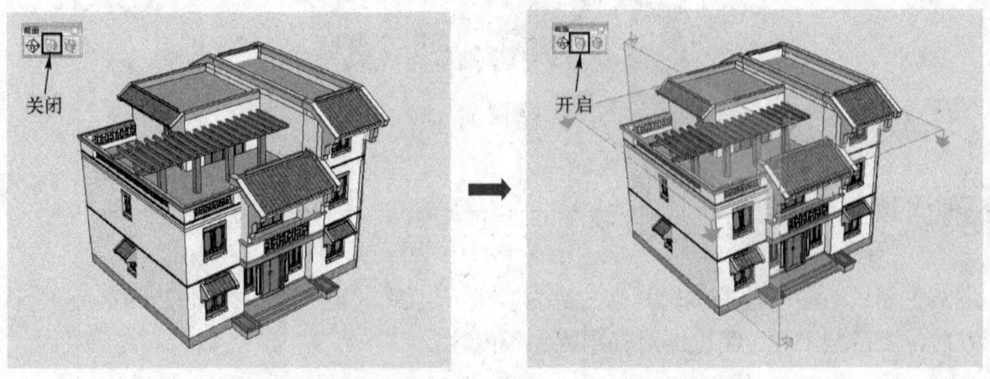

图 8-8

- “显示/截面切割”工具：该工具用于快速显示和隐藏所有剖切的面，如图 8-9 所示。

8.2.2 移动和旋转截面

和其他实体一样，使用“移动”工具和“旋转”工具可以对截面进行移动和旋转，如图 8-10 和图 8-11 所示。

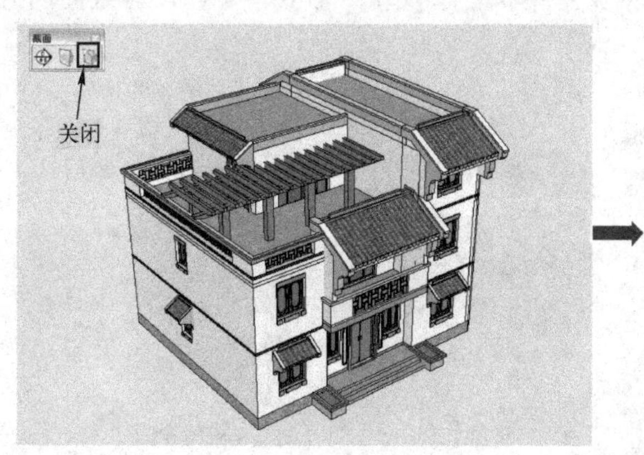

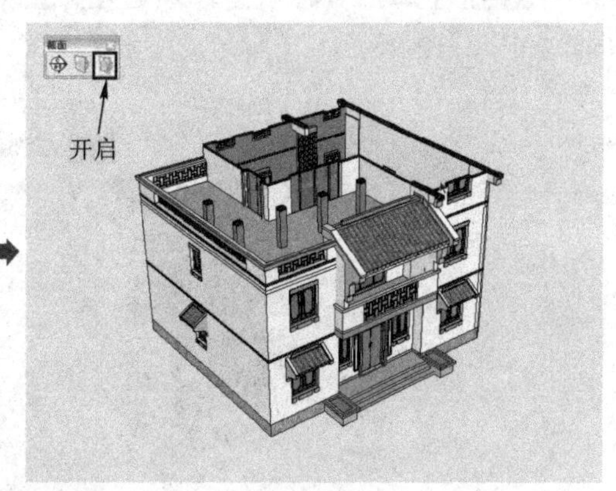

图 8-9

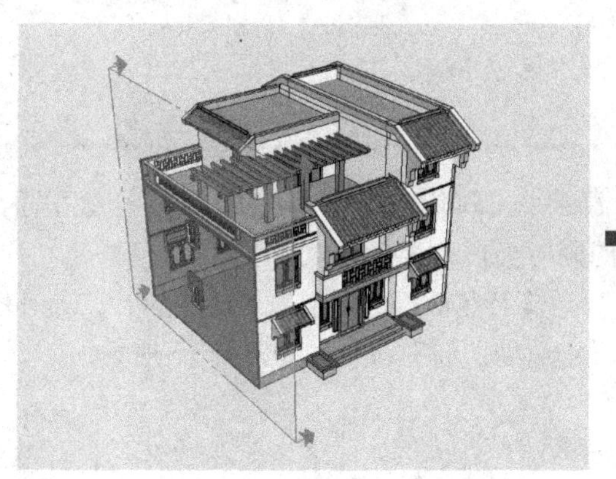

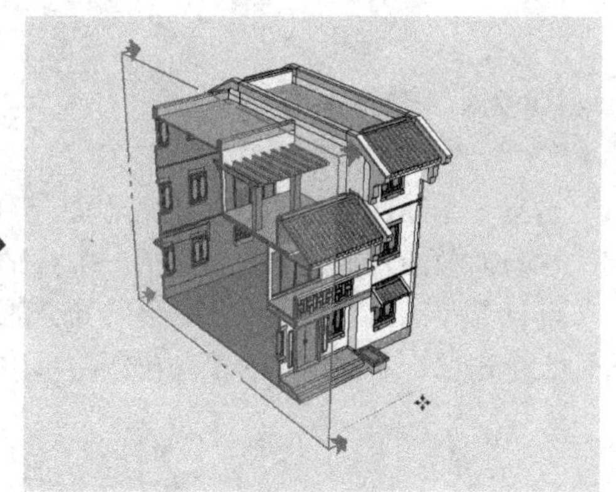

图 8-10

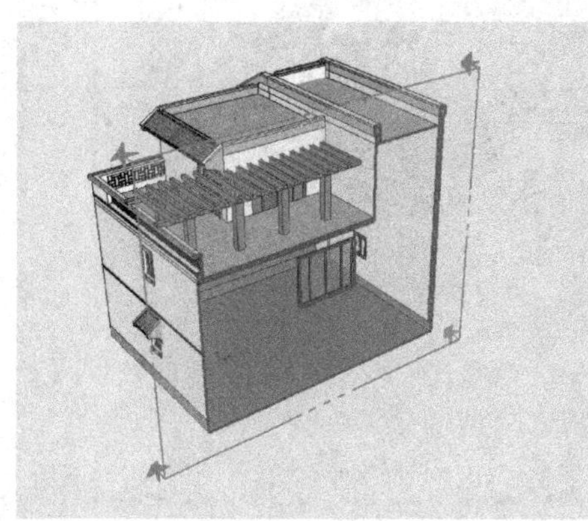

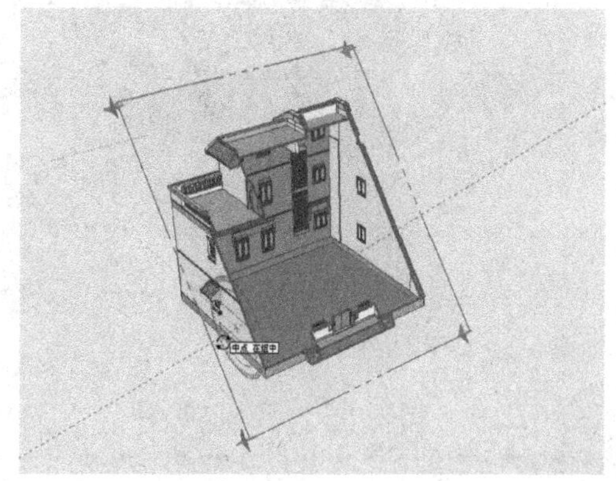

图 8-11

提示：在移动截平面时，截平面只沿着垂直于自己表面的方向移动。

8.2.3 反转截面方向

在截面上单击鼠标右键，然后在弹出的菜单中执行“反转”命令，可以反转截面的方向，如图 8-12 所示。

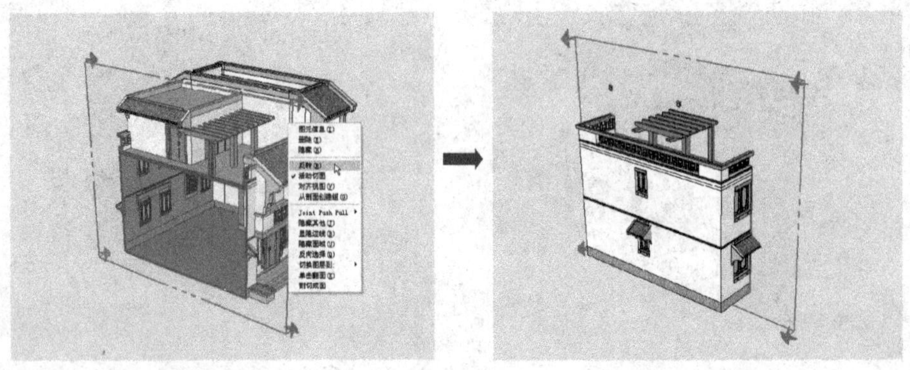

图 8-12

8.2.4 激活截平面

放置一个新的截平面后，该截平面会自动激活。在同一个模型中可以放置多个截平面，但一次只能激活一个截平面，激活一个截平面的同时会自动淡化其他截平面。

激活截平面有两种方法：一是使用“选择”工具在截平面上双击鼠标左键；二是在截平面上单击鼠标右键，然后在弹出的菜单中执行“活动切面”命令，如图 8-13 所示。

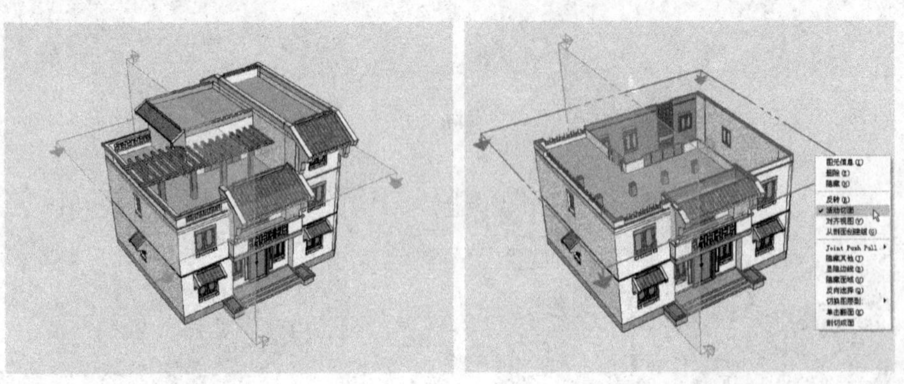

图 8-13

8.2.5 将截面对齐到视图

要得到一个传统的截面视图，可以在截平面上单击鼠标右键，然后在弹出的菜单中执行

“对齐到视图”命令。此时截面对齐到屏幕，显示为一点透视的截面或正视平面截面，如图 8-14 所示。

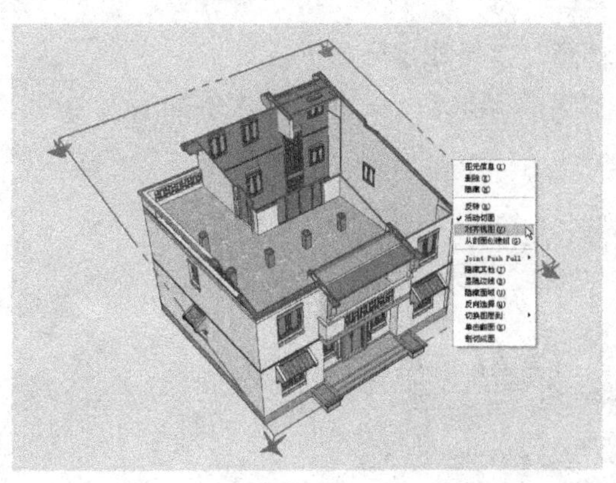
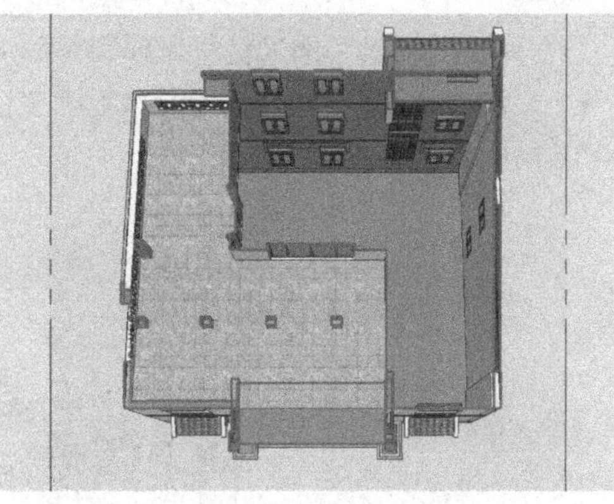

图 8-14

8.2.6 创建剖切口群组

在截平面上单击鼠标右键，然后在弹出的菜单中执行“从剖面创建组”命令，在截面与模型表面相交的位置会产生新的边线，并封装在一个组中。从剖切口创建的组可以被移动，如图 8-15 所示，也可以被分解。

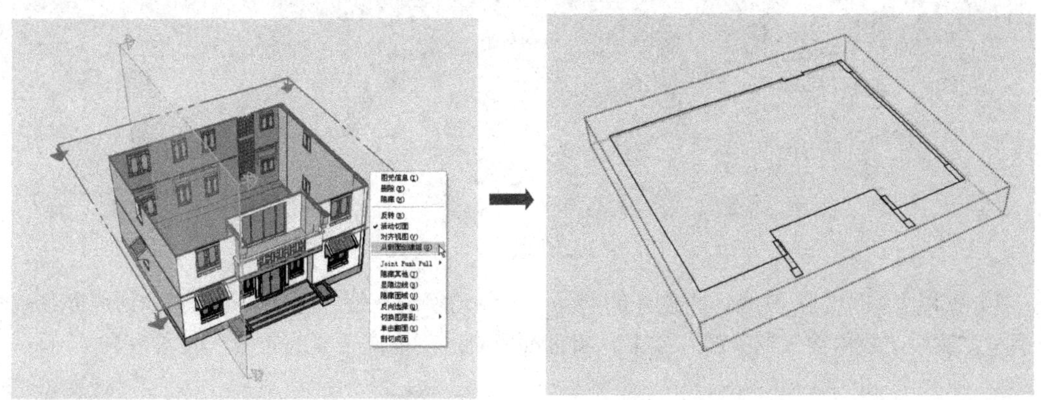

图 8-15

8.3 制作剖切动画

结合 SketchUp 的剖面功能和页面功能可以生成剖面动画。例如，在建筑设计方案中，可以制作剖面生长动画带来建筑层层生长的视觉效果。在此以某建筑为例，讲解剖面生长动画的制作步骤，希望读者能掌握其中的制作原理。

一学即会 制作剖切动画（生长动画）

视频：制作剖切动画.avi
案例：练习8-2.skp

下面通过一场景实例来讲解怎样制作剖切动画，其操作步骤如下。

1）启动 SketchUp 软件，接着执行“文件|打开”菜单命令，打开本实例的场景文件，如图 8-16 所示。

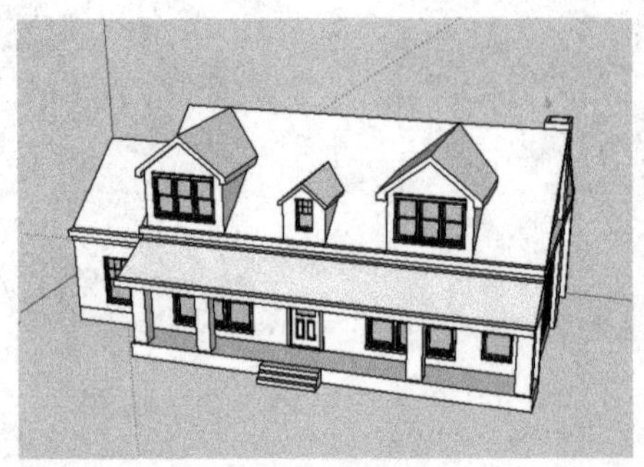

图 8-16

2）单击“截面”工具栏上的“截平面”工具，鼠标移动到建筑物的旁边，然后单击鼠标左键创建一个剖面，如图 8-17 所示。

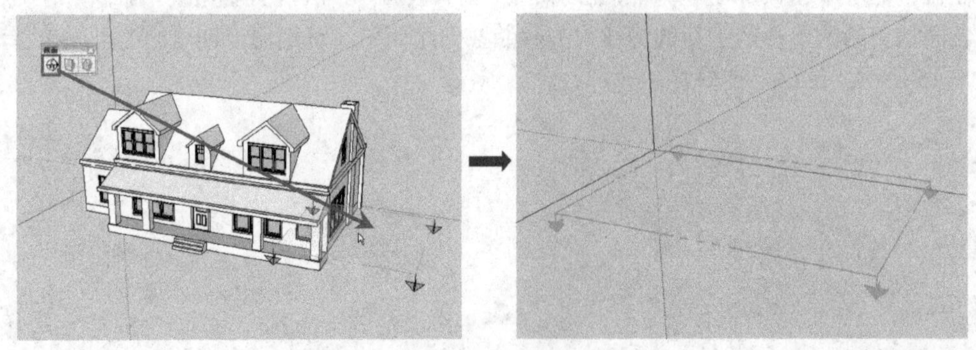

图 8-17

3）使用“移动”工具，将创建的剖面向上移动复制一份。在复制时注意剖切面要高于建筑模型，然后在数值输入框中输入“/4”，将前面复制的剖面向下复制 4 份，如图 8-18 所示。

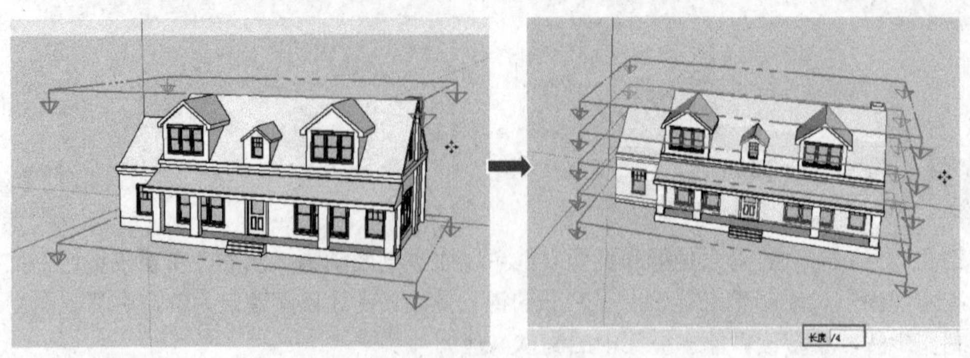

图 8-18

4）选中建筑最底层的剖面，单击鼠标右键并在弹出的菜单中选择“活动切面”命令，接着将所有剖切面隐藏，然后打开“场景”管理器并创建一个新的场景页面（场景号 1），如图 8-19 所示。

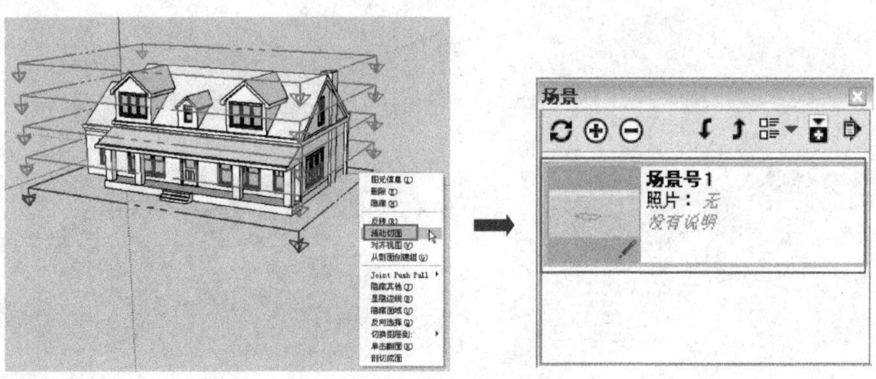

图 8-19

5）创建完“场景号 1”以后，显示所有隐藏的剖切面（快捷键为〈Shift+A〉），然后选择第 2 个剖切面进行激活，并将其余剖切面再次隐藏，接着在“场景”管理器中添加一个新的场景页面（场景号 2），如图 8-20 所示。

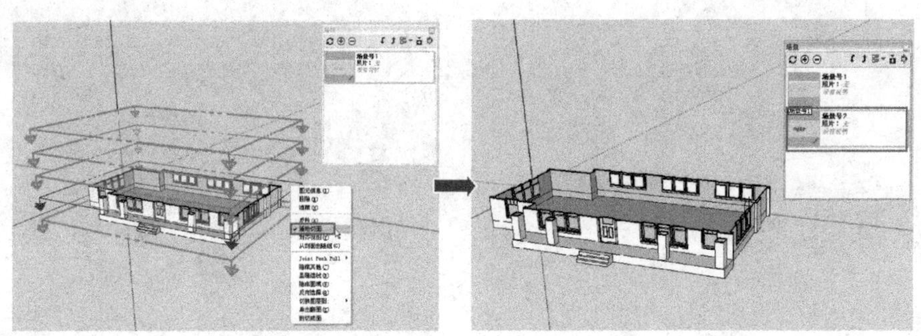

图 8-20

6）创建完“场景号 2”以后，显示所有隐藏的剖切面（快捷键为〈Shift+A〉），然后选择第 3 个剖切面进行激活，并将其余剖切面再次隐藏，接着在“场景”管理器中添加一个新的场景页面（场景号 3），如图 8-21 所示。

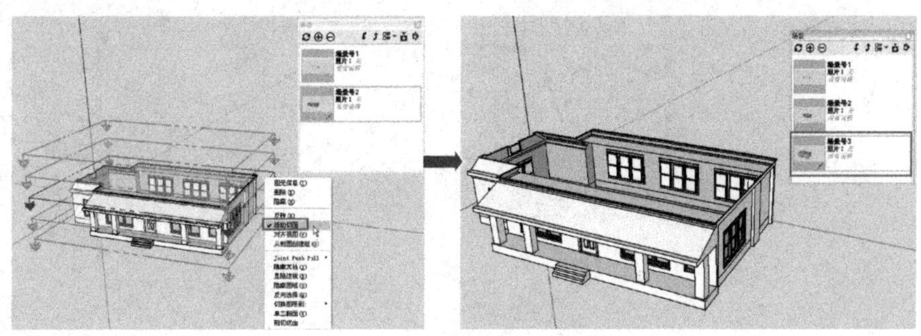

图 8-21

7）创建完“场景号 3”以后，显示所有隐藏的剖切面（快捷键为〈Shift+A〉），然后选择第 4 个剖切面进行激活，并将其余剖切面再次隐藏，接着在“场景”管理器中添加一个新的场景页面（场景号 4），如图 8-22 所示。

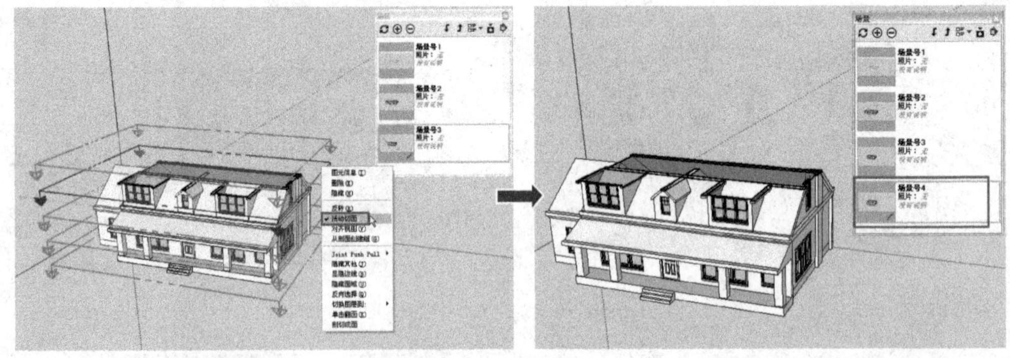

图 8-22

8）创建完“场景号 4”以后，显示所有隐藏的剖切面（快捷键为〈Shift+A〉），然后选择第 5 个剖切面进行激活，并将其余剖切面再次隐藏，接着在“场景”管理器中添加一个新的场景页面（场景号 5），如图 8-23 所示。

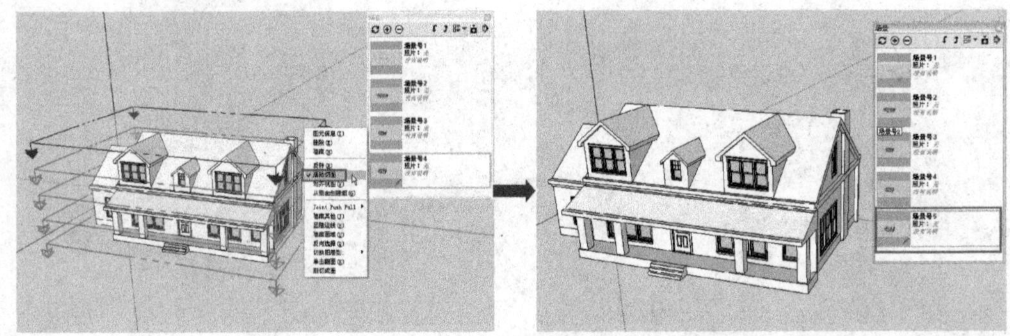

图 8-23

9）执行“窗口|模型信息”菜单命令，打开“模型信息”管理器，然后切换到“动画”面板，并设置右侧的场景转换的各项相关参数，如图 8-24 所示。

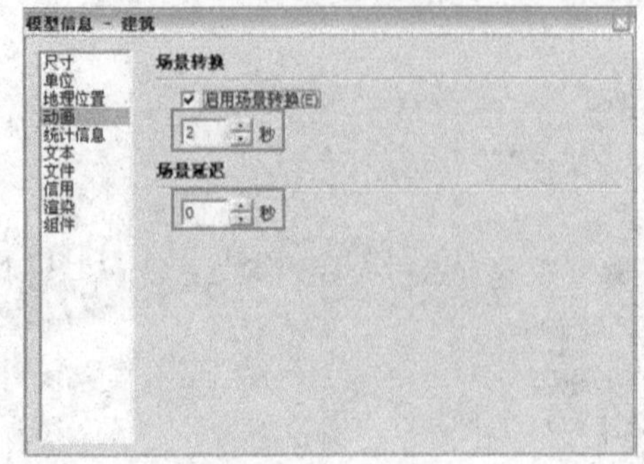

图 8-24

10）执行“文件|导出|动画”菜单命令，在弹出的“输出动画”对话框下单击“选项”按钮，然后在弹出的“动画导出选项”对话框下设置相关的动画导出参数，最后单击“输出”按钮即可将制作的动画保存到相应的文件夹中，如图 8-25 所示。

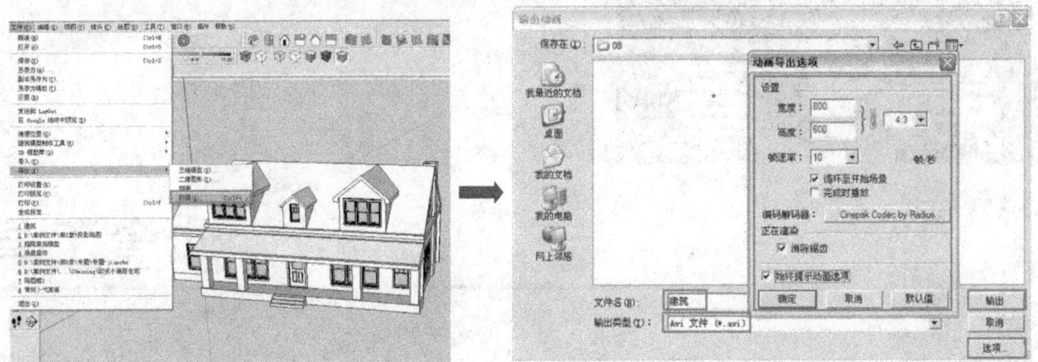

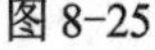
图 8-25

第9章 沙盒工具

内容摘要

不管是城市规划设计、园林景观设计还是游戏动画的场景设计，创建出一个好的地形环境都能为设计增色不少。在 SketchUp 中创建地形的方法有很多，包括结合 AutoCAD、ArcGIS 等软件进行高程点数据的共享并使用沙盒工具进行三维地形的创建，直接在 SketchUp 中使用线工具和推拉工具进行大致的地形推拉等，其中利用沙盒工具创建地形的方法应用较为普遍。

- “沙盒”工具栏
- 创建地形的其他方法

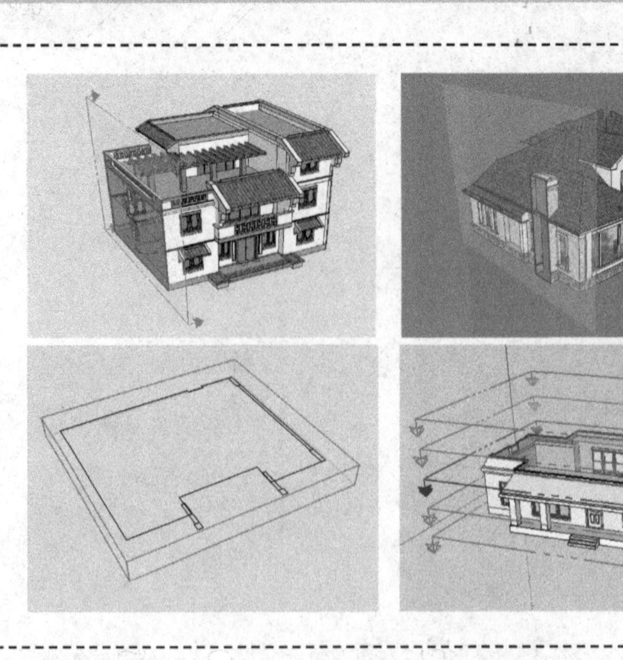

9.1 “沙盒”工具栏

9 掌握

从 SketchUp 5.0 以后，创建地形使用的都是“沙盒”功能。确切地说，“沙盒”是一个插件，它是用 Ruby 语言结合 SketchUp RubyAPI 编写的，并对其源文件进行了加密处理。SketchUp 8.0 将“沙盒”功能自动加载到软件中。SketchUp 8.0 中的沙盒工具最常用于创建地形。

执行“视图|工具栏|沙盒”菜单命令，打开“沙盒”工具栏。该工具栏中包含了 7 个工具，分别是“根据等高线创建”工具、“根据网格创建”工具、“曲面拉伸”工具、“曲面平整”、“曲面投射”工具、“添加细部”工具和“翻转边线”工具，如图 9-1 所示。

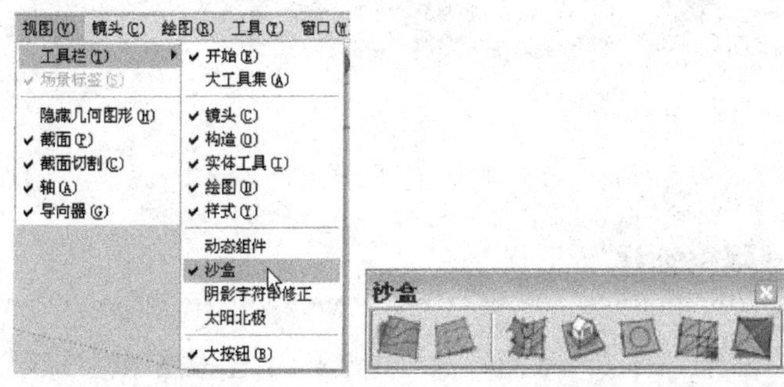

图 9-1

9.1.1 “根据等高线创建”工具

使用“根据等高线创建”工具（也可以执行“绘图|沙盒|根据等高线创建”菜单命令），可以让封闭相邻的等高线形成三角面。等高线可以是直线、圆弧、圆、曲线等，使用该工具将会使这些闭合或不闭合的线封闭成面，从而形成坡地。

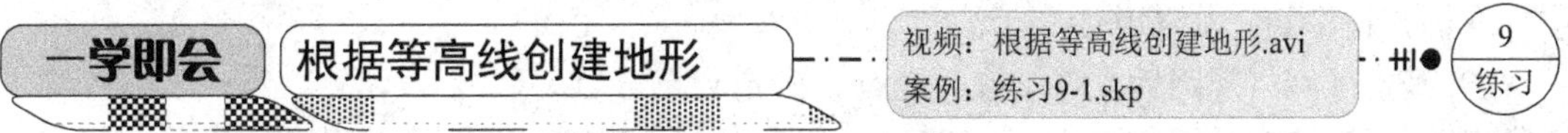

一学即会 根据等高线创建地形

视频：根据等高线创建地形.avi

案例：练习9-1.skp

9 练习

本实例主要讲解根据等高线来创建地形，其操作步骤如下。

1）启动 SketchUp 软件，接着执行“镜头|标准视图|顶部”菜单命令，将视图调整为顶视图。然后使用“徒手画”工具根据地形文件绘制等高线，然后将等高线内部的面删除掉，如图 9-2 所示。

2）使用“移动”工具，在透视图中将等高线移动至相应的高度，如图 9-3 所示。

3）选择绘制好的等高线，然后单击“根据等高线创建”工具按钮，此时会出现生成地形的进度条，生成的等高线地形会自动形成一个组，然后在组外将等高线删除掉，如图 9-4 所示。

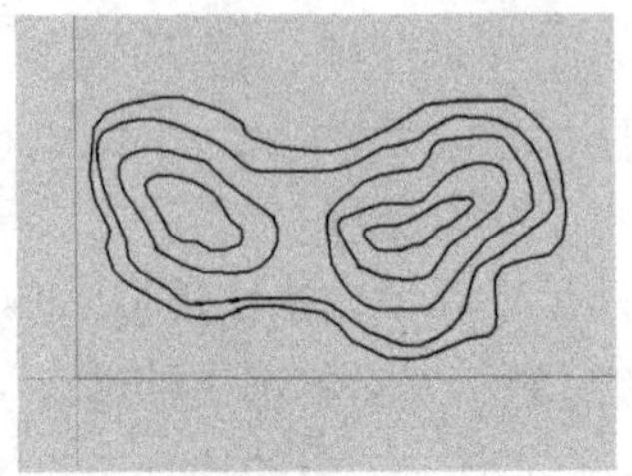

图 9-2

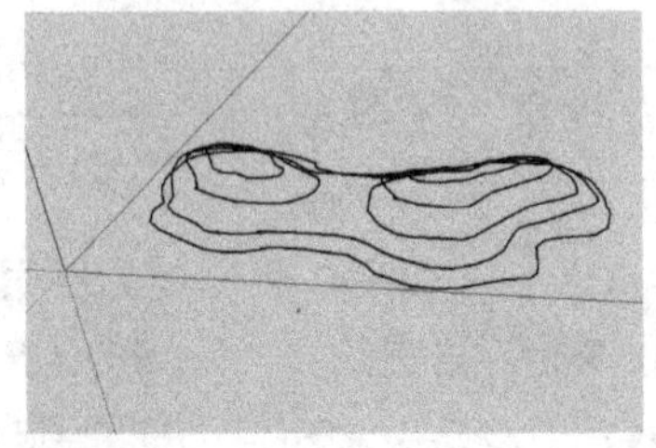

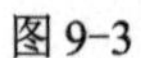

图 9-3

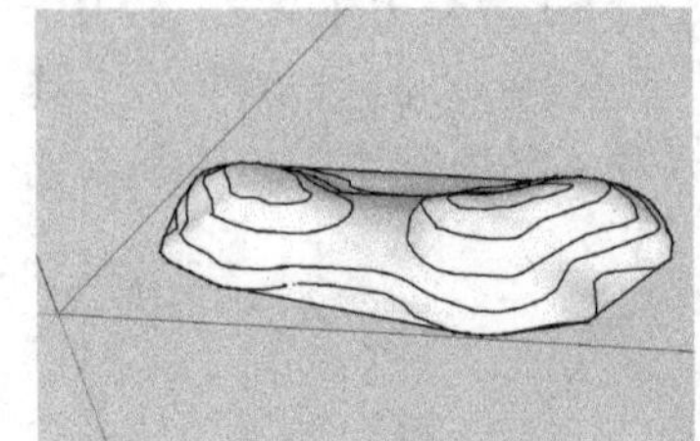

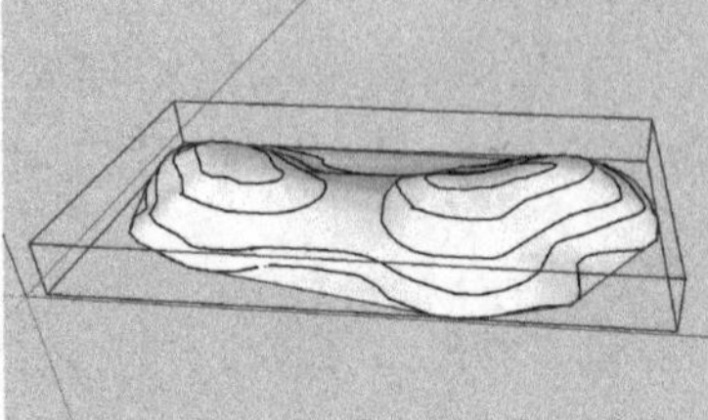

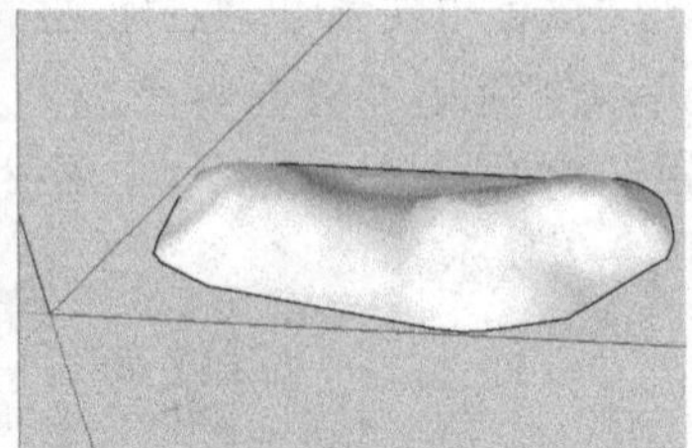

图 9-4

9.1.2 “根据网格创建”工具

使用“根据网格创建”工具（或者执行“绘图|沙盒|根据网格创建”菜单命令），可以根据网格创建地形。当然，创建的只是大体的地形空间，并不十分精确。如果需要绘制精确的地形，还是要使用上文提到的“根据等高线创建”工具。

一学即会　根据网格创建平面

视频：根据网格创建平面.avi
案例：练习9-2.skp

本实例讲解使用“根据网格创建”工具绘制网格平面，其操作步骤如下。

1）启动 SketchUp 软件，激活“根据网格创建”工具，此时数值控制框内会提示输入网格间距，输入相应的数值后，按〈Enter〉键即可，如图 9-5 所示。

栅格间距 2500.0mm

图 9-5

2）确定了网格间距后，单击鼠标左键，确定起点以后，移动鼠标至所需长度，如图 9-6 所示。当然，也可以在数值控制框中输入网格长度。

3）在绘图区中拖曳鼠标绘制网格平面，当网格大小合适的时候，单击鼠标左键，完成网格的绘制，如图 9-7 所示。

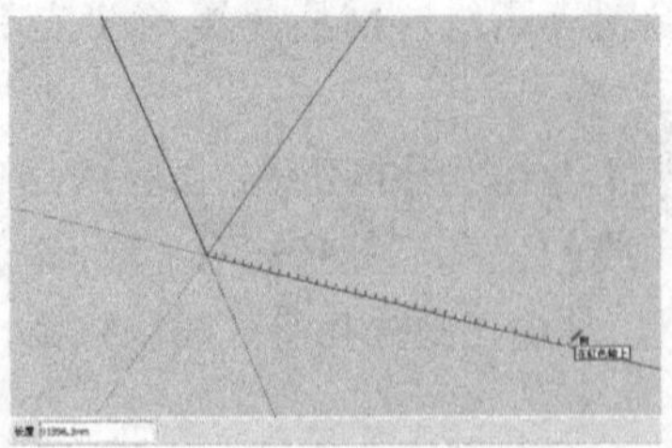

图 9-6

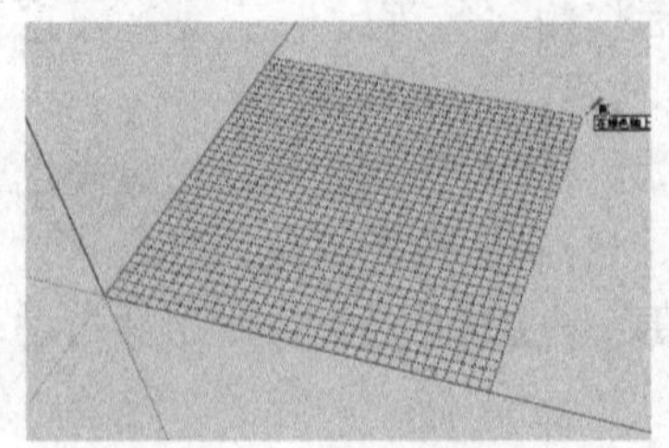

图 9-7

4）完成绘制后，网格会自动封面，并形成一个组，如图 9-8 所示。

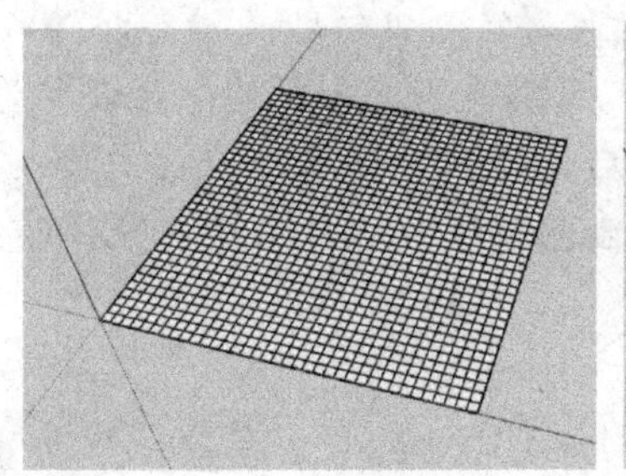
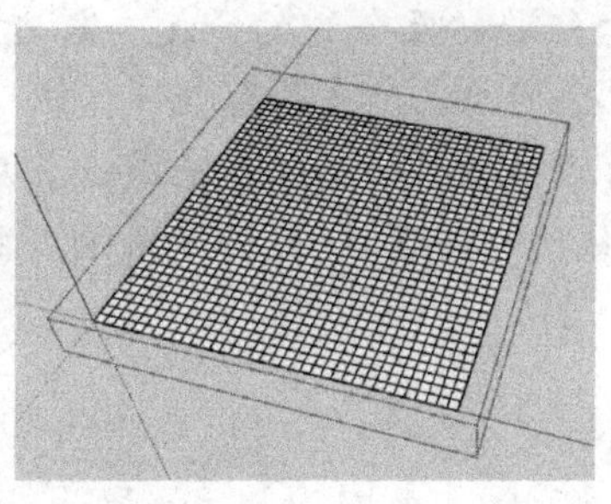

图 9-8

9.1.3 “曲面拉伸”工具

使用“曲面拉伸”工具，可以将网格中的部分进行曲面拉伸。

一学即会　使用“曲面拉伸”工具拉伸网格

视频：使用“曲面拉伸”工具拉伸网格.avi
案例：练习9-3.skp

本实例讲解使用“曲面拉伸”工具拉伸网格，其操作步骤如下。

1）启动 SketchUp 软件，接着执行“文件|打开”菜单命令，打开本实例的场景文件，如图 9-9 所示。

2）使用鼠标双击网格平面群组进入内部编辑状态（或者将其分解），接着激活“曲面拉伸”工具（或者执行“工具|沙盒|曲面拉伸”菜单命令），并在数值控制框内输入变形框的半径，如图 9-10 所示。

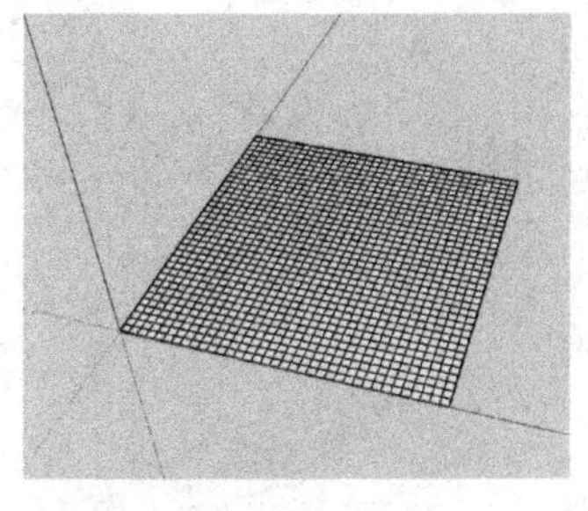

图 9-9

图 9-10

3）激活“曲面拉伸”工具后，将鼠标指向网格平面时，会出现一个圆形的变形框。用户可以通过拾取一点进行变形，拾取的点就是变形的基点，包含在圆圈内的对象都将进行不同幅度的变化，如图 9-11 所示。

4）在网格平面上拾取不同的点并上下拖动拉伸出理想的地形（也可以通过数值控制框指定拉伸的高度），完成拉伸网络的操作，如图 9-12 所示。

提示：一般情况下，想要达到比较好的预期山体效果，需要对地形网格进行多次的推拉，而且要不断地改变变形框的半径大小。使用“曲面拉伸”工具进行拉伸时，拉伸的方向默认为 z 轴（即使用户改变了默认的轴线）。如果想要多方位拉伸，可以使用“旋转”工具将拉伸的组旋转至合适的角度，再进入群组的编辑状态进行拉伸，如图 9-13 所示。如果想只对个别的点、线或面进行拉伸，可以先将变形框的半径设置为一个正方形网格单位的数值或者设置为 1mm。完成设置后，退出工具状态，再选择点、线（两个顶点）、面（面边线所有的顶点），接着激活“曲面拉伸”工具进行拉伸即可，如图 9-14 所示。

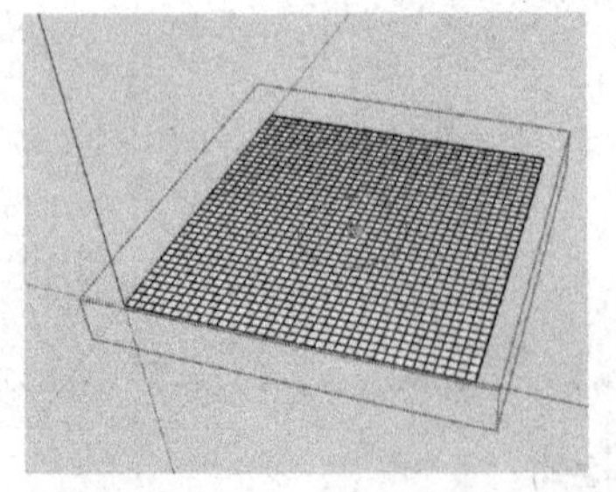

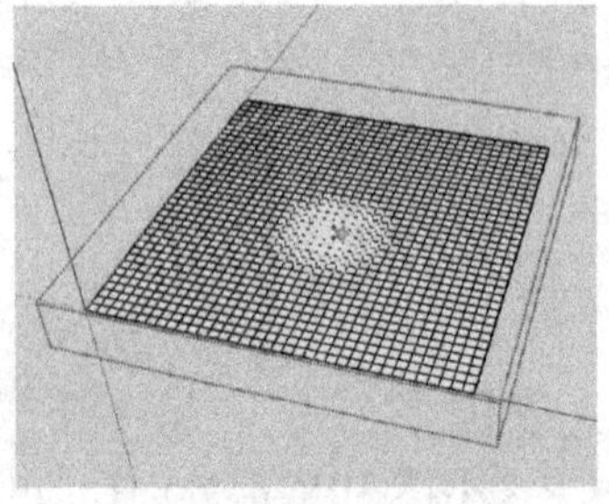

图 9-11

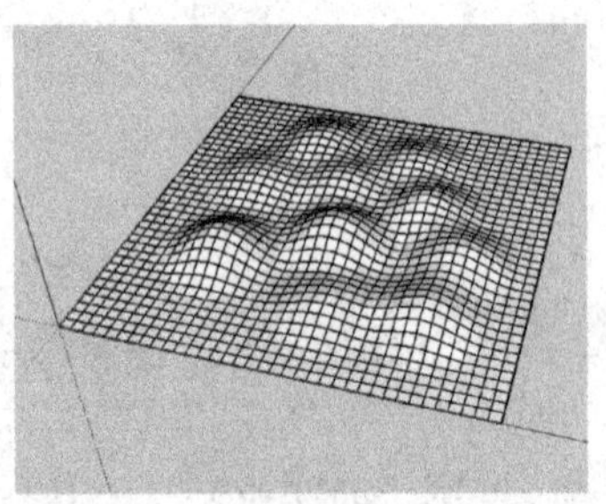

图 9-12

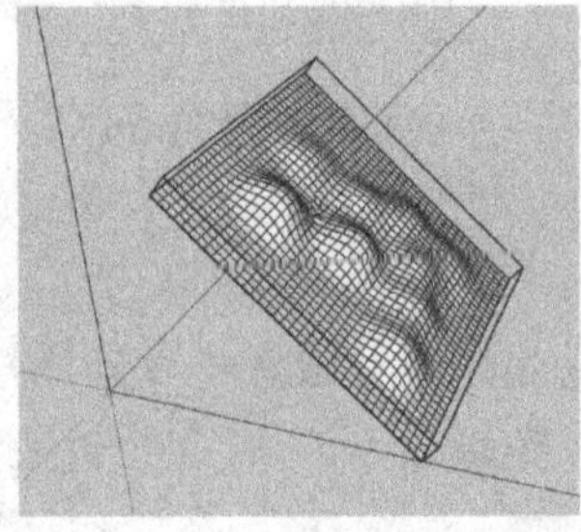

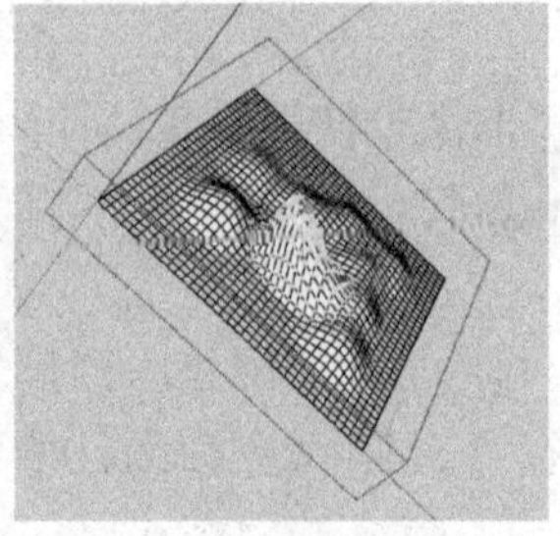

图 9-13

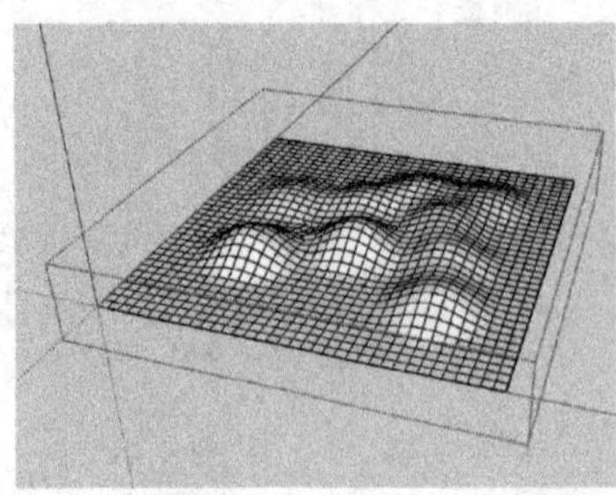

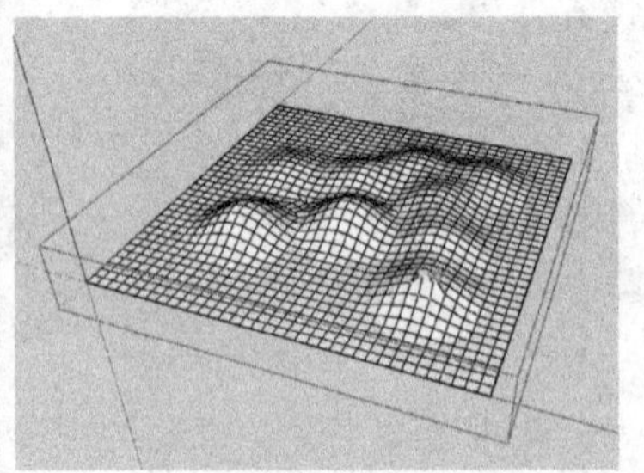

图 9-14

9.1.4 “曲面平整”工具

使用“曲面平整”工具（或者执行“工具|沙盒|曲面平整”菜单命令），可以在复杂的地形表面上创建建筑基面和平整场地，使建筑物能够与地面更好地结合。

创建坡地建筑基底面

视频：创建坡地建筑基底面.avi
案例：练习9-4.skp

本实例讲解使用“曲面平整”工具创建坡地建筑基底面，其操作步骤如下。

1）启动 SketchUp 软件，接着执行“文件|打开”菜单命令，打开本实例的场景文件，如图 9-15 所示。

2）在视图中调整好建筑物与地面的位置，使建筑物正好位于将要创建的建筑基面的垂直上方，接着激活“曲面平整”工具，并单击建筑物的底面，此时会出现一个红色的线框。该线框表示投影面的外延距离，在数值控制框内可以指定线框外延距离的数值，线框会根据输入数值的变化而变化，在这里输入偏移的距离为 2000mm，如图 9-16 所示。

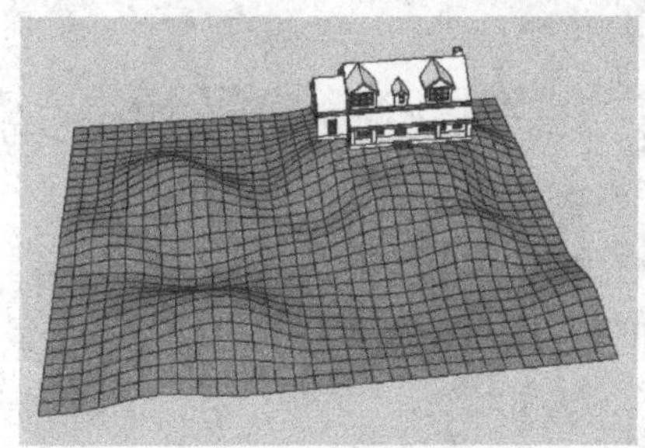

图 9-15

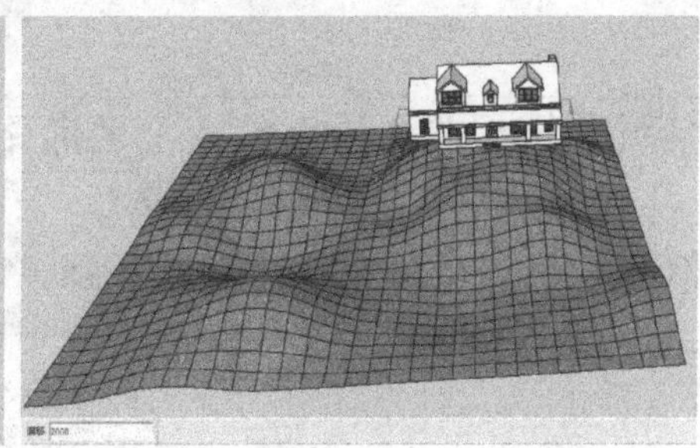

图 9-16

3）确定外延距离后，将鼠标移动到地形上，鼠标将变为，单击后将变为上下箭头状，接着单击鼠标左键并进行拖动，将地形拉伸一定的距离，如图 9-17 所示。

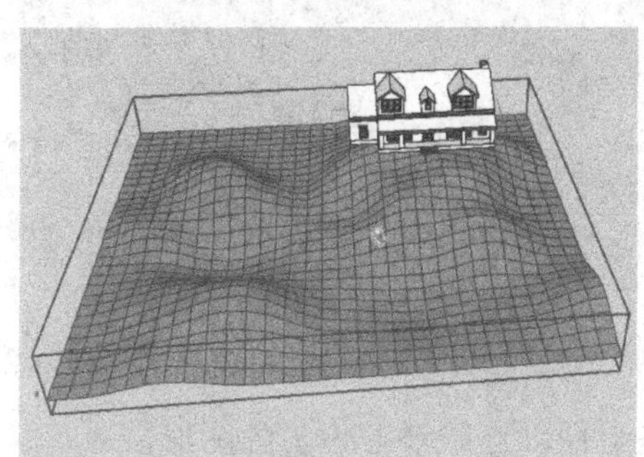

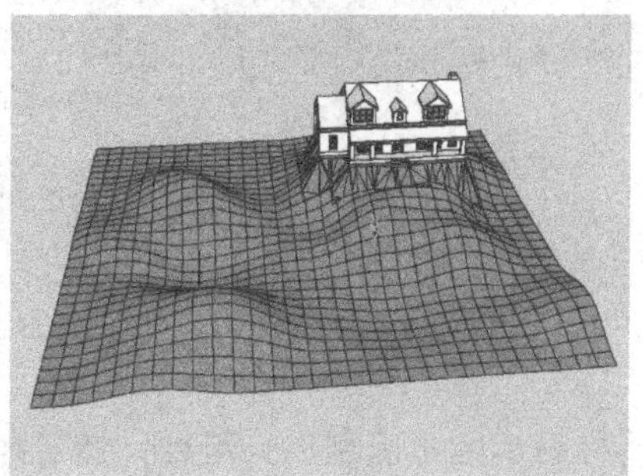

图 9-17

4）使用“移动”工具，将建筑物移动到创建好的建筑基面上，如图 9-18 所示。

5）选择地形，然后执行“窗口|柔化边线”菜单命令，打开“柔化边线”编辑器，将法线之间的角度调到最大值，并勾选下方的“软化共面”，如图 9-19 所示。

9.1.5 “曲面投射”工具

使用“曲面投射”工具（或者执行“工具|沙盒|曲面投射”菜单命令），可以将物体的形状投影到地形上。与“曲面平整”工具不同的是，“曲面投影”工具是在地形上建立

一个基底平面使建筑物与地面更好地结合，而“曲面投射”工具是在地形上划分一个投影面物体的形状。

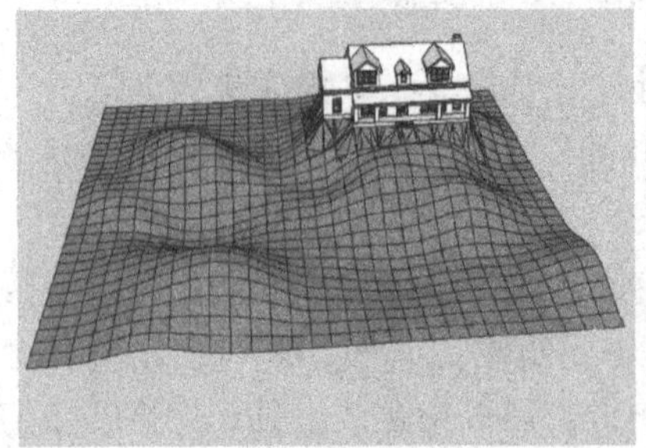

图 9-18

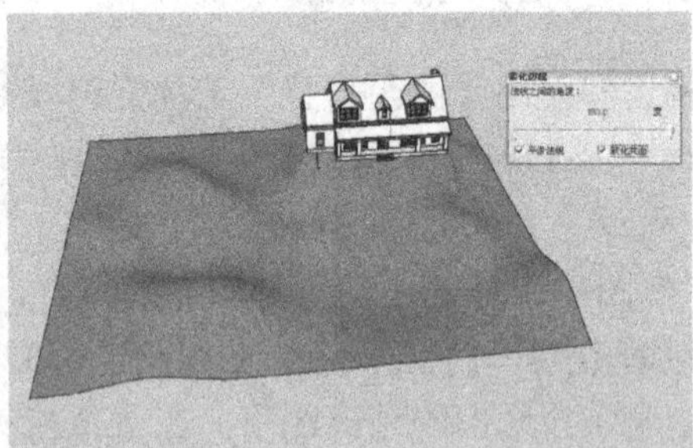

图 9-19

一学即会 **根据曲面投射创建山地道路**

视频：根据曲面创建山地道路.avi
案例：练习9-5.skp

本实例讲解使用曲面投射工具创建山地道路，其操作步骤如下。

1）启动 SketchUp 软件，接着执行“文件|打开”菜单命令，打开本实例的场景文件，如图 9-20 所示。

2）激活“曲面投射”工具，再依次单击地形和平面，此时地面的边界会投影到平面上，如图 9-21 所示。

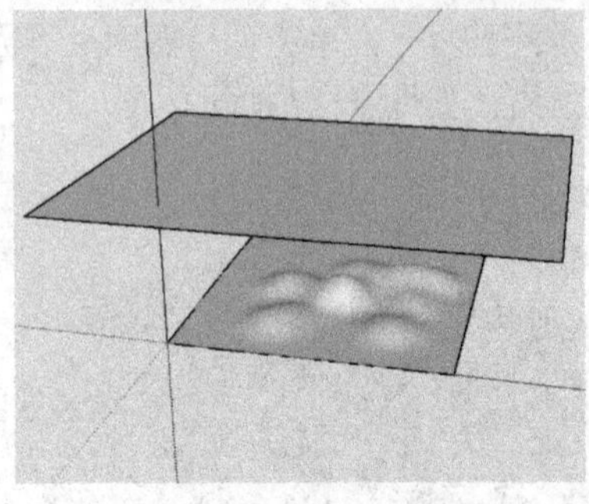

图 9-20

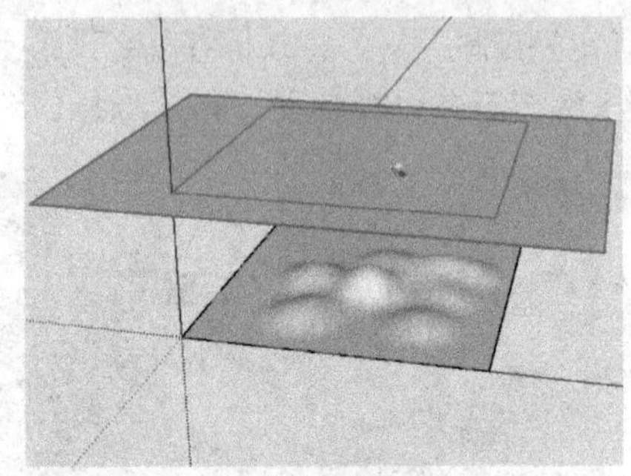

图 9-21

3）将投影后的平面制作为组件，然后在组件外绘制需要投影的图形，使其封闭成面，接着删除多余的部分，只保留需要投影的部分，如图 9-22 所示。

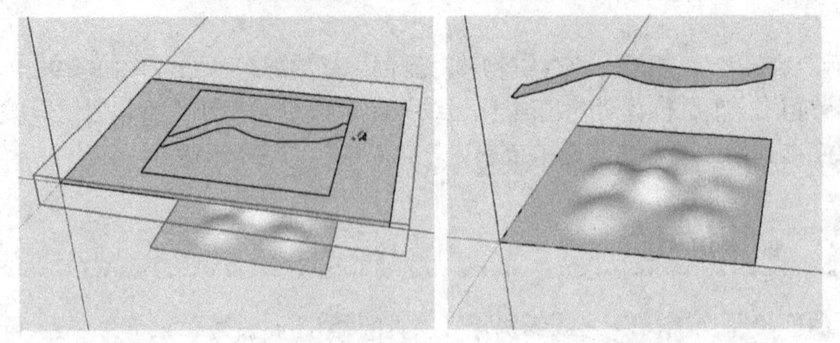

图 9-22

4）选择需要投影的物体，然后激活“曲面投射”工具，接着在地形上单击鼠标左键，此时投影物体会按照地形的起伏自动投影到地形上，如图 9-23 所示。

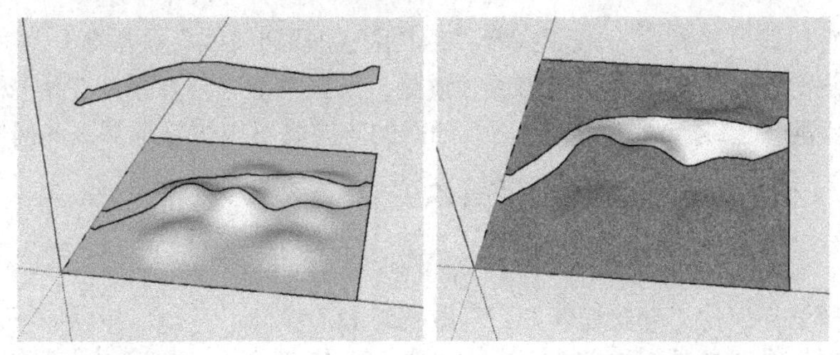

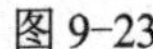

图 9-23

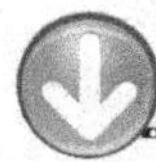

9.1.6 “添加细部”工具

使用“添加细部”工具（或者执行“工具|沙盒|添加细部”菜单命令），可以在根据网格创建地形不够精确的情况下，对网格进行进一步修改。细节的原则是将一个网格分成 4 块，共形成 8 个三角面，但破面的网格会所有不同，如图 9-24 所示。

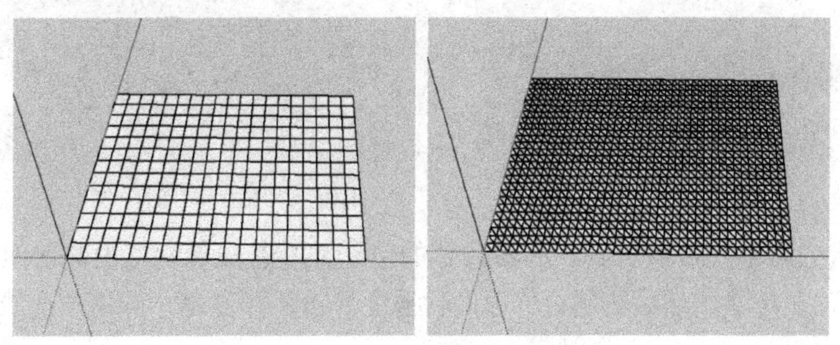

图 9-24

如果需要对局部进行细分，可以只选择需要细分的部分，然后激活“添加细部”工具即可，如图 9-25 所示。对于成组的地形，需要进入其内部选择地形，或将其分解后再选择地形。

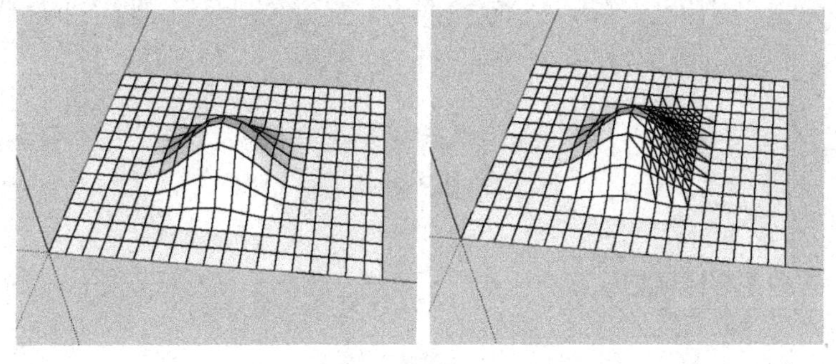

图 9-25

9.1.7 “翻转边线”工具

使用“翻转边线”工具（或者执行“工具|沙盒|翻转边线”菜单命令），可以人为地改变地形网格边线的方向，对地形的局部进行调整。某些情况下，对于一些地形的起伏不能顺势而下，执行“翻转边线”命令，改变边线凹凸的方向就可以很好地解决此问题。

一学即会 使用“翻转边线”工具改变地形坡向

视频：使用“翻转边线”工具改变地形坡向.avi
案例：练习9-6.skp

9 练习

本实例讲解怎样使用“翻转边线”工具改变地形的坡向，其操作步骤如下。

1）启动 SketchUp 软件，接着执行“文件|打开”菜单命令，打开本实例的场景文件，如图 9-26 所示。

2）执行“视图|隐藏几何图形”菜单命令，将网格隐藏的对角线显示出来，如图 9-27 所示。

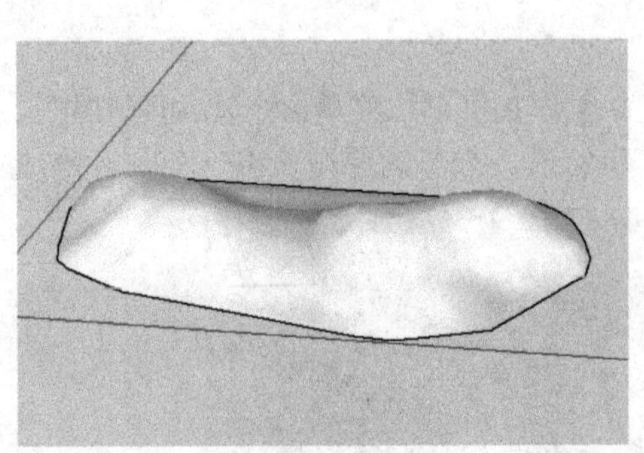

图 9-26

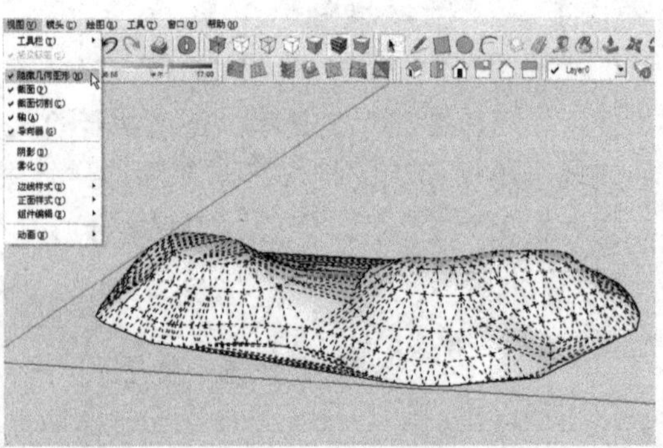

图 9-27

3）从显示的网格线可以看到，网格顶部的边缘并没有随着网格的起伏而顺势向下，激活“翻转边线”工具，然后在需要修改的位置上单击鼠标左键，即可改变边线的方向，如图 9-28 所示。

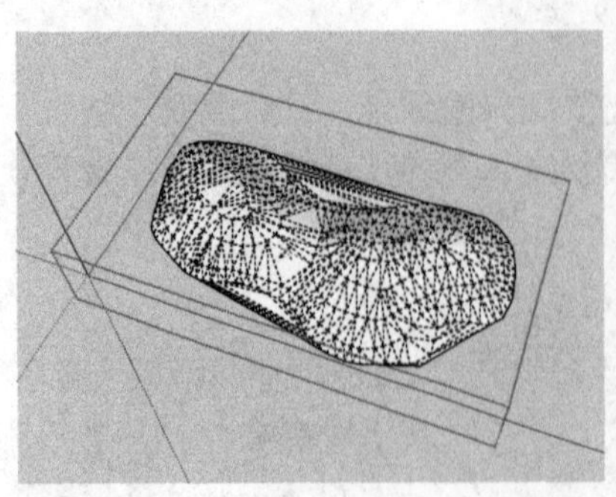

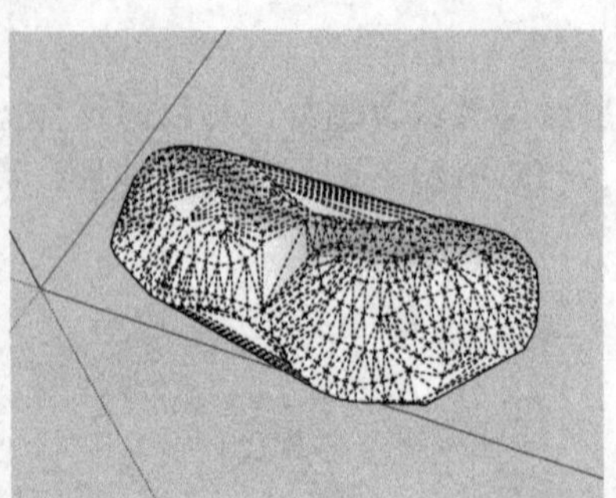

图 9-28

 9.2 创建地形的其他方法

9 掌握

除了以上所讲解的使用“根据等高线创建”工具绘制地形，使用“根据网格创建”工具

绘制地形的方法以外，还可以与其他软件进行三维数据的共享，或者使用简单的拉线成面的方法进行山体地形的创建。

一学即会 使用“推/拉”工具创建阶梯状地形

视频：创建阶梯状地形.avi
案例：练习9-7.skp

下面讲解使用“推拉”工具来创建阶梯状的地形效果，其操作步骤如下。

1）启动 SketchUp 软件，接着执行“文件|打开”菜单命令，打开本实例的场景文件，如图 9-29 所示。

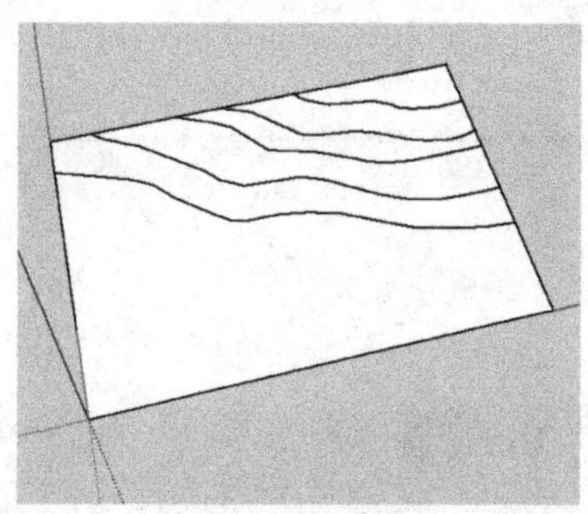

图 9-29

2）假设等高线高差为 5m，用“推/拉”工具依次将等高线多推拉 5m 的高度，如图 9-30 所示。

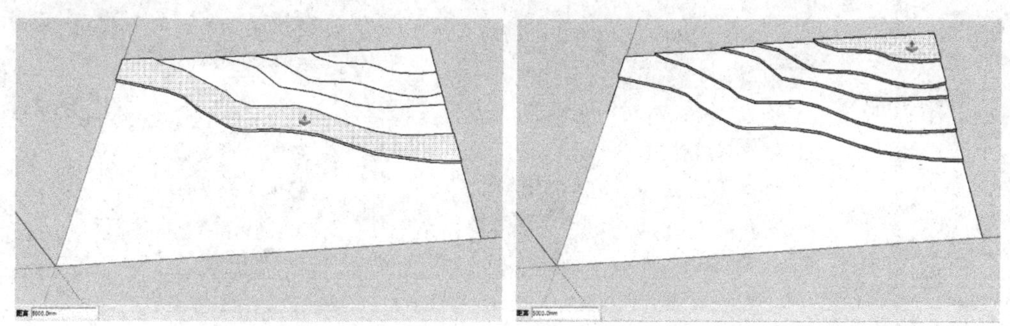

图 9-30

提示：采用“推/拉”工具创建山体虽然不是很精确，但却非常便捷，可以用来做概念性方案展示或者大面积丘陵地带的景观设计。

SketchUp®

第 10 章 插件的利用

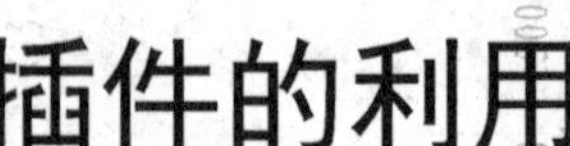

内容摘要

在前面的命令讲解及练习中，为了让读者熟悉 SketchUp 的基本工具和使用技巧，都没有使用 SketchUp 以外的工具。但是在制作一些复杂的模型时，使用 SketchUp 自身的工具来制作就会很烦琐，使用第三方的插件会起到事半功倍的效果。本章将介绍几款常用插件的使用方法，这些插件都是专门针对 SketchUp 的缺陷而设计开发的，具有很高的实用性，读者可以根据实际工作进行选择使用。

- 插件的获取和安装
- 建筑插件集（SUAPP）
- Label Stray Lines（标注线头）插件
- Extrude Lines（拉伸线）插件
- Joint Push Pull（组合表面推拉）插件
- Subdivide and Smooth（表面细分/光滑）插件
- Round Corner（倒圆角）插件
- Sun Shine（日照大师）插件

10.1 插件的获取和安装

10 掌握

SketchUp 的插件也称为脚本（Script），它是用 Ruby 语言编制的实用程序，程序文件的扩展名通常为.rb。一个简单的 SketchUp 插件可能只有一个.rb 文件，复杂一点的可能会有多个.rb 文件，并带有自己的子文件夹和工具图标。安装插件时，只需要将它们复制到 SketchUp 安装目录的 Plugins 子文件夹即可。个别插件有专门的安装文件，在安装时可以像 Windows 应用程序一样进行安装。

SketchUp 插件可以通过互联网来获取，某些网站提供了大量的插件，很多插件都可以通过这些网站下载下来直接使用，如图 10-1 所示。

图 10-1

提示：国内一些 SketchUp 论坛也提供了很多 SketchUp 插件，用户可以通过这些论坛来获取。

一学即会 插件的安装方法

视频：插件的安装方法.avi
案例：无

10 练习

1）首先找到需要安装的插件，然后单击鼠标右键并在弹出的菜单中选择“复制”或“剪切”选项，如图 10-2 所示。

2）选择桌面的 SketchUp 启动图标，然后单击鼠标右键并在弹出的菜单中选择“属性”选项，接着在弹出的“Google SketchUp 8 属性”对话框中单击“查找目标”按钮 查找目标(F)...，如图 10-3 所示。

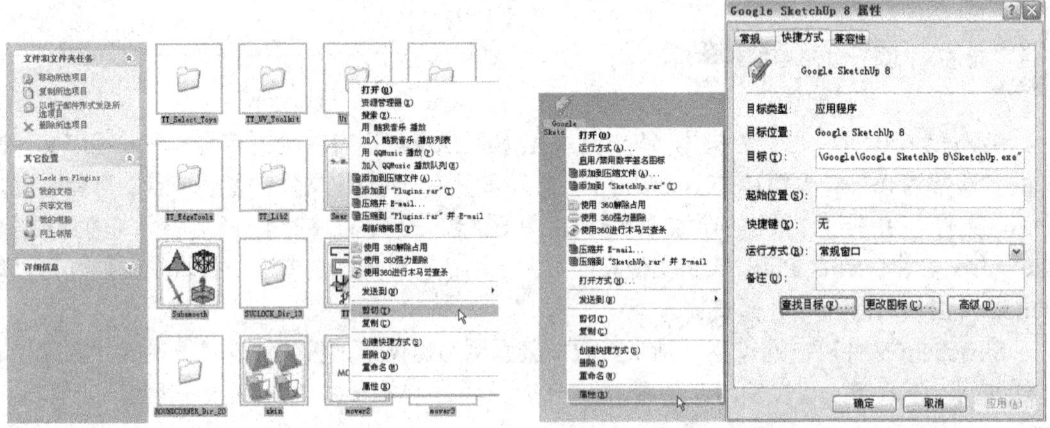

图 10-2　　　　　　　　　　　　　　　　　　图 10-3

3）在弹出的窗口中找到 Plugins 文件夹，双击打开该文件夹，然后单击鼠标右键选择“粘贴”选项，如图 10-4 所示。

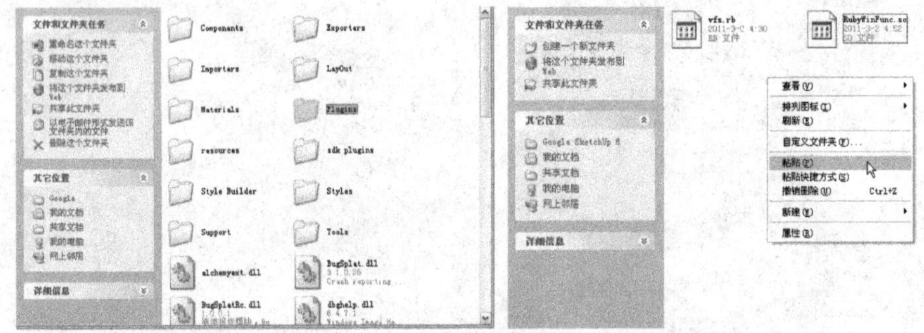

图 10-4

4）将第一步所选择的插件文件粘贴进来即安装了插件，如图 10-5 所示。

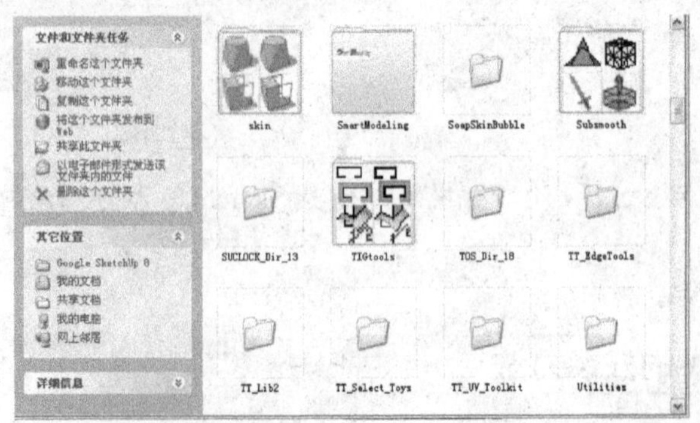

图 10-5

提示：安装完插件文件后，重新启动 SketchUp，就可以通过菜单来使用该插件了。插件命令一般位于 SketchUp 主菜单的“插件”菜单下，如图 10-6 所示。但有的可能出现在“绘图”和“工具”等菜单中。另外，某些插件还有自己的工具栏，使用起来非常方便。如果插件工具栏没有显示在界面中，可以执行“视图|工具栏”菜单命令调出，如图 10-7 所示；同

时还可以为插件命令定义快捷键，如图 10-8 所示。

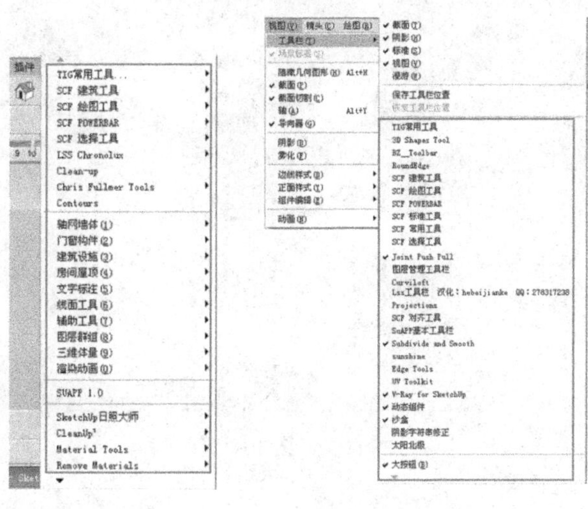

图 10-6　　图 10-7

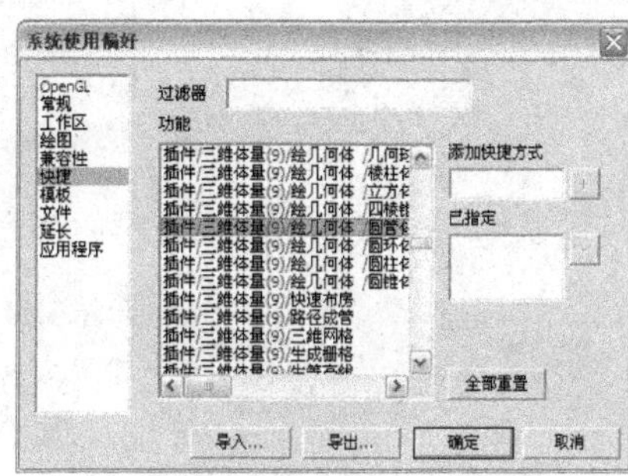

图 10-8

10.2 建筑插件集(SUAPP)

10 掌握

SketchUp 中文建筑插件集是一款基于 Google 公司出品的 Google SketchUp Pro 8 版本软件平台的强大工具集。它包含 100 余项实用功能，大幅度扩展了 SketchUp 的快速建模能力。方便的基本工具栏以及优化的右键菜单使操作更加快捷，并且可以通过扩展栏的设置方便地进行启用和关闭。

SketchUp 中文建筑插件集支持 SketchUp 8.0 版本（可兼容 7.0 与 6.0 系列），安装也有别于其他插件，这一点请读者注意。

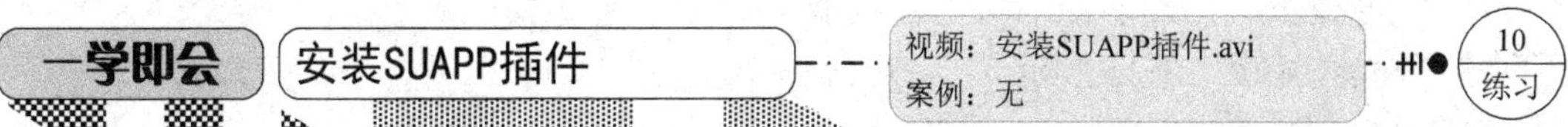

一学即会　安装SUAPP插件

视频：安装SUAPP插件.avi
案例：无

10 练习

1）双击安装文件图标，在弹出的安装对话框中单击“下一步”按钮，如图 10-9 所示。

2）在弹出的对话框下单击“下一步”按钮，如图 10-10 所示。

图 10-9

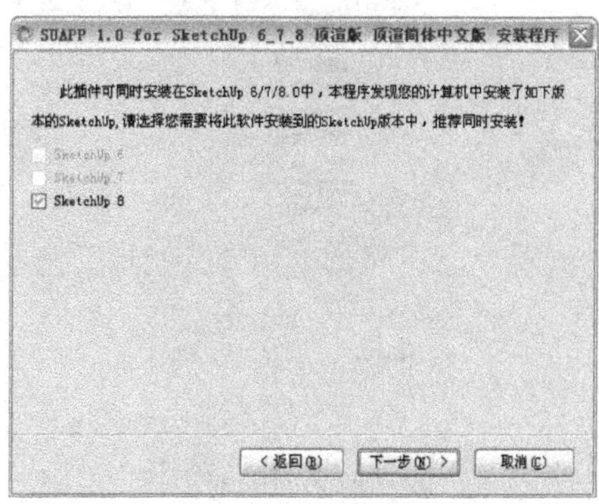

图 10-10

3）进入安装过程，然后单击“完成”按钮，完成该插件的安装，如图 10-11 和图 10-12 所示。

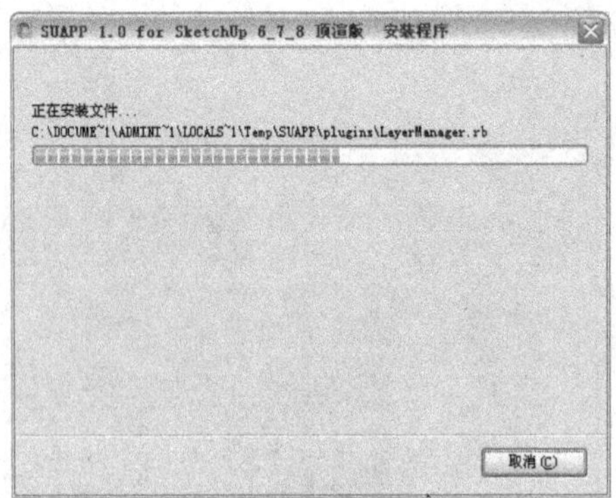

图 10-11

图 10-12

提示：正确安装 SUAPP 1.0 for SketchUp 8.0 之后，在“系统使用偏好”对话框的“延长”面板中将增加该插件的选项，通过复选框的勾选可以启用或关闭 SUAPP，如图 10-13 所示。

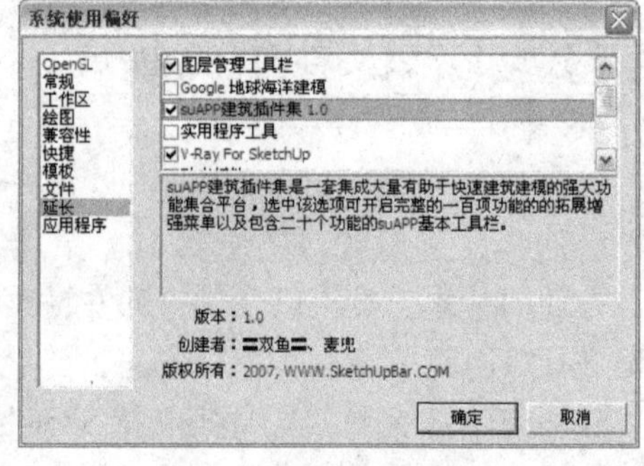

图 10-13

1. SUAPP 插件的增强菜单

SUAPP 插件的绝大部分核心功能都整理分类在“插件”菜单中（10 个分类 118 项功能），如图 10-14 所示。

2. 右键扩展菜单

为了方便操作，SUAPP 插件在右键菜单中扩展了 23 项功能，如图 10-15 所示。

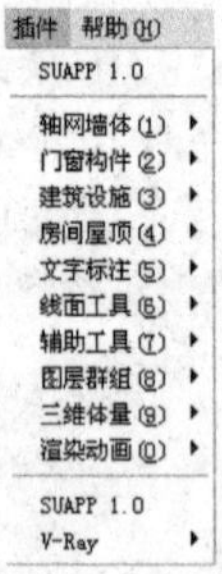

插件 帮助(H)
SUAPP 1.0
轴网墙体(1)
门窗构件(2)
建筑设施(3)
房间屋顶(4)
文字标注(5)
线面工具(6)
辅助工具(7)
图层群组(8)
三维体量(9)
渲染动画(0)
SUAPP 1.0
V-Ray

图 10-14

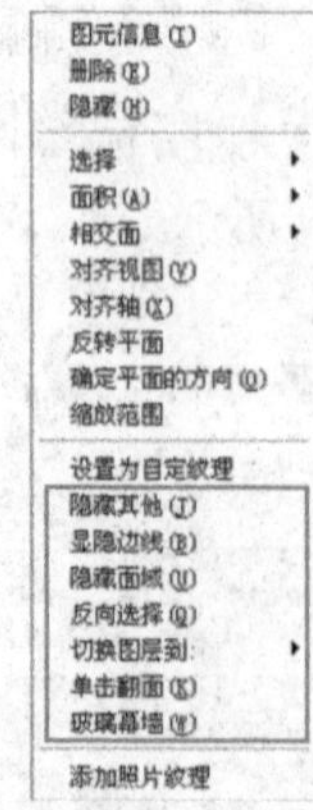

图 10-15

3. SUAPP 插件的基本工具栏

从 SUAPP 插件的增强菜单中提取了 19 项常用且具代表性的功能，通过图标工具栏的方式显示出来，方便用户操作使用，如图 10-16 所示。

图 10-16

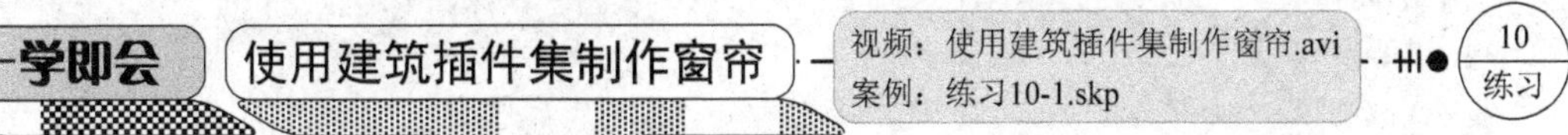

下面通过制作一个窗帘模型来讲解建筑插件集（SUAPP）中拉线成面命令的使用，其操作步骤如下。

1）启动 SketchUp 软件，使用绘图工具栏上的“徒手画笔”工具绘制出如图 10-17 所示的线形。

2）选择曲线，然后执行“插件|线面工具|拉线成面”菜单命令，如图 10-18 所示。

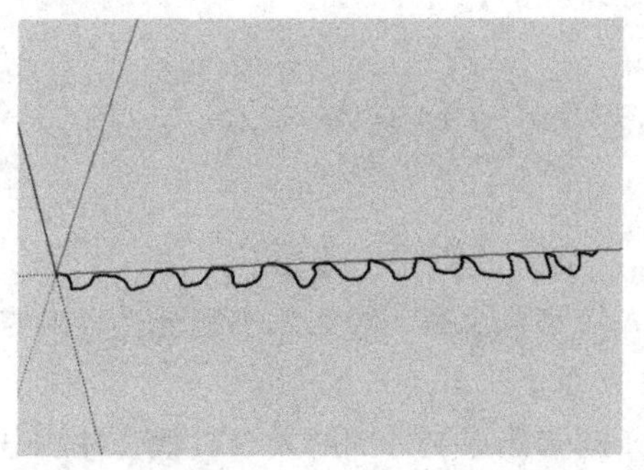

图 10-17

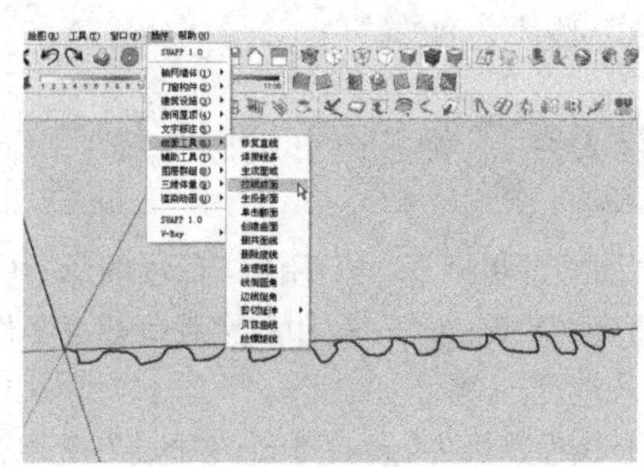

图 10-18

3）单击线上某一点，向上移动鼠标，然后输入高度为 2500mm，并在“自动成组选项”对话框中选择“自动成组”为“Yes”，如图 10-19 和图 10-20 所示。

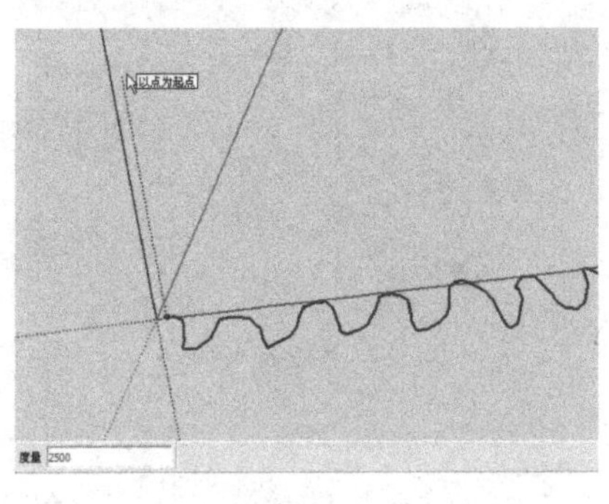

图 10-19

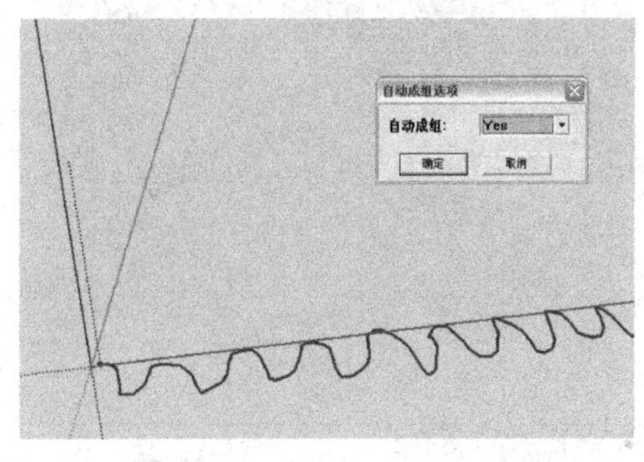

图 10-20

4）单击“确定”按钮 确定 生成曲面，如图 10-21 所示。

5）最后为模型赋予相应的窗帘材质，并在窗帘上侧绘制一个适当大小的长方体作为窗帘盒，如图 10-22 所示。

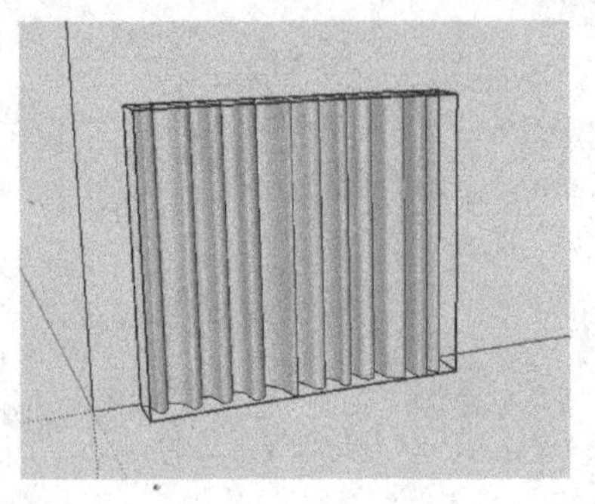

图 10-21

图 10-22

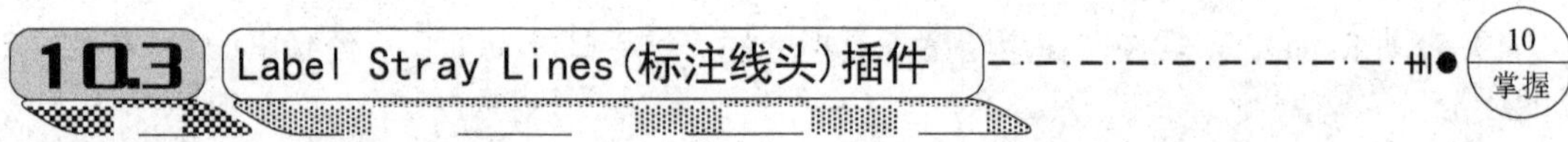

10.3 Label Stray Lines(标注线头)插件

Label Stray Lines（标注线头）插件在进行封面操作时非常有用，它可以快速显示导入的CAD 图形线段之间的缺口，简单实用。

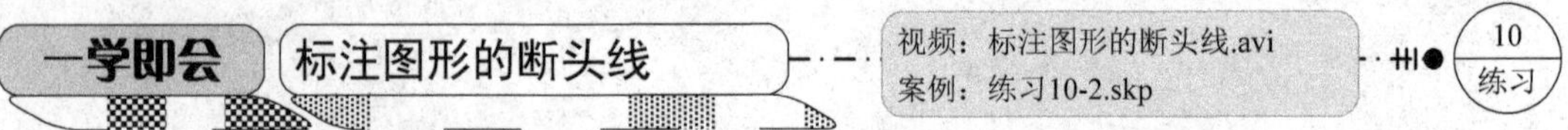

一学即会 标注图形的断头线

下面通过实例具体介绍怎样标注图形中的断开位置，其操作步骤如下。

1）运行 SketchUp 软件，然后执行“文件|导入”菜单命令，导入本书配套光盘中的“案例\10\素材文件\练习 10-2.dwg”文件，如图 10-23 所示。

2）执行“插件|Label Stray Lines”菜单命令，此时图形文件的线段缺口就会标注出来，再进行封面的时候就可以有针对性地对这些缺口进行封闭操作了，如图 10-24 所示。

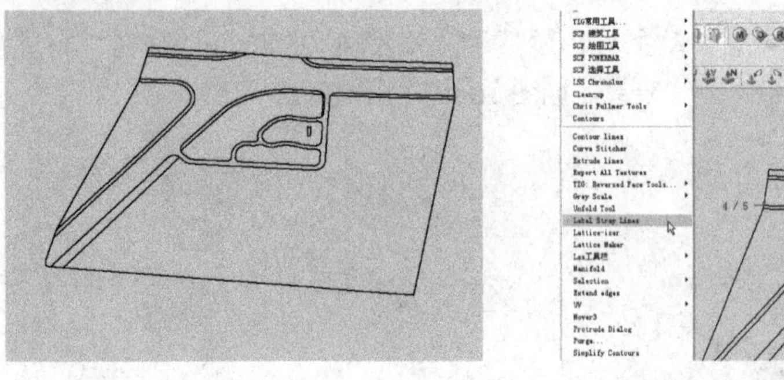

图 10-23

图 10-24

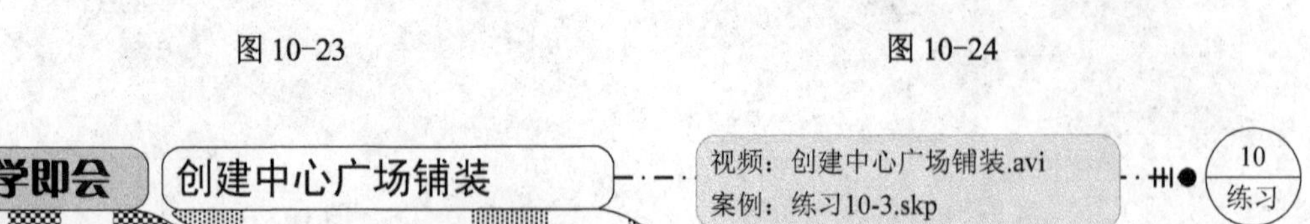

一学即会 创建中心广场铺装

下面通过实例讲解怎样标注出图形中的断开位置，并将其封面，然后为其赋予相应的材质，其操作步骤如下。

1）运行 SketchUp 软件，然后执行“文件|导入”菜单命令，导入本书配套光盘中的“案例\10\素材文件\练习 10-3.dwg”文件，如图 10-25 所示。

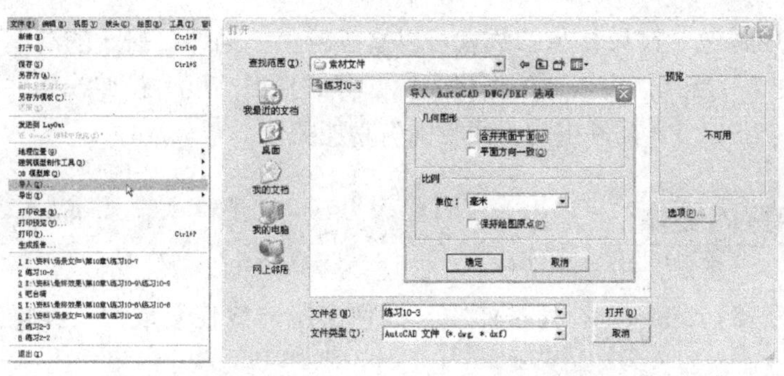

图 10-25

2）对导入的图形进行封面操作，由于可能存在线段不衔接的情况，因此需要使用标注线头（Label Stray Lines）插件将场景中不衔接的线头先标注出来，如图 10-26 所示。

3）对存在线头的地方进行封面，然后将标注删除，如图 10-27 所示。

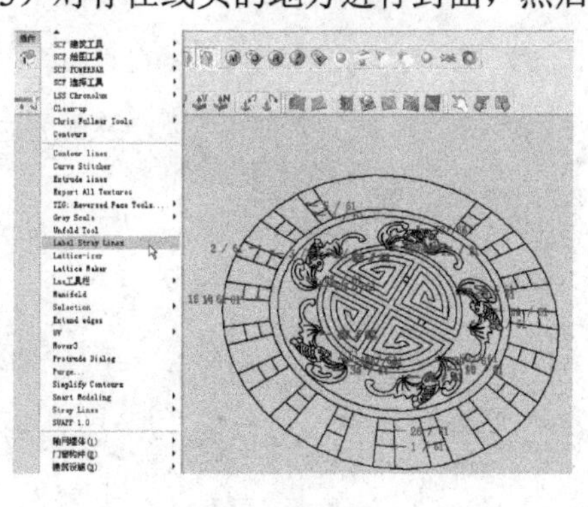

图 10-26

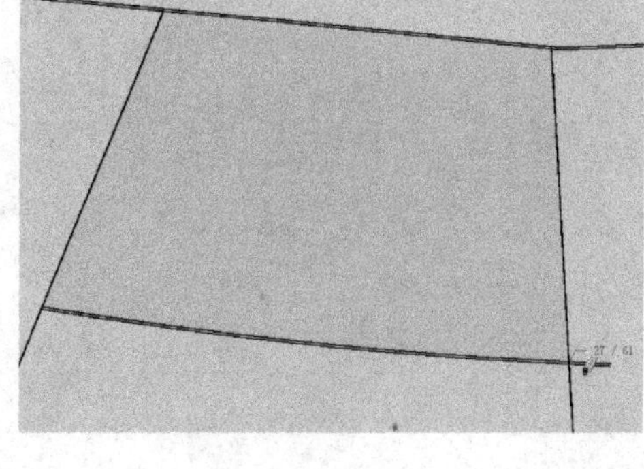

图 10-27

4）采用相同的方法将其他的线头都封好面，线头较多的时候需要一定的耐心，封面之后的效果如图 10-28 所示。

5）对铺装图案赋予相应的材质，最终效果如图 10-29 所示。

图 10-28

图 10-29

10.4 Extrude Lines（拉伸线）插件

安装好 Extrude Lines（拉伸线）插件后，插件菜单和右键菜单中都会出现“Extrude

Lines”（拉伸线）命令，使用时选定需要挤压的线就可以直接应用该插件，挤压的高度可以在数值输入框中输入准确数值，当然也可以通过拖曳光标的方式拖出高度。拉伸线插件可以将线快速拉伸成面，其功能与 SUAPP 插件中的“线转面”功能类似。

一学即会　快速拉伸室内墙体

视频：快速拉伸室内墙体.avi
案例：练习10-4.skp
10 练习

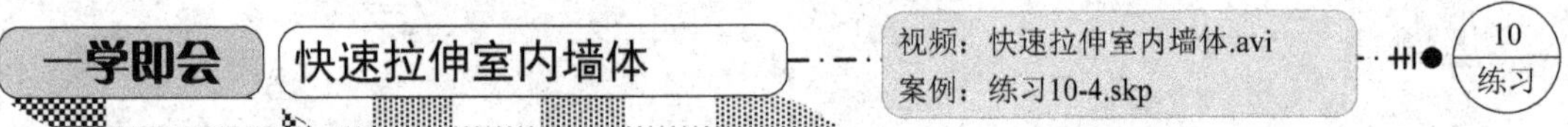

下面通过实例讲解使用 Extrude Lines（拉伸线）插件来拉伸线使其成面，其操作步骤如下。

1）运行 SketchUp 软件，然后执行“文件|打开”菜单命令，打开本书配套光盘中的“案例\10\场景文件\练习 10-4”文件，如图 10-30 所示。

2）选中场景需要拉伸的线，然后执行“插件|Extrude Lines”菜单命令，如图 10-31 所示。

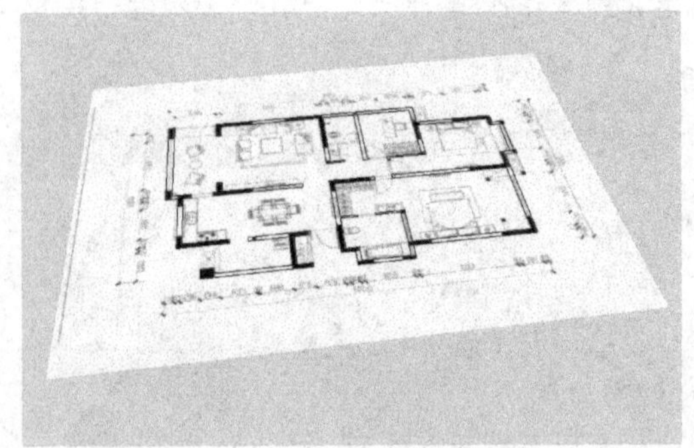

图 10-30

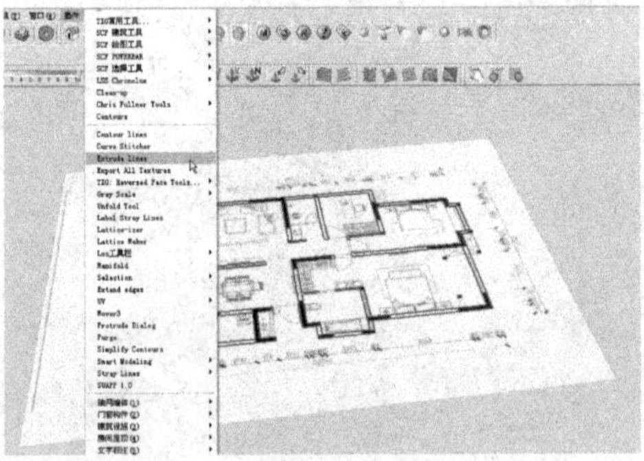

图 10-31

3）移动鼠标至拉伸的高度（或者在数值控制框中输入相应高度，例如 2800mm），并且在弹出的“拉伸线升墙参数设置”对话框中选择“No”，如图 10-32 所示。

4）单击“确定”按钮，完成墙体的拉伸，如图 10-33 所示。

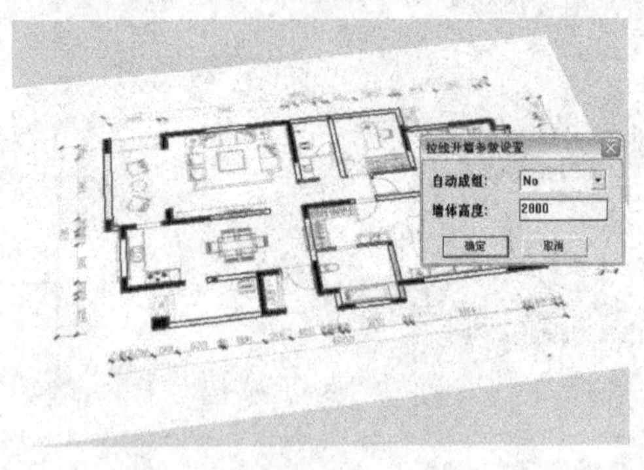

图 10-32

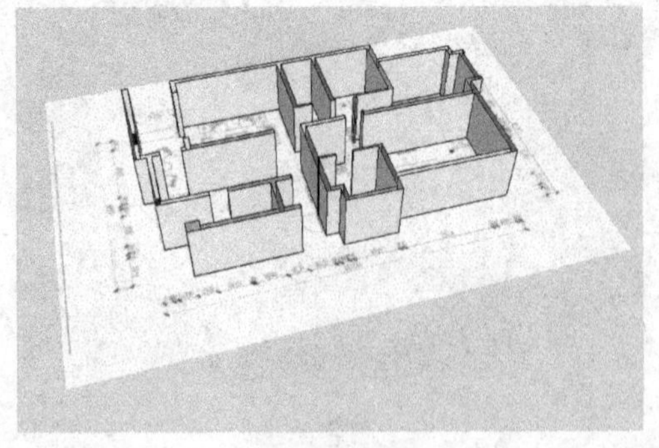

图 10-33

提示：“Extrude Lines”（拉伸线）插件不但可以对一个平面上的线进行挤压，对空间曲线同样适用，有了这个插件后，就可以直接挤压出曲面，如图 10-34 所示。

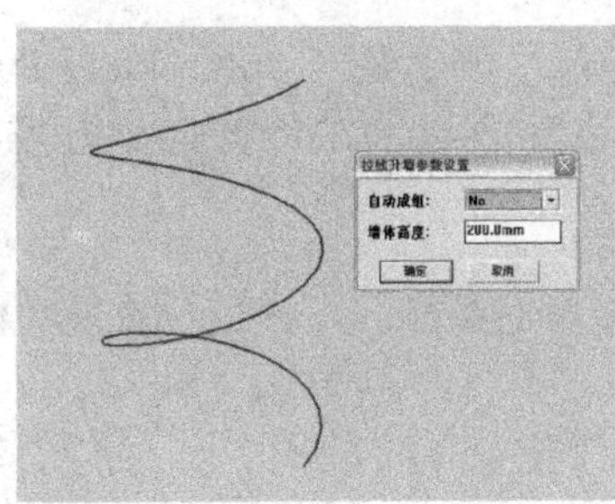
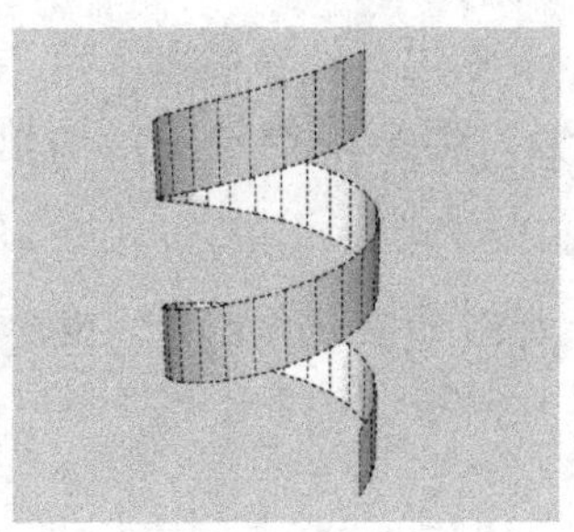

图 10-34

10.5 Joint Push Pull（组合表面推拉）插件

Joint Push Pull（组合表面推拉）插件是一个远比 SketchUp 的“推/拉”工具强大的插件，它可媲美 3ds Max 的表面挤压工具。插件工具栏中有 5 个工具按钮，如图 10-35 所示，在 Plugins 菜单下也有 5 个对应的菜单命令。

图 10-35

功能介绍 Joint Push Pull 工具栏

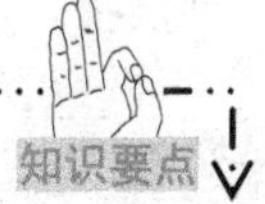

- Joint Push Pull（组合推拉）工具：该工具是 Joint Push Pull 插件最具特色的一个工具，它不但可以对多个平面进行推拉，最主要的是，它还可以对曲面进行推拉。推拉后仍然得到一个曲面，这对于曲面建模来说非常有用。

提示：选中面，单击 Joint Push Pull 按钮，此时会以线框的形式显示出推拉结果，这时可以在数值输入框中输入推拉距离，然后双击左键即可完成推拉操作。对单个曲面使用该工具可以很方便地得到具有厚度的弧形墙，如图 10-36 所示。对比传统的制作弧形墙的方法，可以发现该插件非常实用。

- Vector Push Pull（向量推拉）工具：该工具可以将所选择表面沿任意方向进行推拉，如图 10-37 所示。

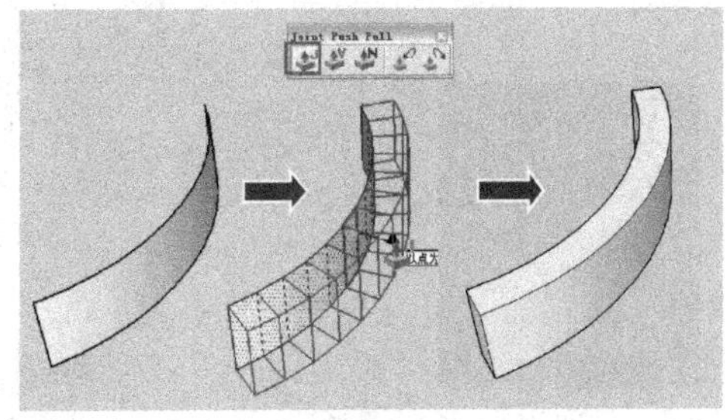

图 10-36

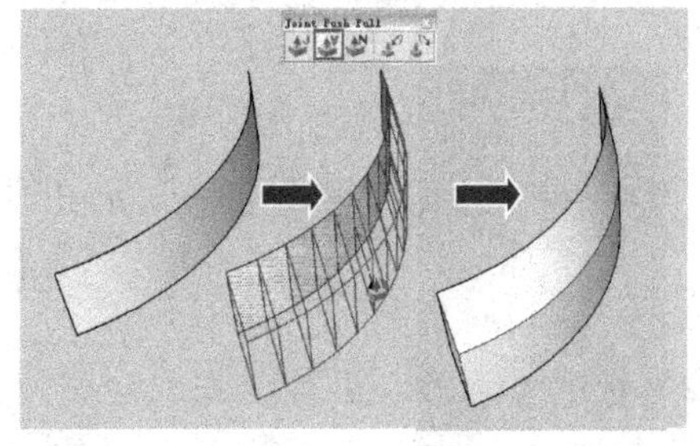

图 10-37

● Normal Push Pull（法线推拉）工具：该工具与 Joint Push Pull 工具的使用方法比较类似，但法线推拉是沿所选表面各自的法线方向进行推拉，如图 10-38 所示。

提示：执行“视图|隐藏几何图形”菜单命令将弧面以虚线进行显示以后，可以对单个弧形面进行推拉操作，如图 10-39 所示。

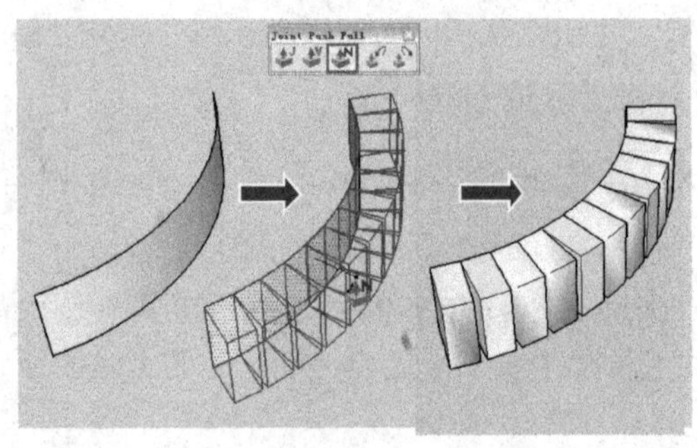

图 10-38

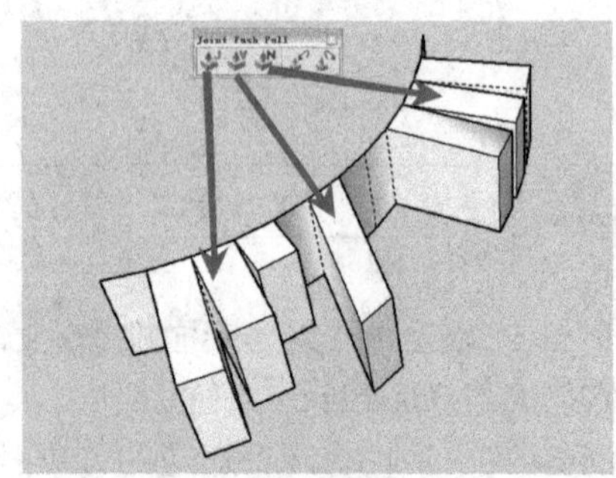

图 10-39

● 取消上一次推拉工具：取消前一次推拉操作，并保持推拉前选择的表面。
● 重复上一次推拉工具：重复上一次推拉操作，可以选择新的表面来应用上一次推拉。

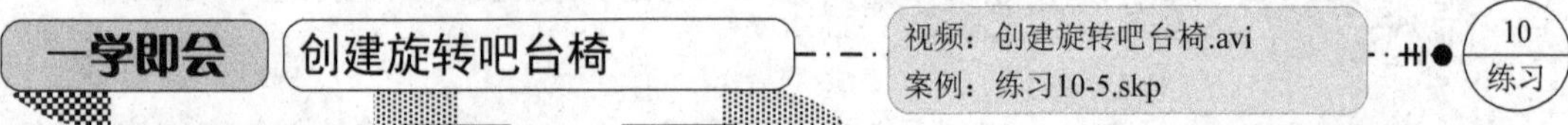

下面通过制作旋转吧台椅模型，来具体讲解 Joint Push Pull（组合表面推拉）插件的使用，其操作步骤如下。

1）结合“矩形”工具、“旋转”工具绘制出如图 10-40 所示的 3 个参考面。

2）使用“圆弧”工具将座椅的金属外框的路径绘制出来，完成绘制后通过右键菜单隐藏参考面，保留路径即可，如图 10-41 所示。

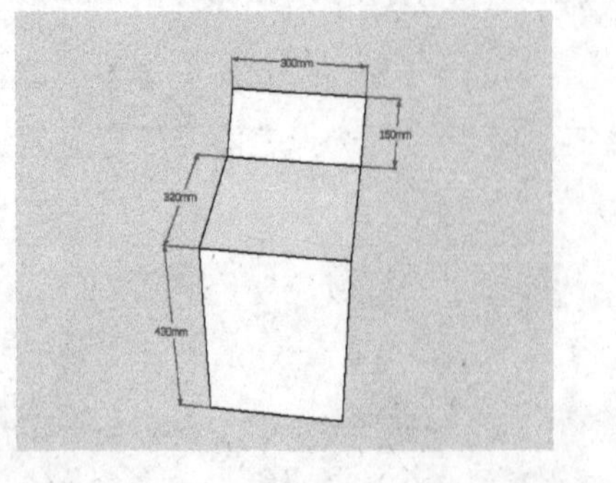

图 10-40

图 10-41

3）使用“矩形”工具完成金属外框截面的绘制，并用“跟随路径”工具将其放样，如图 10-42 所示。

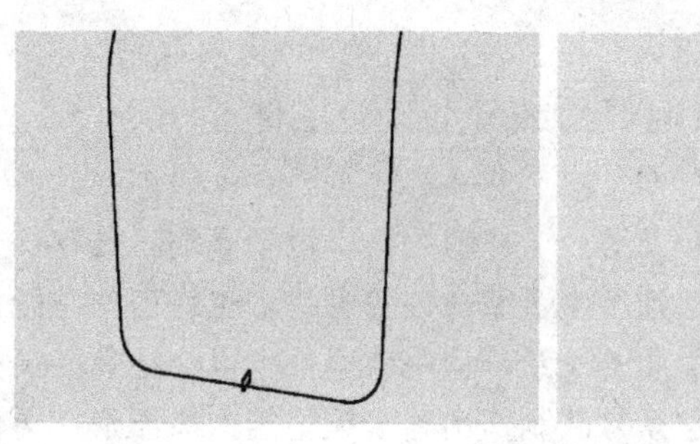
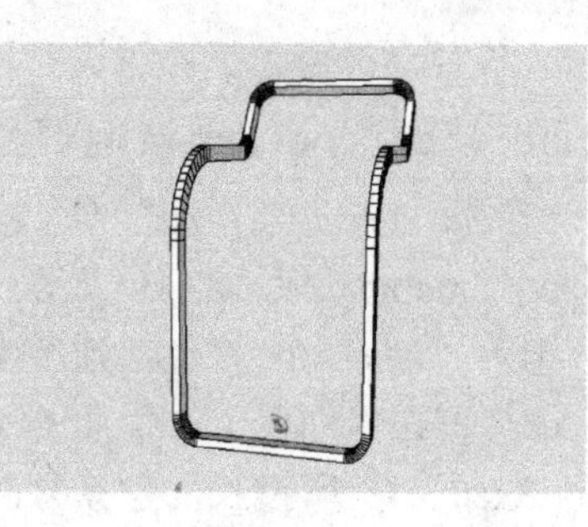

图 10-42

4）将第 2）步隐藏的参考面显示出来，使用“推/拉”工具推拉出弧形面，如图 10-43 所示。

图 10-43

5）打开组合表面推拉插件的工具栏，单击 Joint Push Pull 按钮，在数值控制框中输入 12mm，按〈Enter〉键，完成椅面厚度的推拉，如图 10-44 所示。

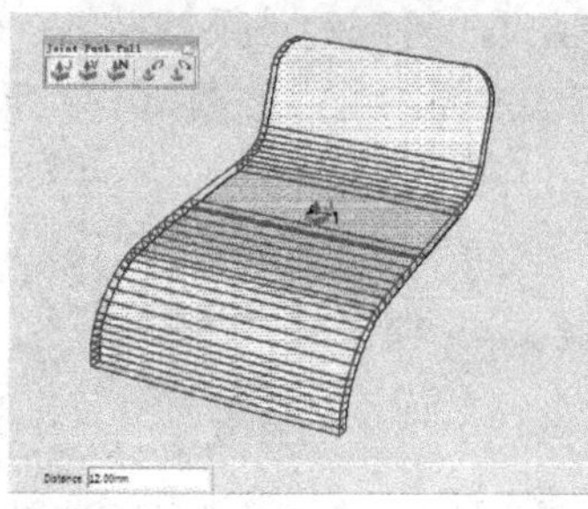

图 10-44

6）将模型放置到与金属外框相契合的位置，接着完成底座和支撑杆等配件的创建并赋予相应的材质，如图 10-45 所示。

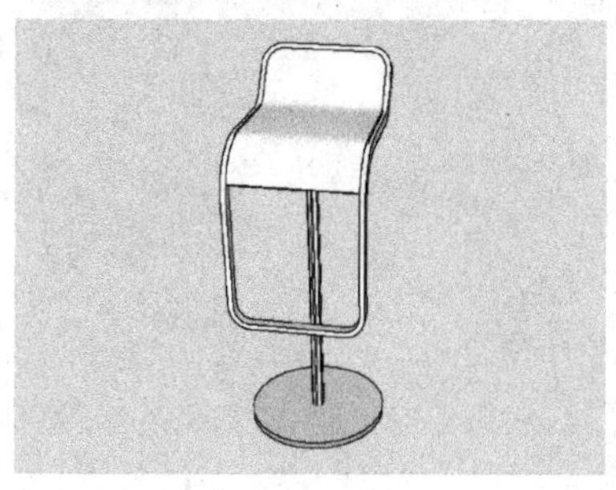
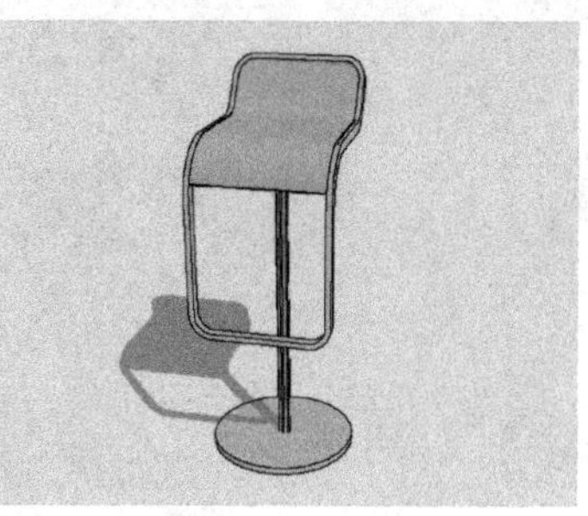

图 10-45

10.6 Subdivide and Smooth（表面细分/光滑）插件

Subdivide and Smooth（表面细分/光滑）这样的插件，对于高端三维软件来说，只是一个必备的工具，但对 SketchUp 来说，则产生了革命性的影响。也许有些夸张，但它的确可以让 SketchUp 的模型在精细度上产生质的飞跃。使用该插件可以将已有的模型进一步细分光滑，也可以用 SketchUp 所擅长的建模方法制作出一个模型的大概雏形后再使用这个插件进行精细化处理。

安装好 Subdivide and Smooth（表面细分/光滑）插件后，在“视图”菜单的“工具栏”子菜单下会出现相关的菜单命令及其子菜单命令，并且它有自己的工具栏，如图 10-46 所示。

图 10-46

功能介绍　Subdivide and Smooth 工具栏

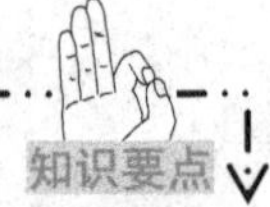

- Subdivide and Smooth（细分和光滑）工具：该工具是这个插件的主要工具。使用时先选择一个原始模型，对这个模型应用该工具时，会弹出一个参数设置对话框。在该对话框中可以设置细分的等级数，值越大，得到的结果越精细，但占用的系统资源也更多，所以还应注意不要有盲目地追求高精细度，如图 10-47 所示。

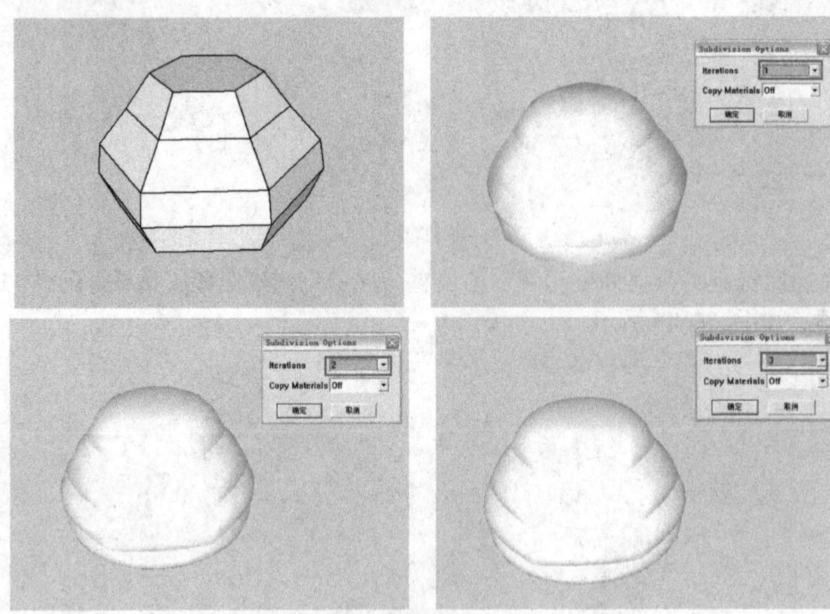

图 10-47

提示：在对群组进行细分和光滑的时候，会在群组物体周围产生一个透明的代理物体。这个代理物体像其他模型一样，可以在被选中后进行分割、推拉或旋转等操作，同时，相对应的原始模型会跟着改变。但是，由于插件可能存在不稳定性，推拉过程中会偶尔出现模型不跟随修改的情况，需要多试几次，如图 10-48 所示。

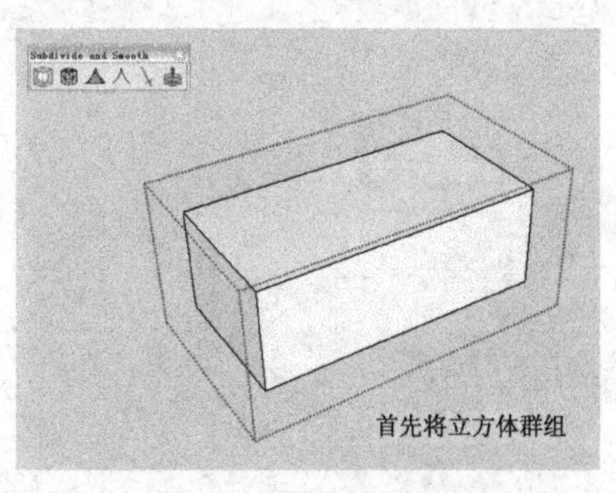

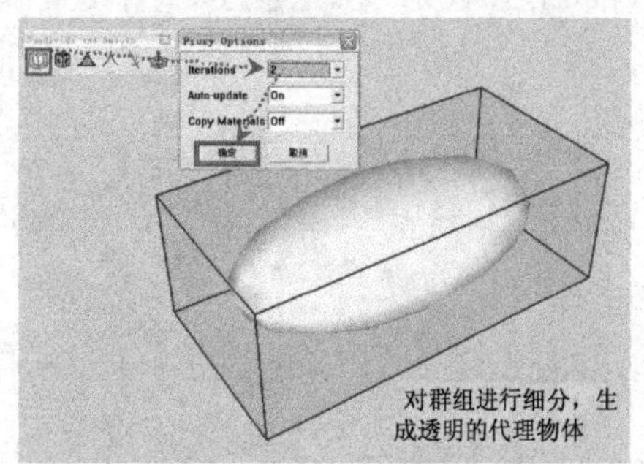

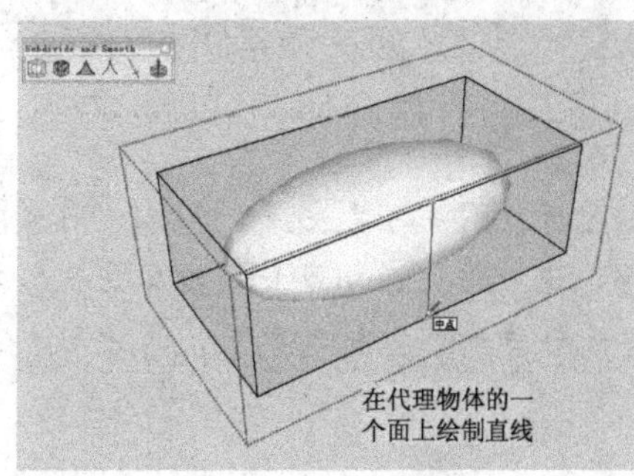

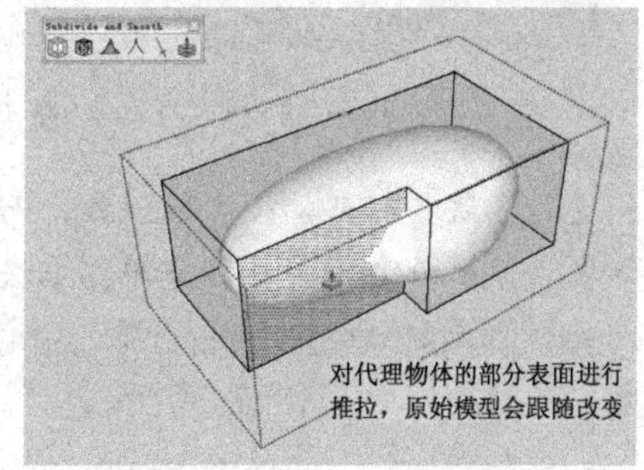

图 10-48

- Subdivide Selection（细分选择）工具：该工具用来细分所选择的对象，它只产生面的细分，而不产生光滑效果。使用一次这个工具，就会对表面细分一次，如图 10-49 所示。

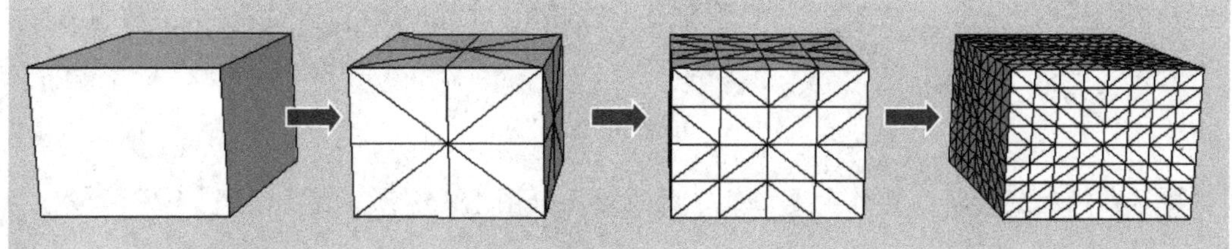

图 10-49

- Smooth all Connected Geometry（平滑所有选择的实体）工具：该工具用来平滑选择对象的表面。选择一个物体表面后，使用该工具可以对它们进行平滑处理，也可以连续单击该工具直到达到满意的平滑效果为止，如图 10-50 所示。
- Crease Tool（折痕工具）工具：该工具主要用来产生硬边和尖锐的顶点效果。在对模型光滑之前，使用该工具单击顶点或边线，光滑处理后就可以产生折痕效果，如图 10-51 所示。

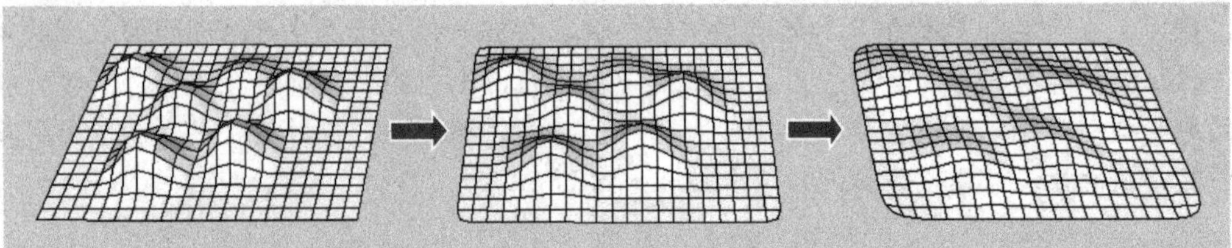

图 10-50

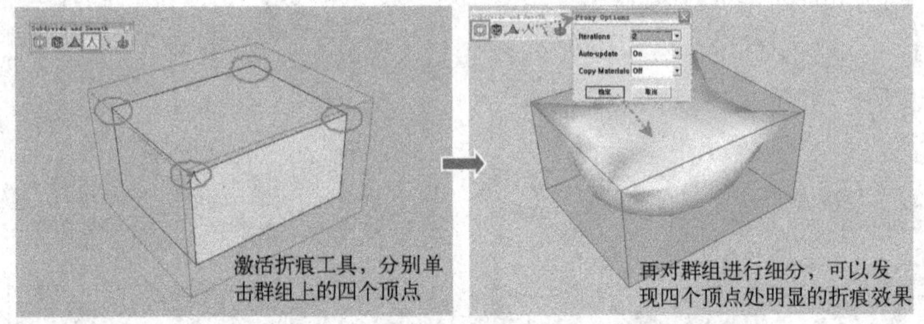

图 10-51

提示：这种方法不容易捕捉点或边线，而且也无法预知折痕效果。所以，作者推荐在产生代理物体之后使用折痕工具。具体操作方法为，进入群组，用鼠标左键单击代理物体的顶点或边线（此时点或边线会以红色亮显），模型就会自动产生折痕效果，再次单击顶点，模型又会恢复柔滑状态，如图 10-52 所示。

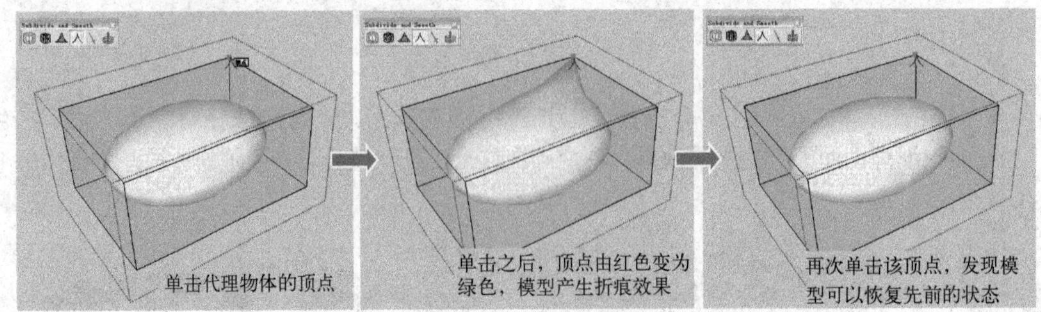

图 10-52

提示：对边线的折痕操作也是如此，效果对比如图 10-53 所示。

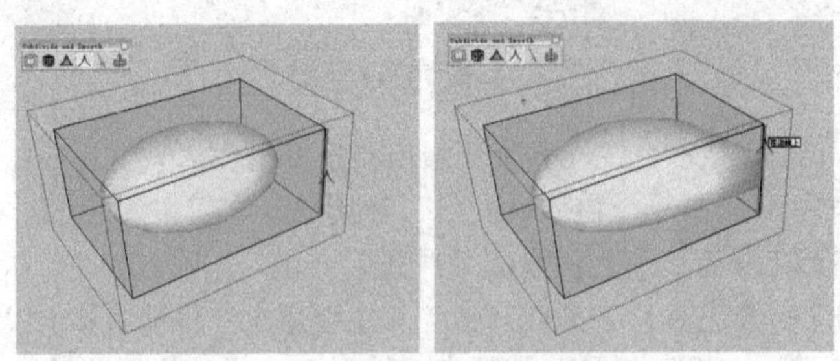

图 10-53

● Knife Subdivide（小刀细分）工具：该工具主要用来对表面进行手动细分，小刀划过的表面会产生新的边线，即产生新的细分。这个工具使用起来比较容易，可以随意对模型进行细分，以获得不同的分割效果，如图 10-54 所示。

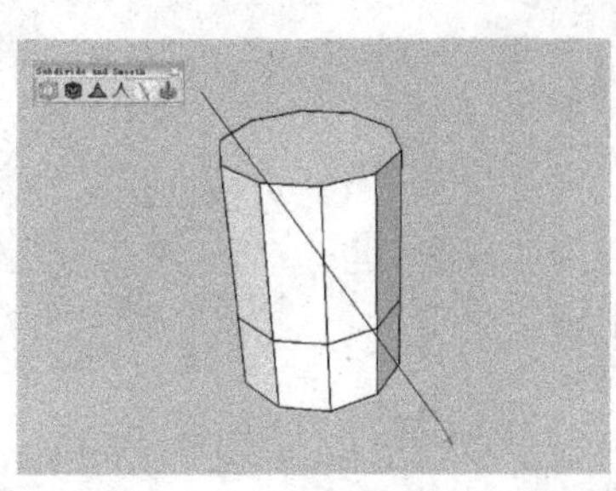
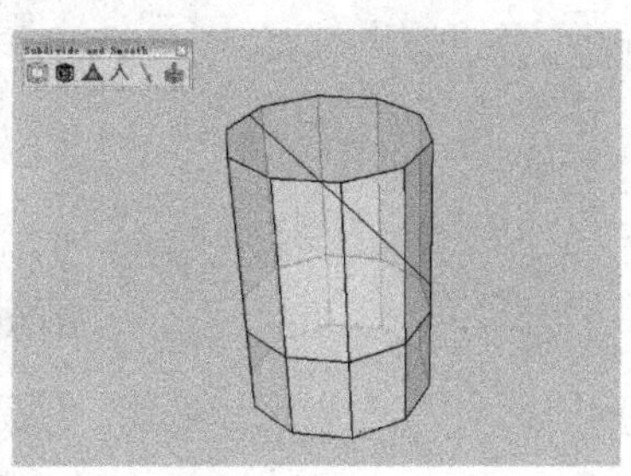

图 10-54

● Extrude Selected Face（挤压选择的表面）工具：该工具的功能与 SketchUp 的“推/拉”工具基本相同，选择代理物体的一个表面，单击该工具按钮，会发现模型相应的表面产生了一定距离的挤压/拉伸。

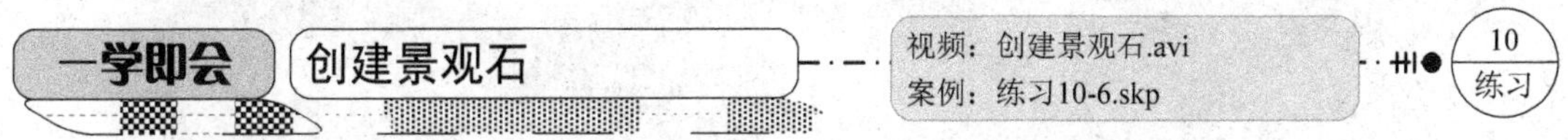

下面通过制作景观石的模型效果，来具体讲解 Subdivide and Smooth（表面细分/光滑）插件的使用方法及技巧，其操作步骤如下。

1）首先用“矩形”工具以及“推/拉”工具制作一个立方体，如图 10-55 所示。

2）打开 Subdivide and Smooth 工具栏，然后单击 Subdivide and Smooth（细分和光滑）工具按钮，接着在弹出的 Subdivsion Options 对话框中将 Iterations 的数值改成“2”，最后单击“确定”按钮 确定 ，如图 10-56 所示。

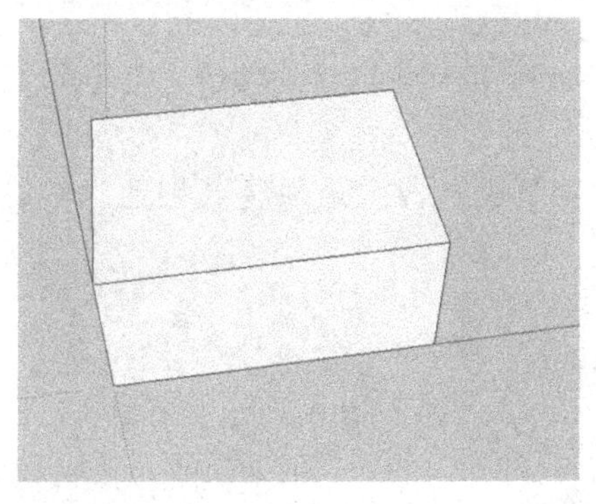

图 10-55

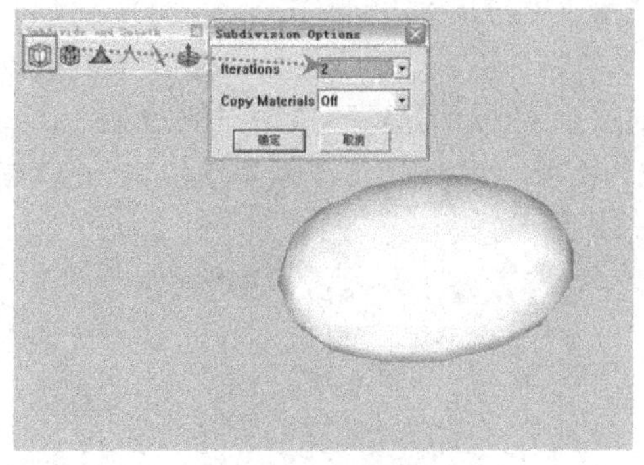

图 10-56

3）打开虚隐边线显示（快捷键为〈Alt+H〉），并用“移动”工具调整其节点，直到所制作立方体比较像石头为止，如图 10-57 所示。

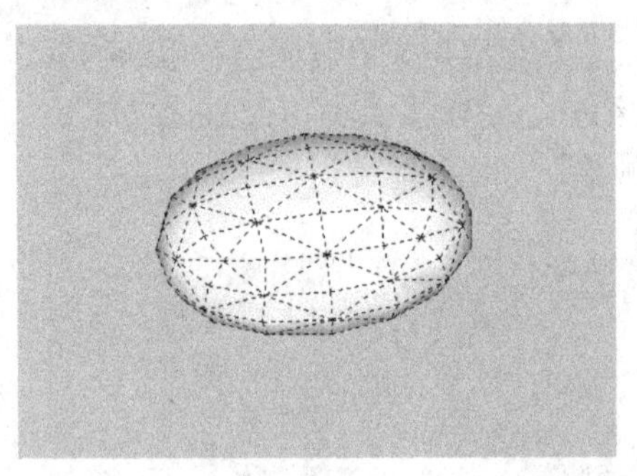

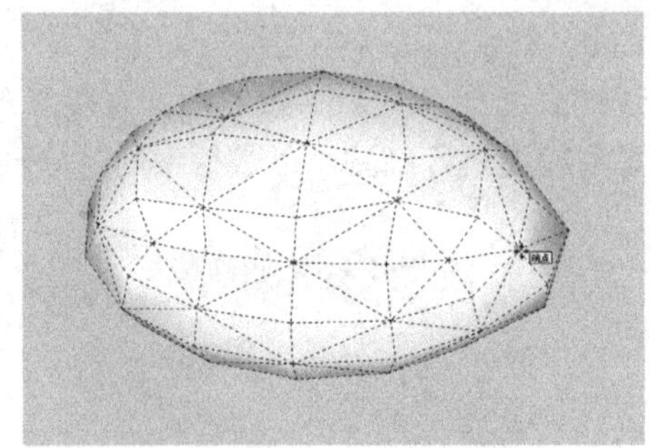

图 10-57

4）赋予相应的材质，完成石头模型的创建，如图 10-58 所示。

提示：由于每块石头形体都不一样，所以调整节点有很大的随意性，只要外形比较像石头即可，不必拘泥于细节，如图 10-59 所示。

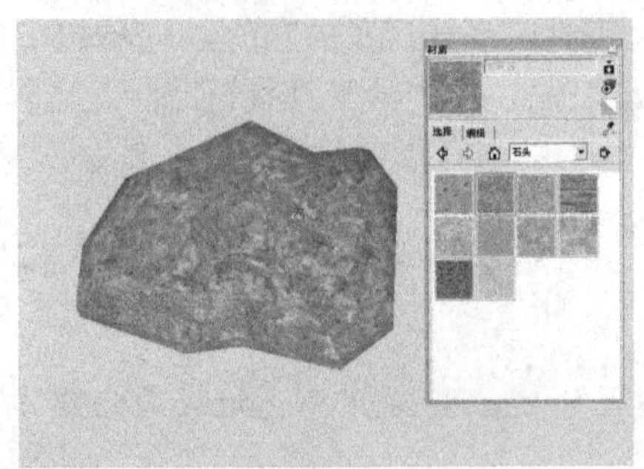

图 10-58

图 10-59

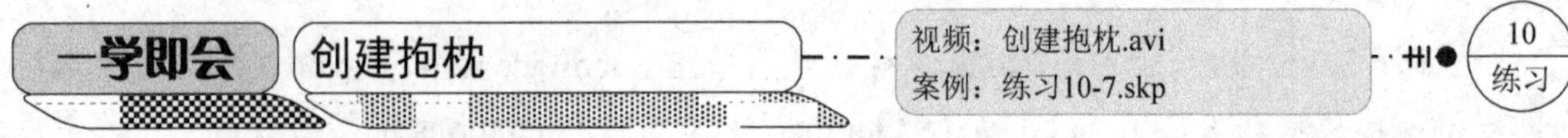

下面通过制作抱枕模型，来具体讲解 Subdivide and Smooth（表面细分/光滑）插件的使用方法及技巧，其操作步骤如下。

1）首先使用“矩形”工具绘制 600mm×400mm 的矩形，然后使用“推/拉”工具将其向上拉 80mm 的高度，如图 10-60 所示。

2）使用“移动”工具并按住〈Ctrl〉键向上复制一份，最后将其创建为群组，如图 10-61 所示。

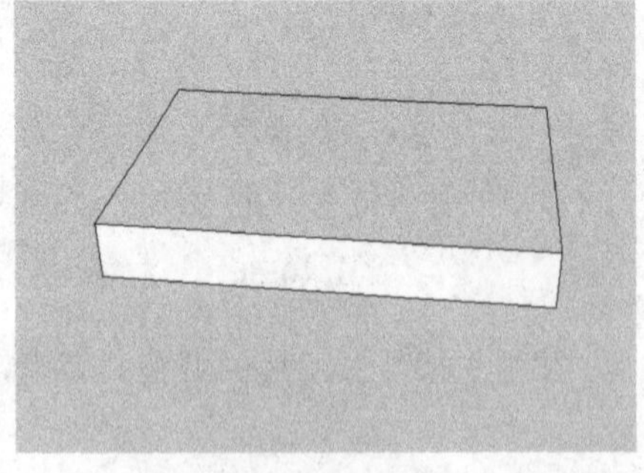

图 10-60

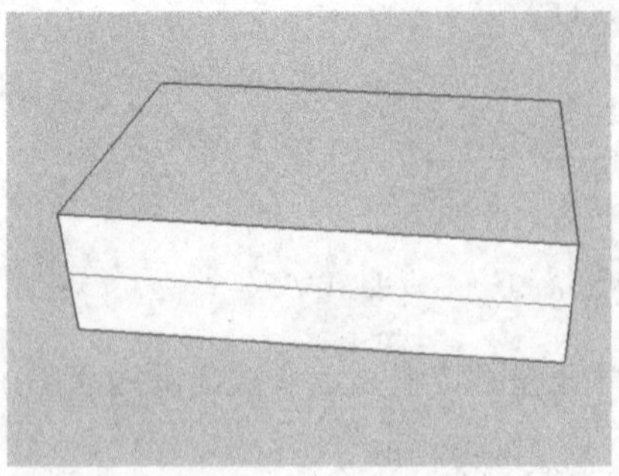

图 10-61

3）单击 Subdivide and Smooth 工具栏中的 Subdivide and Smooth（细分和光滑）工具按钮，在弹出的 Proxy Options 对话框中将 Iterations 的数值改为“2”，如图 10-62 所示。

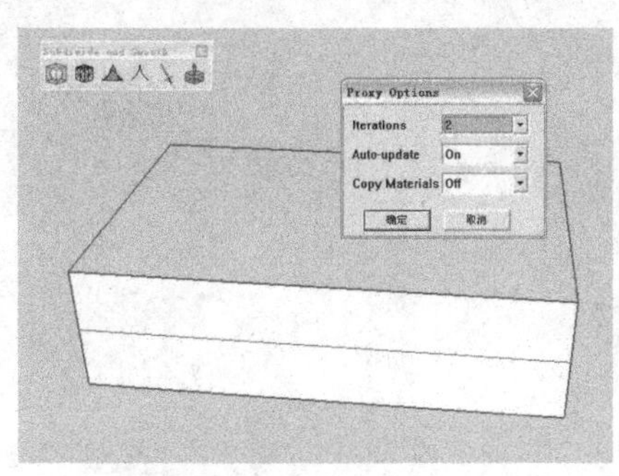

图 10-62

4）双击鼠标左键进入群组内编辑，然后单击 Subdivide and Smooth 工具栏中的 Crease Tool（折痕）按钮，接着单击代理物体中间的面的 4 个顶点及两侧的边线，完成模型的折痕效果，如图 10-63 所示。

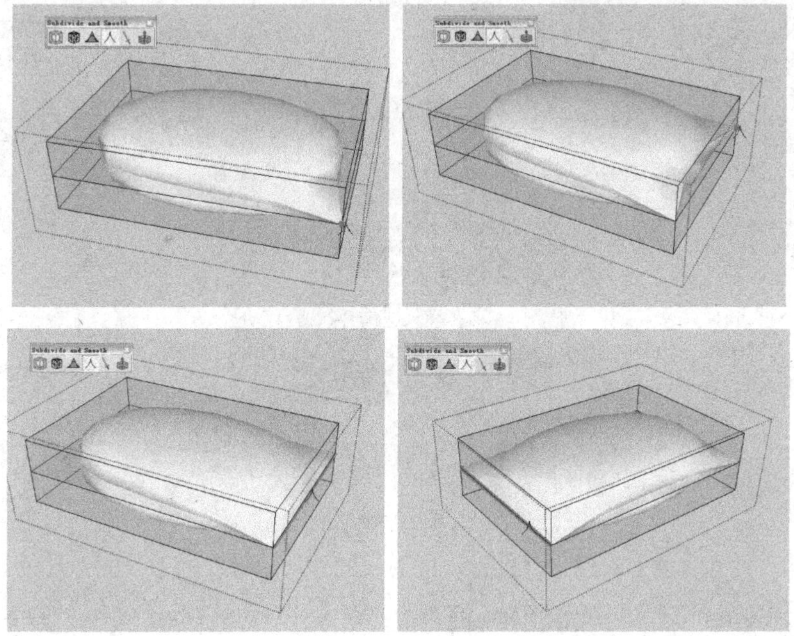

图 10-63

5）退出群组，单击右键并在弹出的菜单中选择“分解”命令，然后删除多余的线，如图 10-64 所示。

6）导入一张图片，放置在抱枕的上方，用“样本颜料”工具吸取图片的材质并将其赋予抱枕，这样可以保证贴图的完整，如图 10-65 所示。最终的效果如图 10-66 所示。

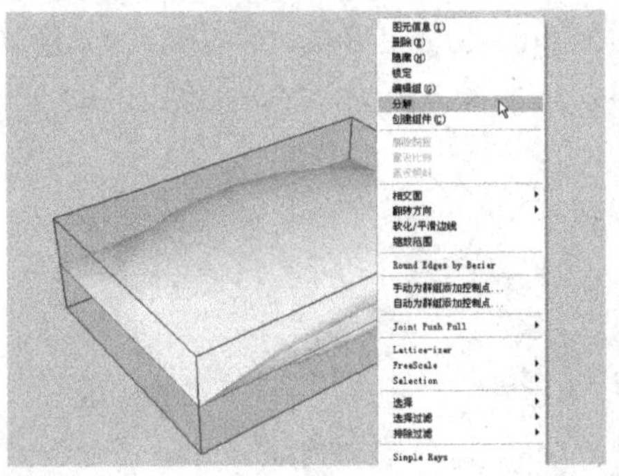

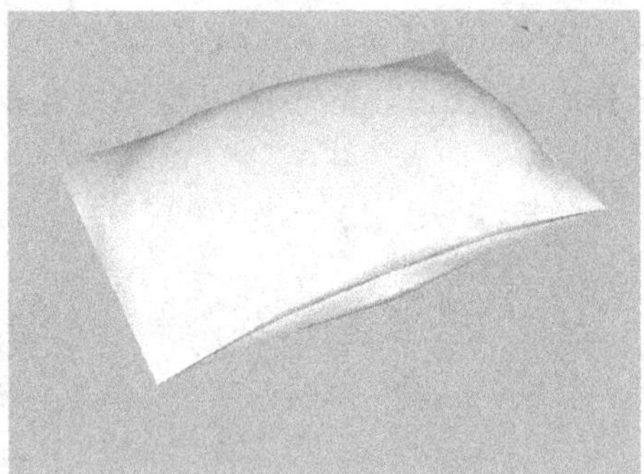

图 10-64

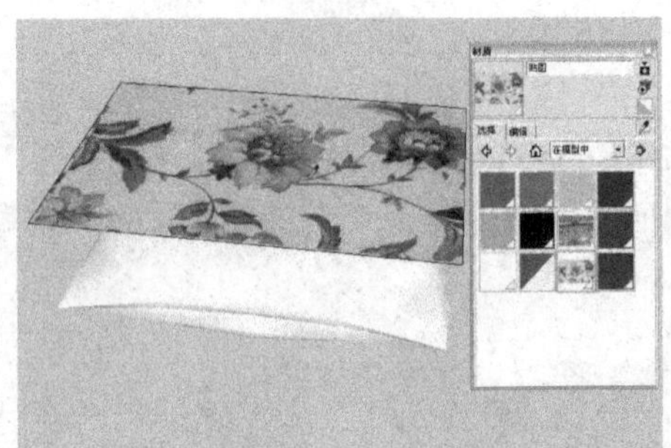

图 10-65

图 10-66

10.7 Round Corner（倒圆角）插件

Round Corner（倒圆角）插件可以将物体进行倒角圆滑操作。该插件的工具栏如图 10-67 所示，其中包括“倒圆角”工具、“倒尖角”工具及“倒角”工具。

图 10-67

一学即会 创建石拱桥

视频：创建石拱桥.avi
案例：练习10-8.skp
10 练习

下面通过制作石拱桥模型，来具体讲解 Round Corner（倒圆角）插件的使用方法及技巧，其操作步骤如下。

1）启动 SketchUp 软件，首先使用“矩形”工具绘制 15000mm×2200mm 的矩形，并用“线条”工具及“圆弧”工具绘制出桥头的截面，如图 10-68 所示。

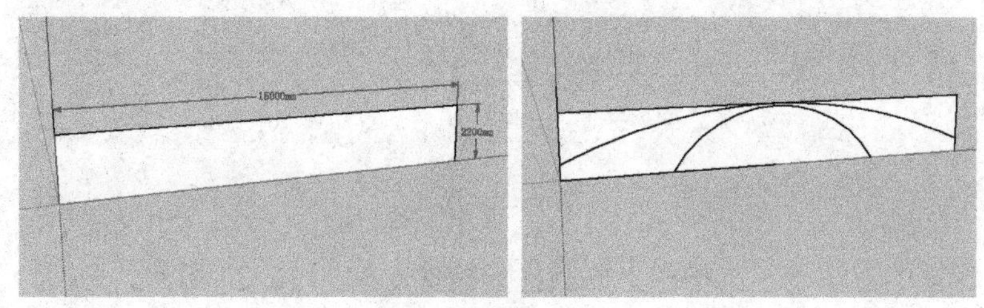

图 10-68

2）删除多余的边线，使用“推/拉”工具将桥体截面推拉 10000mm 的厚度，并将其创建为群组，如图 10-69 所示。

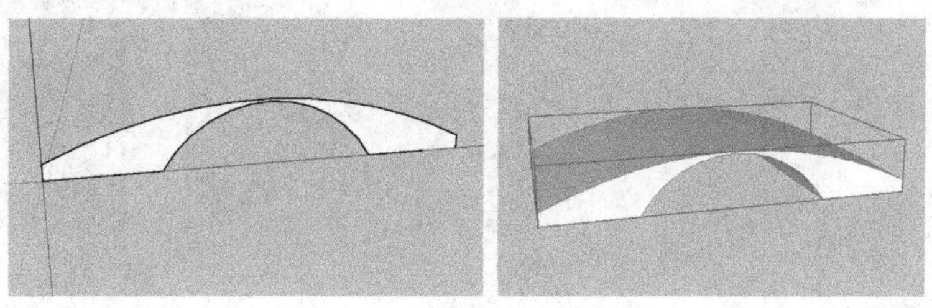

图 10-69

3）使用“圆弧”、“线条”以及“推/拉”等工具创建桥洞的构件，并将其创建为群组，如图 10-70 所示。

4）使用“矩形”工具及“推/拉”创建出 350mm×350mm×1200mm 的护栏立方体，如图 10-71 所示。

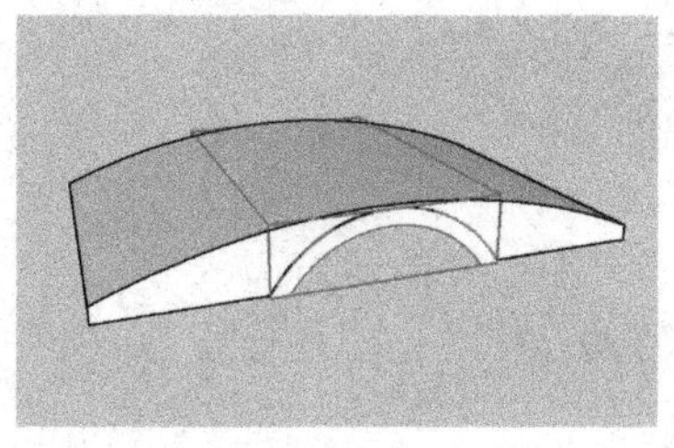

图 10-70

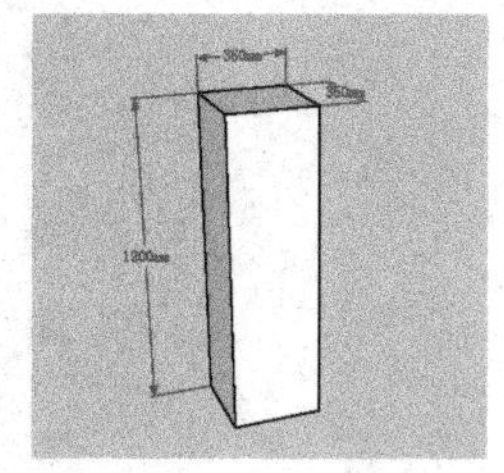

图 10-71

5）选择立方体并单击 Round Corner 工具栏中的“倒圆角”按钮，将偏移参数设为“30mm”，段数设为“6”，单击“确定”按钮，然后按〈Enter〉键，完成立方体的倒角，如

图 10-72 所示。

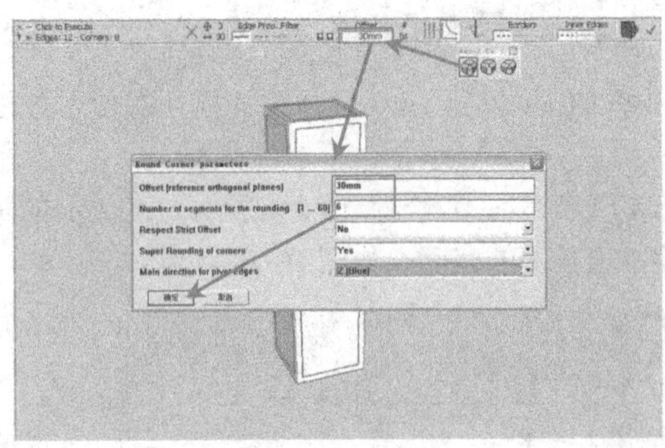

图 10-72

6）采用相同的方法绘制出护栏上的圆柱形构件，如图 10-73 所示。

7）将上面制作好的构件用“移动”工具进行组合，然后将其制作成组件，如图 10-74 所示。

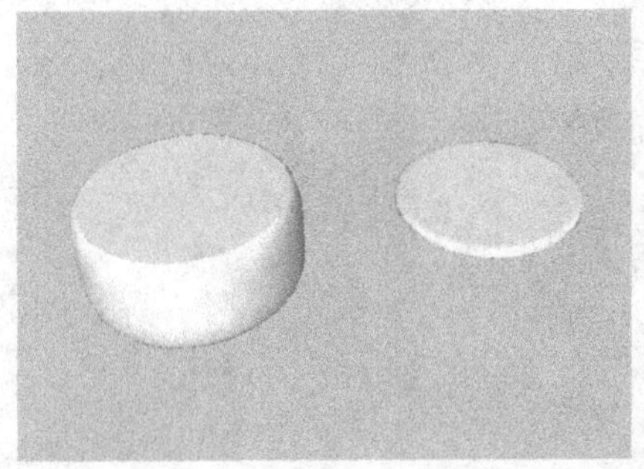

图 10-73

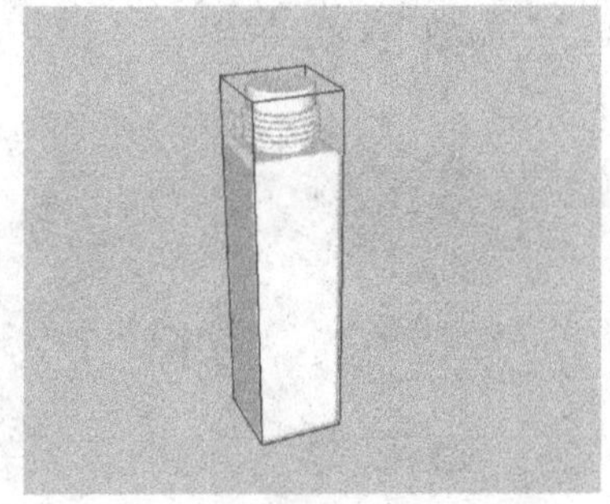

图 10-74

8）将上面制作好的护栏构件进行复制并放置到相应位置，如图 10-75 所示。

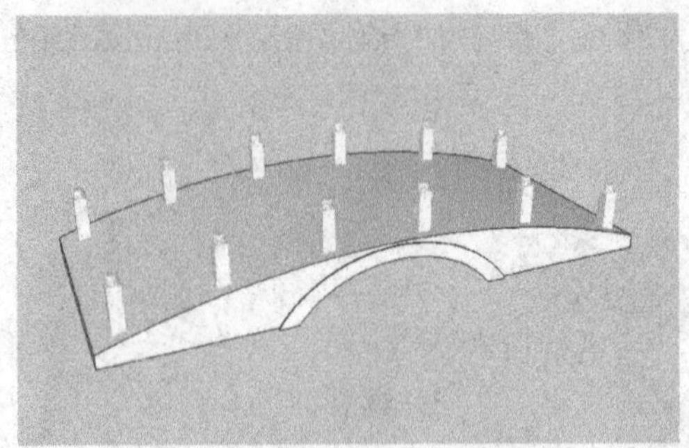

图 10-75

9）使用“圆弧”及“推/拉”工具创建护栏之间的墙体构件，并为石桥赋予相应的材质，如图 10-76 所示。

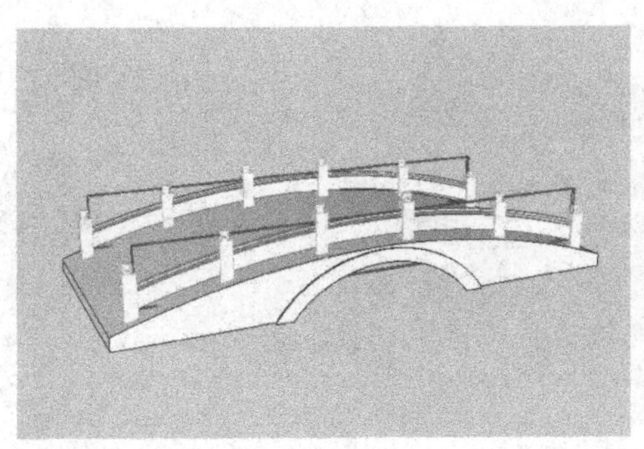

图 10-76

10.8 Sun Shine(日照大师)插件

Sun Shine（日照大师）是目前唯一结合 SketchUp 设计的符合中国建筑设计规范的建筑日照程序，可以计算冬至日和大寒日的累计日照时间。它具有以下特点。

- 准确：符合日照计算的规则。计算结果符合标准，并和其他日照软件计算结果相同。
- 高速：采用独创的 Mass Matrix（复杂矩阵）算法，大大加快了计算速度，并进行了 GPU 优化，可以在很短的时间内计算上万个面的场景，远远超过其他日照分析软件。简单模型只用极短的时间就能得到结果，对于复杂的模型，也可以在几分钟内得出结果，所以非常方便建筑师在 SketchUp 上反复调整方案。如果计算机采用固态硬盘（Solid State Disk）还可大大提高计算速度。
- 直观：利用 DirectX 技术，三维显示计算结果，可以旋转和缩放，可以显示超大的模型，转换观察角度时没有停滞感。用户界面简单，一目了然，如图 10-77 所示。

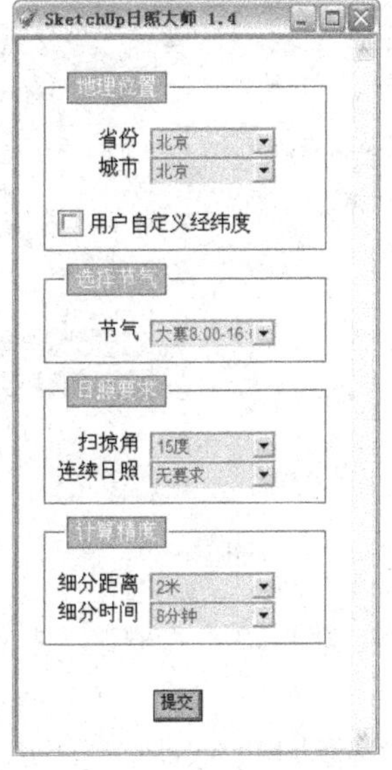

图 10-77

专业知识

日照大师插件的安装与配置

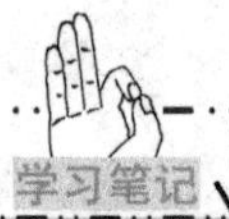

如果想要显示更多的工具图标，只须执行“窗口|使用偏好”菜单命令，接着在弹出的“系统使用偏好”对话框的“延长”面板中勾选所有选项，再执行“视图|工具栏”主菜单命令，并在弹出的子菜单中单击勾选需要显示的工具栏即可，如图 2-40 所示。

1. 软硬件环境要求

SketchUp 的模型往往细致而复杂，分析日照会消耗极大的资源，因此，安装日照大师需要较高性能的计算机，具体要求如图 10-78 所示。

项　目	推 荐 指 标
系统	64 位 Windows 7 操作系统，Windows XP 也可
处理器	推荐 2.4GHz 以上
内存	推荐 4GB 以上
硬盘	推荐 SSD 固态硬盘
显卡	推荐 AMD-HD5750/NVIDIA-GTS450 以上
SketchUp 版本	6、7、8

图 10-78

2. 安装步骤

1）双击 SketchUpSunShineMaster 1.0.setup，依次进入安装程序欢迎页面和协议页面，分别单击“下一步”按钮和“我接受”按钮，如图 10-79 所示。

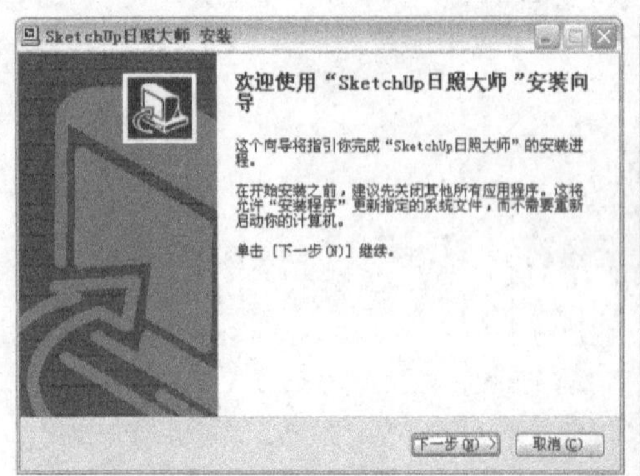

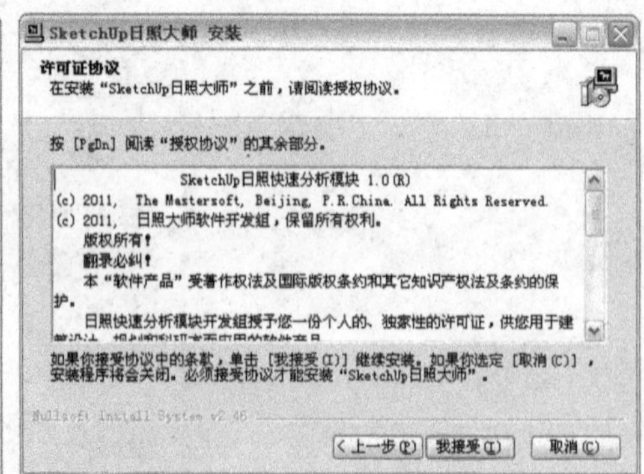

图 10-79

2）勾选 SketchUp 8.0 复选框，然后单击“安装”按钮，完成日照大师插件的安装，如图 10-80 所示。

3）根据提示依次安装加密锁的驱动和 DirectX，如图 10-81 所示。

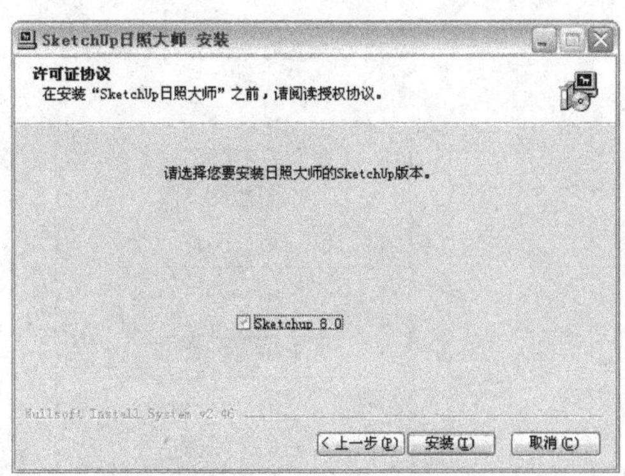

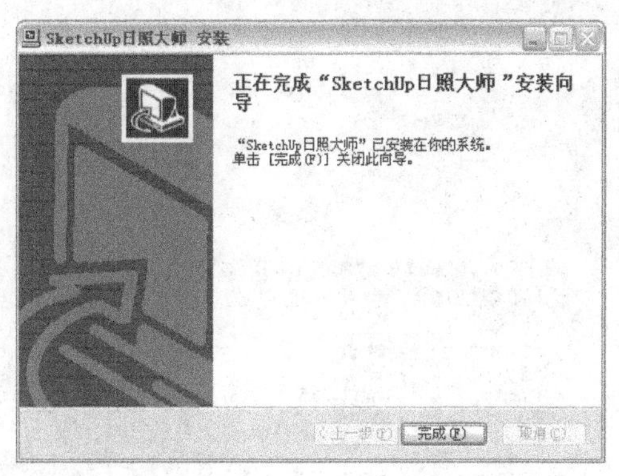

图 10-80

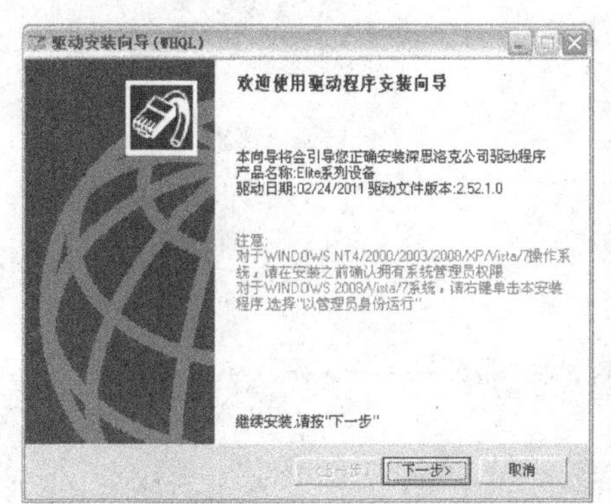

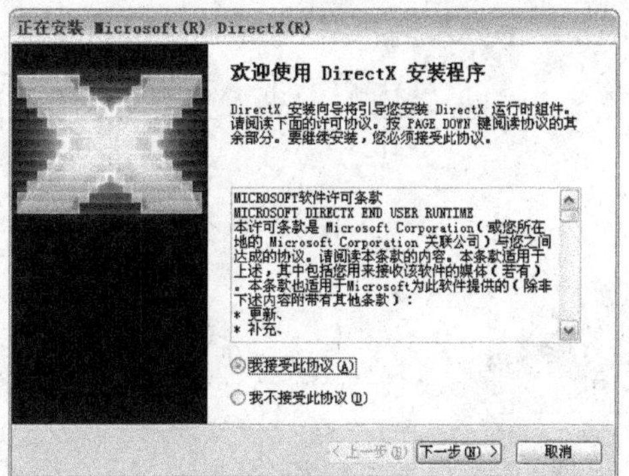

图 10-81

安装结束后，启动相应的 SketchUp 界面，单击"插件"菜单即可看到多了"SketchUp 日照大师"命令，其下有 4 个子选项，分别是"参数设置""整体日照计算""单点日照计算"和"帮助文档"，如图 10-82 所示。

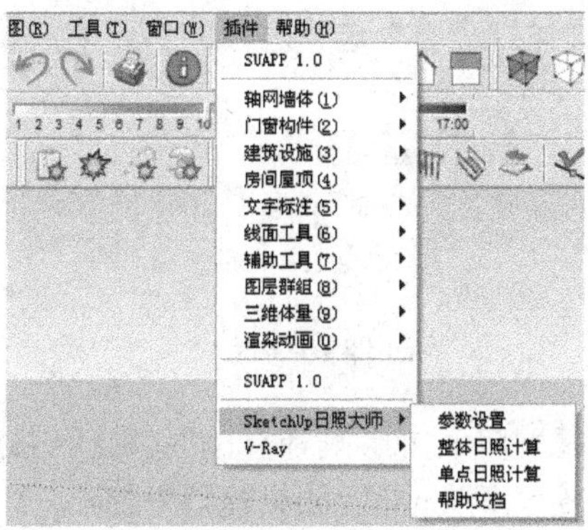

图 10-82

执行"视图|工具栏|sunshine"菜单命令，弹出"sunshine"工具栏，如图 10-83 所示。

单击 sunshine 工具栏中左边的"日照参数设置"按钮，打开日照大师参数设置对话框，如图 10-84 所示。

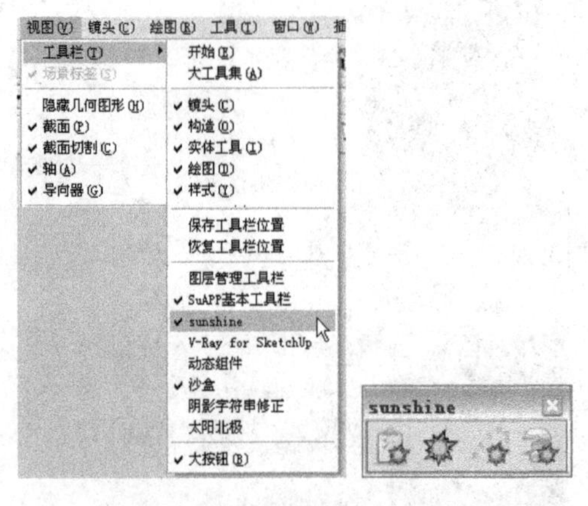

图 10-83

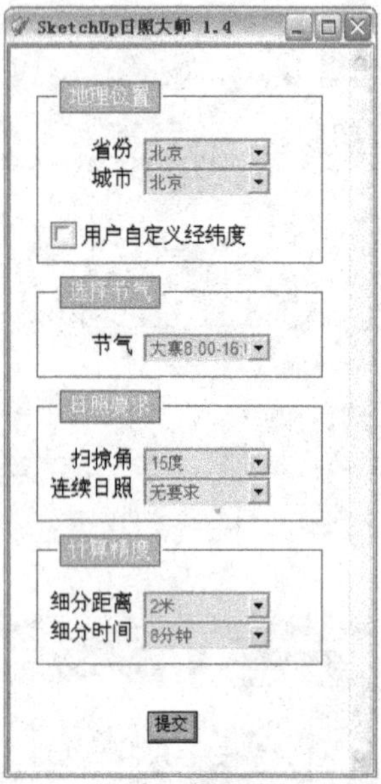

图 10-84

功能介绍

Sketchup 日照大师参数设置对话框

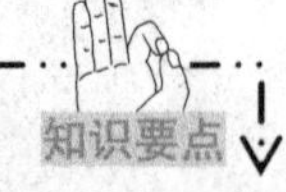

- 地理位置：“省份”和“城市”下拉列表中包括了中国 100 多个主要城市的经纬度信息，在其中选择模型所在地的相应地理位置。如果下拉列表中没有对应的城市，可以勾选“用户自定义经纬度”复选框，面板会自动切换输入方式，如图 10-85 所示。
- 选择节气：节气只有两种，即冬至 9:00-15:00（真太阳时），大寒 8:00-16:00（真太阳时），如图 10-86 所示。
- 日照要求：依据当地具体规范要求选择适当的参数值，如图 10-87 所示。

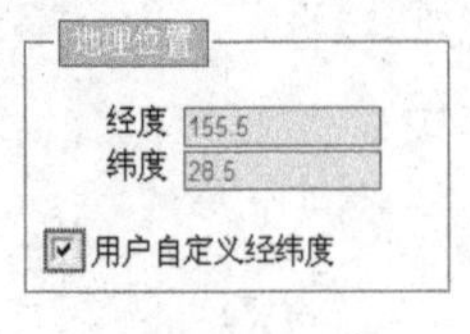

图 10-85

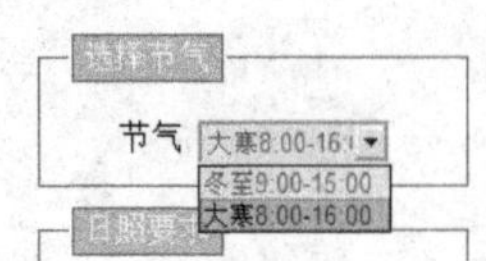

图 10-86

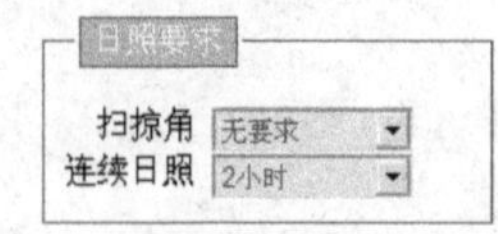

图 10-87

- 计算精度：选择计算精度将大大影响计算的时间，一般来说，对于整个小区，可以选择细分距离 4m，细分时间 8min。如果模型很细致，可以适当缩小细分距离，如图 10-88 所示。

在使用 sunshine（日照大师）插件之前，应对模型进行检查、计算和观察。

1）检查模型：计算日照前，要对模型的正反面和模型的大小进行检查。

- 模型正反面：为了追求计算速度，日照大师只计算正面的三角形，反面的三角形默认是透明的，所以应设置好模型的正反面。具体操作步骤为，选择需要反转的面，单击右键，从快捷菜单中选择“反转平面”，如图 10-89 所示。

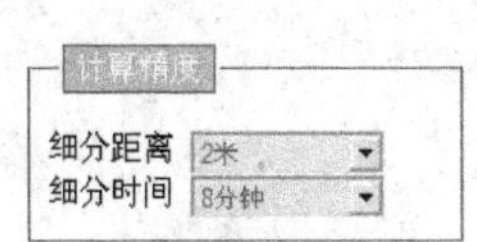

图 10-88

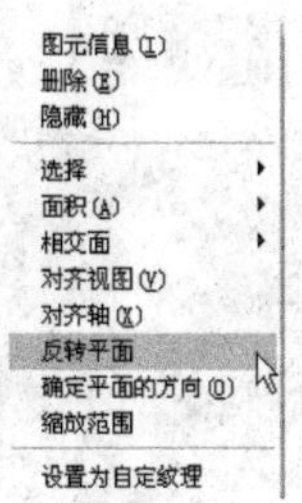

图 10-89

- 模型大小：如果从其他软件中导入模型，应该用 SketchUp 提供的测量工具检查模型的尺度是否正确，如图 10-90 所示。

2）计算：选择计算面，日照计算时要计算周围建筑物、山体等对计算建筑物的影响。选中场景中的所有物体为遮挡物，以避免遗漏等错误，如图 10-91 所示。

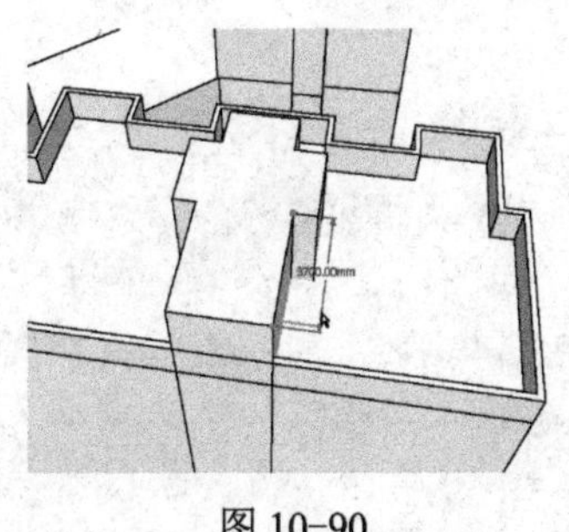

图 10-90

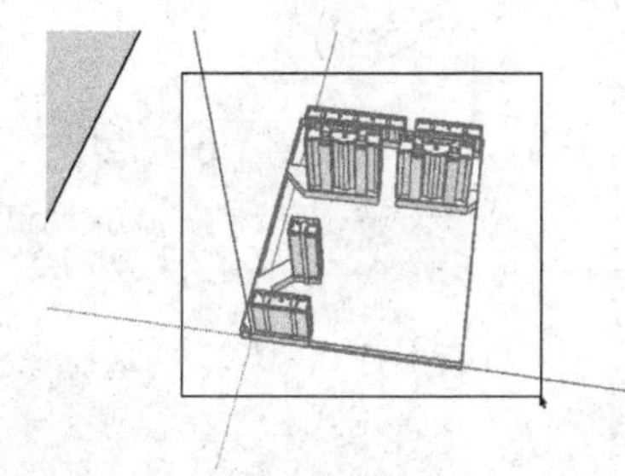

图 10-91

单击 sunshine 工具栏中的“整体日照计算”按钮，或是执行“插件|SketchUp 日照大师|整体日照计算”菜单命令，如果模型的大小超过 100KB，单击按钮后可能需要等待几秒钟才能运行，如图 10-92 所示。

3）观察：拖动鼠标左键或中键可以用来变换视角，中键滚轮可以用来控制视野的大小，右上角的截图按钮 截图 可以用来保存当前场景的截图，如图 10-93 所示。

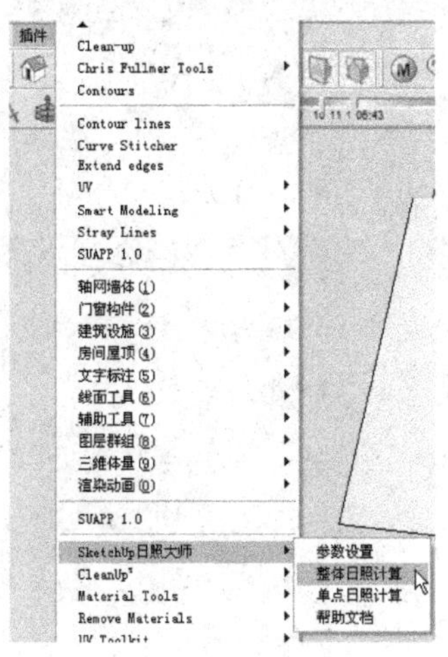

图 10-92

图 10-93

第 11 章 文件的导入与导出

内容摘要

SketchUp 可以与 AutoCAD、3ds Max 等相关图形处理软件共享数据成果，以弥补 SketchUp 在精确建模方面的不足。此外，SketchUp 在建模完成之后还可以导出准确的平面图、立面图和剖面图，为下一步施工图的制作提供基础条件。本章将详解介绍 SketchUp 与几种常用软件的衔接，以及不同格式文件的导入与导出操作。

- AutoCAD 文件的导入与导出
- 二维图像的导入与导出
- 三维模型的导入与导出

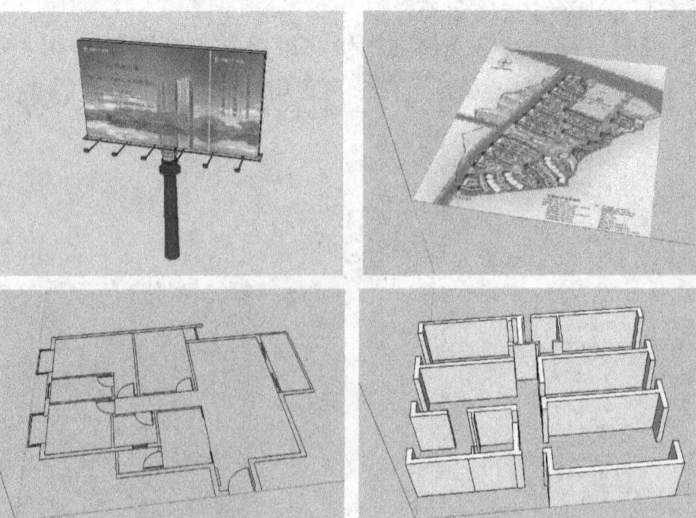

11.1 AutoCAD文件的导入与导出

SketchUp 支持导入和导出 AutoCAD 的 DWG/DXF 格式的文件，本节将详细讲解在 SketchUp 软件中如何导入 DWG/DXF 格式的文件、导出 DWG/DXF 格式的二维矢量图文件以及导出 DWG/DXF 格式的三维模型文件等内容。

11.1.1 导入 DWG/DXF 格式的文件

作为真正的方案推敲软件，SketchUp 必须支持方案设计的全过程。粗略抽象的概念设计是重要的，但精确的图样也同样重要。因此，SketchUp 一开始就支持导入和导出 AutoCAD 的 DWG/DXF 格式的文件。

下面通过实例的讲解，来具体了解怎样在 SketchUp 软件中导入 DWG 格式文件的操作方法及技巧，其操作步骤如下。

1）启动 SketchUp 软件，执行“文件|导入”菜单命令，接着在弹出的“打开”对话框中设置“文件类型”为“AutoCAD 文件（*.dwg，*.dxf）”，然后在文件列表框中选择“案例/11/场景文件/练习 11-1”文件，如图 11-1 所示。

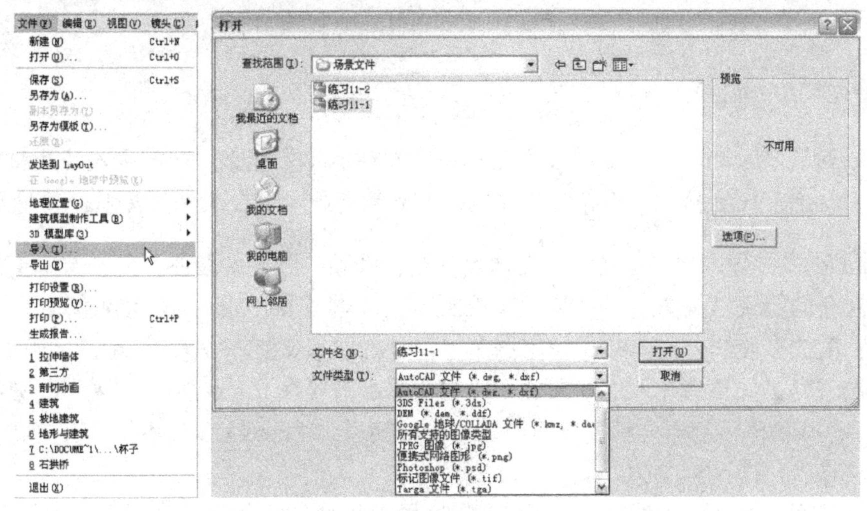

图 11-1

2）选择好导入的文件后，单击“选项”按钮 选项(P)... ，弹出“导入 AutoCAD DWG/DXF 选项”对话框，根据导入文件的属性选择一个导入的单位，一般选择为“毫米”或者“米”，如图 11-2 所示。

3）完成设置后，单击“确定”按钮 确定 开始导入文件，大的文件可能需要几分钟的时间，因为 SketchUp 的几何体与 CAD 软件中的几何体有很大的区别，转换需要大量的运算。导入文件后，SketchUp 会显示一个导入实体的报告，如图 11-3 所示。导入 SketchUp 后的文件效果如图 11-4 所示。

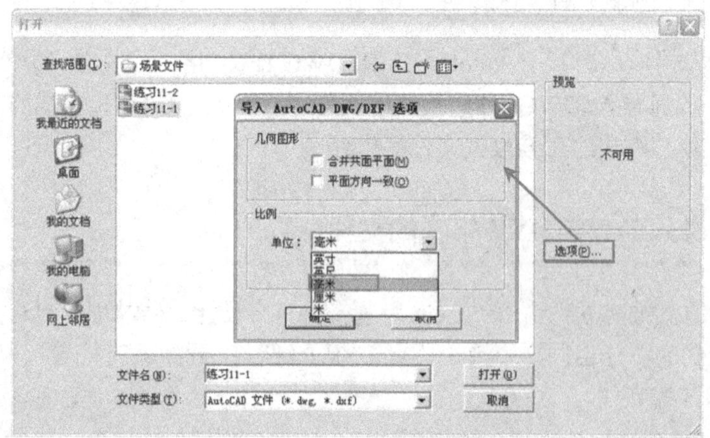

图 11-2

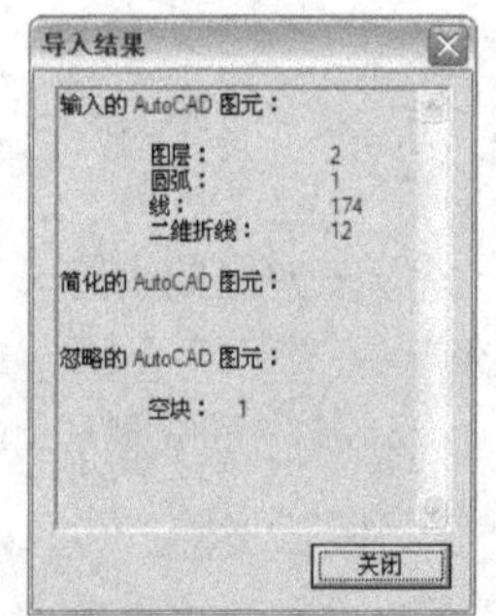

图 11-3

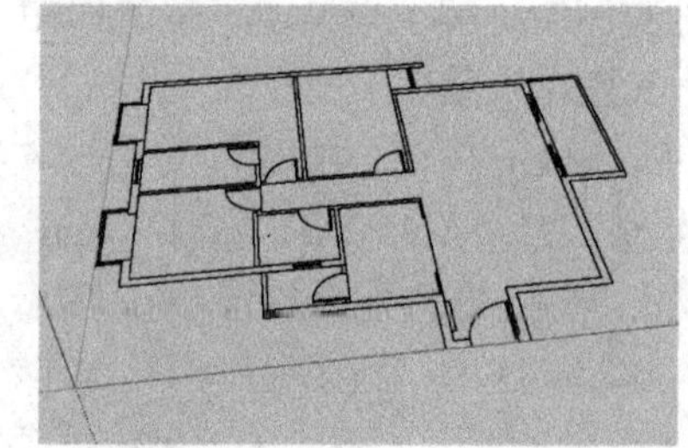

图 11-4

提示：如果导入之前，SketchUp 中已经有了别的实体，那么，所有导入的几何体会合并为一个组，以免干扰（粘住）已有的几何体，但如果是导入空白文件，就不会创建组。

SketchUp 支持导入的 AutoCAD 实体包括线、圆弧、圆、多段线、面、有厚度的实体、三维面、嵌套的图块以及图层。目前，SketchUp 还不能支持 AutoCAD 实心体、区域、样条线、锥形宽度的多段线、XREFS、填充图案、尺寸标注、文字和 ADT、ARX 物体，它们在导入时会被忽略。如果想导入这些未被支持的实体，需要在 AutoCAD 中先将其分解（快捷键〈X〉），有些物体还需要分解多次才能在导出时转换为 SketchUp 几何体，有些物体即使被分解也无法导入，请读者注意。

在导入文件的时候，应尽量简化文件，只导入需要的几何体。这是因为导入一个大的 AutoCAD 文件时，系统会对每个图形实体都进行分析，这需要很长的时间；而且一旦导入后，由于 SketchUp 中智能化的线和表面需要比 AutoCAD 更多的系统资源，复杂的文件会降低 SketchUp 的系统性能。

有些文件可能包含非标准的单位、共面的表面以及朝向不一致的表面，用户可以通过“导入 AutoCAD DWG/DXF 选项”对话框中的“合并共面平面”选项和“平面方向一致”选项纠正这些问题。

● 合并共面平面：导入 DWG 或 DXF 格式的文件时，会发现一些平面上有三角形的划分线。手工删除这些多余的线是很麻烦的，可以使用该选项让 SketchUp 自动删除多余的划分线。

● 平面方向一致：勾选该选项后，系统会自动分析导入表面的朝向，并统一表面的法线方向。

一些 AutoCAD 文件以统一单位来保存数据，例如 DXF 格式的文件，这意味着导入时必须指定导入文件使用的单位以保证进行正确的缩放。如果已知 AutoCAD 文件使用的单位为 mm（毫米），而在导入时候却选择了 m（米），那么就意味着图形放大了 1000 倍。

需要注意的是，在 SketchUp 中只能识别 0.001 平方单位以上的表面，如果导入的模型有 0.001 单位长度的边线，将不能导入，因为 0.01×0.01=0.0001 平方单位。所以在导入未知单位文件时，宁愿设置大的单位，也不要选择小的单位，因为模型比例缩放会使一些过小的表面在 SketchUp 中被忽略，剩余的表面也可能发生变形。如果指定单位为米，导入的模型虽然过大，但所有的表面都被正确导入了，可以缩放模型到正确的尺寸。

导入的 AutoCAD 图形需要在 SketchUp 中生成面，然后才能拉伸。对于在同一平面内本来就封闭的线，只需要绘制其中一小段线段就会自动封闭成面；对于开口的线，将开口处用线连接好就会生成面，如图 11-5 所示。

在需要封闭很多面的情况下，可以使用在第 10 章中介绍的 Label Stray Lines（标注线头）插件，它可以快速标明图形的缺口，读者可以尝试使用一下。另外，还可以使用 SUAPP 插件集中的线面工具进行封面，具体步骤为：选中要封面的线，接着执行“插件|线面工具|生成面域”菜单命令，如图 11-6 所示。在运用插件进行封面的时候需要等待一段时间，绘图区下方会显示一条进度条显示封面的进程。对于插件没有封到的面，可以使用“线条”工具进行补充。

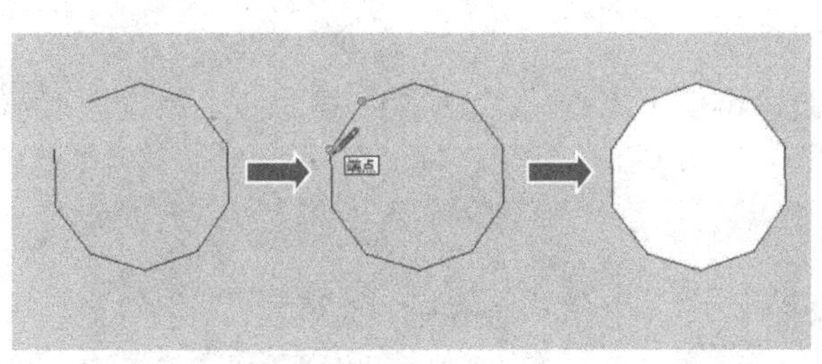

图 11-5

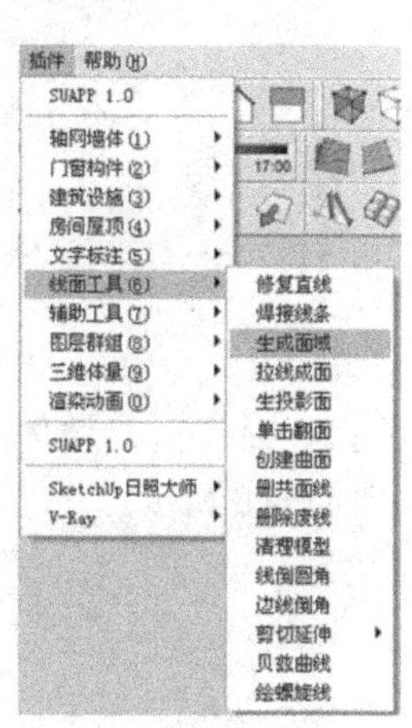

图 11-6

一学即会 导入户型平面图后拉伸墙体

视频：导入平面图并拉伸墙体.avi
案例：练习11-2.dwg

11 练习

下面通过实例的讲解，让读者掌握怎样将导入的户型平面图拉伸成墙体，其操作步骤如下。

1）启动 SketchUp 软件，执行“文件|导入”菜单命令，在弹出的“打开”对话框中选择“案例/11/场景文件/练习 11-2”文件，然后单击右侧的“选项”按钮，在弹出的对话框中将单位改成“毫米”，如图 11-7 所示。

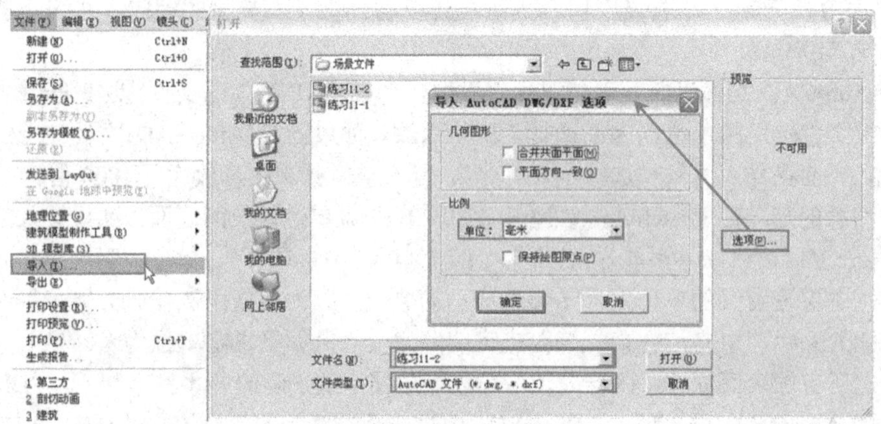

图 11-7

2）完成导入设置后，单击“确定”按钮 确定 ，将 CAD 图像导入 SketchUp 中，如图 11-8 所示。

3）全选导入的 CAD 图形文件，接着执行“插件|线面工具|生成面域”菜单命令，如图 11-9 所示。

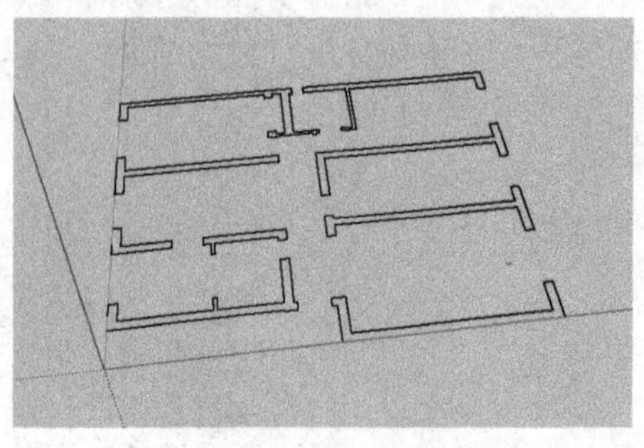

图 11-8

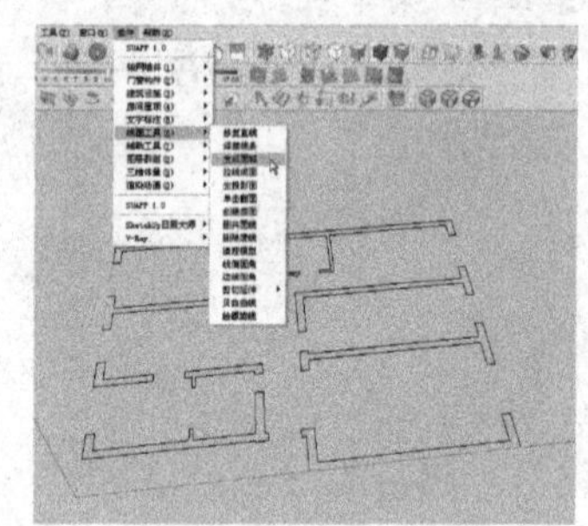

图 11-9

4）执行命令后，墙体会自动封面，再使用“推/拉”工具将面向上推拉形成墙体即可，如图 11-10 所示。

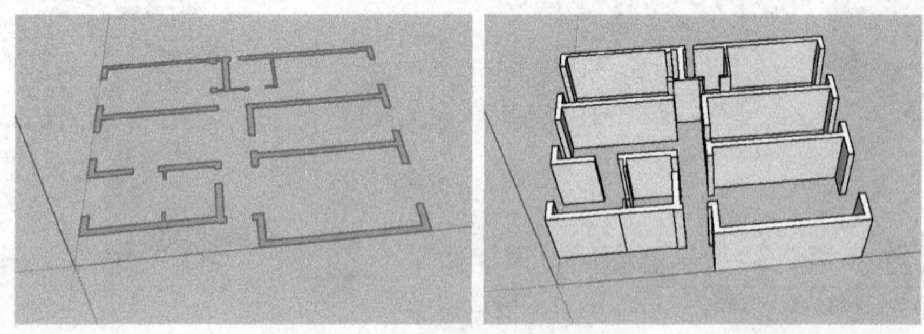

图 11-10

11.1.2 导出 DWG/DXF 格式的二维矢量图文件

SketchUp 允许将模型导出为多种格式的二维矢量图，包括 DWG、DXF、EPS 和 PDF 格式。导出的二维矢量图可以方便地在任何 CAD 软件或矢量处理软件中导入和编辑。

提示：SketchUp 的一些图形特性无法导出到二维矢量图中，包括贴图、阴影和透明度。

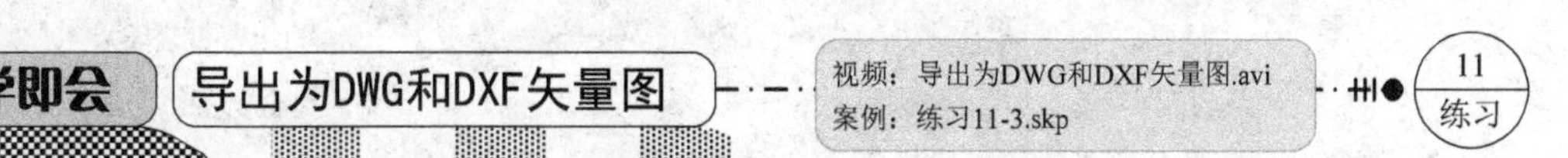

下面通过实例的讲解，让读者掌握怎样将 SketchUp 场景文件导出为 DWG/DXF 格式的二维矢量图，其操作步骤如下。

1）启动 SketchUp 软件，执行“文件|打开”菜单命令，打开“案例/11/场景文件/练习 11-3”文件，然后在绘图窗口中调整好视图的视角（SketchUp 会将当前视图导出，并忽略贴图、阴影等不支持的特性），如图 11-11 所示。

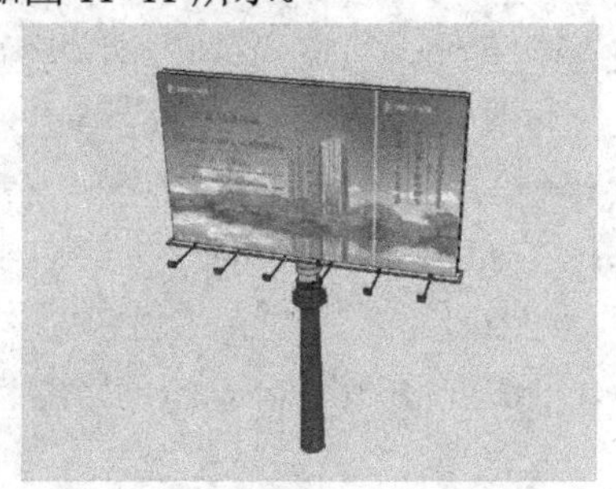

图 11-11

2）执行“文件|导出|二维图形”菜单命令，弹出“输出二维图形”对话框，然后设置“文件类型”为“AutoCAD DWG 文件（*.dwg）”或者“AutoCAD DXF 文件（*.dxf）”，接着设置好导出的文件名，如图 11-12 所示。

3）单击“选项”按钮 选项 并在弹出的对话框中设置导出的参数（具体参数设置可以参照下文的“技术专题”）。完成设置后，单击“输出”按钮 输出 即可进行导出，如图 11-13 所示。

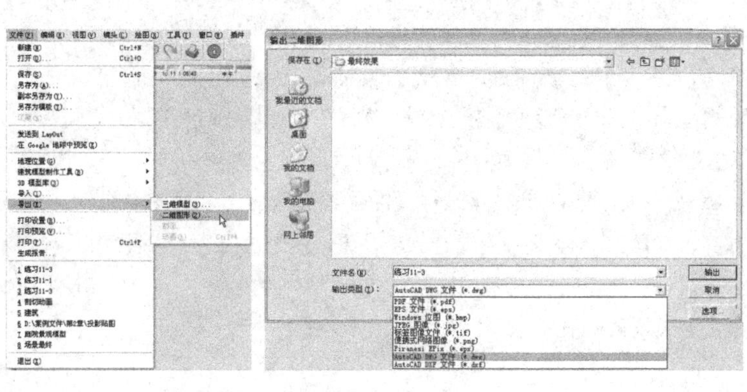

图 11-12

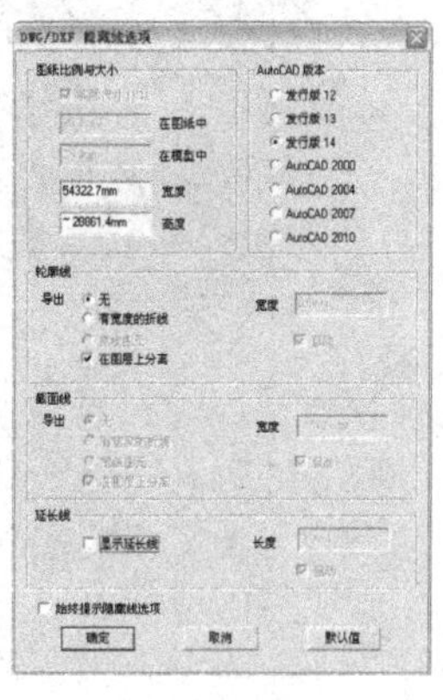

图 11-13

技术专题 “DXG/DXF 隐藏线选项”对话框

（1）“图纸比例与大小”选项组

- 实际尺寸：勾选该选项将按真实尺寸 1∶1 导出。
- 在图纸中/在模型中：“在图纸中”和“在模型中”的比例就是导出时的缩放比例。例如，在图纸中/在模型中=1 毫米/1 米，就相当于导出 1∶1000 的图形。另外，开启“透视显示”模式时不能定义这两项的比例，即使在“平行投影”模式下，也必须是表面的法线垂直于视图时才可以。
- 宽度/高度：定义导出图形的宽度和高度。

（2）“AutoCAD 版本”选项组

在该选项组中可以选择导出的 AutoCAD 版本。

（3）“轮廓线”选项组

- 无：如果设置“导出”为“无”，则导出时会忽略屏幕显示效果而导出正常的线条；如果没有设置该项，则 SketchUp 中显示的轮廓线会导出为较粗的线。
- 有宽度的折线：如果设置“导出”为“有宽度的折线”，则导出的轮廓线为多段线实体。
- 宽线图元：如果设置“导出”为“宽线图元”，则导出的截面线为粗线实体。该项只有导出 AutoCAD 2000 以上版本的 DWG 文件才有效。
- 在图层上分离：如果设置“导出”为“在图层上分离”，将导出专门的轮廓线图层，便于在其他程序中设置和修改。SkctchUp 的图层设置在导出二维隐藏线矢量图时不会直接转换。

（4）“截面线”选项组

该选项组中的设置与“轮廓线”选项组相类似。

（5）“延长线”选项组

- 显示延长线：勾选该选项后，将导出 SketchUp 中显示的延长线。如果没有勾选该项，将导出正常的线条。这里有一点要注意，延长线在 SketchUp 中对捕捉参考系统没有影响，但在别的 CAD 程序中就可能出现问题，如果想编辑导出的矢量图，最好禁用该项。
- 长度：用于指定延长线的长度。该项只有在激活“显示延长线”选项并取消“自动”选项后才生效。
- 自动：勾选该选项将分析用户指定的导出尺寸，并匹配延长线的长度，让延长线和屏幕上显示的相似。该选项只有在激活“显示延长线”选项时才生效。

（6）始终提示隐藏线选项

勾选该选项后，每次导出 DWG 和 DXF 格式的二维矢量图文件时都会自动打开“DWG/DXF 隐藏线选项”对话框；如果没有勾选该项，将使用上次的导出设置。

（7）“默认值”按钮 默认值

单击该按钮可以恢复系统默认值。

11.1.3 导出 DWG/DXF 格式的三维模型文件

可以将模型以 DWG/DXF 格式导出为三维的模型。

导出为 DWG 和 DXF 格式的三维模型文件的具体操作步骤如下。

执行“文件|导出|三维模型”菜单命令，然后在“输出模型”对话框中设置“输出类型”为“AutoCAD DWG 文件（*.dwg）”或者“AutoCAD DXF 文件（*.dxf）”。完成设置后即可按当前设置进行保存，也可以对导出选项进行设置后再保存，如图 11-14 所示。

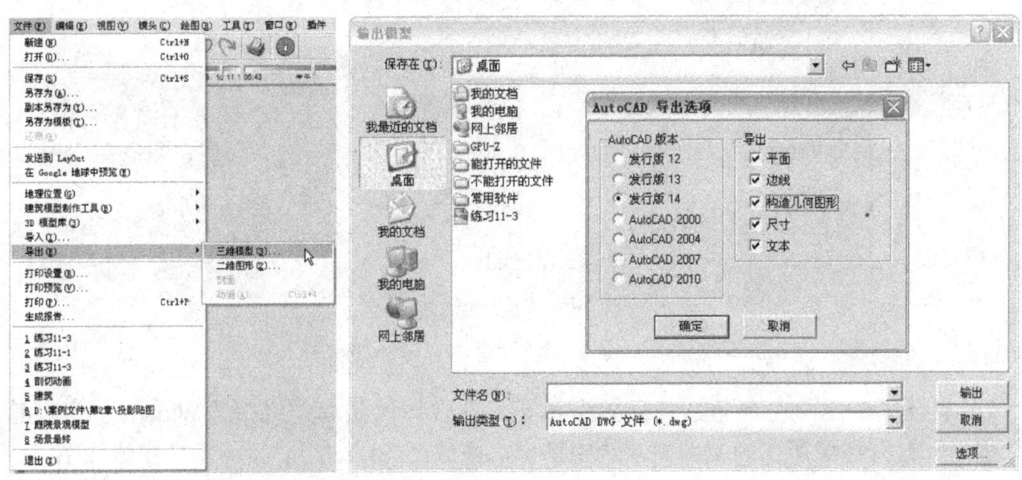

图 11-14

提示：SketchUp 可以导出面、线（线框）或辅助线，SketchUp 的所有表面都将导出为三角形的多段网格面。导出为 AutoCAD 文件时候，SketchUp 使用当前的文件单位导出。例如，SketchUp 的当前单位设置是十进制（米），以此为单位导出的 DWG 文件在 AutoCAD 中也必须将单位设置为十进制（米）才能正确转换模型。还有一点需要注意，导出时，复数的线实体不会被创建为多段线实体。

11.2 二维图像的导入与导出

11 掌握

本节主要针对如何在 SketchUp 软件中进行二维图像的导入与导出的相关内容进行详细讲解。

11.2.1 导入图像

1．导入图片

作为一名设计师，可能经常需要对扫描图、传真、照片等图像进行描绘，SketchUp 允许用户导入 JPEG、PNG、TGA、BMP 和 TIF 格式的图像到模型中。

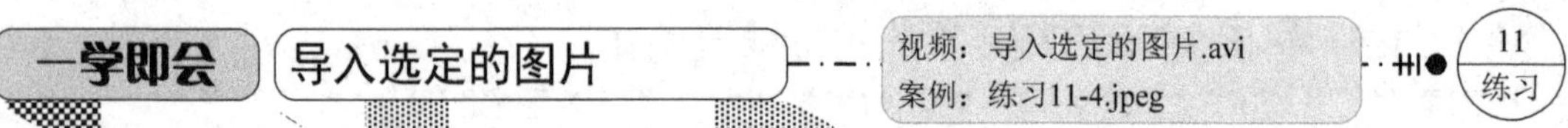

下面通过实例的讲解，让读者掌握怎样在 SketchUp 软件中导入选定的图片文件，其操作步骤如下。

1）启动 SketchUp 软件，执行“文件|导入”菜单命令，接着在弹出的“打开”对话框中设置“文件类型”为“JPEG 图像（*.jpg）”，然后在文件列表框中选择“案例/11/场景文件/练习 11-4”文件，如图 11-15 所示。

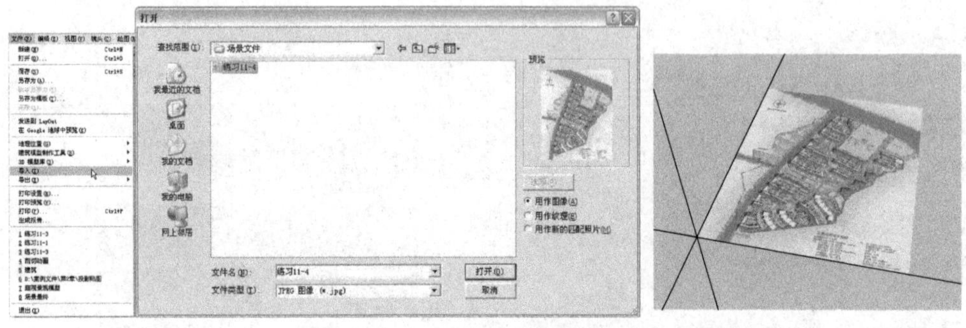

图 11-15

2）右键单击桌面左下角的“开始”按钮，在弹出的菜单中选择“Windows 资源管理器”命令，打开图像所在的文件夹，选中图像，拖放至 SketchUp 绘图窗口中，如图 11-16 所示。

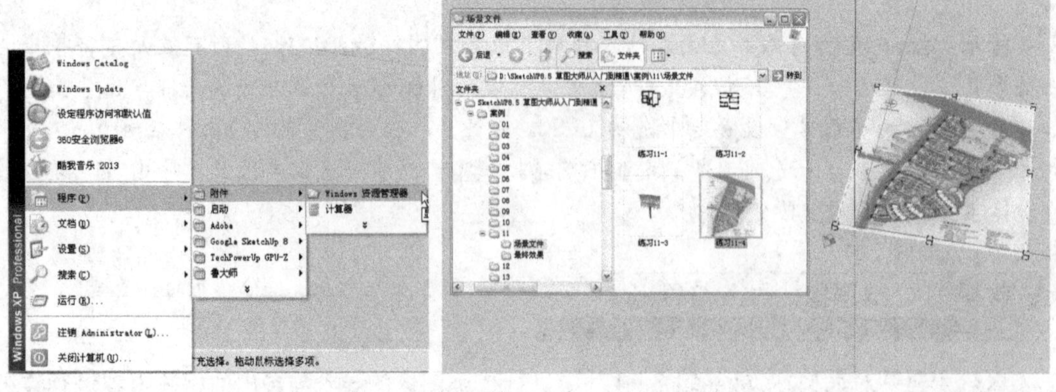

图 11-16

提示：默认情况下，导入的图像保持原始文件的高宽比，用户可以在导入图像时按住〈Shift〉键来改变高宽比，也可以使用“拉伸”工具来改变图像的高宽比。

2．图像右键级联菜单

将图像导入 SketchUp 后，如果在图像上单击鼠标右键，将弹出一个菜单，如图 11-17 所示。

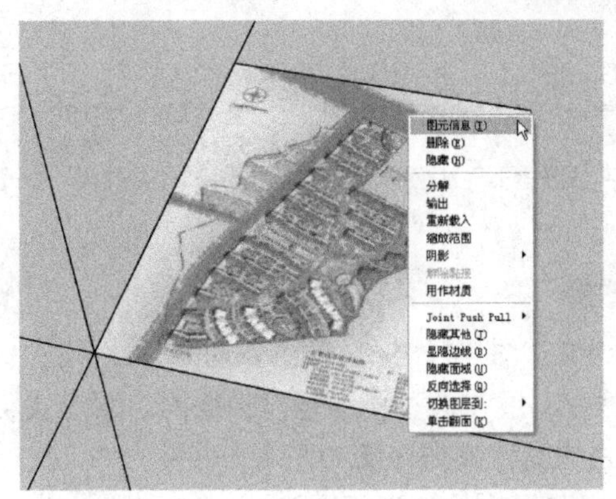

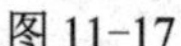
图 11-17

选项讲解 图像右键级联菜单

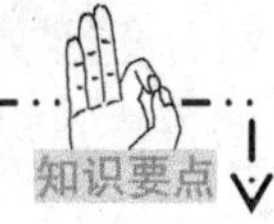

- 图元信息：执行该命令将打开“图元信息”浏览器，在其中可以查看和修改图像的属性，如图 11-18 所示。

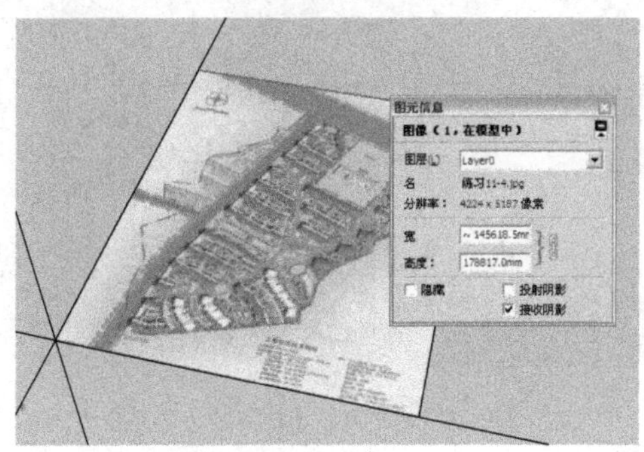

图 11-18

- 删除：该命令用于将图像从模型中删除。
- 隐藏：该命令用于隐藏所选物体，选择隐藏物体后，该命令就会变为“显示”。
- 分解：该命令用于分解图像。
- 输出：如果对导入的图像不满意，可以执行“输出”命令将其导出，并在其他软件中进行编辑修改，完成修改后再执行“重新载入”命令将其重新载入 SketchUp 中。
- 输出/重新载入：如果对导入的图像不满意，可以执行“输出”命令将其导出，并在其他软件中进行编辑修改，完成修改后再执行“重新载入”命令将其重新载入 SketchUp 中。
- 缩放范围：该命令用于缩放视野使整个实体可见，并处于绘图窗口的正中。
- 阴影：该命令用于让图像产生投影。
- 解除黏接：如果一个图像吸附在一个表面上，它将只能在该表面上移动。“解除黏接”命令可以让图像脱离吸附的表面。
- 用作材质：该命令用于将导入的图像作为材质贴图使用。

11.2.2 导出图像

SketchUp 允许用户导出 JPG、BMP、TGA、TIFF、PNG 和 EPix 等格式的二维光栅图像。

1. 导出 JPG 格式的图像

JPG 的全名是 JPEG。JPEG 图片以 24 位颜色存储单个删除图像。JPEG 是与平台无关的格式，支持最高级别的压缩，不过，这种压缩是有损耗的。渐近式 JPEG 文件支持交错。

将文件导出为 JPG 格式的具体操作步骤如下。

1）在绘图窗口中设置需要导出的模型视图。

2）设置视图后，执行“文件|导出|二维图形”菜单命令，打开“输出二维图形”对话框，然后设置导出的文件名和文件格式（JPG 格式），如图 11-19 所示。

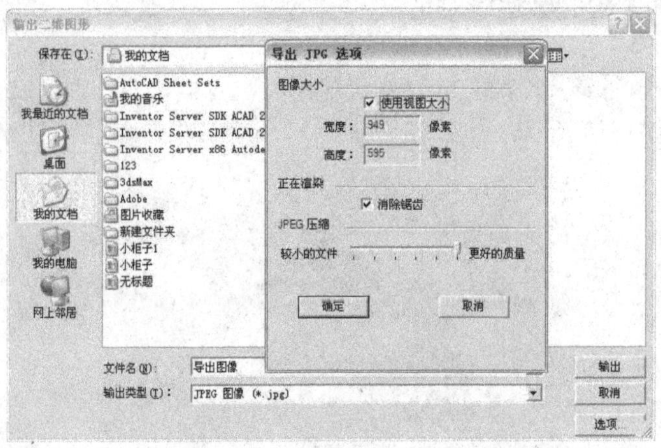

图 11-19

选项讲解 “导出 JPG 选项”对话框

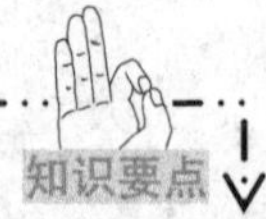

- 使用视图大小：勾选该复选框，则导出图像的尺寸大小为当前视图窗口大小，取消勾选该复选框则可以自定义图像尺寸。
- 宽度/高度：指定图像的尺寸，以像素为单位。指定的尺寸越大，导出时间越长，消耗内存越多，生成的图像文件也越大。最好只按需要导出的相应大小的图像文件。
- 消除锯齿：开启该选项后，SketchUp 会对导出图像做平滑处理。这需要更多的导出时间，但可以减少图像中的线条锯齿。

2. 导出 PDF/EPS 格式的图像

PDF（Portable Document Format，便携文件格式）是一种电子文件格式，与操作系统平台无关，由 Adobe 公司开发而成。PDF 文件是以 PostScript 语言图像模型为基础，无论在哪种打印机上都可保证精确的颜色和准确的打印效果，即 PDF 会忠实地再现原稿的每一个字符、颜色以及图像。

EPS（Encapsulated PostScript）是图像处理工作中最重要的格式，它在 Mac 和 PC 环境下的图形和版面设计中广泛应用，用在 PostScript 输出设备上打印。几乎每个绘画程序及大多数页面布局程序都允许保存 EPS 文档。在 SketchUp 中导出 PDF 或者 EPS 格式图像的具体操作步骤如下。

1）在绘图窗口中设置要导出的模型视图。

2）设置视图后，执行“文件|导出|二维图形”菜单命令打开“输出二维图形”对话框，然后设置输出的文件名和文件格式（PDF 或者 EPS 格式），如图 11-20 所示。

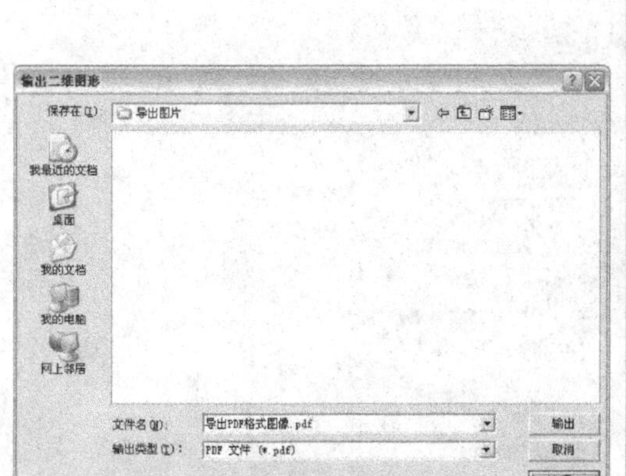

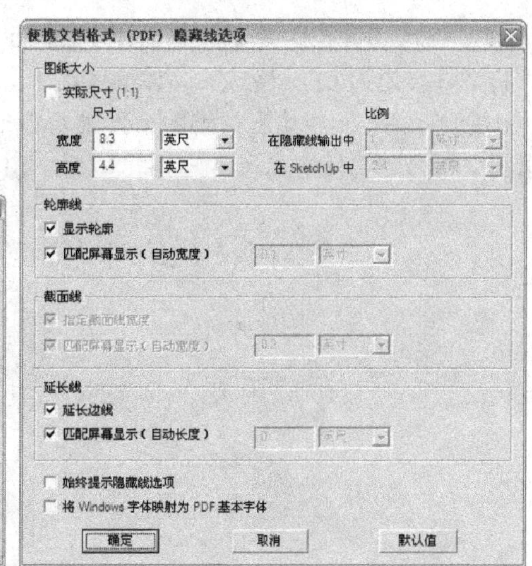

图 11-20

选项讲解 “便携文档格式（PDF）隐藏线选项”对话框

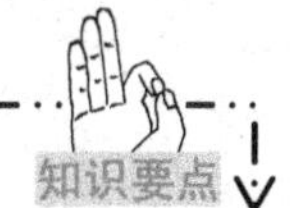

- 图纸大小：用于控制导出文件的比例以及尺寸。
  - 实际尺寸：以 SketchUp 中的真实尺寸导出 1∶1 比例的模型或图像文件。
  - 宽度/高度：设置文件导出的高度以及宽度。PDF/EPS 文件的高度和宽度被限制在 7200 像素之内。
- 轮廓线：用于控制导出图像轮廓线的宽度。
  - 显示轮廓：将 SketchUp 中显示的加粗轮廓线也导出到二维图像中。
  - 匹配屏幕显示（自动宽度）：分析指定的输出尺寸，并且匹配轮廓线的宽度，让导出的图像与屏幕上显示的相似。
- 截面线：用于控制截面线的宽度。
  - 指定截面线宽度：指定导出的截面线的宽度。
  - 匹配屏幕显示（自动宽度）：分析指定的输出尺寸，并且匹配截面线的宽度，让导出的图像与屏幕上显示的相似。
- 延长线：用于控制是否导出边线出头的部分。
  - 延长边线：选中此项后，将导出 SketchUp 中显示的边线出头部分。如没有选中，将导出正常的线条。

➢ 匹配屏幕显示（自动长度）：分析指定的输出尺寸，并且匹配边线出头的长度，让其与屏幕上显示的相似。

- 始终提示隐藏线选项：每次导出 PDF/EPS 格式的时候，都提示该选项。
- 将 Windows 字体映射为 PDF 基本字体：选择该项后，模型中的 Windows 字体将被相应地替换为 PDF 的字体。

3．导出 EPix 格式的图像

EPix 格式（或 EPX 格式）格式是 Piranesi（空间彩绘大师）能够识别的图像格式文件。将文件导出为 EPix 格式的具体操作如下。

执行“文件|导出|输出二维图形”菜单命令，打开“输出二维图形”对话框，然后设置导出的文件名和文件格式（EPX 格式），如图 11-21 所示。

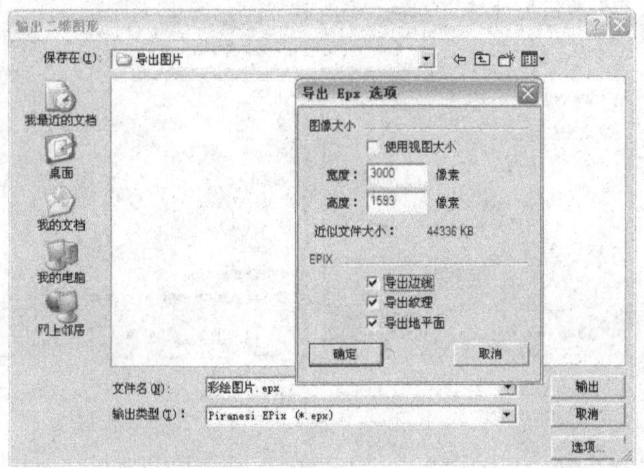

图 11-21

选项讲解 “导出 Epx 选项”对话框

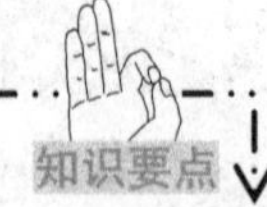

- 使用视图大小：勾选该复选框后，将使用 SketchUp 绘图窗口的精确尺寸导出图像，如果没有勾选则可以自定义尺寸。通常，要打印的图像尺寸都比正常的屏幕尺寸要大，而 EPix 格式的文件存储了比普通光栅图像更多的信息通道，文件会更大，所以使用较大的图像尺寸会消耗较多的系统资源。

提示：SketchUp 不能导出压缩过的 EPix 文件。将文件导出后，在 Piranesi 软件中重新保存导出的文件能使文件适当变小。另外，现在的 SketchUp 版本还不支持全景导出。

- 导出边线：大多数三维程序导出文件到 Piranesi 绘图软件中时，不会导出边线。而不幸的是，边线是传统徒手绘制的基础。该选项用于将屏幕显示的边线样式导入 EPix 格式的文件中。

提示：如果在“样式”编辑器中的边线设置里关闭了“显示边线”选项，则这里不管是否勾选了“导出边线”复选框，导出的文件中都不会显示边线。

- 导出纹理：勾选该复选框可以将所有贴图材质导入 EPix 格式的文件中。

提示：“导出纹理”复选框只有在为表面赋予了材质贴图并且处于贴图模式下才有效。

- 导出地平面：SketchUp 不适合渲染有机物体，例如人和树等，而 Piranesi 绘图软件则可以。该选项可以在深度通道中创建一个地平面，用于快速地放置人、树、贴图等，而不需要在 SketchUp 中建立一个地面。如果用户想要产生地面阴影，勾选该复选框是很必要的。

11.3 三维模型的导入与导出

本节主要针对如何在 SketchUp 软件中进行三维模型的导入与导出进行详细讲解，其中包括导入 3DS 格式的文件、导出 3DS 格式的文件以及导出 VRML 格式的文件等内容。

11.3.1 导入 3DS 格式的文件

导入 3DS 格式文件的具体操作步骤如下。

执行“文件|导入”菜单命令，然后在弹出的“打开”对话框中找到需要导入的文件并将其导入。在导入前可以先设置导入的单位，如图 11-22 所示，以便在 SketchUp 中精确编辑。在导入完成后会弹出一个实体导入的报告。

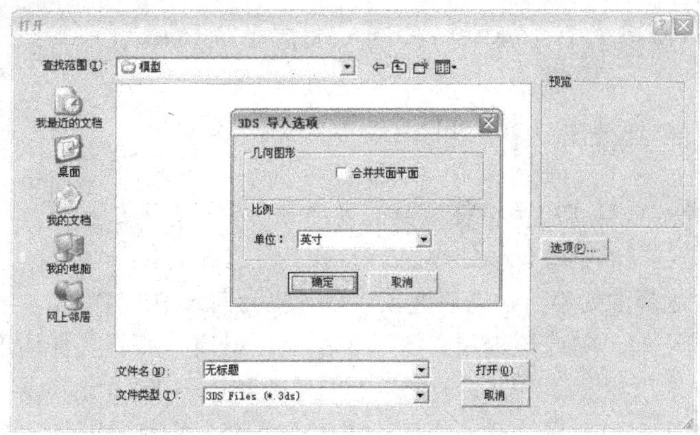

图 11-22

11.3.2 导出 3DS 格式的文件

3DS 格式的文件支持 SketchUP 导出材质、贴图和照相机，比 DWG 格式和 DXF 格式更能完美地转换 SketchUp 模型。

导出为 3DS 格式文件的具体操作步骤如下。

执行“文件|导出|三维模型”菜单命令，打开“输出模型”对话框，然后设置导出的文件名和文件格式（3DS 格式），如图 11-23 所示。

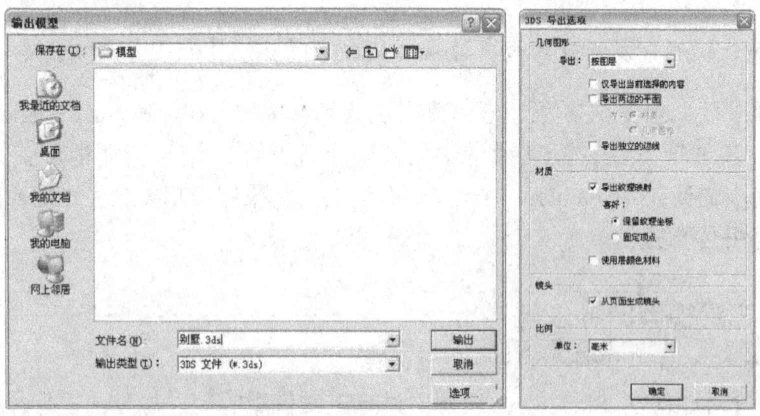

图 11-23

选项讲解 “3DS 导出选项”对话框

- 几何图形：用于设置导出的模型，在该项的下拉列表中包含了 4 个不同的选项，如图 11-24 所示。
  - 完整的层次结构：该模式下，SketchUp 将按组和组件的层级关系导出模型。
  - 按图层：该模式下，模型将按同一图层上的物体导出。
  - 按材质：该模式下，SketchUp 将按材质贴图导出模型。

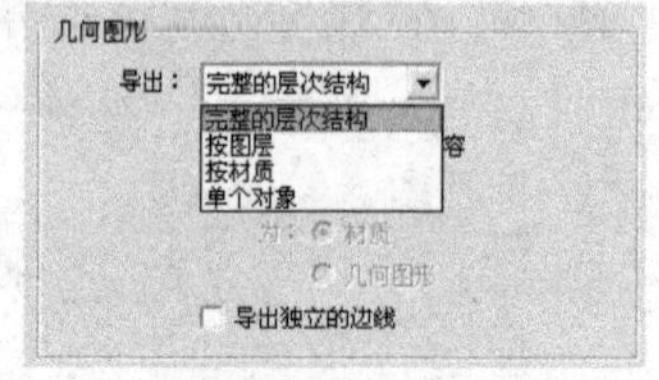

图 11-24

  - 单个对象：该模式用于将整个模型导出为一个已命名的物体，常用于导出为大型基地模型创建的物体，例如导出一个单一的建筑模型。
- 仅导出当前选择的内容：勾选该选项将只导出当前选中的实体。
- 导出两边的平面：勾选该选项将激活下面的“材质”和“几何图形”附属选项，其中“材质”选项能开启 3DS 材质定义中的双面标记，这个选项导出的多边形数量和单面导出的多边形数量一样，但渲染速度会下降，特别是开启阴影和反射效果的时候；另外，这个选项无法使用 SketchUp 中的表面背面的材质。相反，“几何图形”选项则是将每个 SketchUp 的面都导出两次，一次导出正面，另一次导出背面；导出的多边形数量增加一倍，同样，渲染速度也会下降，但是导出的模型两个面都可以渲染，并且正反两面可有不同的材质。
- 导出纹理映射：勾选该复选框可以导出模型的材质贴图。

提示：3DS 文件的材质文件名限制在 8 个字符以内，不支持长文件名，建议用英文和字母表示。此外，不支持 SketchUp 对贴图颜色的改变。

● 保留纹理坐标：该选项用于在导出 3DS 文件时，不改变 SketchUp 材质贴图的坐标。只有勾选“导出纹理映射”复选框后，该选项和“固定顶点”选项才被激活。
● 固定顶点：该选项用于在导出 3DS 文件时，保存贴图坐标与平面视图对齐。
● 使用层颜色材料：3DS 格式不能直接支持图层，勾选这个复选框将以 SketchUp 的图层分配为基准来分配 3DS 材质，可以按图层对模型进行分组。

● 从页面生成镜头：该选项用于保存时为当前视图创建照相机，也为每个 SketchUp 页面创建照相机。
● 单位：指定导出模型使用的测量单位。默认设置是“模型单位”，及 SketchUp 的系统属性中指定的当前单位。

11.3.3 导出 VRML 格式的文件

VRML（虚拟实景模型语言）2.0 是一种三维场景的描述格式文件，通常用于三维应用程序之间的数据交换或在网络上发布三维信息。VRML 格式的文件可以存储 SketchUp 的几何体，包括边线、表面、组、材质、透明度、照相机视图和灯光等。

导出为 VRML 格式文件的具体操作步骤如下。

执行“文件|导出|三维模型”菜单命令，然后在弹出的“输出模型”对话框中设置导出的文件名和文件格式（WRML 格式），如图 11-25 所示。

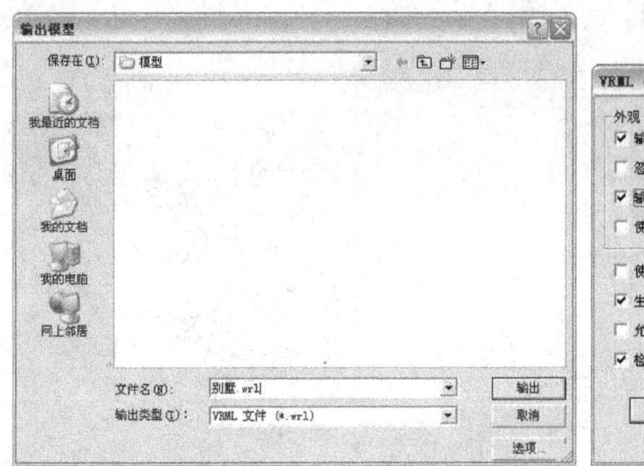

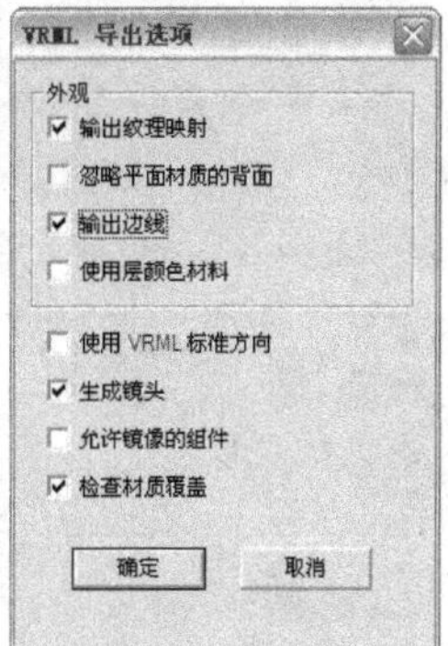

图 11-25

选项讲解 “VRML 导出选项”对话框

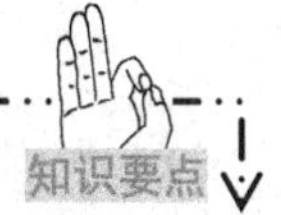

输出纹理映射：勾选该选复选框后，SketchUp 将把贴图信息导出到 VRML 文件中。如果没有选择该项，将只导出颜色。在网上发布 VRML 文件时，可以对文件进行编辑，将纹理贴图的绝对路径改为相对路径。此外，VRML 文件的贴图和材质的名称中不能有空格，SketchUp 会用下画线来替换空格。

● 忽略平面材质的背面：SketchUp 在导出 VRML 文件时，可以导出双面材质。如果该选项被激活，则两面都将以正面的材质导出。

- 输出边线：激活该选项后，SketchUp 将把边线导出为 VRML 边线实体。
- 使用层颜色材料：勾选该复选框，将按图层颜色来导出几何体的材质。
- 使用 VRML 标准方向：VRML 默认以 xz 平面作为水平面（相当于地面），而 SketchUp 是以 xy 平面作为地面。勾选该复选框后，导出的文件会转换为 VRML 标准。
- 生成镜头：勾选该复选框后，SketchUp 会为每个页面都创建一个 VRML 照相机。当前的 SketchUp 视图会导出为“默认照相机”，其他的页面照明机则用页面来命名。
- 允许镜像的组件：勾选该复选框，可以导出镜像和缩放后的组件。
- 检查材质覆盖：勾选该复选框，会自动检测组件内是否有应用默认材质的物体，或是否有属于默认图层的物体。

11.3.4 导出 OBJ 格式的文件

OBJ 文件格式是一种三维的文件格式，由 Wavefront 公司创造，用于它们高级的 Visualizer 产品。OBJ 是一种基于文件的格式，支持自由格式和多边形几何体。一个附加的 MTL 文件用来描述定义在 OBJ 文件中的材质。

导出为 OBJ 格式文件的具体操作步骤如下。

执行“文件|导出|三维模型”菜单命令，然后在弹出的“输出模型”对话框中设置导出的文件名和文件格式（OBJ 格式），如图 11-26 所示。

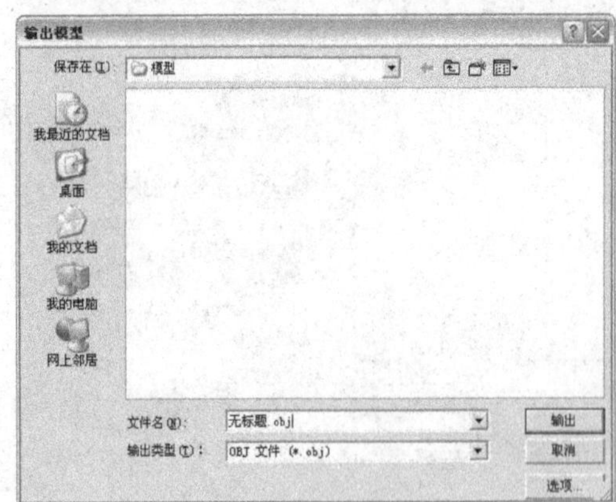

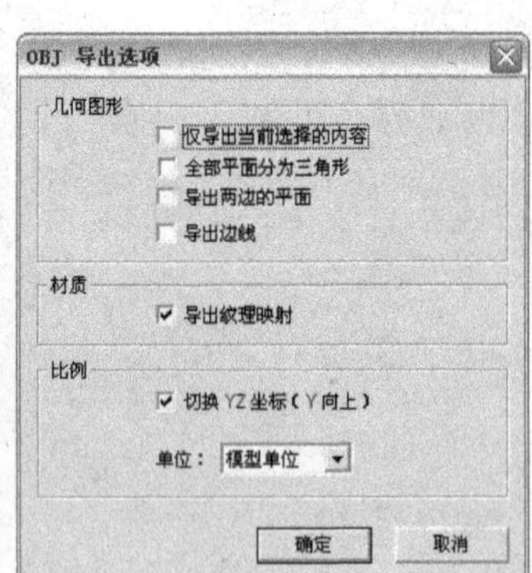

图 11-26

选项讲解 “OBJ 导出选项”对话框

- “仅导出当前选择的内容”：只有被选中的几何体才能被导出。如果没有选中任何物体，整个模型都会被导出。
- “全部平面分为三角形”：当选中该复选框的时候，SketchUp 模型会将输出变为三角形，而不是多边形。

- “导出两边的平面”：选中将选项，模型将以双面导出。
- “导出边线”：当选中此复选框时，SketchUp 导出 OBJ 线实体自己的边线。如果没有，边线就会被忽略。大部分应用程序在导入的时候会忽略这些，所以很多时候都不需要选择。

- “导出纹理映射”：选择该复选框后可以将模型场景中的材质文件全部导出到一个文件夹内。
- “切换 YZ 坐标（Y 向上）”：OBJ 格式默认是以 xz 平面作为水平面的，而 SketchUp 是以 xy 作为水平面的。选择该选项后，导出的文件将自动转换为 OBJ 格式的平面标准。
- “单位”：选择导出模型使用的尺寸单位，系统默认的单位为“模型单位”。

SketchUp®

第 12 章 V-Ray 渲染器

内容摘要

V-Ray 渲染器能和 SketchUp 完美结合，渲染输出高质量的效果图。本章将以一个室内场景的渲染为例，讲解使用 V-Ray 渲染器进行 SketchUp 模型渲染的详细步骤。

- V-Ray 渲染器的发展
- V-Ray 渲染器的特征
- V-Ray for SketchUp 渲染器介绍
- V-Ray for SketchUp 室内渲染

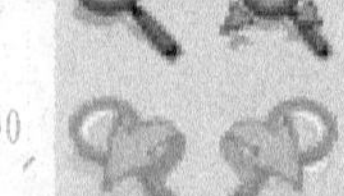

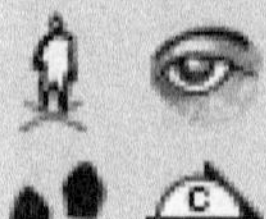

12.1 V-Ray渲染器的发展

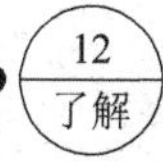
12 了解

虽然直接从 SketchUp 导出的图片已经具有比较好的效果，但是如果想要获得更具有说服力的效果图，就需要在模型的材质以及空间的光影关系方面进行更加深入的刻画。

以往处理效果图的方法通常是将 SketchUp 模型导入 3ds Max 中调整模型的材质，然后借助当前的主流渲染器 V-Ray for Max 获得商业效果图，但是这一环节制约了设计师对细节的掌控和完善，因此，一款能够和 SketchUp 完美兼容的渲染器成为设计人员的渴望。在这种背景下，V-Ray for SketchUp 诞生了。

V-Ray 作为一款功能强大的全局光渲染器，这款渲染插件可以直接安装在 SketchUp 软件中，能够在 SketchUp 中渲染出照片级别的效果图。其应用在 SketchUp 中的时间不长，2007 年推出了它的第 1 个正式版本 V-Ray for SketchUp 1.0。后来，ASGVIS 公司根据用户的反馈意见不断完善 V-RAY，现在已经升级到 V-RAY for SketchUp 1.49。如图 12-1 所示是用 V-Ray for SketchUp 渲染前后的室外建筑及室内客厅的对比效果。

图 12-1

12.2 V-Ray渲染器的特征

12 了解

12.2.1 优秀的全局照明（GI）

传统的渲染器在应付复杂的场景时，必须花费大量时间来调整不同位置的多个灯光，以得到均匀的照明效果。而全局照明则不同，它用一个类似于球状的发光体包围整个场景，让场景的每一个角落都能受到光线的照射。V-Ray 支持全局照明，而且与同类渲染程序相比效果更好，速度更快。不放置任何灯光的场景，V-Ray 利用 GI 就可以计算出比较自然的光照效果。

12.2.2　超强的渲染引擎

V-Ray for SketchUp 提供了 4 种渲染引擎：发光贴图、光子贴图、准蒙特卡罗和灯光缓冲。每个渲染引擎都有各自的特性，计算方法不一样，渲染效果也不一样，用户可以根据场景的大小、类型、出图像素要求，以及出图品质要求来选择合适的渲染引擎。

12.2.3　支持高动态贴图（HDRI）

一般的 24bit 图片从最暗到最亮的 256 阶无法完整表现真实世界中的真正亮度，例如，户外的太阳强光就比白色要亮上百万倍。而高动态贴图 HDRI 是一种 32bit 的图片，它记录了某个场景的环境的真实光线，因此，HDRI 对亮度数值的真实描述能力就可以成为渲染程序用来模拟环境光源的依据。

12.2.4　强大的材质系统

V-Ray for SketchUp 的材质系统强大且设置灵活。除了常见的漫射、反射和折射，还增加有自发光的灯光材质，还支持透明贴图、双面材质、纹理贴图以及凹凸贴图，每个主要材质层后面还可以增加第二层、第三层来得到真实的效果。利用光泽度和控制也能计算如磨砂玻璃、磨砂金属以及其他磨砂材质的效果，更可以透过“光线分散”计算如玉石、蜡和皮肤等表面稍微透光的材质。默认的多个程序控制的纹理贴图可以用来设置特殊的材质效果。

12.2.5　便捷的布光方法

灯光照明的渲染在出图中扮演着最重要的角色，没有好的照明条件，便得到不到好的渲染品质。光线的来源分为直接光源和间接光源。V-Ray for SketchUp 的全方向灯（点光）、矩形灯、自发光物体都是直接光源；环境选项里的 GI 天光（环境光），间接照明选项里的一、二次反弹等都是间接光源。利用这些，V-Ray for SketchUp 可以完美地模拟出现实世界的光照效果。

12.2.6　超快的渲染速度

比起 Brazil 和 Maxwell 等渲染程序，V-Ray 的渲染速度是非常快的。关闭默认灯光、打开 GI，其他都使用 V-Ray 默认的参数设置，就可以得到逼真的透明玻璃的折射、物体反射以及非常高品质的阴影。值得一提的是，几个常用的渲染引擎所计算出来的光照资料都可以单独存储起来，调整材质或者渲染大尺寸图片时可以直接导出而无需再次重新计算，可以节省很多计算时间，从而提高作图的效率。

12.2.7　简单易学

V-Ray for SketchUp 参数较少，材质调节灵活，灯光简单而强大。只要掌握了正确的学习方法，多思考，多练习，借助 V-Ray for SketchUp 很容易做出照片级别的效果图。

12.3 V-Ray for SketchUp渲染器介绍

12 掌握

V-Ray for SketchUp 是一款功能强大的全局光渲染器，作为一个完全内置的正式渲染插件，在工程、建筑设计和动画等多个领域，都可以利用 V-Ray for SketchUp 提供的强大的全局光照明和光线追踪等功能渲染出非常真实的图像。由于 V-Ray for SketchUp 1.0 是第 1 个正式版本，因此还存在着各种各样的 bug（漏洞），这给用户带来了一些不变，因此，ASGVIS 公司根据用户反馈意见不断完善 V-Ray，现在已经升级到 1.49 版本。如图 12-2 所示是用 V-Ray for SketchUp 渲染的一些作品。

图 12-2

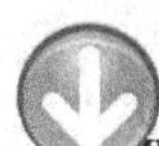

12.3.1 V-Ray for SketchUp 主界面结构

V-Ray for SketchUp 的操作界面很简洁，安装好后，SketchUp 的界面上会出现一个 V-Ray for SketchUp 工具栏，对 V-Ray for SketchUp 的所有操作都可以通过这个工具栏完成。如果界面中没有这个工具栏，可以通过执行“视图|工具栏|V-Ray for SketchUp”调用该工具栏，如图 12-3 所示。

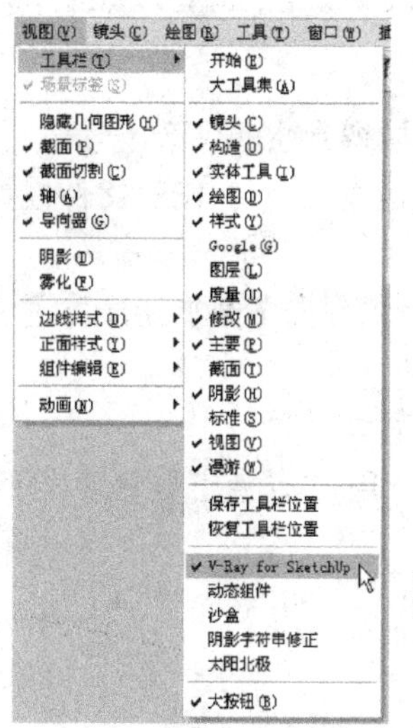

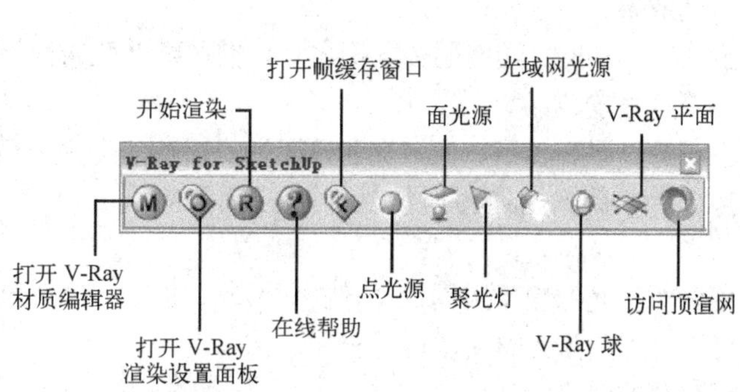

图 12-3

功能介绍 V-Ray for SketchUp 工具栏

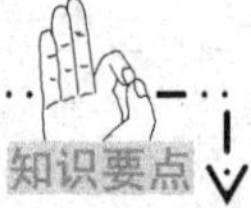

- “打开 V-Ray 材质编辑器”按钮：单击该按钮可打开“材质”编辑器，与主菜单中“插件|V-Ray|材质编辑器”菜单命令的作用相同。
- “打开 V-Ray 渲染设置面板”按钮：单击该按钮可打开“渲染设置”对话框，与主菜单中“插件|V-Ray|渲染设置”菜单命令的作用相同。
- “开始渲染”按钮：单击该按钮可使用 V-Ray 渲染当前场景，与主菜单中的“插件| V-Ray|渲染”菜单命令的作用相同。
- “在线帮助”按钮：单击该按钮可在网页浏览器中打开 V-Ray for SketchUp 的官方网页。
- “打开帧缓存窗口”按钮：单击该按钮可打开 V-Ray 的“渲染帧缓存”对话框，该按钮只有在启动 SketchUp 并进行首次渲染以后才起作用。
- “点光源”按钮：单击该按钮可以在场景中创建一盏 V-Ray 点光源。
- “面光源”按钮：单击该按钮可以在场景中创建一盏 V-Ray 面光源。
- “聚光灯”按钮：单击该按钮可以在场景中创建一盏 V-Ray 聚光灯。
- “光域网（IES）光源”按钮：单击该按钮可以在场景中创建一盏可加载光域网的 V-Ray 光源。
- “V-Ray 球”按钮：单击该按钮可以在场景中创建一个球体。
- “V-Ray 平面”按钮：单击该按钮可以在场景中创建一个平面物体，不管这个平面物体有多大，V-Ray 在渲染时都将它视为一个无限大的平面来处理，所以在搭建场景时，可以将其作为地面或台面来使用。
- “访问顶渲网”按钮：单击该按钮打开顶渲网的网页。

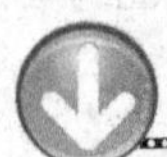

12.3.2 V-Ray for SketchUp 的功能特点

V-Ray for SketchUp 1.49 具有以下特点。

- 增加全新环境吸收（AO）功能，使用户渲染细节的品质得到质的飞跃。
- 全新支持 IES 光域网功能，不再是以前的贴图模拟而是直接使用 IES 文件模拟真实灯光效果。
- 全新支持 PNG 透明贴图，不再是以前需要两张带通道的黑白图叠加而产生透明效果的繁复设置。
- 全新的材质编辑器、人机交互界面以及增加的众多材质类型。
- 超过十个新的渲染材质属性，包括动态渲染，可以让用户渲染出更逼真的照片级图像。
- 可以对灯光的应用和属性进行任意编辑。
- 可以针对模型的材质更好地分层。
- 更快速的渲染速度。
- 全面支持 SketchUp 透明贴图和 Alpha 通道材质。

- 提供真正的反射和折射效果。
- 支持高光反射和真实物理折射效果。
- 全球照明设置中允许更为逼真的光感设置。
- 全面支持软阴影。
- 真正的 HDR 动态贴图支持。
- 完全支持多线程的光线跟踪引擎。
- 全面支持 SketchUp 内置的材质属性并与 V-Ray 材质整合使用。
- “材质”编辑器与预览更方便和人性化。
- 支持真实物理太阳和天空系统。
- 更为逼真和强大的物理相机。
- 更好的景深设置和渲染效果。
- 更好地支持联网渲染，可以匹配多达 10 多台服务器的进程。
- 材质可以更好地进行标识和利用各种背景、反射和折射的属性关系。
- 可以更为轻松地创建 V-Ray 板透明材质（SS 型）。
- 全面支持动画渲染。

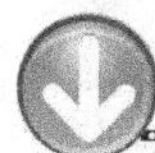

12.3.3 V-Ray for SketchUp 的安装方法

下面讲解如何安装 V-Ray for SketchUp 渲染插件，其操作步骤如下。

1）打开 V-Ray for SketchUp 安装文件，安装文件名为“V-Ray 1.49.02 for SketchUp 6.0_7.0_8.0 顶渲简体中文版.exe”，双击安装图标，如图 12-4 所示。

图 12-4

2）在弹出的对话框中单击“下一步”按钮，如图 12-5 所示。

3）选择“我同意该许可协议的条款”单选按钮，并单击“下一步”按钮，如图 12-6 所示。

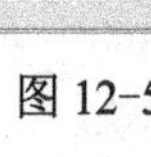

图 12-5

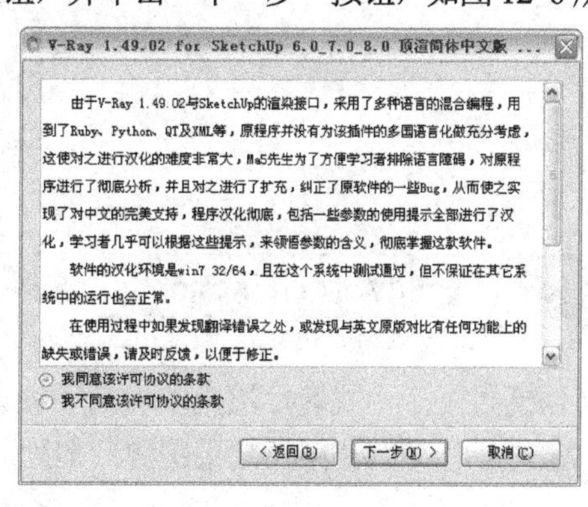

图 12-6

4）依次单击弹出对话框中的“下一步”按钮，最后单击“完成”按钮，从而完成 V-Ray for SketchUp 渲染器的安装操作，如图 12-7 所示。

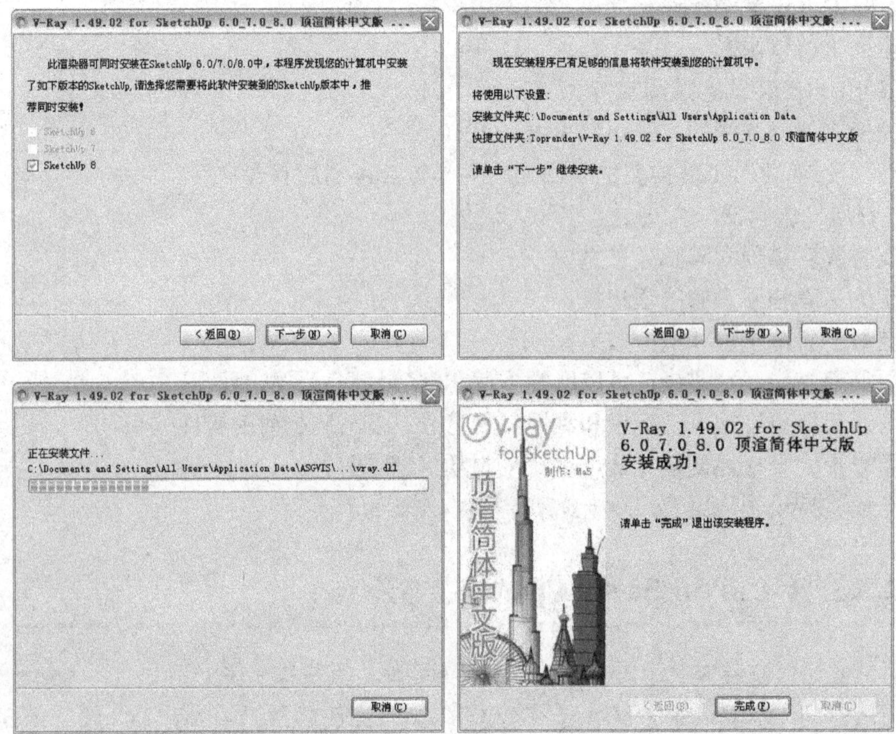

图 12-7

5）打开 SketchUp 8 软件后，V-Ray for SketchUp 会自动显示在工具栏中，如图 12-8 所示。

图 12-8

12.4 V-Ray for SketchUp室内渲染

下面通过一个中式客厅渲染实例的详细讲解，来具体学习怎样使用 V-Ray for SketchUp 渲染器来进行模型的渲染及效果图的后期处理方法。

12.4.1 项目分析与场景构图

本实例主要讲解的是中式客厅效果图的渲染表现方法及相关知识。该中式客厅设计古朴典雅，大气沉稳，客厅采光主要以左侧的中式木雕窗透射室外天空和阳光为主，再以室内的筒灯照射为辅。装饰物方面，地毯、墙面挂画、沙发、饰品等处处都能体现中式风格的设计元素及内涵所在。其渲染后的中式客厅效果图如图 12-9 所示。

首先打开本实例的场景文件（案例\12\场景\场景最初.skp）文件，调整场景的视角，接下来执行“镜头|两点透视图”菜单命令，将视图的视角改为两点透视图效果，然后执行“视图|动画|添加场景”菜单命令，为场景添加一个场景页面用来固定视角，如图 13-10 所示。

图 12-9

图 12-10

12.4.2 测试渲染参数的设置

布光前的准备。在布光的过程中，一般是按照由主到次的顺序，一盏一盏地加入光源，这样势必要进行大量的测试渲染。如果渲染参数都很高的话，会花费很长的测试时间，也没有必要。所以，先来了解一下各参数的含义和设置再进行操作，这样会缩短测试渲染的时间。

1）单击“打开 V-Ray 渲染设置面板”按钮，弹出渲染设置面板，如图 12-11 所示。

图 12-11

2）全局开关的设置。因为这里对灯光的测试渲染并不需要反射和折射效果，所以将“反射/折射”效果暂时关闭；接着勾选下侧的“材质覆盖”选项，还应激活“覆盖材质颜色”选项，并给其一个适当的灰度值（R200，G200，B200），如图 12-12 所示。

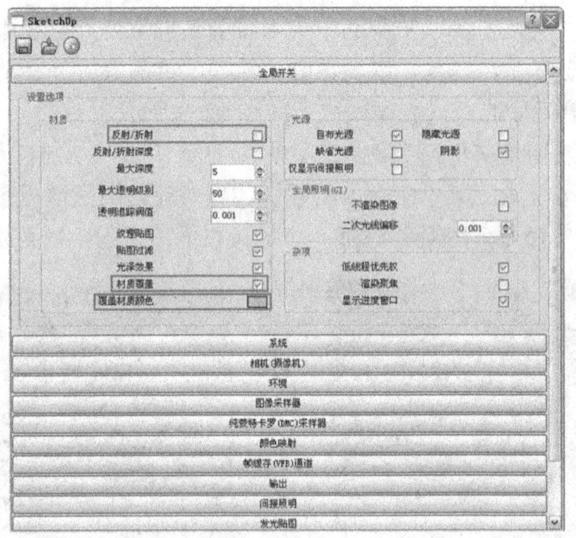

图 12-12

3）图像采样器的设置。测试渲染一般推荐使用“固定比率”采样器，速度更快。同时关闭“抗锯齿过滤器”，如图 12-13 所示。

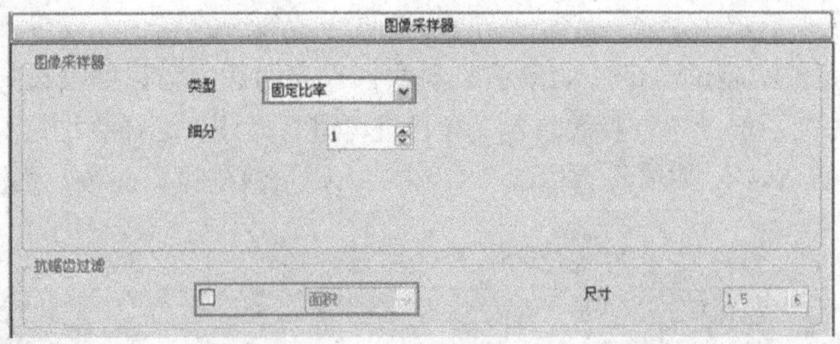

图 12-13

4）纯蒙特卡罗（DMC）采样器的设置。在这里为了提高渲染的速度，其参数全部保持默认值即可，如图 12-14 所示。

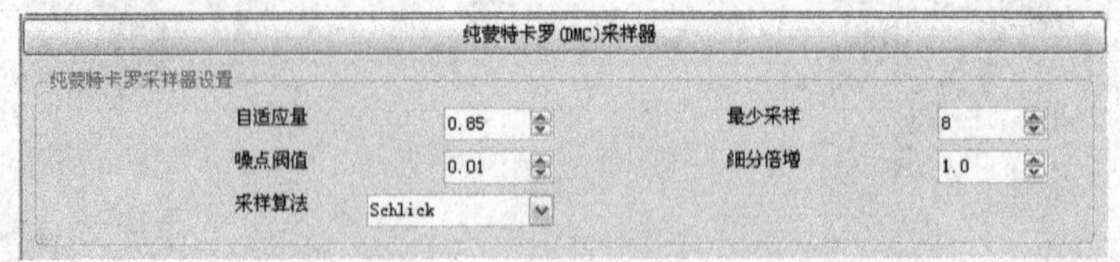

图 12-14

5）颜色映射的设置。在这里是测试渲染，其参数全部保持默认即可，如图 12-15 所示。

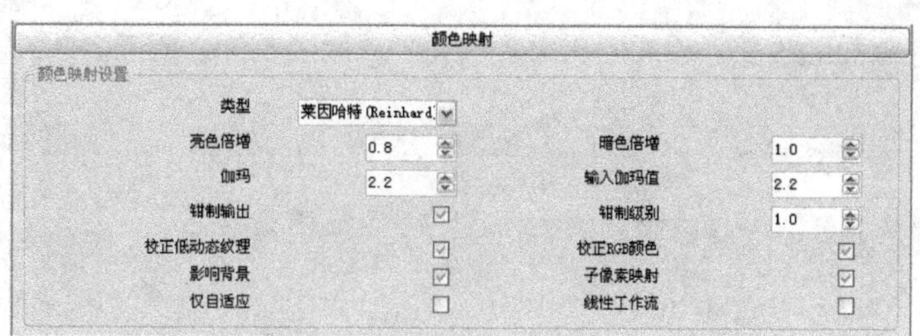

图 12-15

6）输出参数的设置。首先单击下侧的“获取视口长宽比”按钮获取视口长宽比，接着单击右侧的“锁”按钮锁将视图的长宽比锁定，然后在“长度”右侧的数值框中输入 400，从而完成输出图像尺寸大小的设置，如图 12-16 所示。

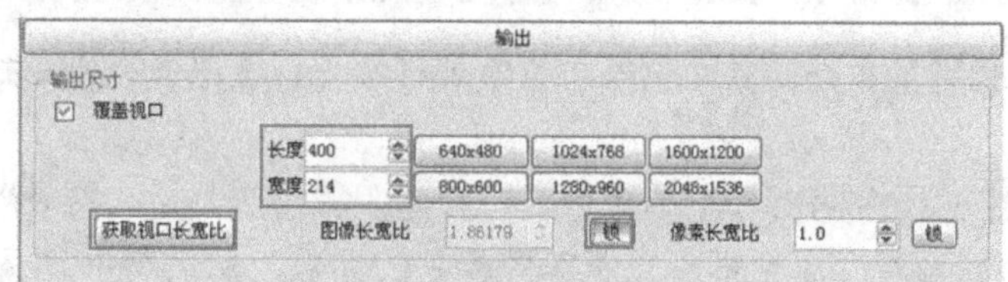

图 12-16

7）间接照明参数的设置。在这里保持官方给用户提供的默认参数值即可，如图 12-17 所示。

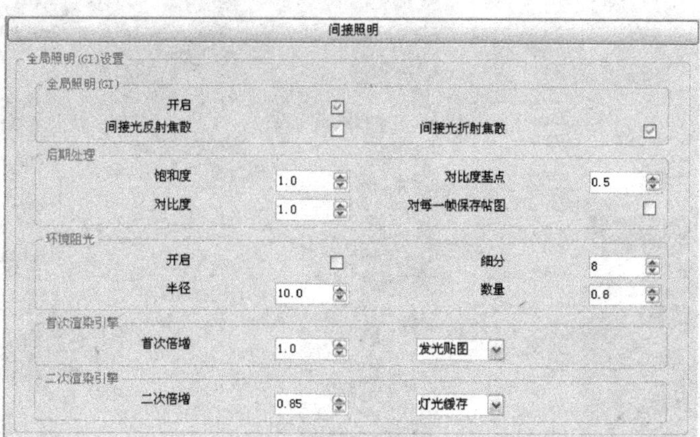

图 12-17

8）发光贴图参数的设置。设置“最小比率”为-6，“最大比率”为-5，“半球细分”为 30，如图 12-18 所示。

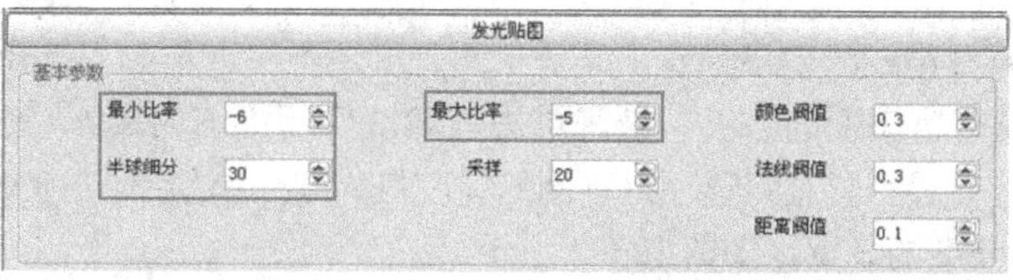

图 12-18

9）灯光缓存参数的设置。设置“细分”为100，如图12-19所示。

图 12-19

12.4.3 为场景布光

下面讲解怎样为场景布光，其中包括布置室外环境光、太阳光及室内辅助灯光等，其具体操作步骤如下。

1）执行“视图|工具栏|阴影”菜单命令，打开“阴影”工具栏，接着单击“阴影设置”按钮，打开“阴影设置”对话框，设置其中相关的参数，然后单击“显示/隐藏阴影”按钮，如图12-20所示。

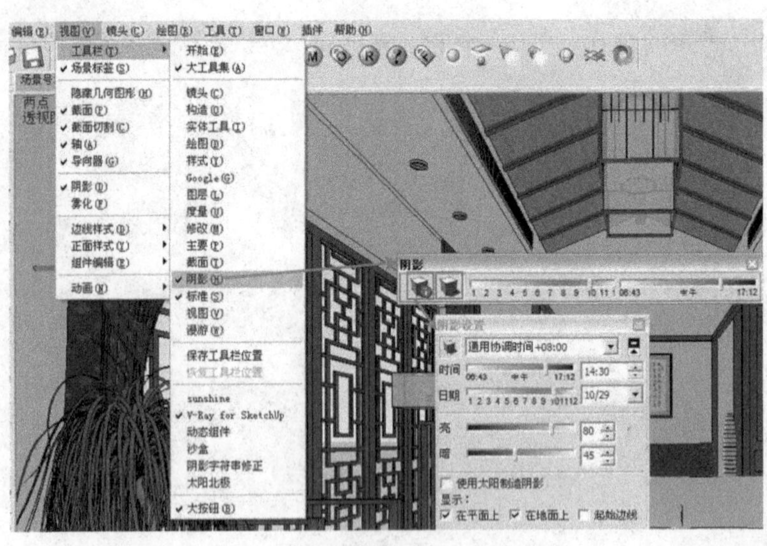

图 12-20

2）单击“开始渲染”按钮，开始场景的首次测试渲染，其渲染后的效果如图12-21所示。

3）从上一步测试渲染的效果来看，其场景的亮度还不够，单击“打开V-Ray渲染设置面板”按钮，弹出渲染设置面板，接着单击“环境”面板下的 M 按钮，打开“V-Ray纹理贴图编辑器”，设置“阳光”选项组下侧的亮度值为1.5，然后单击OK按钮 OK ，从而完成场景环境亮度的设置，如图12-22所示。

图 12-21

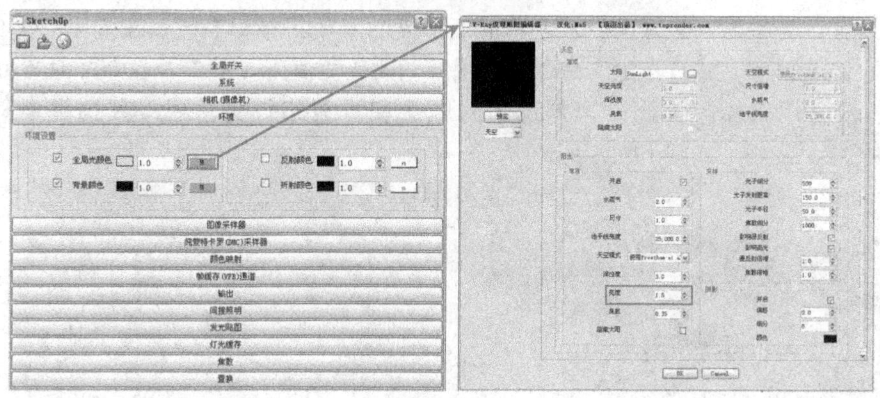

图 12-22

4）单击“开始渲染”按钮，开始场景的渲染，从渲染后的效果可以看出场景的亮点明显提高了，如图 12-23 所示。

图 12-23

5）单击“面光源”按钮，在进光的洞口放置一个与洞口大小相同的矩形光，如图 12-24 所示。

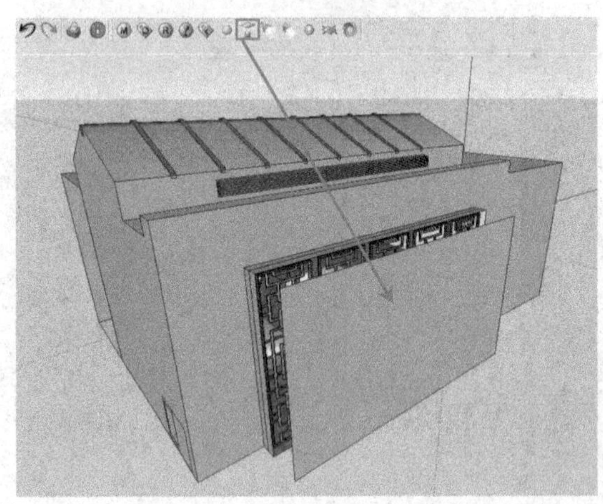

图 12-24

6）设置灯光参数。选择上一步创建的矩形光源，单击鼠标右键，在弹出的菜单中选择 V-Ray for SketchUp|“编辑光源”命令，设置灯光的颜色值为（R157，G200，B255）的一种淡蓝色色调，用来模拟天光；再勾选“隐藏”和“忽略灯光法线”复选框，然后单击“OK”按钮 OK ，如图 12-25 所示。

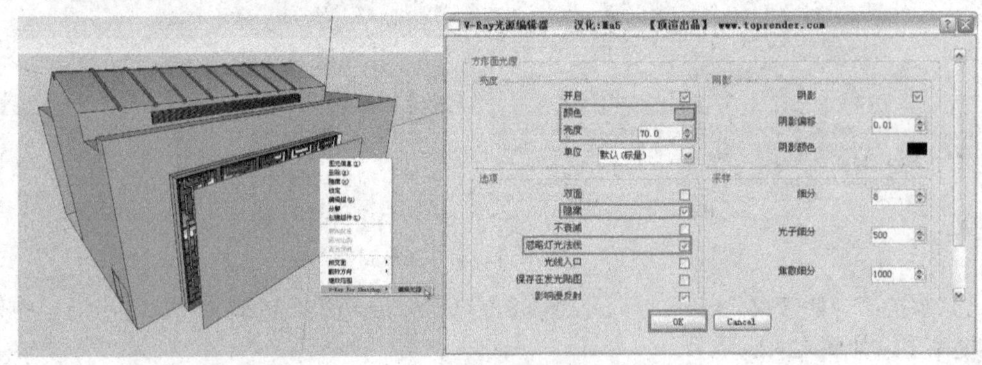

图 12-25

7）单击“开始渲染”按钮，从渲染后的效果可以看出室外天光所产生的作用，如图 12-26 所示。

图 12-26

8）单击“光域网（IES）光源”按钮，为场景的多个位置添加几盏光域网光源，然后选择添加的光域网光源并单击鼠标右键，在弹出的菜单中选择“V-Ray for SketchUp|编辑光源”命令，在弹出的对话框中设置灯光的相关参数，如图 12-27 所示。

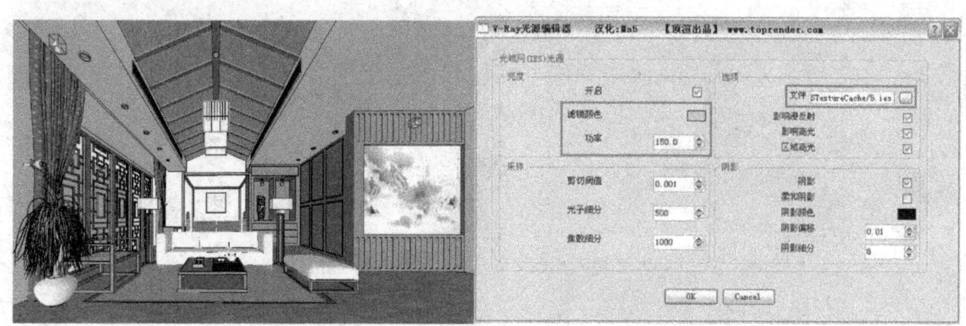

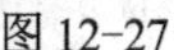
图 12-27

9）单击“开始渲染”按钮，从渲染后的效果可以看出添加光域网光源后所产生的作用，如图 12-28 所示。

图 12-28

12.4.4 室内场景材质的调整

场景布光完成之后，接下来需要对场景中的材质进行调整。一般，材质调节的顺序也是先主后次，先将对场景影响大的材质制作好，比如地面、墙面和沙发等，再对个别细节材质进行调节。注意，调节材质的时候应该将“材质覆盖”复选框关闭，并勾选“材质”选项组中的“反射/折射”复选框，如图 12-29 所示。

（1）地面材质设置

单击“颜料桶”工具按钮，打开 SketchUp 的“材质”编辑器，在 SketchUp 的“材质”编辑器中为地面指定一个地板贴图，并设置贴图的大小和位置，如图 12-30 所示。

单击“打开 V-Ray 材质编辑器”按钮，打开“V-Ray 材质编辑器”，选择该材质并单击鼠标右键，在弹出的菜单中选择“创建材质层|反射”命令，在“反射”卷展栏下将高光“光泽度”的数值调整到“0.75”，反射“光泽度”调整到“0.75”，单击反射层下面的 M 按

钮 ![M]，在弹出的对话框中选择“菲涅耳”模式，最后单击 OK 按钮，如图 12-31 所示。

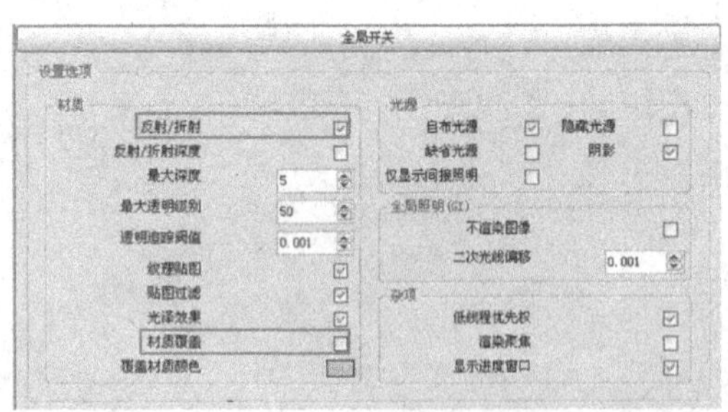

图 12-29

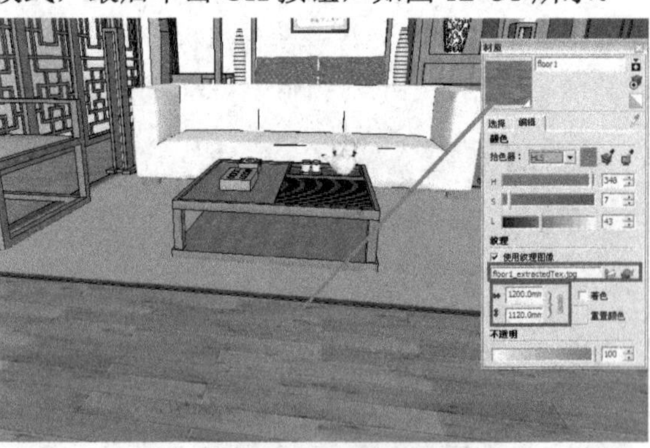

图 12-30

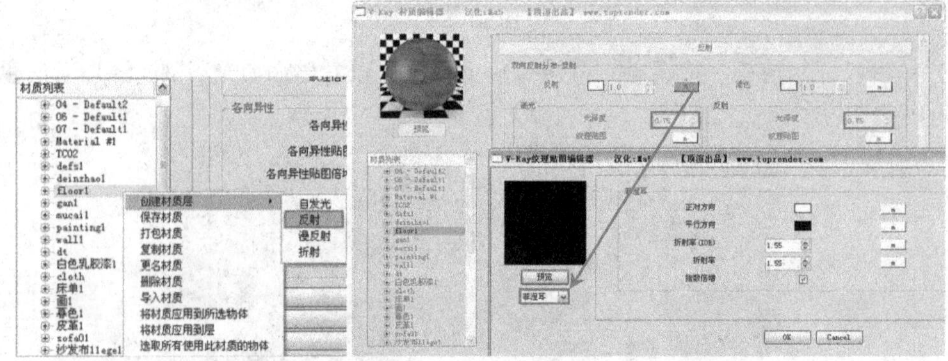

图 12-31

接着打开“贴图”卷展栏，并将“凸凹贴图”的数值调整到“0.1”，然后单击“凸凹贴图”右侧的 ![M] 按钮，通过“位图缓存”选项组下的“文件”选项为其指定一个地板贴图，如图 12-32 所示。

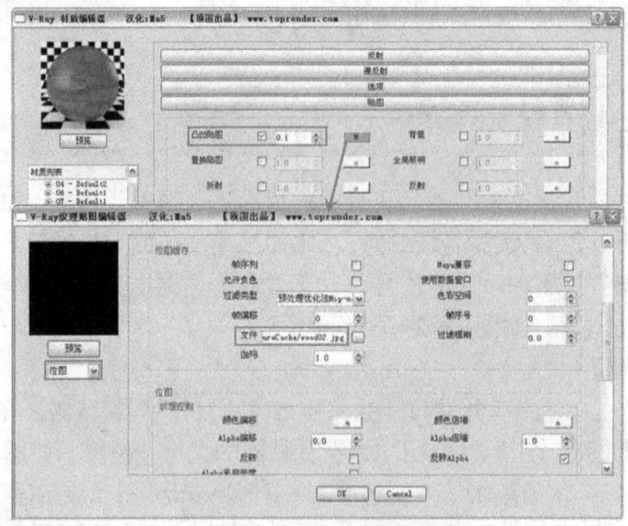

图 12-32

（2）木纹材质设置

在 SketchUp 的“材质”编辑器中为图中的柜子、茶几、沙发腿等模型指定一个木纹贴图，并设置贴图的大小和位置，如图 12-33 所示。

图 12-33

单击“打开 V-Ray 材质编辑器”按钮，打开“V-Ray 材质编辑器”，选择该材质并单击鼠标右键，在弹出的菜单中选择“创建材质层|反射”命令，在“反射”卷展栏下将高光“光泽度”的数值调整到“0.85”，反射“光泽度”调整到“0.85”，单击反射层下面的 M 按钮，在弹出的对话框中选择“菲涅耳”模式，最后单击 OK 按钮，如图 12-34 所示。

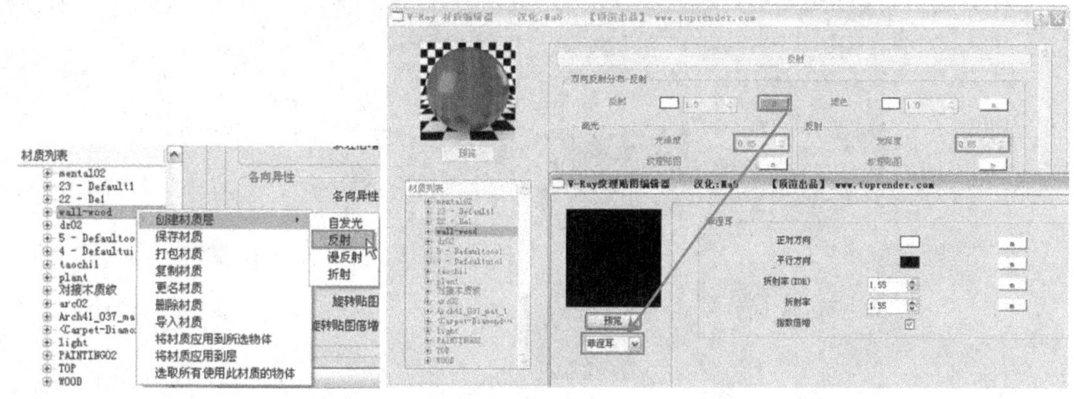

图 12-34

（3）地毯材质设置

在 SketchUp 的“材质”编辑器中为场景中茶几下侧的矩形面指定一个地毯贴图，并设置贴图的大小和位置，如图 12-35 所示。

单击“打开 V-Ray 材质编辑器”按钮，打开“V-Ray 材质编辑器”，切换到“贴图”卷展栏，单击“置换贴图”右侧的 M 按钮，在弹出的对话框中选择一张位图文件，然后返回“贴图”卷展栏，设置置换贴图的强度大小为“0.5”，如图 12-36 所示。

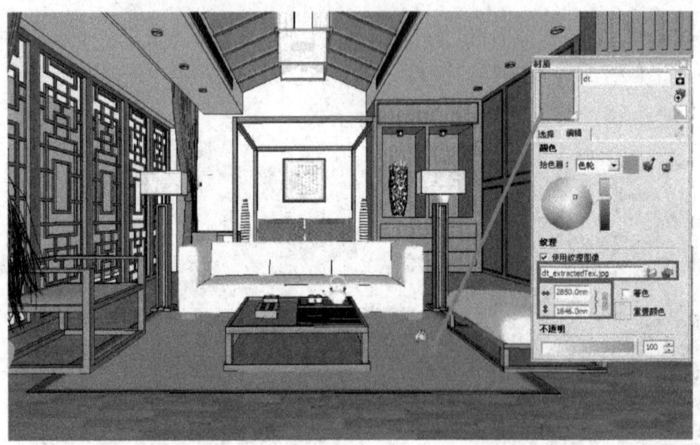

图 12-35

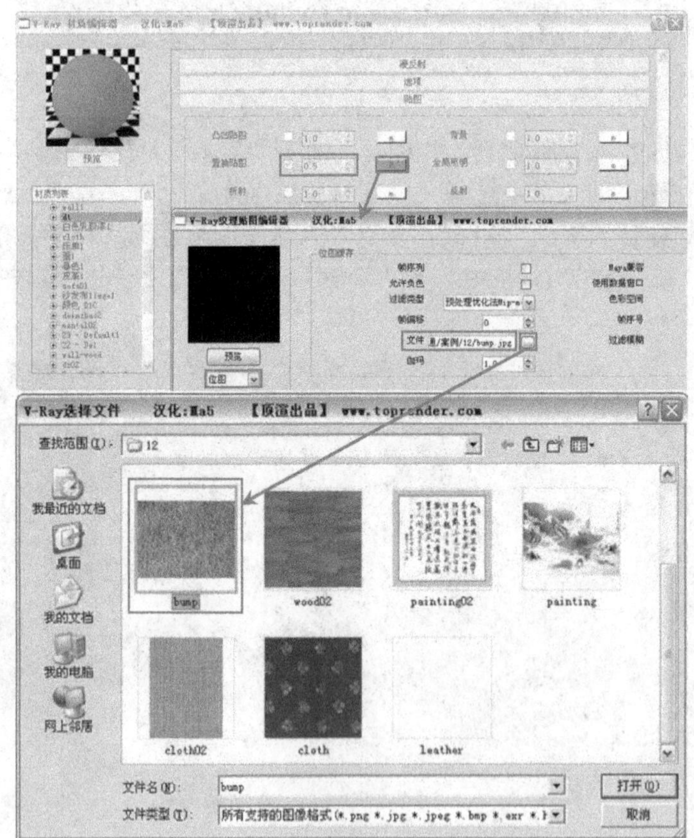

图 12-36

（4）沙发皮革材质设置

在 SketchUp 的“材质”编辑器中为场景中的沙发指定一个纯白色材质贴图，并设置贴图的大小和位置，如图 12-37 所示。

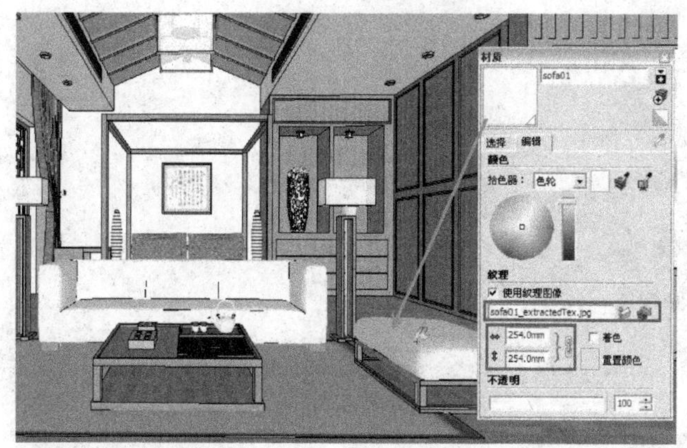

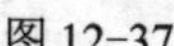

图 12-37

单击“打开 V-Ray 材质编辑器”按钮，打开“V-Ray 材质编辑器”，选择该材质并单击鼠标右键，在弹出的菜单中选择“创建材质层|反射”命令，在“反射”卷展栏下将高光“光泽度”的数值调整到“0.75”，反射“光泽度”调整到“0.75”，单击反射层下面 M 按钮，在弹出的对话框中选择“菲涅耳”模式，最后单击 OK 按钮，如图 12-38 所示。

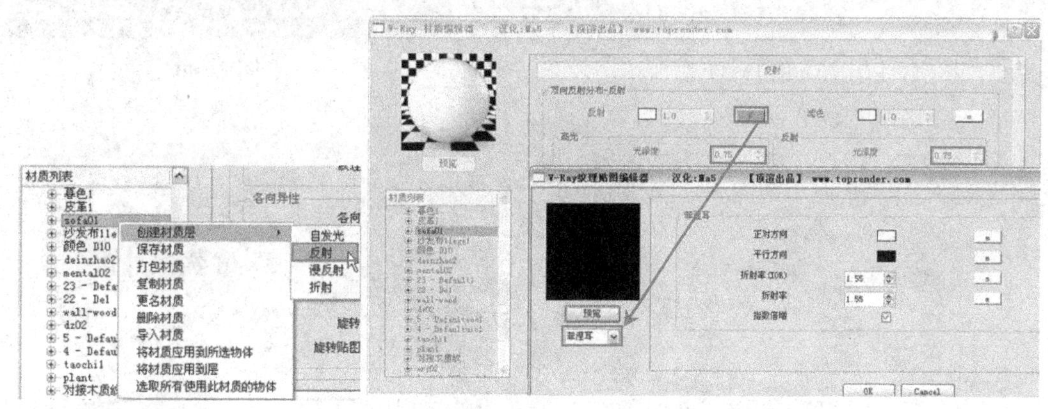

图 12-38

接着打开“贴图”卷展栏并将凸凹贴图的数值调整到“0.1”，然后单击“凸凹贴图”右侧的按钮，通过“位图缓存”选项组下的“文件”选项为其指定一个皮革贴图，如图 12-39 所示。

（5）窗帘布料材质设置

在 SketchUp 的“材质”编辑器中为场景中的窗帘模型指定一个布纹材质贴图，并设置贴图的大小和位置，如图 12-40 所示。

单击“打开 V-Ray 材质编辑器”按钮，打开“V-Ray 材质编辑器”，选择该材质并单击鼠标右键，在弹出的菜单中选择“创建材质层|反射”命令，在“反射”卷展栏下将高光“光泽度”的数值调整到“0.75”，反射“光泽度”调整到“0.75”，单击反射层下面的 M 按钮，在弹出的对话框中选择“菲涅耳”模式，最后单击 OK 按钮，如图 12-41 所示。

（6）陶瓷材质设置

在 SketchUp 的“材质”编辑器中给场景中的花盆指定一个颜色，如图 12-42 所示。

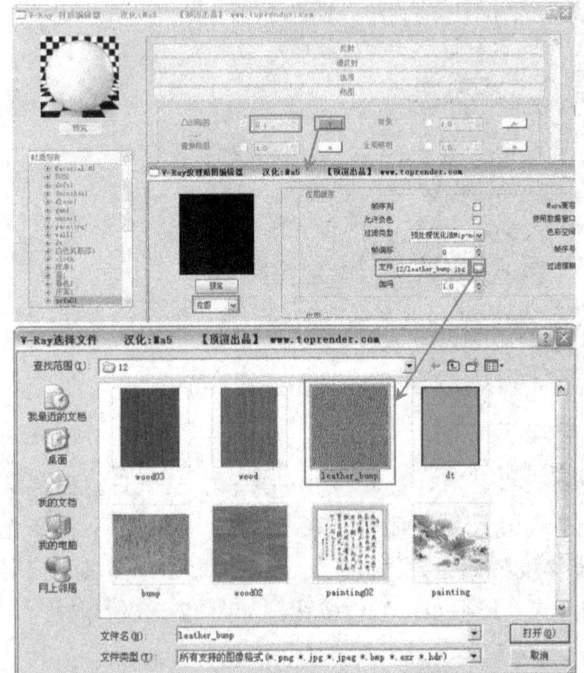

图 12-39

图 12-40

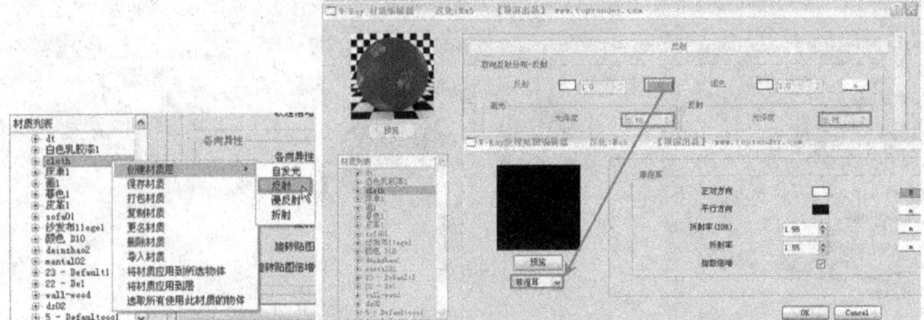

图 12-41

图 12-42

单击“打开 V-Ray 材质编辑器”按钮，打开“V-Ray 材质编辑器”，选择该材质并单击鼠标右键，在弹出的菜单中选择“创建材质层|反射”命令，在“反射”卷展栏下将高光“光泽度”的数值调整到“0.9”，反射“光泽度”调整到“0.9”，单击反射层下面的 M 按钮 ，在弹出的对话框中选择“菲涅耳”模式，设置“折射率（IOR）”为“2”，最后单击 OK 按钮，如图 12-43 所示。

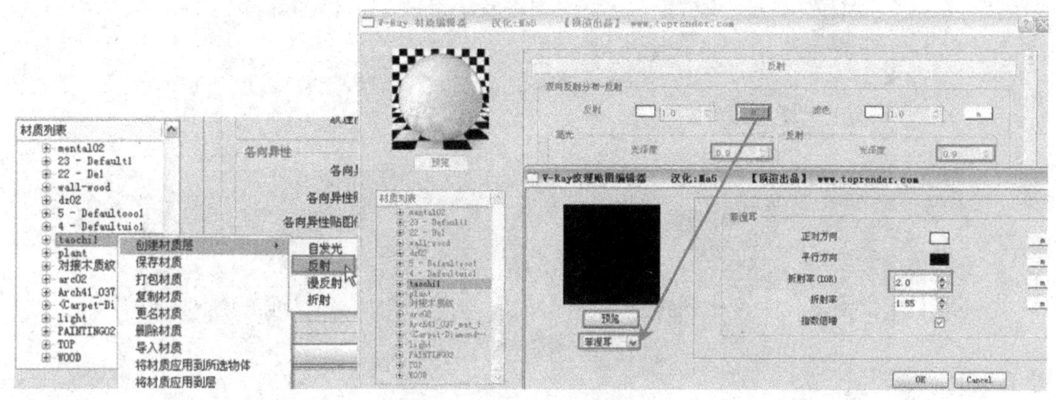

图 12-43

（7）不锈钢材质设置

在 SketchUp 的“材质”编辑器中给场景中落地灯的灯座、筒灯灯座等模型指定一个颜色，如图 12-44 所示。

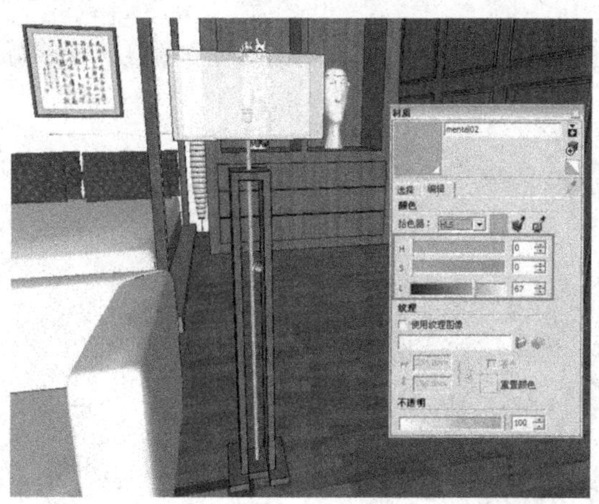

图 12-44

单击“打开 V-Ray 材质编辑器”按钮，打开“V-Ray 材质编辑器”，选择该材质并单击鼠标右键，并在弹出的菜单中选择“创建材质层|反射”命令，在“反射”卷展栏下将高光“光泽度”的数值调整到“0.85”，反射“光泽度”调整到“0.85”，并为反射指定一个 160 左右的灰度值，然后切换到 Diffuse 卷展栏，为漫反射指定一个 170 左右的灰度值，如图 12-45 所示。

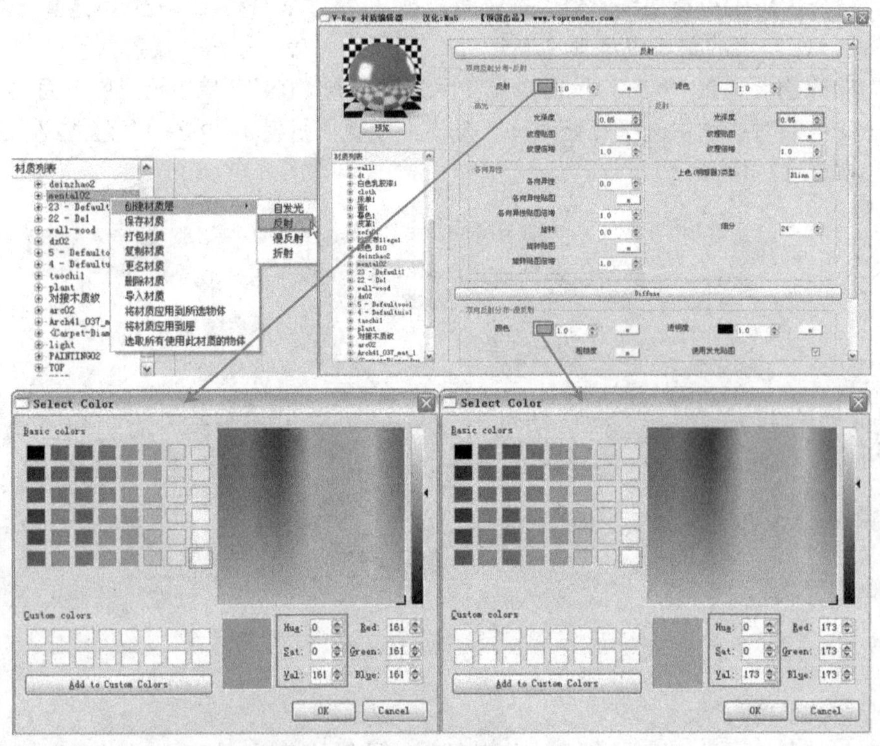

图 12-45

（8）灯罩材质设置

在 SketchUp 的“材质”编辑器中给场景中沙发两侧落地灯的灯罩模型指定一个颜色，如图 12-46 所示。

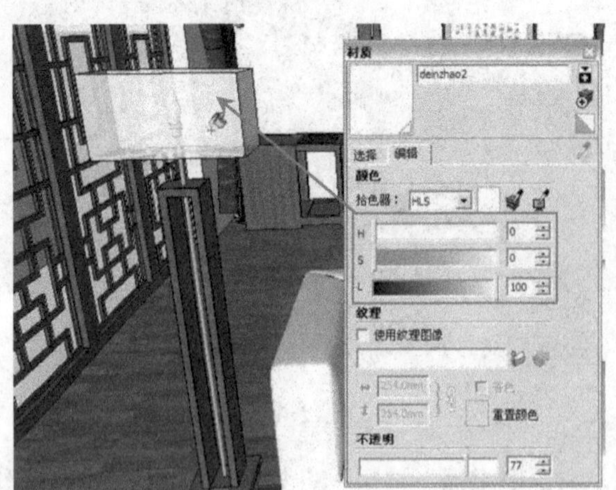

图 12-46

单击“打开 V-Ray 材质编辑器”按钮，打开“V-Ray 材质编辑器”，在“漫反射”卷展栏下设置颜色值为“255”，透明度的颜色值为“61”，如图 12-47 所示。

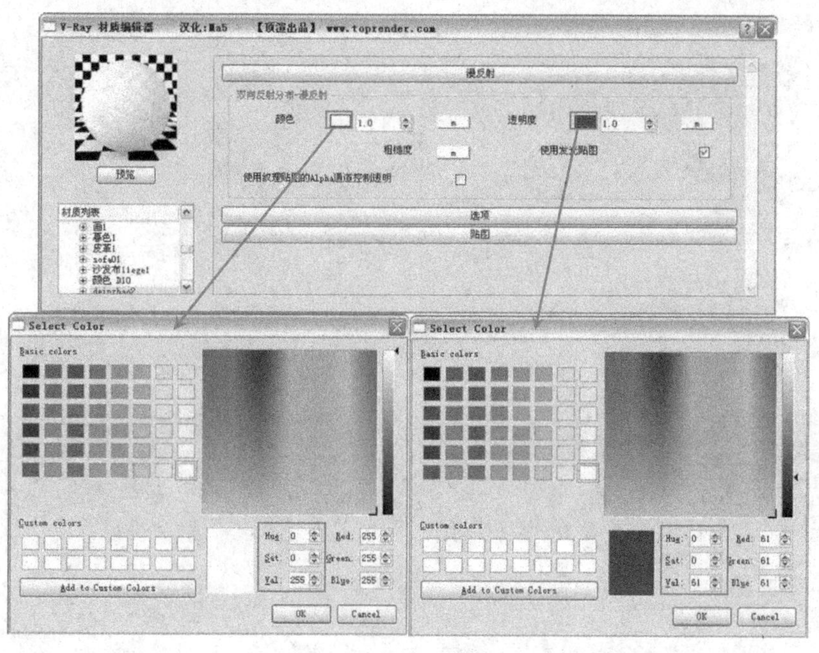

图 12-47

接下来在 SketchUp 的“材质”编辑器中给场景中双人床两侧落地灯的灯罩模型指定一个颜色，如图 12-48 所示。

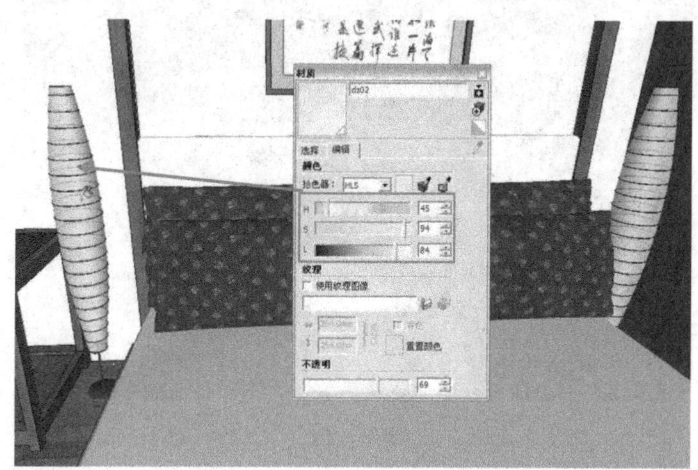

图 12-48

单击“打开 V-Ray 材质编辑器”按钮，打开“V-Ray 材质编辑器”，在“漫反射”卷展栏下设置相应的颜色值，并设置透明度的颜色值为“81”，如图 12-49 所示。

（9）天花顶棚材质

在 SketchUp 的“材质”编辑器中为场景中的顶棚赋予相应的材质贴图，并设置贴图的大小和位置，如图 12-50 所示。

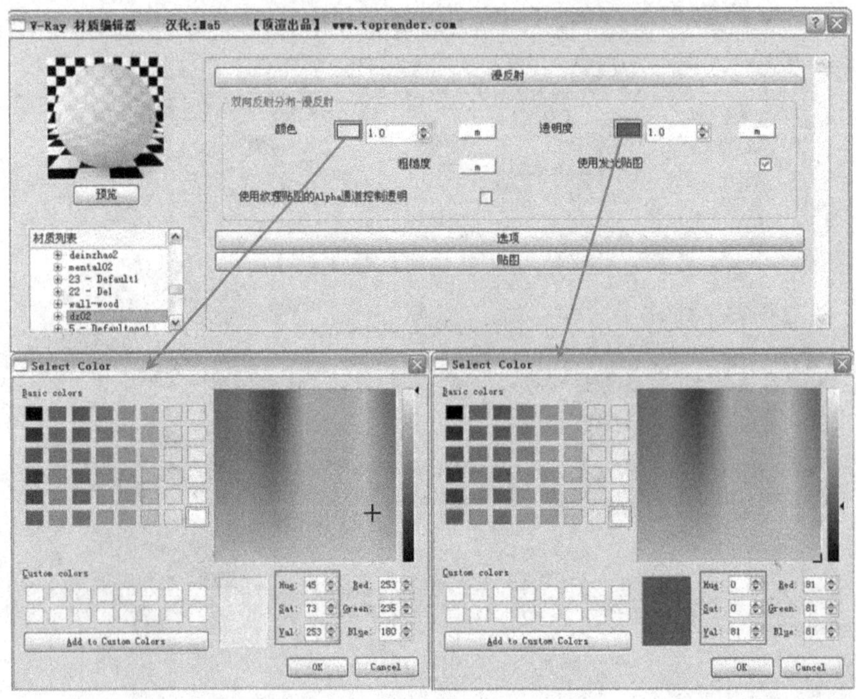

图 12-49

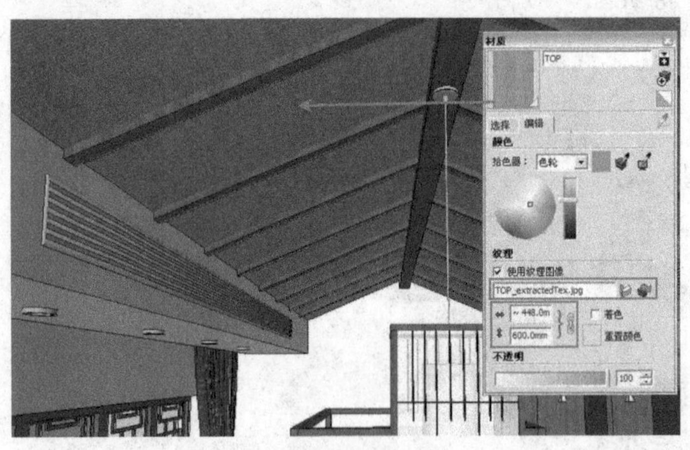

图 12-50

单击“打开 V-Ray 材质编辑器”按钮，打开“V-Ray 材质编辑器”，接着打开“贴图”卷展栏并将“凸凹贴图”的数值调整到“0.1”，然后单击“凸凹贴图”右侧的 M 按钮，通过“位图缓存”选项组下的“文件”选项为其指定一个贴图，如图 12-51 所示。

12.4.5　设置参数渲染出图

在为场景布光及赋予相应的材质后，接下来需要设置相关的渲染参数，然后对场景进行渲染，并将渲染后的图像进行保存，其操作步骤如下。

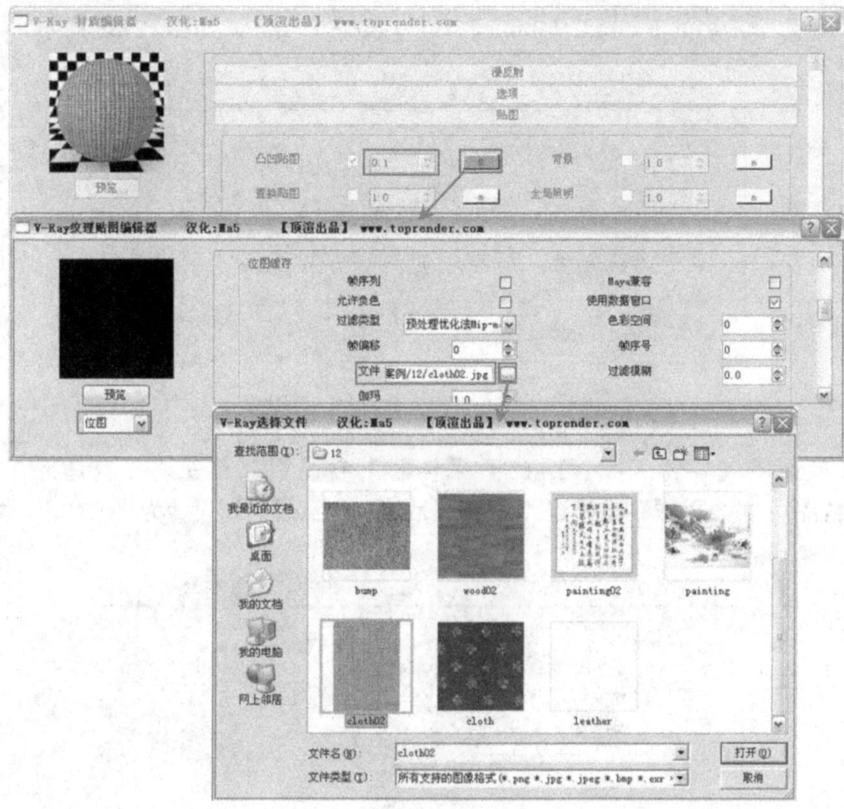

图 12-51

1）单击“打开 V-Ray 渲染设置面板”按钮，弹出渲染设置面板。

2）首先切换到“全局开关”卷展栏，取消勾选“材质覆盖”复选框，如图 12-52 所示。

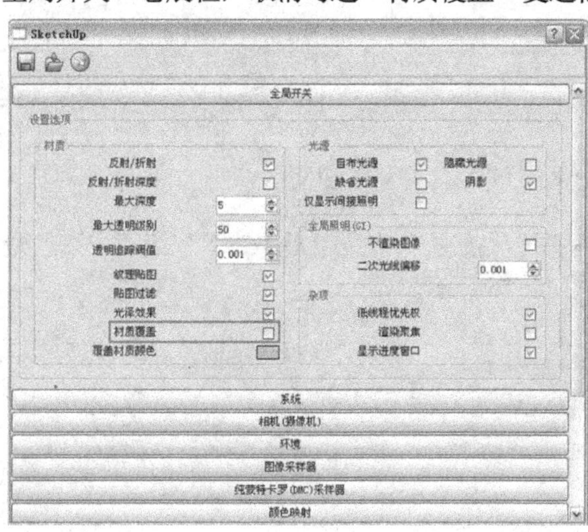

图 12-52

3）切换到“图像采样器”卷展栏，将采样器类型更改为“自适应纯蒙特卡罗”，并将“最少细分”设置为“3”，“最多细分”设置为“16”，提高细节区域的采样，最后将卡锯齿过滤器激活，选择常用的 Catmull Rom 过滤器，尺寸为“1.5”，如图 12-53 所示。

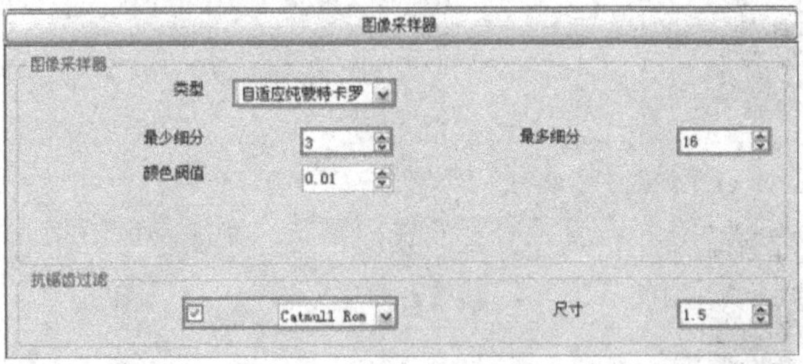

图 12-53

4）切换到“纯蒙特卡罗（DMC）采样器”卷展栏，首先将“自适应量”设置为“0.75”，然后将“最少采样”设置为“24”，最后将“噪点阀值”设置为“0.005”，如图 12-54 所示。

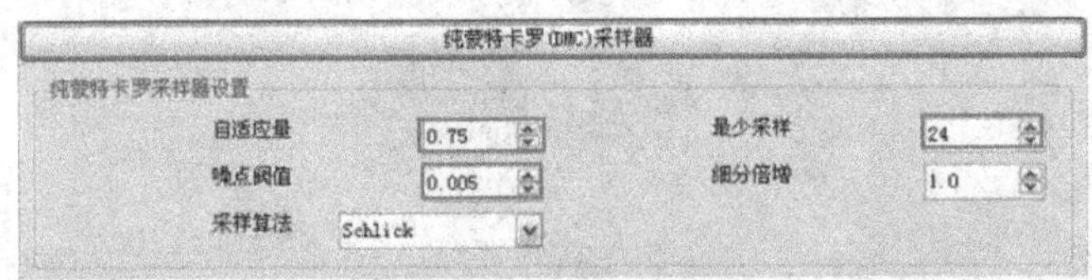

图 12-54

5）切换到“输出”卷展栏，设置输出的长宽比为“2400×1458”，如图 12-55 所示。

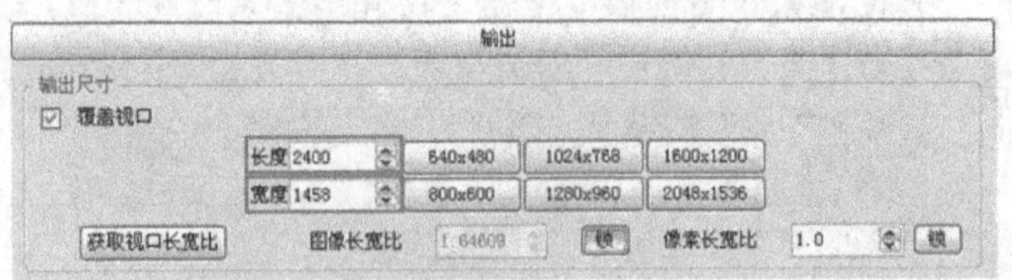

图 12-55

6）切换到“发光贴图”卷展栏，设置“最小比率”为“-3”，“最大比率”为“0”，“半球细分”为“50”，如图 12-56 所示。

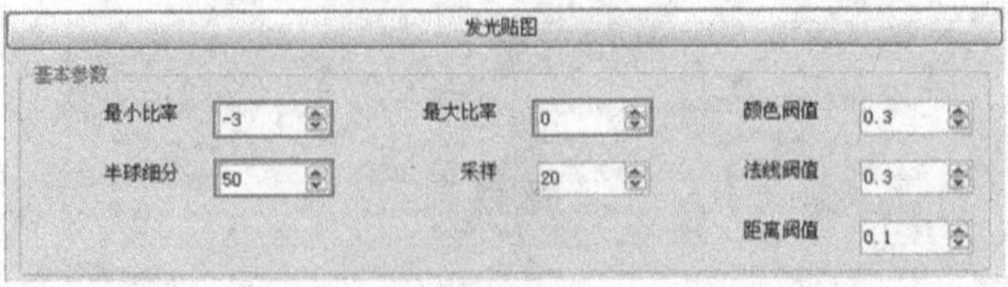

图 12-56

7）切换到“灯光缓存”卷展栏，设置“细分”为“1000”，如图 12-57 所示。

8）依次选择场景中的“光域网光源”，单击鼠标右键，在弹出的菜单中选择“V-Ray for Sketchup|编辑光源”命令，在弹出的对话框下将灯光的“阴影细分”设置为“16”，如图 12-58 所示。

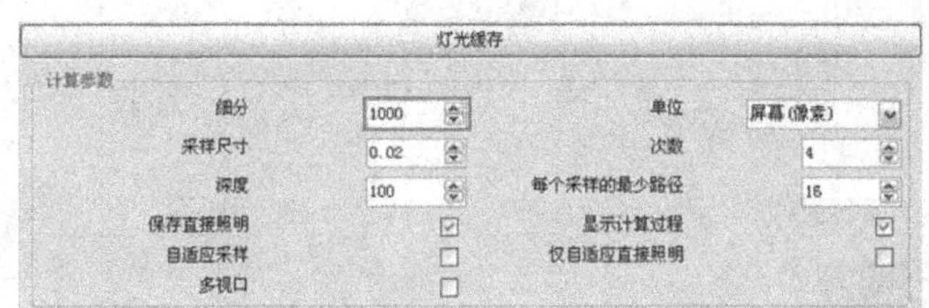

图 12-57

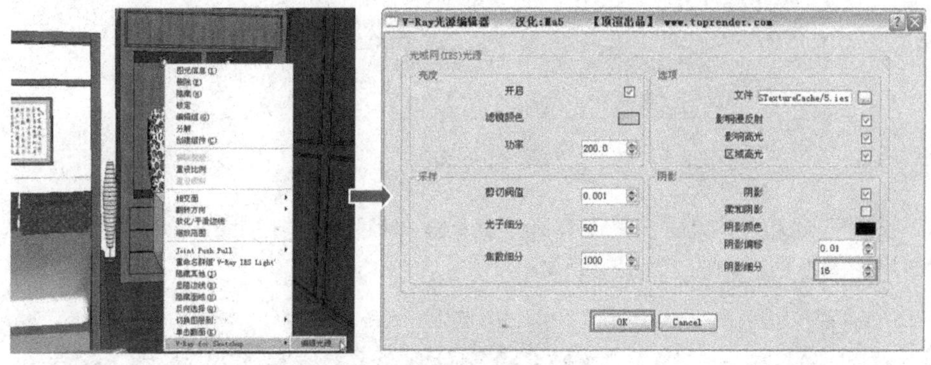

图 12-58

9）选择窗户外的“矩形灯光”，单击鼠标右键，并在弹出的菜单中选择“V-Ray for Sketchup|编辑光源”命令，在弹出的对话框下将灯光的“细分”设置为“16”，如图 12-59 所示。

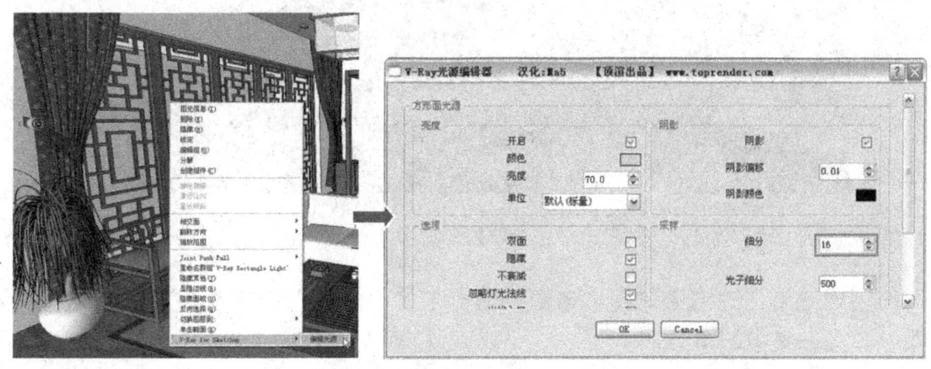

图 12-59

10）单击“打开 V-Ray 渲染设置面板”按钮，弹出渲染设置面板，接着切换到“环境”卷展栏，然后单击“全局光颜色”右侧的 M 按钮，在弹出的对话框中将阴影的“细分”设置为“16”，如图 12-60 所示。

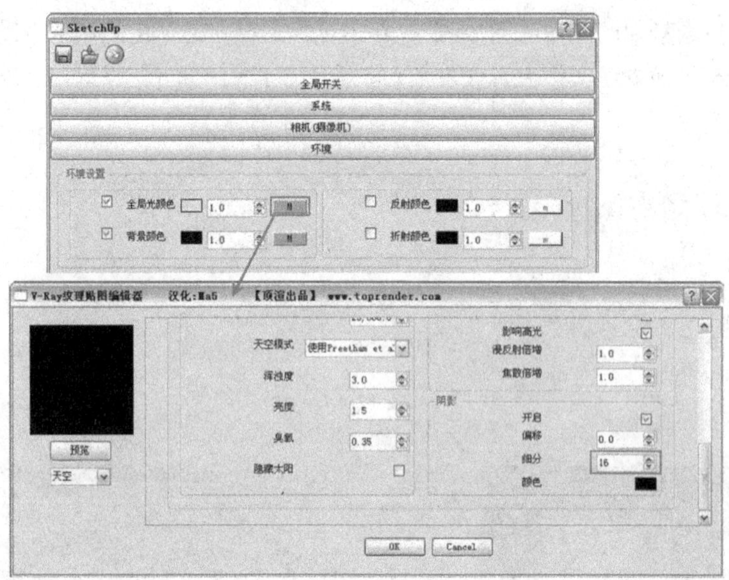

图 12-60

11）设置完相关的参数后，单击 V-Ray for SketchUp 工具栏上的“开始渲染”按钮，即开始效果图的渲染，如图 12-61 所示。

图 12-61

12）在完成效果图的渲染后，单击渲染面板中的“保存”按钮，将渲染完成的效果图保存到相应的文件夹中即可。

12.4.6 在 Photoshop 中后期处理

在对场景渲染之后，为了得到更好的图像效果，可以在 Photoshop 软件中对其进行后期处理，其操作步骤如下。

1）启动 Photoshop 软件，接着执行“文件|打开”菜单命令，打开本书配套光盘中的

“案例/12/输出/客厅渲染图.jpg”文件，如图 12-62 所示。

图 12-62

2）使用绘图工具面板中的“裁剪工具”，对图像文件进行裁剪操作，使其符合要求，如图 12-63 所示。

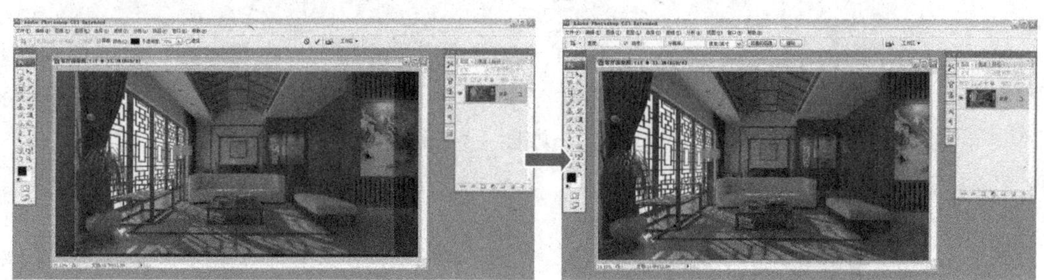

图 12-63

3）拖动图层面板中的“背景”图层到下侧“创建新图层”按钮上，复制一个图层“背景 副本”图层，然后设置图层的混合模式为“滤色”，填充为 30%，如图 12-64 所示。

图 12-64

4）拖动图层面板中的“背景 副本”图层到下侧“创建新图层”按钮上，复制一个图层“背景 副本 2”图层，然后设置图层的混合模式为“柔光”，填充为 30%，如图 12-65 所示。

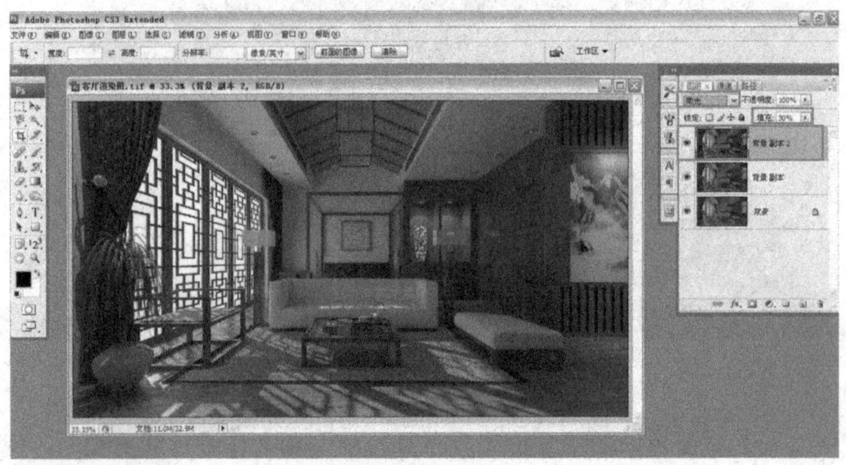

图 12-65

5）单击图层面板中的“创建新的填充或调整图层”按钮，在弹出的下拉菜单中选择“照片滤镜”选项，然后在弹出的“照片滤镜”对话框中将“滤镜”改为“冷却滤镜（82）”，再将下侧的滤镜浓度调整为“8%”，如图 12-66 所示。

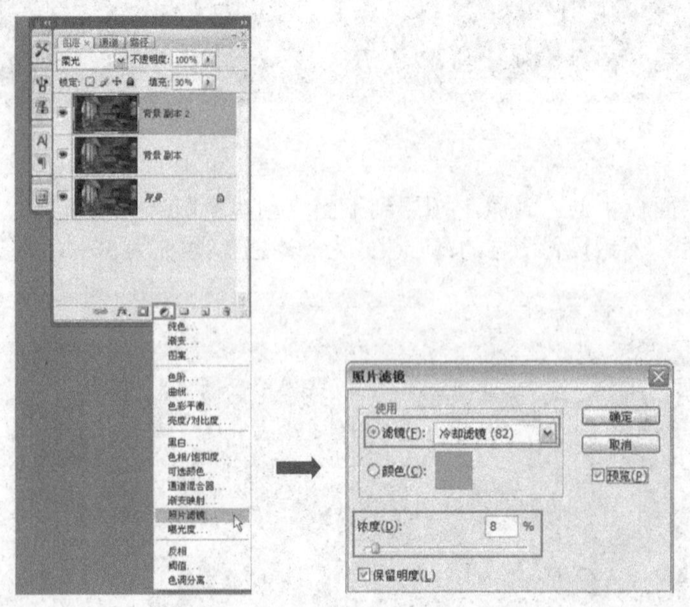

图 12-66

6）按〈Shift+Ctrl+E〉组合键，将图层面板中的可见图层合并为一个图层，至此，该客厅的效果图就绘制完成了，如图 12-67 所示。

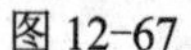
图 12-67

SketchUp®

第 13 章 档案楼的制作

内容摘要

本章主要通过室外档案楼的创建，具体了解怎样使用 SketchUp 来进行图纸的导入、模型的创建、材质的赋予、图像的导出以及效果图的后期处理等相关知识及操作技巧。

- 实例概述及效果预览
- 导入 SketchUp 前的准备工作
- 在 SketchUp 中创建模型
- 在 SketchUp 中输出图像
- 在 Photoshop 中后期处理

13.1 实例概述及效果预览

13 了解

本章所创建的是一室外的档案楼建筑。该档案楼造型比较规整，其墙面大面积采用玻璃幕墙，正中位置是档案楼的入口位置，其建筑造型大方简约，极具现代主义风格。绘制的该档案楼效果图如图 13-1 所示。

图 13-1

13.2 导入SketchUp前的准备工作

视频：导入SketchUp前的准备工作.avi
案例：处理后图样.dwg

13 练习

在将图样导入 SketchUp 软件之前，需要对相关的 CAD 图样内容进行整理，然后对 SketchUp 软件进行优化设置。下面将对这些内容进行详细讲解。

13.2.1 整理 CAD 图样

在将 CAD 图样导入 SketchUp 之前，需要在 AutoCAD 软件中对图样内容进行整理，删除多余的图样信息，保留对创建模型有用的图样内容即可。

1）运行 AutoCAD 软件，接着执行“文件|打开”菜单命令，打开“案例\13\档案楼图纸.dwg”文件，如图 13-2 所示。

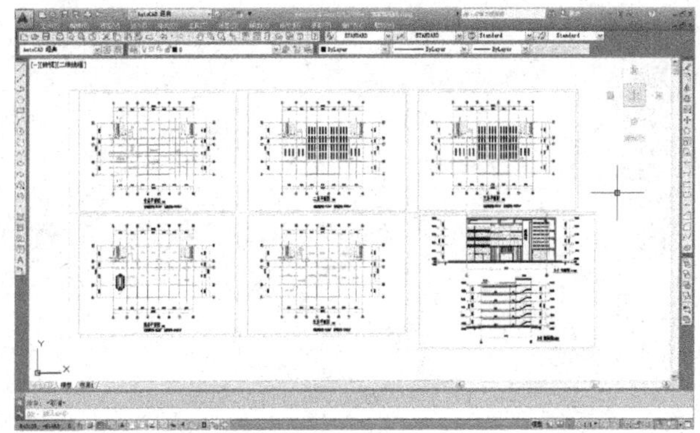

图 13-2

2）将绘图区中多余的图纸内容删除掉，只保留下“首层平面图”及“1-8 立面图”图纸内容即可，如图 13-3 所示。

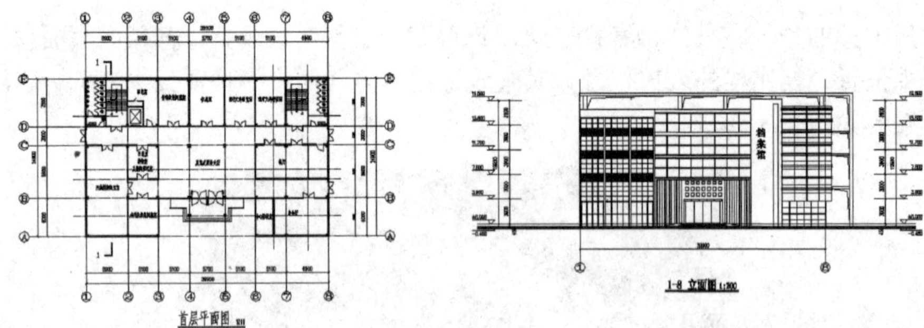

图 13-3

3）对上一步保留下的“首层平面图”及“1-8 立面图”进行简化操作，删除一些对建模没有参考意义的尺寸标注及文字信息，其简化后的效果如图 13-4 所示。

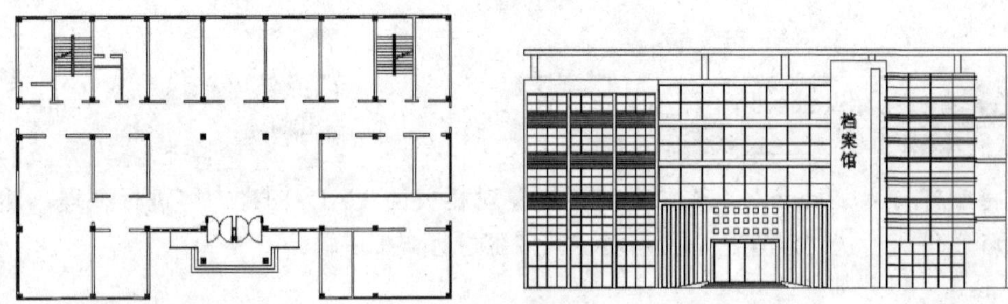

图 13-4

4）执行 Purge 清理命令，弹出“清理”对话框，接着单击下侧的“全部清理”按钮，弹出“清理-确认清理”对话框，然后单击下侧的“清理所有项目”选项，从而将多余的内容进行了清理操作，如图 13-5 所示。

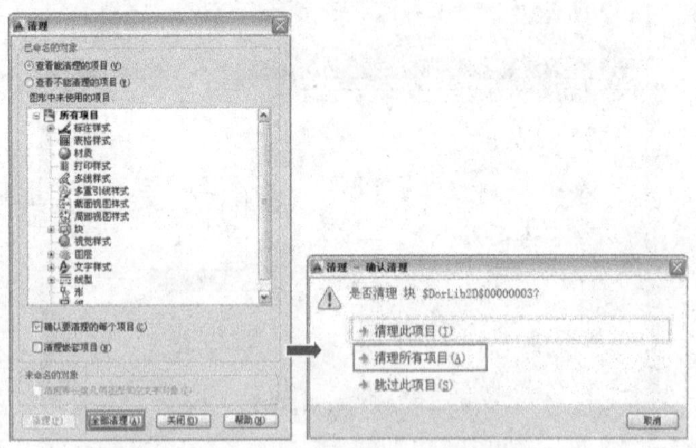

图 13-5

5）执行“文件|另存为”菜单命令，将文件另存为“案例\13\处理后图纸.dwg”文件，如图 13-6 所示。

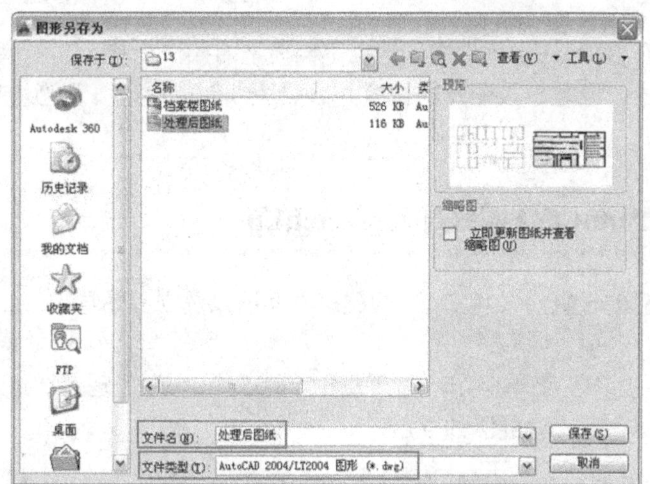

图 13-6

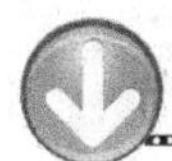

13.2.2 优化 SketchUp 的场景设置

在进行模型的创建之前，需要对 SketchUp 软件的场景进行相关的设置，使其更有利于后面的操作。

1）运行 SketchUp 软件，接着执行“窗口|模型信息”菜单命令，如图 13-7 所示。

2）在弹出的“模型信息”管理器的“单位”面板中，设置系统单位参数。在此将“格式”改为十进制、毫米，勾选“启动角度捕捉”复选框，将角度捕捉设置为“5.0”，如图 13-8 所示。

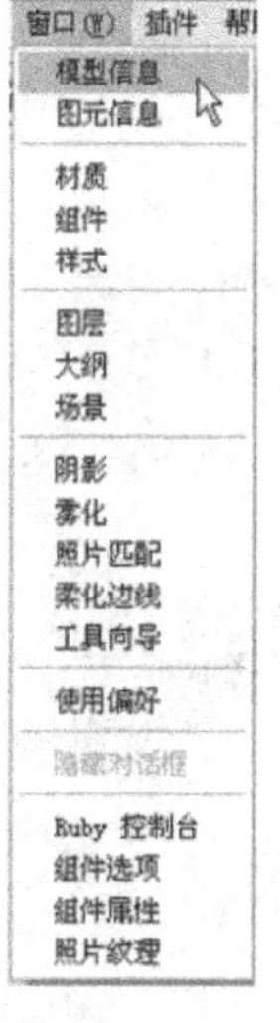

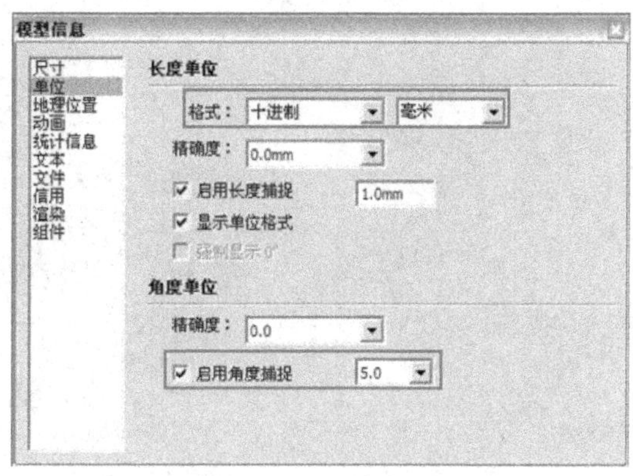

图 13-7　　图 13-8

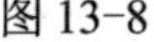

13.3 在SketchUp中创建模型

视频：在SketchUp中创建模型.avi
案例：档案楼.skp

13 练习

本节开始讲解在 SketchUp 软件中创建档案楼模型的操作步骤，其中包括将 AutoCAD 图纸导入 SketchUp 中、调整导入图形的位置、参照图纸创建模型以及为场景中的模型赋予材质等相关内容。

13.3.1 将 AutoCAD 图样导入 SketchUp

在完成模型信息的设置后，将 CAD 的建筑平面图以及立面图导入 SketchUp 中。具体操作步骤如下。

1）执行“文件|导入”菜单命令，选择要导入的“案例\13\处理后图纸.dwg”文件，然后单击“选项”按钮 选项(P)... ，如图 13-9 所示。

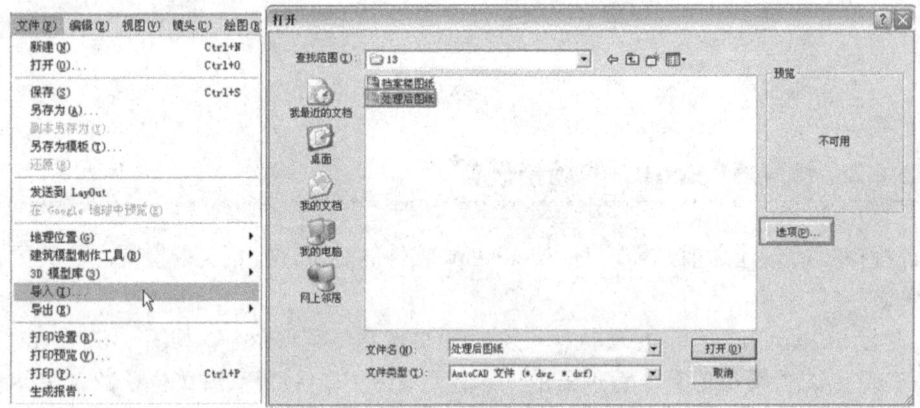

图 13-9

2）在弹出的“导入 AutoCAD DWG/DXF 选项”对话框中将单位设为“毫米”，然后单击“确定”按钮，完成 CAD 图形的导入，如图 13-10 所示。

3）CAD 图形导入 SketchUp 后的效果如图 13-11 所示。

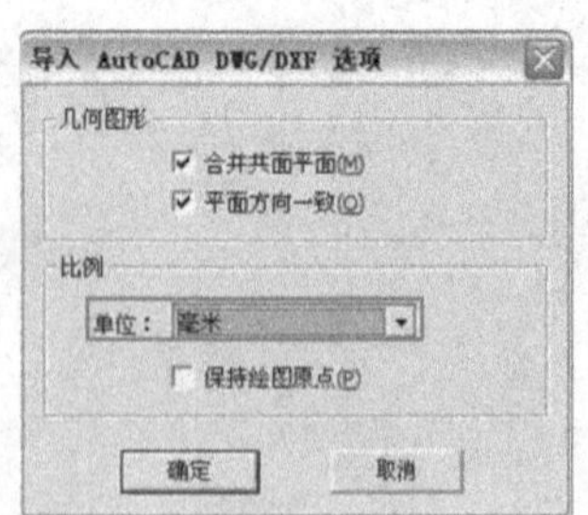

图 13-10

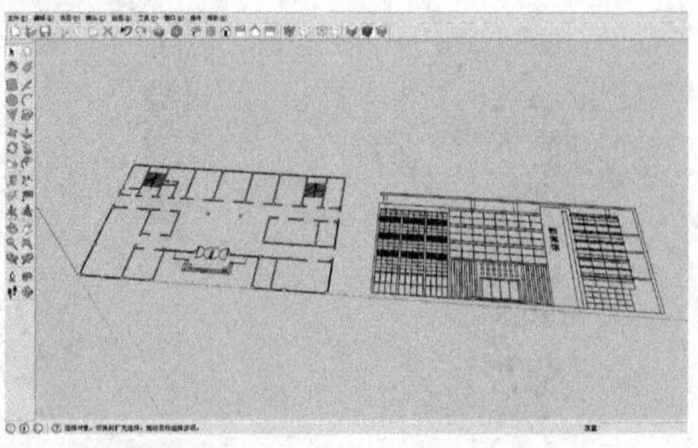

图 13-11

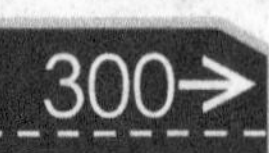

4）完成图纸的导入后，需要对导入的平面图以及立面图进行单独成组。用“选择”工具选择导入的平面图所有图形，然后单击鼠标右键，在右键级联菜单中选择“创建组”命令，如图 13-12 所示。

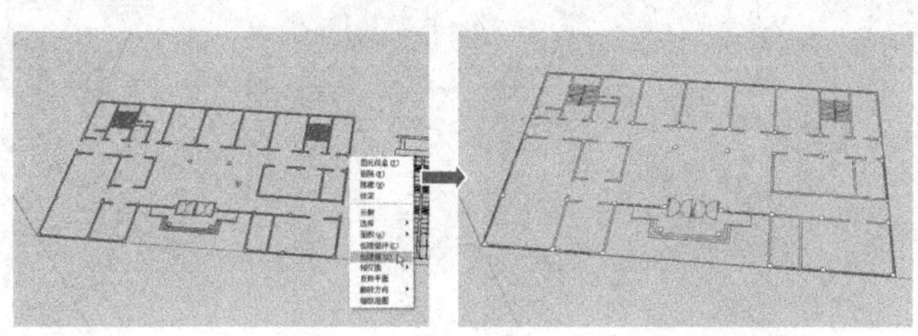

图 13-12

5）使用相同的方法，将平面图右侧的立面图创建为组，如图 13-13 所示。

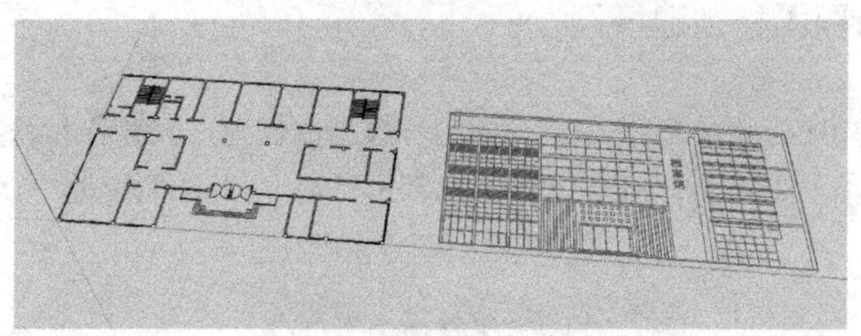

图 13-13

13.3.2 调整导入图形的位置

在导入 CAD 图纸内容之后，需要对导入的图纸内容进行相应的位置调整，使其符合制作要求。

1）选择成组后的档案楼立面图，接着使用“旋转”工具将其旋转 90°，如图 13-14 所示。

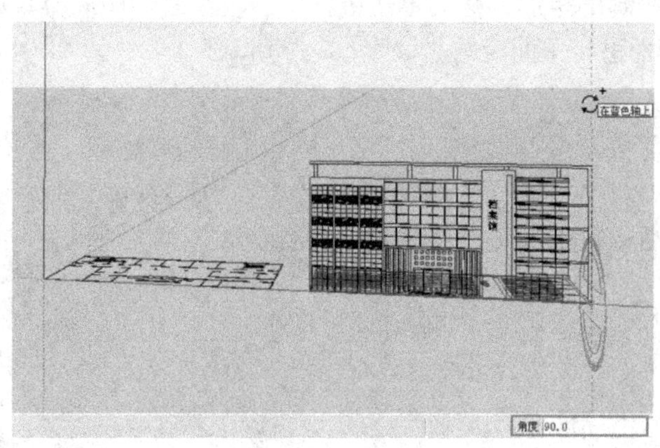

图 13-14

2）使用“移动”工具，将旋转后的档案楼立面图与档案楼平面图进行对齐操作，如图 13-15 所示。

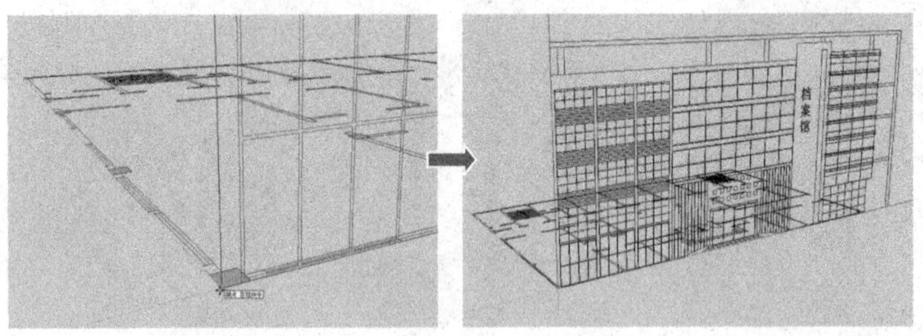

图 13-15

13.3.3 参照图样创建模型

在完成图样的定位以后，接下来就开始进行模型的创建，其操作步骤如下。

1）使用“矩形”工具，捕捉平面图上相应的两个对角点绘制一个矩形，如图 13-16 所示。

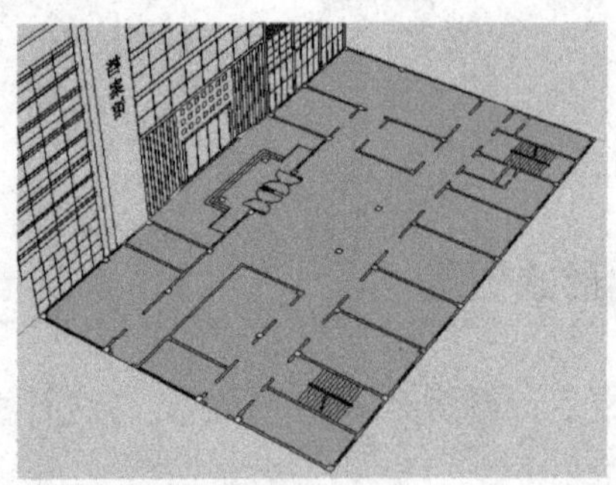

图 13-16

2）单击上一步绘制的矩形，然后单击鼠标右键，在右键级联菜单中选择“反转平面”命令，将绘制的矩形面进行平面反转，如图 13-17 所示。

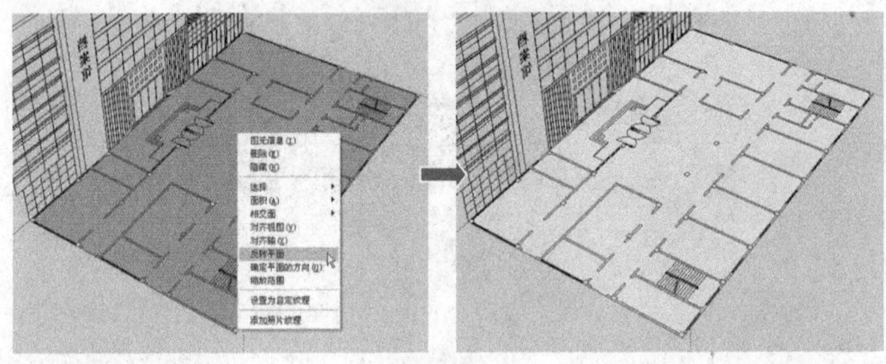

图 13-17

3）使用“推/拉”工具，将上一步绘制的矩形向上进行推拉，推拉捕捉至立面图相应的轮廓线上，如图 13-18 所示。

4）使用“线条”工具，捕捉立面图上相应的点绘制两条轮廓线条，如图 13-19 所示。

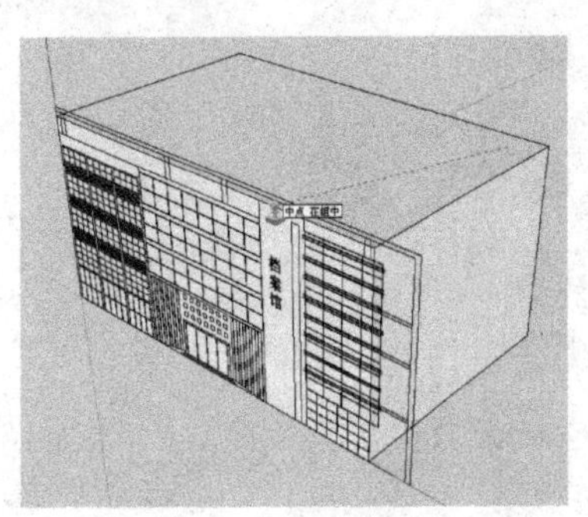

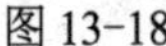

图 13-18

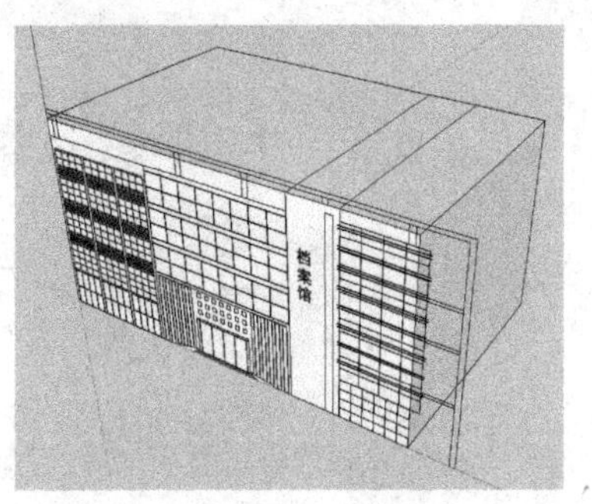

图 13-19

5）使用“推/拉”工具，对平面上的相应分隔面进行推拉操作，分别推拉至立面图相应的轮廓线上，如图 13-20 所示。

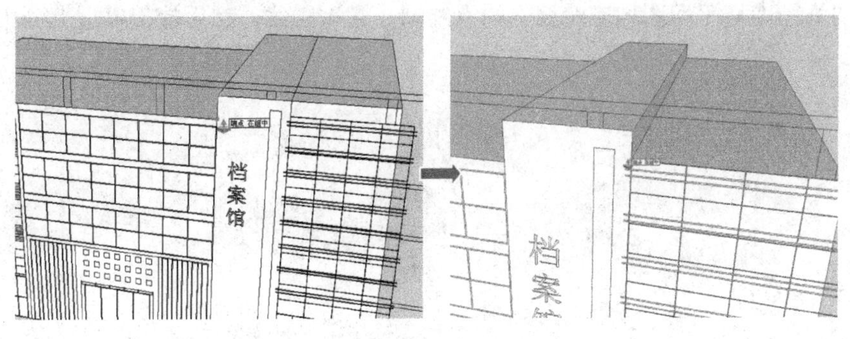

图 13-20

6）使用“矩形”工具，捕捉档案楼立面轮廓上相应的点绘制一个矩形，如图 13-21 所示。

7）为了便于观察，将当前模型的显示模式切换为“X 射线”模式，然后使用“推/拉”工具，将上一步绘制的矩形面向后推拉捕捉至档案楼平面图相应的轮廓上，如图 13-22 所示。

图 13-21

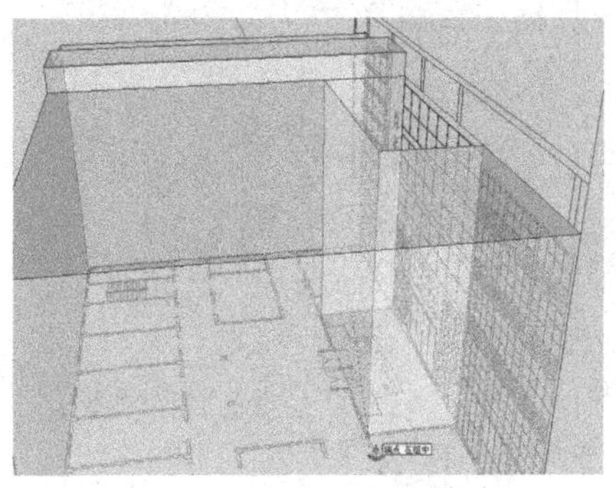

图 13-22

8）使用“矩形”工具，捕捉档案楼立面图右侧轮廓上相应的点绘制一个矩形，如图 13-23 所示。

9）使用“推/拉”工具，将上一步绘制的矩形面向前推拉 900mm 的距离，如图 13-24 所示。

图 13-23

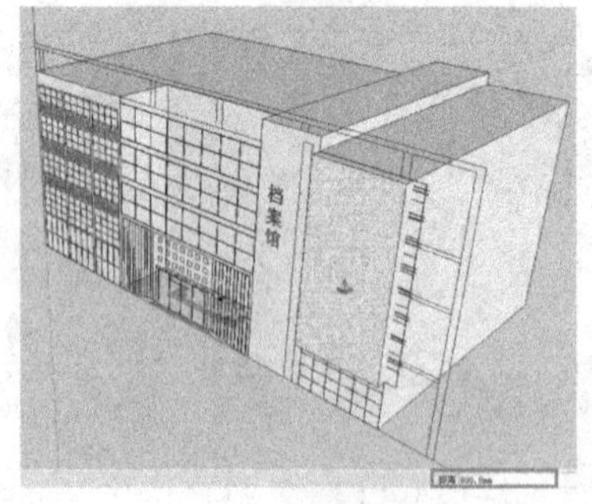

图 13-24

10）为了便于观察，将当前模型的显示模式切换为“X 射线”模式，然后使用“线条”工具，捕捉档案楼平面图相应轮廓上的点绘制一条垂直线，然后捕捉模型上的相应点绘制一条水平线条，如图 13-25 所示。

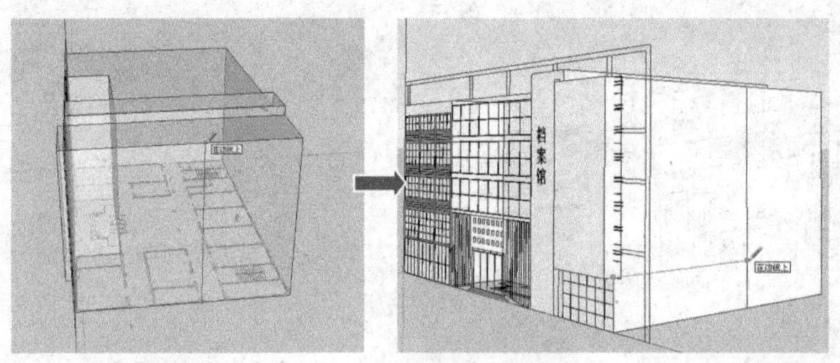

图 13-25

11）使用“推/拉”工具，将图中相应的面向外推拉 900mm 的距离，如图 13-26 所示。

12）使用“矩形”工具，捕捉档案楼立面图左侧轮廓上相应的点，绘制三个矩形，如图 13-27 所示。

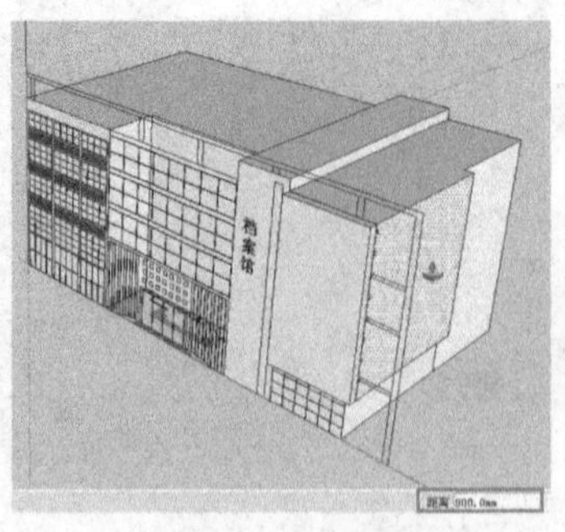

图 13-26

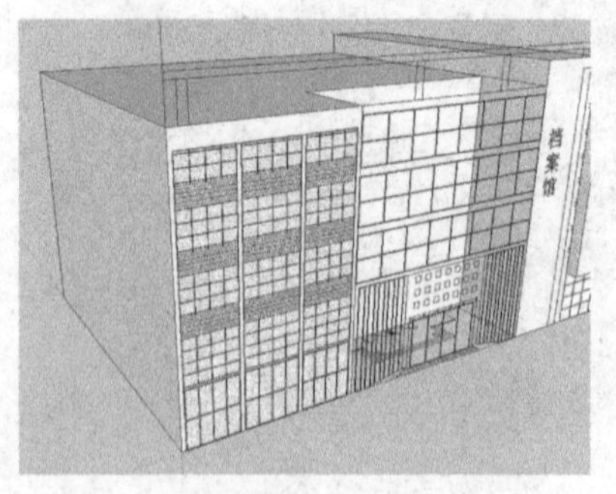

图 13-27

13）使用“推/拉”工具，将图中相应的面向外推拉 500mm 的距离，如图 13-28 所示。

14）使用“矩形”工具，捕捉档案楼立面图右侧轮廓上相应的点，绘制两个矩形，如图 13-29 所示。

图 13-28

图 13-29

15）使用“推/拉”工具，将图中相应的面向外推拉 500mm 的距离，如图 13-30 所示。

16）使用“矩形”工具，捕捉档案楼立面图左侧轮廓上相应的点，绘制一个矩形，如图 13-31 所示。

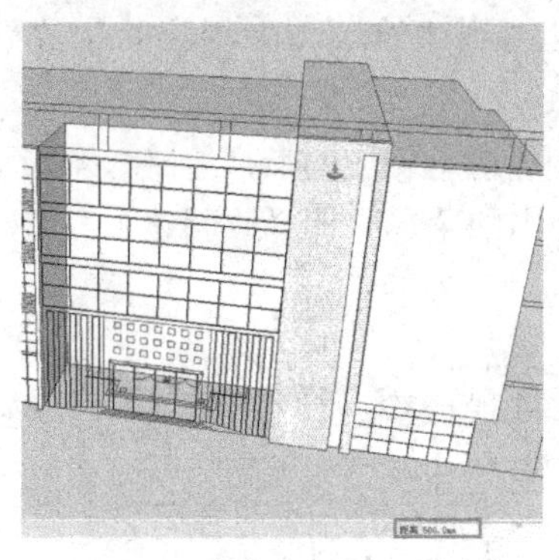

图 13-30

图 13-31

17）用鼠标左键双击上一步绘制的矩形面，然后单击鼠标右键并在弹出的菜单中选择“创建组”命令，将该面创建为组，如图 13-32 所示。

18）用鼠标左键双击上一步创建的组件，进入组的内部进行编辑，使用“矩形”工具，捕捉立面轮廓上的相应点绘制多个矩形，再使用“推/拉”工具，将绘制的矩形推拉捕捉至相应的平面上，如图 13-33 所示。

19）使用“移动”工具并按住键盘上的 Ctrl 键，将上一步推拉的组件向右进行复制，如图 13-34 所示。

20）使用“拉伸”工具，对上一步复制的组件进行拉伸操作，拉伸至右侧相应的墙面上，如图 13-35 所示。

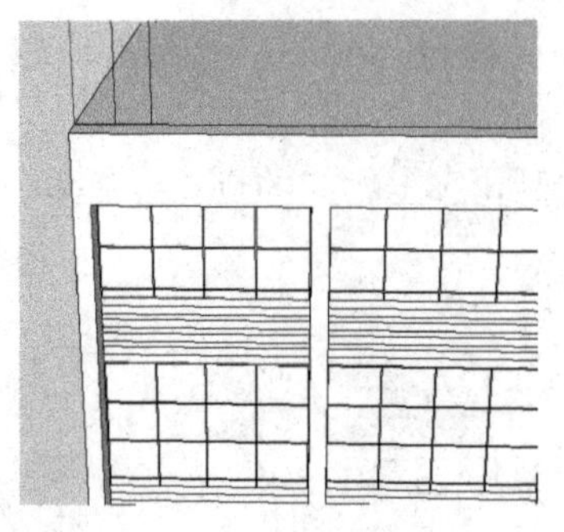

图 13-32

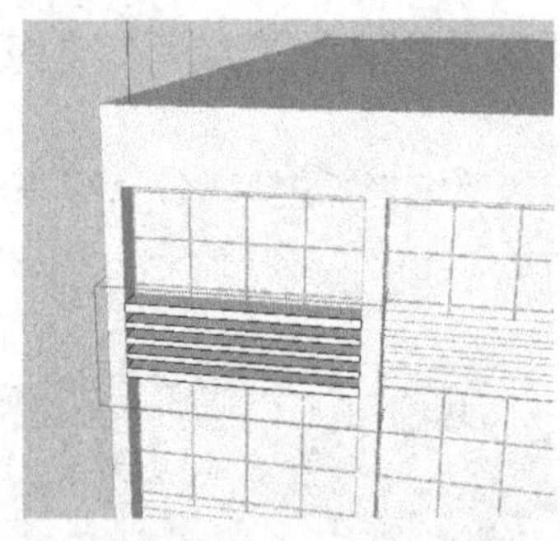

图 13-33

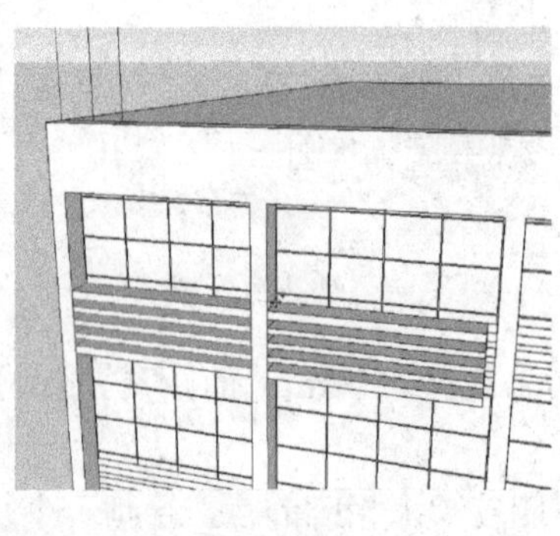

图 13-34

图 13-35

21）使用相同的方法，对组件进行复制操作，复制到建筑墙体上相应的位置处，如图 13-36 所示。

22）使用“矩形”工具，捕捉档案楼立面图左侧轮廓上相应的点，绘制一个矩形，用鼠标左键双击绘制的矩形面，然后单击鼠标右键并在弹出的菜单中选择“创建组”命令，将该面创建为组，如图 13-37 所示。

图 13-36

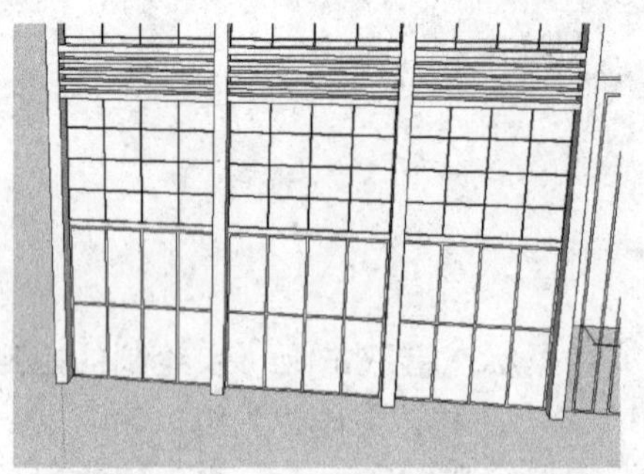

图 13-37

23）用鼠标左键双击上一步创建的组件，进入组的内部进行编辑，再使用“推/拉”工具，将绘制的矩形推拉捕捉至相应的平面上，如图 13-38 所示。

24）使用“移动”工具并按住键盘上的〈Ctrl〉键，将上一步推拉的组件向右进行复制，再使用“拉伸”工具，对复制的组件进行拉伸操作，拉伸至右侧相应的墙面上，如图 13-39 所示。

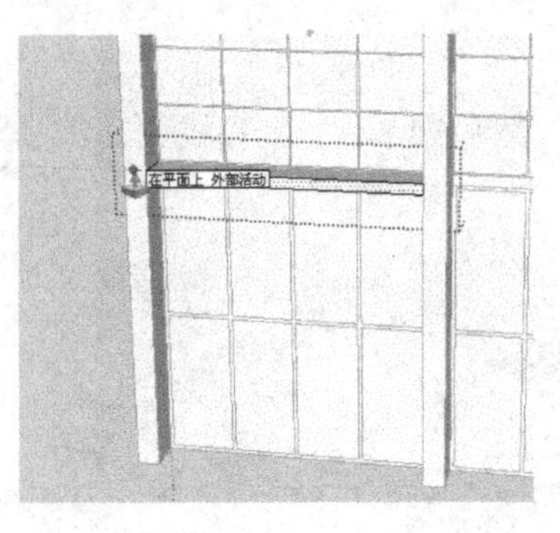
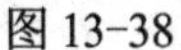

图 13-38

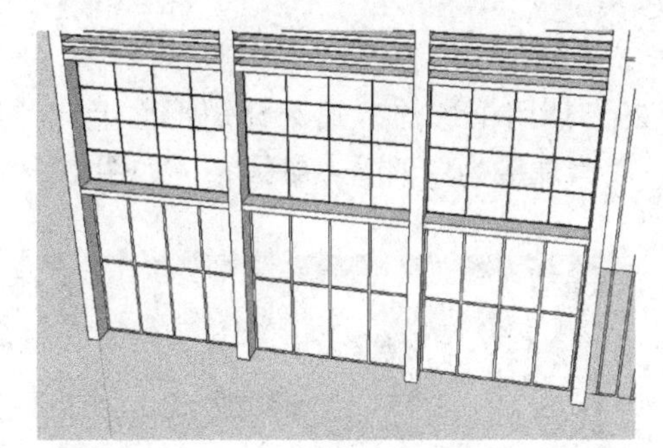

图 13-39

25）使用“矩形”工具，捕捉档案楼立面轮廓上相应的点，绘制一个矩形，如图 13-40 所示。

26）使用“选择”工具，选择上一步绘制矩形所产生的分隔面将其删除，如图 13-41 所示。

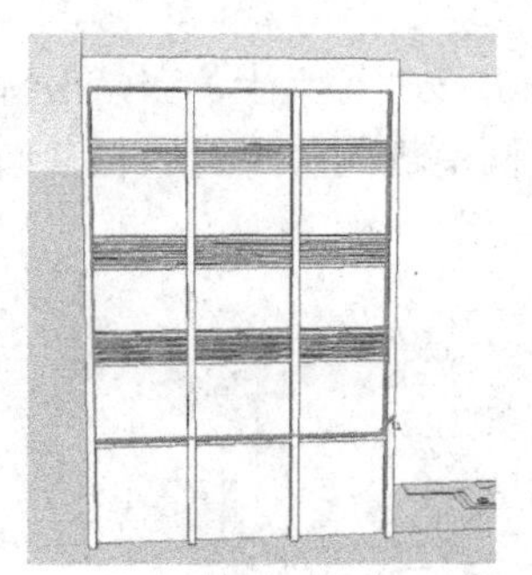

图 13-40

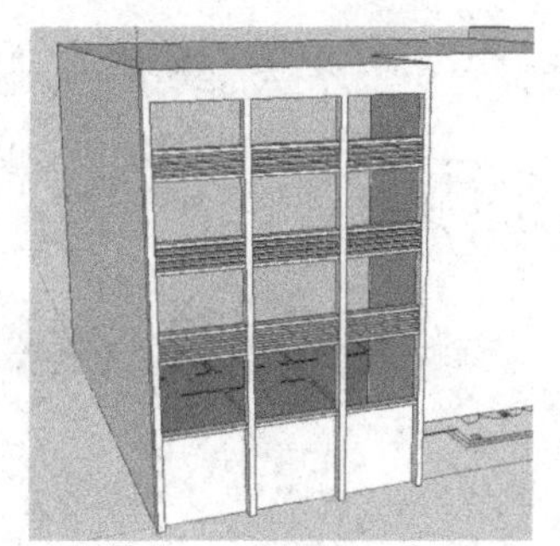

图 13-41

27）使用“矩形”工具，为上一步删除面的洞口补一个面，接着用鼠标左键双击绘制的面，单击鼠标右键并在弹出的菜单中选择“创建组”命令将其创建为组，然后用鼠标左键双击创建的组件，单击右键并在弹出的菜单中选择“反转平面”命令，将绘制的矩形进行平面反转，如图 13-42 所示。

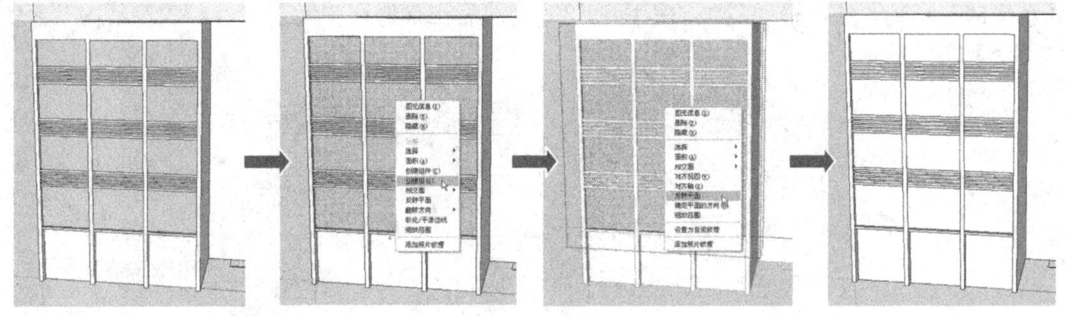

图 13-42

28）双击上一步创建的组件，执行“窗口|模型信息”菜单命令，打开“模型信息”管理器，切换到“组件”面板，勾选“淡化模型的其余部分”对应的“隐藏”复

选框，如图 13-43 所示。

29）使用框选的方式选择矩形面上侧的所有线条，然后执行“插件|线面工具|焊接线条”，将其焊接为单独的一条线条，如图 13-44 所示。

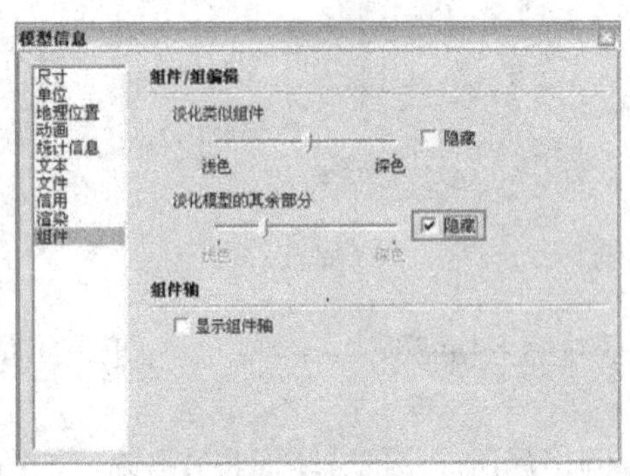

图 13-43

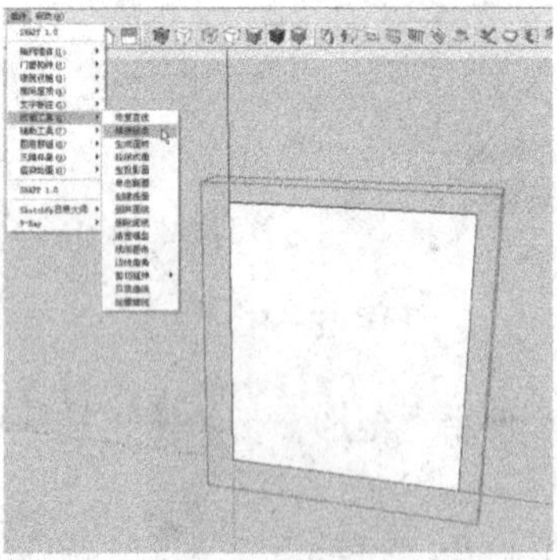

图 13-44

30）选择上一步焊接的线条，使用“移动”工具并按住键盘上的〈Ctrl〉键，将其垂直向下复制一条，移动复制的距离 1000，然后在数值框中输入“x12”，将其向下复制 11 条，如图 13-45 所示。

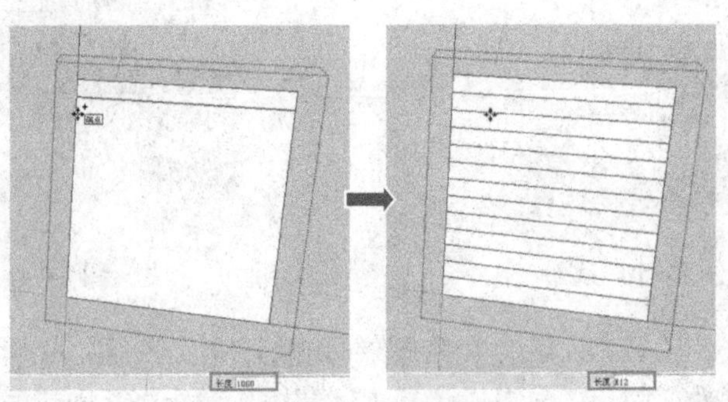

图 13-45

31）窗选矩形面右侧的垂直线条，使用“移动”工具并按住键盘上的〈Ctrl〉键，将其水平向左复制一条，移动复制的距离为 800，然后在数值框中输入“x14”，将其向左复制 13 条，如图 13-46 所示。

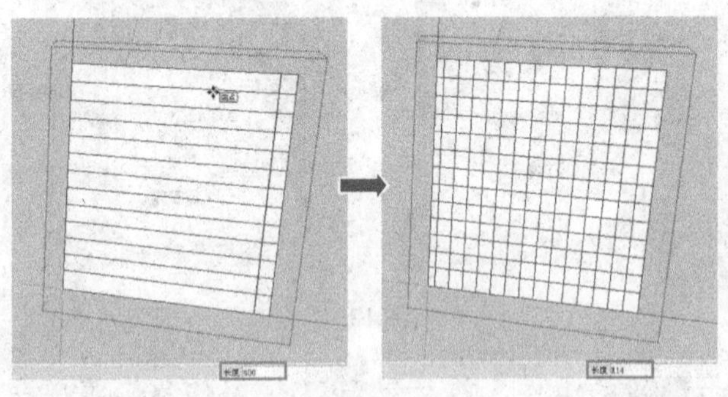

图 13-46

32）使用“矩形”工具，捕捉相应建筑轮廓上的点绘制一个面，接着用鼠标左键双击绘制的面，单击鼠标右键并在弹出的菜单中选择“创建组”命令将其创建为组，然后用鼠标左键双击创建的组件，单击右键并在弹出的菜单中选择“反转平面”命令，将绘制的矩形进行平面反转，如图13-47所示。

33）使用“移动”工具并按住键盘上的〈Ctrl〉键，将上一步创建的组件进行复制操作，复制到建筑立面上的相应位置处，如图13-48所示。

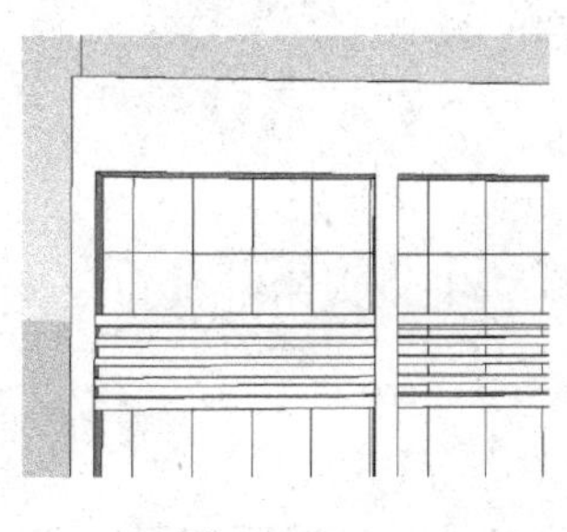

图13-47

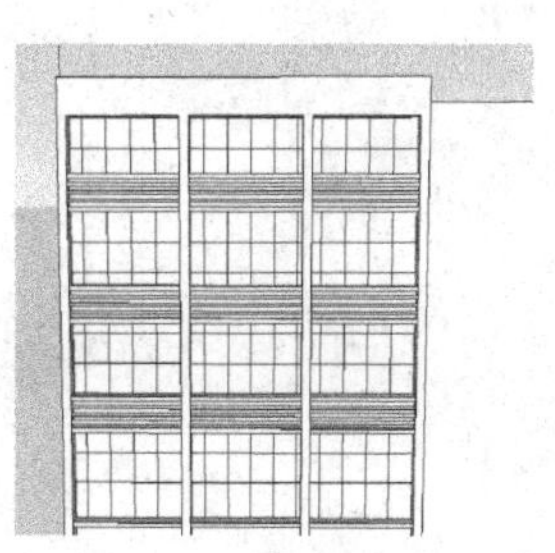

图13-48

34）使用“选择”工具，单击建筑立面上的相应面，接着执行“插件|门窗构件|玻璃幕墙”菜单命令，弹出“玻璃幕墙参数设置”对话框，设置“行数”为“4”，“列数”为“3”，然后单击下侧的“确定”按钮，从而完成下侧玻璃幕墙的绘制，如图13-49所示。

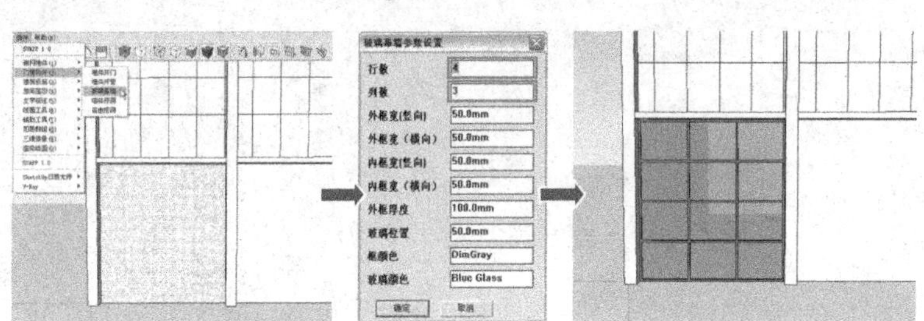

图13-49

35）使用相同的方法，创建出上一步绘制的玻璃幕墙右侧的两个玻璃幕墙，如图13-50所示。

36）使用“选择”工具并按住键盘上的〈Ctrl〉键连续选择建筑右侧轮廓上相应的几个面，接着单击鼠标右键并在弹出的菜单中选择“创建组”命令将其创建为组，如图13-51所示。

图13-50

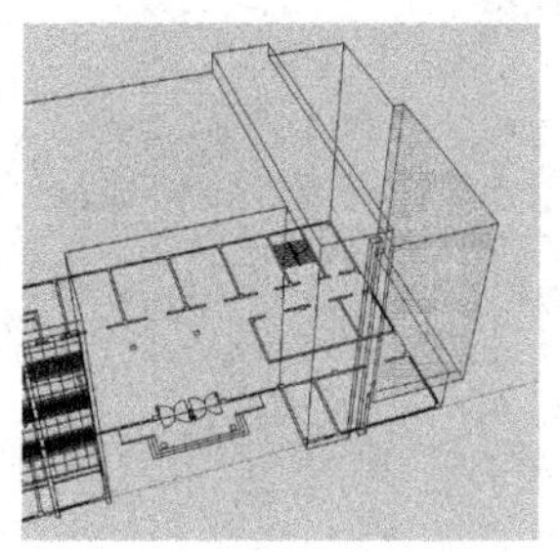

图13-51

37）双击上一步创建的组，进入组的内部编辑状态，接着使用框选的方式选择组件的上侧所有边线，然后使用“移动”工具并按住键盘上的〈Ctrl〉键，将其垂直向下复制一条，移动复制的距离为1000，然后在数值框中输入“x14”，将其向下复制13条，如图13-52所示。

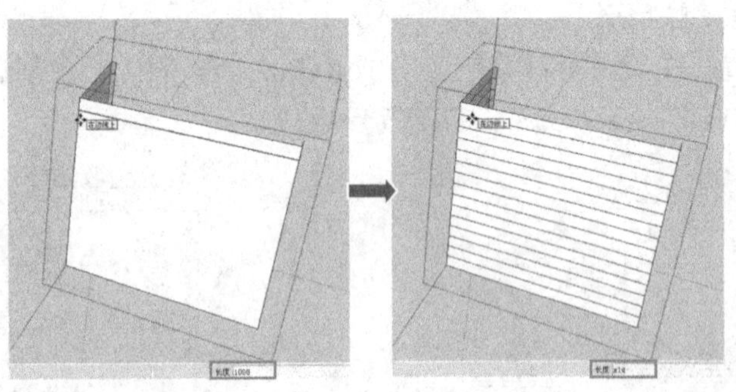

图13-52

38）使用“选择”工具，框选组件上的相应垂直线条，然后使用“移动”工具并按住键盘上的〈Ctrl〉键，将其水平向右复制一条，移动复制的距离为800，然后在数值框中输入“x19”，将其向右复制18条，如图13-53所示。

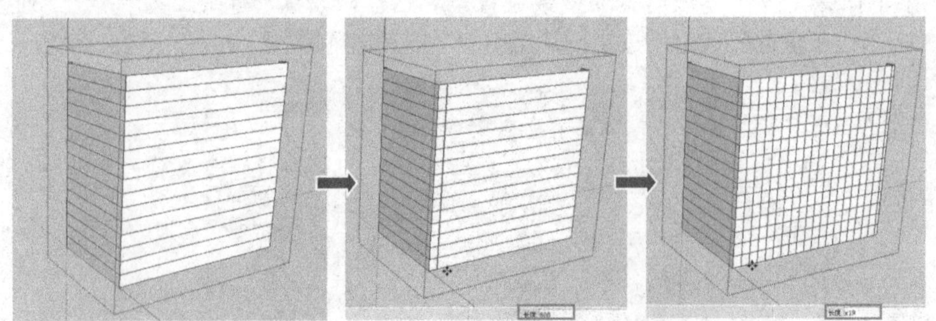

图13-53

39）使用“选择”工具，框选组件上的相应垂直线条，然后使用“移动”工具并按住键盘上的〈Ctrl〉键，将其水平向左复制一条，移动复制的距离为800，然后在数值框中输入“x10”，将其向左复制9条，如图13-54所示。

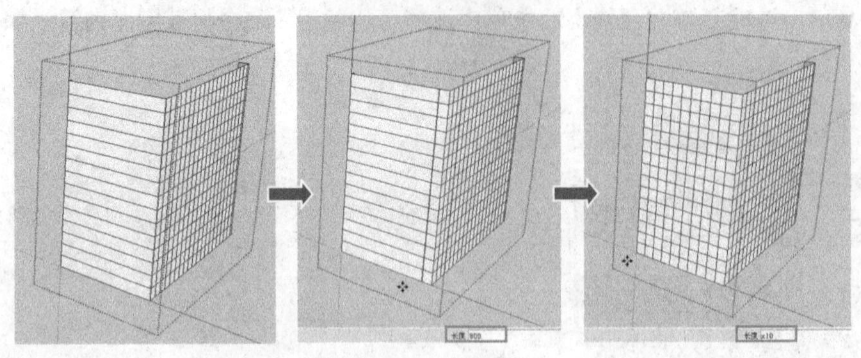

图13-54

40）单击绘图区中任意一点，取消组的内部编辑状态，使用“选择”工具，单击建筑立面上的相应面，接着执行“插件|门窗构件|玻璃幕墙”菜单命令，弹出“玻璃幕墙参数设置”对话框，设置“行数”为“4”，“列数”为“6”，然后单击下侧的“确定”按钮，从而完成玻璃幕墙的绘制，如图 13-55 所示。

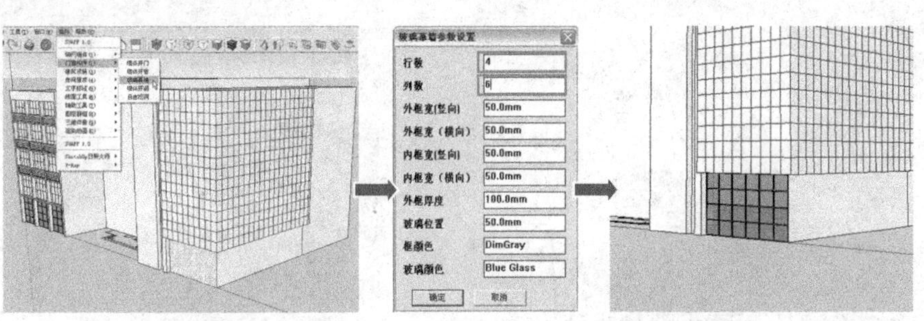

图 13-55

41）使用同样的方法，使用“选择”工具，单击建筑立面上的相应面，接着执行“插件|门窗构件|玻璃幕墙”菜单命令，弹出“玻璃幕墙参数设置”对话框，设置“行数”为“4”，“列数”为“12”，然后单击下侧的“确定”按钮，从而完成玻璃幕墙的绘制，如图 13-56 所示。

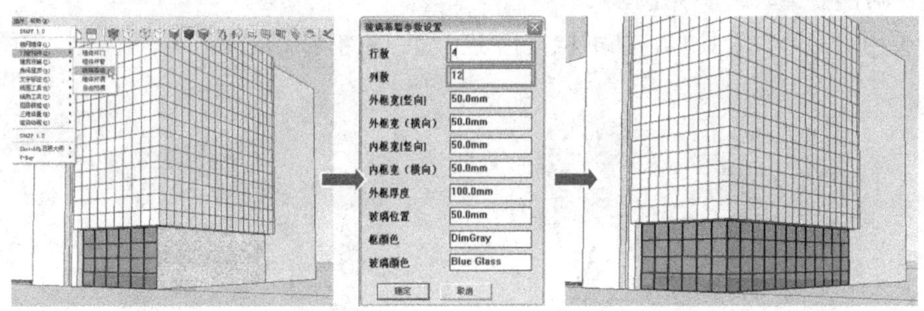

图 13-56

42）使用“矩形”工具，捕捉档案楼正立面相应轮廓上的点绘制一个面，如图 13-57 所示。

43）使用“选择”工具，用鼠标左键双击上一步绘制的面，接着单击鼠标右键并在弹出的菜单中选择“创建组”命令，将其创建为组，然后用鼠标左键双击创建的组，进入组的内部编辑状态，如图 13-58 所示。

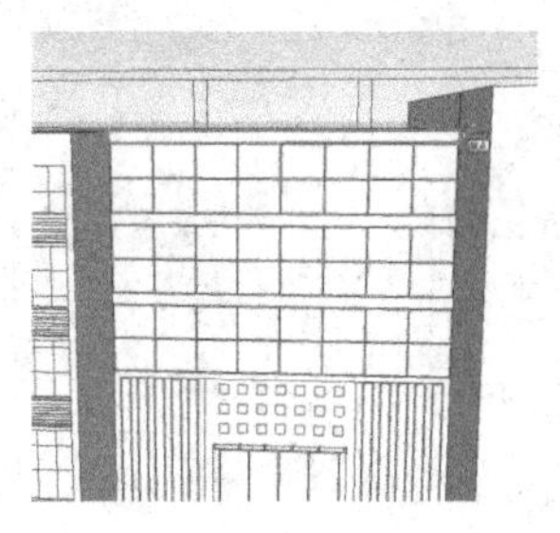

图 13-57

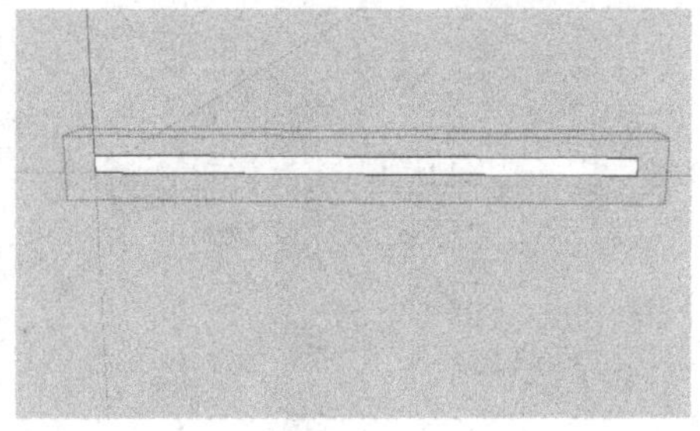

图 13-58

44）执行“窗口|模型信息”菜单命令，在“模型信息”管理器中切换到“组件”面板，然后取消右侧“隐藏”的勾选，如图 13-59 所示。

45）使用“推/拉”工具，对前面创建的组件进行推拉，推拉的距离为 300，如图 13-60 所示。

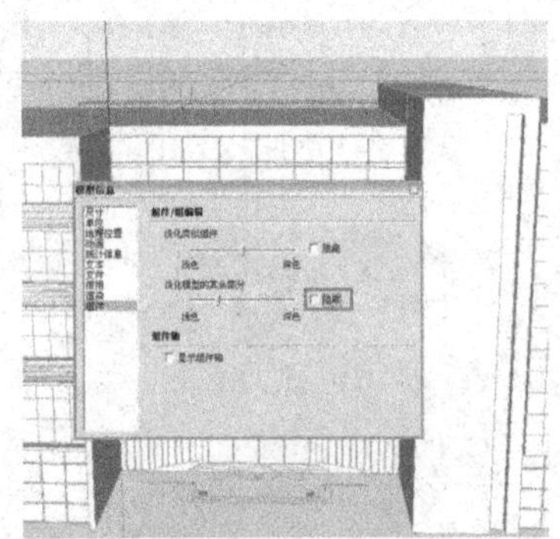
图 13-59

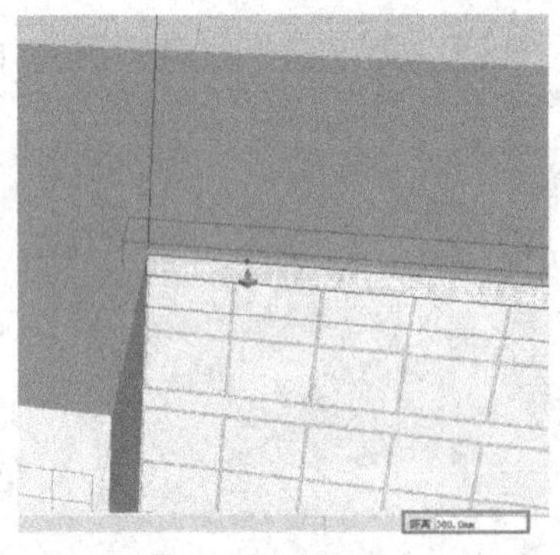
图 13-60

46）使用“移动”工具并按住键盘上的〈Ctrl〉键，将上一步推拉的组件向下进行复制，其复制后的效果如图 13-61 所示。

47）使用“矩形”工具，捕捉档案楼正立面相应轮廓上的点绘制一个面，如图 13-62 所示。

图 13-61

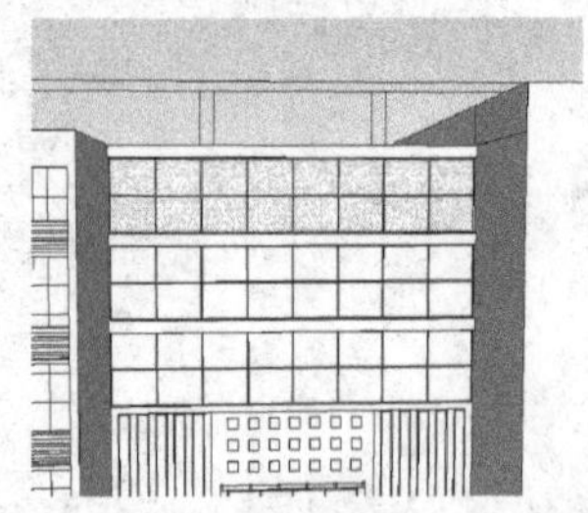
图 13-62

48）使用“选择”工具，单击上一步绘制的矩形，接着执行“插件|门窗构件|玻璃幕墙”菜单命令，弹出“玻璃幕墙参数设置”对话框，设置“行数”为“4”，“列数”为“8”，然后单击下侧的“确定”按钮，从而完成玻璃幕墙的绘制，如图 13-63 所示。

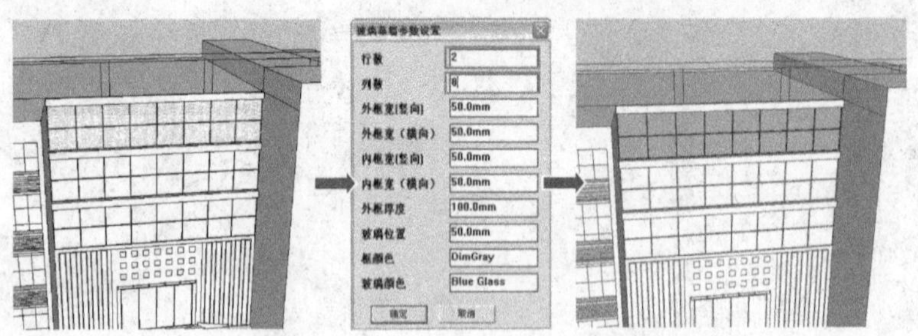

图 13-63

49）使用相同的方法，在上一步创建的玻璃幕墙的下侧创建出另外的两个玻璃幕墙，如图 13-64 所示。

50）使用“矩形”工具，捕捉档案楼正立面相应轮廓上的点绘制一个面，如图 13-65 所示。

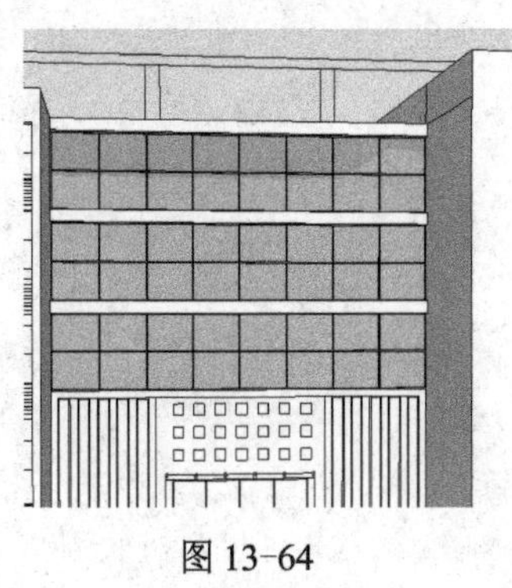

图 13-64

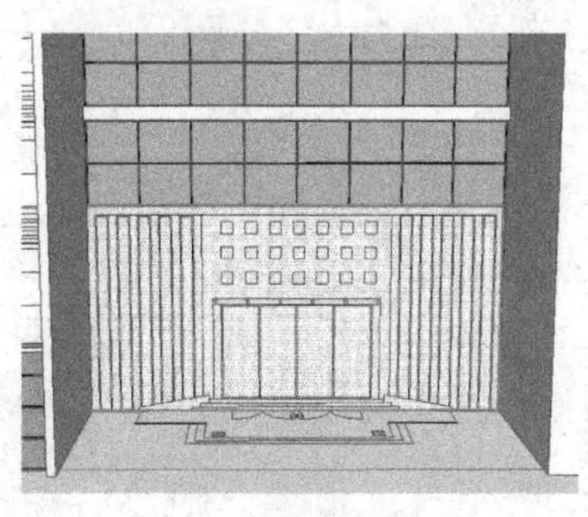

图 13-65

51）将上一步绘制的矩形创建为组，接着用鼠标左键双击创建的组，进入组的内部编辑状态，然后使用“矩形”工具，捕捉建筑立面图上的相应轮廓上的点绘制多个面，如图 13-66 所示。

52）使用“线条”工具，捕捉建筑立面图相应轮廓上的点补绘几条线段，如图 13-67 所示。

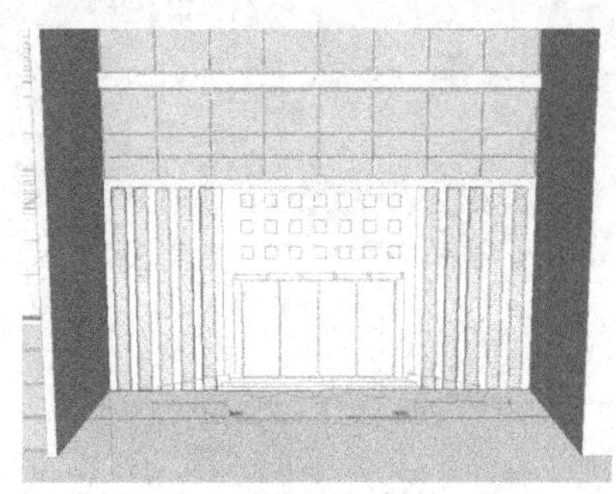

图 13-66

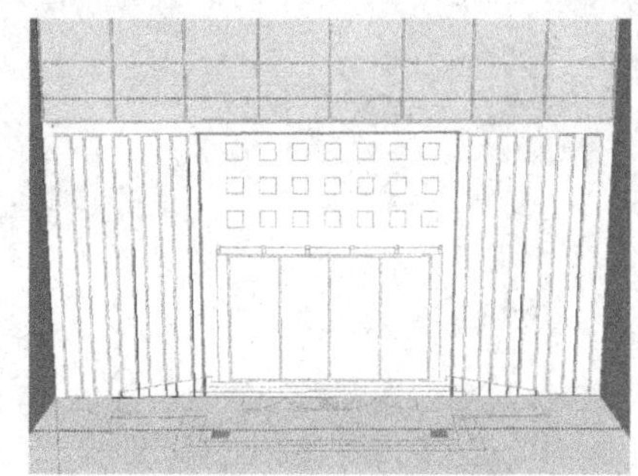

图 13-67

53）使用“推/拉”工具，对组件内的相应分隔面进行推拉，推拉的距离为 300，如图 13-68 所示。

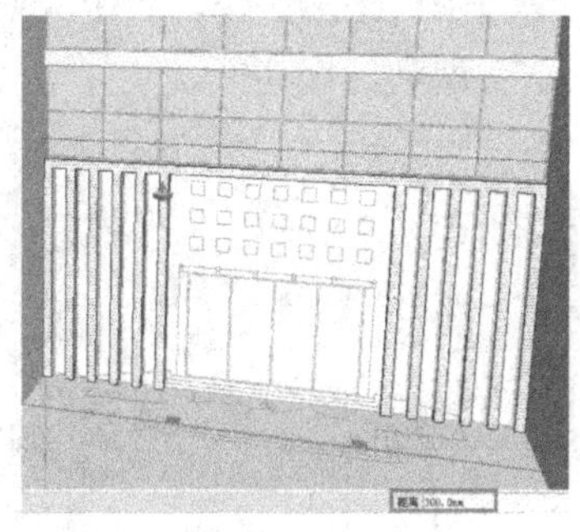

图 13-68

54）用鼠标左键双击组件内的相应面，接着单击鼠标右键并在弹出的菜单中选择“创建组件”命令，弹出“创建组件”对话框，再在“黏接至”下拉列表框中选择“所有”选项，勾选下侧的“用组件替换选择内容”，再单击右侧的“设置组件轴”按钮，设置好组件的 X 轴及 Y 轴坐标，返回“创建组件”对话框后勾选“切割开口”选项，最后单击“创建”按钮，从而将该面创建为组件对象，如图 13-69 所示。

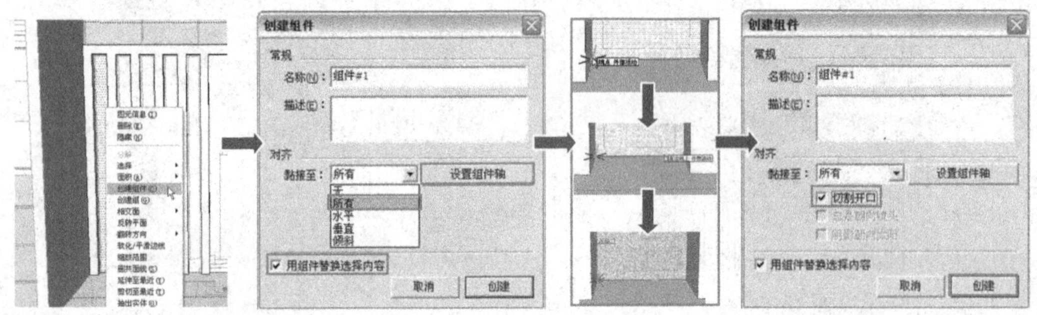

图 13-69

55）用鼠标左键双击上一步创建的组件，进入组件的内部编辑状态，接着使用“偏移”工具，将该面向内偏移 50mm 的距离，如图 13-70 所示。

56）使用“推/拉”工具，将组件内的相应面向内推 50mm 的距离，如图 13-71 所示。

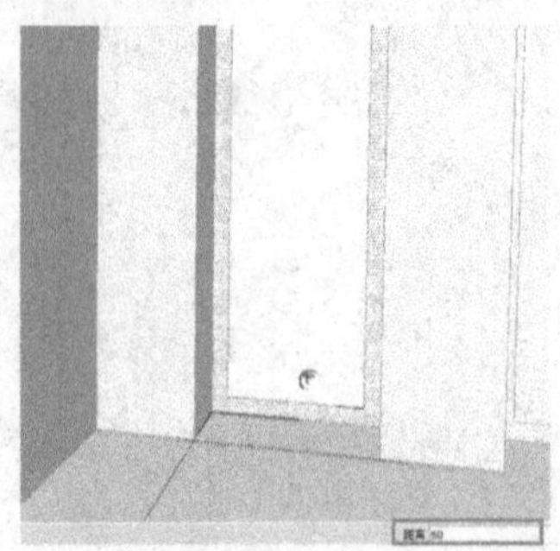

图 13-70

图 13-71

57）使用“选择”工具并结合键盘上的〈Ctrl〉键，选择组件内的多个面将其删除，再使用“移动”工具并结合键盘上的〈Ctrl〉键，将上一步创建的组件进行复制操作，复制到删除面的洞口位置，如图 13-72 所示。

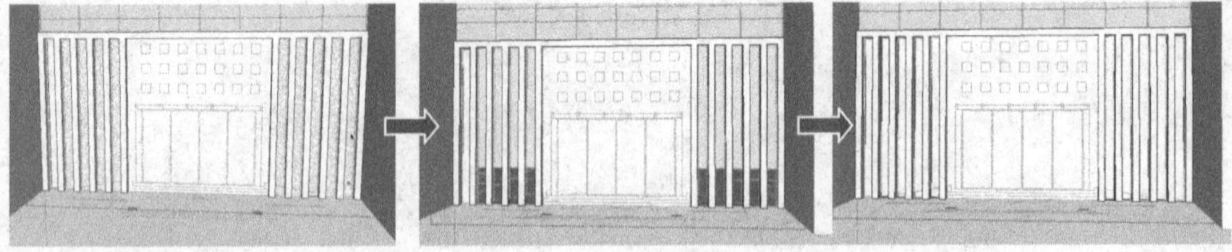

图 13-72

58）使用“矩形”工具，捕捉档案楼正立面相应轮廓上的点绘制一个面，如图 13-73 所示。

图 13-73

59）将上一步绘制的矩形面创建为组，接着用鼠标左键双击创建的组，进入组的内部编辑状态，然后选中矩形的上侧水平边及左右侧垂直边，再使用“偏移”工具，将其向内偏移 400mm 的距离，再使用“移动”工具对偏移后的边线进行编辑，再使用“矩形”工具，捕捉相应轮廓上的点绘制多个矩形，再使用“推/拉”工具，将组件内的相应面向外拉 150mm 的距离，如图 13-74 所示。

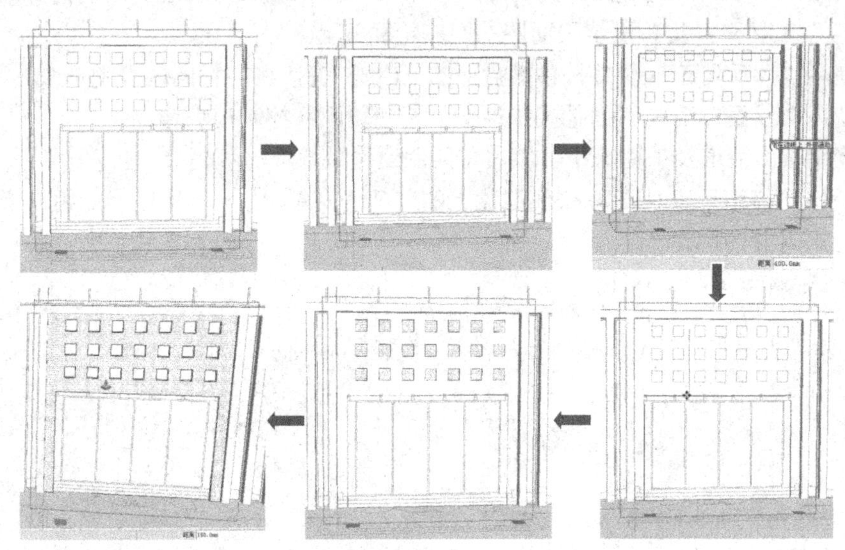

图 13-74

60）制作大门位置的“楼梯台阶”。使用“矩形”工具，捕捉建筑立面图上的相应轮廓上的点绘制出一个矩形面。

61）使用“移动”工具并按住键盘上的〈Ctrl〉键，将上一步绘制的矩形面向下复制两个。

62）使用“推/拉”工具，将绘制矩形面向外进行推拉，推拉至档案楼平面图上的相应轮廓线上。

63）使用“推/拉”工具，推拉楼梯踏步两侧相应的面至平面图轮廓线上的相应位置。

64）框选绘制的楼梯踏步造型，然后单击鼠标右键并在弹出的菜单中选择“相交面|与模型”菜单命令，求出相交线，如图 13-75 所示。

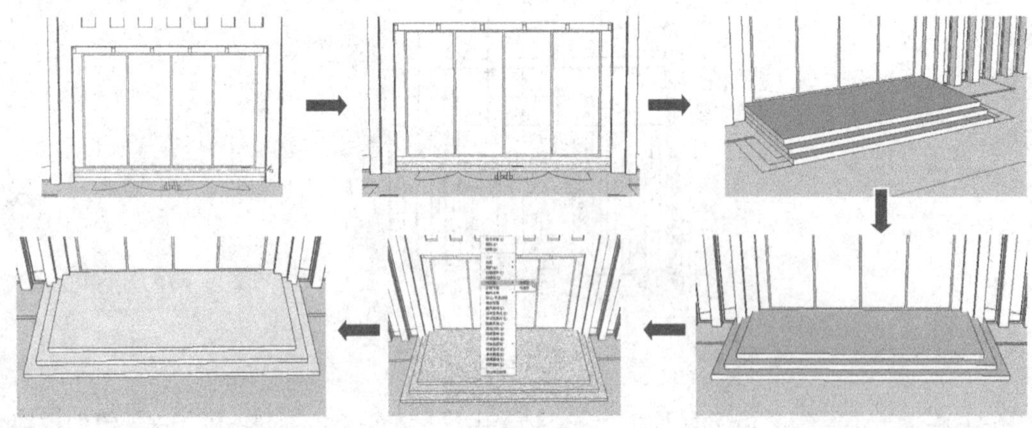

图 13-75

65）制作楼梯两侧的“护栏及坡道”。使用“线条”工具，捕捉立面上的相应轮廓线绘制出楼梯一旁的坡道护栏外轮廓造型。

66）将上一步绘制的轮廓面创建为组，接着用鼠标左键双击组进入组的内部编辑状态，使用“推/拉”工具，推拉面至平面图的相应轮廓线上。

67）使用“移动”工具并按住键盘上的〈Ctrl〉键，将护栏向内复制一个。

68）使用“线条”工具，捕捉护栏上的相应轮廓线绘制出坡道。

69）将绘制的坡道及护栏选中，然后将其创建为组。

70）使用“移动”工具并按住键盘上的〈Ctrl〉键，将上一步创建的组向楼梯的右侧复制一个，如图 13-76 所示。

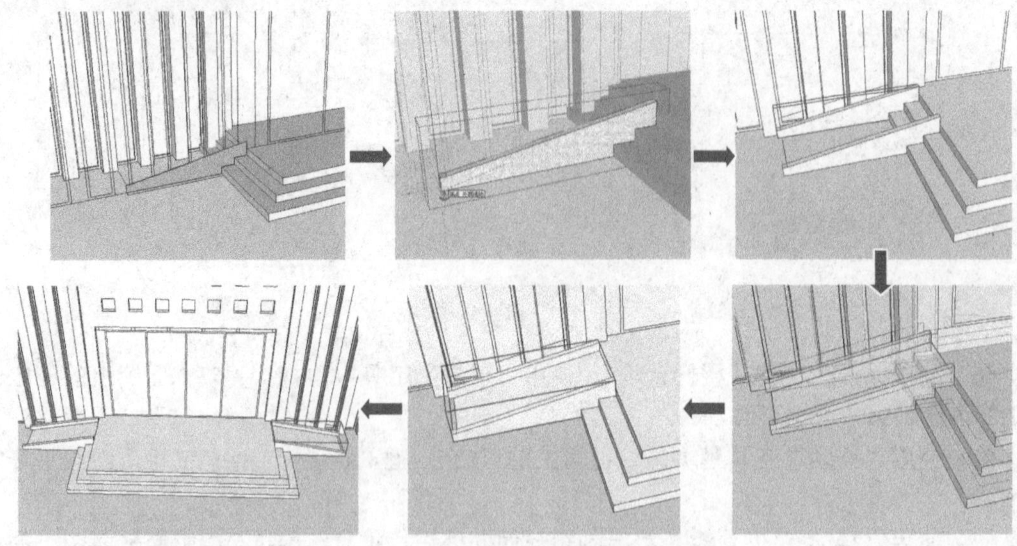

图 13-76

71）绘制大门前面的两根立柱造型。使用“矩形”工具，捕捉平面图上的相应轮廓上的点绘制出一个矩形面作为柱子的轮廓，然后将绘制的矩形面创建为组。

72）使用鼠标左键双击绘制的矩形面，进入组的内部编辑模式，使用“推/拉”工具，将上一步绘制的矩形面推拉捕捉至建筑立面相应的轮廓线上。

73）使用“移动”工具并按住键盘上的〈Ctrl〉键，将上一步推拉的柱子向左复制一个，如图 13-77 所示。

图 13-77

74）制作大门位置的“防水雨篷”造型。使用“矩形”工具，捕捉大门立面图上的相应轮廓上的点绘制一个矩形，并将绘制的矩形创建为组。

75）用鼠标左键双击上一步创建的矩形组内部，然后使用“推/拉”工具，将矩形推拉至大门立柱的外侧面上。

76）使用“推/拉”工具，将立方体的上侧面向上推拉 400mm 的高度。

77）使用“推/拉”工具，将立方体的正前方面、左侧面及右侧面分别推拉捕捉至最上一级楼梯台阶的相应边线上。

78）选择立方体的上侧平面，然后使用“移动”工具并按住键盘上的〈Ctrl〉键，将其向下复制一个，移动复制的距离为 150mm。

79）选择立方体的下侧平面，然后使用“移动”工具并按住键盘上的〈Ctrl〉键，将其向上复制一个，移动复制的距离为 150mm。

80）使用“推/拉”工具，将立方体的正前方、左侧及右侧上的相应面分别向内推拉 150mm 的距离。

81）选择立方体的下侧平面，然后使用“偏移”工具，将矩形面向内偏移 600mm 的距离。

82）使用“推/拉”工具，将上一步偏移面的内侧面向内推拉 300mm 的距离，从而完成防水雨篷的创建，然后选择创建的防水雨篷，单击鼠标右键并在弹出的菜单中选择“相交面|与模型”菜单命令，如图 13-78 所示。

83）接下来制作大门位置的“玻璃门”造型。用鼠标左键双击大门位置的相应组件，进入组的内部编辑状态，然后将组内的相应面删除。

84）用鼠标左键双击大门中间位置的相应组件，进入组的内部编辑状态，然后使用“矩形”工具，捕捉立面图相应轮廓上的点绘制一个矩形。

85）使用“矩形”工具，捕捉立面图相应轮廓上的点绘制 4 个矩形作为玻璃门。

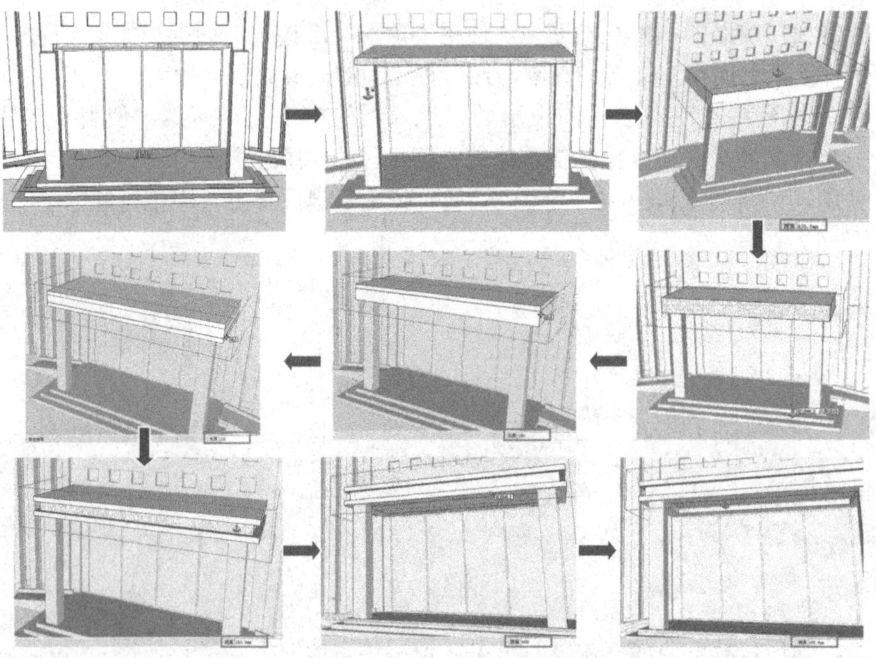

图 13-78

86）使用“推/拉”工具，将上一步绘制的 4 个矩形分别向内推拉 50mm 的距离，从而完成玻璃门的创建，如图 13-79 所示。

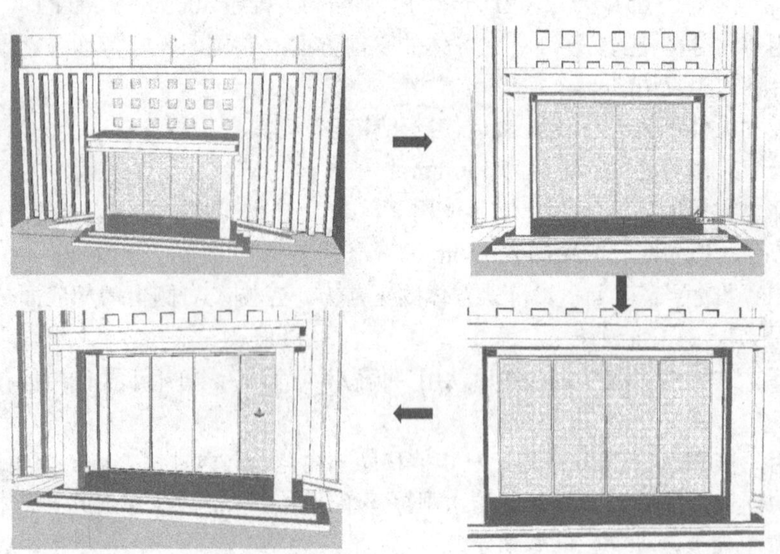

图 13-79

87）绘制建筑右侧玻璃幕墙上的建筑装饰条。使用“矩形”工具捕捉档案楼右侧立面轮廓上的相应点绘制一个矩形，并将绘制的矩形面创建为组。

88）用鼠标左键双击上一步绘制的矩形面，进入组的内部编辑状态，然后使用“推/拉”工具将矩形面向外推拉 200mm 的距离。

89）使用鼠标中键将视图进行旋转，然后使用“线条”工具在立方体后侧补绘一条线段。

90）选择补绘线段后左侧的面，然后使用“推/拉”工具将矩形面推拉至建筑立面的相应轮廓边线上。

91）使用相同的方法，继续完善建筑装饰条的细节造型。

92）选择绘制的建筑装饰条，使用“移动”工具并按住键盘上的〈Ctrl〉键，将其向下进行复制操作，如图 13-80 所示。

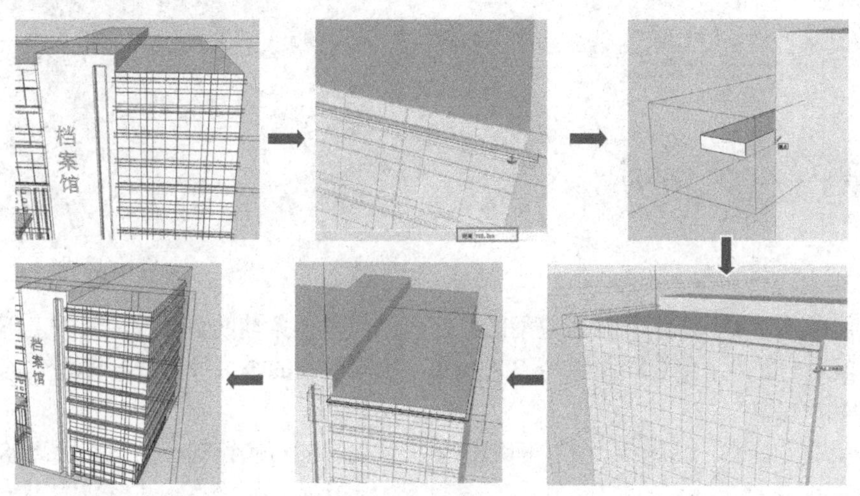

图 13-80

93）单击“视图”工具栏中的“主视图”按钮，将当前视图切换为主视图，然后执行“镜头|平行投影”菜单命令，将当前视图的投影方式修改为“平行投影”方式，如图 13-81 所示。

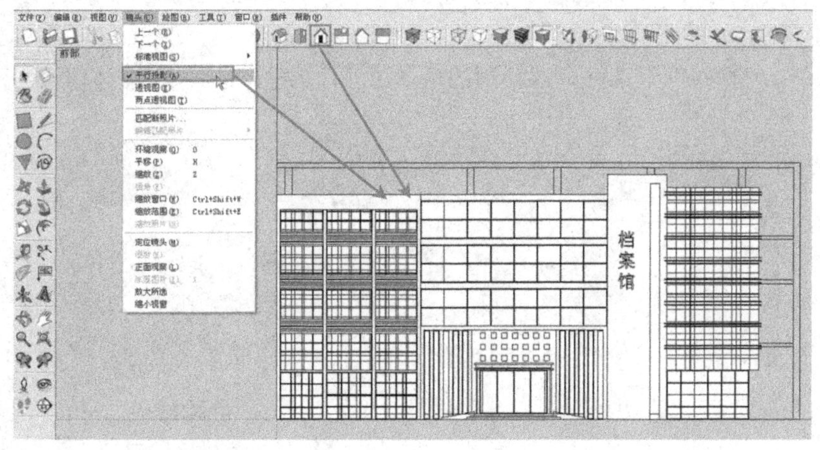

图 13-81

94）使用“线条”工具，捕捉建筑立面图上的相应轮廓上的点绘制出一个平面造型，接着在绘制的平面上单击鼠标右键，并在弹出的菜单中选择“反转平面”命令，将平面进行反转，然后将绘制的平面创建为组，如图 13-82 所示。

95）执行“镜头|透视图”菜单命令，将当前视图切换为透视图模式，用鼠标左键双击上一步创建的组，进入组的内部编辑状态，再使用“推/拉”工具，将绘制的平面向后推拉12 000mm 的距离，如图 13-83 所示。

96）执行“窗口|模型信息”菜单命令，打开“模型信息”管理器，切换到“组件”面板，再勾选“淡化模型的其余部分”对应的“隐藏”复选框，如图 13-84 所示。

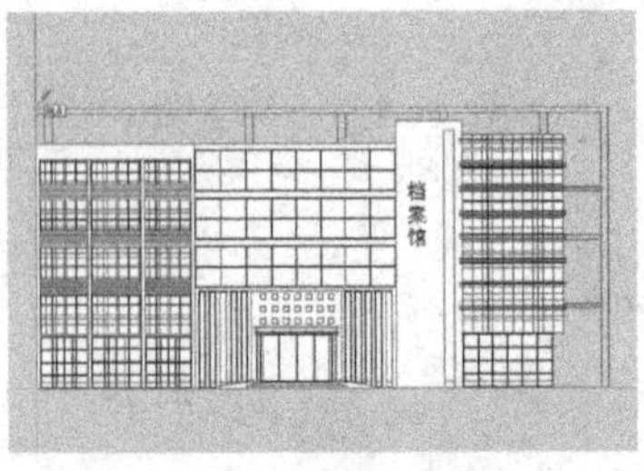

图 13-82

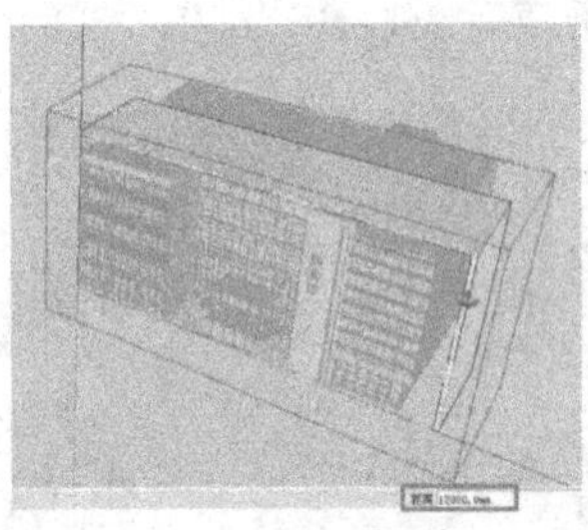

图 13-83

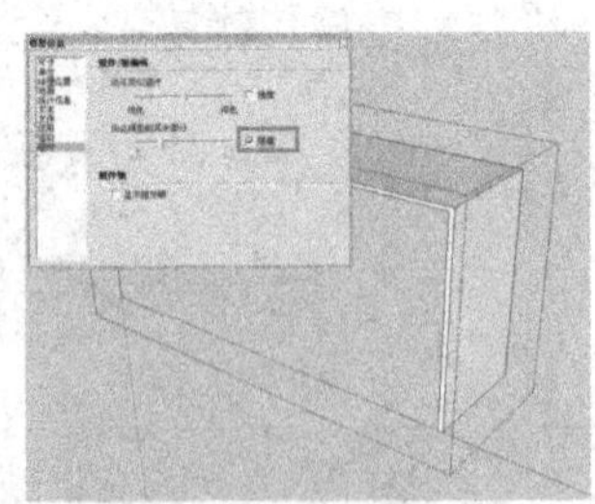

图 13-84

97）使用“卷尺”工具，在模型的相应面上创建 3 条辅助参考线，其中上下侧的水平参考线与模型面的上下侧边线距离为 2000mm，中间绘制的垂直参考线与模型面的左侧边线距离为 6000mm。

98）使用“卷尺”工具，在中间那条垂直辅助线的右侧绘制一条与其距离 800mm 的参考线。

99）使用“矩形”工具，利用前面绘制的参考线绘制一个矩形面。

100）使用“移动”工具，以上一步绘制矩形面的左上侧端点为移动点将其水平向右移动 1000mm。

101）使用“移动”工具并配合键盘上的〈Ctrl〉键，以上一步移动矩形的右上侧端点为移动点，将其移动到中间那条参考辅助线上，再以该矩形面的右上侧端点为移动点将其水平向左移动 1000mm 的距离。

102）使用“推/拉”工具，对绘制的矩形面进行推拉，使其成为洞口形状，如图 13-85 所示。

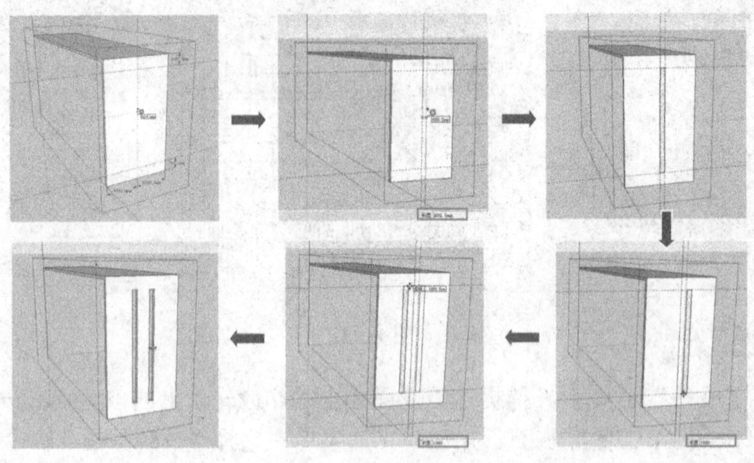

图 13-85

103）使用“矩形”工具，捕捉立面图上的相应轮廓线上的点绘制一个矩形，并将其创建为组。

104）用鼠标左键双击创建的组，进入组的内部编辑状态，再使用“推/拉”工具将矩形面向后侧推拉 300mm 的距离。

105）使用“移动”工具并配合键盘上的〈Ctrl〉键，对上一步推拉的组进行复制操作，如图 13-86 所示。

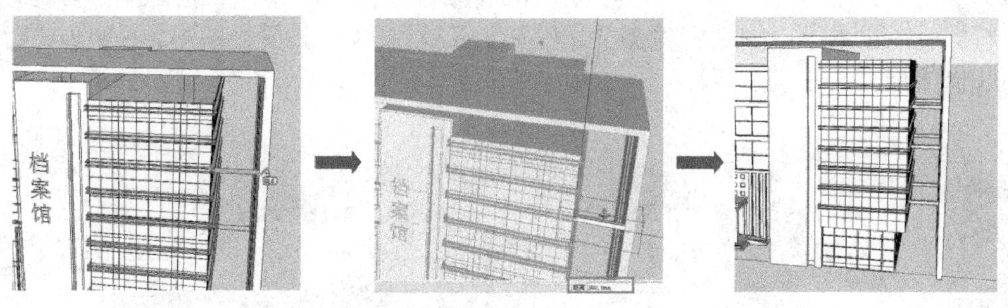

图 13-86

106）参照上述的方法，绘制出建筑屋顶上方的洞口及立柱造型，如图 13-87 所示。

图 13-87

107）使用“三维文本”工具，弹出“放置三维文本”对话框，接着在下侧的文本框中输入文字内容“档案馆”，并设置好相应的文字参数，然后单击“放置”按钮 放置 ，将文字放置到档案楼上的相应位置处，如图 13-88 所示。

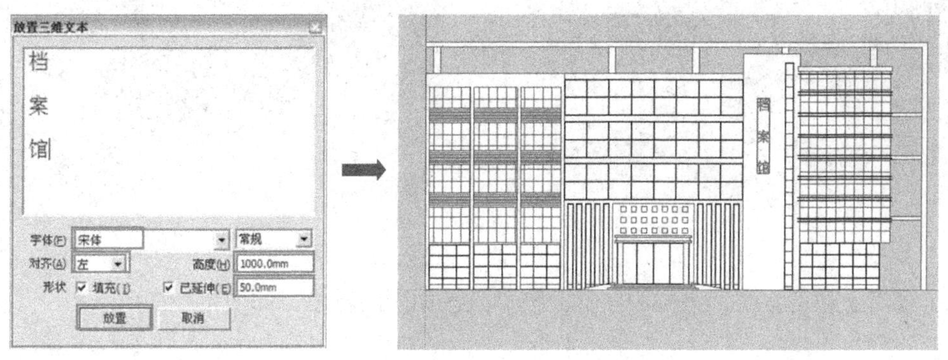

图 13-88

13.3.4 为场景中的模型赋予材质

在前面已经完成档案楼的模型创建，接下来为创建完成的模型赋予相应的材质。

1）使用“颜料桶”工具，弹出“材质”对话框，然后为前面创建的文字内容赋予一种颜色材质，如图 13-89 所示。

2）单击“创建材质”按钮，创建一个新材质，然后为图中相应的造型面指定一种墙砖材质（该材质的贴图文件为“案例 13/墙砖.jpg”文件），并设置好贴图文件的长宽比值，如图 13-90 所示。

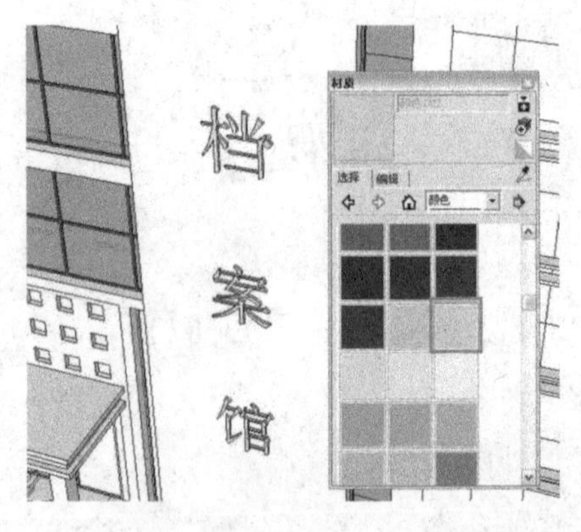

图 13-89

图 13-90

3）使用“颜料桶”工具，为大门位置的相应造型墙赋予一种颜色材质，如图 13-91 所示。

4）使用“颜料桶”工具，为图中相应的造型面赋予一种“半透明材质”，如图 13-92 所示。

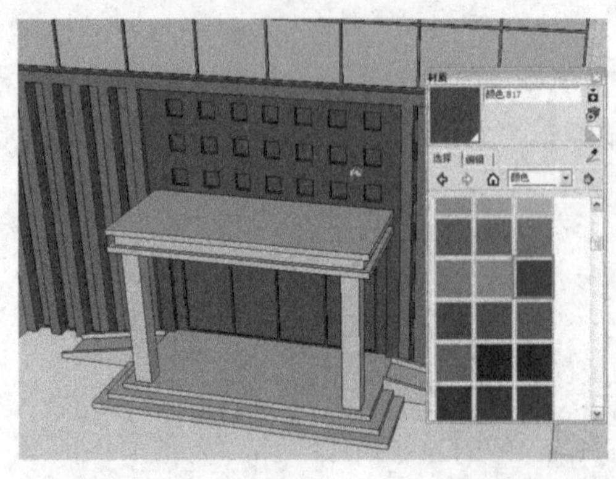

图 13-91

图 13-92

5）参考上述的方法，为图中其他的模型赋予相应的材质，如图 13-93 所示。

图 13-93

13.4 在SketchUp中输出图像

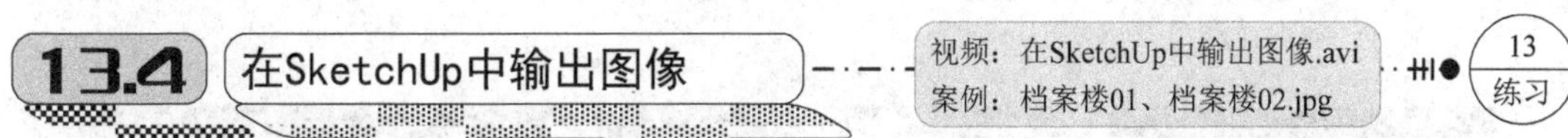

在对模型赋予相应的材质后，需要在 SketchUp 软件中将文件导出为相应的图像文件，以便进行后期效果图的处理。

1）使用“矩形”工具，在建筑的下方绘制两个适当大小的矩形作为路面与草地，并为其赋予相应的材质，如图 13-94 所示。

2）执行“窗口|组件”菜单命令，为场景添加一些树木、汽车等配景组件，如图 13-95 所示。

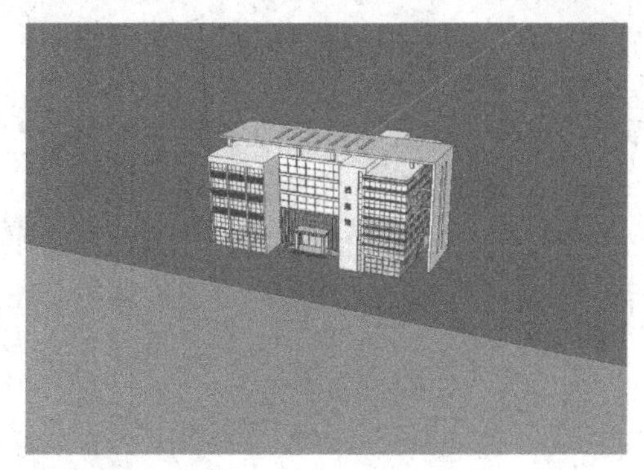

图 13-94

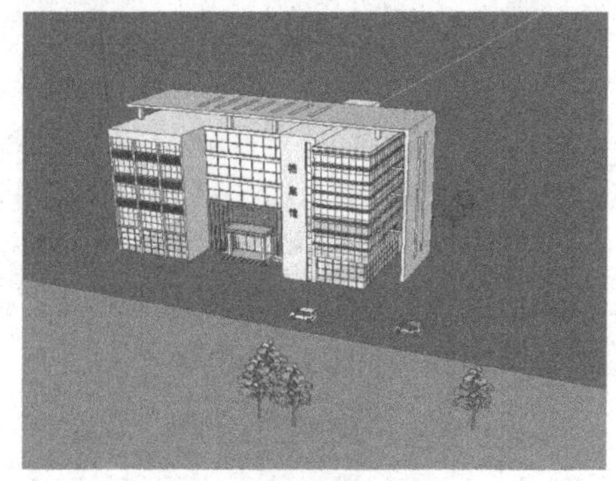

图 13-95

3）调整场景的视角，接下来执行“镜头|两点透视图”菜单命令，将视图的视角改为两点透视图效果，然后执行“视图|动画|添加场景”菜单命令，为场景添加一个场景页面用来固定视角，如图 13-96 所示。

4）执行“视图|工具栏|阴影”菜单命令，打开“阴影”工具栏，接下来单击“显示/隐藏阴影”按钮，将阴影在视图中显示出来，然后单击“阴影设置”按钮，打开“阴影设置”面板，在其中设置相关的参数，如图 13-97 所示。

图 13-96

图 13-97

5）执行“窗口|样式”菜单命令，打开“样式”编辑器，接下来切换到“编辑”选项卡下的“背景设置”选项，在其中取消“天空”选项的勾选，并设置“背景”的颜色为纯黑色，如图 13-98 所示。

6）切换到“编辑”选项卡下的“边线设置”选项，在其中取消“显示边线”复选框的勾选，如图 13-99 所示。

图 13-98

图 13-99

7）执行“文件|导出|二维图形”菜单命令，弹出“输出二维图形”对话框，在其中输入文件名“档案楼 01”，文件格式为“JPEG 图像（*.jpg）”，接着单击“选项”按钮 选项... ，弹出“导出 JPG 选项”对话框，在其中输入输出文件的大小，再单击下侧的“确定”按钮 确定 ，返回“输出二维图形”对话框，然后单击“输出”按钮 输出 ，将文件输出到相应的存储位置，如图 13-100 所示。

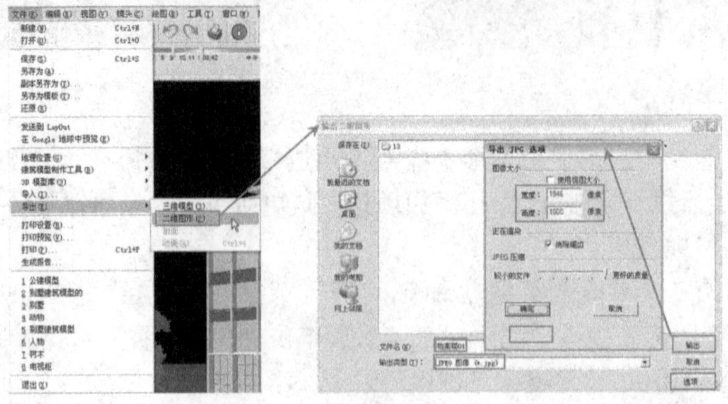

图 13-100

8）单击“样式”工具栏中的“隐藏线”按钮，将视图的显示模式切换为“隐藏线”显示模式，然后单击“阴影”工具栏中的“显示/隐藏阴影”按钮，将阴影的显示关闭，如图 13-101 所示。

9）执行“文件|导出|二维图形”菜单命令，将图像文件输出到相应的存储位置，如图 13-102 所示。

图 13-101

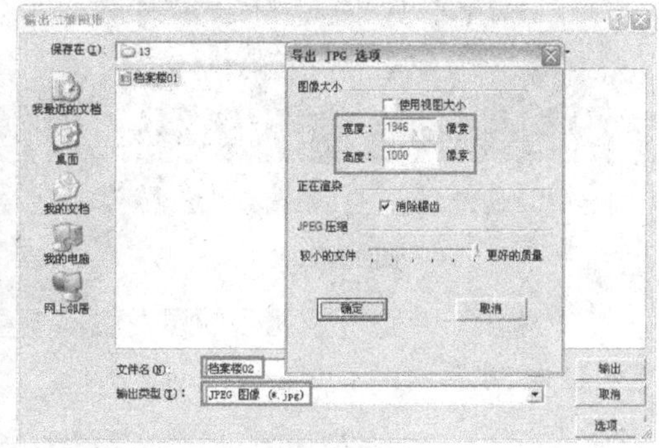

图 13-102

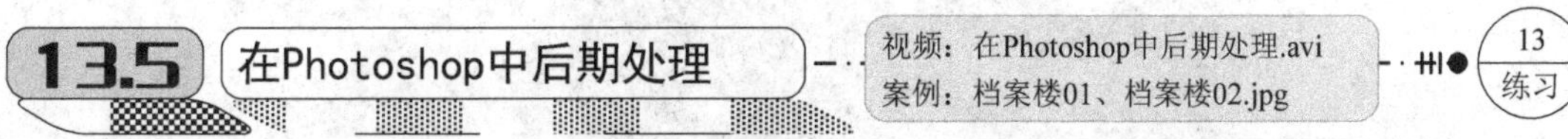

13.5 在Photoshop中后期处理

视频：在Photoshop中后期处理.avi
案例：档案楼01、档案楼02.jpg

13 练习

在 13.4 节中已经将文件导出为相应的图像文件，接下来需要在 Photoshop 软件中对导出的图像进行后期处理，使其符合要求。

1）启动 Photoshop 软件，接着执行“文件|打开”菜单命令，打开本书配套光盘中的“案例\13”中的“档案楼 01.jpg”和“档案楼 02.jpg”文件，如图 13-103 所示。

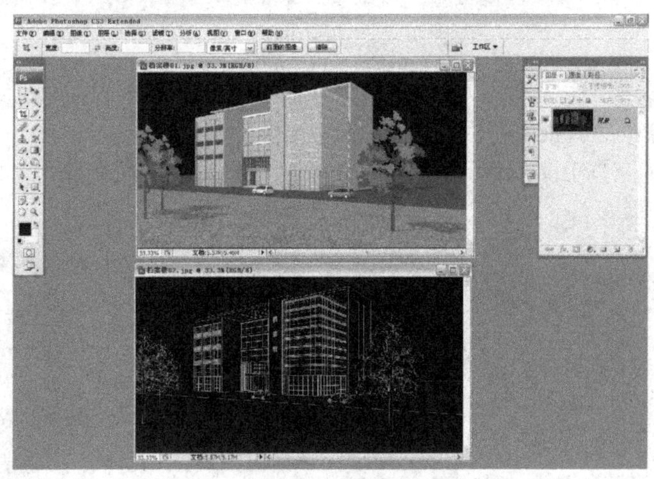

图 13-103

2）使用绘图工具栏中的“移动工具”，将下侧的“档案楼 02”图像文件拖动到上侧的“档案楼 01”图像文件上，然后将下侧的“档案楼 02”图像文件关闭，如图 13-104 所示。

3）在“图层”面板中，选择上侧的黑白线稿图层，然后按键盘上的〈Ctrl+I〉组合键将其进行反相（即前景色与背景色互换），如图 13-105 所示。

图 13-104

图 13-105

4）将上一步进行反相后的黑白线稿图层选中，设置图层的混合模式为“正片叠底”，不透明度为 50%，如图 13-106 所示。

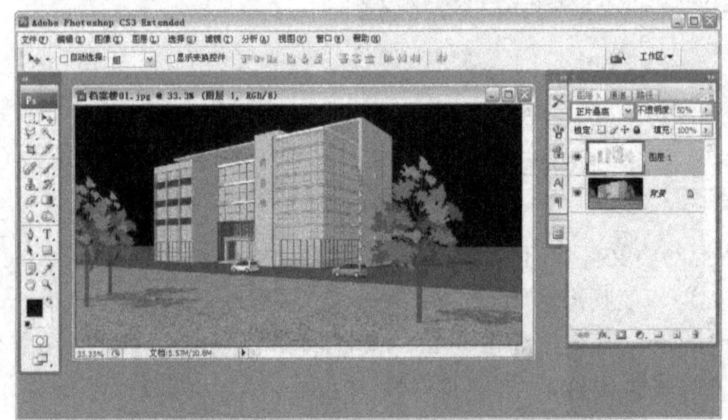

图 13-106

5）鼠标双击图层面板中的“背景”图层将其解锁，然后使用绘图工具栏中的“魔棒工具”，选择图像中的背景黑色区域，如图 13-107 所示。

6）按键盘上的〈Delete〉键，将上一步选择的背景黑色区域删除，如图 13-108 所示。

图 13-107

图 13-108

7）执行“文件|打开”菜单命令，打开本书配套光盘中的“案例\13\天空.jpg”文件，如图 13-109 所示。

8）使用绘图工具栏上的“移动工具”，将打开的“天空.jpg”图像文件拖动到“档案楼 01.jpg”图像文件中，并对拖入的图像文件进行大小及图层前后位置的修改，如图 13-110 所示。

图 13-109

图 13-110

9）执行“滤镜|艺术效果|干画笔”菜单命令，然后在弹出的“干画笔（100%）”对话框中，单击“确定”按钮，如图 13-111 所示。

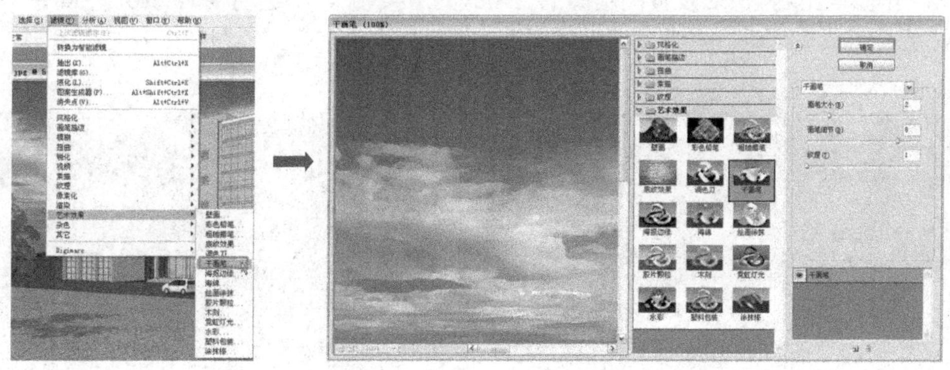

图 13-111

10）单击“图层”面板中的“创建新图层”按钮，新建一个图层“图层 3”，如图 13-112 所示。

11）单击绘图工具栏中的“渐变工具”按钮，弹出“渐变编辑器”对话框，然后设置一个从蓝色到白色的颜色渐变，如图 13-113 所示。

图 13-112

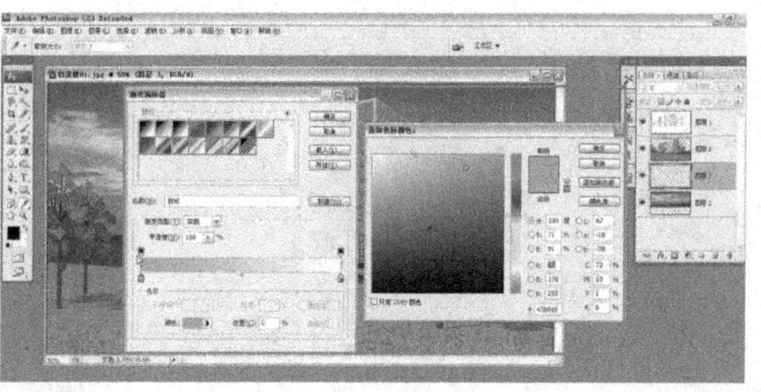

图 13-113

12）设置好颜色渐变后，用鼠标左键在图像上从上往下拖动，从而形成一个从上往下的蓝白的渐变效果，然后设置渐变的不透明度为50%，如图13-114所示。

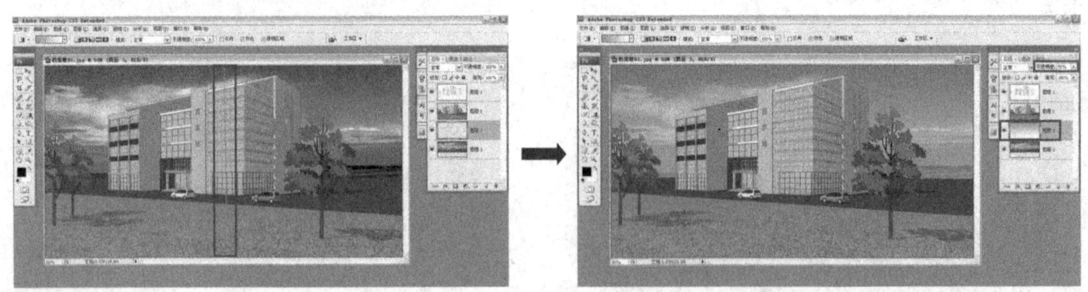

图13-114

13）按键盘上的〈Shift+Ctrl+E〉组合键，将“图层”面板中的可见图层合并为一个图层，如图13-115所示。

14）拖动“图层”面板中的“图层 3”到下侧“创建新图层”按钮上，复制一个图层“图层 3 副本”图层，然后设置图层的混合模式为“柔光”，不透明度为50%，如图13-116所示。

图13-115　　图13-116

15）使用绘图工具面板中的“裁剪工具”，对图像文件进行裁剪操作，使其符合要求，如图13-117所示。

16）按键盘上的〈Shift+Ctrl+E〉组合键，将“图层”面板中的可见图层合并为一个图层，如图13-118所示。

图13-117　　图13-118

17）执行“滤镜|锐化|USM 锐化”菜单命令，然后在弹出的“USM 锐化”对话框中，单击“确定”按钮，如图 13-119 所示。

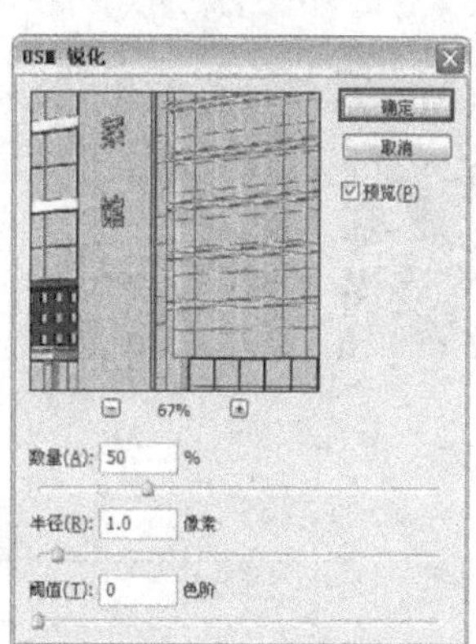

图 13-119

18）使用绘图工具面板中的“加深工具”，在图像的上下左右相应位置进行加深操作，使其图像效果更加真实自然，如图 13-120 所示。至此，该档案楼的效果图制作完成，其最终的效果如图 13-121 所示。

图 13-120

图 13-121

SketchUp®

第 14 章

室外别墅的制作

内容摘要

本章主要通过室外欧式风格别墅的创建来具体了解怎样使用SketchUp来进行图样的导入、模型的创建、材质的赋予、图像的导出以及效果图的后期处理等相关知识及操作技巧。

- 实例概述及效果预览
- 在SketchUp中创建模型
- 在SketchUp中输出图像
- 在Photoshop中后期处理

14.1 实例概述及效果预览

本章所创建的是室外的别墅建筑。该别墅建筑为欧式风格造型，一共三层，大门位置在一层的中间位置，左侧为一车库，二层有凸出阳台造型，三层有休闲平台，别墅后方有通向室外的后门，其整体建筑造型大气沉稳，布局合理规范。如图 14-1 所示是绘制的该别墅效果图。

图 14-1

14.2 在SketchUp中创建模型

视频：在SketchUp中创建模型.avi
案例：别墅.skp

本节开始对在 SketchUp 软件中创建别墅模型的操作方法进行详细讲解，其中包括导入图纸并指定图样、调整图纸的位置、别墅一层模型的制作以及别墅其他细节模型的制作等相关内容。

14.2.1 导入图样并指定图层

本小节主要讲解怎样将 CAD 的建筑平面图以及立面图导入 SketchUp 中，并为导入图样指定相应的图层，具体操作步骤如下。

1）执行“文件|导入”菜单命令，选择要导入的“案例/14/室外别墅图纸.dwg”文件，然后单击“选项”按钮 选项(P)...，在弹出的“导入 AutoCAD DWG/DXF 选项”对话框中将单位设为“毫米”，然后单击“确定”按钮，返回“打开”对话框，单击“打开”按钮 打开(O)，完成 CAD 图形的导入操作，如图 14-2 所示。

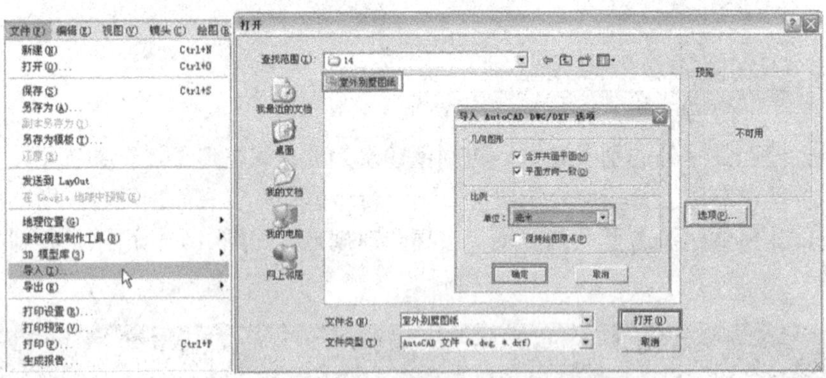

图 14-2

2）将 CAD 图形导入 SketchUp 后的效果如图 14-3 所示。

3）分别选择导入的各个图纸内容，将其分别创建为组，如图 14-4 所示。

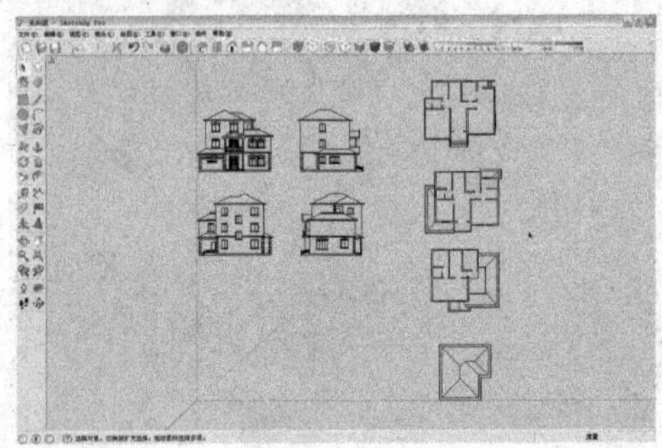

图 14-3

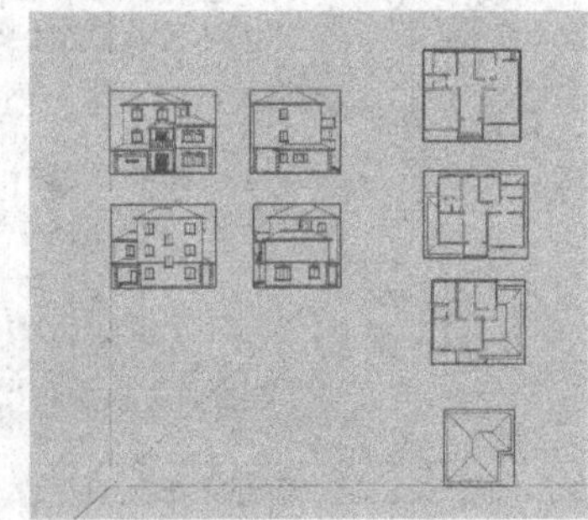

图 14-4

4）执行“视图|工具栏|图层”菜单命令，打开“图层”工具栏，然后分别新建“南立面”“北立面”“西立面”“东立面”“一层平面”“二层平面”“三层平面”及“屋顶平面”8个图层，并将图中的立面图及平面图置于相应的图层之下，如图 14-5 所示。

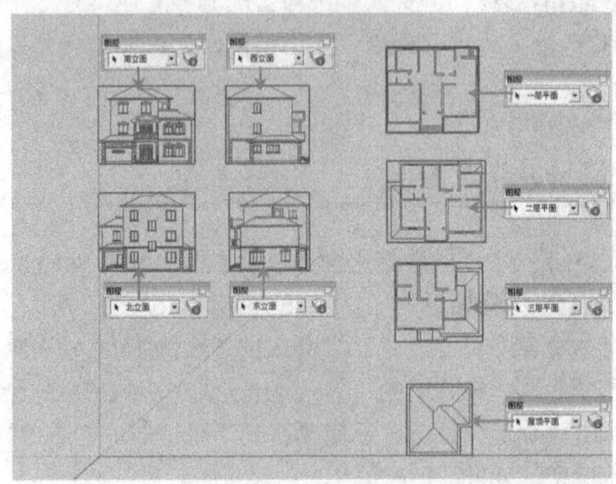

图 14-5

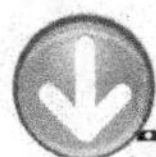

14.2.2 调整图样的位置

在对导入图样指定相应的图层后，接下来讲解对导入的图样内容进行相应位置的调整，以便于后面模型的创建，具体操作步骤如下。

1）选择“别墅一层平面图”，使用“移动”工具，捕捉平面图上的相应端点将其移动到绘图区中的坐标原点位置，如图 14-6 所示。

2）使用“环绕观察”工具，将视图调整到相应的视角，然后使用“旋转”工具，将别墅“南立面”图旋转 90°，如图 14-7 所示。

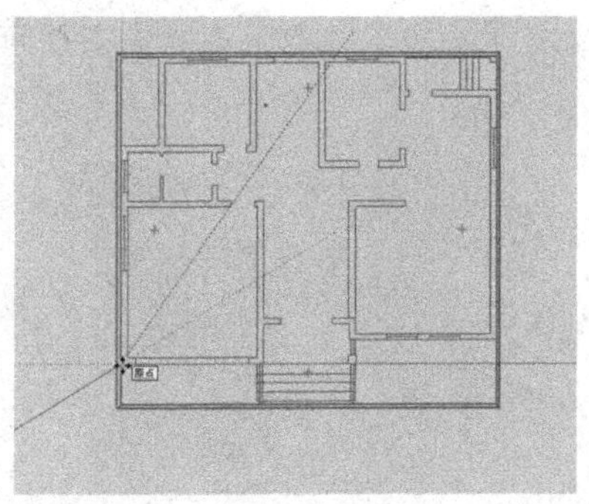

图 14-6

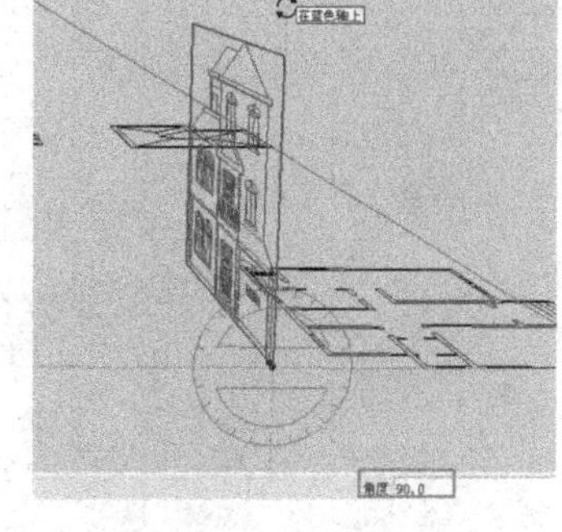

图 14-7

3）捕捉别墅南立面图上相应的端点，接着使用“移动”工具，将其移动到别墅一层平面图上相应的端点位置，然后使用相同的方法，将别墅的其他立面图移动并对齐到平面图上相应的位置处，如图 14-8 所示。

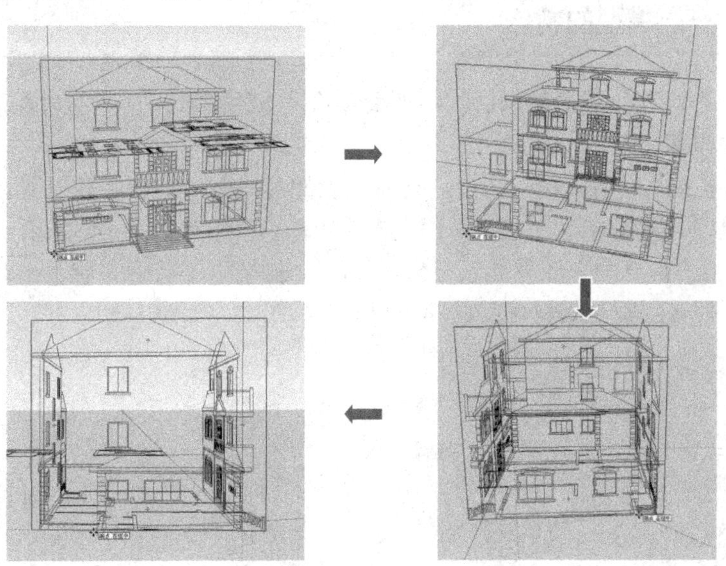

图 14-8

4）使用“移动”工具，将别墅二层平面图与别墅一层平面图进行对齐，然后将别墅二层平面图垂直向上移动 3650mm 的高度，如图 14-9 所示。

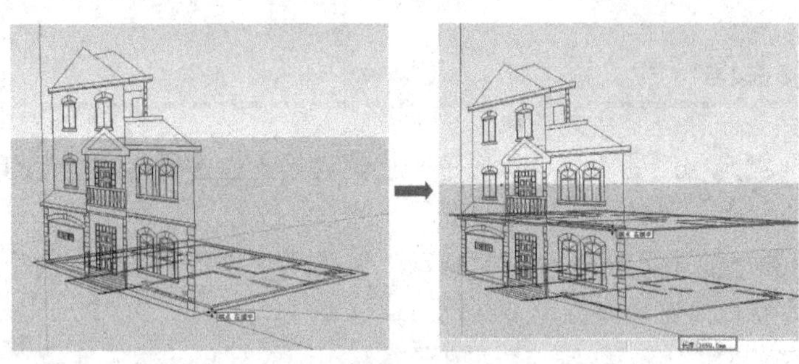

图 14-9

5）参考上述的方法，将别墅三层平面图及别墅屋顶平面图布置到图中相应的位置处，如图 14-10 所示。

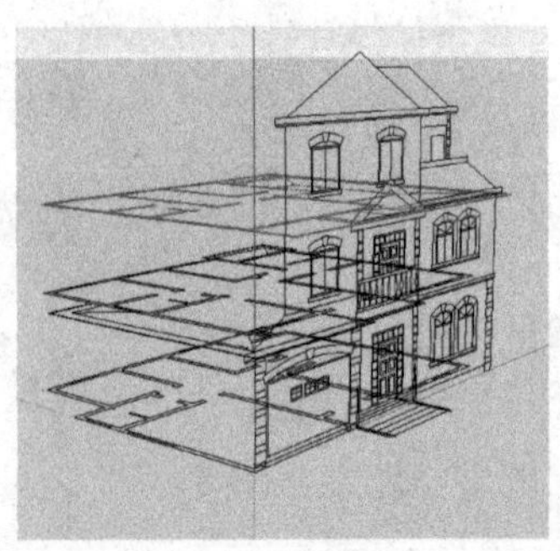
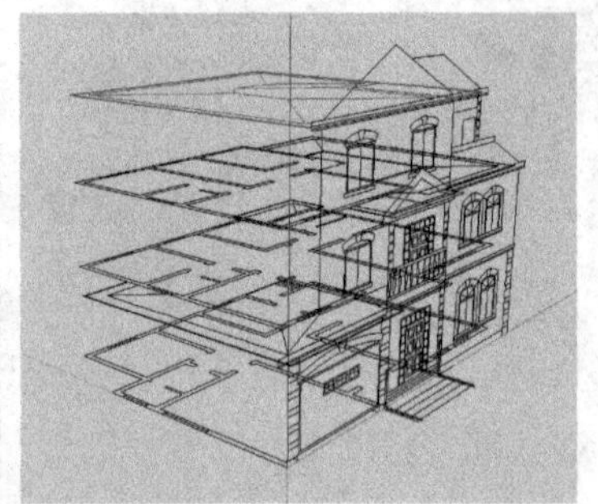

图 14-10

14.2.3　一层模型的制作

在对图纸内容进行位置调整以后，接下来开始模型的创建，首先创建别墅的一层的相关模型。具体操作步骤如下。

1）保留别墅的“一层平面”图层，再将别墅的其他图纸的图层暂时隐藏起来，然后使用“线条”工具，捕捉别墅一层平面图上相应的轮廓，绘制如图 14-11 所示造型面。

2）将别墅的“南立面”图层显示出来，使用“推/拉”工具，将上一步绘制的造型面向上进行推拉，推拉捕捉至别墅南立面图相应的轮廓线上，如图 14-12 所示。

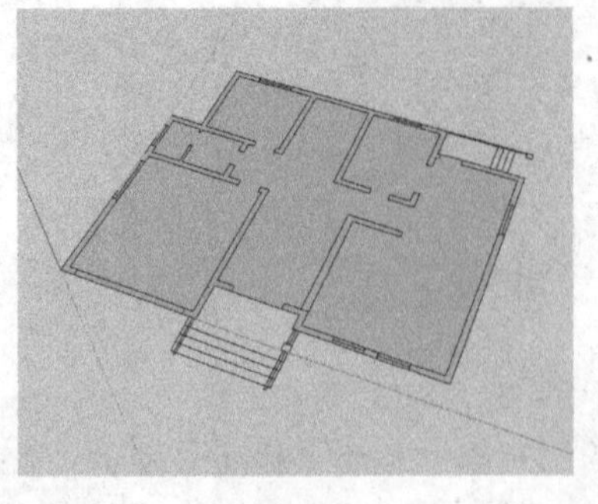

图 14-11

图 14-12

3）将别墅的“二层平面”图层显示出来，然后使用“线条”工具，捕捉别墅二层平面图上相应的轮廓，绘制如图 14-13 所示造型面。

4）使用“推/拉”工具，将上一步绘制的造型面向上进行推拉，推拉捕捉至别墅南立面图相应的轮廓线上，如图 14-14 所示。

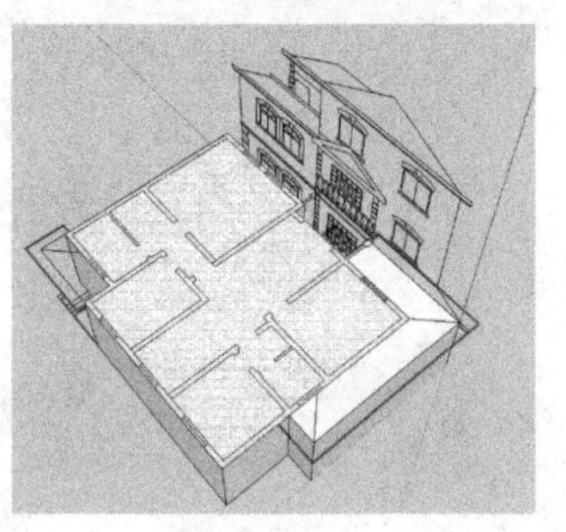

图 14-13

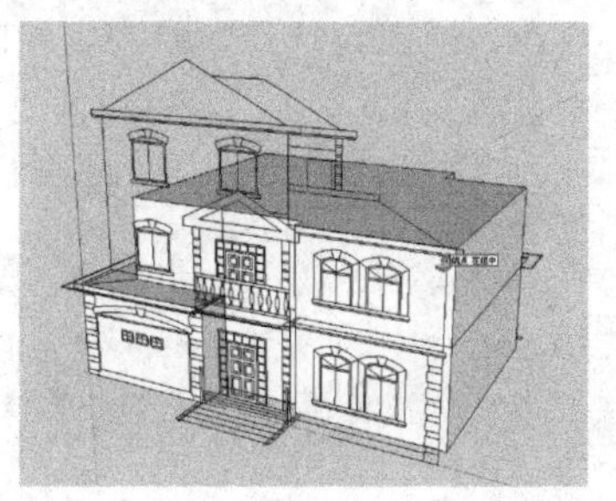

图 14-14

5）将别墅的“三层平面”图层显示出来，然后使用“线条”工具，捕捉别墅三层平面图上相应的轮廓，绘制如图 14-15 所示造型面。

6）使用“推/拉”工具，将上一步绘制的造型面向上进行推拉，推拉捕捉至别墅南立面图相应的轮廓线上，如图 14-16 所示。

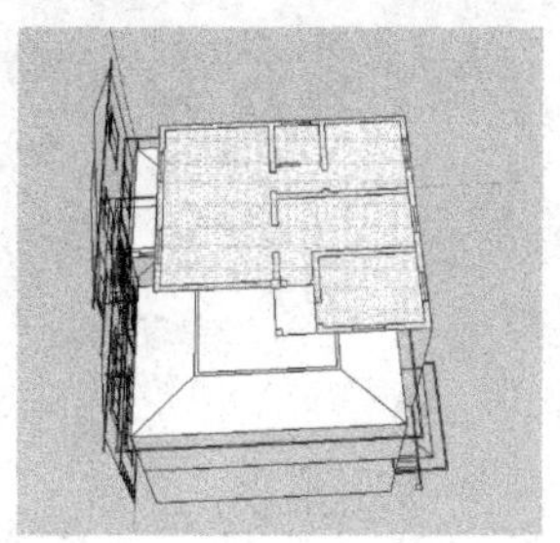

图 14-15

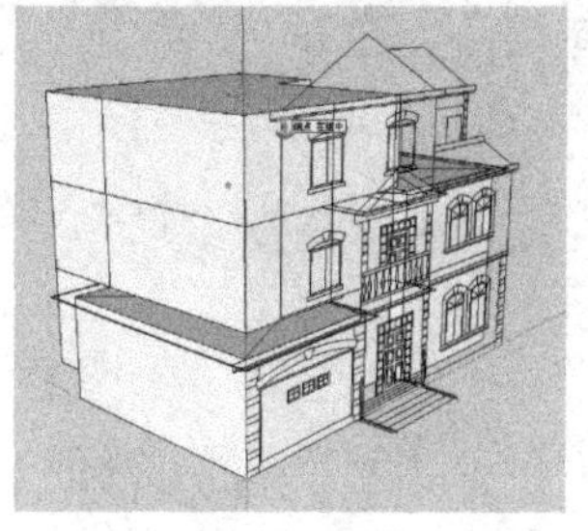

图 14-16

7）将别墅的“屋顶平面”图层显示出来，然后使用“线条”工具，捕捉别墅屋顶平面图上相应的轮廓，绘制如图 14-17 所示造型面。

8）使用“推/拉”工具，将图中相应的造型面向上进行推拉，推拉捕捉至别墅南立面图相应的轮廓线上，如图 14-18 所示。

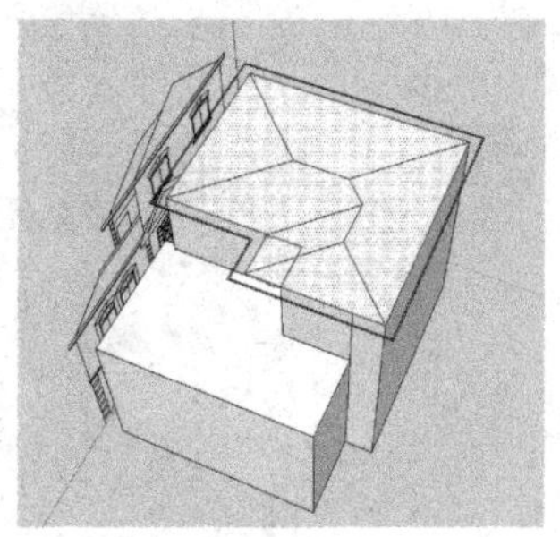

图 14-17

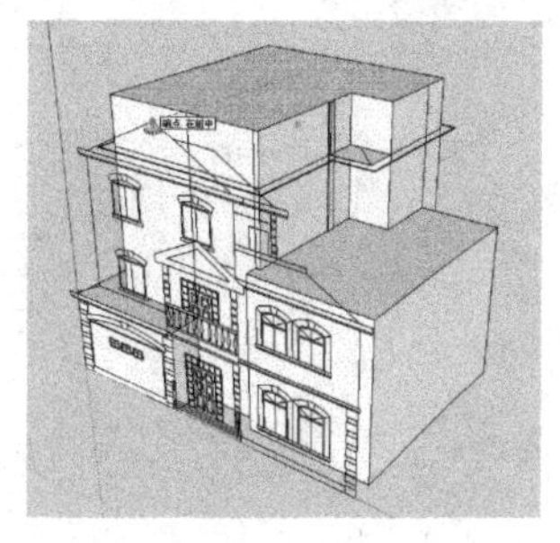

图 14-18

9）使用“推拉”工具，将图中相应的造型面向上进行推拉，推拉捕捉至别墅南立面图相应的轮廓线上，如图 14-19 所示。

10）使用“线条”工具，在图中相应的位置补绘一条线条，如图 14-20 所示。

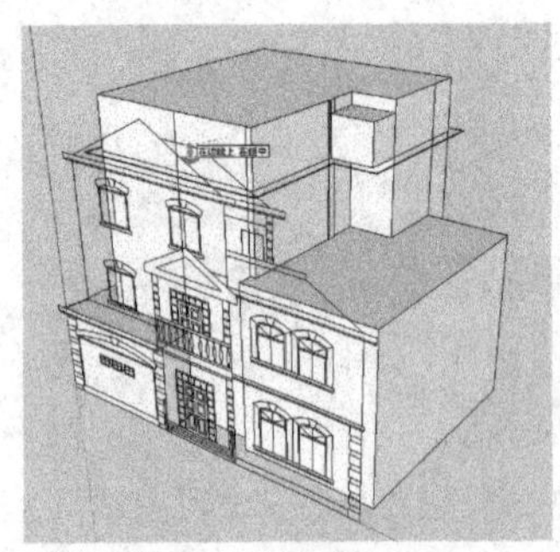

图 14-19

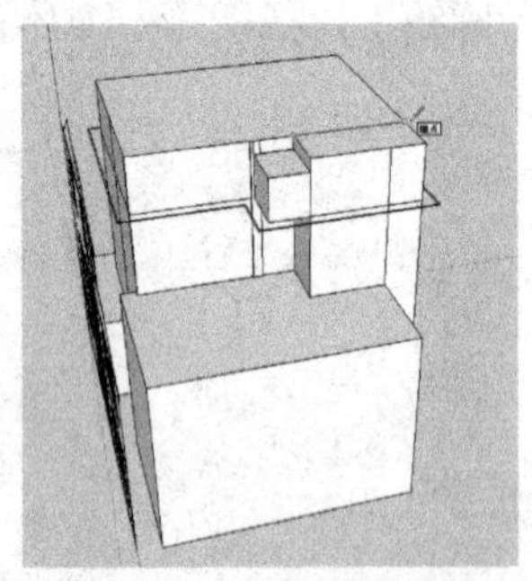

图 14-20

11）使用“推拉”工具，将图中相应的面进行推拉，推拉捕捉至图中相应的平面上，如图 14-21 所示。

12）将图中的所有图层暂时隐藏起来，再使用“擦除”工具，将图中多余的线条擦除掉，如图 14-22 所示。

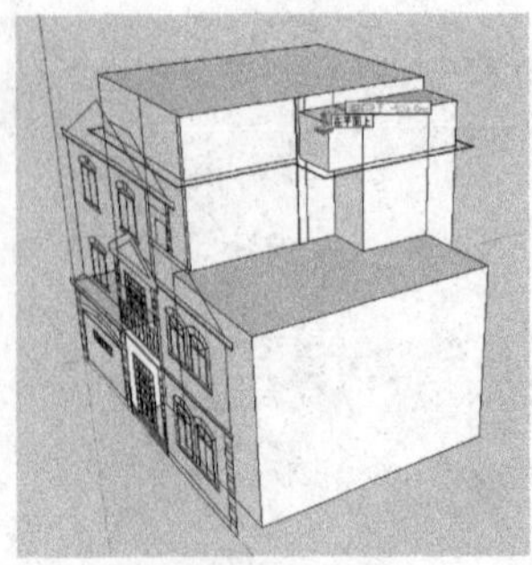

图 14-21

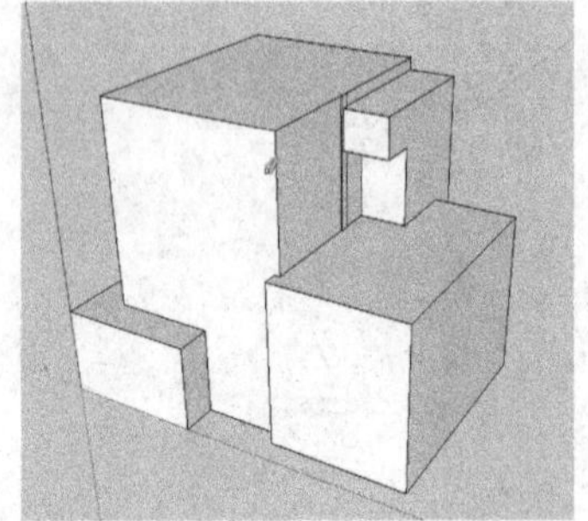

图 14-22

13）制作装饰立柱造型。首先将别墅“南立面”图及“西立面”图显示出来，然后使用“线条”工具，绘制如图 14-23 所示的造型面。

14）将上一步绘制的造型面创建为组，接着双击创建的组进入组的内部编辑状态，然后使用“线条”工具在组内绘制相应的造型面，如图 14-24 所示。

图 14-23

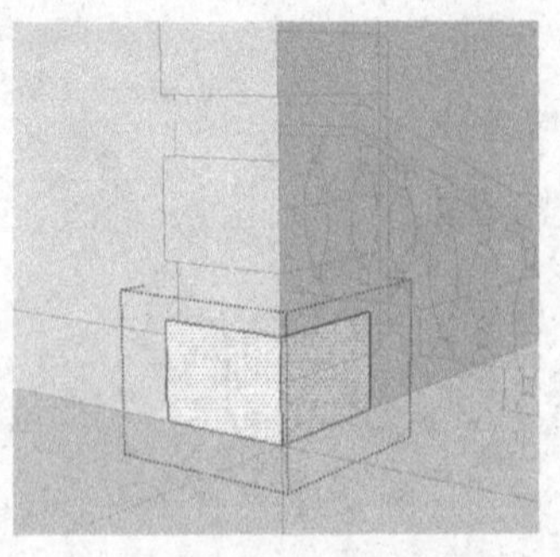

图 14-24

15）使用“推/拉”工具，将绘制的造型面向外推拉 60mm 的距离，如图 14-25 所示。

16）使用“选择”工具，选择模型上的相应线条，再使用“偏移”工具，将选择的两条线条向外偏移 30mm 的距离，如图 14-26 所示。

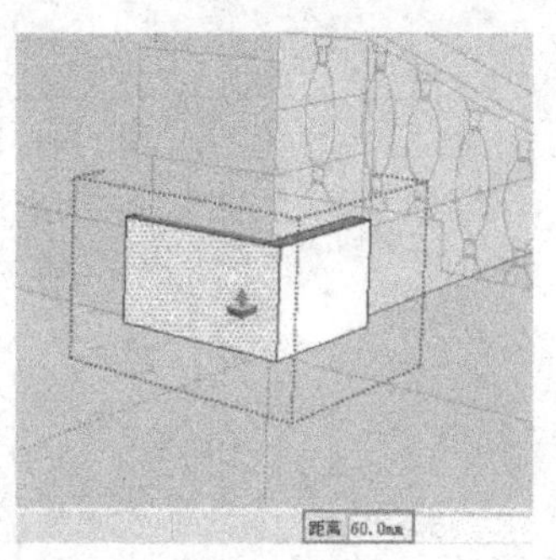

图 14-25

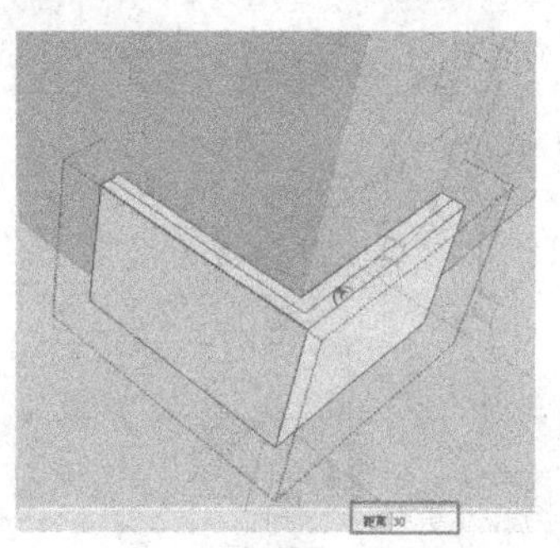

图 14-26

17）使用“线条”工具，在模型上的相应位置补绘两条线条，如图 14-27 所示。

18）使用“擦除”工具，将图中多余的线条擦除掉，如图 14-28 所示。

图 14-27

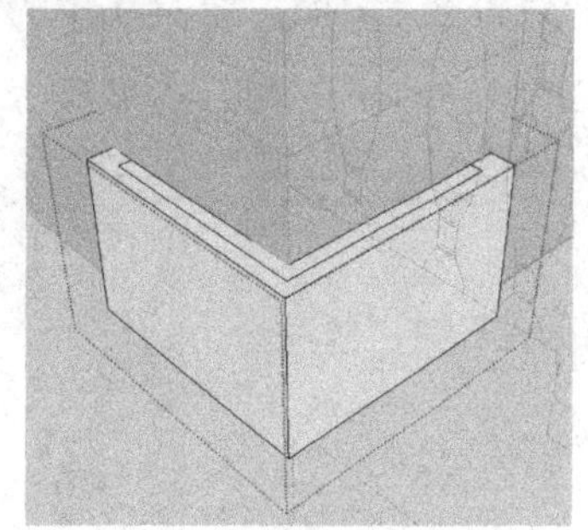

图 14-28

19）使用“推/拉”工具，将图中相应的面推拉捕捉至别墅立面图相应的轮廓线上，如图 14-29 所示。

20）使用“移动”工具并配合键盘上的〈Ctrl〉键，将创建的立柱装饰组件向上复制 6 个，如图 14-30 所示。

图 14-29

图 14-30

21）使用“推/拉”工具，对最上侧的模型组件进行编辑，编辑后的效果如图 14-31 所示。

22）选择创建的所有装饰立柱组件，然后单击鼠标右键，在弹出的菜单中选择“创建组”命令将其创建为组，如图 14-32 所示。

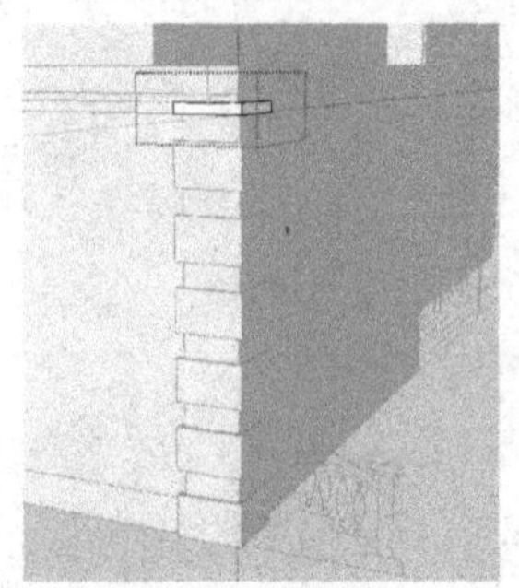

图 14-31

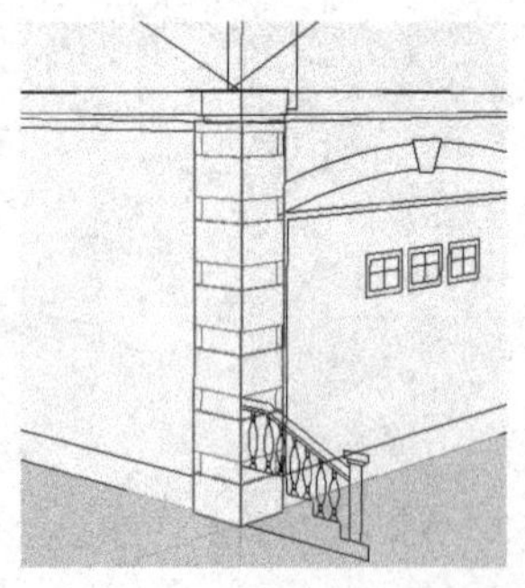

图 14-32

23）结合“移动”工具及“旋转”工具，对创建的装饰立柱造型进行复制，将其复制到车库门另一侧的相应位置，如图 14-33 所示。

24）使用“线条”工具，捕捉图中的相应轮廓线条，绘制如图 14-34 所示的造型面。

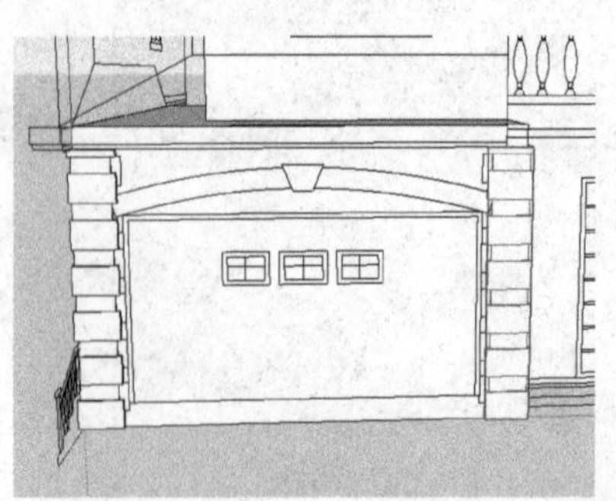

图 14-33

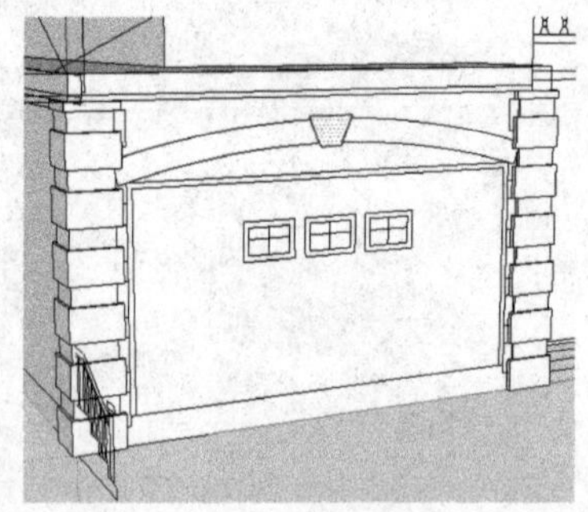

图 14-34

25）将上一步绘制的造型面创建为组，接着双击创建的组进入组的内部编辑状态，然后使用“推/拉”工具，将该造型面向外推拉 200mm 的距离，如图 14-35 所示。

26）结合“圆弧”、“偏移”、“线条”工具绘制如图 14-36 所示的造型面。

图 14-35

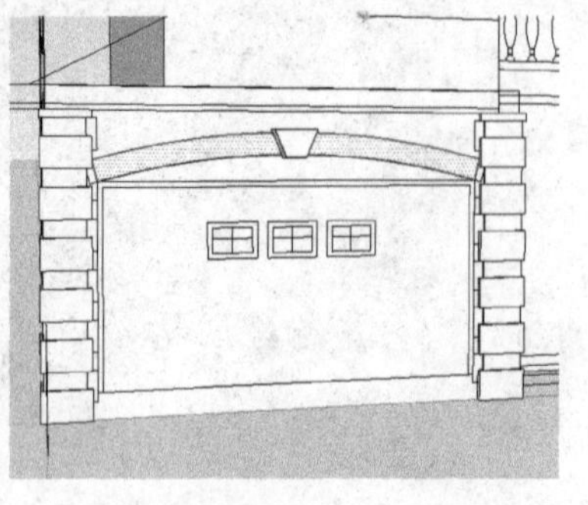

图 14-36

27）将上一步绘制的造型面创建为组，接着双击创建的组进入组的内部编辑状态，然后使用“推/拉”工具，将该造型面向外推拉100mm的距离，如图14-37所示。

28）执行“窗口|组件”菜单命令，打开“组件”编辑器，接着在下侧的文本框中输入文字“车库门”，单击“搜索”按钮，在下侧的模型显示框中将出现车库门的模型信息，如图14-38所示。

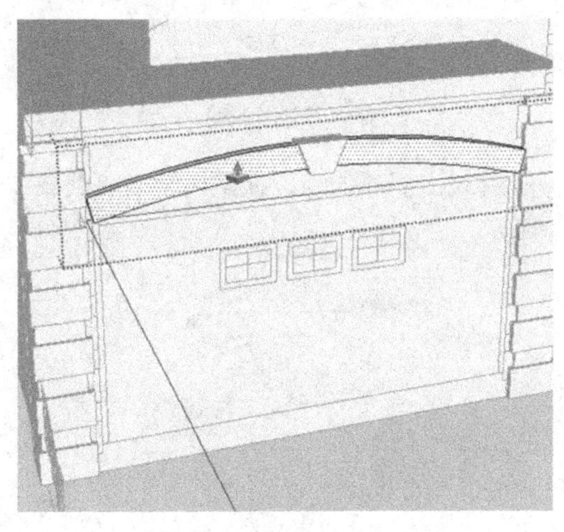

图14-37

图14-38

29）双击需要导入的车库门组件，然后结合“移动”及“拉伸”工具将其布置到图中相应的位置处，如图14-39所示。

30）制作窗户造型。结合“线条”工具及“圆弧”工具，绘制如图14-40所示的造型面。

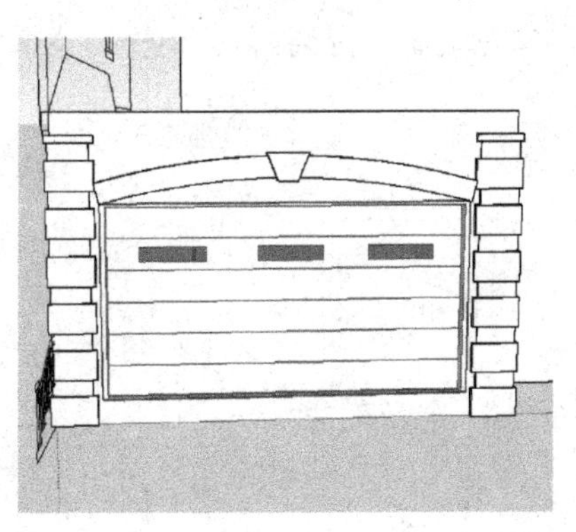

图14-39

图14-40

31）用“偏移”工具，将上一步绘制的相应线条向外偏移60mm的距离，如图14-41所示。

32）使用“线条”工具，在上一步偏移线条的绘侧补绘两条线条，使其成为一个单独的面，如图14-42所示。

33）使用“矩形”工具，捕捉立面图上的相应轮廓绘制一个矩形，如图14-43所示。

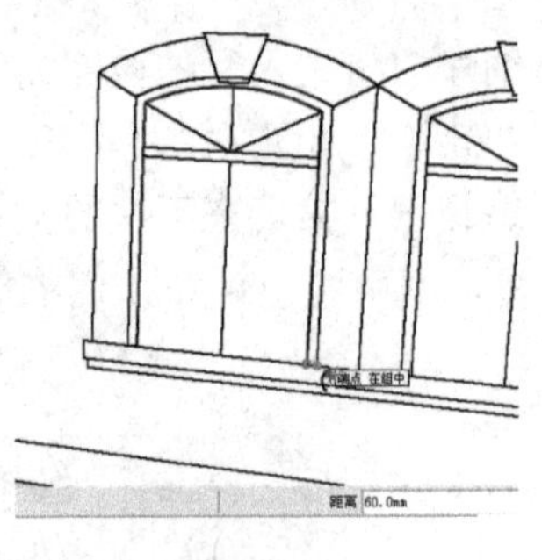

图 14-41

图 14-42

34）将前面绘制的窗户造型面创建为组，然后双击创建的组，在组内使用“线条”工具，在相应的位置补绘一条线条，如图 14-44 所示。

图 14-43

图 14-44

35）选择窗户上的相应两条线条，然后使用“旋转”工具并配合键盘上的〈Ctrl〉键，捕捉图中相应的点为旋转轴，将其旋转复制一份，如图 14-45 所示。

36）参考上述的方法，将上一步旋转复制的线条向左复制一份到相应的位置，如图 14-46 所示。

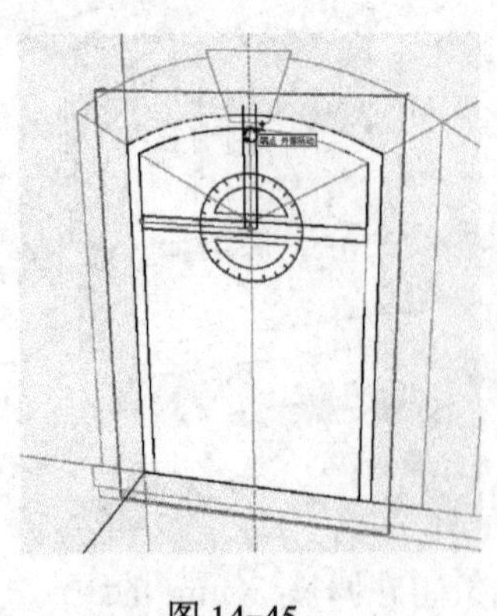

图 14-45

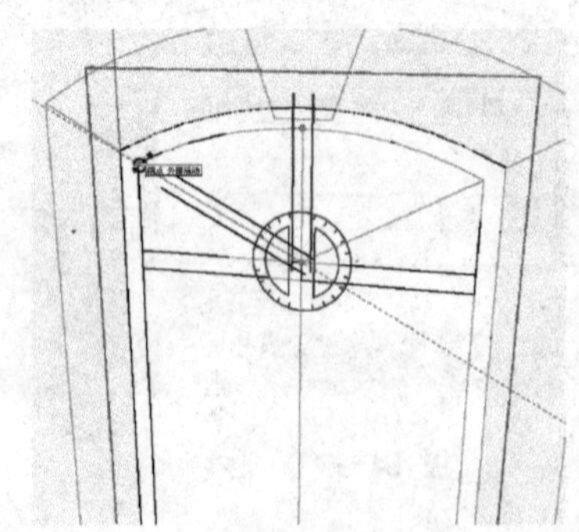

图 14-46

37）参考上述的方法，将上一步旋转复制的线条向右复制一份到相应的位置，如图 14-47 所示。

38）使用“线条”工具，在图中相应的位置补绘几条线条，如图 14-48 所示。

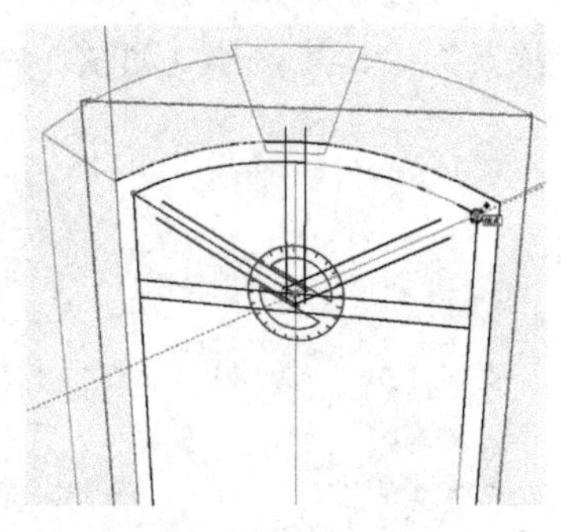
图 14-47

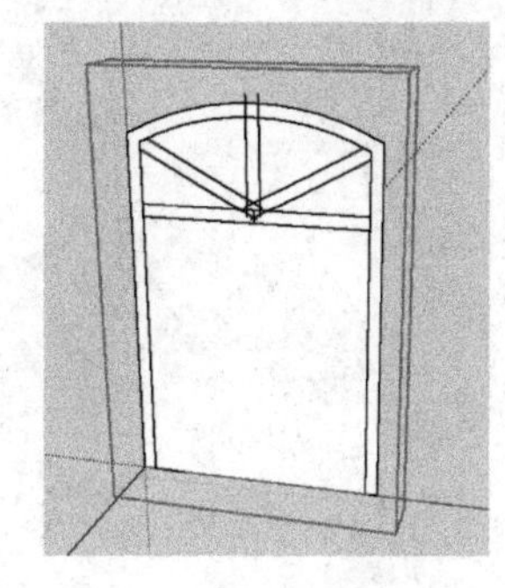
图 14-48

39）使用“擦除”工具，将图中多余的线条擦除掉，如图 14-49 所示。

40）使用“线条”工具，在图中相应的位置补绘两条垂线条，如图 14-50 所示。

41）使用“擦除”工具，将图中多余的线条擦除掉，如图 14-51 所示。

图 14-49

图 14-50

图 14-51

42）使用“移动”工具并配合键盘上的〈Ctrl〉键，将图中相应的两条线条垂直向上移动复制 60mm 的距离，如图 14-52 所示。

43）使用“擦除”工具，将图中多余的线条擦除掉，如图 14-53 所示。

44）使用“推/拉”工具，将图中相应的多个面向内推 50mm 的距离，如图 14-54 所示。

图 14-52

图 14-53

图 14-54

45）使用“颜料桶”工具，为图中相应的面赋予一种半透明安全玻璃材质，如图 14-55 所示。

46）结合“圆弧”工具、“偏移”工具及“线条”工具，绘制如图 14-56 所示的造型面。

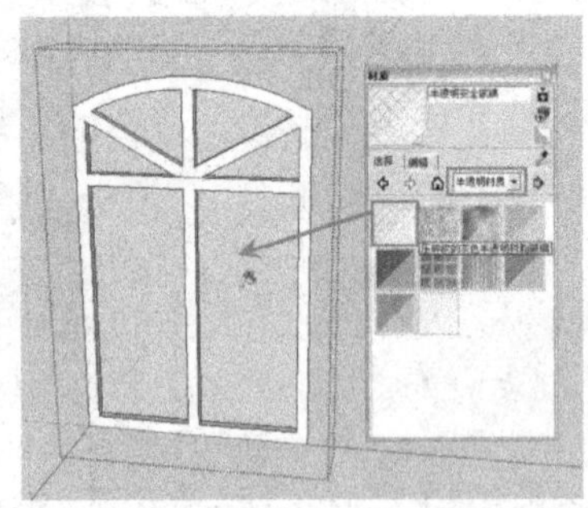

图 14-55

图 14-56

47）将上一步绘制的造型面创建为组，然后使用“推/拉”工具，将面向外拉 100mm 的距离，如图 14-57 所示。

48）使用“线条”工具，捕捉图中相应的轮廓，绘制如图 14-58 所示的造型面。

图 14-57

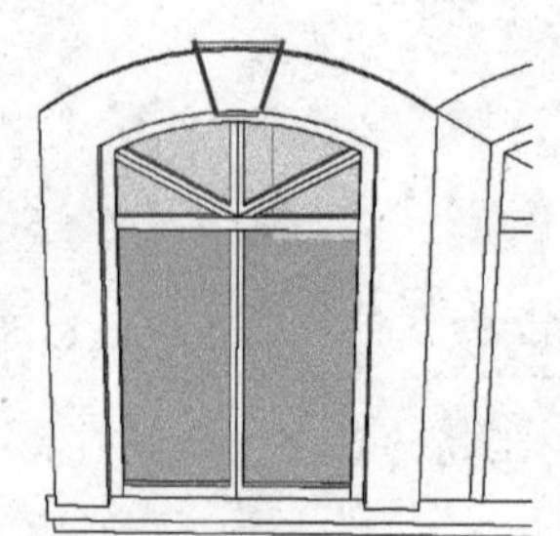

图 14-58

49）使用“推/拉”工具，将上一步绘制的造型面向外推拉 200mm 的距离，如图 14-59 所示。

50）将绘制的窗户模型选中，然后使用“移动”工具并配合键盘上的〈Ctrl〉键，捕捉相应的点将其水平向右复制一份，如图 14-60 所示。

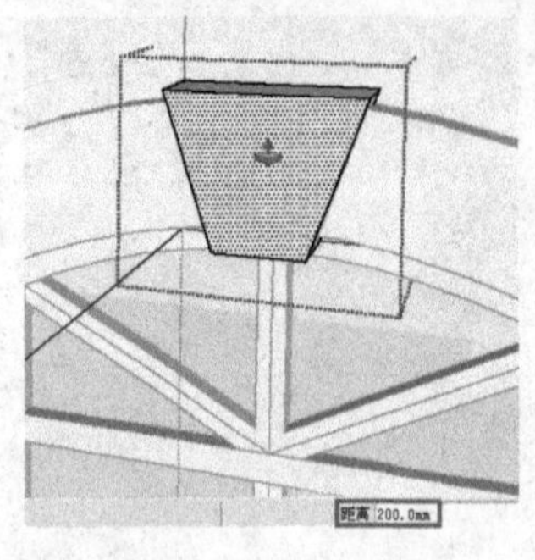

图 14-59

图 14-60

51）使用“矩形”工具，捕捉立面图上的相应轮廓，绘制两个矩形，如图 14-61 所示。

52）将上一步绘制的造型面创建为组，然后使用“推拉”工具，将上侧的面向外推120mm的距离，将下侧的面向外拉90mm的距离，如图14-62所示。

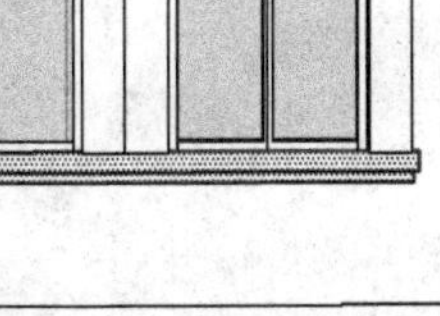

图14-61　　图14-62

53）制作楼梯台阶。使用“线条”工具，捕捉别墅西立面图上的相应轮廓，绘制如图14-63所示的楼梯台阶剖面造型。

54）将上一步绘制的造型面创建为组，再用鼠标双击创建的组进入组的内部编辑状态，然后使用“推/拉”工具，将造型面推拉至图中相应的轮廓线上，从而完成楼梯台阶的创建，如图14-64所示。

图14-63

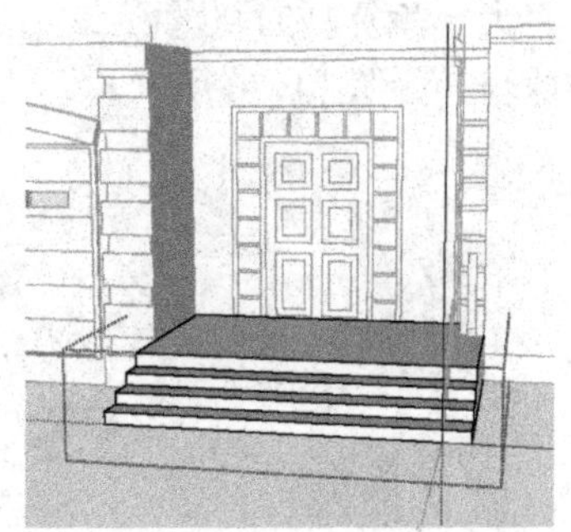

图14-64

55）制作楼梯栏杆扶手造型。使用“线条”工具，捕捉别墅西立面图上的相应轮廓，绘制如图14-65所示的栏杆扶手造型。

56）将上一步绘制的造型面创建为组，然后双击创建的组进入组的内部编辑状态，然后使用“推/拉”工具，将绘制的所有造型面分别向左推拉100mm的距离，如图14-66所示。

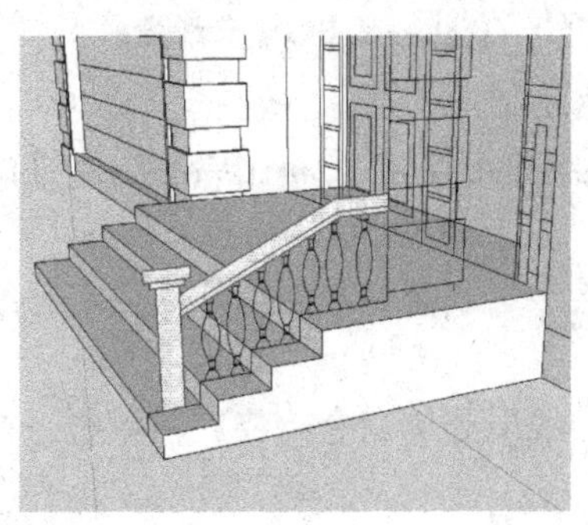

图14-65

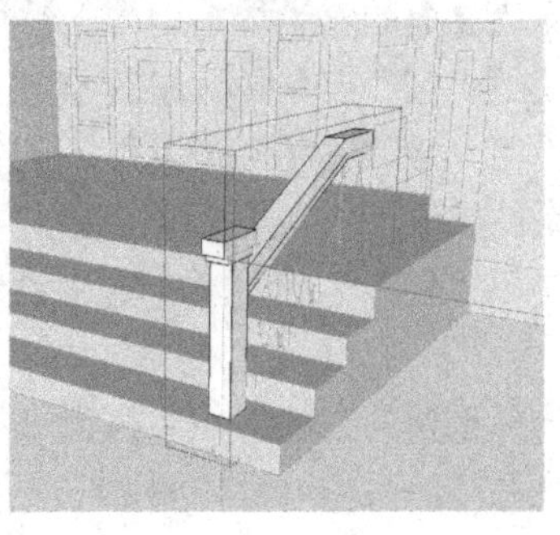

图14-66

57）使用“推/拉”工具，将立柱上的相应面分别向两侧推拉 40mm 的距离，如图 14-67 所示。

58）使用“推/拉”工具，将立柱上的相应面分别向两侧推拉 70mm 的距离，如图 14-68 所示。

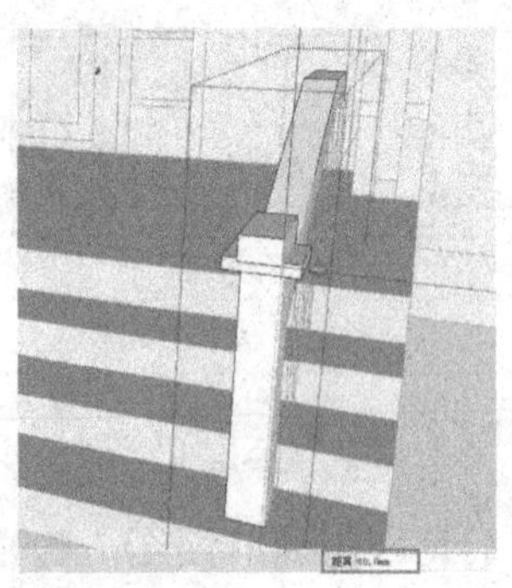

图 14-67

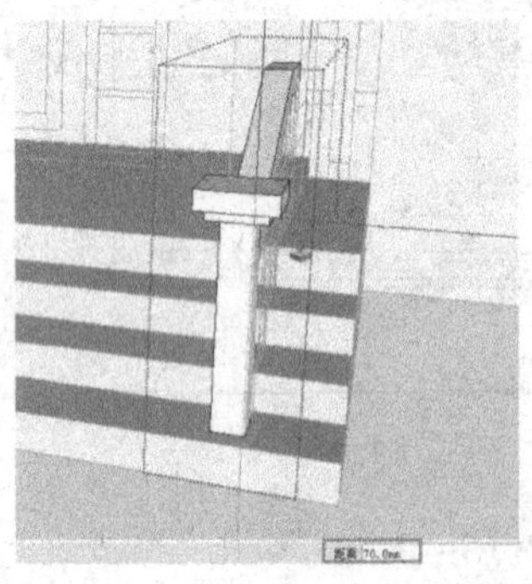

图 14-68

59）接下来创建栏杆立柱造型。使用“移动”工具并配合键盘上的〈Ctrl〉键，将别墅的西立面向右移动复制一份，如图 14-69 所示。

60）将上一步复制的别墅西立面图进行分解，然后将多余的图样内容删除掉，只保留立柱的图样内容，如图 14-70 所示。

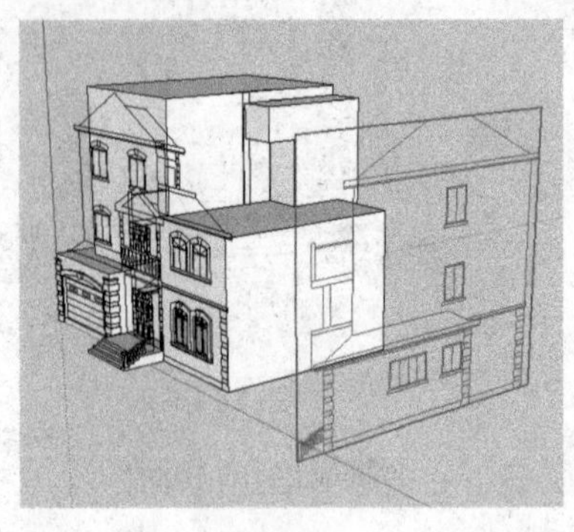

图 14-69

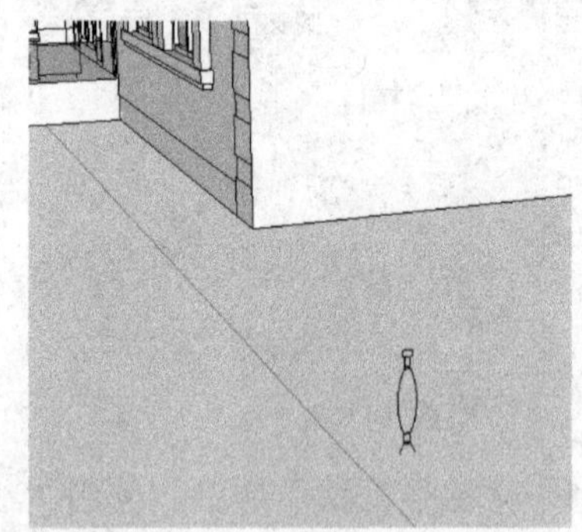

图 14-70

61）使用“线条”工具，捕捉立柱图样上的相应轮廓，绘制相应的造型面。

62）窗选立面的左半边造型面，然后按键盘上的〈Delete〉键将其删除。

63）使用“圆”工具，捕捉立柱上的相应点绘制一个圆。

64）使用“跟随路径”工具，选择上一步绘制的圆，然后单击绘制的立柱剖面，将其进行跟随路径操作。

65）使用“线条”工具，在立柱的上方补绘一条线条将其封面，然后将补绘的线条删除掉。

66）选择创建的立柱，然后执行“窗口|柔化边线”菜单命令，将立柱模型进行边线柔化操作。创建立柱的操作过程如图 14-71 所示。

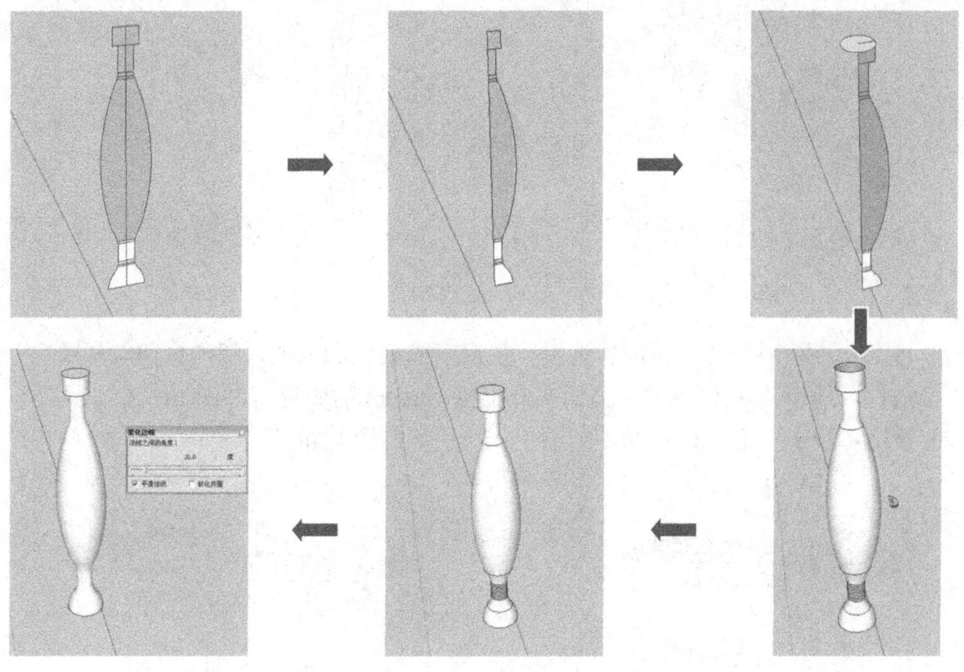

图 14-71

67）使用“移动”工具并配合键盘上的〈Ctrl〉键，将立柱移动复制到栏杆下方的相应位置处，并使用“拉伸”工具，对复制的立柱进行缩放操作使其符合要求，如图 14-72 所示。

68）双击前面创建的栏杆组件，进入组的内部编辑状态，然后使用“推/拉”工具，将栏杆上的相应面推拉至图中相应的墙面上，如图 14-73 所示。

图 14-72

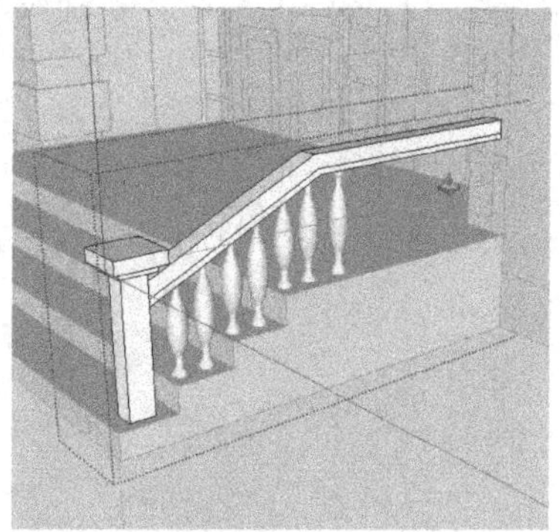

图 14-73

69）使用“移动”工具并配合键盘上的〈Ctrl〉键，将前面创建的栏杆及立柱向左复制一份，如图 14-74 所示。

70）在“图层”管理器中将别墅的“东立面”图层显示出来，然后结合使用“圆弧”、“偏移”及“线条”等工具，绘制如图 14-75 所示的造型面。

图 14-74

图 14-75

71）将上一步绘制的造型面创建为组，然后双击创建的组进入组的内部编辑状态，然后使用“推/拉”工具，将绘制的造型面向外推拉 100mm 的距离，如图 14-76 所示。

72）使用“线条”工具，绘制如图 14-77 所示的造型面。

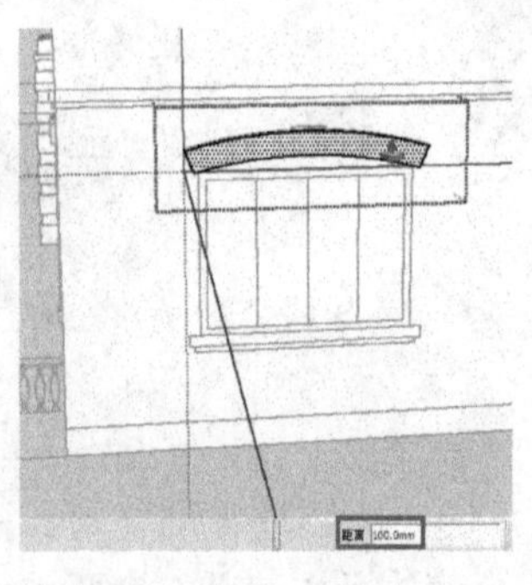
图 14-76

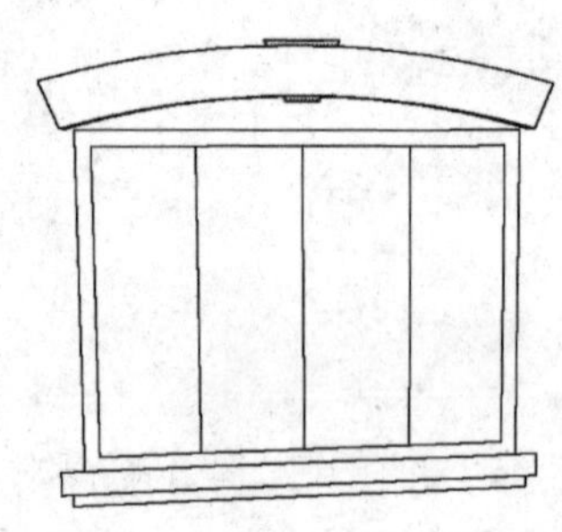
图 14-77

73）将上一步绘制的造型面创建为组，然后双击创建的组进入组的内部编辑状态，然后使用“推/拉”工具，将绘制的造型面向外拉 200mm 的距离，如图 14-78 所示。

74）使用“矩形”工具，绘制如图 14-79 所示的两个矩形，使其矩形内部形成一个单独的面。

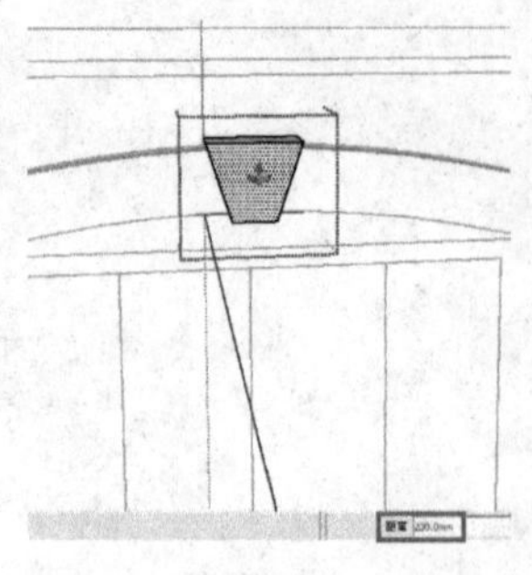
图 14-78

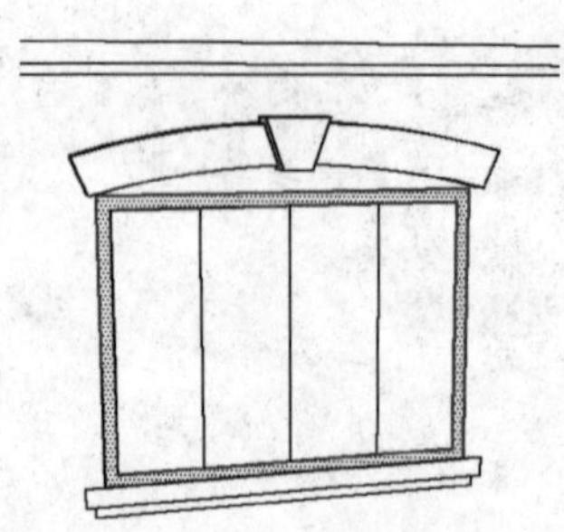
图 14-79

75）将上一步绘制的造型面创建为组，然后双击创建的组进入组的内部编辑状态，然后使用“推/拉”工具，将绘制的造型面向外拉 50mm 的距离，如图 14-80 所示。

76）使用“矩形”工具，绘制如图 14-81 所示的两个矩形面。

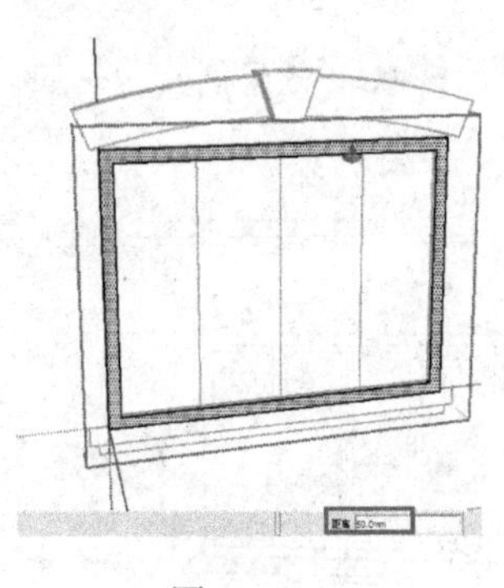
图 14-80

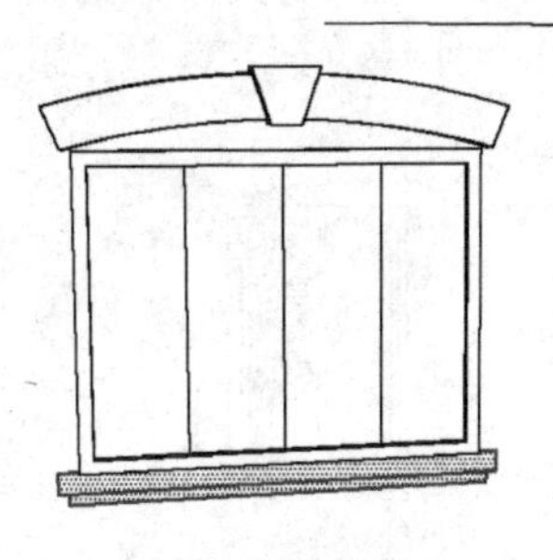
图 14-81

77）将上一步绘制的两个矩形面创建为组，然后双击创建的组进入组的内部编辑状态，然后使用“推/拉”工具，将上侧的矩形向外拉 120mm 的距离，再将下侧的矩形向外拉 90mm 的距离，如图 14-82 所示。

78）使用“线条”工具，捕捉窗户上的相应轮廓为其补绘几条线条，如图 14-83 所示。

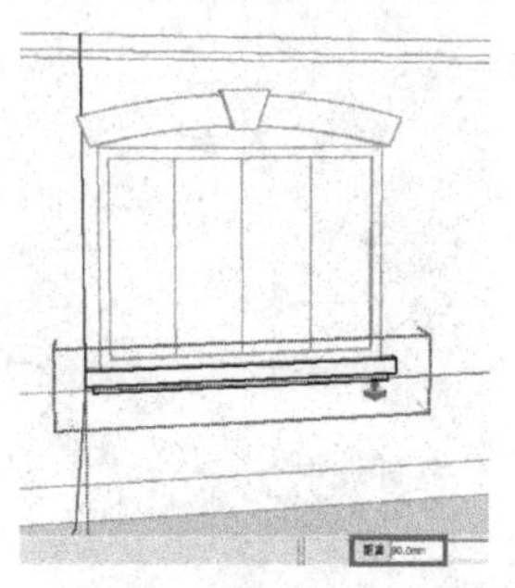
图 14-82

图 14-83

79）使用“偏移”工具，将上一步分隔的相应矩形面向内偏移 50mm 的距离，如图 14-84 所示。

80）使用相同的方法，将图中相应的几个矩形面向内偏移 50mm 的距离，如图 14-85 所示。

图 14-84

图 14-85

81）使用“推/拉”工具，将图中相应的几个矩形面向内推 50mm 的距离，如图 14-86 所示。

82）使用“颜料桶”工具，为图中相应的面赋予一种半透明安全玻璃材质，如图 14-87 所示。

图 14-86

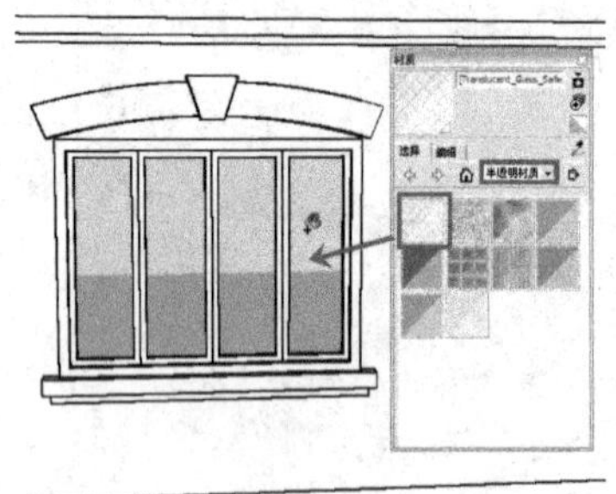

图 14-87

83）使用相同的方法，将别墅东立面图右侧的一个窗户创建完毕，如图 14-88 所示。

84）将别墅的“北立面”图显示出来，然后使用“线条”工具，绘制如图 14-89 所示的造型面。

图 14-88

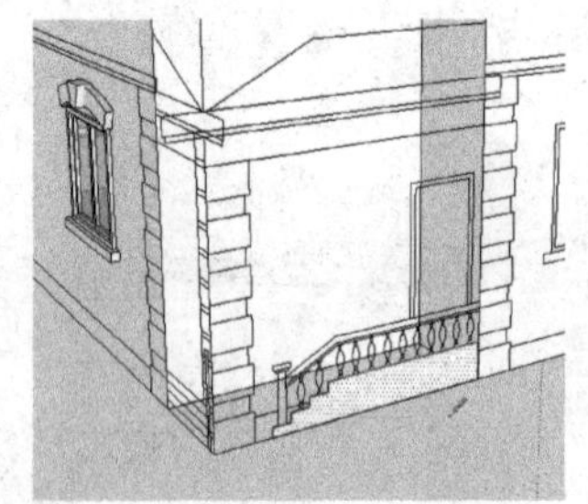

图 14-89

85）将上一步绘制的造型面创建为组，然后双击创建的组进入组的内部编辑状态，然后使用“推/拉”工具，将该面推拉捕捉至相应的墙面上，如图 14-90 所示。

86）参照前面的方法，创建出楼梯台阶上的栏杆及立柱造型，如图 14-91 所示。

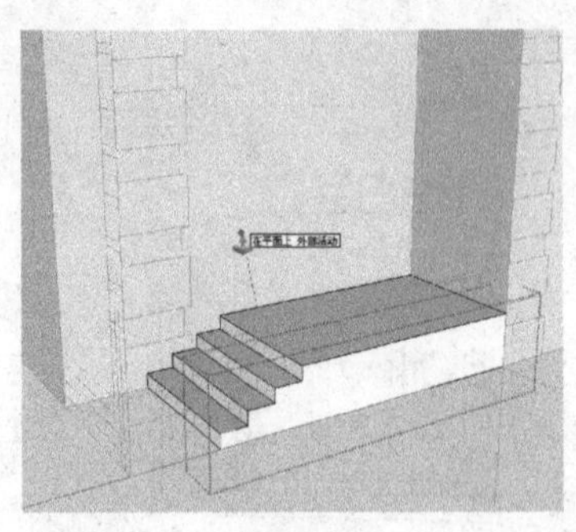

图 14-90

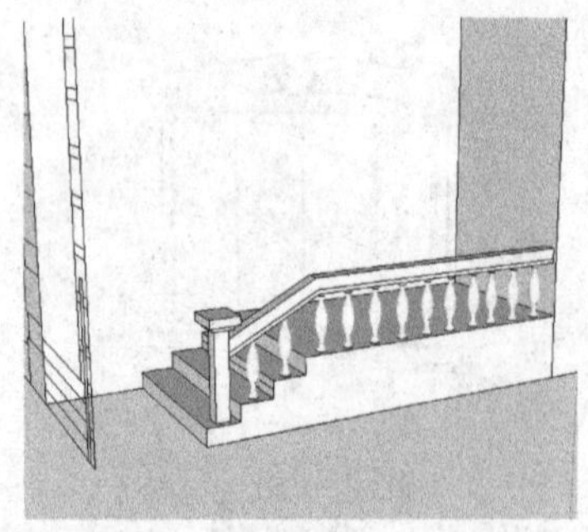

图 14-91

87）使用“移动”工具并配合键盘上的〈Ctrl〉键，将别墅正立面图上的装饰柱向右复制一份，如图 14-92 所示。

88）制作入户门位置的立柱造型。使用“矩形”工具，捕捉别墅一层平面图上的相应轮廓绘制一个矩形面，如图 14-93 所示。

图 14-92

图 14-93

89）将上一步绘制的矩形面创建为组，然后进入组的内部编辑状态，使用“推/拉”工具，将矩形面向上拉 300mm 的距离，如图 14-94 所示。

90）使用“偏移”工具，将立方体的上侧矩形面向内偏移 8mm 的距离，如图 14-95 所示。

91）使用“推/拉”工具，将立方体上方的内侧矩形面向上拉 60mm 的距离，如图 14-96 所示。

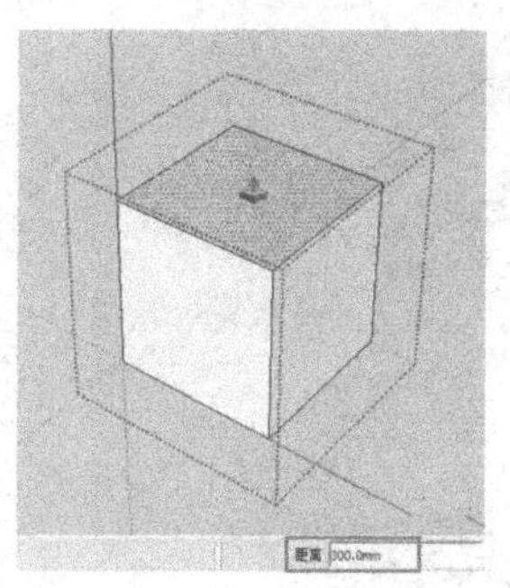

图 14-94

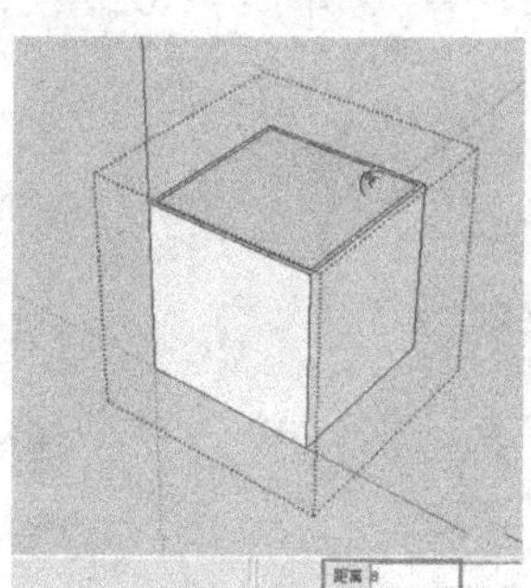

图 14-95

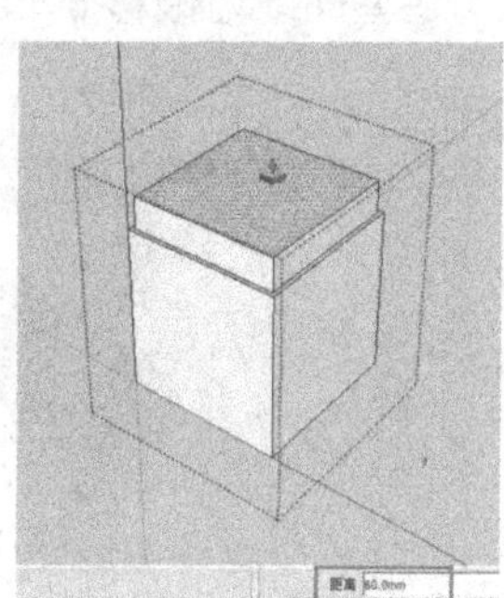

图 14-96

92）使用“移动”工具并配合键盘上的〈Ctrl〉键，将装饰柱垂直向上复制 9 份，如图 14-97 所示。

93）双击最上侧的装饰柱造型，进入组的内部编辑状态，然后使用“推/拉”工具对其形状进行修改，如图 14-98 所示。

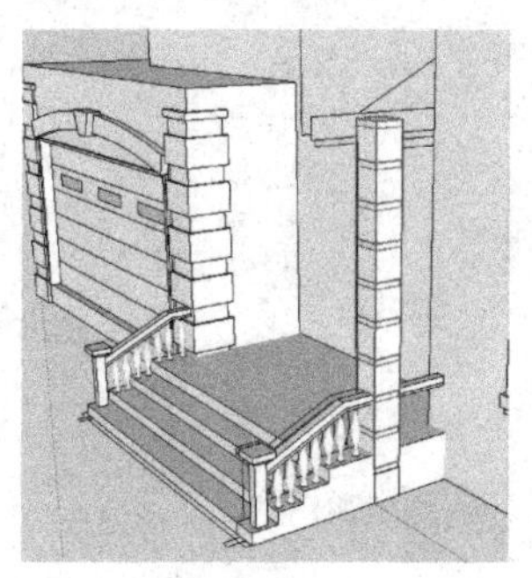

图 14-97

图 14-98

94）使用“移动”工具并配合键盘上的〈Ctrl〉键，将前面创建的装饰柱复制到别墅建筑的后方相应位置处，如图 14-99 所示。

95）双击上一步制作的装饰柱，进入组的内部编辑状态，然后使用“推/拉”工具对最上侧的装饰柱造型进行编辑，如图 14-100 所示。

图 14-99

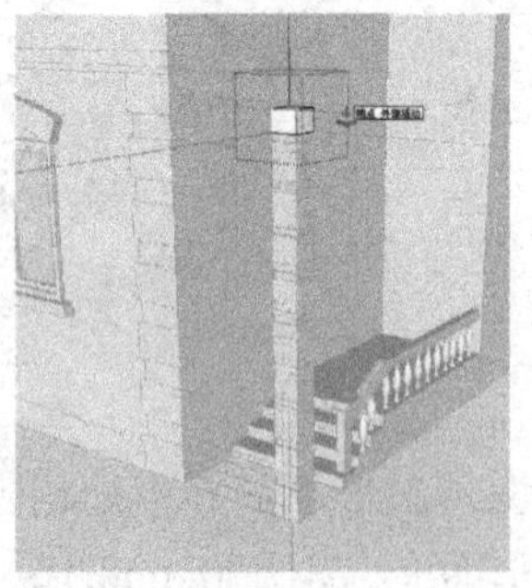

图 14-100

96）使用“线条”工具，绘制如图 14-101 所示的造型面，并将其创建为组。

97）双击上一步创建的组，进入组的内部编辑状态，然后使用“偏移”工具，将上一步绘制的造型面向内偏移 60mm 的距离，如图 14-102 所示。

图 14-101

图 14-102

98）使用“线条”工具，捕捉别墅南立面上的相应轮廓，绘制如图 14-103 所示的多条线条。

99）使用“颜料桶”工具，为图中相应的面赋予一种颜色材质，如图 14-104 所示。

图 14-103

图 14-104

100）使用“推/拉”工具，将上一步赋予材质的面向外拉 100mm 的距离，如图 14-105 所示。

101）使用“推/拉”工具，将图中多个面向外拉 100mm 的距离，如图 14-106 所示。

图 14-105

图 14-106

102）使用“推/拉”工具，将图中多个小矩形面向外拉 80mm 的距离，如图 14-107 所示。

103）使用“矩形”工具，捕捉图中相应的轮廓绘制一个矩形面，并将其创建为组，如图 14-108 所示。

图 14-107

图 14-108

104）双击上一步创建的组，进入组的内部编辑状态，接着使用“矩形”工具，在组内捕捉相应的立面轮廓绘制多个矩形，然后使用“推/拉”工具将图中相应的多个面向内推 20mm 的距离，如图 14-109 所示。

105）将前面制作的大门模型创建为组，然后使用“移动”工具将其向上复制一份到图中相应的位置处，如图 14-110 所示。

图 14-109

图 14-110

106）使用“线条”工具，捕捉别墅南立面上的相应轮廓，绘制如图 14-111 所示的一个矩形面，并将其创建为组。

107）使用“推/拉”工具，将上一步绘制的矩形面向外推拉捕捉至别墅二层平面图的相应轮廓线上，如图 14-112 所示。

图 14-111

图 14-112

108）使用“线条”工具，在上一步推拉的模型上的相应位置补绘几条线条，如图 14-113 所示。

109）使用“偏移”工具，将图中相应的面向内偏移捕捉至相应的轮廓线上，如图 14-114 所示。

图 14-113

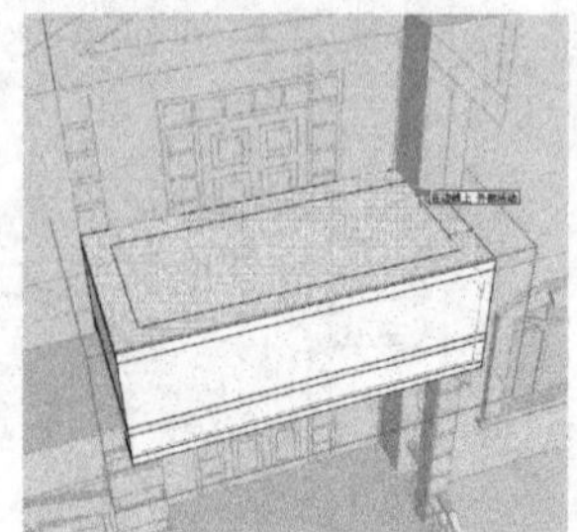

图 14-114

110）使用“线条”工具，在模型上的相应位置补绘几条线条并将多余的线条删除，如图 14-115 所示。

111）使用“推/拉”工具，将模型上的相应面推拉捕捉至图中相应的轮廓边线上，如图 14-116 所示。

图 14-115

图 14-116

112）使用“推/拉”工具，将模型上的相应面推拉捕捉至图中相应的轮廓边线上，如图 14-117 所示。

113）对上一步推拉后的模型进行编辑操作，将多余的面及边线删除，如图 14-118 所示。

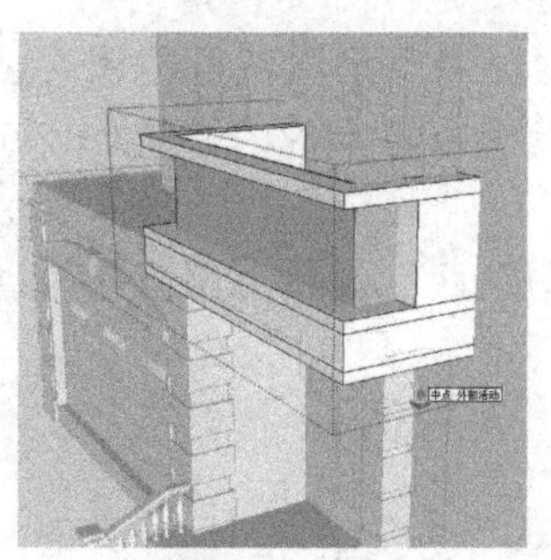
图 14-117

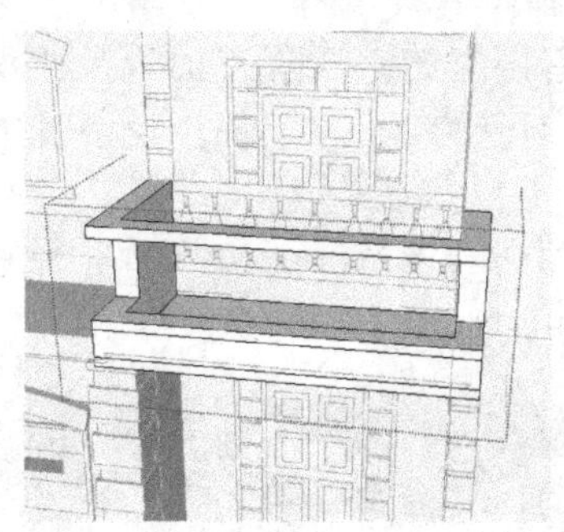
图 14-118

114）使用“线条”工具，捕捉图中相应的立面轮廓，绘制如图 14-119 所示的造型面。

115）使用“推/拉”工具，将模型上的相应面推拉捕捉至图中相应的轮廓边线上，如图 14-120 所示。

图 14-119

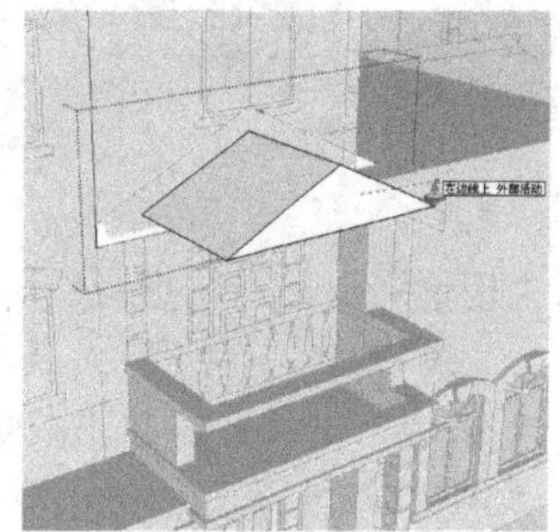
图 14-120

116）使用“推/拉”工具，将模型上的相应面推拉捕捉至图中相应的轮廓边线上，如图 14-121 所示。

117）使用“移动”工具并配合键盘上的〈Ctrl〉键，将大门前方的装饰柱及立柱向上进行复制操作，复制到二层阳台的相应位置处，如图 14-122 所示。

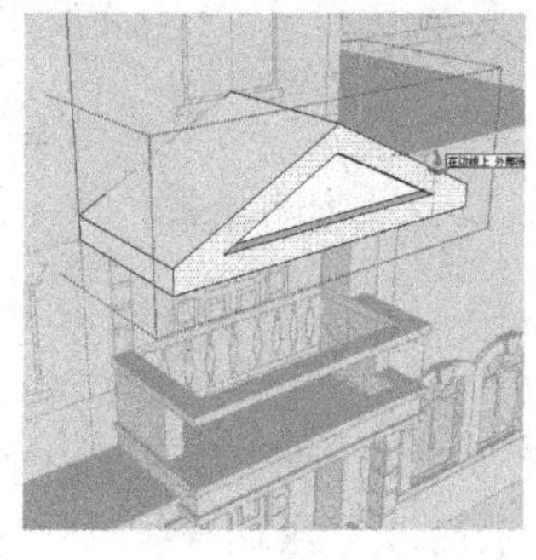
图 14-121

图 14-122

14.2.4 其他细节模型的制作

在完成别墅主要模型的创建之后，接下来讲解别墅其他位置相应的细节模型的创建。其具体操作步骤如下。

1）保留别墅的“二层平面”及“西立面”图层，并将别墅的其他图层暂时隐藏起来，然后将别墅的“二层平面”及“西立面”图层移动到图中相应的位置处，如图 14-123 所示。

2）使用“线条”工具，捕捉别墅二层平面图及西立面图上相应的轮廓，绘制如图 14-124 所示造型面。

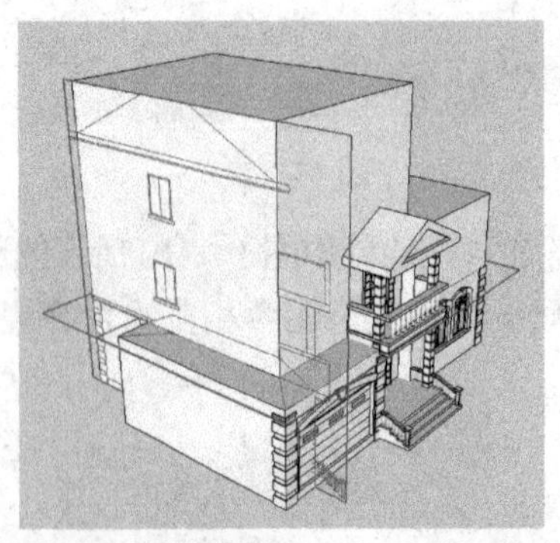
图 14-123

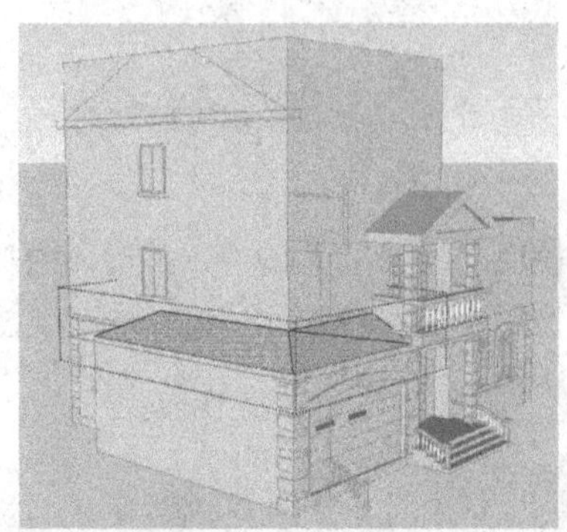
图 14-124

3）使用“矩形”工具，捕捉别墅西立面图上相应轮廓，绘制如图 14-125 所示的两个矩形面。

4）使用“推/拉”工具，将上一步绘制的两个矩形面推拉捕捉至别墅二层平面图相应的轮廓线上，如图 14-126 所示。

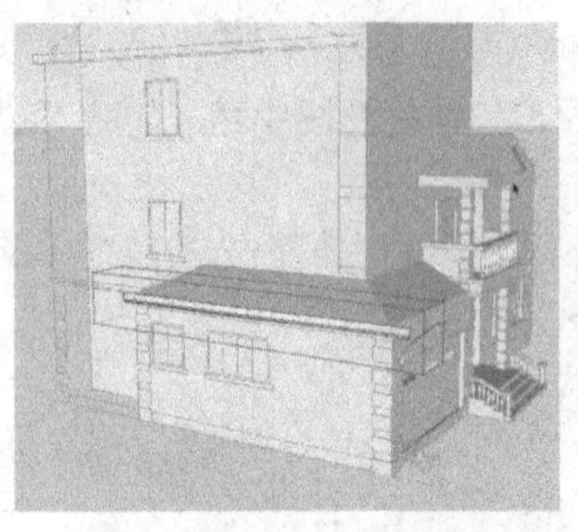
图 14-125

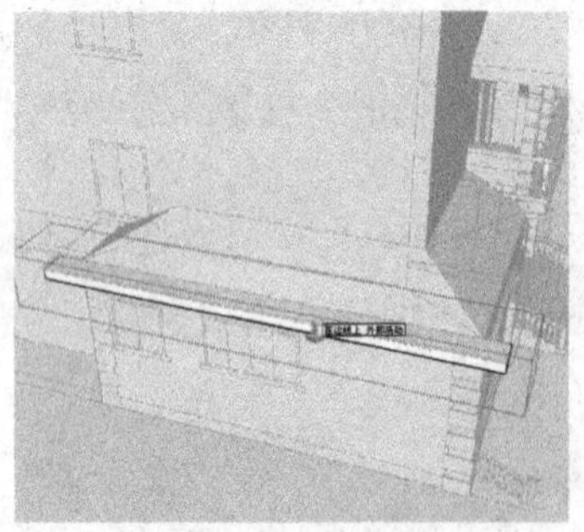
图 14-126

5）结合“线条”工具及“推/拉”工具，对上一步偏移后的模型进行编辑，如图 14-127 所示。

6）制作别墅右侧墙面上的装饰线条。首先将别墅的“南立面”图显示出来，然后使用“矩形”工具，捕捉别墅南立面图上相应轮廓，绘制如图 14-128 所示的两个矩形面。

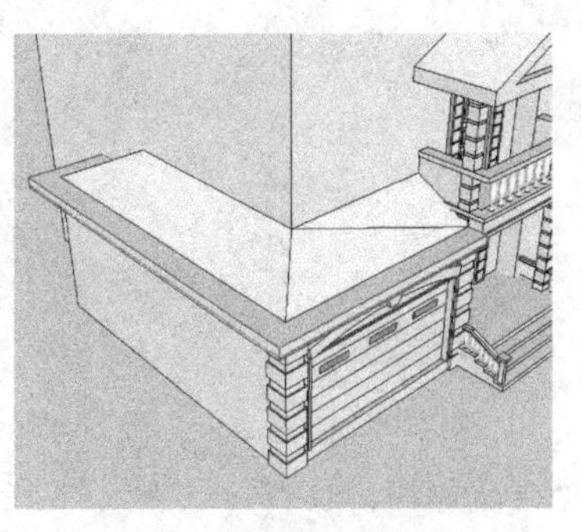
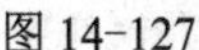
图 14-127

图 14-128

7）结合“线条”工具及“推/拉”工具，对上一步绘制的两个矩形面进行编辑，制作完成的装饰线条如图 14-129 所示。

8）使用“移动”工具，将别墅的南立面图移动相应的墙面上，如图 14-130 所示。

图 14-129

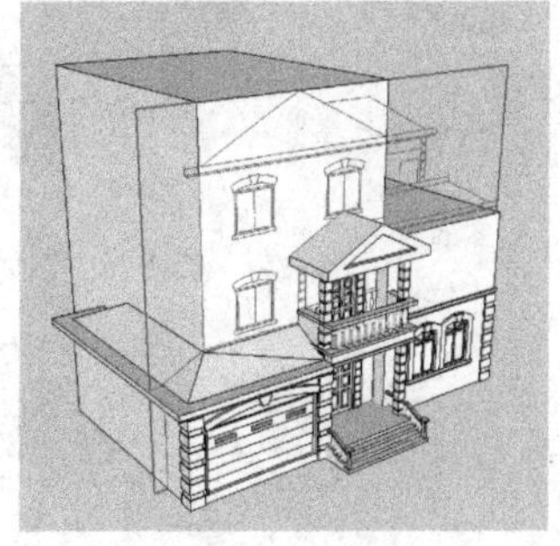
图 14-130

9）使用“线条”工具，捕捉别墅南立面图上的相应轮廓，绘制如图 14-131 所示的轮廓线条。

10）使用“推/拉”工具，对左侧的相应三角面进行推拉，如图 14-132 所示。

图 14-131

图 14-132

11）使用“推/拉”工具，对右侧的相应三角面进行推拉，如图 14-133 所示。

12）使用“线条”工具，捕捉别墅东立面图上的相应轮廓，绘制如图 14-134 所示的轮廓线条。

图 14-133

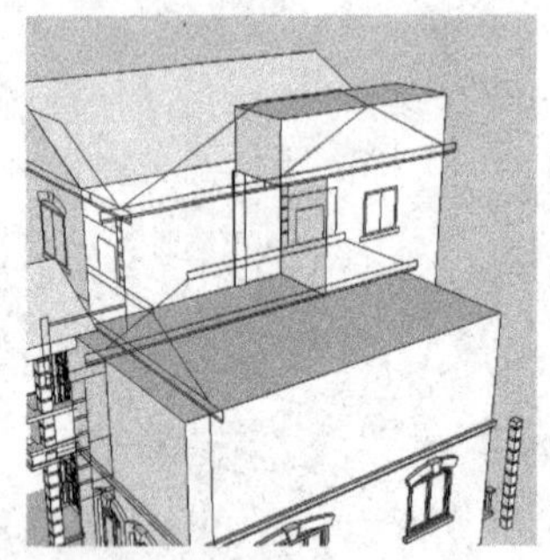

图 14-134

13）使用“推/拉”工具，对左侧的三角面进行推拉，如图 14-135 所示。

14）使用“推/拉”工具，对右侧的三角面进行推拉，如图 14-136 所示。

图 14-135

图 14-136

15）使用“推/拉”工具，对右侧的小屋顶上的相应面进行推拉，将其推拉至大屋顶内部，如图 14-137 所示。

16）使用“移动”工具，对别墅屋顶上的相应轮廓进行编辑，如图 14-138 所示。

图 14-137

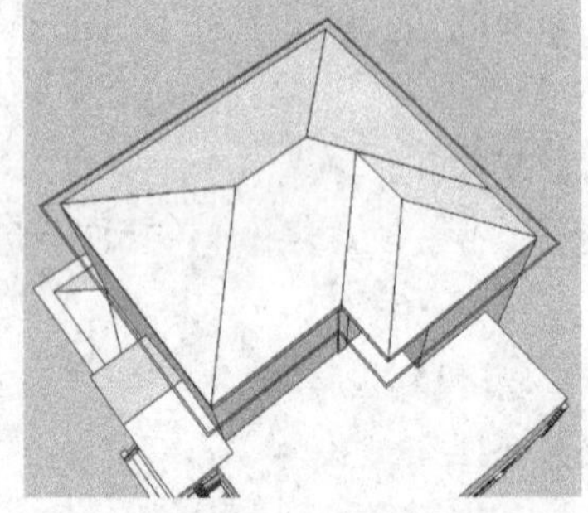

图 14-138

17）使用“选择”工具并配合键盘上的〈Ctrl〉键，选择别墅屋顶上的相应轮廓线条，如图 14-139 所示。

18）使用“移动”工具并配合键盘上的〈Ctrl〉键，将上一步选择的轮廓线条移动复制到别墅南立面图上相应的轮廓线上，如图 14-140 所示。

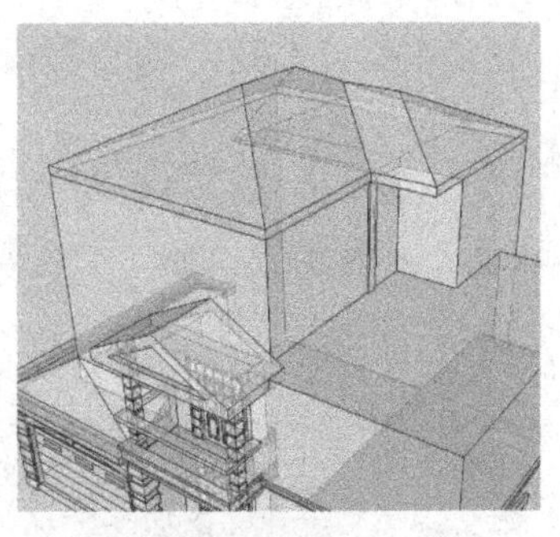
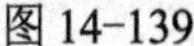

图 14-139

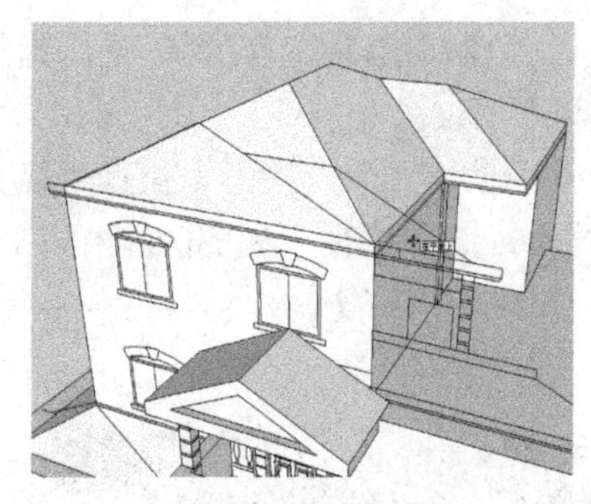

图 14-140

19）使用“推/拉”工具，将别墅屋顶上的相应面进行推拉，推拉捕捉至别墅屋顶平面图上相应的轮廓线上，如图 14-141 所示。

20）参考上述的方法，将别墅上的其他模型制作完毕。制作完成后的效果如图 14-142 所示。

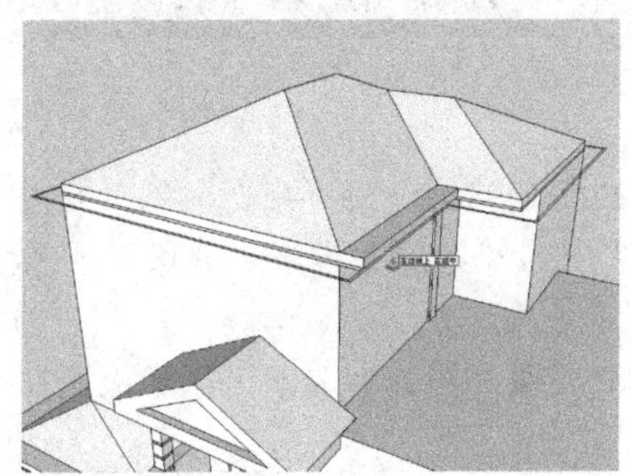

图 14-141

图 14-142

14.3 在SketchUp中输出图像

视频：在SketchUp中输出图像.avi
案例：别墅01、别墅02.jpg

在创建完模型之后，需要对模型赋予相应的材质，指定相应的视角，然后将场景输出为相应的图像文件，以便于进行后期处理。具体操作步骤如下。

1）在制作完别墅的模型之后，接下来使用“颜料桶”工具为模型赋予相应的材质，其赋予材质后的效果如图 14-143 所示。

2）使用“矩形”工具，在别墅模型的下侧绘制几个适当大小的矩形，作为草地及路面，并为其赋予相应的草地及路面材质，如图 14-144 所示。

图 14-143

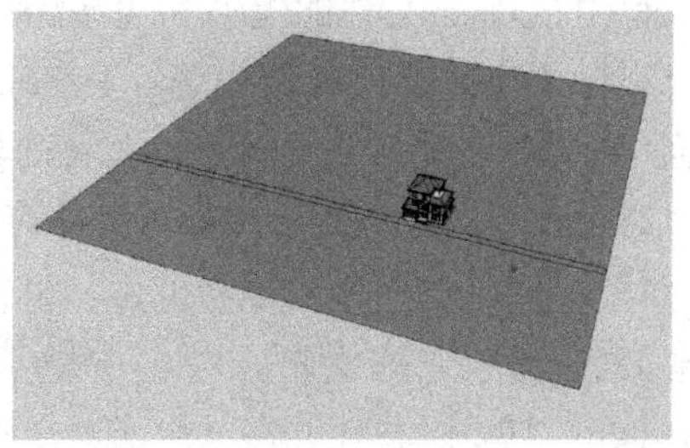

图 14-144

3）执行“窗口|组件”菜单命令，为场景添加一些树木、人物、动物等配景组件，如图 14-145 所示。

4）调整场景的视角，接下来执行“镜头|两点透视图”菜单命令，将视图的视角改为两点透视图效果，然后执行“视图|动画|添加场景”菜单命令，为场景添加一个场景页面用来固定视角，如图 14-146 所示。

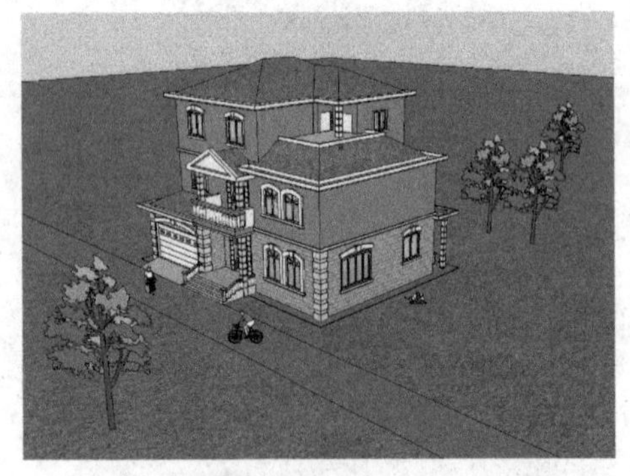

图 14-145

图 14-146

5）执行“窗口|样式”菜单命令，打开“样式”编辑器，接下来切换到“编辑”选项卡下的“背景设置”选项，在其中取消“天空”选项的勾选，并设置“背景”的颜色为纯黑色，如图 14-147 所示。

6）切换到“编辑”选项卡下的“边线设置”选项，在其中取消“显示边线”选项的勾选，如图 14-148 所示。

图 14-147

图 14-148

7）执行“视图|工具栏|阴影”菜单命令，打开“阴影”工具栏，接下来单击“显示/隐藏阴影”按钮，将阴影在视图中显示出来，然后单击“阴影设置”按钮，打开“阴影设置”面板，在其中设置相关的参数，如图 14-149 所示。

8）执行“文件|导出|二维图形”菜单命令，弹出“输出二维图形”对话框，在其中输入文件名“别墅 01”，文件格式为“JPEG 图像（*.jpg）”，接着单击“选项”按钮，弹出“导出 JPG 选项”对话框，在其中输入输出文件的大小，再单击下侧的“确定”按钮，返回“输出二维图形”对话框，然后单击“输出”按钮，将文件输出到相应的存储位置，如图 14-150 所示。

图 14-149

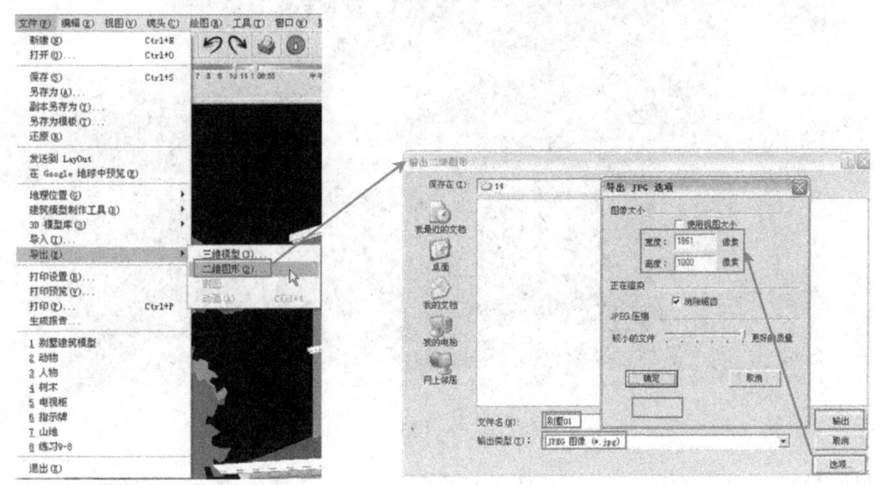

图 14-150

9）单击“样式”工具栏中的“隐藏线”按钮，将视图的显示模式切换为“隐藏线”显示模式，然后单击“阴影”工具栏中的“显示/隐藏阴影”按钮，将阴影的显示关闭，如图 14-151 所示。

10）执行“文件|导出|输入二维图形”菜单命令，将图像文件输出到相应的存储位置，如图 14-152 所示。

图 14-151

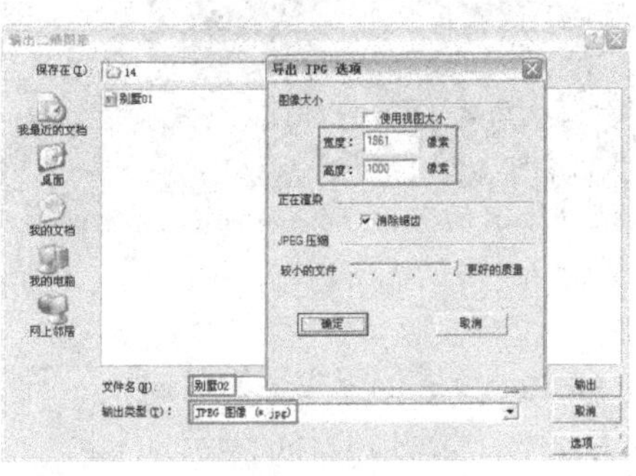

图 14-152

14.4 在Photoshop中后期处理

视频：在Photoshop中后期处理.avi
案例：别墅01、别墅02.jpg

14 练习

在 14.3 节中已经将文件导出了相应的图像文件，接下来需要在 Photoshop 软件中对导出的图像进行后期处理，使其符合要求。

1）启动 Photoshop 软件，接着执行“文件|打开”菜单命令，打开本书配套光盘中的“案例/14”中的“别墅 01.jpg”及“别墅 02.jpg”文件，如图 14-153 所示。

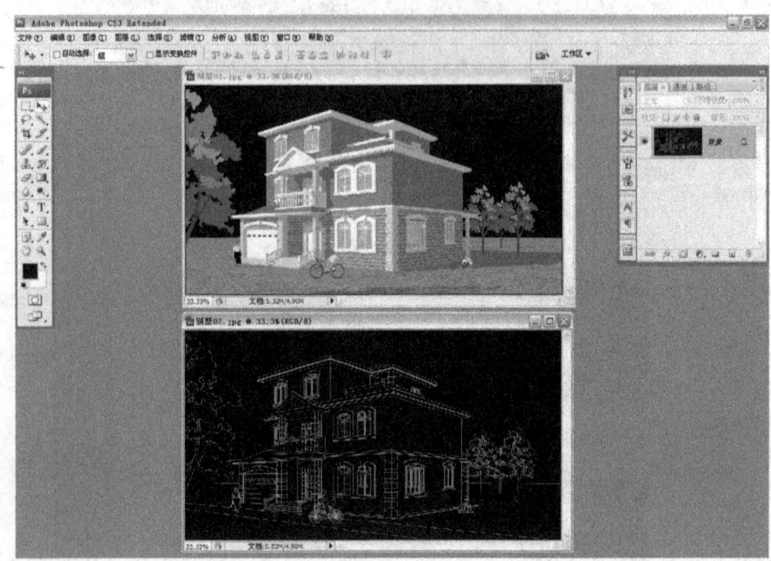

图 14-153

2）使用绘图工具面板中的“移动工具” ，将下侧的“别墅 02”图像文件拖动到上侧的“别墅 01”图像文件上，然后将下侧的“别墅 02”图像文件关闭，如图 14-154 所示。

3）在“图层”面板中，选择上侧的黑白线稿图层，然后按键盘上的〈Ctrl+I〉组合键将其进行反相（即前景色与背景色互换），如图 14-155 所示。

图 14-154

图 14-155

4）将上一步进行反相后的黑白线稿图层选中，设置图层的混合模式为“正片叠底”，不透明度为 50%，如图 14-156 所示。

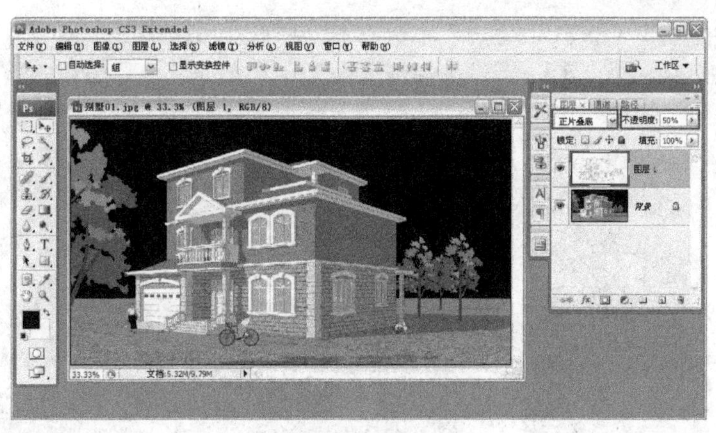

图 14-156

5）鼠标双击图层面板中的“背景”图层将其解锁，然后使用绘图工具面板中的“魔棒工具”，选择图像中的背景黑色区域，如图 14-157 所示。

6）按键盘上的〈Delete〉键，将上一步选择的黑色背景区域删除，如图 14-158 所示。

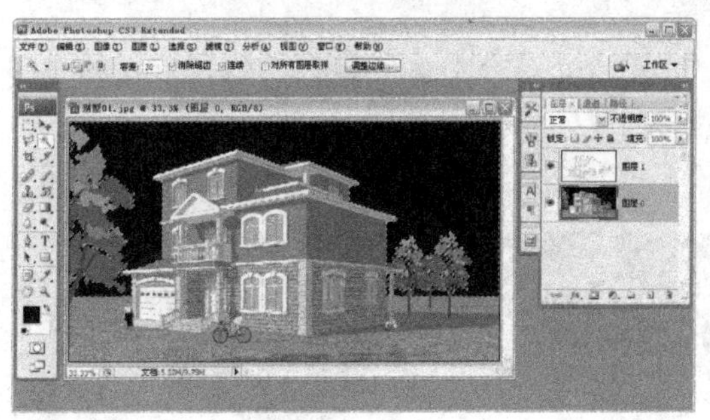

图 14-157

图 14-158

7）执行“文件|打开”菜单命令，打开本书配套光盘中的“案例/14/天空.jpg”文件，如图 14-159 所示。

8）使用绘图工具面板上的“移动工具”，将打开的“天空.jpg”图像文件拖动到“别墅 01.jpg”图像文件上，并对拖入的图像文件进行大小及前后位置的修改，如图 14-160 所示。

图 14-159

图 14-160

9）执行“滤镜|艺术效果|干笔画”菜单命令，然后在弹出的“干笔画（100%）”对话框中，单击“确定”按钮 确定 ，如图 14-161 所示。

图 14-161

10）单击“图层”面板中的“创建新图层”按钮，新建一个图层“图层 3”，如图 14-162 所示。

11）单击绘图工具栏中的“渐变工具”按钮，弹出“渐变编辑器”对话框，然后设置一个从蓝色到白色的颜色渐变，如图 14-163 所示。

图 14-162

图 14-163

12）设置好颜色渐变后，用鼠标左键在图像上从上往下拖动，从而形成一个从上往下的蓝白的渐变效果，然后设置渐变的不透明度为 50%，如图 14-164 所示。

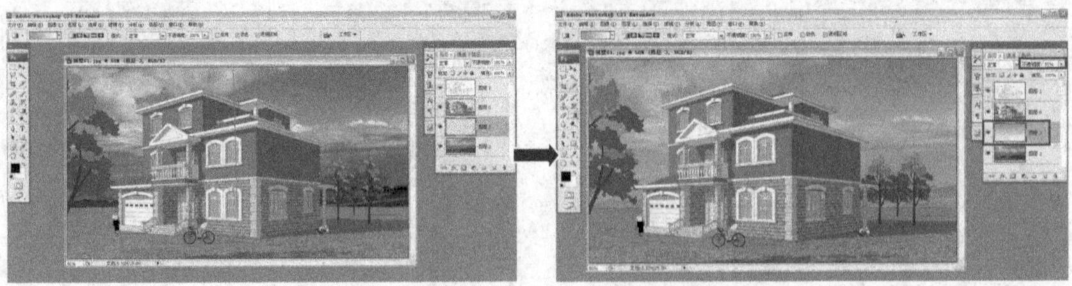

图 14-164

13）按键盘上的〈Shift+Ctrl+E〉组合键，将图层面板中的可见图层合并为一个图层，如图 14-165 所示。

14）拖动图层面板中的“图层 3”到下侧“创建新图层”按钮上，复制一个图层“图层 3 副本”图层，然后设置图层的混合模式为“柔光”，不透明度为50%，如图 14-166 所示。

图 14-165

图 14-166

15）使用绘图工具面板中的“裁剪工具”，对图像文件进行裁剪操作，使其符合要求，如图 14-167 所示。

16）按键盘上的〈Shift+Ctrl+E〉组合键，将图层面板中的可见图层合并为一个图层，如图 14-168 所示。

图 14-167

图 14-168

17）使用绘图工具面板中的“加深工具”，在图像的上下左右相应位置进行加深操作，使其图像效果更加真实自然，如图 14-169、图 14-170 所示。

图 14-169

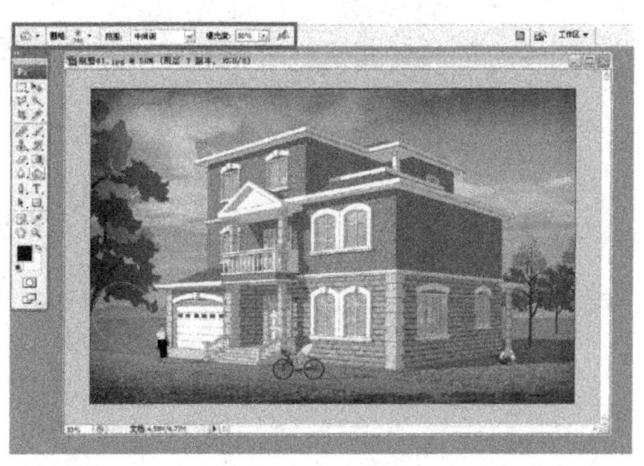

图 14-170

18）至此，该别墅的效果图制作完成，其最终的效果如图 14-171 所示。

图 14-171

第15章 室外庭院的制作

内容摘要

本章主要通过室外休闲庭院的创建，具体了解怎样使用 SketchUp 来进行图样的导入、模型的创建、材质的赋予、图像的导出以及效果图的后期处理等相关知识及操作技巧。

- 实例概述及效果预览
- 导入 SketchUp 前的准备工作
- 在 SketchUp 中创建模型
- 在 Photoshop 中后期处理

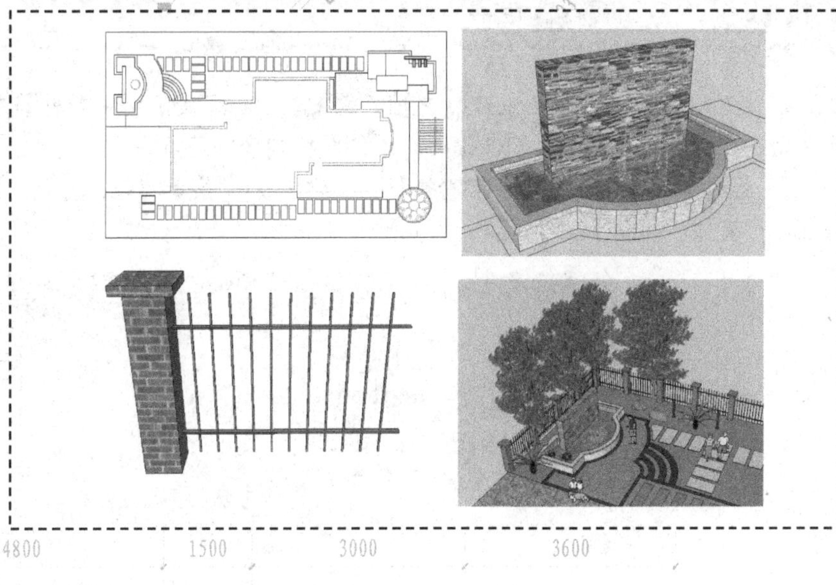

15.1 实例概述及效果预览

本章所讲解的是室外庭院的创建。该庭院设计造型布局合理规范，是人们休闲纳凉的好去处，其中有喷水池、亲水平台、汀步路石、景观花架等景点。绘制的该室外庭院效果图如图 15-1 所示。

图 15-1

15.2 导入SketchUp前的准备工作

视频：导入SketchUp前的准备工作.avi
案例：处理后图纸.dwg

在 SketchUp 软件中建模之前，需要对庭院的 CAD 图样进行相应的整理，并对 SketchUp 软件的运行环境进行优化设置。下面就对这些内容进行详细讲解。

15.2.1 整理 CAD 图样

在将 CAD 图样导入 SketchUp 之前，需要在 AutoCAD 软件中对图样内容进行整理，删除多余的图样信息，保留对创建模型有用的图样内容即可。

1）运行 AutoCAD 软件，接着执行“文件|打开”菜单命令，打开“案例/15/室外庭院图纸.dwg”文件，如图 15-2 所示。

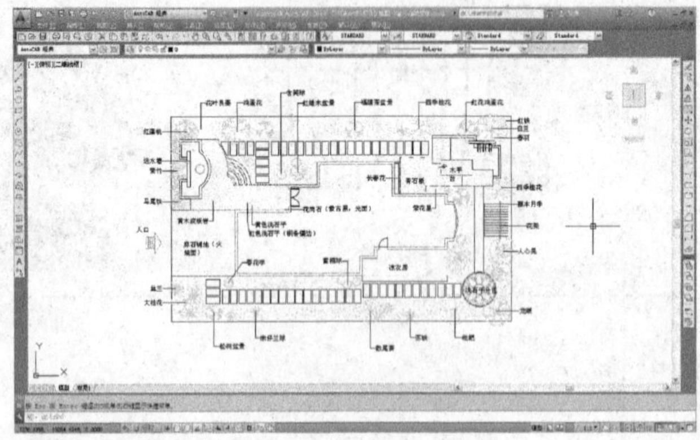

图 15-2

2）将绘图区中多余的图样内容删除掉，其中包括一些图案填充、文字内容及平面植物等，其处理后的效果如图 15-3 所示。

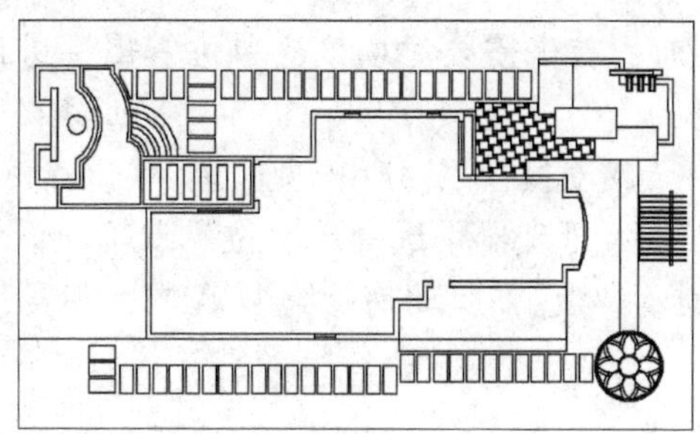

图 15-3

3）执行 Purge 清理命令，弹出“清理”对话框，接着单击下侧的“全部清理”按钮，弹出“清理-确认清理”对话框，然后单击下侧的“清理所有项目”选项，从而将多余的内容进行了清理操作，如图 15-4 所示。

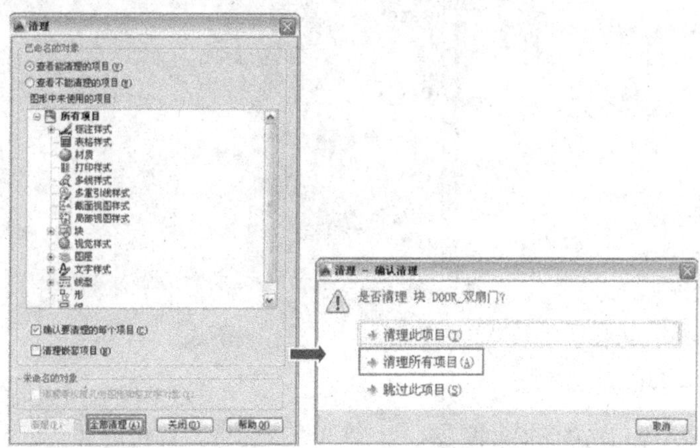

图 15-4

4）执行“文件|另存为”菜单命令，将文件另存为“案例/15/处理后图纸.dwg”文件，如图 15-5 所示。

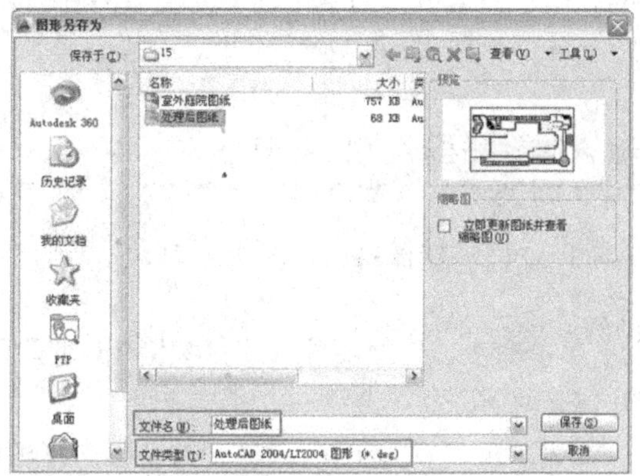

图 15-5

15.2.2 优化 SketchUp 的场景设置

在导入 CAD 图形之前，首先需要对场景的单位等属性进行优化设置。其操作步骤如下。

1）运行 SketchUp 软件，接着执行“窗口|模型信息”菜单命令，如图 15-6 所示。

2）在弹出的“模型信息”管理器中选择“单位”选项，设置系统单位参数。在此将“格式”改为十进制、毫米，勾选“启动捕捉”复选框，将角度捕捉设置为“5.0”，如图 15-7 所示。

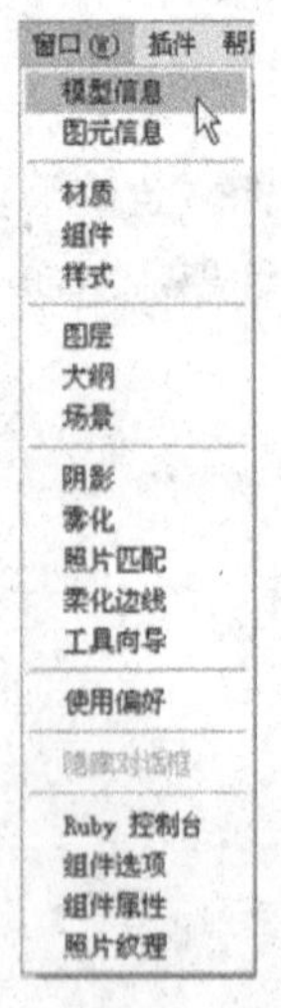

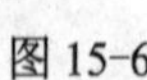

图 15-6

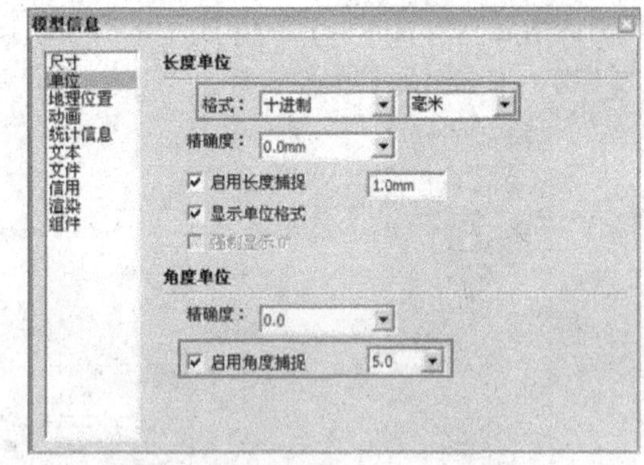

图 15-7

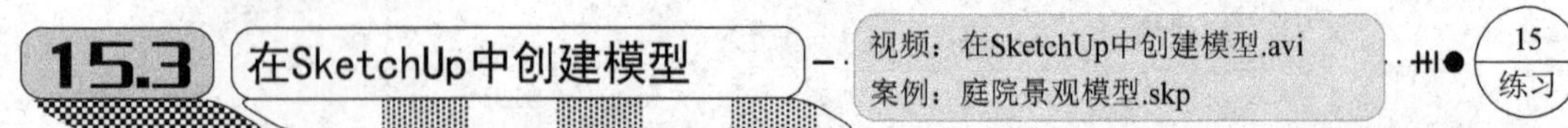

15.3 在SketchUp中创建模型

在对庭院的 CAD 图样进行整理及对 SketchUp 软件的运行环境进行优化设置以后，接下来开始讲解在 SketchUp 软件中如何创建庭院的模型，其中包括将 AutoCAD 图样导入 SketchUp 中、汀步模型的制作、铺地模型的制作、水池模型的制作以及庭院其他细节模型的制作等内容。

15.3.1 将 AutoCAD 图样导入 SketchUp

在对 SketchUp 的场景进行优化设置以后，接下来就开始进行模型的创建。其操作步骤如下。

1）执行“文件|导入”菜单命令，选择要导入的“案例/15/处理后图样.dwg”文件，然后单击“选项”按钮，如图 15-8 所示。

2）在弹出的“导入 AutoCAD DWG/DXF 选项”对话框中将单位设为“毫米”，然后单击“确定”按钮，返回“打开”对话框，单击“打开”按钮，完成 CAD 图形的导入，如图 15-9 所示。

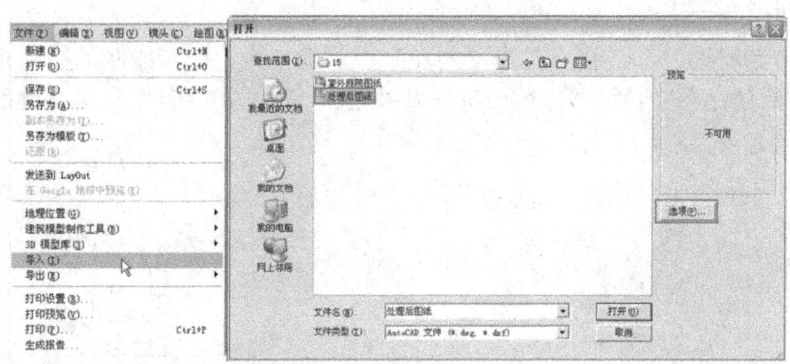

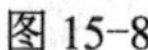

图 15-8

3）CAD 图形导入 SketchUp 后的效果如图 15-10 所示。

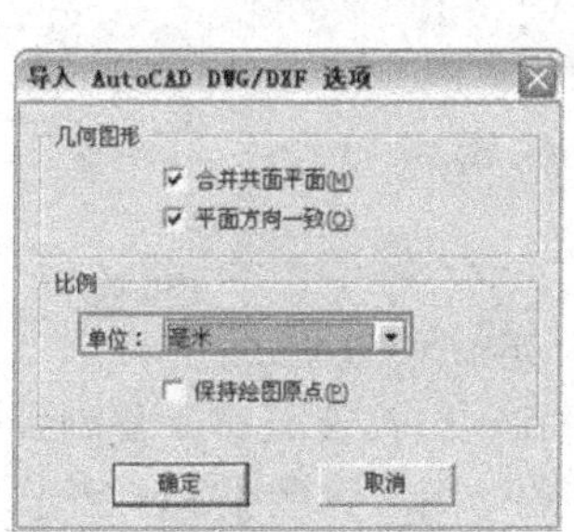

图 15-9

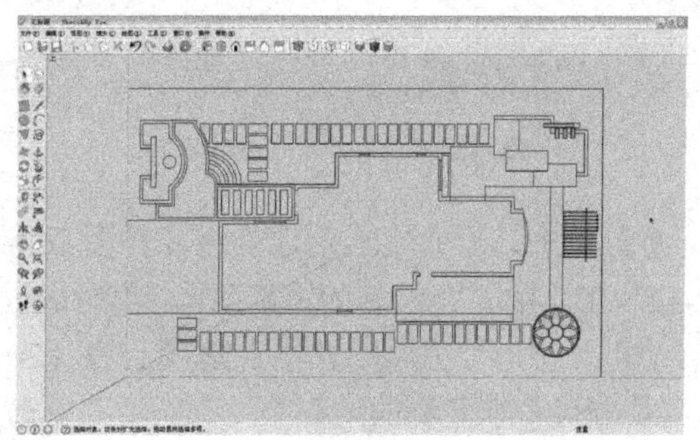

图 15-10

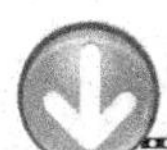

15.3.2 汀步模型的制作

CAD 图样导入 SketchUp 图形后，制作汀步模型并设置材质，然后按照图形要求在指定位置复制或阵列，并对指定的汀步模型作适当的修改。

1）框选导入的 CAD 图样内容，然后单击鼠标右键，在弹出的菜单中选择“创建组”命令将创建成组，如图 15-11 所示。

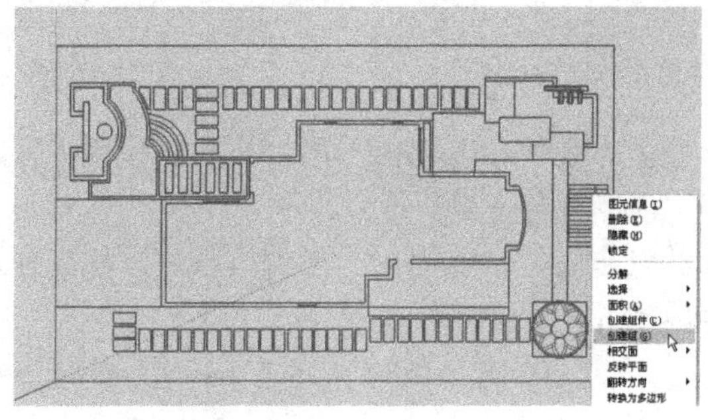

图 15-11

2）使用“矩形”工具，捕捉导入图样上的相应轮廓绘制一个矩形，作为汀步石的外轮廓，如图 15-12 所示。

3）使用“颜料桶”工具，打开“材质”编辑器，为上一步绘制的矩形指定一种花岗岩材质（该材质的贴图文件为“案例 15/花岗岩.jpg”文件），并设置贴图文件的长宽比值，如图 15-13 所示。

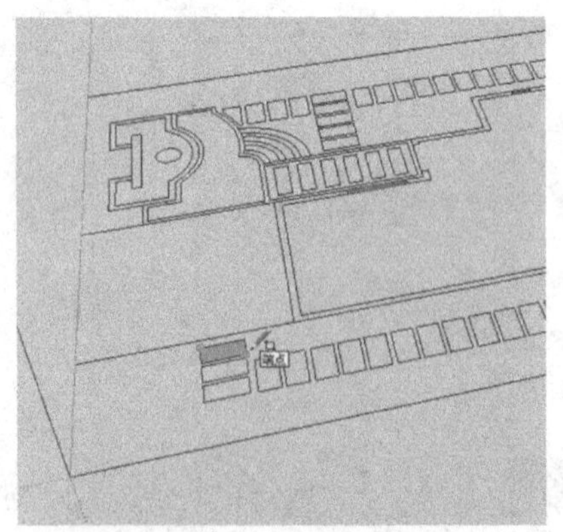

图 15-12

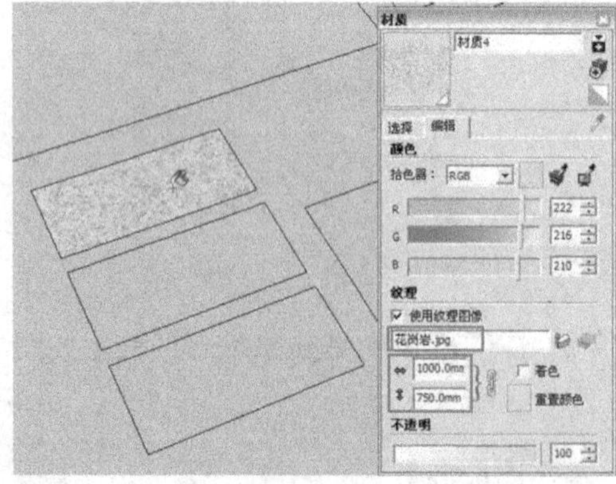

图 15-13

4）将绘制的汀步石矩形创建为组，然后双击创建的组，进入组的内部编辑状态，再使用“推/拉”工具，将绘制的矩形面向上拉 30mm 的高度，如图 15-14 所示。

5）使用“移动”工具并结合键盘上的〈Ctrl〉键，将绘制的汀步石移动复制到平面图中相应的位置处，在复制的过程中注意结合“旋转”工具的使用，如图 15-15 所示。

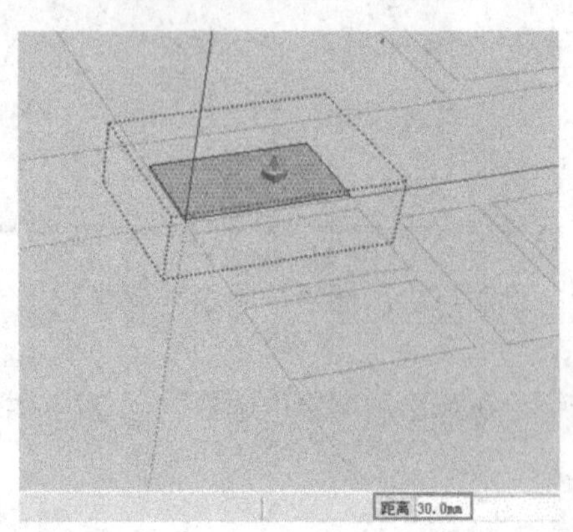

图 15-14

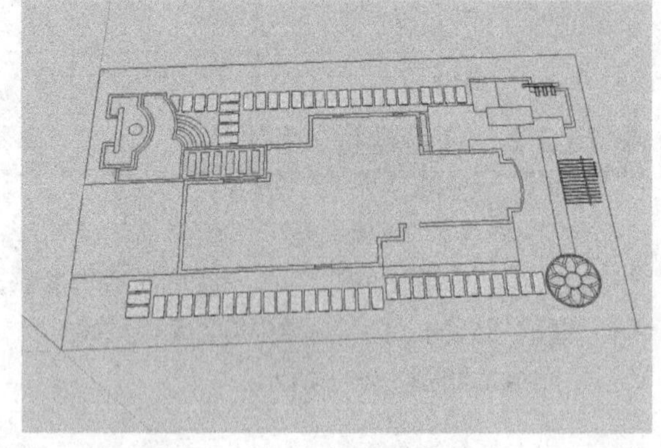

图 15-15

6）接下来制作平面图上方那块带有圆弧形的汀步石。使用“移动”工具并结合键盘上的〈Ctrl〉键，将右侧的汀步石向左复制一个。

7）双击上一步复制的汀步石，进入组的内部编辑状态，然后使用“圆弧”工具，捕捉平面图上的相应轮廓线条绘制一段圆弧。

8）使用“推/拉”工具，将圆弧所分割的左下侧的面向下推 30mm 的距离，如图 15-16 所示。

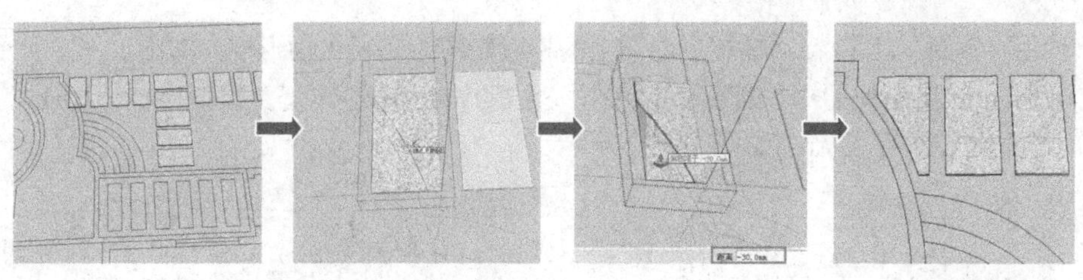

图 15-16

15.3.3 铺地模型的制作

使用直线或圆弧工具来绘制轮廓，再使用矩形和偏移工具来地铺轮廓，接着进行细节调整，然后推拉创建模型，最后进行材质的设置。

1）结合“直线”工具及“圆弧”工具，捕捉平面图上的相应轮廓，绘制如图 15-17 所示的造型。

2）将上一步绘制的造型创建为组，接着双击创建的组，进入组的内部编辑状态，然后使用“偏移”工具，将绘制的造型面向内进行偏移，偏移捕捉至平面图的相应边线上，如图 15-18 所示。

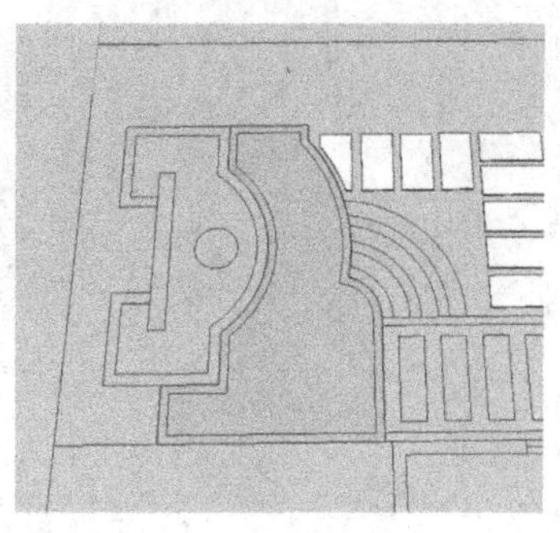

图 15-17

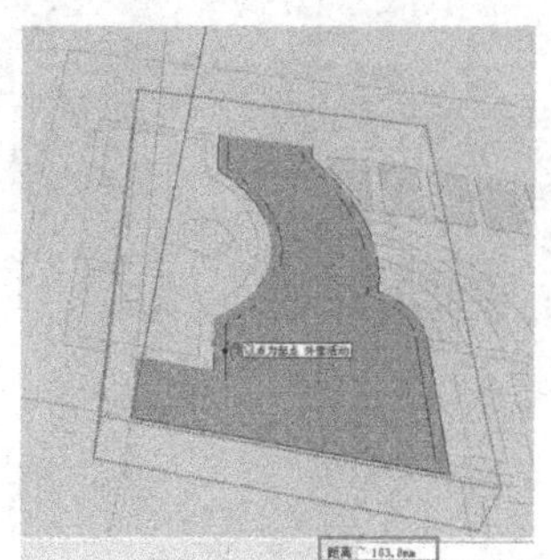

图 15-18

3）使用“矩形”工具，捕捉平面图上的相应轮廓绘制一个矩形面，如图 15-19 所示。

4）使用“偏移”工具，将上一步绘制的矩形面向内进行偏移，偏移捕捉至平面图相应的轮廓线上，如图 15-20 所示。

图 15-19

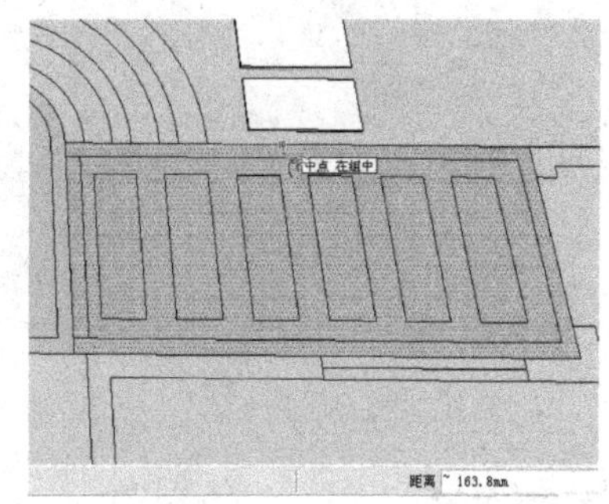

图 15-20

5）使用“矩形”工具，捕捉平面图上的相应轮廓绘制一个矩形面，如图 15-21 所示。

6）双击上一步绘制的矩形面，然后使用“移动”工具并配合键盘上的〈Ctrl〉键，将绘制的矩形面向右进行复制，如图 15-22 所示。

图 15-21

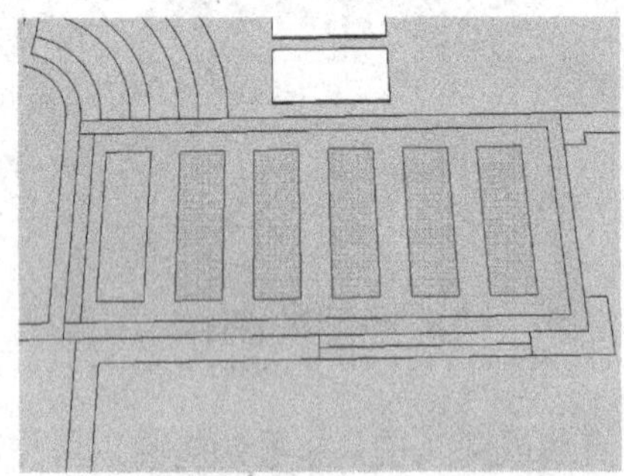

图 15-22

7）使用“圆弧”工具，捕捉平面图上的相应轮廓绘制一段圆弧，如图 15-23 所示。

8）使用“偏移”工具，将上一步绘制的圆弧向内进行偏移复制，偏移捕捉至平面图相应的圆弧轮廓线上，如图 15-24 所示。

9）使用“偏移”工具，对上一步偏移的圆弧向内进行多次偏移操作，如图 15-25 所示。

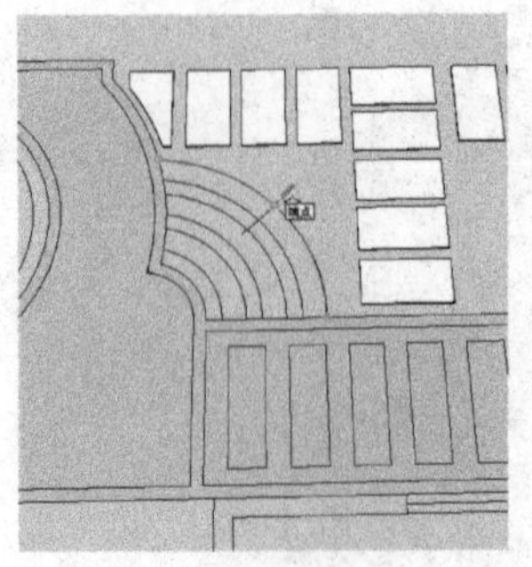

图 15-23

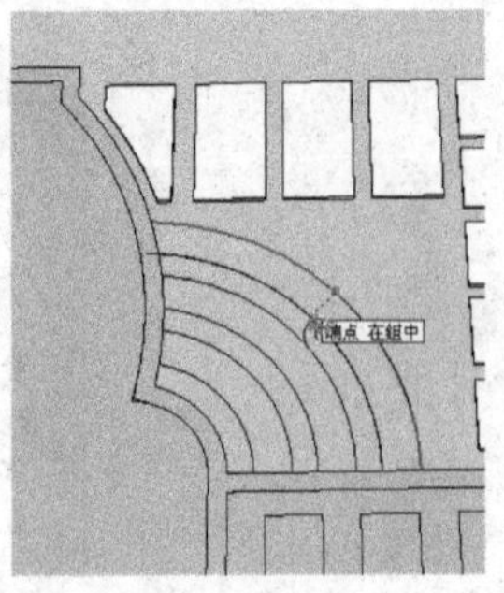

图 15-24

图 15-25

10）使用“线条”工具，在右侧的圆弧上补绘一条线条，为其封面，如图 15-26 所示。

11）使用“擦除”工具，对图中的多余线条进行擦除操作，如图 15-27 所示。擦除以后的效果如图 15-28 所示。

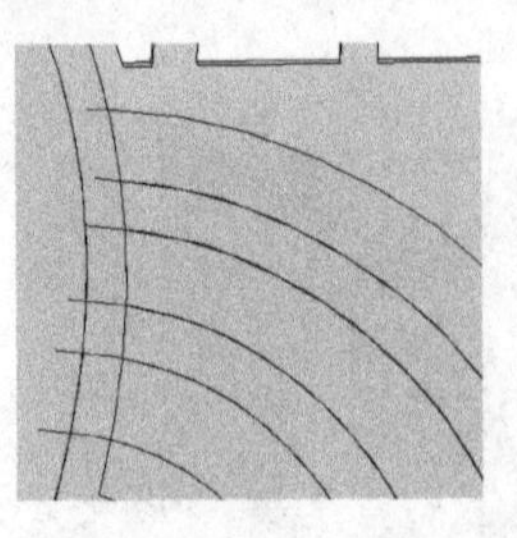

图 15-26

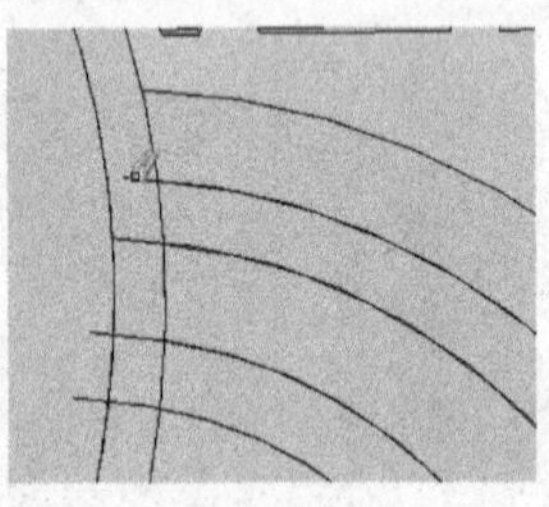

图 15-27

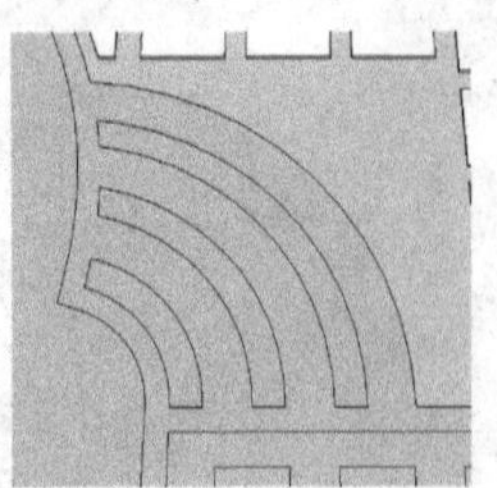

图 15-28

12）用鼠标左键三击绘制的模型面，然后单击鼠标右键并在弹出菜单中选择“反转平面”命令，将模型面进行平面反转使其正面朝上，如图 15-29 所示。

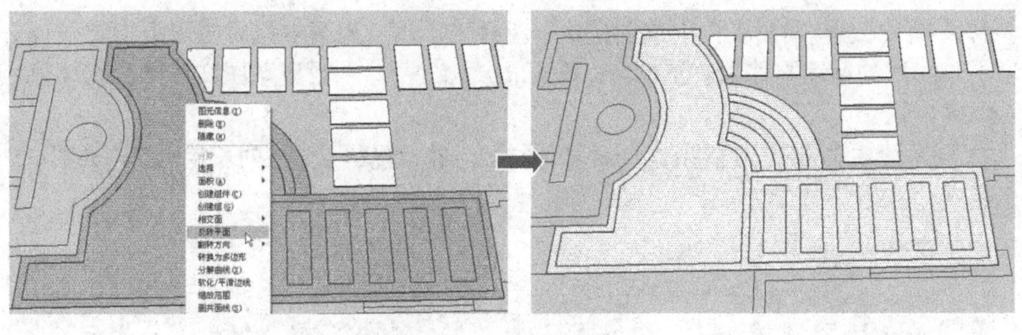

图 15-29

13）使用“推/拉”工具，将相应的造型面向上拉 20mm 的高度，如图 15-30 所示。

14）使用“颜料桶”工具，打开“材质”编辑器，单击“创建材质”按钮创建一个新材质，然后为上一步拉伸的造型指定一种花岗岩材质（该材质的贴图文件为“案例 15/花岗岩-黑.jpg”文件），并设置贴图文件的长宽比值，如图 15-31 所示。

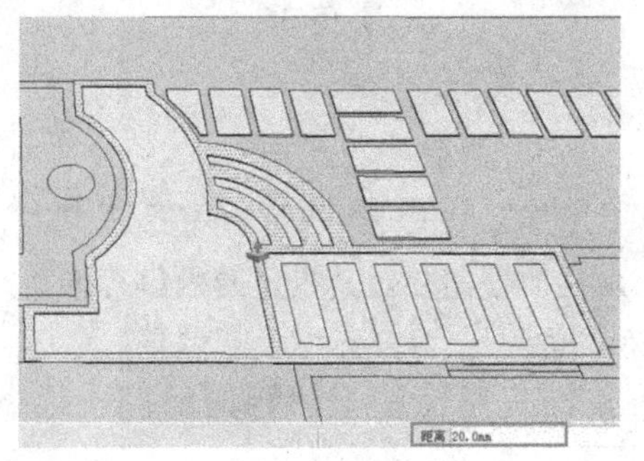

图 15-30

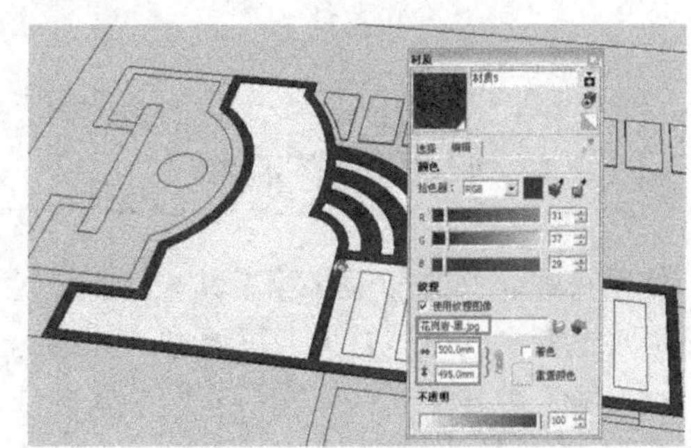

图 15-31

15）单击“创建材质”按钮创建一个新材质，然后为图中相应的造型指定一种板岩材质（该材质的贴图文件为“案例 15/板岩.jpg”文件），并设置贴图文件的长宽比值，如图 15-32 所示。

16）单击“创建材质”按钮创建一个新材质，然后为图中相应的造型指定一种豆石材质（该材质的贴图文件为“案例 15/豆石.jpg”文件），并设置贴图文件的长宽比值，如图 15-33 所示。

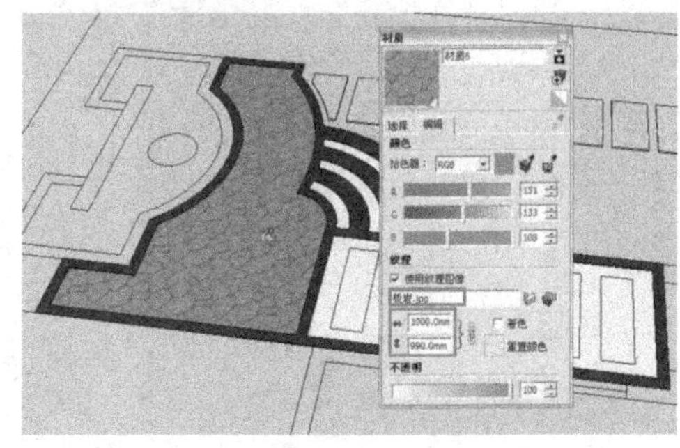

图 15-32

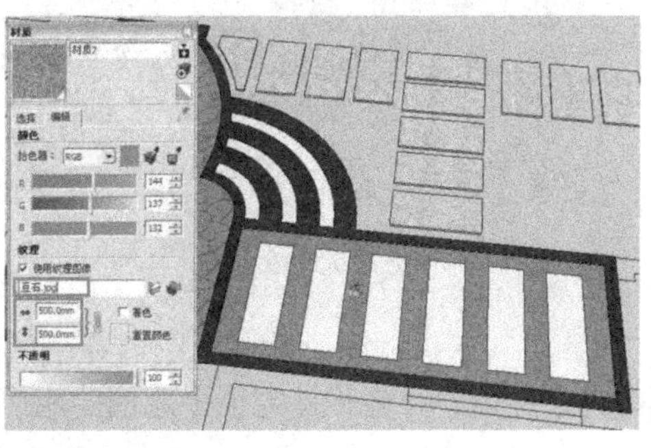

图 15-33

17）单击“创建材质”按钮创建一个新材质，然后为图中相应的造型指定一种石子材质（该材质的贴图文件为“案例 15/石子.jpg”文件），并设置贴图文件的长宽比值，如图 15-34 所示。

18）为图中的相应造型指定一种草地材质，并设置贴图文件的长宽比值，如图 15-35 所示。

图 15-34

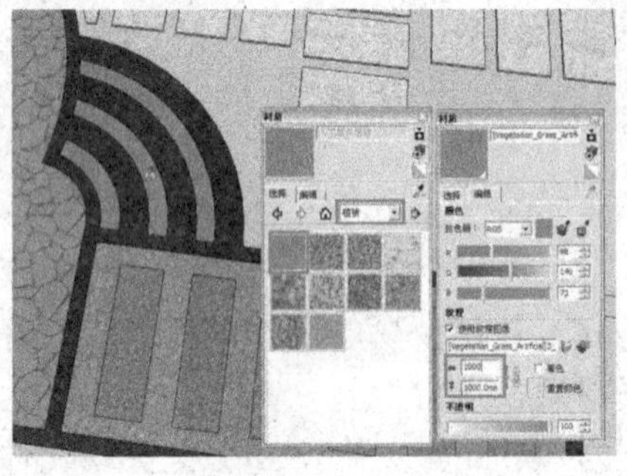

图 15-35

15.3.4 水池模型的制作

使用直线、圆弧和偏移等工具来绘制泳池轮廓，再根据需要对其指定的面进行推拉，然后设置水池模型的材质效果，再通过 Photoshop 导入“鱼图片”，并作适当的调整。

1）结合“直线”工具及“圆弧”工具，捕捉平面图上的相应轮廓，绘制如图 15-36 所示的水池外轮廓造型。

2）双击上一步绘制的造型面，接着单击鼠标右键，在弹出的快捷菜单中选择“反转平面”命令，将其进行平面反转使其正面朝上，然后将其创建为组，如图 15-37 所示。

图 15-36

图 15-37

3）双击创建的组，进入组的内部编辑状态，然后使用“偏移”工具，将绘制的造型面向内进行偏移，偏移捕捉至平面图的相应边线上，如图 15-38 所示。

4）使用“线条”工具，捕捉相应的轮廓线为其补绘一条边线，如图 15-39 所示。

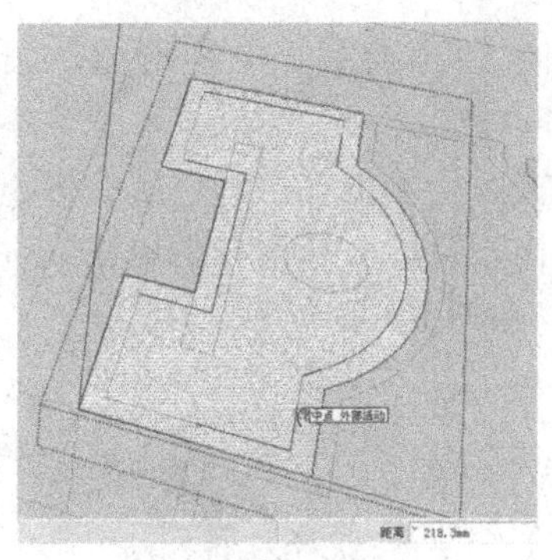

图 15-38

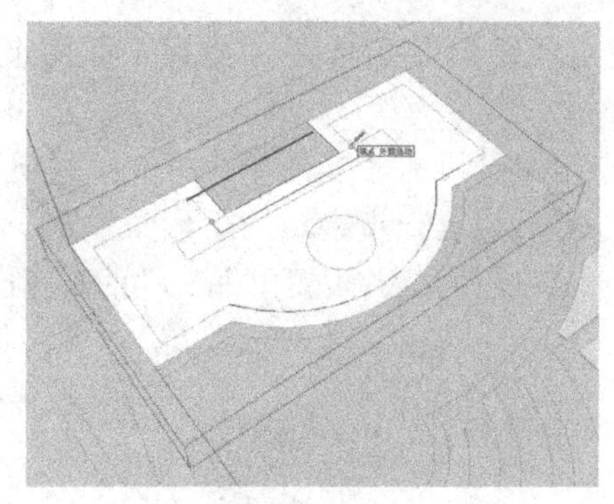

图 15-39

5）使用“选择”工具并配合键盘上的〈Ctrl〉键，将图中相应的几条边线选中，然后将其删除，如图 15-40 所示为选择的要删除的边线。

6）使用“推/拉”工具，将相应的造型面向上拉 450mm 的高度，如图 15-41 所示。

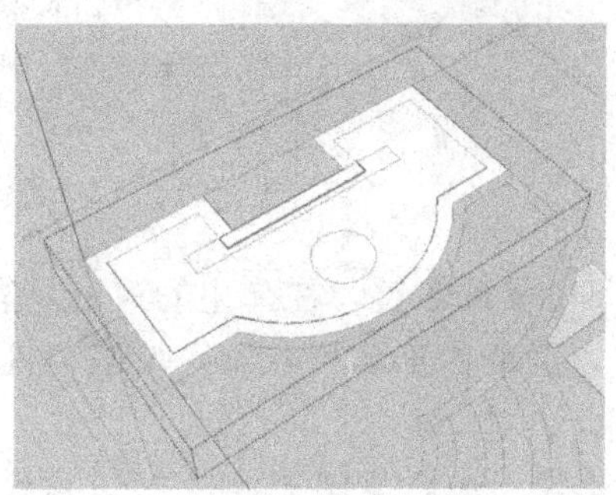

图 15-40

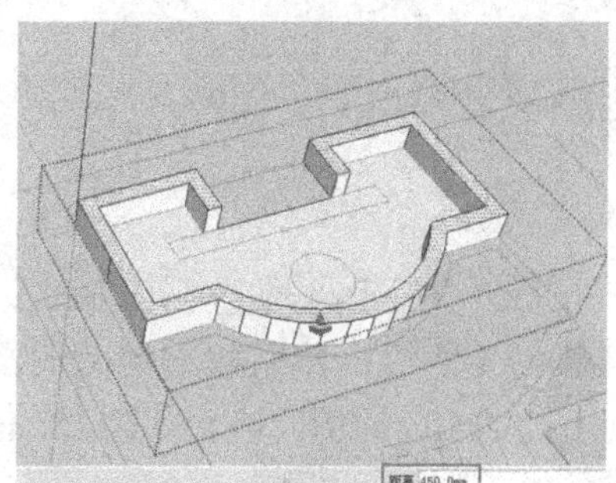

图 15-41

7）使用“颜料桶”工具，打开“材质”编辑器，单击“创建材质”按钮创建一个新材质，然后为水池模型指定一种花岗岩材质（该材质的贴图文件为“案例 15/花岗岩.jpg”文件），并设置贴图文件的长宽比值，如图 15-42 所示。

8）单击“创建材质”按钮创建一个新材质，然后为图中相应的造型面指定一种鹅卵石材质（该材质的贴图文件为“案例 15/鹅卵石.jpg”文件），并设置贴图文件的长宽比值，如图 15-43 所示。

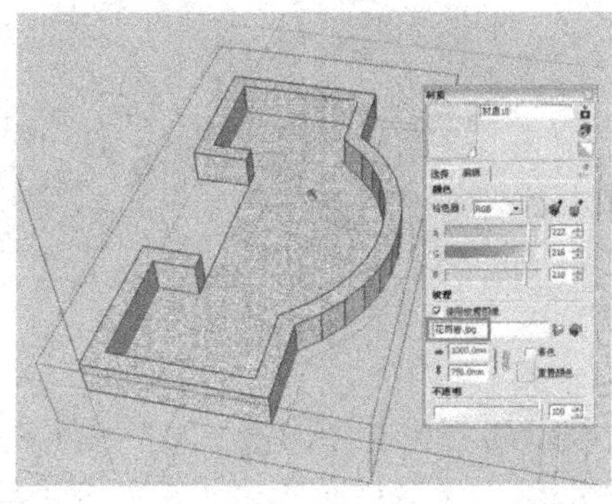

图 15-42

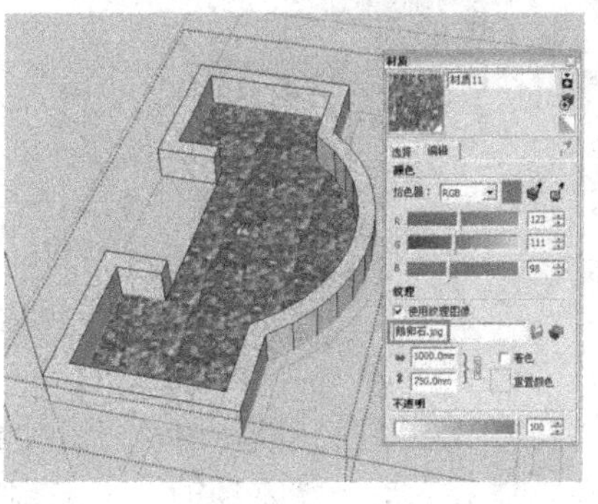

图 15-43

9）使用“矩形”工具，捕捉平面图上的相应轮廓绘制一个矩形面，如图 15-44 所示。

10）使用“颜料桶”工具，打开“材质”编辑器，单击“创建材质”按钮创建一个新材质，然后为上一步绘制的矩形面指定一种文化石材质（该材质的贴图文件为“案例15/文化石.jpg”文件），并设置贴图文件的长宽比值，如图 15-45 所示。

图 15-44

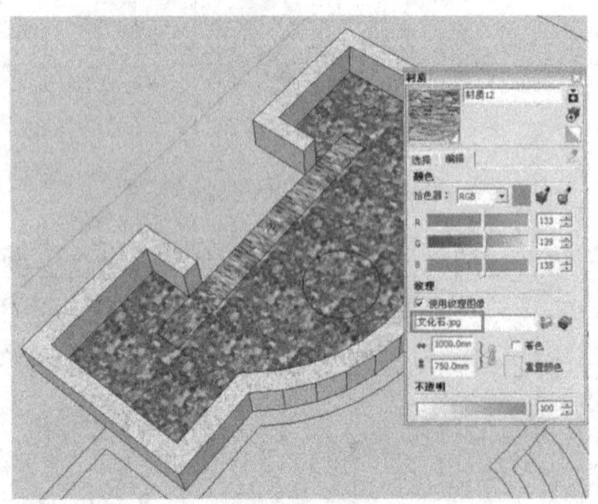

图 15-45

11）双击上一步赋予材质的矩形面，接着单击鼠标右键，在弹出的菜单中选择“创建组”命令将其创建为组，然后双击创建的组进入组的内部编辑状态，使用“推/拉”工具，将其向上拉 2450mm 的高度，如图 15-46 所示。

12）双击水池造型，进入组的内部编辑状态，然后使用“移动”工具并配合键盘上的〈Ctrl〉键，将水池内的相应造型面向上移动复制 300mm 的距离，如图 15-47 所示。

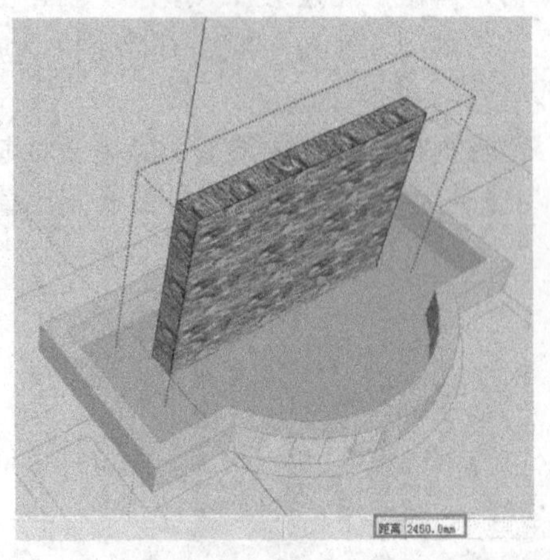

图 15-46

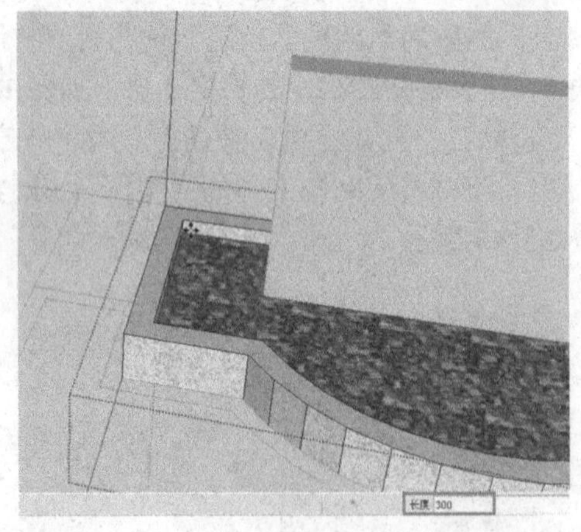

图 15-47

13）使用“颜料桶”工具，打开“材质”编辑器，单击“创建材质”按钮创建一个新材质，然后为上一步复制的造型面指定一种水材质（该材质的贴图文件为“案例 15/水.jpg”文件），并设置不透明度值为 60，如图 15-48 所示。

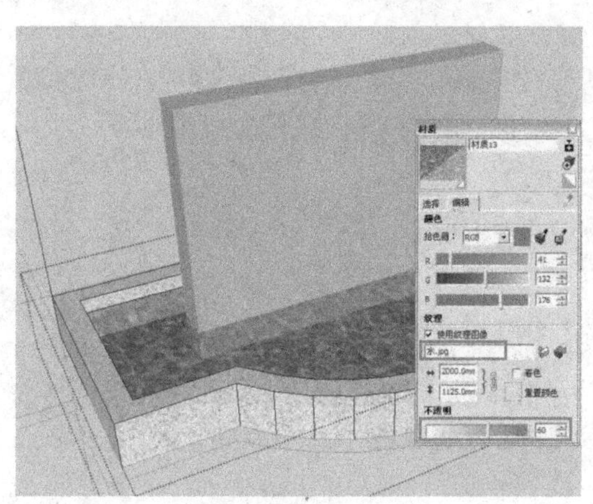

图 15-48

14）使用“圆弧”工具，捕捉水池上的相应点绘制一个圆弧面，其中长度为100mm，凸出部分为50mm。

15）为绘制的圆弧面指定与水池相同的花岗岩材质。

16）使用“路径跟随”工具，先选择水池造型的上侧造型面，再单击绘制的圆弧面，从而为水池的边缘制作了一种圆弧形的样式，如图 15-49 所示。

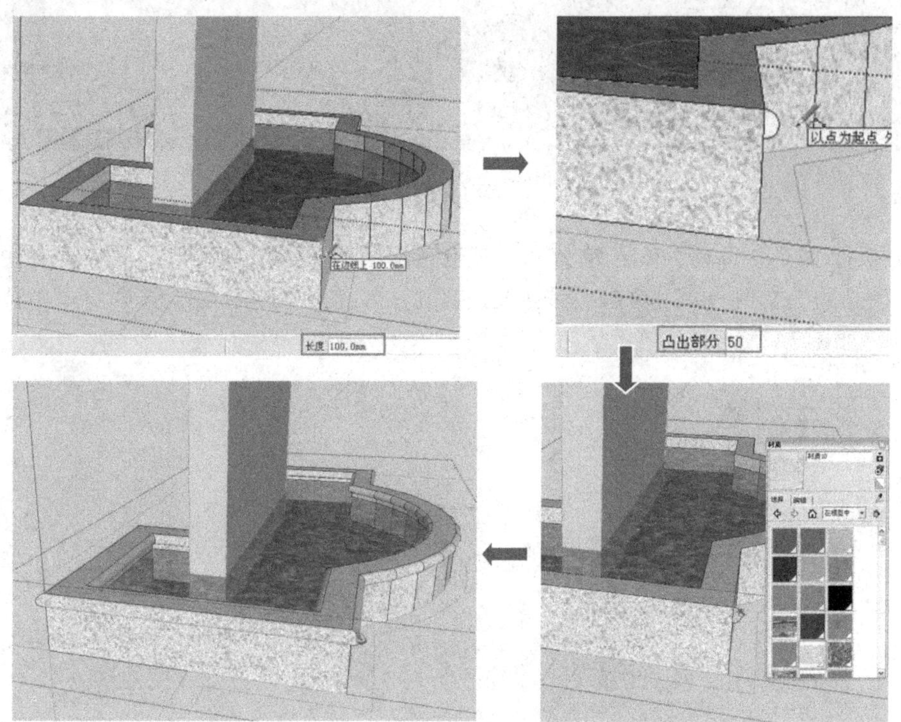

图 15-49

17）启动 Photoshop 软件，然后执行“文件|打开”菜单命令，打开“案例/15/鱼图片.jpg”文件，如图 15-50 所示。

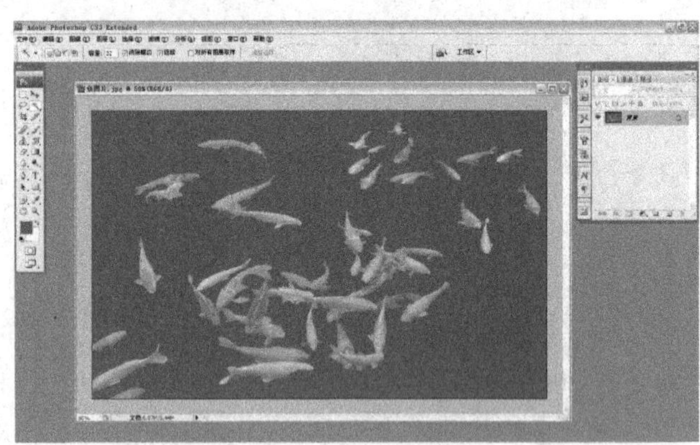

图 15-50

18）双击打开图片的“背景”图层将其解锁，接着使用绘图工具栏上的“魔棒工具”，选择图片中的蓝色区域，然后按〈Delete〉键将其删除，如图 15-51 所示。

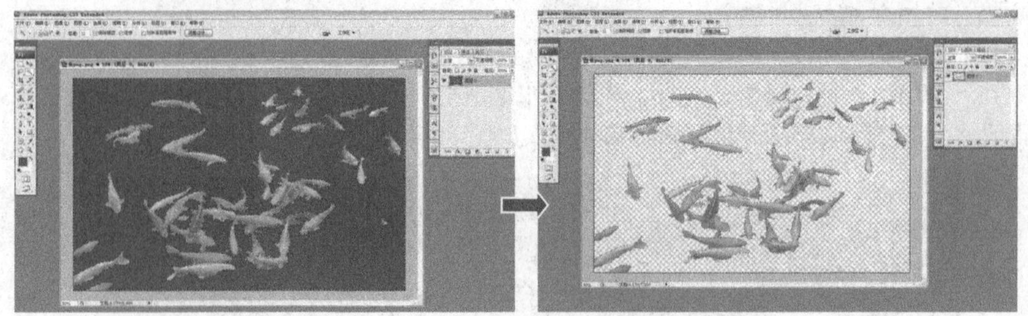

图 15-51

19）执行“文件|存储为”菜单命令，接着在弹出的“存储为”对话框中将文件另为为“案例/15/鱼.png”文件，然后单击“保存”按钮，在弹出的“PNG 选项”对话框中单击“确定”按钮，如图 15-52 所示。

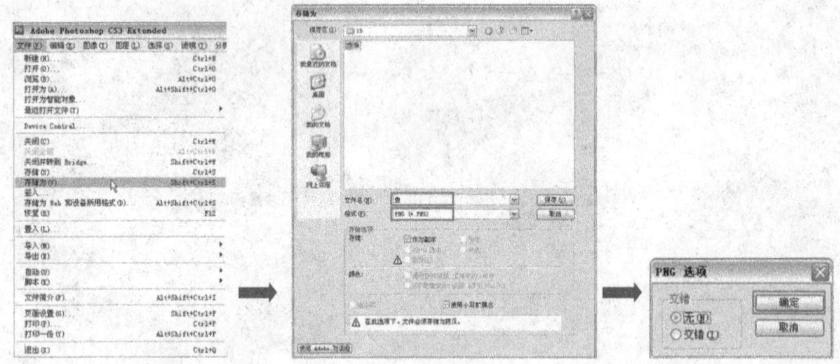

图 15-52

20）执行“文件|导入”菜单命令，弹出“打开”对话框，然后选择“案例/15/鱼.png”文件，再单击下侧的“打开”按钮 打开(O)，将其导入，再结合“旋转”工具及“拉伸”

工具，对导入的图像文件进行编辑操作使其符合要求，如图 15-53 所示。

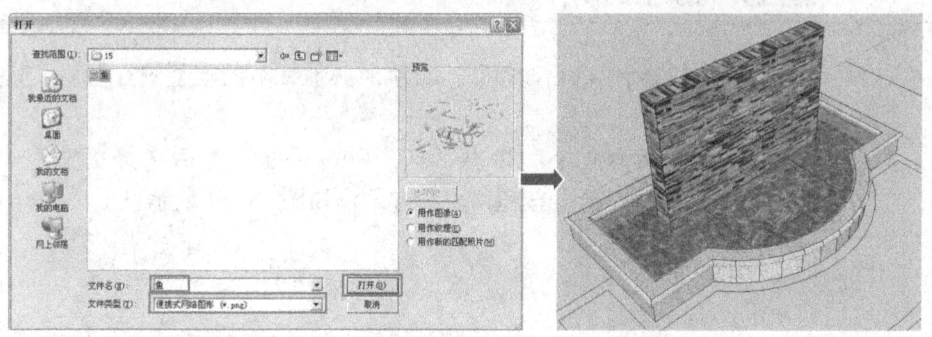

图 15-53

21）执行“文件|导入”菜单命令，弹出“打开”对话框，然后选择“案例/15/喷泉.skp”文件，再单击下侧的“打开”按钮，将其导入，再结合“移动”工具及“拉伸”工具对导入的模型组件进行编辑操作使其符合要求，如图 15-54 所示。

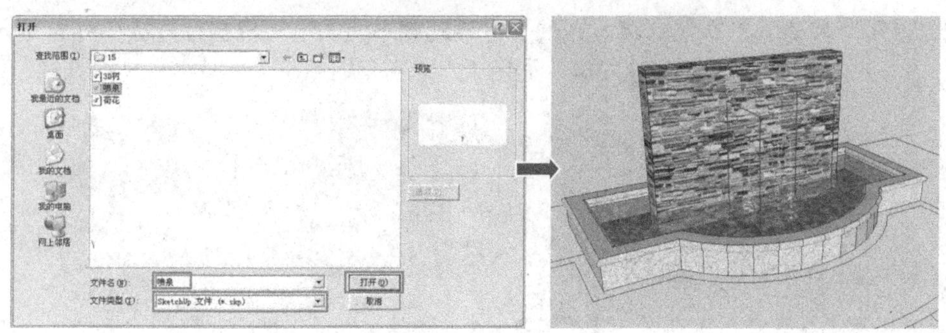

图 15-54

22）使用相同的方法，将“案例/15/荷花.skp”文件，导入到水池中的相应位置，如图 15-55 所示。

23）选择绘制的水池模型，然后单击鼠标右键，在弹出的快捷菜单中选择“软化/平滑边线”命令，弹出“柔化边线”对话框，然后在其中设置“法线之间的角度”值，并勾选“平滑法线”， 如图 15-56 所示。

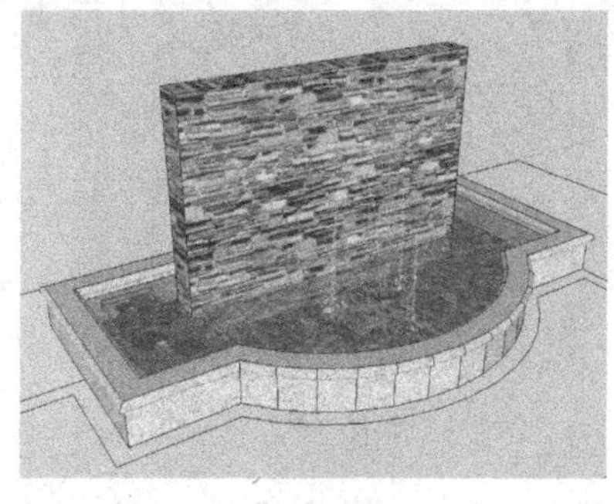

图 15-55

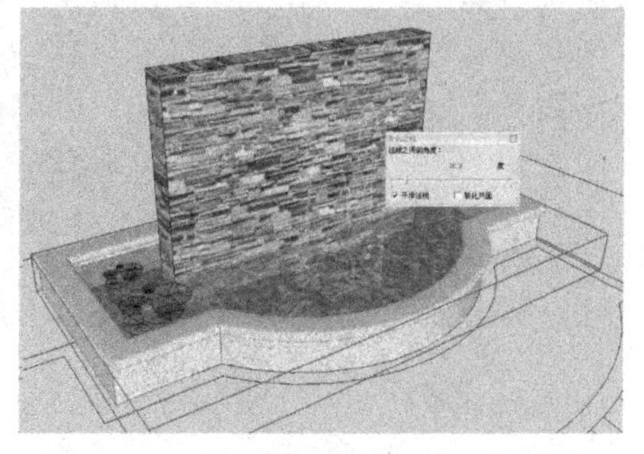

图 15-56

15.3.5 庭院其他模型的制作

在完成庭院中主体模型的创建以后，接下来继续对其他细节的模型进行创建，其操作步骤如下。

1）执行“文件|导入”菜单命令，弹出“打开”对话框，然后选择“案例/15/补充图.dwg”文件，再单击下侧的“打开”按钮，将其导入，如图 15-57 所示。

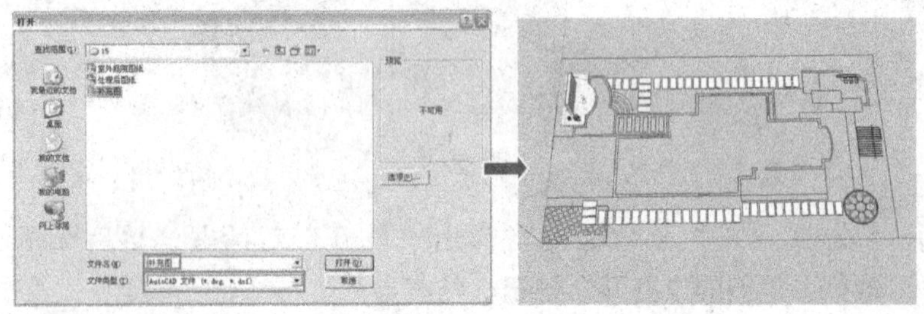

图 15-57

2）使用“移动”工具，将导入的文件移动到平面图上相应的位置处，并将导入的图纸与之前导入的 CAD 平面图创建成组，如图 15-58 所示。

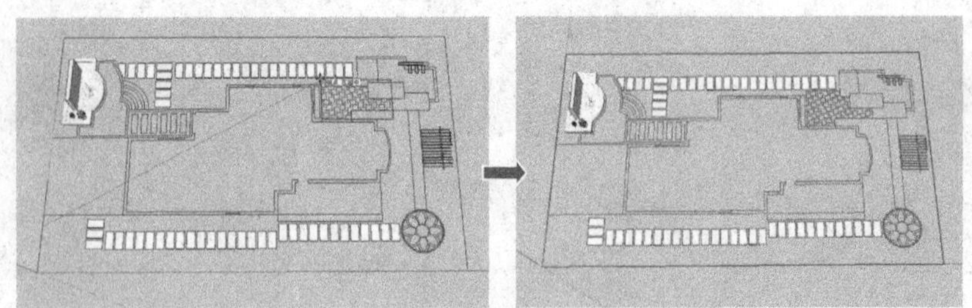

图 15-58

3）使用“矩形”工具，捕捉导入图形上的相应轮廓绘制一个矩形面，如图 15-59 所示。

4）使用“颜料桶”工具，为上一步绘制的矩形面指定一种石头的材质，如图 15-60 所示。

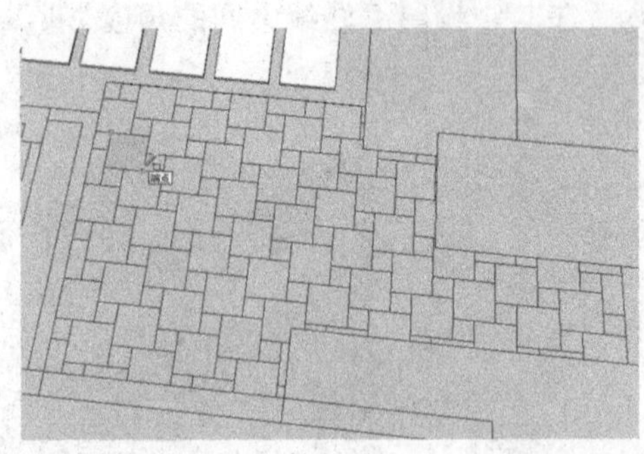

图 15-59

图 15-60

5）将绘制的矩形创建为组，然后双击创建的组，进入组的内部编辑状态，再使用“推/拉”工具，将矩形面向上拉 30mm 的高度，如图 15-61 所示。

6）结合“移动”工具与“推/拉”工具，对上一步绘制的石板进行复制与编辑，如图 15-62 所示。

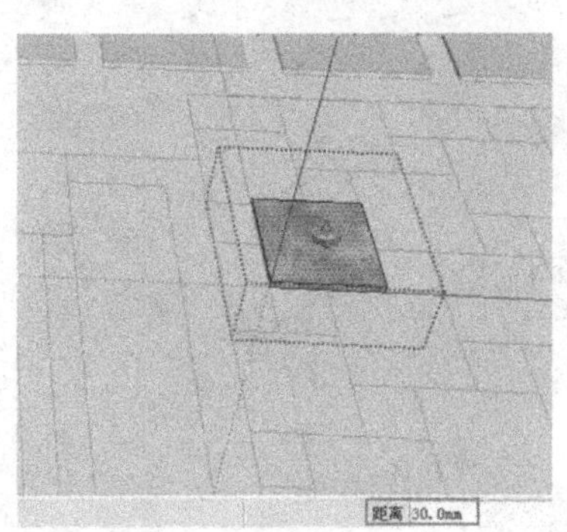

图 15-61

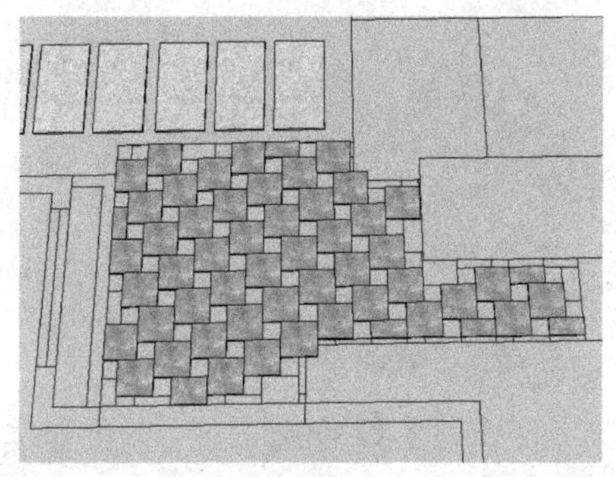

图 15-62

7）制作水池模型。使用“线条”工具，捕捉平面图上的相应轮廓，绘制如图 15-63 所示的多条线条。

8）将上一步绘制的造型创建为组，接着双击创建的组进入组的内部编辑状态，再使用“偏移”工具，将相应的线条偏移至平面图相应轮廓线上，如图 15-64 所示。

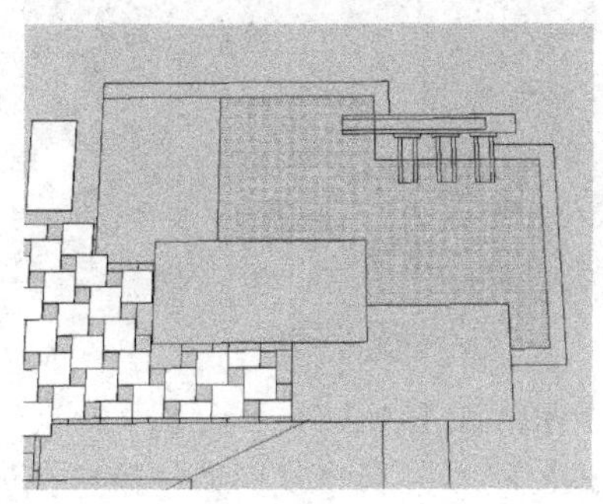

图 15-63

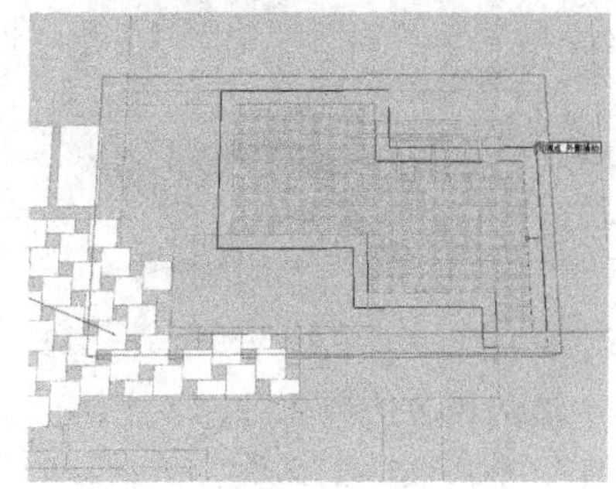

图 15-64

9）使用“擦除”工具，对图中相应的线条进行擦除操作，如图 15-65 所示。

10）使用“线条”工具，为图中相应的轮廓补线，如图 15-66 所示。

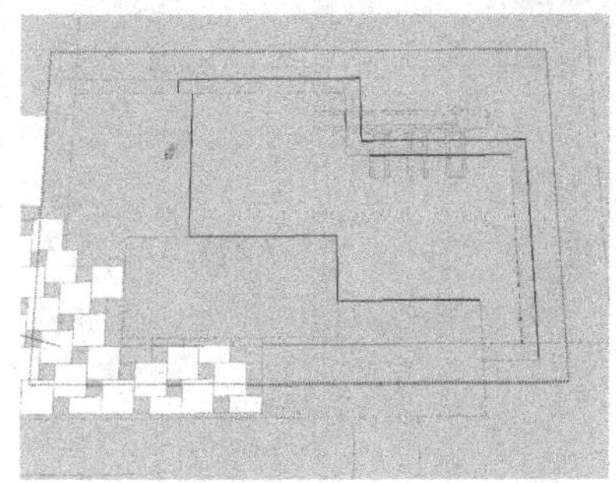

图 15-65

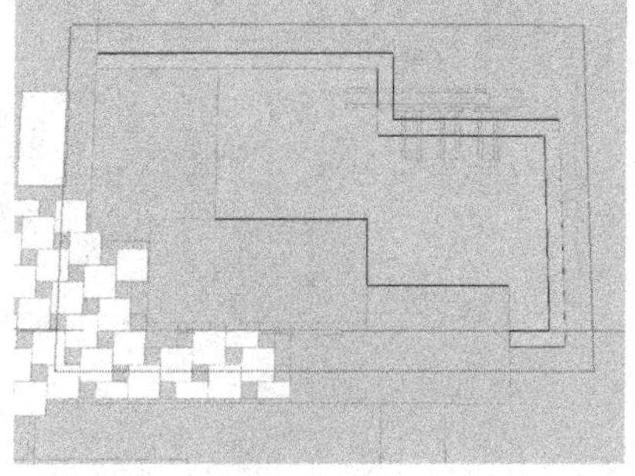

图 15-66

11）双击绘制的造型，单击鼠标右键，在弹出的菜单中选择“反转平面”命令，将其进行平面反转使其正面朝上，如图 15-67 所示。

12）使用“推/拉”工具，将图中相应的造型面向上拉450mm的高度，如图15-68所示。

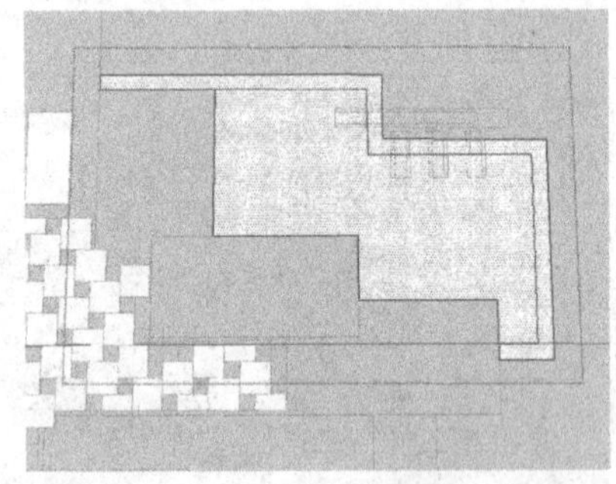
图 15-67

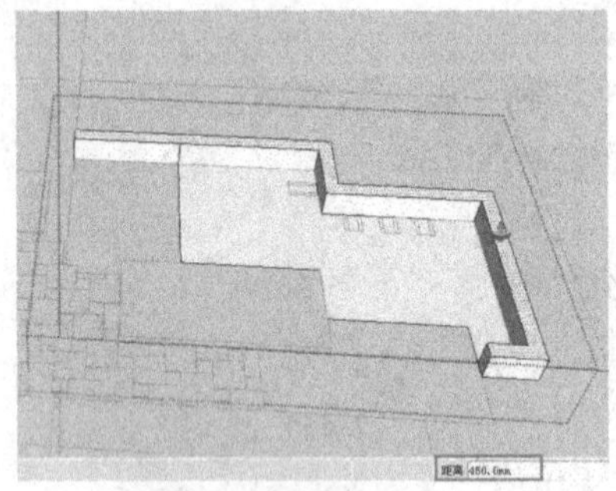
图 15-68

13）使用“推/拉”工具，将图中相应的造型面向下推400mm的高度，如图15-69所示。

14）使用“选择”工具，选择图中相应的造型面，将其删除，如图15-70所示。

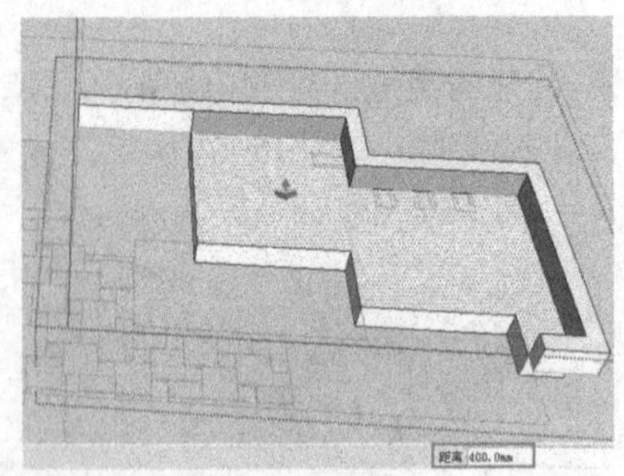
图 15-69

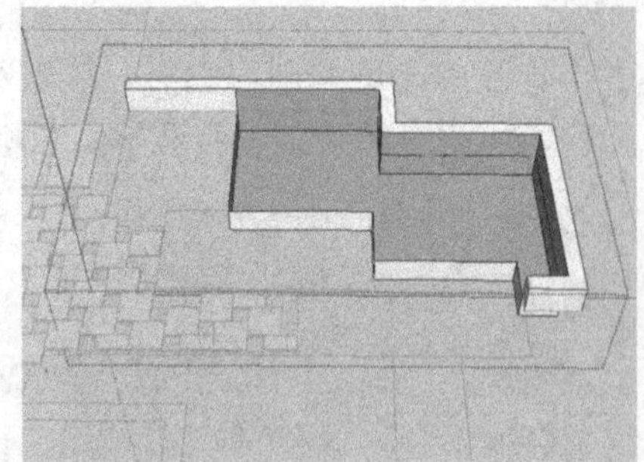
图 15-70

15）对水池的相应造型面进行“反转平面”操作，如图15-71所示。

16）使用“颜料桶”工具，为绘制的水池模型赋予一种“花岗岩“材质，如图 15-72 所示。

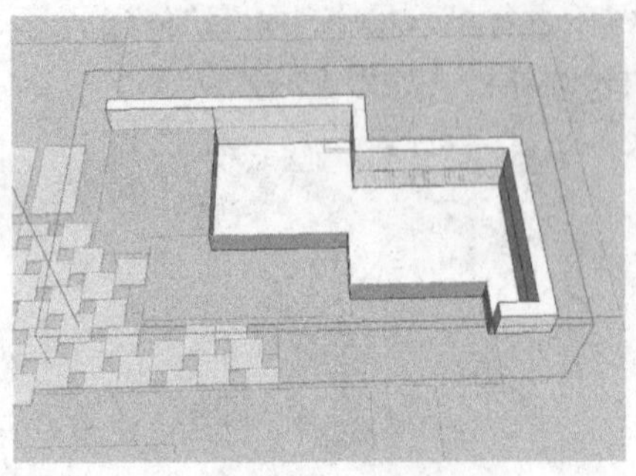
图 15-71

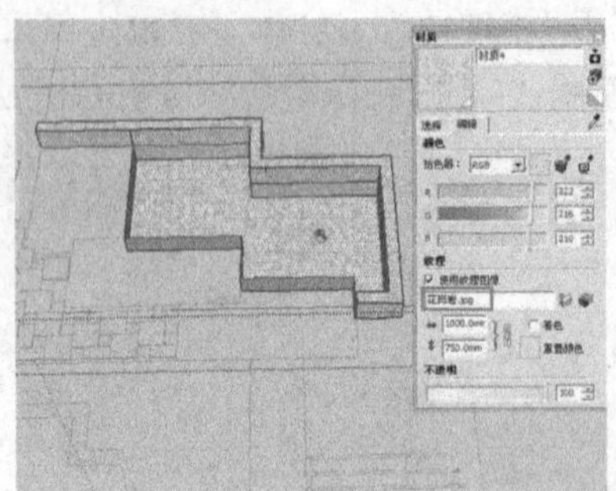
图 15-72

17）使用“颜料桶”工具，为绘制的水池底部的面赋予一种“鹅卵石”材质，如图15-73所示。

18）使用“移动”工具并结合键盘上的〈Ctrl〉键，将上一步赋予材质的面向上移动复制一个，移动复制的距离为300mm，如图15-74所示。

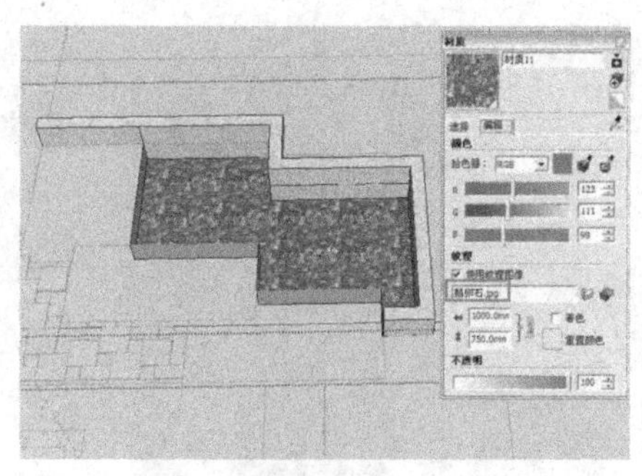

图 15-73

图 15-74

19）使用“颜料桶”工具，为绘制的上一步复制的造型面赋予一种“水”材质，如图 15-75 所示。

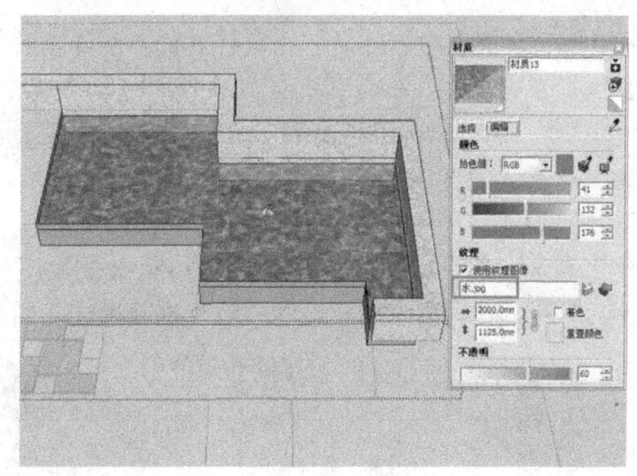

图 15-75

20）制作水池上侧的“水景墙”模型。使用“矩形”工具，捕捉平面图上的相应轮廓线绘制一个矩形面。

21）使用“矩形”工具，在上一步绘制的矩形面内继续绘制一个矩形面。

22）将上两步绘制的矩形面创建为组，并将其进行“反转平面”操作，然后使用“推/拉”工具，将内侧的矩形面向上拉 2000mm 的高度。

23）使用“推/拉”工具，将外侧的造型面向上拉 2000mm 的高度。

24）使用“推/拉”工具，将内侧的矩形面向下推 200mm 的高度。

25）使用“颜料桶”工具，为绘制的水景墙赋予一种“文化石”材质，如图 15-76 所示。

26）制作水景墙上的“水渠”模型。使用“矩形”工具，捕捉平面图上的相应轮廓线绘制一个矩形面。

27）将上一步绘制的矩形面创建为组，再双击创建的组进入组的内部编辑状态，然后使用“矩形”工具，在组内捕捉相应的平面轮廓绘制一个矩形面。

28）使用“矩形”工具，在组内捕捉相应的平面轮廓绘制一个矩形面。

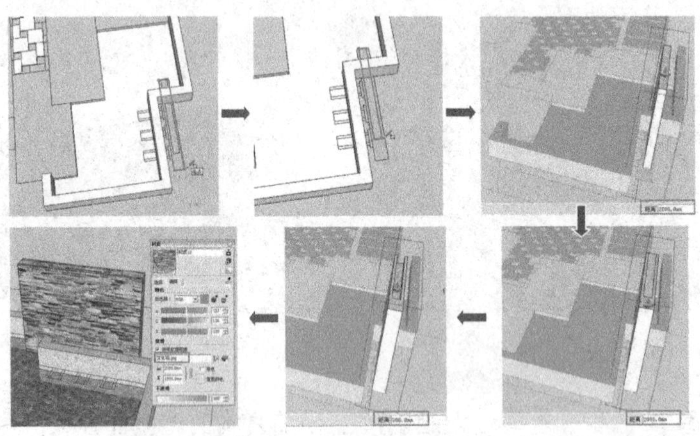

图 15-76

29）将前面绘制的矩形面全部选中，然后单击鼠标右键并在弹出的菜单中选择“反转平面”命令，将其正面朝上。

30）使用“移动”工具，将绘制的模型面垂直向上进行移动，移动到相应的模型面上。

31）使用“推/拉”工具，将图中相应的面向上拉 200mm 的高度。

32）使用“推/拉”工具，将图中相应的面向上拉 50mm 的高度。

33）使用“推/拉”工具，将图中相应的面向上拉 300mm 的高度。

34）使用“擦除”工具，对模型中的相应线段进行擦除操作，如图 15-77 所示。

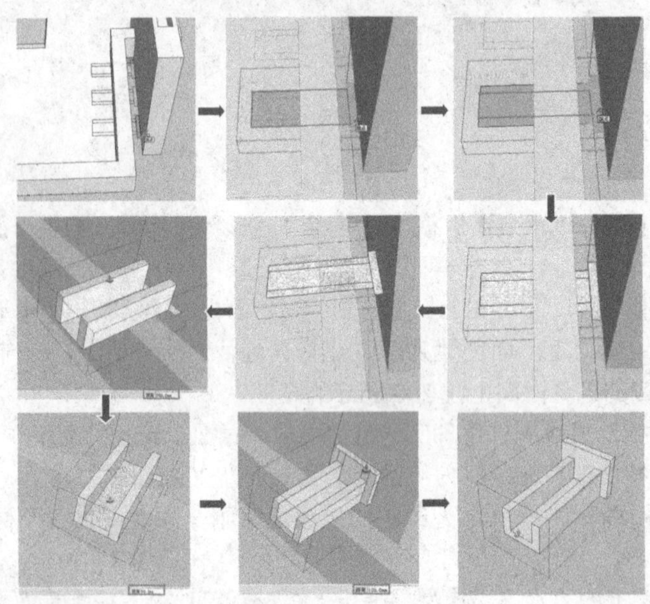

图 15-77

35）将前面制作的水渠模型选中，然后使用“移动”工具并配合键盘上的〈Ctrl〉键将其水平向左复制两个，如图 15-78 所示。

36）使用“颜料桶”工具，为绘制的水渠模型赋予一种“花岗岩-黑”材质，如

图 15-79 所示。

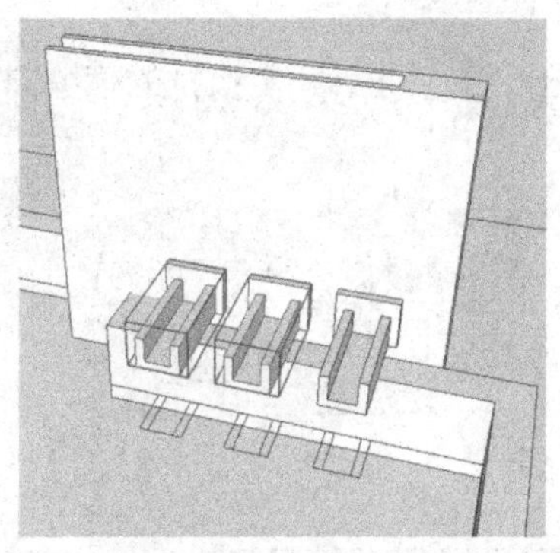

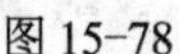

图 15-78

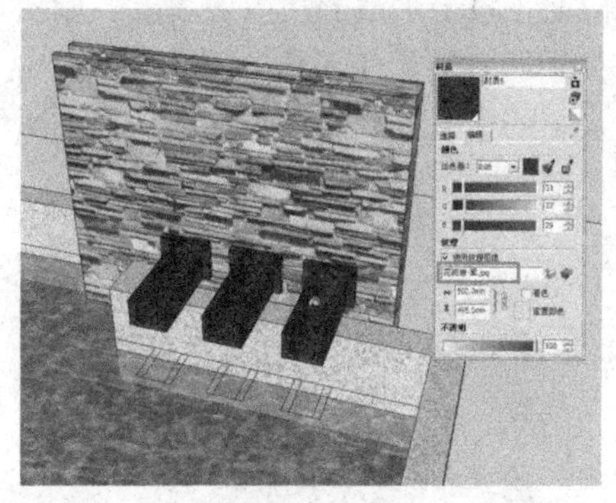

图 15-79

37）使用“矩形”工具，捕捉平面图上的相应轮廓线绘制一个矩形面，如图 15-80 所示。

38）将上一步绘制的矩形面创建为组，然后双击创建的组进入组的内部编辑状态，再使用“推/拉”工具，将矩形面向上拉 200mm 的高度，如图 15-81 所示。

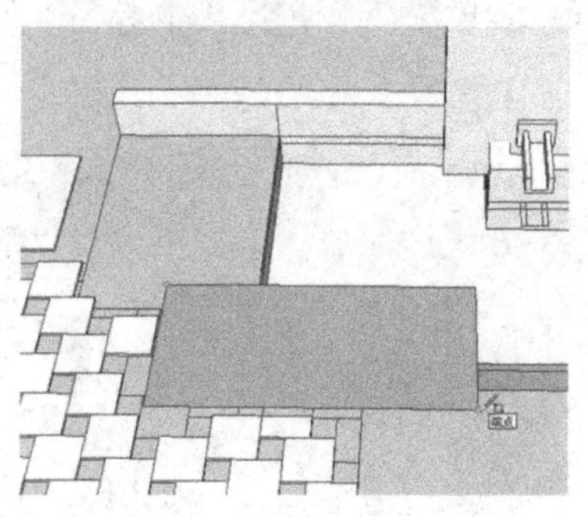

图 15-80

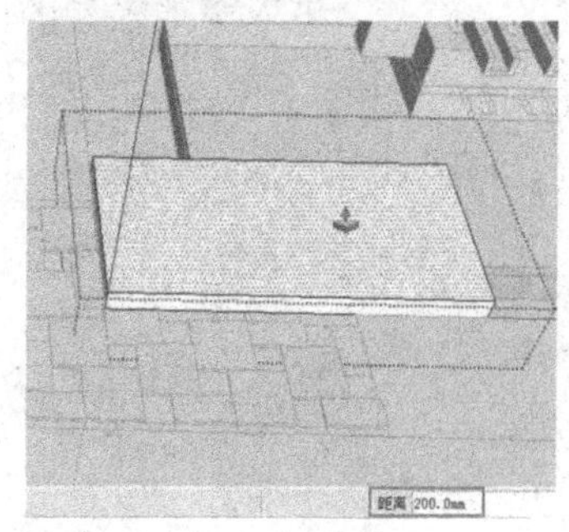

图 15-81

39）使用“颜料桶”工具，打开“材质”编辑器，单击“创建材质”按钮创建一个新材质，然后为上一步推拉的造型指定一种木纹材质（该材质的贴图文件为“案例 15/木纹.jpg”文件），并设置贴图文件的长宽比值，如图 15-82 所示。

40）使用“移动”工具并配合键盘上的〈Ctrl〉键将上一步赋予材质的模型向下复制一个，如图 15-83 所示。

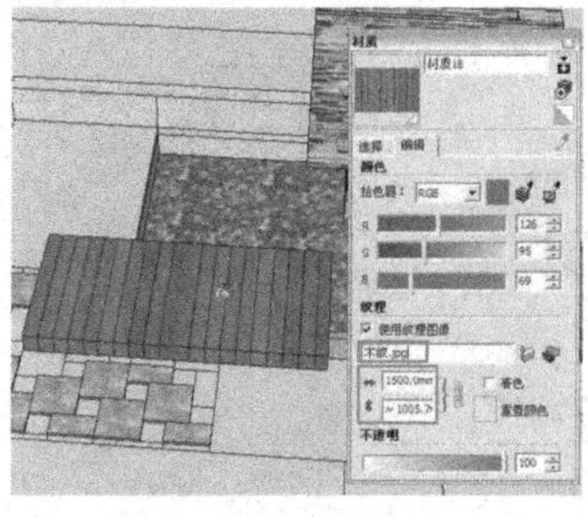

图 15-82

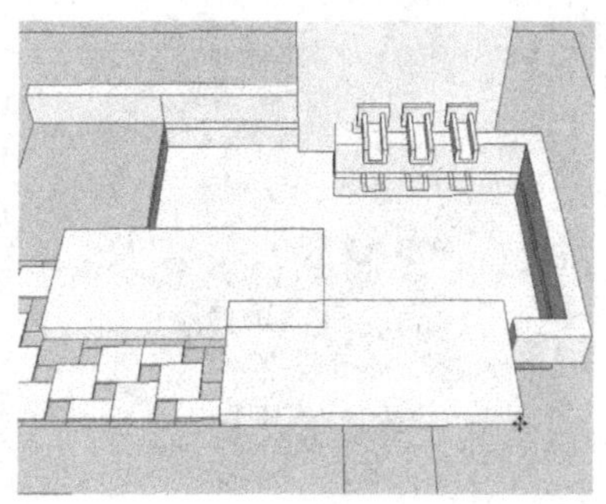

图 15-83

41）双击上一步复制的模型，进入组的内部编辑状态，然后使用“推/拉”工具，将模型的相应面推拉至水池的相应边线上，如图 15-84 所示。

42）使用“移动”工具并配合键盘上的〈Ctrl〉键，将上一步推拉的模型向上复制一个，并对复制的模型进行修改，如图 15-85 所示。

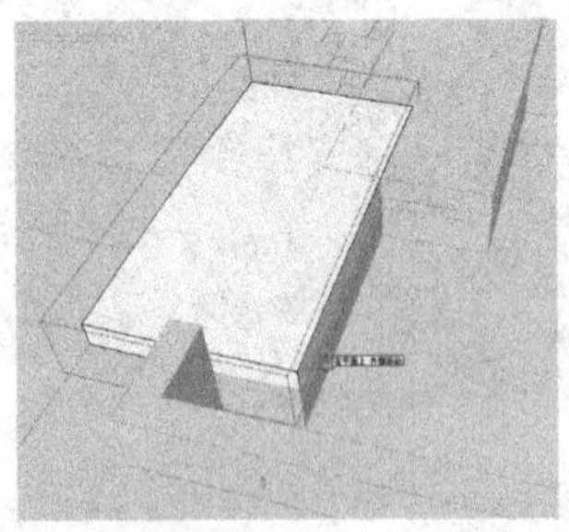

图 15-84

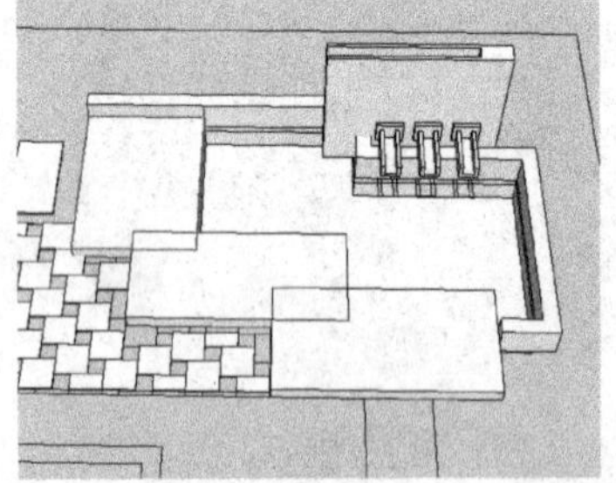

图 15-85

43）使用“移动”工具，将图中相应的模型垂直向上移动 200mm 的距离，如图 15-86 所示。

44）双击水池模型，进入水池模型的内部编辑状态，再使用“推/拉”工具，对水池内的相应面进行推拉操作，如图 15-87 所示。

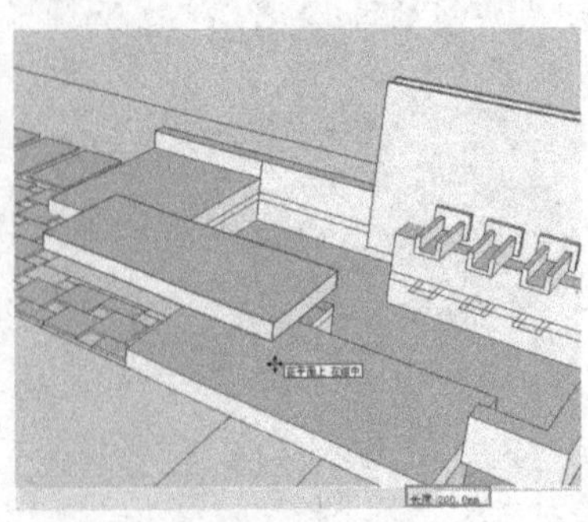

图 15-86

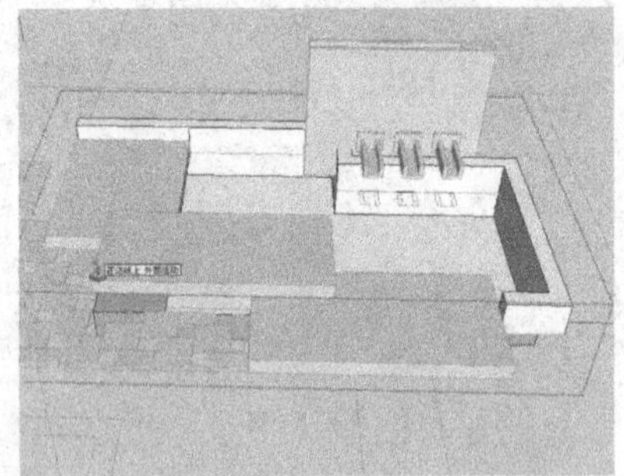

图 15-87

45）使用“移动”工具并配合键盘上的〈Ctrl〉键，将水池底面垂直向上移动复制 300mm 的距离，如图 15-88 所示。

46）使用“颜料桶”工具，为上一步复制的造型面赋予一种“水”材质，如图 15-89 所示。

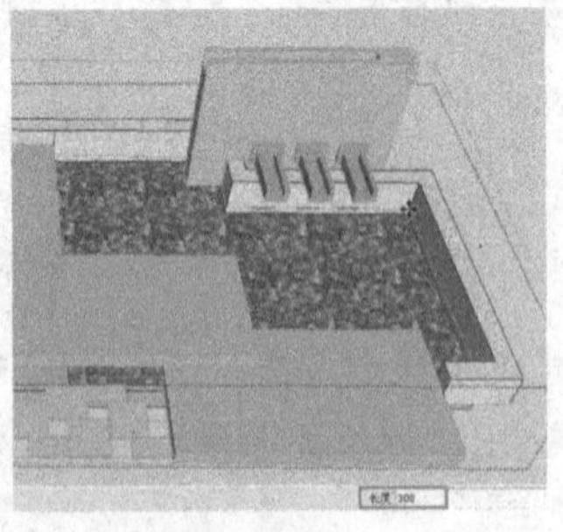

图 15-88

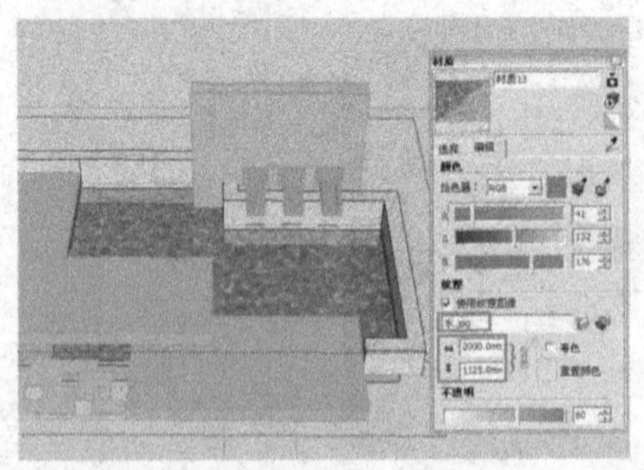

图 15-89

47）使用“圆弧”工具，捕捉水池上的相应轮廓绘制一个圆弧面，其中长度为100mm，凸出部分为50mm，如图15-90所示。

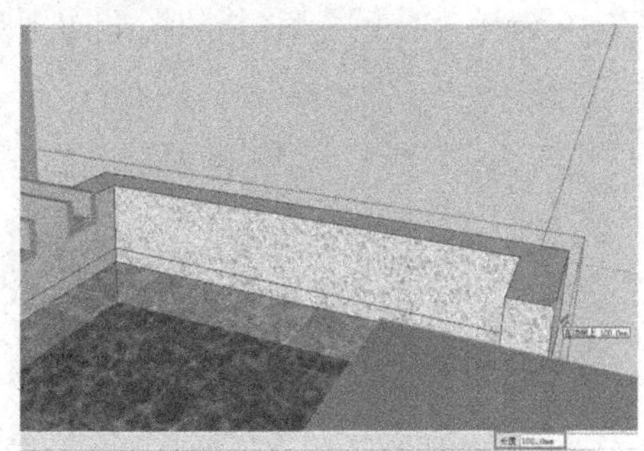

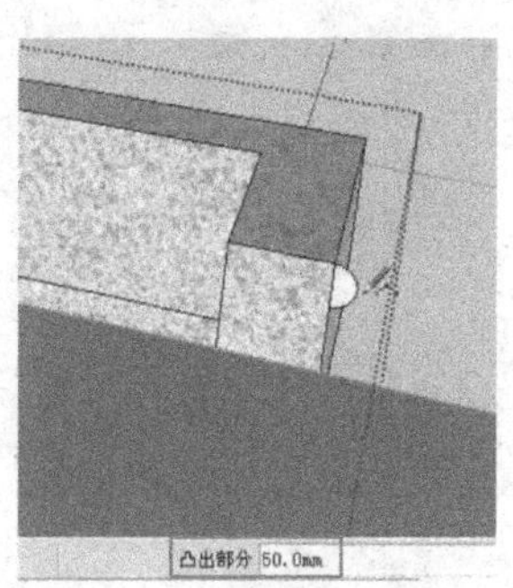

图 15-90

48）使用“颜料桶”工具，为上一步复制的造型面赋予一种“花岗岩”材质，如图15-91所示。

49）使用“路径跟随”工具，先选择水池造型的上侧面，再单击绘制的圆弧面，从而为水池的边缘制作了一种圆弧形的效果，如图15-92所示。

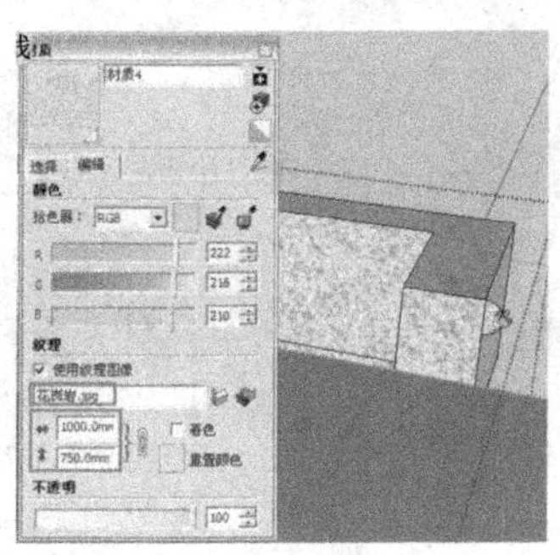

图 15-91

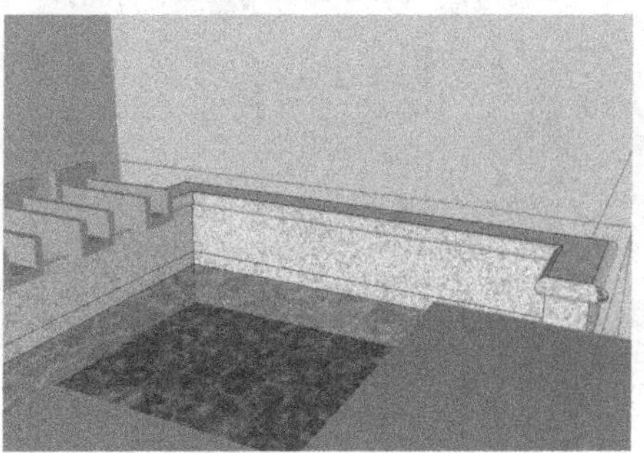

图 15-92

50）使用“矩形”工具，捕捉平面图上的相应轮廓线绘制一个矩形面，如图15-93所示。

51）将上一步绘制的矩形面创建为组，接着双击创建的组进入组的内部编辑状态，然后为其赋予一种“水泥砖”材质，并设置贴图文件的长宽比值，如图15-94所示。

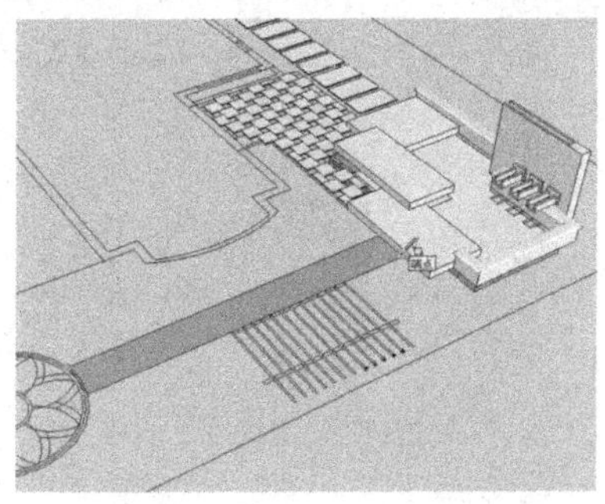

图 15-93

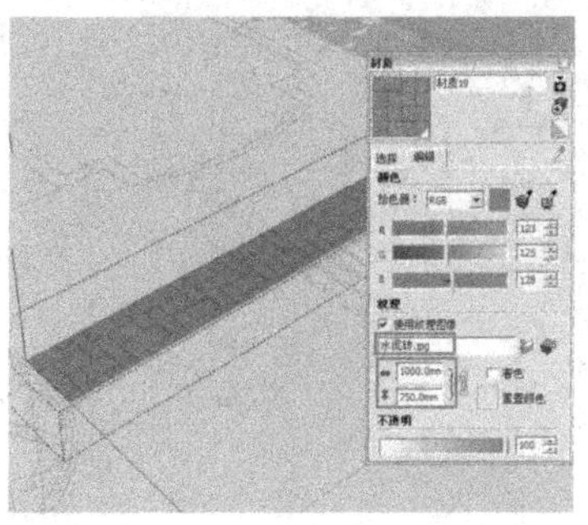

图 15-94

52）使用“推/拉”工具，将矩形面向上拉 20mm 的高度，如图 15-95 所示。

53）绘制平面图中的圆形拼花造型。首先将图中创建的模型暂时隐藏，再选择导入的平面图，单击鼠标右键，在弹出的菜单中选择“分解”命令，将平面图进行多次分解，如图 15-96 所示。

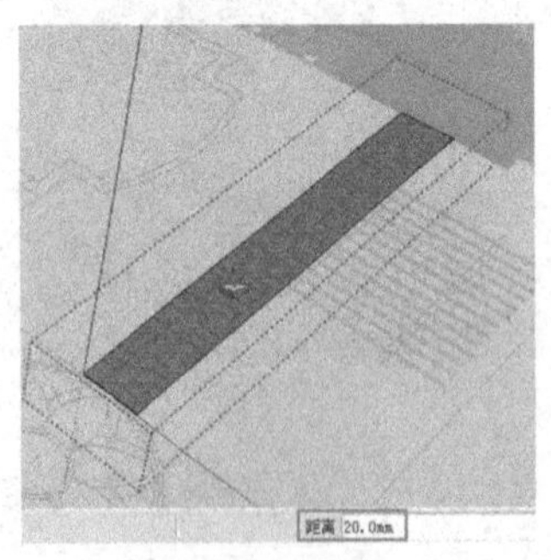

图 15-95

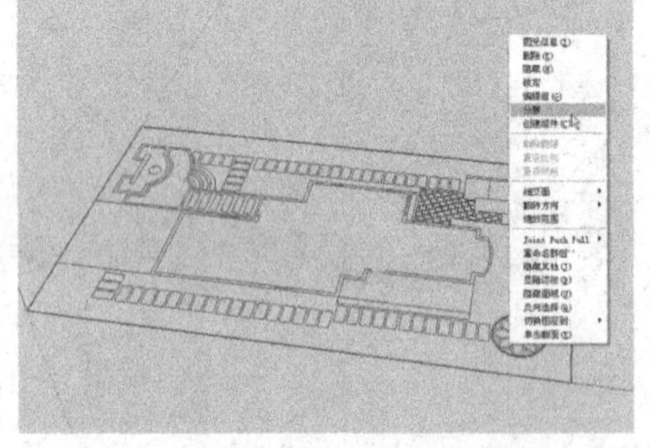

图 15-96

54）全选分解后的平面图，单击鼠标右键，在弹出的菜单中选择“创建组”命令，将其创建成组，如图 15-97 所示。

55）框选平面图右下侧的相应图形线条，如图 15-98 所示。

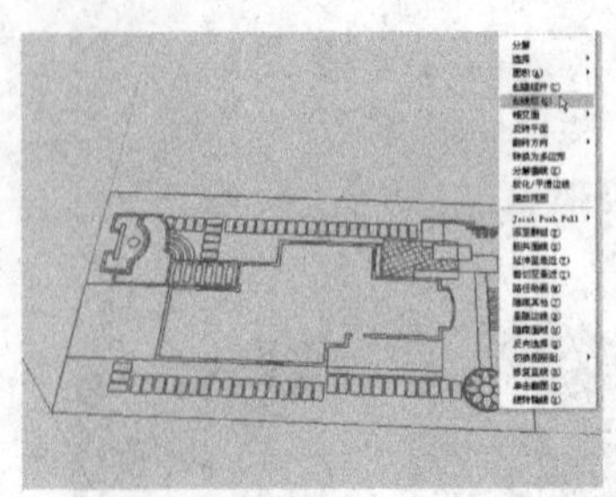

图 15-97

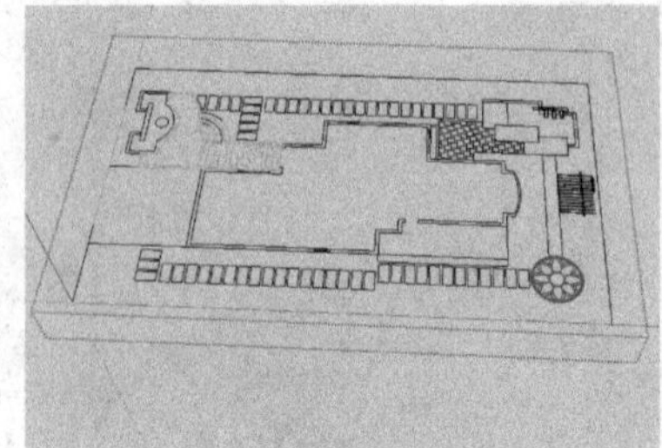

图 15-98

56）按键盘上的〈Ctrl+C〉组合键（复制），再单击绘图区中任意一点，退出组的内部编辑状态，然后按键盘上的〈Ctrl+V〉组合键（粘贴），将上一步选择的图形复制一份，再将复制的图形创建为组，如图 15-99 所示。

57）双击上一步创建的组，进入组的内部编辑状态，然后执行“插件|线面工具|生成面域”菜单命令，如图 15-100 所示。创建面域后的效果如图 15-101 所示。

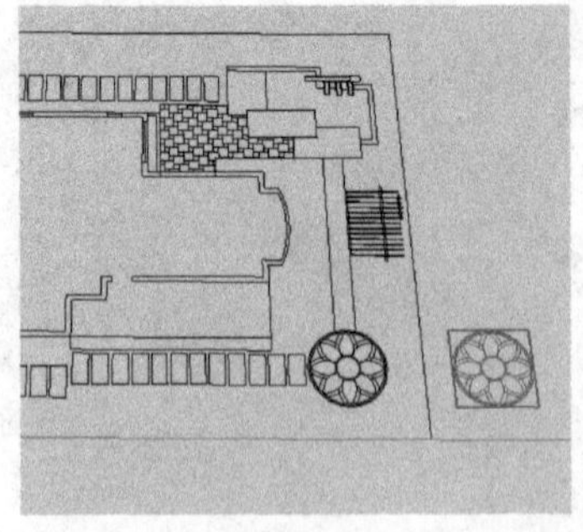

图 15-99

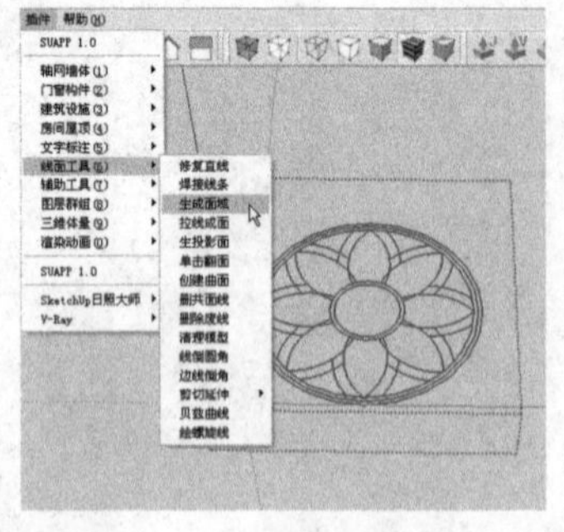

图 15-100

58）选择创建面域后的图形，然后单击鼠标右键，在弹出的菜单中选择“反转平面”命令，使其正面朝上，如图 15-102 所示。

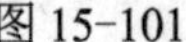

图 15-101

图 15-102

59）单击 Joint Push Pull 工具栏中的“组合推拉”工具，将面域向上拉伸 20mm 的高度，如图 15-103 所示。

60）使用“颜料桶”工具，为图中的相应造型面赋予相应的材质贴图，如图 15-104 所示。

图 15-103

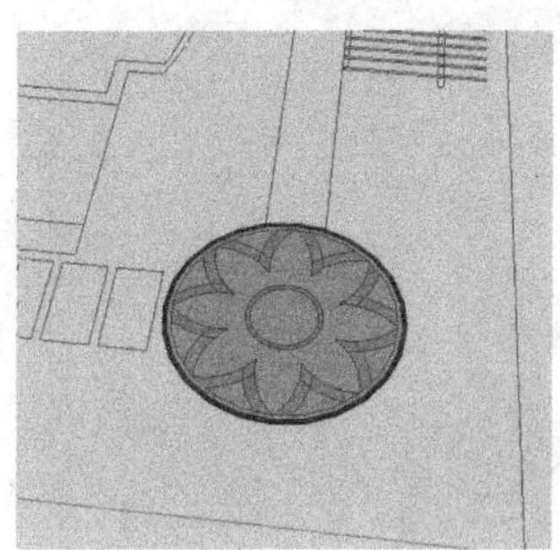

图 15-104

61）制作平面图中的主体建筑。使用“线条”工具，捕捉平面图上的相应轮廓，绘制如图 15-105 所示的造型面，然后将绘制的造型面创建为组。

62）双击上一步创建的组，然后使用“推/拉”工具将该造型面向上拉 3000mm 的高度，如图 15-106 所示。

63）使用“推/拉”工具并按住键盘上的〈Ctrl〉键，将上一步推拉的面继续向上拉 3000mm 的高度，如图 15-107 所示。

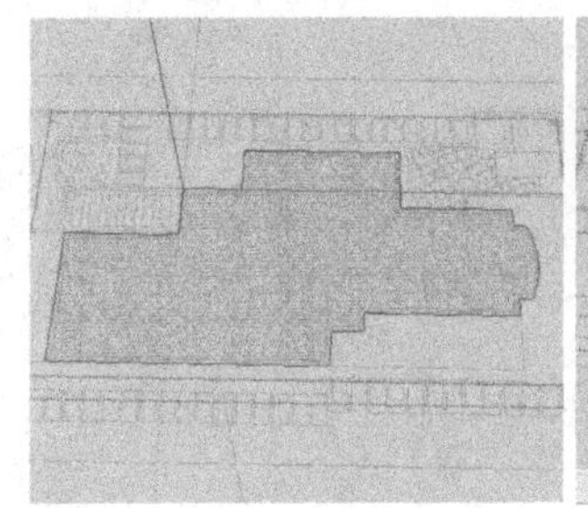

图 15-105

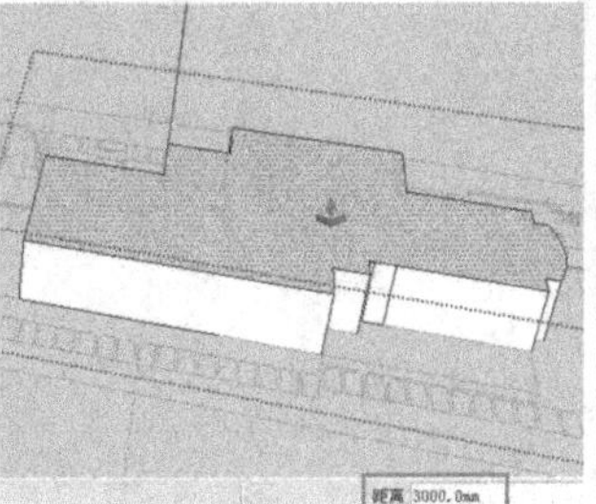

图 15-106

图 15-107

64）使用“矩形”工具，捕捉平面图上的相应轮廓线绘制一个矩形面，如图 15-108 所示。

65）将上一步绘制的矩形面创建为组，再用鼠标双击创建的组进入组的内部编辑状态，然后为绘制的矩形面赋予一种草地材质，如图 15-109 所示。

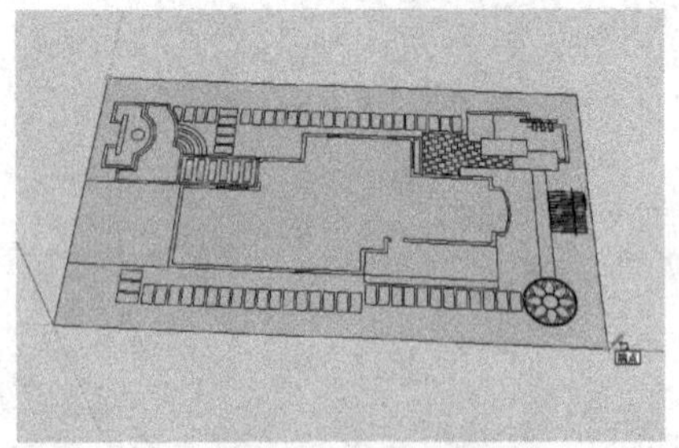

图 15-108

图 15-109

66）使用“线条”工具，在组内绘制如图 15-110 所示的造型面。

67）按键盘上的〈Delete〉键（删除），将上一步绘制的造型面删除，如图 15-111 所示。

图 15-110

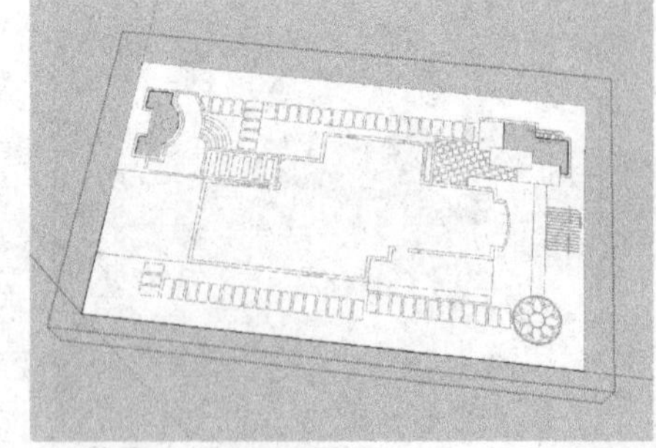

图 15-111

68）制作庭院外围的围墙效果。使用“矩形”工具，绘制一个 310mm×305mm 的矩形面，如图 15-112 所示。

69）使用“推/拉”工具，将上一步绘制的矩形面向上拉 1525mm 的高度，如图 15-113 所示。

70）使用“偏移”工具，将立方体的上侧矩形面向外偏移 75mm 的距离，如图 15-114 所示。

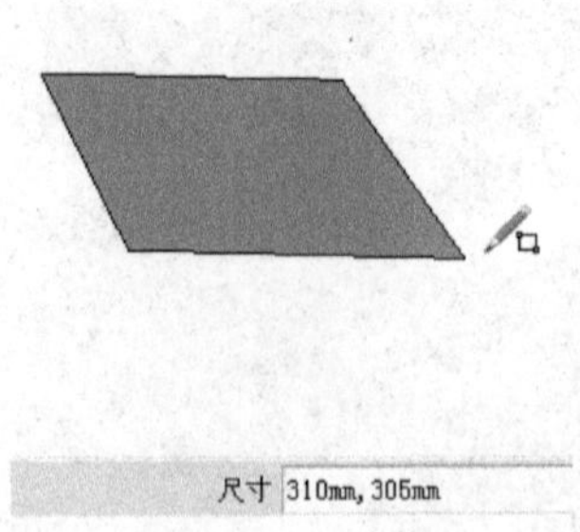

图 15-112

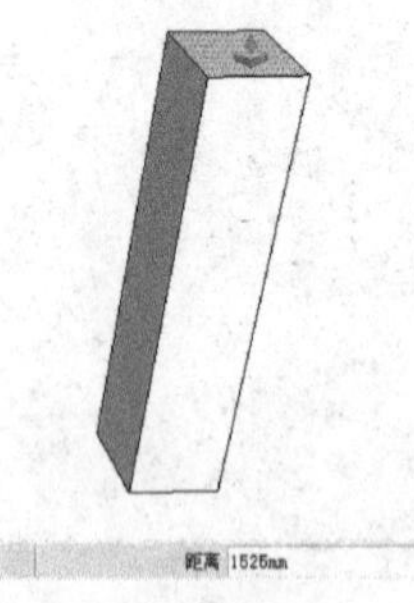

图 15-113

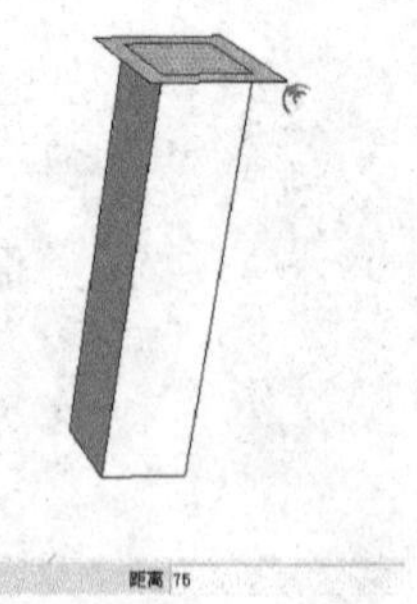

图 15-114

71）使用“推/拉”工具，将立方体的上侧相应面向上拉 75mm 的高度，如图 15-115 所示。

72）结合“矩形”、“推拉”及“移动”工具，制作出立柱右侧的铁艺栏杆造型，如图 15-116 所示。

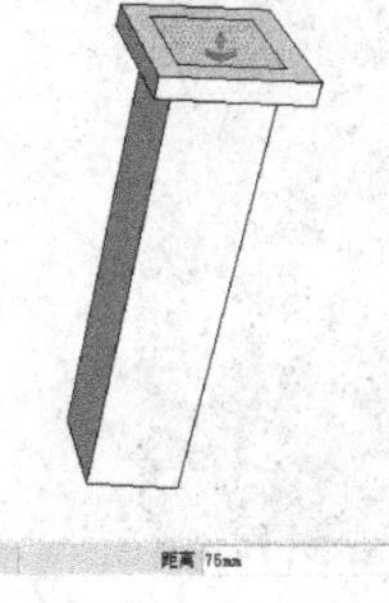
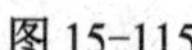

图 15-115

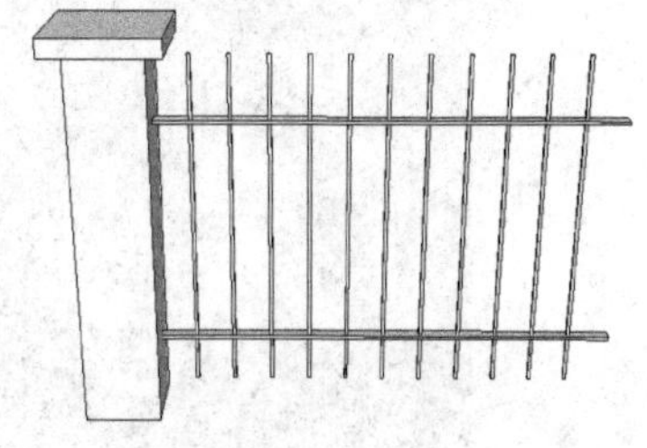

图 15-116

73）使用“颜料桶”工具，为图中的立柱造型赋予一种砖墙材质，然后为右侧的铁艺栏杆赋予一种深灰颜色材质，并将绘制的围墙造型创建为组，如图 15-117 所示。

74）使用“移动”工具，将制作的围墙造型复制到庭院外围的相应位置处，如图 15-118 所示。

图 15-117

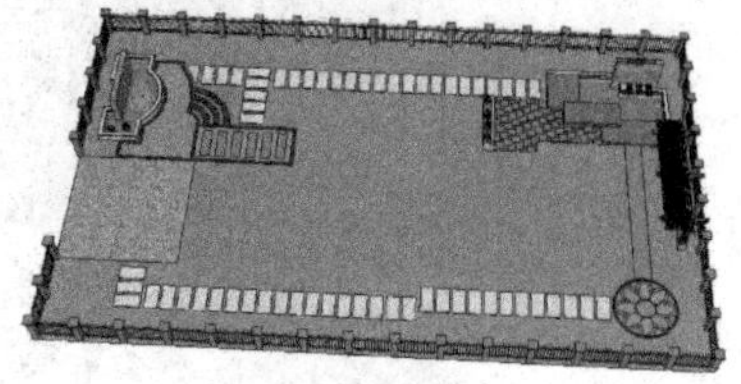

图 15-118

75）执行“窗口|组件”菜单命令，为场景添加一些树木、人物、动物、景观灯、石头等配景组件，如图 15-119 所示。

图 15-119

76）调整场景的视角，接下来执行“镜头|两点透视图”菜单命令，将视图的视角改为两点透视图效果，然后执行“视图|动画|添加场景”菜单命令，为场景添加一个场景页面用来固定视角，如图 15-120 所示。

图 15-120

77）执行“窗口|样式”菜单命令，打开“样式”编辑器，接下来切换到“编辑”选项卡下的“背景设置”选项，在其中取消“天空”选项的勾选，并设置“背景”的颜色为纯白色，如图 15-121 所示。

图 15-121

78）切换到“编辑”选项卡下的“边线设置”选项，在其中取消“显示边线”复选框的勾选，如图 15-122 所示。

图 15-122

79）执行“视图|工具栏|阴影”菜单命令，打开“阴影”工具栏，单击“显示/隐藏阴影”按钮，将阴影在视图中显示出来，然后单击“阴影设置”按钮，打开“阴影设置”面板，在其中设置相关的参数，如图 15-123 所示。

图 15-123

80）执行“文件|导出|二维图形”菜单命令，弹出“输出二维图形”对话框，在其中输入文件名“庭院 01”，文件格式为“JPEG 图像（*.jpg）”，接着单击“选项”按钮，弹出“导出 JPG 选项”对话框，在其中输入输出文件的大小，再单击下侧的“确定”按钮，返回“输出二维图形”对话框，然后单击“输出”按钮，将文件输出到相应的存储位置，如图 15-124 所示。

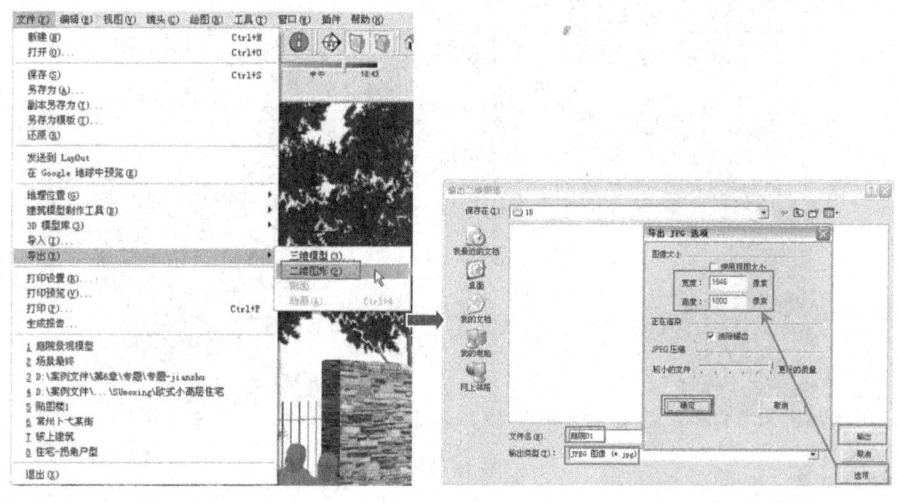

图 15-124

81）单击“样式”工具栏中的“隐藏线”按钮，将视图的显示模式切换为“隐藏线”显示模式，然后单击“阴影”工具栏中的“显示/隐藏阴影”按钮，将阴影的显示关闭，如图 15-125 所示。

82）执行“文件|导出|二维图形”菜单命令，将图像文件输出到相应的存储位置，如图 15-126 所示。

图 15-125　　　　图 15-126

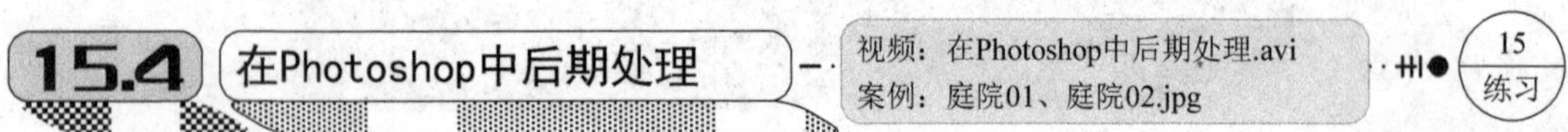

15.4 在Photoshop中后期处理

视频：在Photoshop中后期处理.avi
案例：庭院01、庭院02.jpg

15 练习

在 15.3 节中已经将文件导出为相应的图像文件，接下来需要在 Photoshop 软件中对导出的图像进行后期处理，使其符合的要求。

1）启动 Photoshop 软件，接着执行“文件|打开”菜单命令，打开本书配套光盘中的“案例/15”下的“庭院 01.jpg”及“庭院 02.jpg”文件，如图 15-127 所示。

图 15-127

2）选择打开的“庭院 01.jpg”图像文件，然后使用鼠标双击图层面板中的“背景”图层将其解锁，然后使用绘图工具栏中的“魔棒工具”，选择图像中的背景白色区域，如图 15-128 所示。

3）按键盘上的〈Delete〉键，将上一步选择的背景白色区域删除，如图 15-129 所示。

图 15-128

图 15-129

4）执行“文件|打开”菜单命令，打开本书配套光盘中的“案例/15/天空.jpg”文件，如图 15-130 所示。

5）使用绘图工具栏中的“移动工具”，将打开的“天空.jpg”图像文件拖动到“庭院 01.jpg”图像文件中，并对拖入的图像文件进行大小及图层前后位置的修改，如图 15-131 所示。

图 15-130

图 15-131

6）执行“滤镜|艺术效果|干画笔”菜单命令，然后在弹出的“干画笔”对话框中，单击“确定”按钮 确定 ，如图 15-132 所示。

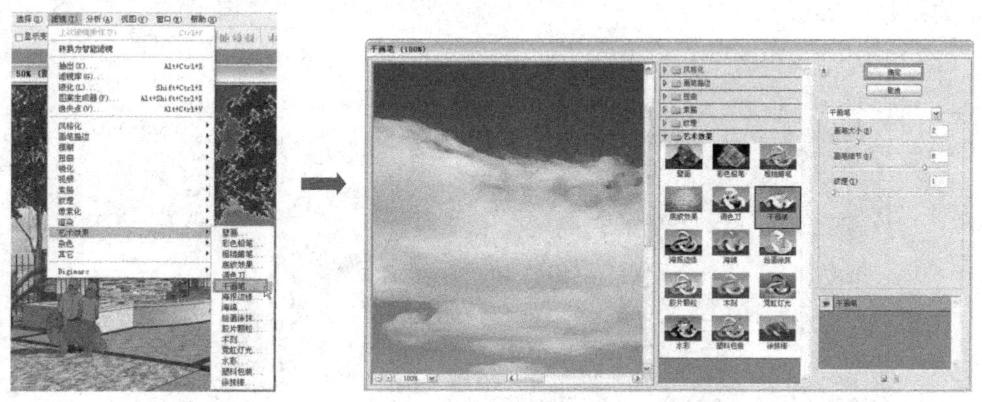

图 15-132

7）单击“图层”面板中的“创建新图层”按钮，新建一个图层“图层 2”，如图 15-133 所示。

8）单击绘图工具面板上的“渐变工具”按钮，弹出“渐变编辑器”对话框，然后设置一个从蓝色到白色的颜色渐变，如图 15-134 所示。

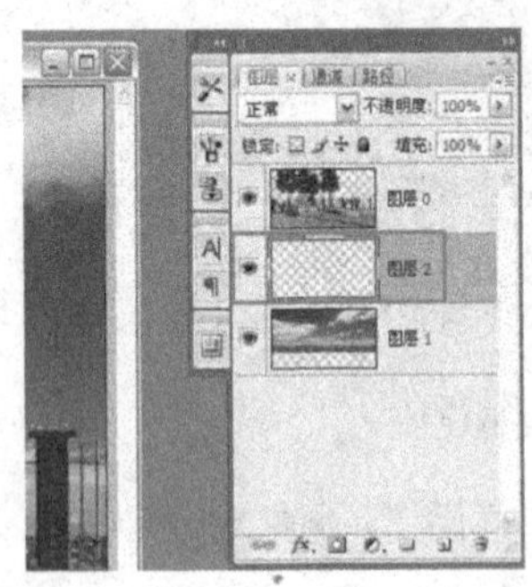
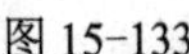

图 15-133

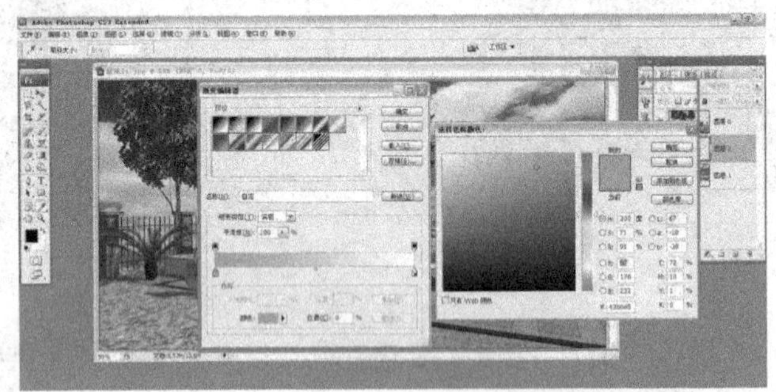

图 15-134

9）设置颜色渐变后，用鼠标左键在图像上从上往下拖动，从而形成一个从上往下的蓝白的渐变效果，然后设置渐变的不透明度为 50%，如图 15-135 所示。

图 15-135

10）使用绘图工具栏上的“移动工具”，将下侧的“庭院 02”黑白线稿图像文件拖动到上侧的“庭院 01”图像文件中，然后设置图层的混合模式为“正片叠底”，不透明度为 50%，如图 15-136 所示。

图 15-136

11）执行“文件|打开”菜单命令，打开本书配套光盘中的“案例/15/花钵.psd”文件，如图 15-137 所示。

12）使用绘图工具栏上的“移动工具”，将打开的“花钵.psd”图像文件拖动到“庭院 01.jpg”图像文件中，并按键盘上的〈Ctrl+T〉组合键对图像进行大小调整，如图 15-138 所示。

图 15-137

图 15-138

13）按键盘上的〈Ctrl+M〉组合键打开“曲线”对话框，接着通过调整曲线提升花钵图像的亮度，如图 15-139 所示。

14）执行“文件|打开”菜单命令，打开本书配套光盘中的“案例/15/飞鸟.psd”文件，使用绘图工具栏上的“移动工具”，将打开的“飞鸟.psd”图像文件拖动到“庭院 01.jpg”图像文件中，并按键盘上的〈Ctrl+T〉组合键对图像进行大小调整，然后在图层面板中设置不透明度为 60%，如图 15-140 所示。

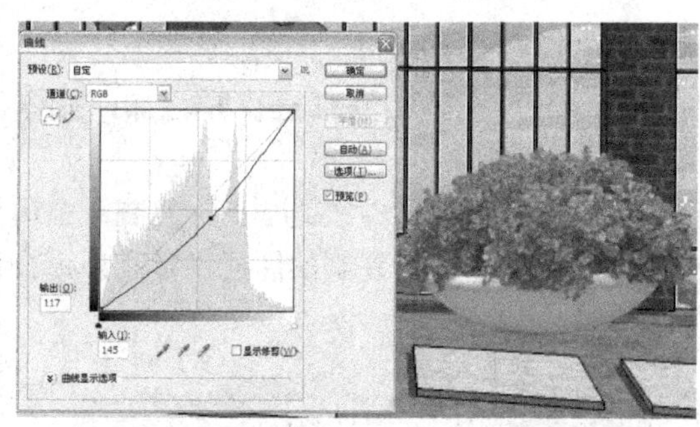

图 15-139

图 15-140

15）执行“文件|打开”菜单命令，打开本书配套光盘中的“案例/15/草丛.psd”文件，使用绘图工具栏上的“移动工具”，将打开的“草丛.psd”图像文件拖动到“庭院 01.jpg”图像文件中，并按键盘上的〈Ctrl+T〉组合键对图像进行大小调整，如图 15-141 所示。

16）执行“滤镜|艺术效果|干画笔”菜单命令，然后在弹出的“干画笔”对话框中，单击“确定”按钮，如图 15-142 所示。

图 15-141

图 15-142

17）按键盘上的〈Ctrl+M〉组合键打开“曲线”对话框，接着通过调整曲线降低草丛图像的亮度，如图 15-143 所示。

18）复制草丛图层，然后按键盘上〈Ctrl+T〉组合键将复制的草丛进行大小的调整，如图 15-144 所示。

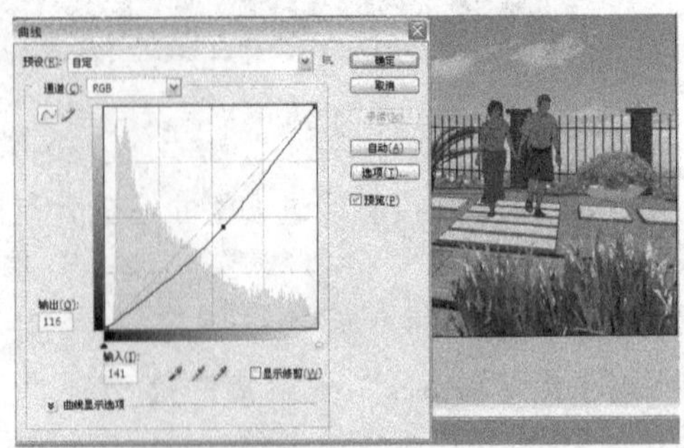

图 15-143

图 15-144

19）按键盘上的〈Shift+Ctrl+E〉组合键，将“图层”面板中的可见图层合并为一个图层，然后使用绘图工具面板中的“加深工具”，对花钵的底部进行颜色加深操作，如图 15-145 所示。

20）拖动图层面板中的“图层 3 副本”到下侧“创建新图层”按钮上，复制一个图层“图层 3 副本 2”，然后执行“滤镜|模糊|高斯模糊”菜单命令，对复制的图层进行高斯模糊操作，如图 15-146 所示。

图 15-145

图 15-146

21）按键盘上的〈Shift+Ctrl+E〉组合键，将“图层”面板中的可见图层合并为一个图层，接着按键盘上的〈Ctrl+Alt+Shift+1〉组合键，选择图像中的亮部区域，然后按键盘上的〈Shift+F7〉组合键，反选图像中的暗部区域，如图 15-147 所示。

22）按键盘上的〈Ctrl+M〉组合键打开“曲线”对话框，接着通过调整曲线提升图像中暗部区域的亮度，如图 15-148 所示。

图 15-147

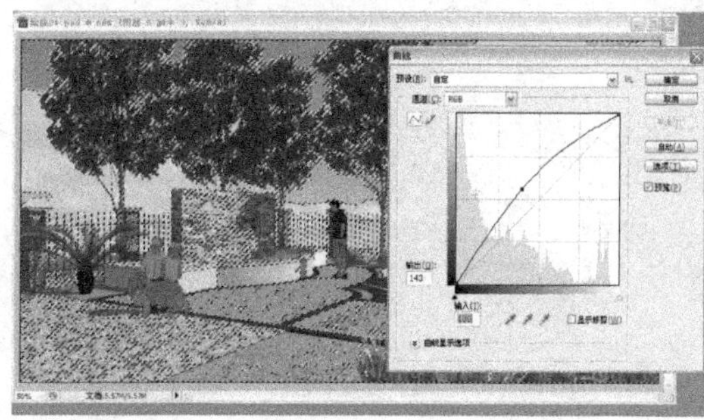

图 15-148

23）使用绘图工具面板中的“加深工具” ，在图像的上下左右相应位置进行加深操作，使其图像效果更加真实自然，如图 15-149 所示。至此，该庭院的效果图制作完成，其最终的效果如图 15-150 所示。

图 15-149

图 15-150